U0293190

EDA 工程技术丛书

ALTIUM DESIGNER IN ACTION
SCHEMATIC, PCB DESIGN AND SIMULATION

Altium Designer 实用教程

原理图、PCB设计与仿真实战

游藩 王圣旭 谈世哲 编著
You Fan Wang Shengxu Tan Shizhe

清華大學出版社
北京

内容简介

Altium Designer 通过将原理图设计、电路仿真、PCB 绘制编辑、拓扑逻辑自动布线、信号完整性分析和设计输出等技术完美地融合，为设计者提供一套全新的设计解决方案，使设计工作变得更为轻松，熟练使用这一软件必将大大提高电路设计的质量和效率。

本书按照印制电路板设计的顺序，全面地介绍 Altium Designer 15 的功能和面向实际应用的操作方法与技巧。本书主要包括工程项目的建立、原理图设计、PCB 设计、创建元件库、电路仿真以及实际工程案例介绍等内容。此外，本书也对 Altium Designer 15 的各功能模块的参数设置、使用方法进行了较详细的介绍。

本书各章都配备有练习题，通过学、例、练的方式，加深读者对知识的学习和运用能力。本书以实际的设计实例为基础，讲解由浅入深，从易到难，各章节之间既相对独立又前后关联。在本书的编写过程中，作者根据自身电路设计与制作的经验，适当地给出总结和相关提示，以供读者进一步地吸收理解。

本书适合作为大中专院校电子、通信类学生的专业教材，也可以作为工程技术人员的自学读物和专业人士的参考手册。

图书在版编目(CIP)数据

Altium Designer 实用教程：原理图、PCB 设计与仿真实战/游藩，王圣旭，谈世哲编著. —北京：清华大学出版社，2018
(EDA 工程技术丛书)
ISBN 978-7-302-47757-0

Ⅰ. ①A… Ⅱ. ①游… ②王… ③谈… Ⅲ. ①印刷电路－计算机辅助设计－应用软件 Ⅳ. ①TN410.2

中国版本图书馆 CIP 数据核字(2017)第 166902 号

责任编辑：盛东亮
封面设计：李召霞
责任校对：白　蕾
责任印制：宋　林

出版发行：清华大学出版社
网　　址：http://www.tup.com.cn，http://www.wqbook.com
地　　址：北京清华大学学研大厦 A 座　　**邮　　编**：100084
社 总 机：010-62770175　　**邮　　购**：010-62786544
投稿与读者服务：010-62776969，c-service@tup.tsinghua.edu.cn
质量反馈：010-62772015，zhiliang@tup.tsinghua.edu.cn
课件下载：http://www.tup.com.cn，010-62795954

印 刷 者：北京富博印刷有限公司
装 订 者：北京市密云县京文制本装订厂
经　　销：全国新华书店
开　　本：185mm×260mm　　**印　　张**：23.25　　**字　　数**：550 千字
版　　次：2018 年 10 月第 1 版　　**印　　次**：2018 年 10 月第 1 次印刷
定　　价：89.00 元

产品编号：064796-01

前言

Altium Designer 15 是原 Protel 软件开发商 Altium 公司推出的一款一体化的电子产品开发系统，主要运行在 Windows 操作系统上。这套软件通过把原理图设计、电路仿真、PCB 绘制编辑、拓扑逻辑自动布线、信号完整性分析和设计输出等技术完美地融合，为设计者提供了一套全新的设计解决方案，使设计工作变得更为轻松，熟练使用这一软件必将大大提高电路设计的质量和效率。Altium Designer 15 除了全面继承包括 Protel 99SE、Protel DXP 在内的先前一系列版本的功能和优点外，还增加了许多改进和高端功能。该平台拓宽了板级设计的传统界面，全面集成了 FPGA 设计功能和 SOPC 设计实现功能，从而允许工程设计人员能够将系统设计中的 FPGA 与 PCB 设计及嵌入式设计集成在一起。

为了能够让广大电子线路初学者以及有一定基础的电路设计从业者快速掌握电路设计软件，尽快提高实际工程应用能力，作者尽可能地从读者易于接受的角度编写了本书。本书的介绍由浅入深、从易到难，各章节之间既相对独立又前后关联。在本书的编写过程中，作者根据自身电路设计与制作的经验，适当地给出总结和相关提示，以供读者进一步理解。

本书作者都是长期使用 Altium Designer 进行教学、科研和实际生产工作的教师或工程师，有着丰富的教学和图书编著经验。在内容编排上，按照读者学习的一般规律，结合大量实例讲解操作步骤，能够使读者快速、真正地掌握 Altium 软件的使用。

本书具有以下鲜明的特点：

(1) 实例贯穿全书。所选实例非常典型，难度由浅入深，讲解透彻，可使读者快速入门。

(2) 重点突出。有重点地介绍该设计工具最常用、最主要的功能，便于读者抓住学习重点。

(3) 技巧性强。具体讲解案例时，会介绍一些在实际操作中的技巧及常见问题的处理方法。

(4) 可操作性强。书中所举例子均经充分验证，按所述步骤可实现最终结果。

本书特别适合大中专院校学生、在职工程技术人员、渴望充电继续深造的人员学习使用，也可以作为高等院校电子信息工程、通信工程、自动化、电气控制类专业课教材及电子工程技术人员的参考书。

本书主要由游藩、王圣旭、谈世哲编著，参与编写工作的还有陈敏、向阳奎、夏平、孟祥明、王强、李爽、蔡青格、孟波等。

作　者

目录

目录

目录

目录

目录

第1章 初识Altium Designer

随着电子技术的飞速发展和印制电路板加工工艺水平的不断提高，大规模和超大规模集成电路不断涌现，现代电子线路系统已经变得非常复杂。同时，电子产品也在向小型化发展，即在更小的空间内实现更复杂的电路功能，正因为如此，对印制电路板的设计和制作要求也越来越高。快速、准确地完成电路板的设计对电子线路工作者而言是一个挑战，这同时也对设计工具提出了更高的要求，像 Cadence、PowerPCB 以及 Protel 等电子线路辅助设计软件应运而生。

Altium Designer 15 是 Altium 公司（澳大利亚）继 Protel 系列产品之后推出的高端设计软件，是业界首例将设计流程、集成化 PCB 设计、可编程器件（如 FPGA）设计和基于处理器设计的嵌入式软件开发功能整合在一起的产品，是一种支持同时进行 PCB 和 FPGA 设计以及嵌入式设计的解决方案，具有将设计方案从概念转变为最终成品所需的全部功能。

1.1 Protel 的发展概况

Altium（前身为 Protel International 公司）由 Nick Martin 于 1985 年始创于澳大利亚塔斯马尼亚州霍巴特市，致力于开发基于 PC 机的软件，为印制电路板提供辅助的设计。

最初 DOS 环境下的 PCB 设计工具在澳大利亚得到了电子业界的广泛接受，在 1986 年中期，Altium 通过经销商将设计软件包出口到美国和欧洲。随着 PCB 设计软件包的成功，Altium 公司开始扩大其产品范围，包括原理图输入、PCB 自动布线和自动 PCB 器件布局软件。

1991 年 Altium 公司发布了世界上第一个基于 Windows 的 PCB 设计系统——Advanced PCB。凭借各种产品附加功能和增强功能，Altium 建立了具有创新优势的 EDA 软件开发商的地位。

1997 年，Altium 发布了专为 Windows NT 平台构建的 Protel 98，这是首次将所有 5 种核心 EDA 工具集成于一体的产品，这 5 种核心 EDA 工具包括原理图输入、可编程逻辑器件（PLD）设计、仿真、板卡设计和自动布线。

1999年又发布了Protel 99和第2个版本Protel 99 SE，这些版本提供了更高的设计流程自动化程度，进一步集成了各种设计工具，并引进了设计浏览器平台。设计浏览器平台允许对电子设计的各方面——设计工具、文档管理、器件库等——进行无缝集成，它是Altium建立涵盖所有电子设计技术的完全集成化设计系统理念的起点。

Protel International公司在2001年8月6日正式更名为Altium有限公司。新公司的名称可以代表所有产品品牌，并为未来发展提供一个统一的平台。

2002年，Altium公司重新设计了设计浏览器(DXP)平台，并发布第一个在新DXP平台上使用的产品(Protel DXP)。

2006年，Altium公司推出了原Protel系列的更新版本Altium Designer 6.0。本书所讲的Altium Designer 15为Altium Designer系列软件最新版本。

1.2 Altium Designer 15的安装、启动与激活

Altium Designer 15的文件大小约为1GB，用户可以与当地的Altium销售和支持中心或增值代理商联系，获得软件及许可证。本节重点讲述Altium Designer 15的安装、启动与激活过程，同时还介绍软件汉化的方法。

Altium公司英文网站：http://www.altium.com/。

中文网站：http://www.altium.com.cn/。

联系邮件地址：support@Altium.com.cn。

1. Altium Designer 15的安装

(1) 双击Altium Designer Setup15_0_7.exe文件，弹出对话框，单击【NEXT】按钮。

(2) 在弹出的对话框中，选择语言，勾选接受项，单击【NEXT】按钮。

(3) 在弹出的对话框中，选择要安装的组件(建议选择默认即可)，单击【NEXT】按钮。

(4) 在弹出的对话框中，选择安装路径，推荐安装在D盘，把默认安装路径中的字母C直接修改为D即可。

(5) 弹出准备安装的对话框，保持默认，单击【NEXT】按钮。

(6) 直到安装完成后，单击【Finish】按钮。

2. Altium Designer 15软件激活

把防局域网冲突软件和license文件复制到安装路径下，复制完成后，双击Patch.exe文件，弹出一个对话框，单击【Patch】按钮即可。在【开始】菜单中单击【Altium Designer】图标即可运行软件。

3. 软件汉化为中文版

单击软件左上角的【DXP】菜单，选择【Preferences】命令，弹出一个对话框，将本地化语言的复选框打钩即可。

1.3 Altium Designer 15 的主界面布局

Altium Designer 15 应用程序启动后，默认的工作界面如图 1-1 所示。主窗口上方依次是标题栏、菜单栏和工具栏；中部是两个大窗口，左边是面板窗口，右边是工作窗口；下面有面板标签栏、命令栏和状态栏等。

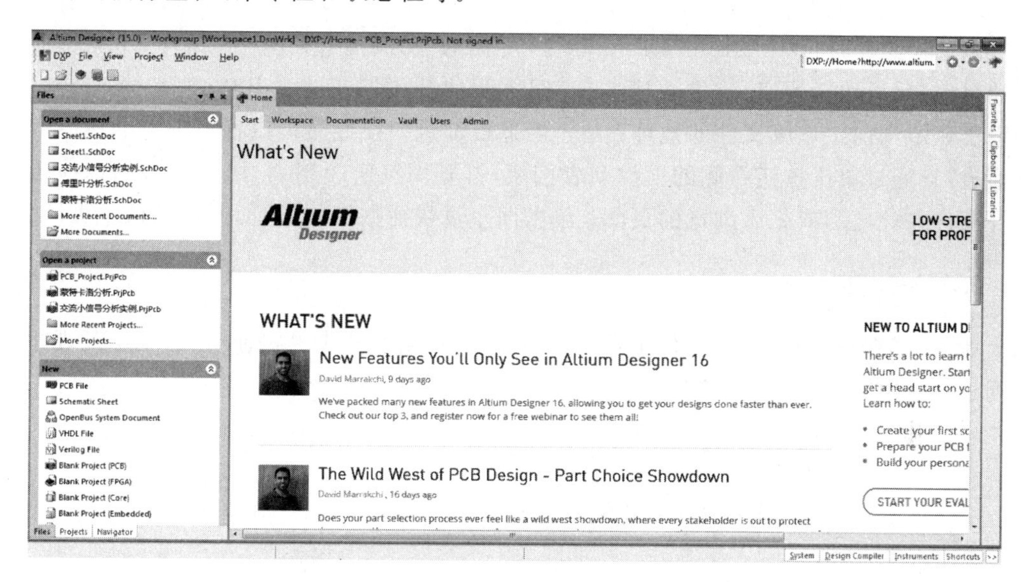

图 1-1 Altium Designer 15 工作界面

1. 系统菜单

系统菜单位于 Altium Designer 15 界面的上方左侧，启动 Altium designer 15 后，系统显示【DXP】、【File】、【View】、【Project】、【Window】和【Help】基本操作菜单，如图 1-2 所示。用户使用这些菜单内的命令可以设置 Altium Designer 15 中的系统参数，新建各类项目文件，启动对应的设计模块。当设计模块被启动后，主菜单将会自动更新，以匹配设计模块。

图 1-2 系统菜单

实际上，图 1-2 仅仅是在打开空文档时的菜单栏样式，在打开不同的项目时，菜单栏将会有所变化。这将在以后的具体情况下进行说明。例如，图 1-3 就是打开原理图时菜单栏的样子。

图 1-3 打开原理图时的系统菜单

菜单栏的每一个菜单下又有若干下拉菜单，这些菜单的功能多用于对设计环境的设置。现就图 1-2 中的菜单内容加以说明。

- 【DXP】：系统设置菜单。
- 【File】：主要用于项目的创建、打开、保存、退出等功能。

- 【View】：主要用于视图操作。
- 【Project】：主要用于对项目的管理。
- 【Window】：主要用于多窗口操作，是对多个窗口的管理。
- 【Help】：用于提供 Altium Designer 15 的各种帮助信息。

2. 浏览器工具栏

浏览器工具栏位于 Altium Designer 15 界面的上方右侧，如图 1-4 所示，由浏览器地址编辑框、后退快捷按钮、前进快捷按钮、回主页快捷按钮组成。其中，浏览器地址编辑框用于显示当前工作区文件的地址；单击后退或前进快捷按钮可以根据浏览的次序后退或前进，且通过单击按钮右侧的下拉列表按钮，打开浏览次序列表，用户还可以选择重新打开用户在此之前或之后浏览的页面；单击回主页快捷按钮，将返回系统默认主页。

3. 系统工具栏

如图 1-5 所示，系统工具栏位于系统菜单栏下方，由快捷工具按钮组成，单击此处按钮等同于选择相应菜单命令。它的作用主要是提供给用户一种方便、快捷的命令启动方式。

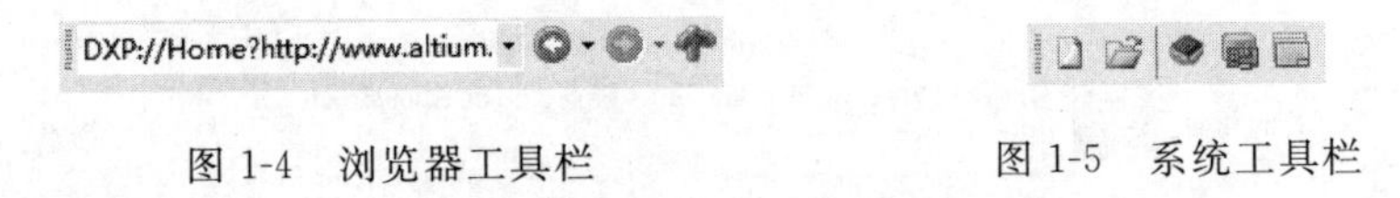

图 1-4　浏览器工具栏　　　　图 1-5　系统工具栏

4. 工作区

工作区位于 Altium Designer 15 界面的中间，是用户编辑各种文档的区域。在无编辑对象打开的情况下，工作区将自动显示为系统默认主页，主页内列出了常用的任务命令，单击即可快捷启动相应工具模块，如图 1-6 所示。

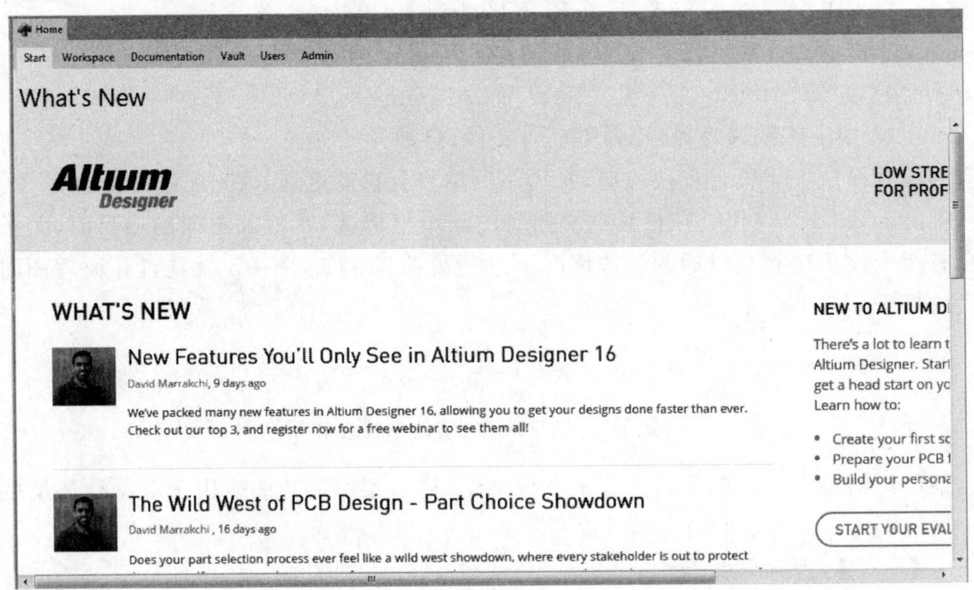

图 1-6　工作区

5. 面板标签栏和工作面板窗口

面板标签栏为用户操作软件提供了快捷方式。面板标签栏包括位于主窗口右上角的元器件库面板标签和右下角的面板标签(如图 1-7 所示)。

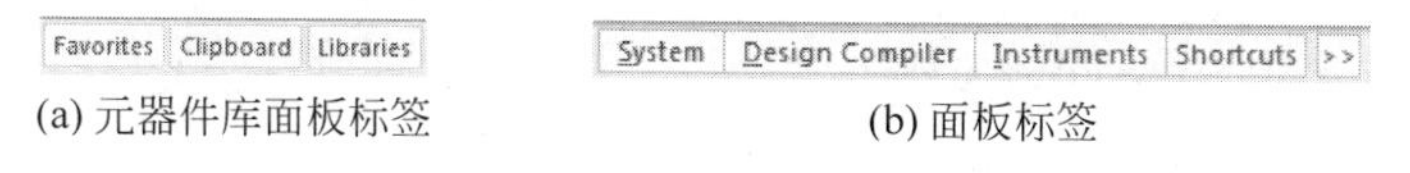

(a) 元器件库面板标签　　(b) 面板标签

图 1-7　面板标签栏

Altium Designer 为用户提供了大量的工作区面板窗口,如文件管理面板、项目管理面板、元器件库面板等,分别位于 Altium Designer 15 界面的左右两侧和下部。图 1-8 为文件管理面板,图 1-9 为项目管理面板,图 1-10 为元器件库面板。用户可以用工作区面板右上部分的小按钮移动、修改或修剪面板,单击相应的面板标签还可以显示、隐藏或切换工作面板窗口。面板窗口有弹出/隐藏、锁定和浮动 3 种状态。当面板窗口右上方为滑轮按钮时,表明面板窗口处于弹出/隐藏状态,将光标指向面板窗口标签时,该面板窗口会自动弹出,光标离开该面板窗口一段时间后,该面板窗口会自动隐藏。当面板窗口右上方为锁定按钮时,表明面板窗口被图钉固定,单击锁定按钮可切换到弹出/隐藏状态。浮动状态是将面板窗口拖到主窗口之上。建议将面板窗口设置为弹出/隐藏状态,以便提供足够大的工作区界面。

图 1-8　文件管理面板

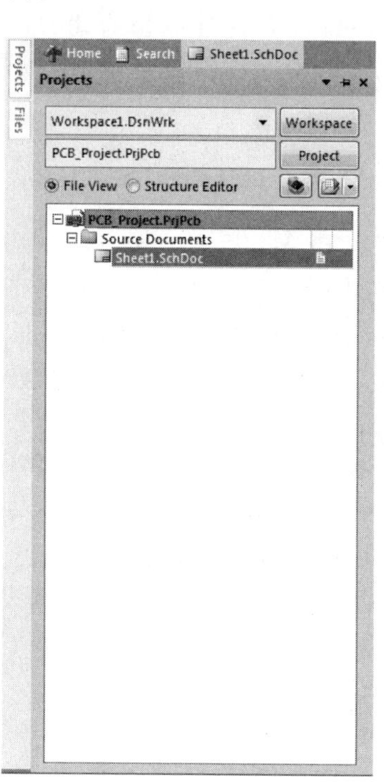

图 1-9　项目管理面板

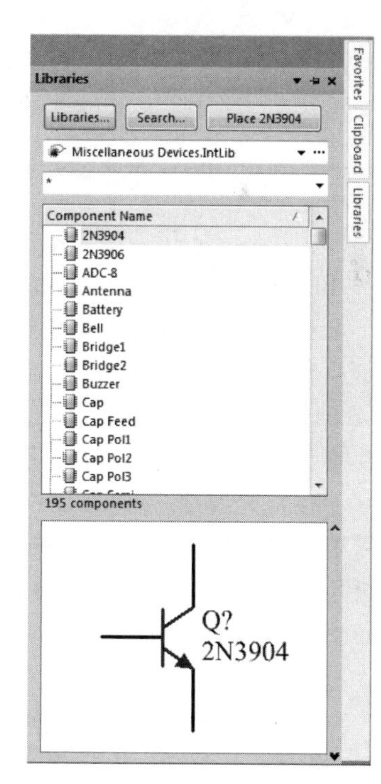

图 1-10　元器件库面板

6. 状态栏和命令行

在菜单栏中单击【View】菜单，勾选【Status Bar】和【Command Status】命令，将会启用 Altium Designer 15 的状态栏和命令行，可以方便查看当前编辑状态和命令，如图 1-11 所示。

X:590 Y:120 Grid:10
Idle state - ready for command

图 1-11 Altium Designer 15 的状态栏和命令行

1.4 Altium Designer 15 的个性化资源

作为最佳的电子开发解决方案，Altium Designer 15 将电子产品开发的所有技术与功能完美地融合在一起，其所提供的设计流程效率是传统的点式工具开发技术所无法比拟的。与以前的 Protel 版本相比较，Altium Designer 15 的主要特点体现在以下几个方面。

1. 一体化的设计流程

在单一的、完整的设计环境中，集成了板级和 FPGA 系统设计，基于 FPGA 和分立处理器的嵌入式软件开发，以及 PCB 版图设计、编辑和制造等，向用户提供所有流程的平台级集成，以及一体化的项目和文档管理结构，并支持传统相互独立设计学科的融合。用户可以有效地管理整个设计流程，并且在设计流程的任何阶段、在项目的任何文档中随时进行修改和更新，系统会提供完全的同步操作，以确保将这些变化反映到项目中的所有设计文档中，保证了设计的完整性。

2. 增强的数据共享功能

Altium Designer 15 完全兼容 Protel 98、Protel 99、Protel 99 SE、Protel DXP，并提供对 Protel 99 SE 下创建的 DDB 和库文件导入功能，同时增加 P-CAD、OrCAD、AutoCAD、PADS PowerPCB 等软件的设计文件和库文件的导入功能，能够无缝地将大量原有单点工具设计产品转换到 Altium Designer 15 设计环境中。其智能 PDF 向导(Smart PDF)可以帮助用户把整个项目或所选定的设计文件打包成可移植的 PDF 文档，在安装有 Adobe Reader 的任何系统上都可以打开阅读，便于团队之间的灵活合作。

在主界面中，选择【DXP】|【Preferences】命令，弹出图 1-12 所示的对话框，然后就可以定义界面的内容及相关参数，还可以查看当前系统的信息。该对话框的功能多是为高级用户设定的，建议 Altium Designer 的入门用户保持默认设置。

3. 用户定制资源设置

用户定制资源就是设计者可以根据个人的习惯修改 Altium Designer 的菜单、工具栏、快捷方式和操作面板等系统设计环境。

选择【DXP】|【Customize】命令，在弹出的【Customizing PickATask Editor】对话框中，在【Commands】标签页设计者可以自定义菜单、工具栏等系统命令，在【Toolbars】标签页可以激活显示相关部件。

4. 系统参数设置

选择【DXP】|【Preferences】命令，弹出【Preferences】对话框，用来设置系统参数。

1)【General】标签页

主要用来设置系统或编辑状态时的一些常规特性，常规参数设置对话框如图 1-12 所示。

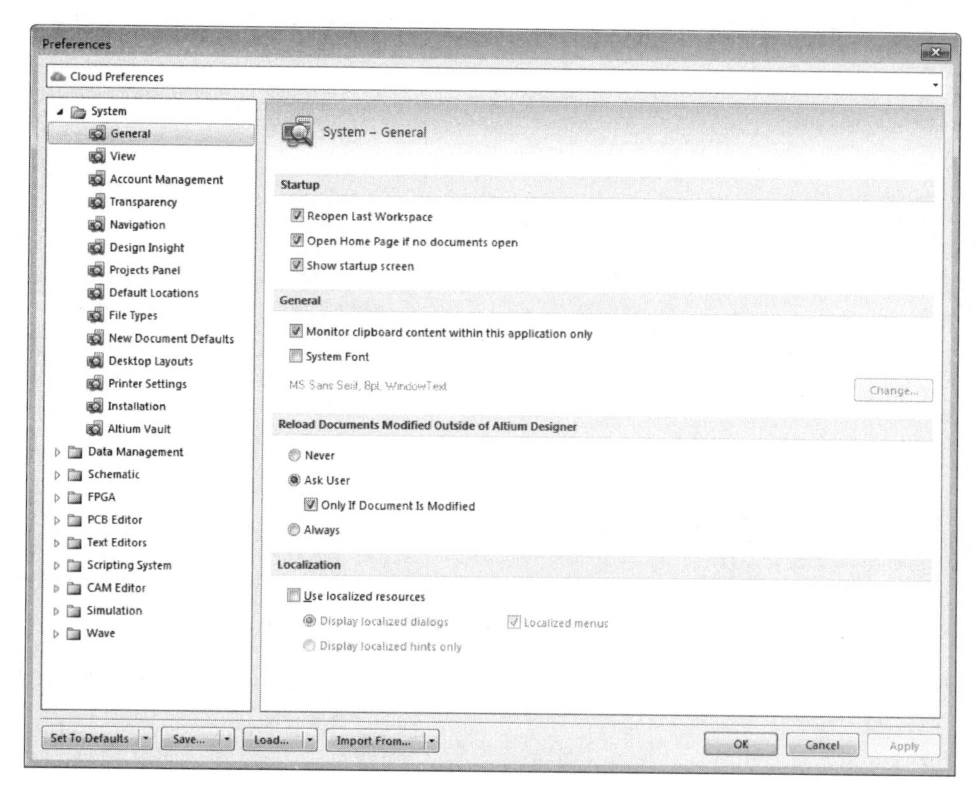

图 1-12 【General】标签页

在【Startup】区域选中【Reopen Last Workspace】复选框，则每次系统启动时，自动打开上一次关闭时的工作区；选中【Open Home Page if no documents open】复选框，则在没有打开文档的情况下，自动打开任务控制面板。

在【General】区域选中【Monitor clipboard content within this application only】复选框，则系统不允许从其他应用程序中粘贴过来的数据转移到 Altium Designer 15 中；不勾选，则允许从其他应用程序中粘贴过来的数据转移到 Altium Designer 15 中。选中【System Font】复选框，则可以通过【Change】按钮对系统字体进行更改。

在【Reload Documents Modified Outside of Altium Designer】区域对重新加载 Altium Designer 外部修改的文件的条件进行定义，分别为【从不】、【询问用户】和【总是】。

在【Localization】区域选中【Use Localized resources】复选框后，将启动中文界面。

2)【View】标签页

单击【Preferences】对话框左侧的树状标签，打开【View】标签页，如图 1-13 所示。

在【Desktop】区域选中【Autosave desktop】复选框，则当关闭 Altium Designer 系统时，自动保存当前的工作区；选中【Restore open documents】复选框，对打开的文档可以

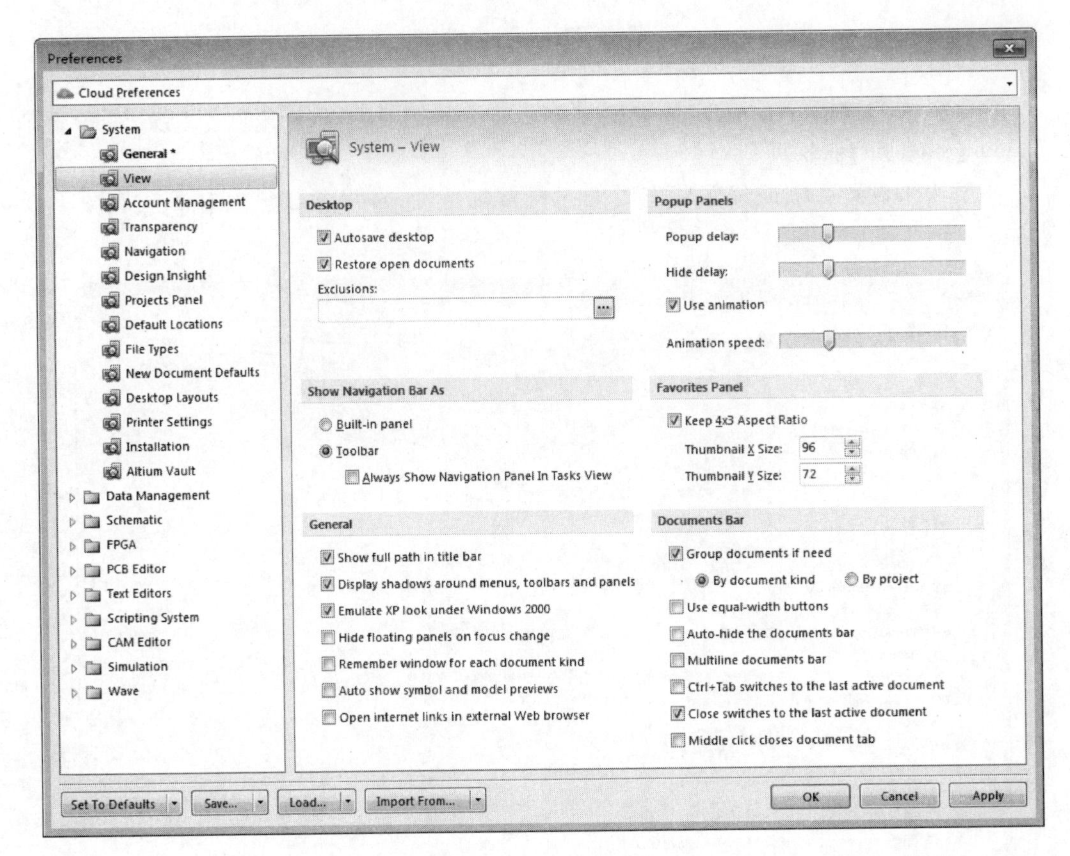

图 1-13 【View】标签页

进行自动恢复，对于不需要进行文档恢复的类型，可以在【Exclusions】文本框中，单击按钮进行选择。

在【Show Navigation Bar As】区域可以选择在何处显示导航栏。如果选择工具栏，那么可以激活【Always Show Navigation Panel In Tasks View】复选框，选中此复选框，则同时在内置面板和工具栏上显示导航栏。

【General】区域有 7 个复选框：选中【Show full path in title bar】复选框，则在 Altium Designer 系统顶部标题栏显示当前文档的完整路径和名称；选中【Display shadows around menus, toolbars and panels】复选框，在菜单栏、工具栏和面板周围显示阴影，增加立体效果；选中【Emulate XP look under Windows 2000】复选框，当采用 Windows 2000 操作系统时，则 Altium Designer 仍然仿效 Windows XP 的界面风格；选中【Hide floating panels on focus change】复选框，当聚焦变化时，自动隐藏浮动面板；选中【Remember window for each document kind】复选框，开启记忆窗口存放系统中用到的各种文档类型；选中【Auto show symbol and model previews】复选框，开启自动显示符号和模型预览功能；选中【Open internet links in external Web browser】复选框，允许打开外部 Web 浏览器的互联网链接。

在【Popup Panels】区域调整【Popup delay】选项右侧的滑块可以调整面板延迟显示的时间，向左滑动可以缩短时间，向右滑动可以延迟时间。同样，调整【Hide delay】选项右侧的滑块可以调整面板延迟隐藏的时间。选中【Use animation】复选框，可以在面板显现或者隐藏时加入动画效果，同时激活【Animation speed】选项，按照同样方法调整滑块，可以调整动画的播放速度。

【Favorites Panel】区域用来调整收藏面板的宽和高，即【Thumbnail X Size】和【Thumbnail Y Size】，选中【Keep 4×3 Aspect Ratio】复选框，则保持宽高比为 4∶3 不变。

在【Documents Bar】区域选中相应的复选框，可以实现有关文档栏的管理(分组文档、使用等宽按钮、自动隐藏文档栏、多行文档栏】、用 Ctrl+Tab 键切换到最后使用的活动文档)。

3)【Transparency】标签页

单击【Preferences】对话框左侧的树状标签，打开【Transparency】标签页，如图 1-14 所示。

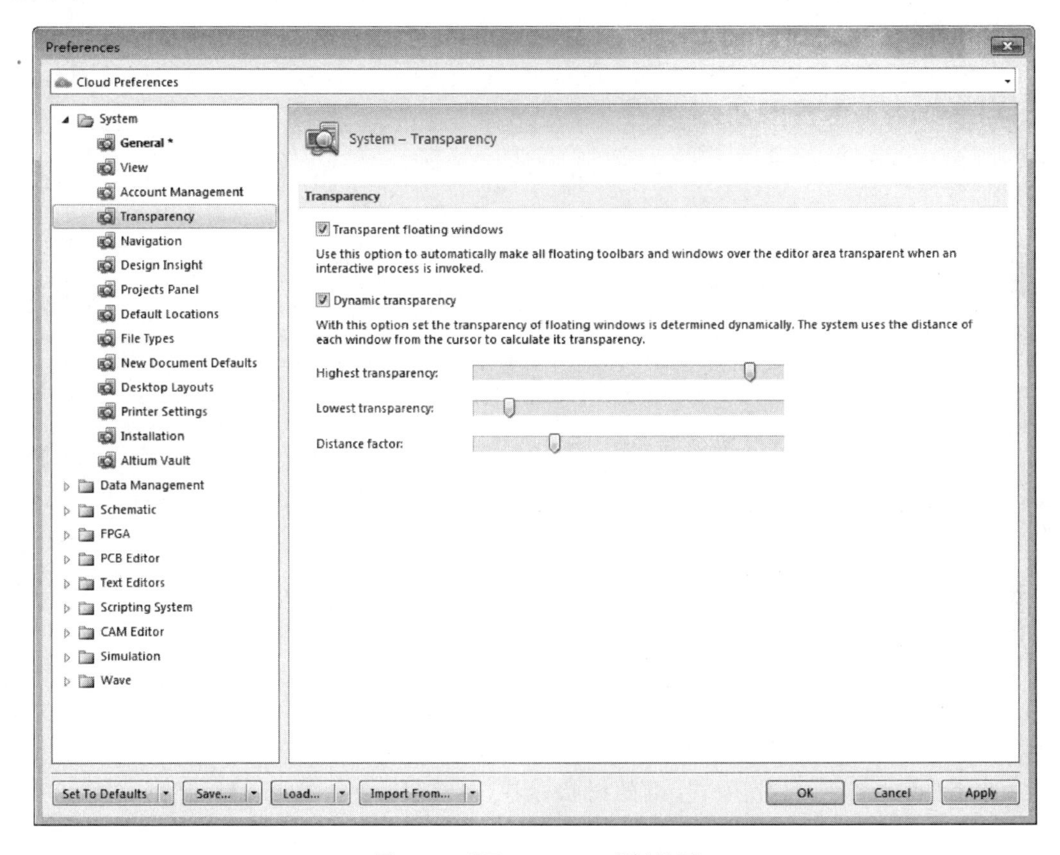

图 1-14 【Transparency】标签页

在【Transparency】区域选中【Transparent floating windows】复选框，则编辑界面上的浮动工具栏和其他窗口是透明的，不会覆盖工作区。选中【Dynamic Transparency】复选框，则浮动工具栏和窗口的透明度是动态的，透明度由视窗到光标的距离决定，同时激活最下面两个选项。向左滑动【Highest transparency】选项的滑块，则最高透明度降低；向左滑动【Lowest transparency】选项的滑块，则最低透明度降低；【Distance factor】决定了距离光标多远时，透明度消失。

4)【Navigation】标签页

单击【Preferences】对话框左侧的树状标签，打开【Navigation】标签页，如图 1-15 所示。

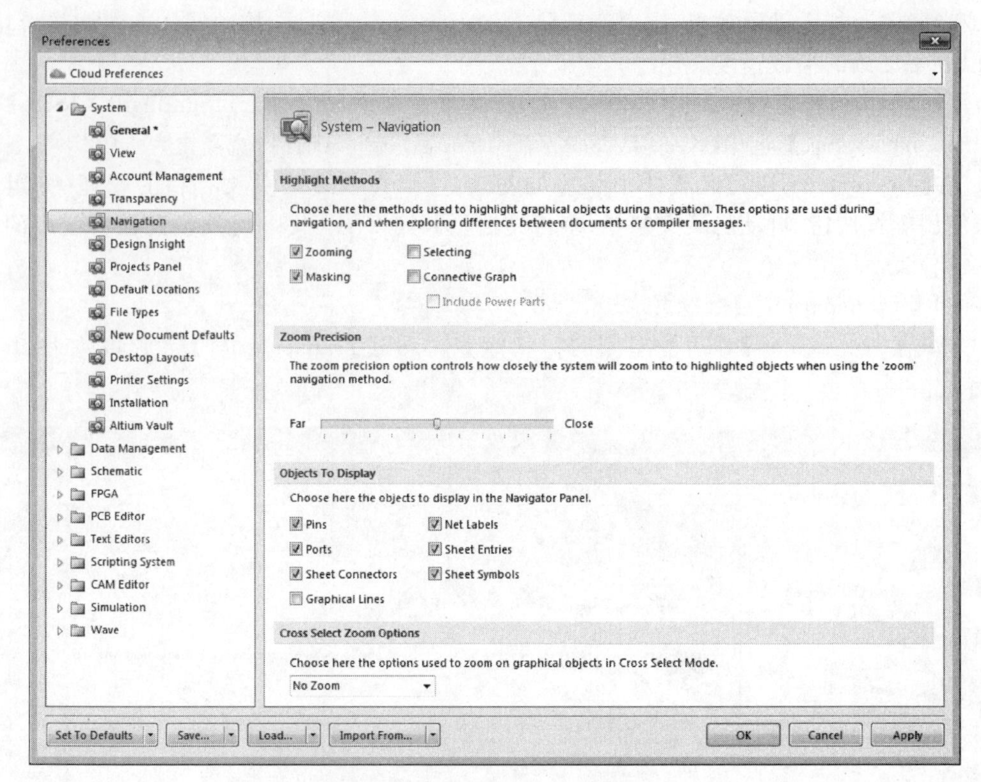

图 1-15 【Navigation】标签页

在【Highlight Methods】区域可以设置几种不同情况的高亮模式：选中【Zooming】复选框，系统以选中的显示对象为中心，在整个屏幕工作区内放大显示该对象；选中【Selecting】复选框，系统在显示某个选中对象的同时，在电路原理图中使该对象处于被选中状态；选中【Masking】复选框，系统中选中的对象以高亮显示，其余对象弱化成灰度显示；选中【Connective Graph】复选框，系统会用虚线将所有与选中对象有关的其他元器件都连接起来，同时激活【Include Power Parts】复选框，选中该复选框，电源器件也包含在内。

滑动【Zoom Precision】区域的滑块可以用来调节缩放的精度。

5）【Projects Panel】标签页

单击【Preferences】对话框左侧的树状标签，打开【Projects Panel】标签页，如图 1-16 所示。

该标签页用来设置【General】、【File View】、【Structure View】、【Sorting】、【Grouping】、【Default Expansion】和【Single Click】等 7 个选项的属性，通过选中相应的复选框和单选项来设置属性。

6）【File Types】标签页

单击【Preferences】对话框左侧的树状标签，打开【File Types】标签页，如图 1-17 所示。

Altium Designer 15 支持的文件类型很多，在【Associated File Types】区域列出了 Altium Designer 支持的所有文件类型，将其分为 Schematic（原理图文件）、Outputs（输出文件）、Libraries（库文件）、PCB（PCB 文件）、Projects（项目文件）、Simulation（仿真文件）等 13 组，并且以组为单位列出了所支持文件的扩展名。

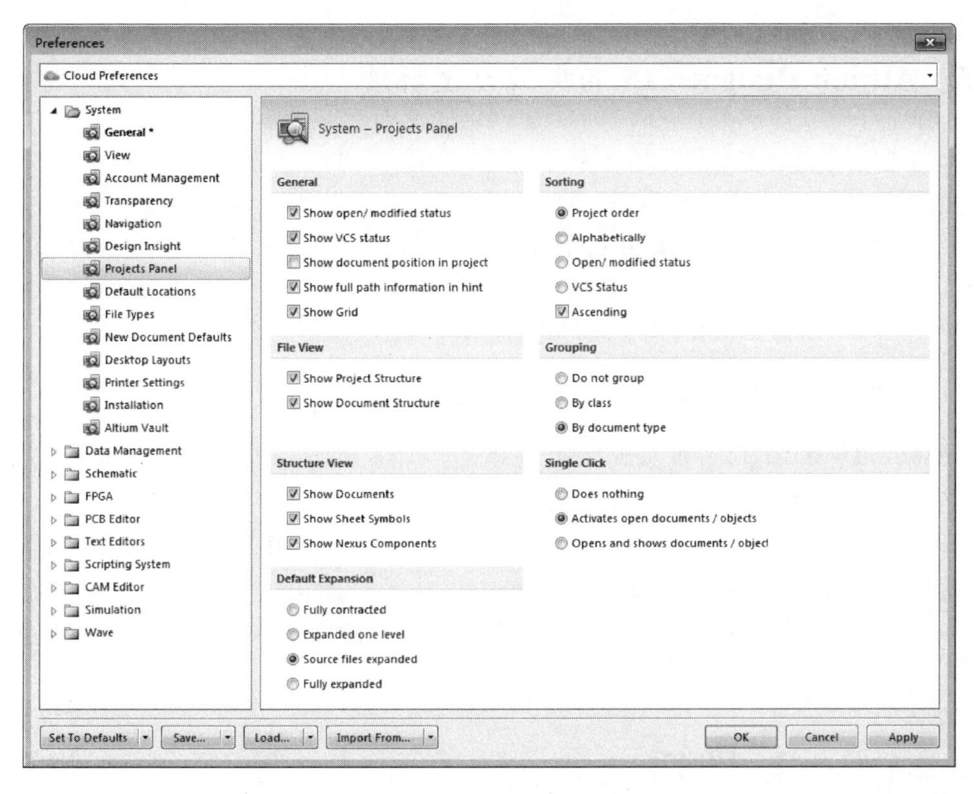

图 1-16 【Projects Panel】标签页

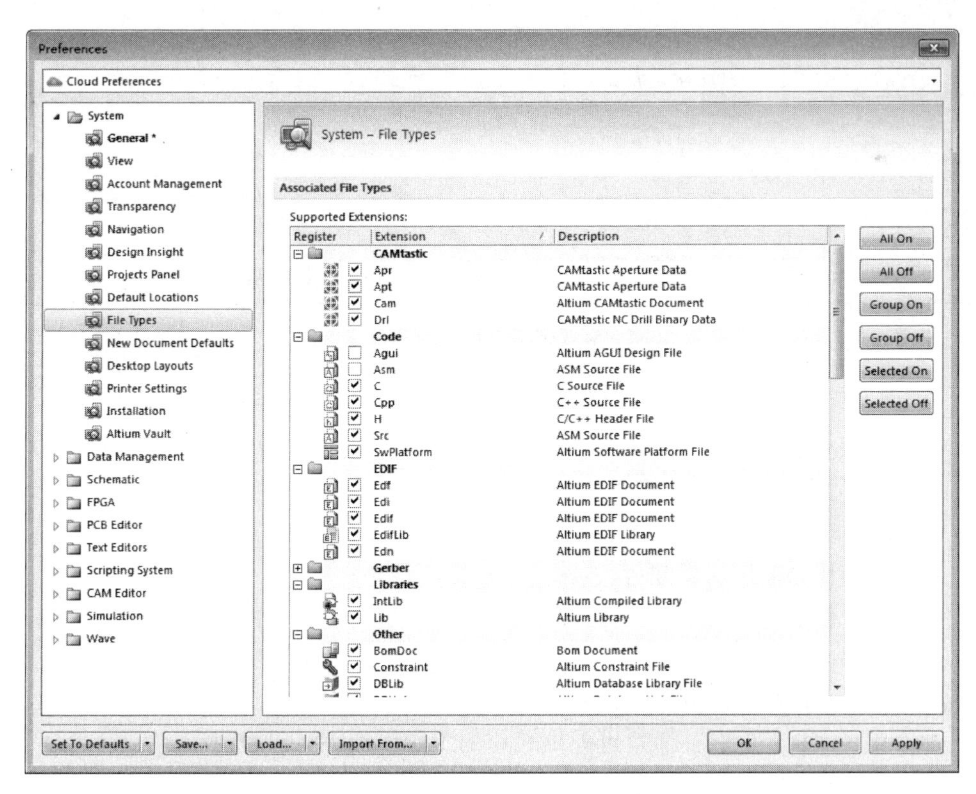

图 1-17 【File Types】标签页

1.5 Altium Designer 15 的集成开发环境

为了使用户能够更好地使用各种开发工具，Altium Designer 15 为用户提供了一个单一的、完整的集成开发环境，所有 Altium Designer 15 的设计功能都从这个环境中启动，用户所有的设计文档都可以在这个环境中创建，并且用户可以在各个文档之间轻松切换，Altium Designer 15 会自动显示与当前文档对应的编辑环境，面板上的标签、菜单、工具栏也会发生相应的变化，便于用户进行设计。

1. 集成开发环境的组成

Altium Designer 15 界面美观，操作简单灵活，集成开发环境如图 1-18 所示，下面简单介绍各组成部分的功能。

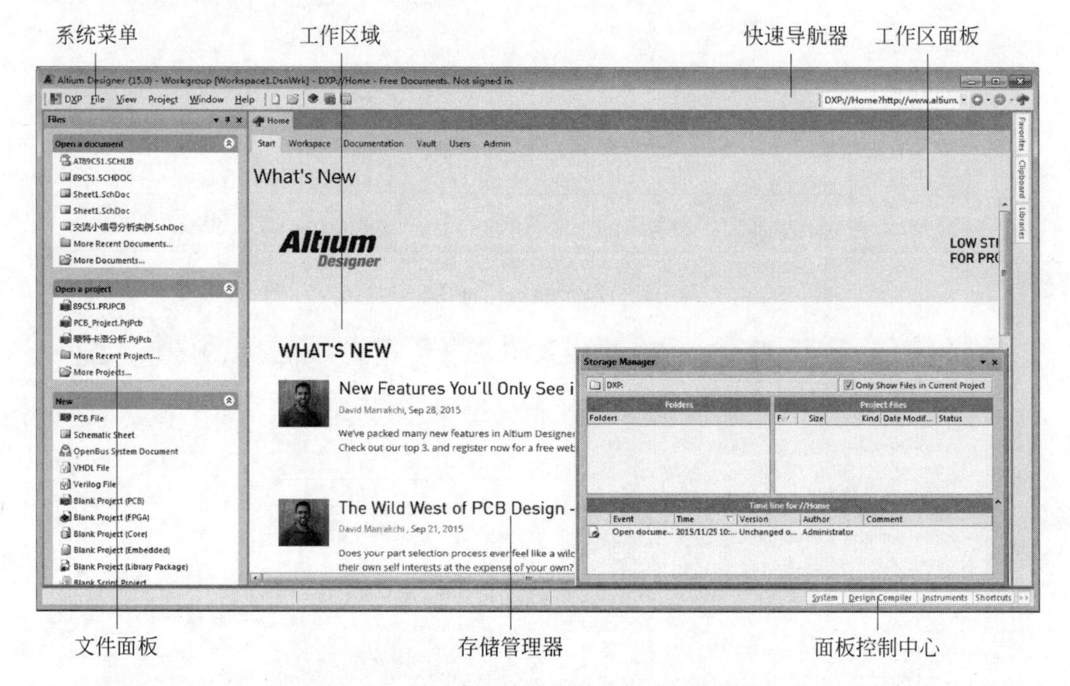

图 1-18 打开多个设计文件的集成开发环境

- 系统菜单：用来设置各种系统参数，相应的其他所有的菜单和工具栏会自动改变，以适应将要编辑的文档。
- 文件面板：是常用的工作面板之一，使用该面板可以进行各种有关项目或文档的快捷操作，如打开、新建等。
- 快速导航器：每次操作，系统均会以浏览器的方式记录快捷路径。同时，如果在此区域中输入快捷提示，系统会进入相应的操作。用户可以将常用的快捷方式像 Internet 中的 favorite 一样加入收藏夹。
- 工作区面板：单击各标签可弹出相应的工作面板，便于快捷操作。
- 工作区域：常用任务排列此处，可直接选择进入。

- 存储管理器：用来实时显示当前所打开的项目中所有涉及文件的名称、大小、种类、修改日期、状态等，便于用户查阅参考。
- 面板控制中心：用来开启或关闭各种工作面板，其功能与系统菜单中【View】菜单相似，当用户不小心将系统工作面板调乱，可以通过执行【View】|【Desktop】|【Default】命令回复初始面貌。

2. 几种主要的开发环境

下面简单介绍一下 Altium Designer 15 几种主要开发环境的风格。

（1）原理图开发环境，如图 1-19 所示。

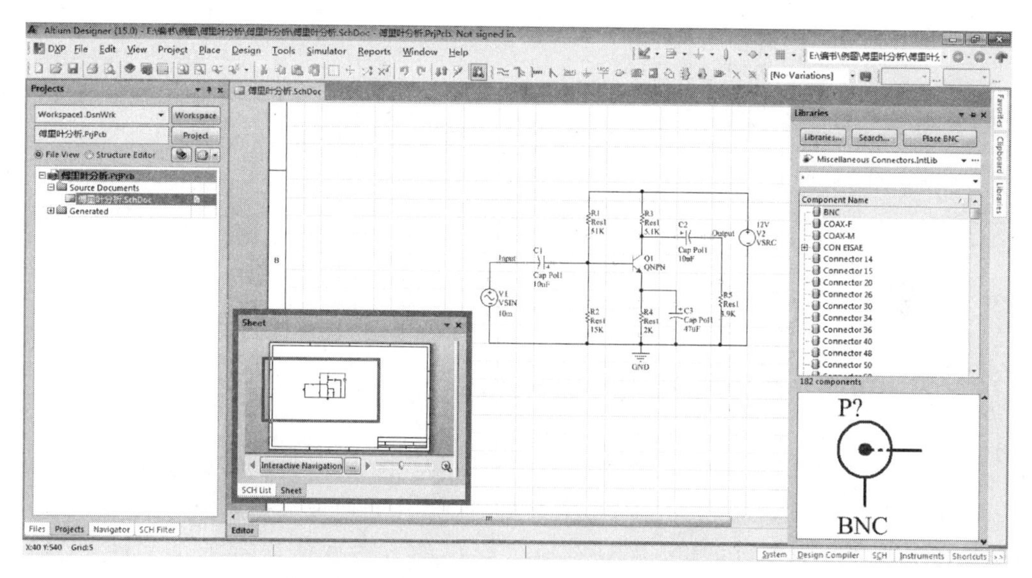

图 1-19　Altium Designer 15 原理图开发环境

（2）印制电路板开发环境，如图 1-20 所示。

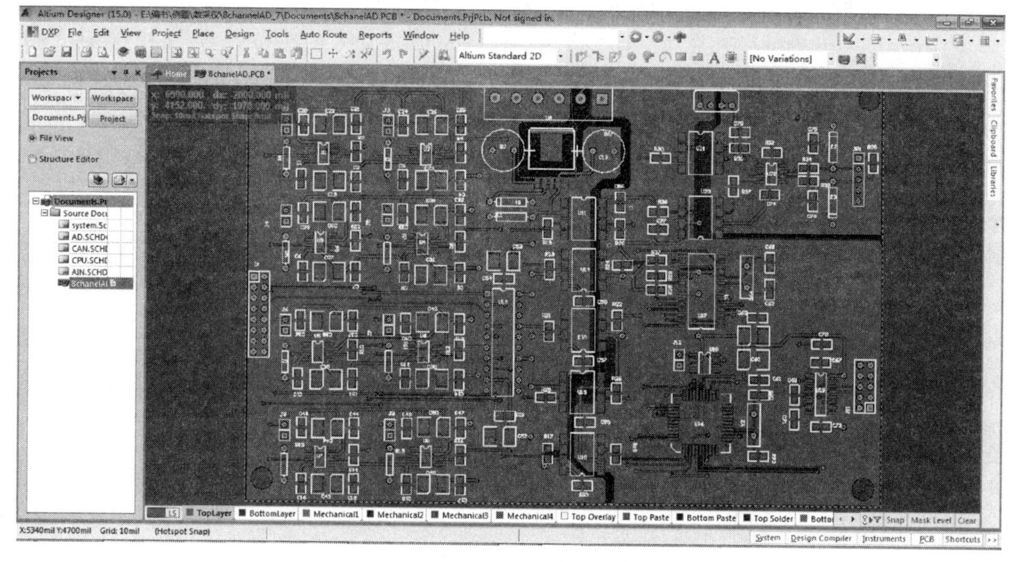

图 1-20　Altium Designer 15 印制电路板开发环境

(3) 仿真编辑环境，如图 1-21 所示。

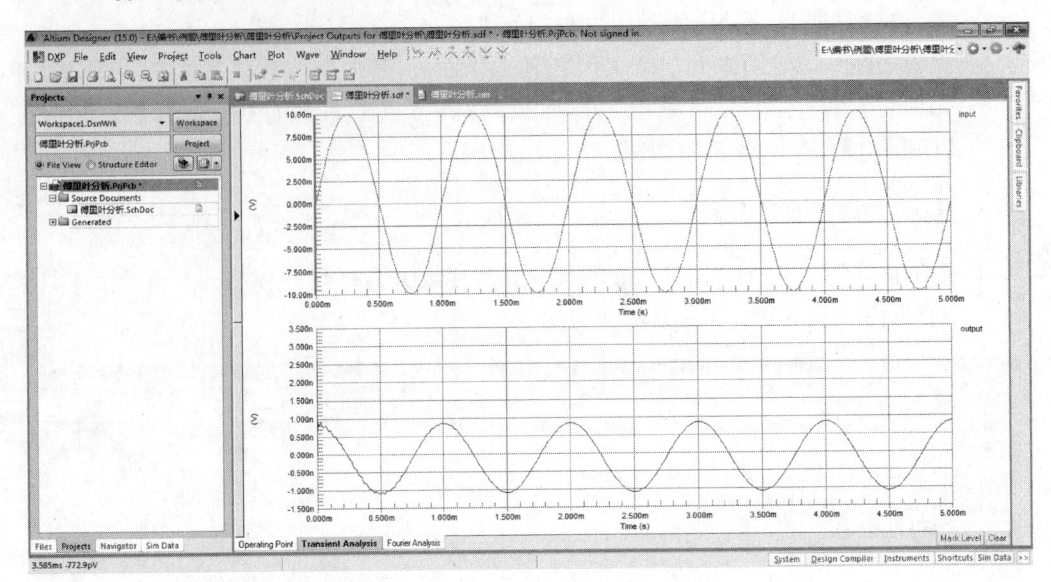

图 1-21　Altium Designer 15 仿真环境

1.6　Altium Designer 15 的文件管理

要掌握 Altium Designer 15，首先要熟悉和了解 Altium Designer 的文件组织管理形式。在 Protel 99 或 Protel 99SE 中，整个电路图设计项目是以数据库形式(*.ddb)存放的，其中原理图文件或 PCB 文件只有通过导出的方法才能得到单个文件。Altium Designer 采用目前流行的软件工程中的工程管理的方式组织文件，把任何一个设计都认为是一个项目，在该项目中有指向各个文档文件的链接和必要的工程管理信息，而其他各个设计文件都放在项目文件所在的文件夹中，便于管理维护。

Altium Designer 15 中共有 PCB 项目、FPGA 项目、嵌入式系统项目和集成元件库 4 种项目类型。在电路设计过程中，一般先建立一个项目文件，该文件扩展名为.Prj *** (其中"***"是由所建项目的类型决定)。该文件只是定义项目中的各个文件之间的关系，并不将各个文件包含于内。在印制电路板设计过程中，首先要建立一个 PCB 项目文件，有了 PCB 项目文件这个联系的纽带，同一项目中不同文件可以不必保存在同一文件夹中，建立的原理图、PCB 图等文件都以分立文件的形式保存在计算机中。在查看文件时，可以通过打开 PCB 项目文件的方式看见与项目相关的所有文件，也可以将项目中的单个文件以自由文件的形式单独打开。为便于管理和查阅，建议设计者在开始某一项设计时，首先为该项目单独创建一个文件夹，将所有与该项设计有关的文件都存放在该文件夹下。Projects 面板中打开的项目文件可以生成一个项目组，因此也就有了项目组文件。它们不必保存在同一路径下，可以方便地打开、一次调用前次工作环境和工作文档。项目组的文件格式为 *.PrjGap。

还有一些其他的文件类型可用于各种不同需求的设计任务中，下面列出一些文件类型。

- 原理图文件的扩展名：*.SchDoc。
- PCB 文件的扩展名：*.PcbDoc。
- 原理图元件库文件的扩展名：*.SchLib。
- PCB 元件封装库文件的扩展名：*.PcbLib。
- VHDLTestBench 文件的扩展名：*.VHDTST。
- VHDL 库文件的扩展名：*.VHDLIB。
- VHDL 模型文件的扩展名：*.VHDMDL。
- CUPL PLD 文件的扩展名：*.PLD。
- C 语言源文件的扩展名：*.C。
- C++语言文件的扩展名：*.CPP。
- Delphi 语言宏文件的扩展名：*.pas 或 *.bas。
- 数据库链接文件的扩展名：*.DBLink。
- 项目输出文件的扩展名：*.OUTJOB。
- CAM 文件的扩展名：*.CAM。
- 电路仿真模型文件的扩展名：*.MDL。
- 电路仿真网络表文件的扩展名：*.Nsx。
- 电路仿真子电路模型文件的扩展名：*.ckt。
- EDIF 文件的扩展名：*.EDIF。
- EDIF 库文件的扩展名：*.EDIFLIB。
- Protel 的网络表文件的扩展名：*.NET。
- 文本文件的扩展名：*.txt。
- 元件的信号完整性模型库文件的扩展名：*.lib。
- 仿真的波形文件的扩展名：*.sdf。

此外，Altium Designer 15 还支持许多种第三方软件的文件格式，设计者可以利用菜单【File】下的【Import】命令来进行外部文件的交换。对于系统运行过程中产生的一些报告文件，则可以使用通用的报表软件打开。

1.7 获取 Altium Designer 帮助

Altium Designer 中可以通过按 F1 键获得帮助支持。实际上，每一个界面都有 F1 键的帮助支持接口，例如：

(1) 在菜单入口、工具栏按钮或对话框上按 F1 键，可以直接进入该命令/对话框的帮助主题。

(2) 在面板上按 F1 键，可以获得该面板的帮助细节。

(3) 在编辑环境下按 F1 键，如果鼠标指向某一设计对象，会出现该对象的帮助信息。

另外，Altium 公司的网站（www.altium.com.cn）包括很多关于软件的产品和服务的信息，同时还包括技术信息和服务模块。例如：

(1) 单击网页上方的【解决方案】，可以看到 Altium Designer 所提供的各种解决方案，针对不同的需求，Altium 公司可实现不同的定制服务。用户可以在页面提供自己的联系方式，Altium 公司会针对用户不同的需求提供不同的解决方案。

(2) 单击网页上方的【社区】，进入多样的客户资源，如论坛、博客、创意，Bug 提交等。Altium 的技术论坛由用户和 Altium 全体员工组成，是一个可以交流建议和信息的平台。

(3)【资源中心】提供有客户成功案例、资源下载、技术文档、设计内容库参考、视频库以及技术支持等多方面内容。视频库是一个用来观看软件新功能和怎样使用软件的短小视频，任何新出版本的特性，都会有相应的介绍视频，以便用户认识产品的新功能。

1.8 思考与练习

(1) 简述 Altium Designer 15 的主要特点及功能。

(2) 简述 Altium Designer 15 集成开发环境的主要组成部分。

(3) 动手安装 Altium Designer 15 软件，熟悉其安装过程。

(4) 打开 Altium Designer 15 的各种编辑环境，尝试操作相应的菜单栏和工具栏。

第2章 电路原理图环境设置

原理图的绘制在原理图设计中占有主导地位，但原理图编辑器环境设置会影响编辑工作的效率。本章详细讲解 Altium Designer 15 电路原理图设计的一些基础知识，包括原理图的组成、原理图编辑器的界面、原理图绘制的一般流程、原理图环境设置等。

2.1 绘制电路原理图的原则及步骤

电路原理图的设计大致可分为创建工程、设置工作环境、放置元器件、原理图的布线、建立网络报表、原理图的电气规则检查、编译和调整等几个步骤，其流程图如图 2-1 所示。

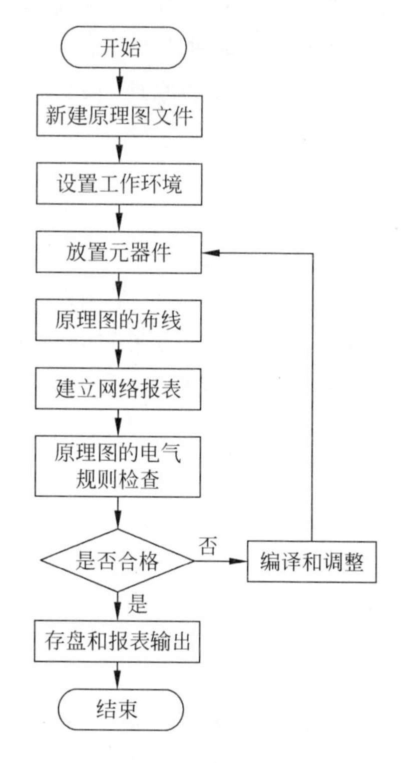

图 2-1　原理图设计流程

电路原理图具体设计步骤如下：

(1) 新建原理图文件。在进入电路图设计系统之前，首先要创建新的Sch工程，在工程中建立原理图文件和PCB文件。

(2) 设置工作环境。根据实际电路的复杂程度来设置图纸的大小。在电路设计的整个过程中，图纸的大小都可以不断地调整，设置合适的图纸大小是完成原理图设计的第一步。

(3) 放置元器件。从元器件库中选取元器件，放置到图纸的合适位置，并对元器件的名称、封装进行定义和设定，根据元器件之间的电气连接关系对元器件在工作平面上的位置进行调整和修改，使原理图美观且易懂。

(4) 原理图的布线。根据实际电路的需要，利用Sch提供的各种工具、指令进行布线，将工作平面上的元器件用具有电气意义的导线、符号连接起来，构成一幅完整的电路原理图。

(5) 建立网络报表。完成上面的步骤以后，可以看到一张完整的电路原理图，但是要完成印制电路板的设计，还需要生成一个网络报表文件。网络报表是印制电路板和电路原理图之间的桥梁。

(6) 原理图的电气规则检查。当完成原理图布线后，需要设置项目编译选项来编译当前的项目，利用Altium Designer 15提供的错误检查报告可修改原理图。

(7) 编译和调整。如果原理图已通过电气检查，那么原理图的设计就完成了。对于较大的项目，通常需要对电路进行多次修改才能够通过电气规则检查。

(8) 存盘和报表输出。Altium Designer 15提供了利用各种报表工具生成的报表(如网络报表、元器件报表清单等)，同时可以对设计好的原理图和各种报表进行存盘和输出打印，为印制板电路的设计做好准备。

2.2 原理图的编辑环境

Altium Designer 15为用户提供了友好的操作界面，采用以工程为中心的设计环境，在一个工程中，各文件相互关联，当工程被编辑后，工程中的电路原理图文件或PCB文件都会被同步更新。因此，要进行一个PCB的整体设计，就要在进行电路原理图设计的时候，创建一个新的PCB工程。

1. 创建、保存和打开原理图文件

1) 新建原理图文件

启动软件后进入图2-2所示的Altium Designer 15集成开发环境窗口。

创建新原理图文件有两种方法。

(1) 通过菜单创建。

在图2-2所示的集成开发环境中，选择菜单栏中的【File】|【New】命令，如图2-3所示。将弹出图2-4所示的下一级菜单。其中可以新建电路原理图、VHDL设计文档、PCB文件、SCH原理图库、PCB库、PCB专案等。

然后单击【Project】(工程)命令，进入【Project】(工程)子菜单，如图2-5所示。

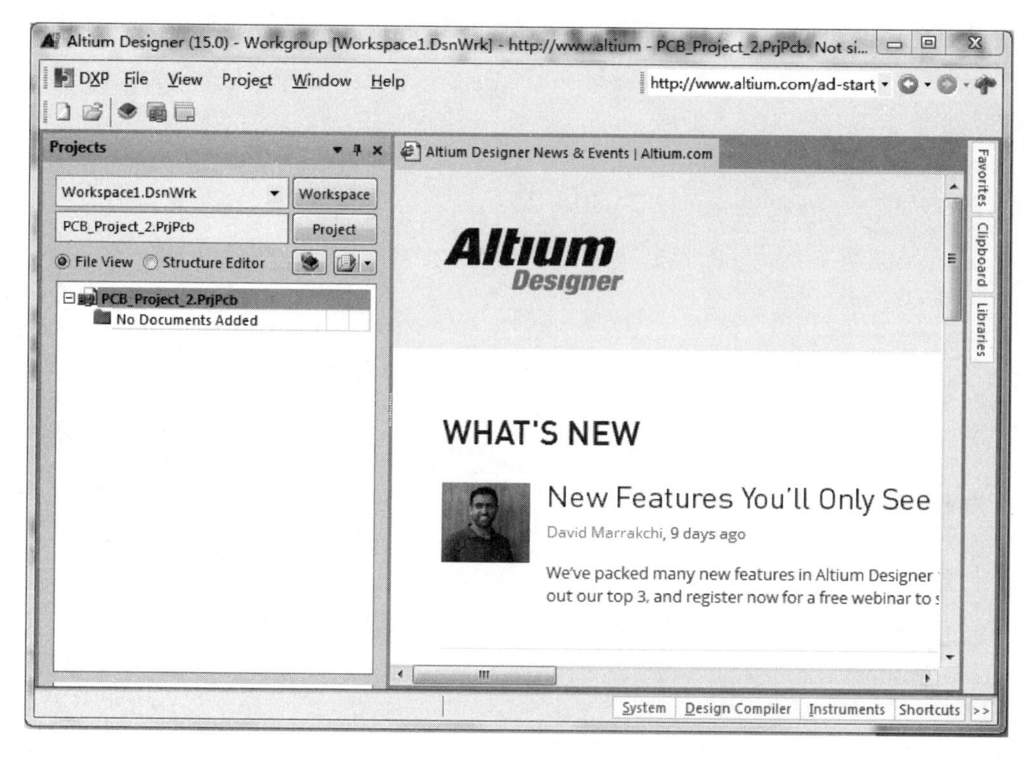

图 2-2 Altium Designer 15 集成开发环境窗口

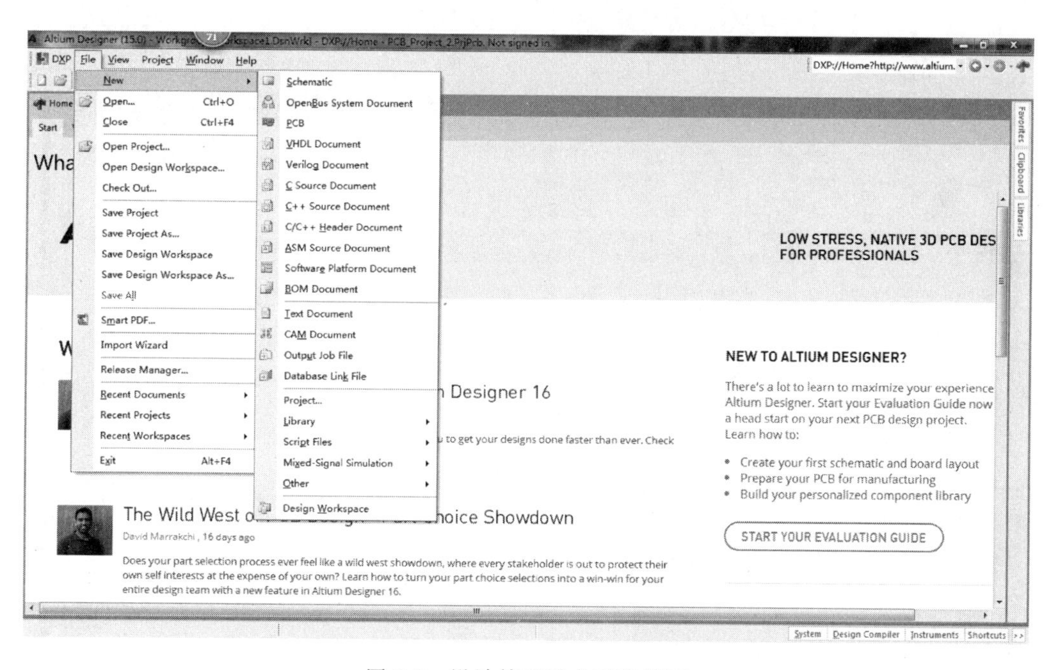

图 2-3 设计管理器主工作界面

选择 PCB 工程命令，系统弹出【Projects】(工程)面板，如图 2-6 所示。

然后在图 2-4 所示的子菜单中，单击【Schematic】命令，在当前工程 PCB_Project. PrjPcb 下建立 Sch 电路原理图文件，系统默认文件名为 Sheet1. SchDoc，同时在右边的设计窗口中将打开 Sheet1. SchDoc 的电路原理图编辑窗口。新建的原理图文件如图 2-7 所示。

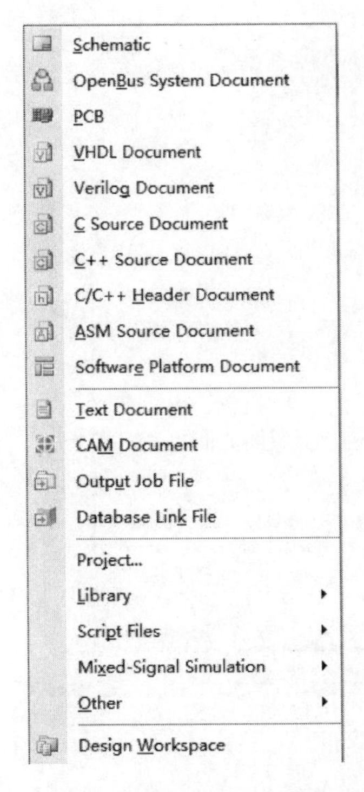

图 2-4 【New】子菜单

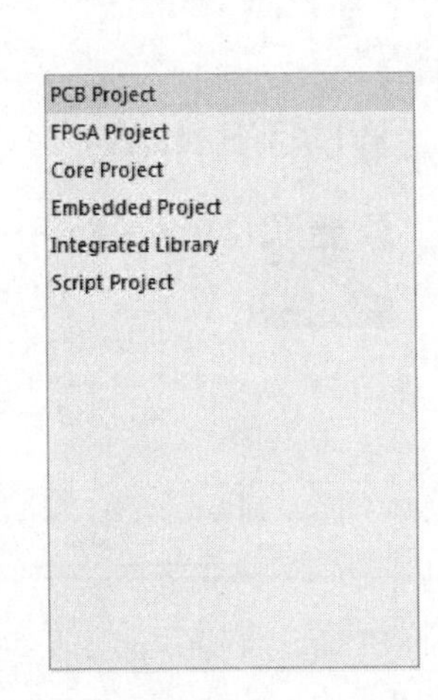

图 2-5 【Project】子菜单

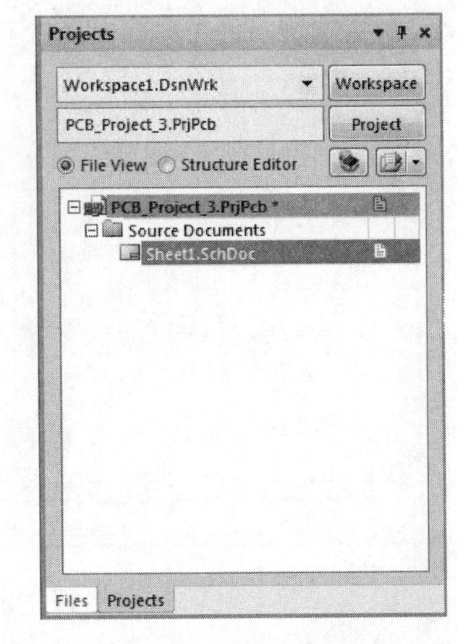

图 2-6 【Project】面板

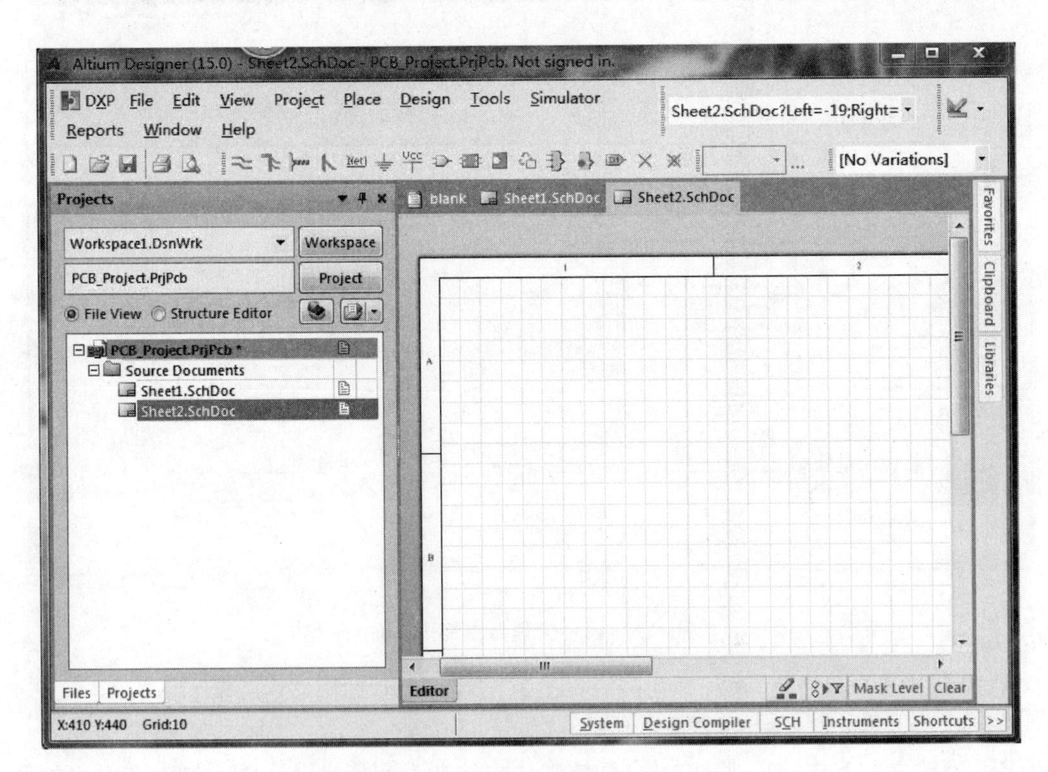

图 2-7 新建的原理图文件

(2) 通过【Files】(文件)面板创建。

单击集成开发环境窗口右下角的【System】(系统),弹出图 2-8 所示的菜单。

在【System】(系统)菜单中,单击【Files】(文件),打开【Files】(文件)面板,如图 2-9 所示。然后单击【Blank Project(PCB)】,弹出图 2-6 所示的【Project】面板。再在【File】(文件)面板中单击【Schematic Sheet】,在当前项目 PCB-Project1. PrjPCB 下建立电路原理图文件,默认文件名为 Sheet1. SchDoc,同时在右边的设计窗口中打开 Sheet1. SchDoc 的电路原理图编辑窗口,新建的原理图文件如图 2-7 所示。

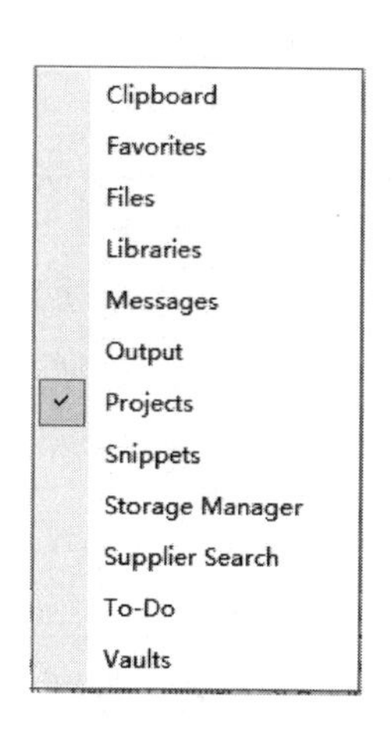

图 2-8 【System】菜单

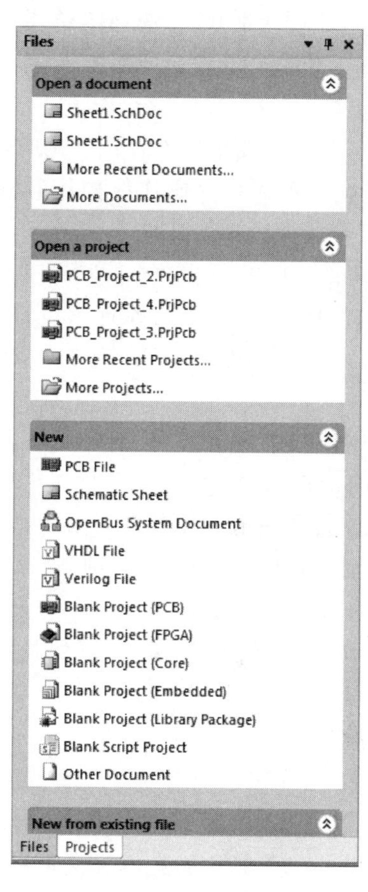

图 2-9 【Files】(文件)面板

2) 文件的保存

选择菜单栏中的【File】|【Save Project】命令,在保存项目文件对话框中,可以更改设计项目的名称、所保存的文件路径等,文件默认类型为 PCB Projects,后缀名为. PrjPCB。

3) 文件的打开

选择菜单栏中的【File】|【Open Project】命令,选择将要打开的文件,将其打开。

2. 原理图编辑器界面简介

在打开一个原理图文件或创建一个新的原理图文件的同时,Altium Designer 15 的原理图编辑器将被启动。下面介绍一下原理图编辑器的主要组成部分。

(1) 菜单栏。

Altium Designer 15 设计系统对于不同类型的文件进行操作时，主菜单的内容会发生相应的改变，在设计过程中，对原理图的各种编辑都可以通过主菜单中的相应命令来实现。

(2) 主工具栏。

随着编辑器的改变，编辑窗口上会出现不同的主工具栏。主工具栏为用户提供了一些常用文件操作快捷方式，选择菜单栏中的【View】|【Toolbars】|【NO Document Tool】命令，可以打开或关闭该工具栏。

(3) 布线工具栏。

布线工具栏主要用于原理图绘制时，放置元器件、电源、地、端口、图纸标号以及未用引脚标志等，同时可以完成连线操作，选择菜单栏中的【View】|【Toolbars】|【Wiring】命令，可以打开或关闭该工具栏

(4) 编辑窗口。

编辑窗口就是进行电路原理图设计的工作区。在此窗口中可以新画一个电路原理图，也可以对原有的电路原理图进行编辑和修改。

(5) 坐标栏。

在编辑窗口的左下方，状态栏上面会显示鼠标指针当前位置的坐标。

(6) 面板控制中心。

面板控制中心用来开启或关闭各种工作面板。该面板控制中心与集成开发环境中的面板控制中心相比，增加了一项 SCH 命令项，如图 2-10 所示。

SCH 命令项用来启动在原理图编辑环境中要用到的【Filter】(过滤)面板、【Inspector】(检查器)面板、【List】(列表)面板以及图纸框等，如图 2-11 所示。

图 2-10　编辑器面板控制中心

图 2-11　【SCH】命令项

2.3　图纸的设置

在绘制原理图之前，首先要对图纸的相关参数进行设置。主要包括图纸大小设置，图纸字体的设置，图纸方向、标题栏和颜色的设置以及网格和光标的设置等，以确定图纸的有关参数。

1. 图纸大小的设置

1) 打开图纸设置对话框

打开图纸设置对话框的方法有两种：

(1) 在电路原理图编辑窗口下,选择菜单栏中的【Design】|【Document Options】命令,弹出【Document Options】对话框,如图2-12所示。

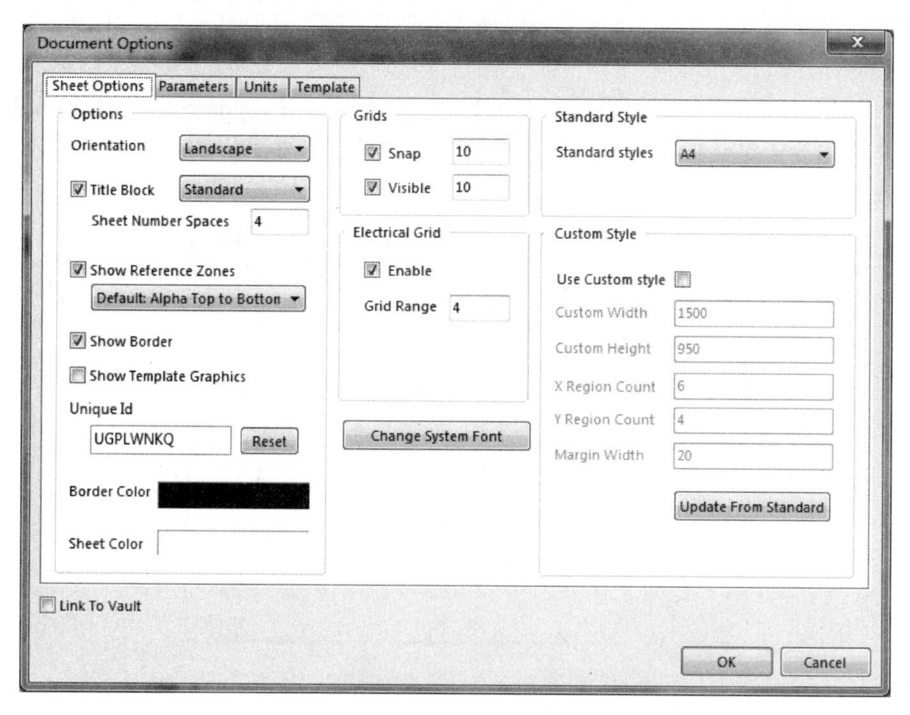

图2-12 【Document Options】(图纸属性设置)对话框

(2) 在当前原理图上右击,弹出快捷菜单,从弹出的快捷菜单中选择【Options】|【Sheet】命令,同样可以弹出图2-12所示对话框。

2) 图纸大小设置

在图2-12所示的图纸属性设置对话框中,单击【Standard styles】(标准风格)后面的下三角按钮,即可选择需要的图纸类型。例如,用户要将图纸大小设置成为标准A4图纸,把鼠标移动到图纸属性设置对话框中的【Standard styles】,单击下拉按钮启动该项,再选中A4选项,单击【OK】按钮确认即可。

Altium Designer 15 所提供的图纸样式有以下几种:

- 公制:A0、A1、A2、A3、A4,其中A4最小。
- 英制:A、B、C、D、E,其中A型最小。
- Orcad图纸:Orcad A、Orcad B、Orcad C、Orcad D、Orcad E。
- 其他类型:Altium Designer 15 还支持其他类型的图纸,如Letter、Legal、Tabloid等。

3) 自定义图纸设置

如果系统图纸设置不能满足用户要求,用户可以自定义图纸大小。自定义图纸大小可以在图2-12中的【Custom Style】选项区域中设置。在【Document Options】对话框的【Custom Style】选项区域选中【Use Custom Style】复选框后,即可以在下面各栏中设置图纸大小。如果没有选中【Use Custom Style】复选框,则相应的【Custom Width】等设置选项显示灰色,即不能进行设置。

2. 图纸字体的设置

在设计电路原理图文件时，常常需要插入一些字符，Altium Designer 15 可以为这些字符设置字体。

在图 2-12 所示的【Document Options】对话框中，单击【Change System Font】按钮，即可打开字体设置对话框，如图 2-13 所示。在图示的对话框中，可以对字体、字形、字符大小以及字符颜色等一系列参数进行设置，设置完成后单击【确定】按钮即可。

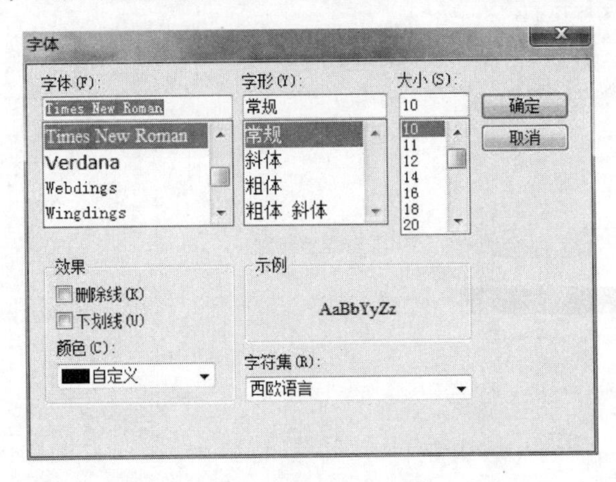

图 2-13　字体设置对话框

在图 2-13 中所显示的是 Altium Designer 15 系统默认的字体设置，如果不对字体属性进行设置，添加到原理图上的字符就是按照默认设置的字体。读者可以根据需要对字体进行设置。

3. 图纸方向、标题栏和颜色的设置

1）图纸方向设置

对图纸方向的设置是在图纸属性设置对话框【Sheet Options】的【Options】选项区域中进行的，如图 2-14 所示。在【Orientation】栏中有两个选项 Landscape 和 Portrait。其中，Landscape 表示水平方向，Portrait 表示垂直方向，系统默认的设置为 Landscape。

2）图纸标题栏设置

在图 2-14 中，选中【Title Block】复选框，即可以对图纸标题栏进行设置。单击下三角按钮，出现两种类型的标题栏供选择：Standard（标准型）和 ANSI（美国国家标准协会模式）。

3）图纸颜色设置

单击图 2-12【Document Options】对话框中的【Border Color】选项，打开【Choose Color】对话框，如图 2-15 所示，即可以对图纸边框颜色进行设置。

在该对话框中有【Basic】、【Standard】、【Custom】3 个选项卡可供选择，在任意一个选项卡中选取想要的颜色后，单击【OK】按钮即可。

单击【Document Options】对话框中的【Sheet Color】选项，用同样的方法可以对图纸的工作区颜色进行设置。

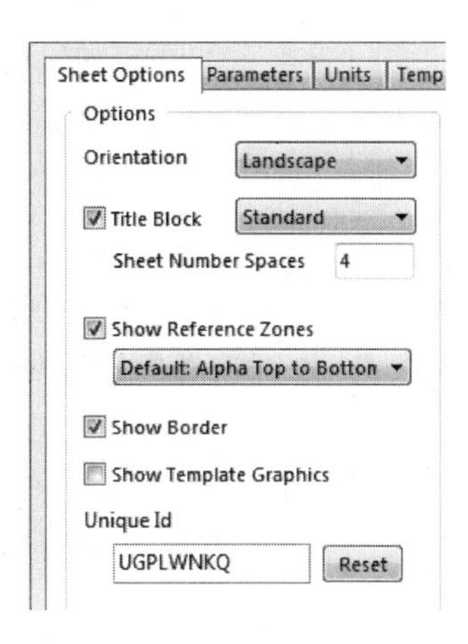

图 2-14 图纸方向设置

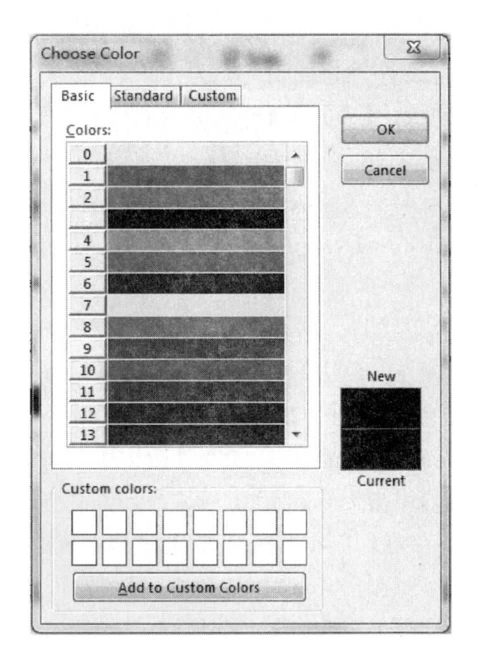

图 2-15 颜色选择对话框

下面介绍【Document Options】对话框中其他几个复选框的含义：

①【Show Reference Zones】(显示零参数)：用来设置是否显示参考图纸边框。

②【Show Border】(显示边界)：用来设置是否显示图纸边框。

③【Show Template Graphics】(显示绘制模板)：用来设置是否显示图纸模板图形。

一般情况下，采用系统默认设置的方向、标题栏和颜色即可满足设计要求。当然，也可以根据自己的喜好和实际情况选择适合自己的。

4. 网格和光标的设置

1) 网格设置

进入原理图的编辑环境后，会看编辑窗口的背景是网格形的，图纸上的网格为元器件的放置、线路的连接带来了极大的方便。这些网格是可以改变的，用户可以根据自己的需求对网格的类型和显示方式进行设置。

在【Document Options】对话框的【Grids】选项区域中，可以对图纸网格进行设置，如图 2-16 所示。

①【Snap】复选框：用来启用图纸上捕获网格。若选中此复选框，则光标将以设置的值为单位移动，系统默认值为 10 个像素点。若不勾选此复选框，光标将以 1 个像素点为单位移动。

②【Visible】复选框：用来启用可视网格，即在图纸上可以看到网格。若选中此复选框，图纸上的网格是可见的。若不勾选此复选框，图纸的网格被隐藏。

如果同时勾选中这两个复选框，且其后的设置值也相同，那么光标每次移动的距离将是一个网格。

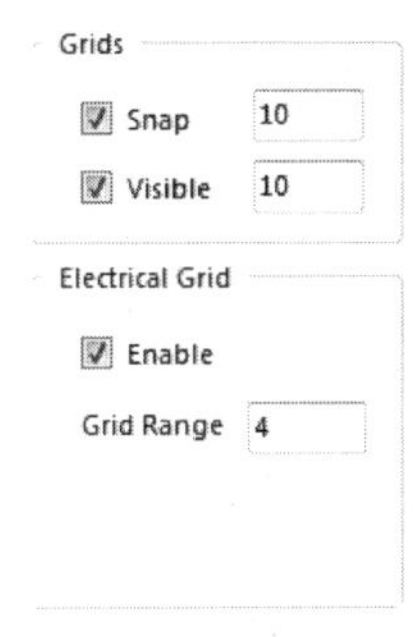

图 2-16 网格设置

在【Document Options】对话框的【Electrical Grid】选项区域中，可以对图纸的电气网格进行设置，如图 2-16 所示。

若选中【Enable】复选框，则在绘制导线时，系统将以光标所在的位置为中心，以【Grid Range】中设置的值为半径，自动向四周搜索电气节点。如果在此半径范围内有电气节点，光标将自动移动到该节点上，并在该节点上显示一个圆点。

Altium Designer 15 提供两种网格形状，即 Lines Grid（线状网格）和 Dots Grid（点状网格）。

设置线状网格和点状网格的具体步骤如下：

（1）选择菜单栏中的【Tools】|【Schematic Preferences】命令或在 SCH 原理图图纸上右击，在弹出的快捷菜单中选择【Options】|【Schematic Preferences】命令，打开【Cloud Preferences】对话框。在该对话框中选择【Grids】（栅格）选项卡，或直接选择【Options】|【Grids】快捷命令。

（2）在【Visible】（可视化栅格）下拉列表中有两个选项，分别为 Line Grid 和 Dot Grid。若选择 Line Grid 选项，则在原理图图纸上显示线状网格，若选择 Dot Grid 选项，则在原理图图纸上显示点状网格。

（3）在【Grids Color】（栅格颜色）选项中，单击右侧颜色条可以对网格颜色进行设置。

2）光标设置

选择菜单栏中的【Tools】|【Schematic Preferences】命令或在 SCH 原理图图纸上右击，在弹出的快捷菜单中选择【Options】|【Schematic Preferences】命令，打开【Cloud Preferences】对话框，如图 2-17 所示。在该对话框中选择【Graphical Editing】（图形编辑）选项卡。

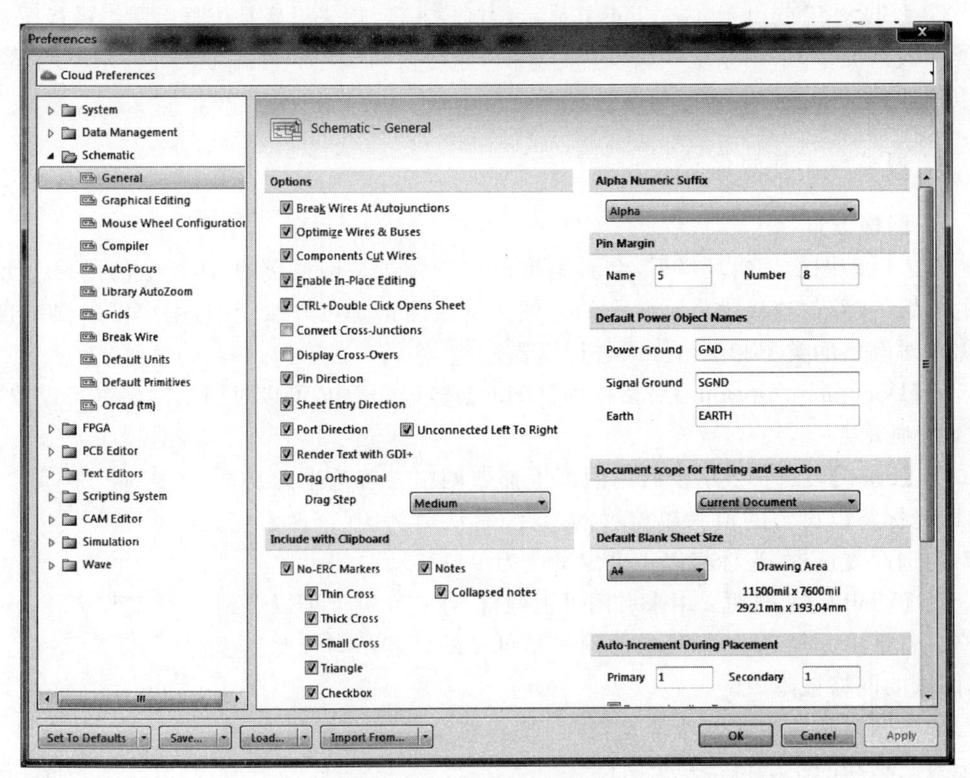

图 2-17 【Cloud Preferences】对话框

在【Graphical Editing】(图形编辑)选项卡的【Cursor】栏中,可以对光标进行设置,包括光标在绘图时、放置元器件时、放置导线时的形状。

【Cursor Type】可设置光标的类型,单击下三角按钮,会出现4种光标类型可供选择:Large Cursor 90、Small Cursor 90、Small Cursor 45、Tiny Cursor 45。

5. 填写图纸设置信息

图纸设计信息记录电路原理图的设计信息和更新信息,这些信息可以使用户更系统有效地对自己设计的电路图进行管理。所以在设计电路原理图时,要填写自己的图纸设计信息。

在【Document Options】对话框中单击【Parameters】标签,即可进入图纸设计信息填写对话框,如图2-18所示。

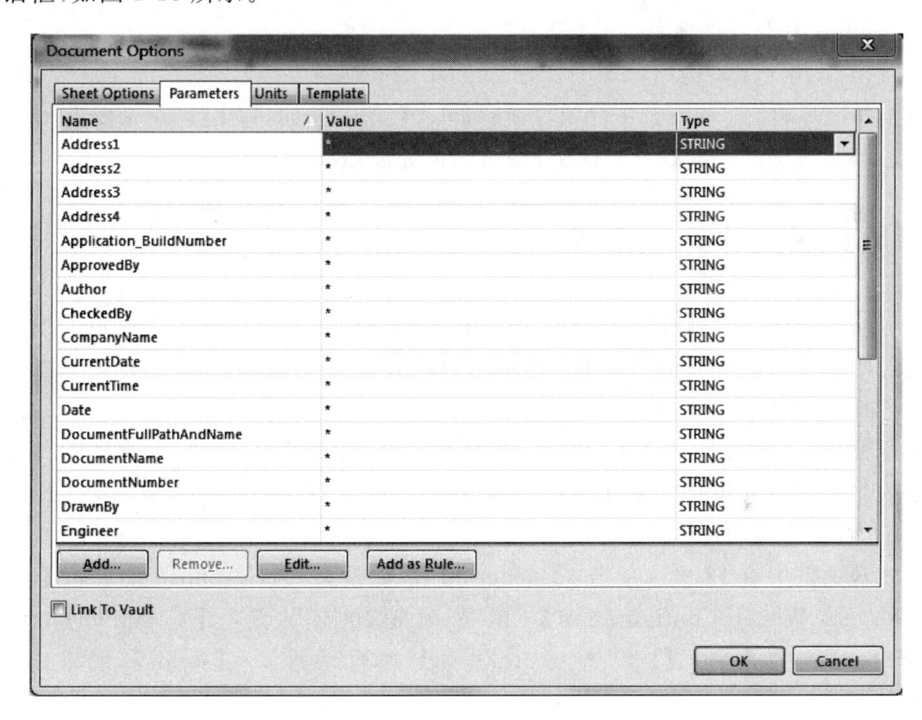

图2-18 图纸设置信息填写对话框

在该对话框中可以填写的原理图信息很多,简单介绍如下。

- Address1、Address2、Address3、Address4:用于填写设计公司或单位的地址。
- ApprobedBy:用于填写项目设计负责人姓名。
- Aouthor:用于填写设计者姓名。
- CheckedBy:用于填写审核者姓名。
- CompanyName:用于填写设计公司或单位名称。
- CurrentDate:用于填写当前日期。
- CurrentTime:用于填写当前时间。
- Date:用于填写日期。
- DocumentFullPathAndName:用于填写设计文件名和完整的保存路径。

- DocumentName：用于填写文件名。
- DocumentNumber：用于填写文件数量。
- DrawnBy：用于填写图纸绘制者姓名。
- Engineer：用于填写工程师姓名。
- ImagePath：用于填写影像路径。
- MidifiedDate：用于填写修改日期。
- Organization：用于填写设计机构名称。
- Revision：用于填写图纸版本号。
- Rule：用于填写设计规则信息。
- SheetNumber：用于填写本原理图编号。
- SheetTotal：用于填写电路原理图总数。
- Time：用于填写时间。
- Title：用于填写电路原理图标题。

双击要填写的信息项或选中此填写项后，单击【编辑】按钮，弹出【Parameters Properties】对话框。填写或修改完成后单击【OK】按钮即可完成填写。

2.4 原理图工作环境设置

在电路原理图的绘制过程中，其效率性和正确性往往与原理图工作环境的设置有着十分密切的联系。这一节中将详细介绍原理图工作环境的设置，以便用户能熟悉这些设置，为后面的原理图的绘制打下良好的基础。

选择菜单栏中的【Tools】|【Schematic Preferences】命令或在SCH原理图图纸上右击，在弹出的快捷菜单中选择【Options】|【Schematic Preferences】命令，打开【Cloud Preferences】对话框，如图2-17所示。

在该对话框中有12个选项卡：【General】(常规设置)、【Graphical Editing】(几何编辑)、【Mouse Wheel Configuration】(鼠标滚轮功能设置)、【Compiler】(编译)、【AutoFocus】(自动聚焦)、【Library AutoZoom】(库自动调节)、【Grids】(网格)、【Break Wire】(切割导线)、【Default Units】(默认单位)、【Default Primitives】(初始默认值)、【Orcad(tm)】(端口操作)和【Device Sheets】(设备图纸)。下面对这些选项卡进行具体的介绍。

1.【General】选项卡的设置

在【Cloud Preferences】对话框中，单击【General】(常规设置)标签，弹出【General】(常规设置)选项卡。【General】(常规设置)选项卡主要用来设置电路原理图的常规环境参数。

1)【Options】选项区域

- 【Break Wires Autojunctions】(直角拖曳)复选框：勾选该复选框后，在原理图上拖动元器件时，与元器件相连接的导线只能保持直角。若不勾选该复选框，则与元器件相连接的导线可以呈现任意的角度。

• 【Optimize Wires Buses】(最优连线路径)复选框：勾选该复选框后，在进行导线和总线连接时，系统将自动选择最优路径，并且可以避免各种电气连线和非电气连线的相互重叠。此时，下面的元器件割线复选框也呈现可选状态。若不勾选该复选框，则用户可以自己选择连线路径。
• 【Components Cut Wires】(元器件割线)复选框：勾选该复选框后，会启动元器件分割导线的功能。也就是当放置一个元器件时，若元器件的两个引脚同时落在一根导线上，则该导线将被分割成两段，两个端点分别自动与元器件的两个引脚相连。
• 【Enable In-Place Editing】(启用即时编辑功能)复选框：勾选该复选框后，在选中原理图中的文本对象时，如元器件的序号、标注等，双击后可以直接进行编辑、修改而不必打开相应的对话框。
• 【Ctrl+Double Click Opens Sheet】(Ctrl+双击打开图纸)复选框：勾选该复选框后，按下Ctrl键的同时双击原理图文档图标即可打开该原理图。
• 【Convert Cross-Junctions】(转换交叉点)复选框：勾选该复选框后，用户在绘制导线时，在相交的导线处自动连接并产生节点，同时终止本次操作。若没有勾选该复选框，则用户可以任意覆盖已存在的连线，并可以继续进行绘制导线的操作。
• 【Display Cross-Overs】(显示交叉点)复选框：勾选该复选框后，非电气连线的交叉点会以半圆弧显示，表示交叉跨越状态。
• 【Pin Direction】(引脚说明)复选框：勾选该复选框后，单击元器件某一引脚时，会自动显示该引脚的编号及输入/输出特性等。
• 【Sheet Entry Direction】(图纸入口方向)复选框：勾选该复选框后，在顶层原理图的图纸符号中会根据子图中设置的端口属性显示输出端口、输入端口或其他性质的端口。图纸符号中相互连接的端口部分不随此项设置的改变而改变。
• 【Port Direction】(端口方向)复选框：勾选该复选框后，端口的样式会根据用户设置的端口属性显示输出端口、输入端口或其他性质的端口。
• 【Unconnected Left To Right】(未连接从左到右)复选框：勾选该复选框后，由子图生成顶层原理图时，左右可以不进行物理连接。
• 【Render Text with GDI+】(使用GDI+渲染文本)复选框：勾选该复选框后，可使用GDI字体渲染功能，精细到字体的粗细、大小等功能。

2)【Include with Clipboard】选项区域

• 【No-ERC Markers】(忽略ERC检查符号)复选框：勾选该复选框后，在复制、剪切到剪贴板或打印时，均包含图纸的忽略ERC检查符号。
• 【Parameter Sets】(参数集)复选框：勾选该复选框后，使用剪贴板进行复制操作或打印时，包含元器件的参数信息。

3)【Auto-Increment During Placement】选项区域

该选项区域用于设置元器件标识序号及引脚号的自动增量数。

• 【Primary】文本框：用于设定在原理图上连续放置同一种元器件时，元器件标识序号的自动增量数，系统默认值为1。
• 【Secondary】文本框：用于设定创建原理图符号时，引脚号的自动增量数，系统默认值为1。

4)【Defaults】选项区域

该选项区域用于设置默认的模板文件。可以在【Template】下拉列表中选择模板文件，选择后，模板文件名称将出现在【Template】文本框中。每次创建一个新的文件时，系统将自动套用该模板。也可以单击【清除】按钮来清除已经选择的模板文件。如果不需要模板文件，则【Template】列表框中显示 No Default Template 文件(没有默认的模板文件)。

5)【Alpha Numeric Suffix】选择区域

该选项区域用于设置某些元器件中包含多个相同子部件的标识后缀，每个子部件都具有独立的物理功能。在放置这种复合元器件时，其内部的多个子部件通常采用“元器件标识：后缀”的形式来加以区别。

- 【Alpha】单选按钮：选中该单选按钮，子部件的后缀以字母表示，如 U:A、U:B 等。
- 【Numeric】单选按钮：选中该单选按钮，子部件的后缀以数字表示，如 U:1、U:2 等。

6)【Pin Margin】选项区域

- 【Name】文本框：用于设置元器件的引脚名称与元器件符号边缘之间的距离，系统默认值为 5mil。
- 【Number】文本框：用于设置元器件的引脚编号与元器件符号边缘之间的距离，系统默认值为 8mil。

7)【Default Power Object Names】选项区域

- 【Power Ground】文本框：用于设置电源地的网络标签名称，系统默认为 GND。
- 【Signal Ground】文本框：用于设置信号地的网络标签名称，系统默认为 SGND。
- 【Earth】文本框：用于设置大地的网络标签名称，系统默认为 EARTH。

8)【Document scope for filtering and selection】选项区域

该选项区域中的下拉列表框用于设置过滤器和执行选择功能时默认的文件范围，包含以下两个选项。

- 【Current Document】(当前文档)选项：表示仅在当前打开的文档中使用。
- 【Open Document】(打开文档)选项：表示在所有打开的文档中都可以使用。

9)【Default Blank Sheet Size】选项区域

该选项区域用于设置默认空白原理图的尺寸，可以从下拉列表框中选择适当的选项，并在旁边给出相应尺寸的具体绘图区域范围，以帮助用户进行设置。

2.【Graphical Editing】选项卡的设置

在【Options】对话框中，单击【Graphical Editing】(几何编辑)标签，弹出【Graphical Editing】选项卡。【Graphical Editing】选项卡主要用来设置与绘图有关的一些参数。

1)【Options】选项区域

- 【Clipboard Reference】(剪贴板参数)复选框：勾选该复选框后，在复制或剪切选中的对象时，系统将提示确定一个参考点。建议用户勾选该复选框。
- 【Add Template to Clipboard】(添加模板到剪贴板)复选框：勾选该复选框后，用户在执行复制或剪切操作时，系统将会把当前文档所使用的模板一起添加到剪贴板中，所复制的原理图包含整个图纸。建议用户不勾选该复选框。

- 【Convert Special String】(转换特殊字符)复选框：勾选该复选框后，可以在原理图上使用特殊字符串，显示时会转换成实际字符串，否则将保持原样。
- 【Center of Object】(对象的中心)复选框：勾选该复选框后，在移动元器件时，光标将自动跳到元器件的参考点上(元器件具有参考点时)或对象的中心处(对象不具有参考点时)。若不勾选该复选框，则移动对象时光标将自动滑到元器件的电气节点上。
- 【Objct's Electrical Hot Spot】(对象电气热点)复选框：勾选该复选框后，当移动或拖动某一对象时，光标自动滑动到离对象最近的电气节点(如元器件的引脚末端)处。建议用户勾选该复选框。如果想实现勾选【对象的中心】复选框后的功能，则应取消对【对象电气热点】复选框的勾选，否则移动元器件时，光标仍然会自动滑到元器件的电气节点处。
- 【Auto Zoom】(自动缩放(Z))复选框：勾选该复选框后，在插入元器件时，电路原理图可以自动地实现缩放，调整出最佳的视图比例。建议用户勾选该复选框。
- 【Single/Negation】(否定信号\)复选框：一般在电路设计中，习惯在引脚的说明文字顶部加一条横线表示该引脚低电平有效，在网络标签上也采用此种标识方法。Altium Designer 15 允许用户使用“\”为文字顶部加一条横线。例如，RESET 低有效，可以采用“\R\E\S\E\T”的方式为该字符串顶部加一条横线。勾选该复选框后，只要在网络标签名称的第一个字符前加一个“\”则该网络标签名将全部被加上横线。
- 【Double Click Runs Inspector】(双击运行检查)复选框：勾选该复选框后，在原理图上双击某个对象时，可以打开【Inspector】(检查)面板。在该面板中列出了该对象的所有参数信息，用户可以进行查询或修改。
- 【Confirm Selection Memory Clear】(确定备选存储清除)复选框：勾选该复选框后，在清除选定的存储器时，将出现一个确认对话框。通过这项功能的设定可以防止由于疏忽而清除选定的存储器。建议用户勾选该复选框。
- 【Mark Manual Parameters】(掩膜手册参数)复选框：用于设置是否显示参数自动定位被取消的标记点。勾选该复选框后，如果对象的某个参数已取消了自动定位属性，那么在该参数的旁边会出现一个点状标记，提示用户该参数不能自动定位，需手动定位，即应该与该参数所属的对象一起移动或旋转。
- 【Click Clears Selection】(单击清除选择)复选框：勾选该复选框后，通过单击原理图编辑窗口中的任意位置，就可以解除对某一对象的选中状态，不需要再使用菜单命令或者原理图标准工具栏中的取消对当前所有文件的选中按钮。建议用户勾选该复选框。
- 【Shift Click To Select】(‘Shift’+单击选择)复选框：勾选该复选框后，只有在按下 Shift 键时，单击才能选中图元。此时，右侧的【元素】按钮被激活。单击【元素】按钮，弹出【必须按定 Shift 选择】对话框，可以设置哪些图元只有在按下 Shift 键时，单击才能选择。使用这项功能会使原理图的编辑很不方便，建议用户不要勾选该复选框，直接单击选择即可。

- 【Always Drag】（一直拖曳）复选框：勾选该复选框后，移动某一选中的图元时，与其相连的导线也随之被拖动，以保持连接关系。若不勾选该复选框，则移动图元时，与其相连的导线不会被拖动。
- 【Place Sheet Entries automatically】（自动放置图纸入口）复选框：勾选该复选框后，系统会自动放置图纸入口。
- 【Protect Locked Objects】（保护锁定的对象）复选框：勾选该复选框后，系统会对锁定的图元进行保护。若不勾选该复选框，则锁定对象不会被保护。

2）【Auto Pan Options】选项区域

该选项区域主要用于设置系统的自动摇镜功能，即当光标在原理图上移动时，系统会自动移动原理图，以保证光标指向的位置进入可视区域。

- 【Style】下拉列表框：用于设置系统自动摇镜的模式。有3个选项可以供用户选择，即Auto Pan Off（关闭自动摇镜）、Auto Pan Fixed Jump（按照固定步长自动移动原理图）、Auto Pan Recenter（移动原理图时，以光标最近位置作为显示中心）。系统默认为Auto Pan Fixed Jump（按照固定步长自动移动原理图）。
- 【Speed】滑块：通过拖动滑块，可以设定原理图移动的速度。滑块越向右，速度越快。
- 【Step Size】文本框：用于设置原理图每次移动时的步长。系统默认值为30，即每次移动30个像素点。数值越大，图纸移动越快。
- 【Shift Step Size】文本框：用于设置在按住Shift键的情况下，原理图自动移动的步长。该文本框的值一般要大于【Step Size】文本框中的值，这样在按住Shift键时可以加快图纸的移动速度。系统默认值为100。

3）【Undo/Redo】选项区域

【Stack Size】文本框：用于设置可以取消或重复操作的最深层数，即次数的多少。理论上，取消或重复操作的次数可以无限多，但次数越多，所占用的系统内存就越大，会影响编辑操作的速度。系统默认值为50，一般设定为30即可。

4）【Color Options】选项区域

该选项区域用于设置所选中对象的颜色。单击【选择】颜色显示框，系统将弹出【选择颜色】对话框。在该对话框中可以设置选中对象的颜色。

5）【Cursor】选项区域

该选项区域主要用于设置光标的类型。在【Cursor Type】下拉列表框中，包含Large Cursor 90（长十字形光标）、Small Cursor 90（短十字形光标）、Small Cursor 45（短45°交叉光标）、Tiny Cursor 45（小45°交叉光标）4种光标类型。系统默认为Small Cursor 90（短十字形光标）类型。

其他参数的设置读者可以参照帮助文档，这里不再赘述。

3.【Mouse Wheel Configuration】选项卡的设置

在【Cloud Preferences】对话框中，单击【Mouse Wheel Confiruration】（鼠标滚轮功能配置）标签，弹出【Mouse Wheel Configuration】（鼠标滚轮功能配置）选项卡。【Mouse

Wheel Configuration】(鼠标滚轮功能配置)选项卡主要用来设置鼠标滚轮的功能。

- 【Zoom Main Window】：缩放主窗口。在它后面有 3 个选项可供选择，即 Ctrl、Shifit 和 Alt。当选中某一个后，按下此键，滚动鼠标滚轮就可以缩放电路原理图。系统默认选择 Ctrl。
- 【Vertical Scroll】：垂直滚动。同样有 3 个选项供选择。系统默认不选择，因为在不做任何设置时，滚轮本身就可以实现垂直滚动。
- 【Horizontal Scroll】：水平滚动。系统默认选择 Shift。
- 【Change Channel】：转换通道。

4. Compiler 选项卡的设置

在【Cloud Preferences】对话框中，单击【Compiler(编译)】标签，弹出【Compiler】(编译)选项卡。【Compiler】(编译)选项卡主要用来设置对电路原理图进行电气检查时，对检查出的错误生成各种报表和统计信息。

1)【Errors & Warnings】(错误和警告)选项区域

用来设置对于编译过程中出现的错误，是否显示出来，并可以选择颜色加以标记。系统错误有 3 种，分别是 Fatal Error(致命错误)、Error(错误)和 Warning(警告)，此选项区域采用系统默认即可。

2)【Auto-Junctions】(自动链接)选项区域

主要用来设置在电路原理图连线时，在导线的 T 字形连接处，系统自动添加电气节点的显示方式。有两个复选框供选择。

- 【Display On Wires】(显示在线上)：在导线上显示，若选中此复选框，导线上的 T 字形连接处会显示电气节点。电气节点的大小用【大小】设置，有 4 种选择。在【颜色】中可以设置电气节点的颜色。
- 【Display On Buses】(显示在总线上)：在总线上显示，若选中此复选框，总线上的 T 字形连接处会显示电气节点。电气节点的大小和颜色设置操作与前面的相同。

3)【Compiled Names Expansion】(编译扩展名)选项区域

主要用来设置要显示对象的扩展名。若选中【Designators】(标识)复选框，则在电路原理图上会显示标志的扩展名。其他对象的设置操作同上。

5.【AutoFocus】选项卡的设置

在【Cloud Preferences】对话框中，单击【AutoFocus】(自动聚焦)标签，弹出【AutoFocus】选项卡。

【AutoFocus】(自动聚焦)选项卡主要用来设置系统的自动聚焦功能，此功能根据电路原理图中的元器件或对象所处的状态进行显示。

1)【Dim Unconnected Objects】(淡化未连接的目标)选项区域

用来设置对未连接的对象的淡化显示。有 4 个复选框供选择，分别是【On Place】(放置时)、【On Move】(移动时)、【On Edit Graphically】(图形编辑时)和【On Edit In Place】(编辑放置时)。单击【All On】按钮可以全部选中，单击【All Off】按钮全部取消选择。淡化显示的程度可以由右面的滑块来调节。

2)【Thicken Connected Objects】(使连接物体变厚)选项区域

用来设置对连接对象的加强显示。有3个复选框供选择，分别是【On Place】(放置时)、【On Move】(移动时)和【On Edit Graphically】(图形编辑时)。其他的设置同上。

3)【Zoom Connected Objects】(缩放连接目标)选项区域

用来设置对连接对象的缩放。有5个复选框供选择，分别是【On Place】(放置时)、【On Move】(移动时)、【On Edit Graphically】(图形编辑时)、【On Edit In Place】(编辑放置时)和【Restrick To Non-net Objects Only】(仅约束非网络对象)。第5个复选框在选择了【On Edit In Place】(编辑放置时)复选框后，才能进行选择。其他设置同上。

6.【Grids】选项卡的设置

在【Cloud Preferences】对话框中，单击【Grids】(网格)标签，弹出【Grids】选项卡。【Grids】(网格)选项卡用来设置电路原理图图纸上的网格。

在前一节中对网格的设置已经做过介绍，在此只对选项卡中没讲过的部分做简单介绍。

1)【Imperial Grid Presets】(英制移点预设)选项区域

用来将网格形式设置为英制网格形式。单击【Altium Presets】按钮，弹出图2-19所示的菜单。选择某一种形式后，在旁边显示出系统对Snap Grid(跳转栅格)、Electrical Grid (电气栅格)和Visible Grid (可视化栅格)的默认值。用户也可以自己点击设置。

2)【Metric Grid Presets】(米制移点预设)选项区域

用来将网格形式设置为公制网格形式。设置方法同上。

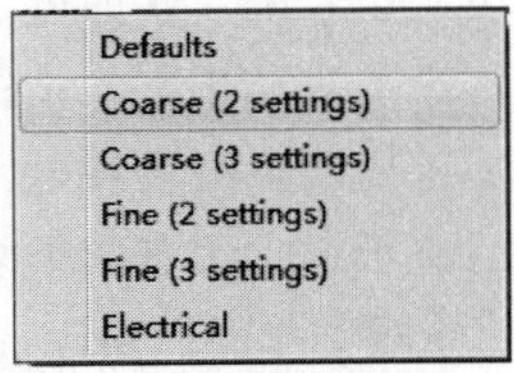

图2-19 【推荐设置】菜单

7.【Break Wire】选项卡的设置

在【Cloud Preferences】对话框中，单击【Break Wire】(切割导线)标签，弹出【Break Wire】选项卡。【Break Wire】(切割导线)选项卡用来设置与【Break Wire】(切割导线)命令有关的一些参数。

1)【Cutting Length】(切割长度)选项区域

用来设置当执行【Break Wire】命令时，切割导线的长度。有3个选择框。

- 【Snap To Segment】(折断片段)：对准片断，选择该项后，当执行【Break Wire】命令时，光标所在的导线被整段切除。
- 【Snap Grid Multiple】(折断多重栅格尺寸)：捕获网格的倍数，选择该项后，当执行【Break Wire】命令时，每次切割导线的长度都是网格的整数倍。用户可以在右边的数字栏中设置倍数，倍数的大小为2～100。
- 【Fixed Length】(固定长度)：固定长度，选择该项后，当执行【Break Wire】命令时，每次切割导线的长度是固定的。用户可以在右边的数字栏中设置每次切割导线的固定长度值。

2)【Show Cutter Box】(显示切割框)选项区域

用来设置当执行【Break Wire】命令时，是否显示切割框。有3个选项供选择，分别是Never(从不)、Always(总是)、On Wire(线上)。

3)【Show Extremity Markers】(显示)选项区域

用来设置当执行【Break Wire】(切割导线)命令时,是否显示导线的末端标记。有3个选项供选择,分别是Never(从不)、Always(总是)、On Wire(线上)。

8.【Default Units】选项卡的设置

在【Cloud Preferences】对话框中,单击【Default Units】(默认单位)标签,弹出【Default Units】选项卡。【Default Units】(默认单位)选项卡用来设置在电路原理图绘制中,使用的是英制单位系统还是公制单位系统。

1)【Imperial Unit System】(英制单位系统)选项区域

当选中【Use Imperial Unit System】(使用英制单位系统)复选框后,下面的【Imperial Unit used】(使用的英制单位)下拉列表被激活,在下拉列表中有4种选择。对于每一种选择,在下面【Unit System】(单位系统)中都有相应的说明。

2)【Metric Unit System】(米制单位系统)选项区域

当选中【Use Metric Unit System】(使用公制单位系统)复选框后,下面的【Use Metric Unit System】(使用公制单位系统)下拉列表被激活,其设置同上。

9.【Default Primitives】选项卡的设置

在【Cloud Preferences】对话框中,单击【Default Primitives】(初始默认值)标签,弹出【Default Primitives】选项卡。【Default Primitives】(初始默认值)选项卡主要用来设置原理图编辑时,常用元器件的初始默认值。

1)【Primitives List】(元件列表)选项区域

在【Primitives List】(元件列表)选项区域中,单击其下三角按钮,弹出下拉列表。选择下拉列表中的某一选项,该类型所包括的对象将在【Primitives】(元器件)框中显示。

- All:全部对象,选择该项后,在下面的【Primitives】框中将列出所有的对象。
- Wiring Objects:指绘制电路原理图工具栏所放置的全部对象。
- Drawing Objects:指绘制非电气原理图工具栏所放置的全部对象。
- Sheet Symbol Objects:指绘制层次图时与子图有关的对象。
- Library Objects:指与元件库有关的对象。
- Other:指上述类别所没有包括的对象。

2)【Primitives】(元器件)选项区域

可以选择【Primitives】(元器件)列表框中显示的对象,并对所选的对象进行属性设置或复位到初始状态。在【Primitives】(元器件)列表框中选定某个对象,例如选中【Pin】(引脚),单击【编辑】按钮或双击对象,弹出【Pin Properties】(引脚属性)对话框。修改相应的参数设置,单击【确定】按钮即可返回。

如果在此处修改相关的参数,那么在原理图上绘制引脚时默认的引脚属性就是修改过的引脚属性设置。

在原始值列表框选中某一对象,单击【复位】按钮,则该对象的属性复位到初始状态。

3)功能按钮

- 【Save As】(保存为):保存默认的原始设置,当所有需要设置的对象全部设置完毕，单击【保存为】按钮，弹出文件保存对话框，保存默认的原始设置。默认的文件扩展名为 *.dft，以后可以根据需要重新进行加载。

- 【Load】(装载)：加载默认的原始设置，要使用以前曾经保存过的原始设置，单击【装载】按钮，弹出【打开文件】对话框，选择一个默认的原始设置档就可以加载默认的原始设置。
- 【Reset All】(复位所有)：恢复默认的原始设置。单击【复位所有】按钮，所有对象的属性都回到初始状态。

10.【Orcad(tm)】选项卡的设置

在【Cloud Preferences】对话框中，单击【Orcad (tm)】标签，弹出【Orcad(tm)】选项卡。【Orcad (tm)】选项卡主要用来设置与 Orcad 文件有关的参数。

1)【Copy Footprint Form/To】(复制封装)选项区域

用来设置元器件的 PCB 封装信息的导入/导出。在下拉列表框中有 9 个选项供选择。

若选中 Part Field 1～Part Field 8 中的任意一个，则导入时将相应的零件域中的内容复制到 Altium Design 15 的封装域中，在输出时将 Altium Design 15 的封装域中的内容复制至相应的零件域中。

若选择 Ignore，则不进行内容的复制。

2)【Orcad Port】(Orcad 端口)选项区域

该区域中的复选框用来设置端口的长度是否由端口名称的字符串长度来决定。若选中此复选框，现有端口将以它们的名称的字符串长度为基础重新计算端口的长度，并且它们将不能改变图形尺寸。

2.5 思考与练习

(1) 简述电路原理图设计流程。

(2) 创建一个 PCB 工程，并在该工程下新建电路原理图。

(3) 设置新建电路原理图图纸大小为 A1、方向为水平并填写图纸信息。

(4) 熟悉 Altium Designer 15 原理图中工作环境设置，设置常用的选项卡。

第3章 原理图视图对象的操作

在熟悉了原理图的编译环境之后，用户还需要熟练掌握原理图视图及对象的操作方法，这样才能为熟练绘制原理图打下坚实的基础。本章将重点介绍原理图视图及对象的操作、原理图的打印等内容。

3.1 原理图视图操作

原理图的视图操作主要包括工作界面的缩放、原理图的刷新、工具栏及工作面板的打开与关闭、状态栏的打开与关闭、桌面布局等。原理图视图操作均可通过图 3-1 所示的【View】(查看)菜单来执行。下面将具体介绍各种原理图视图的操作方法。

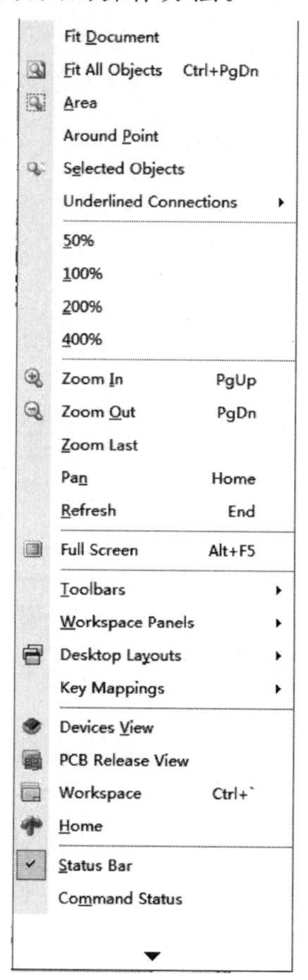

图 3-1 【View】菜单

3.1.1 工作界面的缩放

在原理图编辑过程中，为了便于用户观察原理图的整体和细节，快速在整体和细节之间进行切换，Altium Designer 15 提供了原理图的缩放操作功能，各种缩放命令可在【View】菜单中找到。

在【View】菜单中，关于工作界面缩放的菜单命令可分为以下两类：

1. 在工作界面中显示选择的内容

该操作包括在工作界面上显示整个原理图、所有元器件(工程)、选定的区域、选择的工程(文件)、选择的格点周围等。

- 【Fit Document】(适合文件)：在工作界面上显示当前整张原理图，包括图纸边框、标题栏等，如图 3-2 所示。

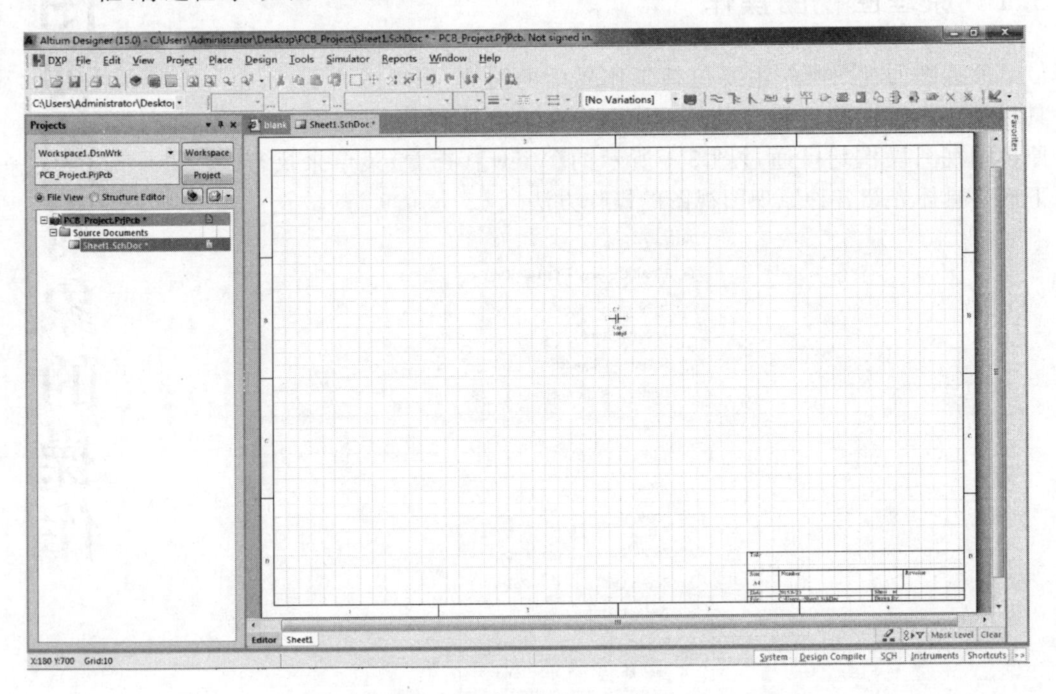

图 3-2　适合文件的显示效果

- 【Fit All Objects】(适合所有对象)：在工作界面上以最大比例显示当前原理图的所有元器件，如图 3-3 所示。通过按快捷键 Ctrl+PgDn 或者单击工具栏中的按钮也可实现该操作功能。
- 【Area】(区域)：在工作界面上确定一个区域，并对区域中的内容进行放大。具体操作方法：执行该命令，或者单击菜单栏中的按钮，光标将变成十字形状显示在工作界面上。单击确定区域的一个顶点，然后移动光标确定区域的对角顶点并单击，完成区域绘制，如图 3-4 所示。此时，工作界面上只显示区域中的内容，如图 3-5 所示。

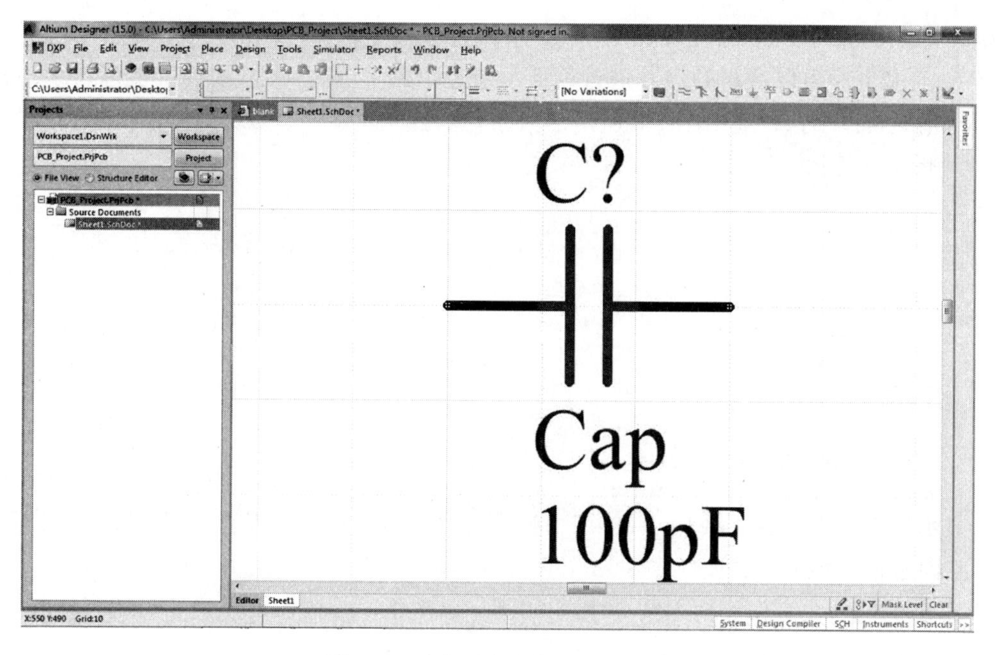

图 3-3 适合所有对象的显示效果

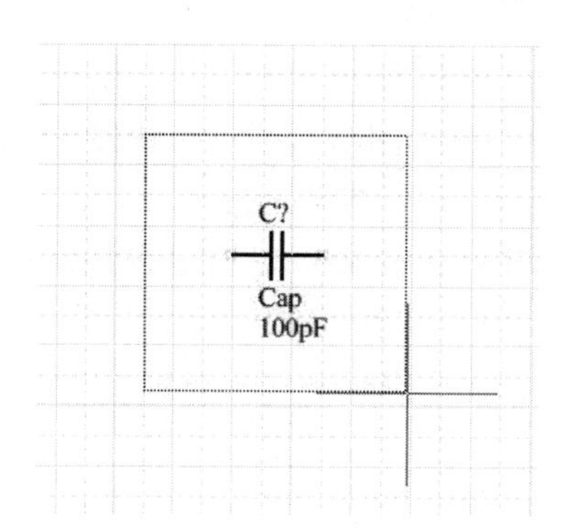

图 3-4 绘制区域

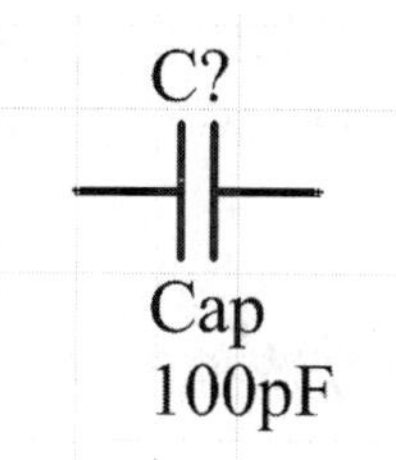

图 3-5 区域绘制显示效果

• 【Around Point】(点周围)：在工作界面上确定一个点，并对点周围的内容进行放大。具体操作方法：执行该命令，光标将变成十字形状显示在工作界面上。单击确定一个点，移动鼠标确定点周围的区域，如图 3-6 所示。单击后工作界面上放大显示点周围的内容，如图 3-7 所示。

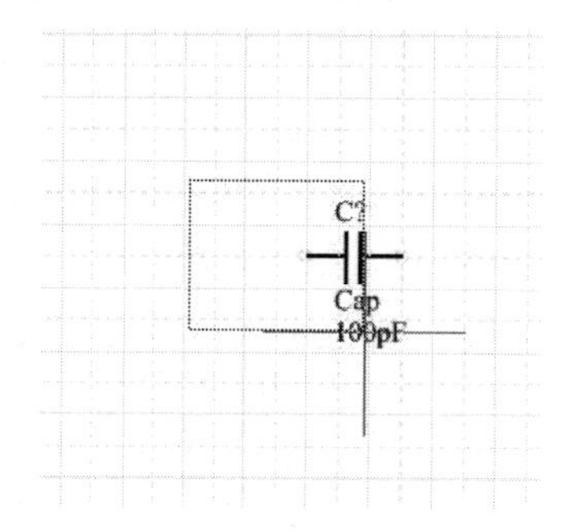

图 3-6 绘制点周围

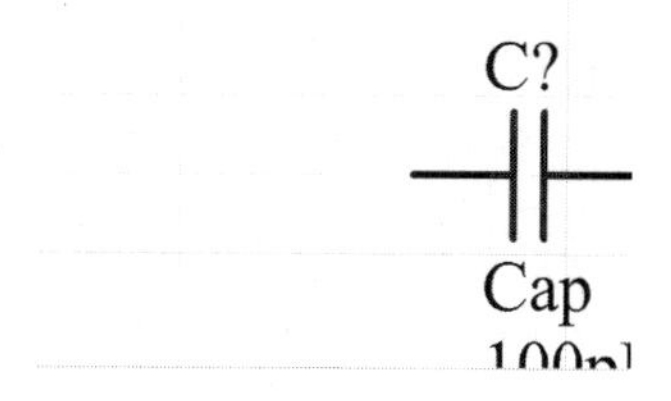

图 3-7 点周围绘制显示效果

- 【Selected Objects】(被选中的对象)：执行该命令，可将工作界面中被选中的一个或多个对象以适当的尺寸进行放大。通过单击工具栏中的按钮也可实现该操作功能。例如，选中图 3-8 所示的对象，执行【Selected Objects】命令，显示效果如图 3-9 所示。

图 3-8　选中对象　　　　图 3-9　显示效果

2. 显示比例的缩放

显示比例缩放功能主要用于按照比例显示、缩放原理图，以及按原比例显示原理图坐标点附近的区域。

- 【50%】：在工作界面上按 50%的比例显示图纸。
- 【100%】：在工作界面上按 100%的比例显示图纸。
- 【200%】：在工作界面上按 200%的比例显示图纸。
- 【400%】：在工作界面上按 400%的比例显示图纸。
- 【Zoom In】(放大)：以光标所在位置为中心放大图纸。通过按快捷键 PgUp 或者按住 Ctrl 键同时向上滚动鼠标滚轮也可以实现该操作功能。
- 【Zoom Out】(缩小)：以光标所在位置为中心缩小图纸。通过按快捷键 PgDn 或者按住 Ctrl 键同时向下滚动鼠标滚轮也可以实现该操作功能。

3.1.2　其他视图操作

除了工作界面的缩放操作外，原理图的视图操作还包括以下几种常用操作：

(1) 刷新原理图。

绘制原理图时，在完成滚动界面、移动对象等操作后，工作界面有时会出现显示一些残留的斑点、线段或图形变形等情况。虽然这些情况不影响电路的正确性，但影响原理图的整体美观。通过刷新原理图可使界面恢复正常显示，只要单击菜单栏【View】|【Refresh】命令，或者按快捷键 End，即可进行原理图的刷新操作。

(2) 工具栏、工作面板和状态栏的打开与关闭。

在【View】菜单中，只要单击【Toolbars】、【Workspace Panels】这两个子菜单，即可弹出三级子菜单。在三级子菜单中，可以根据设计需要，打开与关闭各工具栏选项和工作面板。由于在前面章节中已对该方面内容进行了详细的介绍，这里不再赘述。

当移动某个对话框时，有时会使窗口显示混乱，可以通过单击菜单栏【View】|【Desktop Layouts】|【Default】命令使桌面恢复正常显示。

Altium Designer 15 的状态栏位于工作界面底部，具有光标坐标和系统当前状态显示功能。只要打开【View】菜单，将子菜单【Status Bar】前的“√”去掉，即可将状态栏关闭，如图 3-10 所示；若在子菜单【Status Bar】前面打“√”，则可将关闭的状态栏打开。

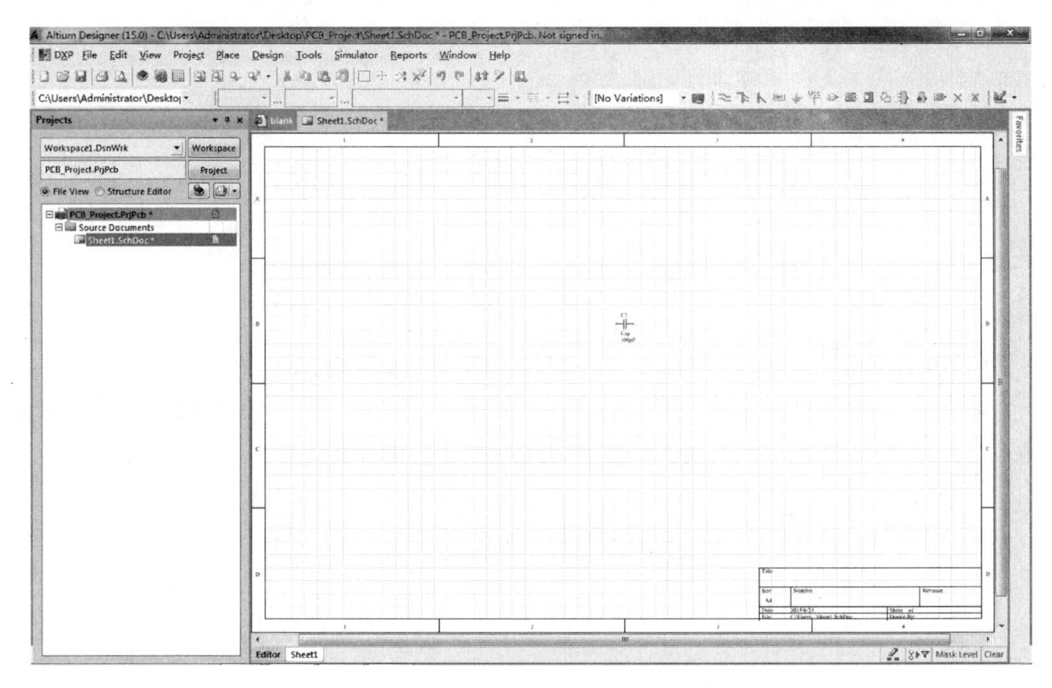

图 3-10　已关闭状态栏的界面

3.2　原理图对象的编辑操作

原理图编辑对象主要包括放置的元器件、导线及元器件的文字说明等内容。为了使所绘制的原理图清晰、美观，需要对原理图对象进行编辑操作。

对象的编辑主要包括对象的选择、删除、复制、剪切和粘贴，以及相似对象的搜索等操作，可以通过【Edit】(编辑)菜单来执行。下面具体介绍对象的编辑操作方法。

3.2.1　对象的选择

在原理图上单击工作窗口中某个对象，该对象即被选中，如图 3-8 所示。

除了单个对象的选择外，Altium Designer 15 还提供了一些其他的对象选择方式，只要单击【Edit】菜单中的【Select】子菜单，即可弹出图 3-11 所示的子菜单，上面列出了各种对象选择命令。

Inside Area
Outside Area
Touching Rectangle
Touching Line
All　　Ctrl+A
Connection
Toggle Selection

图 3-11　【Select】子菜单

1. 选择一个区域内的所有对象

在原理图中放置若干个元器件，如图 3-12 所示，以此图为例，选择一个区域内的对象操作步骤如下：

(1) 执行图 3-11 所示的【Inside Area】(内部区域)命令，光标由箭头变成十字形状显示在工作界面上。

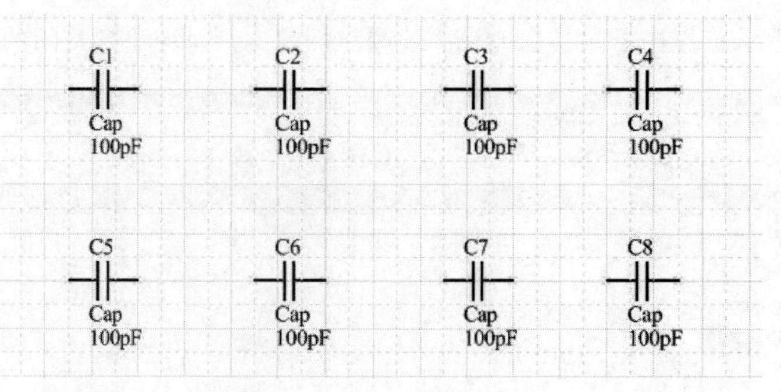

图 3-12 放置几个元器件

(2) 单击确定区域的一个顶点，按住鼠标左键不放并拖动鼠标，在工作窗口中将显示一个虚线框，该虚线框就是将要确定的区域，如图 3-13 所示。此时在区域内的对象将全部处于选中状态，如图 3-14 所示。

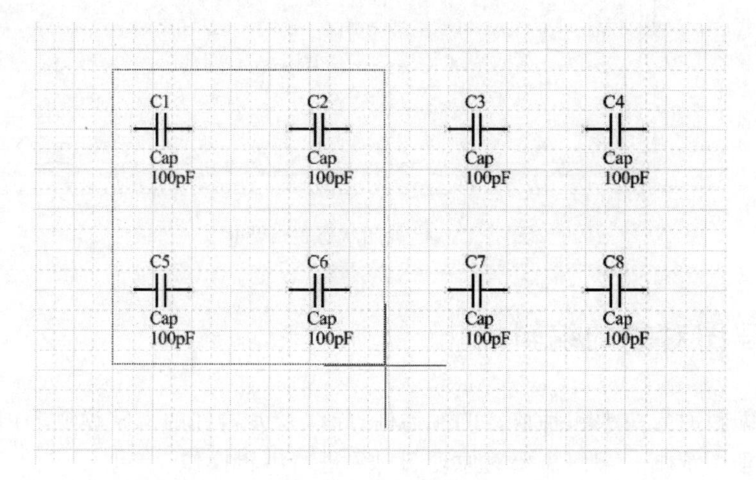

图 3-13 绘制内部区域

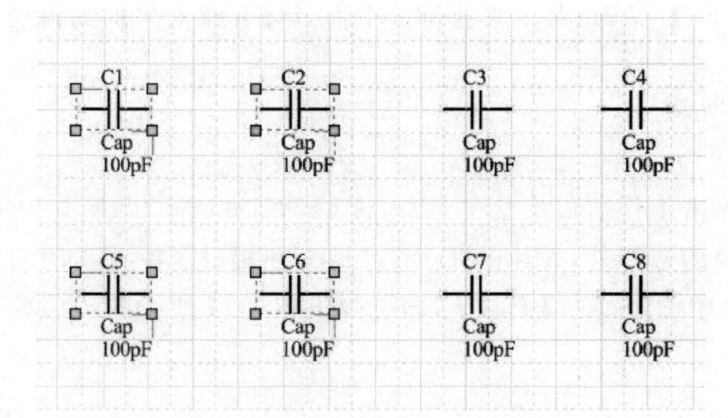

图 3-14 内部区域绘制显示效果

(3) 右击，或者按 Esc 键退出上述操作。

2. 选择一个区域外的所有对象

选择一个区域外的所有对象的操作结果与选择一个区域内的所有对象的操作结果

相反，即选中所确定区域外的所有对象，具体操作方法与选择一个区域内的所有对象的操作相同。例如，单击图 3-11 所示的【Outside Area】(外部区域)命令，绘制一个外部区域同图 3-13，则显示结果如图 3-15 所示。

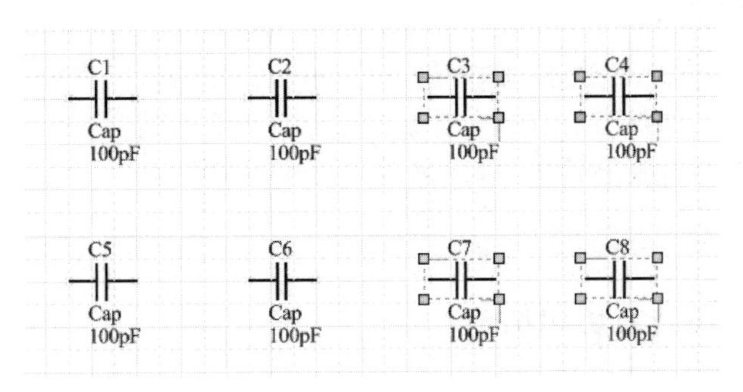

图 3-15　外部区域绘制显示效果

3. 选择原理图上的所有对象

该操作非常简单，只要执行图 3-11 所示的【All】(全部)命令，或者按快捷键 Ctrl+A，原理图上的所有对象将全部被选中。

4. 选择一个连接上的所有导线

选择一个连接上的所有导线的操作通过单击图 3-11 所示子菜单中的【Connection】(连接)命令执行。具体的操作步骤如下：

(1) 单击【Connection】命令，光标由箭头变成十字形状显示在工作界面上。

(2) 将光标移动到如图 3-16 所示的导线位置上并单击，该连接上所有的导线都被选中，并高亮地显示出来，元器件也被特殊标示出来，如图 3-17 所示。

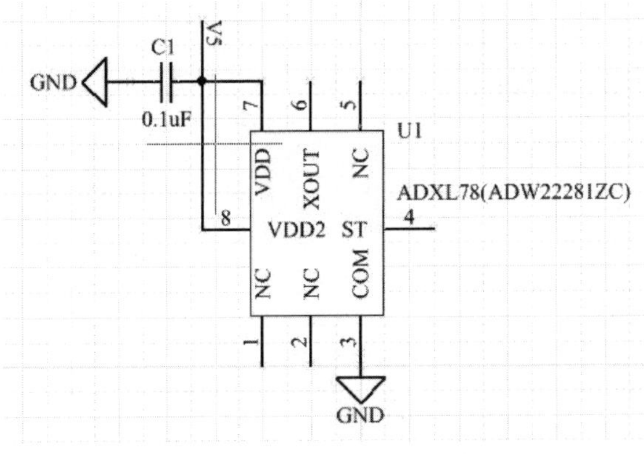

图 3-16　选择一个连接上的导线

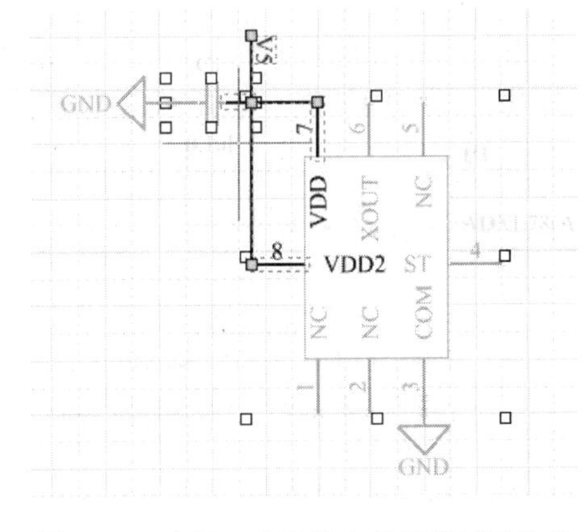

图 3-17　选择一个连接上的导线显示效果

(3) 此时，光标的形状仍为十字形状，重复步骤(2)、(3)可以选择其他连接的导线。

5. 反转对象的选中状态

该操作通过单击图 3-11 所示子菜单中的【Toggle Selection】(切换选择)命令执行。

通过该操作，用户可以转换对象的选中状态，即将选中的对象变成没有选中的，将没有选中的变为选中的。

6. 取消对象的选择

在工作窗口中，如果有被选中的对象，只要单击工作窗口空白处，即可取消对当前所有选中对象的选择。如果当前有多个对象被选中而只要取消其中某个对象的选中状态，只要将光标移动到该对象上并单击，即可取消对该对象的选择，而其他对象保持选中状态不变。

3.2.2 对象的复制、剪切和粘贴

在执行选中对象操作的基础上，用户即可针对所选择的对象，进行复制、剪切等在电路原理图绘制过程中常用的操作。

1. 对象的复制

在工作窗口中，选中对象后即可复制该对象。具体操作方法如下：

(1) 通过以下 4 种方式执行对象复制命令：

菜单栏：选择【Edit】|【Copy】命令。

工具栏：单击工具栏中的按钮。

快捷菜单：右击并在快捷菜单中选择【Copy】命令。

快捷键：Ctrl+C 键。

此时对象仍处于被选中状态，复制内容被保存在 Windows 的剪贴板中。

(2) 选择粘贴命令。光标将带着对象出现在原理图中，如图 3-18 所示。在需要放置的位置单击，完成对象的复制操作。

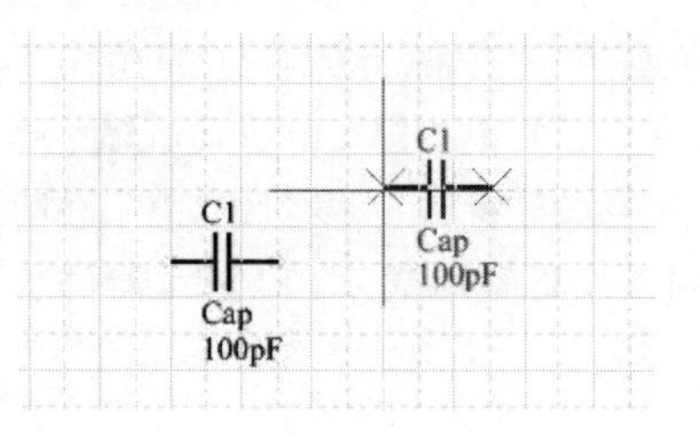

图 3-18 执行复制与粘贴命令的显示效果

2. 对象的剪切

在工作窗口中，选中对象后即可剪切该对象。具体操作方法如下：

(1) 通过以下 4 种方式执行对象剪切命令：

菜单栏：选择【Edit】|【Cut】命令。

工具栏：单击工具栏中的按钮。

快捷菜单：右击并在快捷菜单中选择【Cut】命令。

快捷键：Ctrl+X 键。

此时对象被删除，但所剪切内容被保存在 Windows 的剪贴板中。

(2) 选择粘贴命令，光标将带着对象出现在原理图中，如图 3-19 所示。在需要放置的位置单击，完成对象的剪切操作。

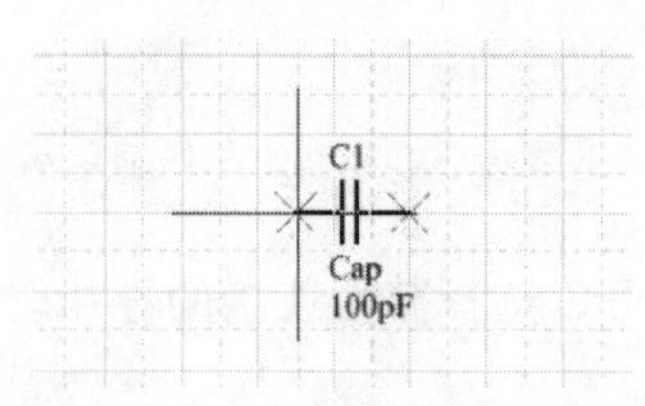

图 3-19 执行剪切与粘贴命令的显示效果

3. 对象的粘贴

从上述内容可知，对选中对象执行复制/剪切命令后，复制/剪切的内容被保存于Windows剪贴板中，此时要执行粘贴命令，才能完成选中对象复制的操作。对象粘贴的具体操作方法如下：

(1) 复制/剪切选中对象后，可通过以下4种方式执行对象的粘贴命令：

菜单栏：选择【Edit】|【Paste】命令。

工具栏：单击工具栏中的按钮

快捷菜单：右击并在快捷菜单中选择【Paste】命令。

快捷键：Ctrl+V键。

此时光标变成十字形状，同时带着复制/剪切对象显示在工作界面上，如图3-18和图3-19所示。

(2) 移动光标到需要放置的位置并单击，完成选中对象的复制/剪切操作。所复制/剪切对象与原对象的属性相同。

(3) 右击，或者按Esc键，退出对象粘贴状态。

4. 对象的智能粘贴

在一个原理图中，某些同类对象可能有许多个，如电阻、电容等，它们均具有大致相同的属性。如果按照上述方法逐个进行粘贴操作，工作量将非常大。针对此问题，Altium Designer 15提供了智能粘贴功能，方便设计人员进行粘贴操作。具体操作步骤如下：

(1) 选中某个对象，执行复制或剪切命令，使得Windows的剪切板中有内容。

(2) 通过以下两种方式，执行对象的高级粘贴命令：

菜单栏：选择【Edit】|【Smart Paste】命令。

快捷键：Shift+Ctrl+V键。

此时，系统将弹出图3-20所示的【Smart Paste】(智能粘贴)对话框。通过该对话框可以设置智能粘贴的相关参数。

(3) 完成设置后，单击【OK】按钮，光标带着元器件出现在原理图中。在需要放置的位置单击，完成对象的拷贝/剪切操作。

在【Smart Paste】对话框中，【Choose the objects to paste】(选择粘贴对象)选项区域主要用于选择所要粘贴对象操作；【Choose Paste Action】(选择粘贴动作)选项区域主要用于设置所要粘贴对象的属性；【Paste Array】(阵列粘贴)选项区域主要用于设置阵列粘贴。下面重点介绍对象的阵列粘贴功能。

阵列粘贴是一种能够按照指定间距、数目将同一个对象粘贴到原理图上的特殊粘贴方式。使用时，只要选中【Enable Paste Array】(使用粘贴阵列)复选框，就能激活阵列粘贴的各功能选项，如图3-21所示，进而可以从中设置所需要的阵列参数，各项参数的意义如下：

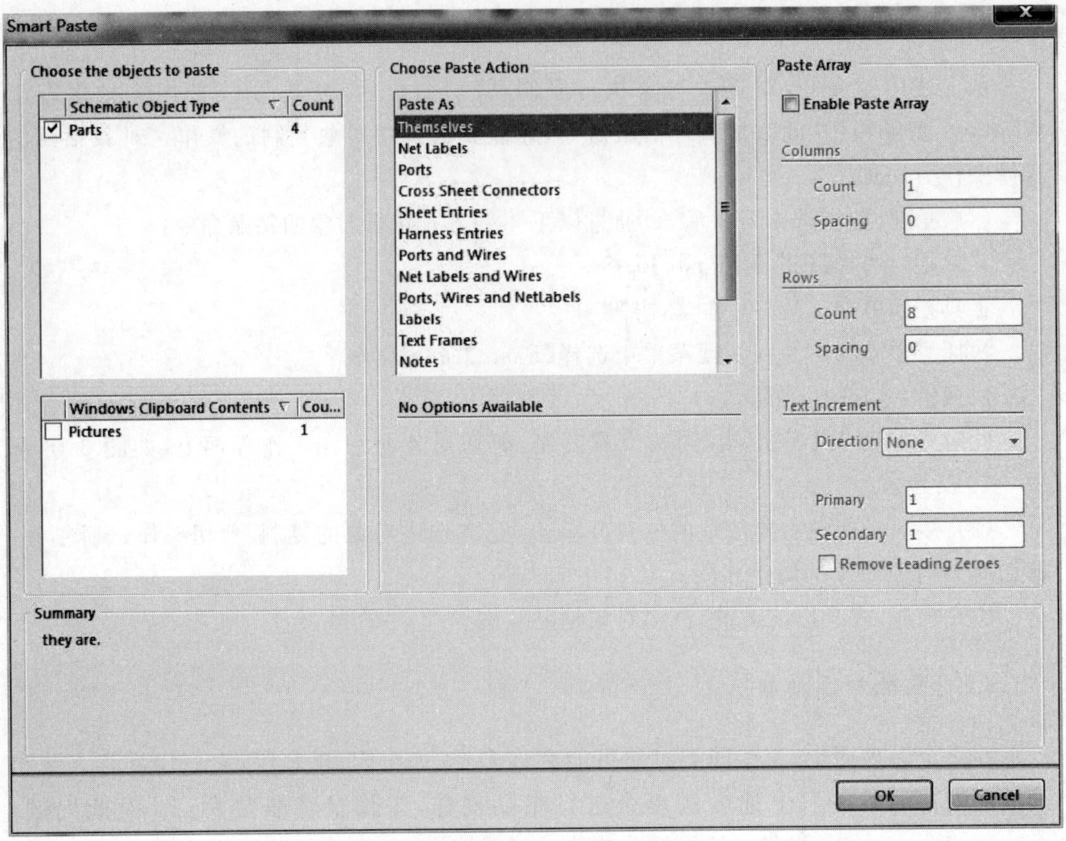

Smart Paste

Choose the objects to paste

	Schematic Object Type	Count
☑	Parts	4

	Windows Clipboard Contents	Cou...
☐	Pictures	1

Choose Paste Action

Paste As
Themselves
Net Labels
Ports
Cross Sheet Connectors
Sheet Entries
Harness Entries
Ports and Wires
Net Labels and Wires
Ports, Wires and NetLabels
Labels
Text Frames
Notes

No Options Available

Paste Array

☐ Enable Paste Array

Columns
Count 1
Spacing 0

Rows
Count 8
Spacing 0

Text Increment
Direction None
Primary 1
Secondary 1
☐ Remove Leading Zeroes

Summary
they are.

OK Cancel

图 3-20 【Smart Paste】对话框

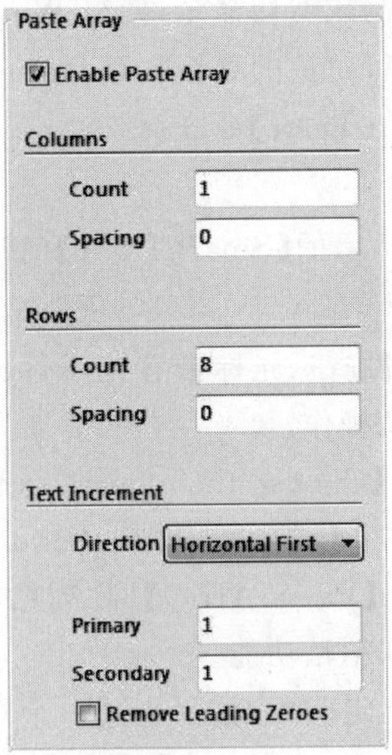

Paste Array

☑ Enable Paste Array

Columns
Count 1
Spacing 0

Rows
Count 8
Spacing 0

Text Increment
Direction Horizontal First
Primary 1
Secondary 1
☐ Remove Leading Zeroes

图 3-21 阵列粘贴选项区域

(1)【Columns】(列)选项:

- 【Count】(数目):用于设置在水平方向上排列的对象的数量。
- 【Spacing】(间距):用于设置对象在水平方向上的距离。

(2)【Rows】(行)选项:

- 【Count】(数目):用于设置在竖直方向上排列的对象的数量。
- 【Spacing】(间距):用于设置对象在竖直方向上的距离。

(3)【Text Increment】(文本增量)选项:

- 【Direction】(方向)下拉列表框:用于确定对象编号递增的方向。它共有3种递增方向可供选择:None(无)表示对象编号保持不变;Horizontal First(先水平)表示对象编号先从左向右递增,再从上到下递增;Vertical First(先竖直)表示对象编号先从上到下递增,再从左向右递增。
- 【Primary】(首要的):用于明确前后两次粘贴之间对象标识的编号增量。
- 【Secondary】(次要的):用于明确前后两次粘贴之间对象引脚的编号增量。

在列的间距设置过程中,若所设置参数为正,则粘贴对象从左向右排列;若所设置参数为负,则粘贴对象从右向左排列。同理,在行的间距设置过程中,若所设置参数为正,则粘贴对象从上到下排列;若所设置参数为负,则粘贴对象从下到上排列。

完成对象的阵列粘贴后,即可双击对象,然后对该对象属性进行编辑。

3.2.3 对象的删除

在工作界面上,要删除对象,只要将对象选中,按Delete键,即可直接将对象删除。

除了以上直接删除方法外,也可以通过菜单选项来进行对象删除操作,具体步骤如下:

(1) 单击菜单栏【Edit】|【Delete】命令,光标由箭头变成十字形状显示在工作界面上。

(2) 移动光标,在想要删除的对象上单击,该对象即被删除。

(3) 此时光标仍为十字形状,重复步骤(2)操作可继续删除对象。

(4) 完成对象删除后,右击,或者按Esc键退出对象删除状态。

如果要恢复某些已被删除的对象,只需执行菜单栏【Edit】|【Undo】命令,或者单击工具栏中的按钮,即可撤销对对象的删除操作。执行菜单栏【Edit】|【Nothin to Redo】命令或者单击工具栏中的按钮,可取消撤销操作,恢复对对象的删除。

撤销操作适用于其他操作的撤销,但不能无限制地执行,如果已经对操作进行了存盘,将不能撤销保存之前的操作。

3.2.4 发现相似对象

在编辑原理图过程中,Altium Designer 15还提供了发现相似对象的功能。通过对对象一系列属性进行匹配设置,可快速搜索具有相似属性的对象。具体操作方法如下:

(1) 单击菜单栏【Edit】|【Find Similar Objects】命令,光标由箭头变成十字形状显示在工作界面上。

(2) 移动光标到某个对象上并单击，系统将弹出【Find Similar Objects】(发现相似对象)对话框，如图 3-22 所示。

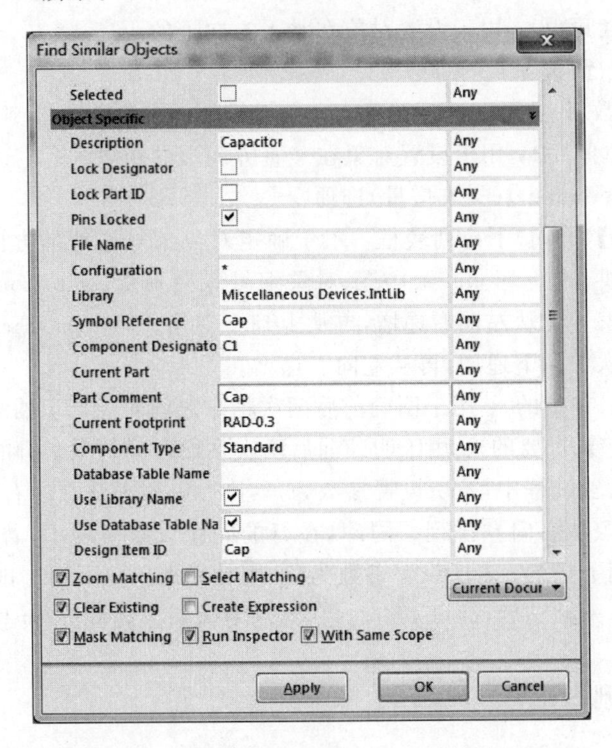

图 3-22 【Find Similar Objects】对话框

对话框中各选项的意义如下：

- 【Kind】(种类)选项：显示对象类型。
- 【Design】(设计)选项：显示对象所在文档。
- 【Graphical】(图形)选项：显示对象图形属性。
- 【Object Specific】(对象特性)选项：显示对象特性。

单击各属性后的第二列选项框，有以下 3 个选项可供选择：

- 【Any】(忽略)：进行搜索时可忽略该属性。
- 【Same】(相同)：被搜索对象属性与选中对象相同。
- 【Different】(不同)：被搜索对象属性与选中对象不同。

(3) 各项属性设置完成后，单击【Apply】按钮，完成相似对象的搜索。此时，所有不符合搜索条件的对象将被屏蔽，而符合搜索条件的对象将显示在工作界面上，可逐个查看。

3.3 原理图的打印

在完成原理图绘制后，除了在计算机中进行必要的文档保存之外，还经常需要将原理图打印到图纸上，以便进行浏览和存档。原理图打印的具体操作步骤如下：

(1) 单击菜单栏【File】|【Page Setup】命令，系统将弹出图 3-23 所示的【Schematic Print Properties】(原理图打印属性)对话框。

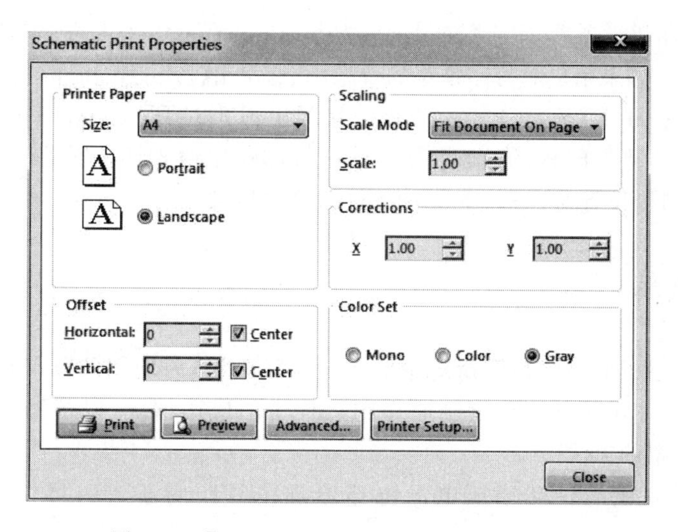

图 3-23 【Schematic Print Properties】对话框

对话框中各选项的意义如下：

- 【Size】(尺寸)：设置打印原理图的页面尺寸。
- 【Portrait】(肖像图)：纵向打印原理图。
- 【Landscape】(风景图)：横向打印原理图。
- 【Scale Mode】(缩放比例)：设置缩放比例。该项的默认设置为 Fit Document On Page，表示在页面上正好打印一张原理图。
- 【Color Set】(颜色设置)：用于设置打印颜色。

(2) 完成页面设置后，单击【Schematic Print Properties】对话框中的【Printer Setup】按钮，系统将弹出图 3-24 所示的【Printer Configuration for[Documentation Outputs]】(打印机设置[文档输出])对话框，在该对话框中可以对打印机进行设置。

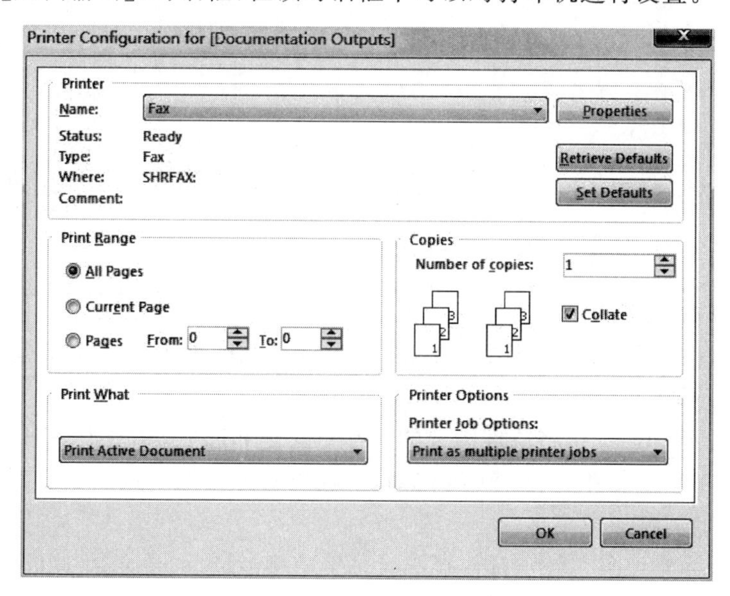

图 3-24 打印机设置对话框

（3）完成打印机设置后，单击【Schematic Print Properties】对话框中的【Preview】按钮，可以预览打印效果。如果用户对打印预览的效果满意，单击【Print】按钮即可打印输出。

单击菜单栏【File】|【Print】命令，可以直接弹出图 3-24 所示的打印机设置对话框，单击【OK】按钮，在连接打印机的情况下，可直接打印输出原理图。单击工具栏中的 按钮，则不弹出打印机设置对话框，系统直接打印输出原理图。

3.4 综合演练

本章主要介绍了原理图视图及对象的常用操作方法，原理图的打印输出。下面结合实例，重点介绍上述操作方法在绘制原理图过程中的应用情况，以帮助用户在实践中熟练使用本章所介绍的方法。

将一个绘制完成的三端稳压电源电路原理图复制到新建的目标原理图文件中，如图 3-25 所示。

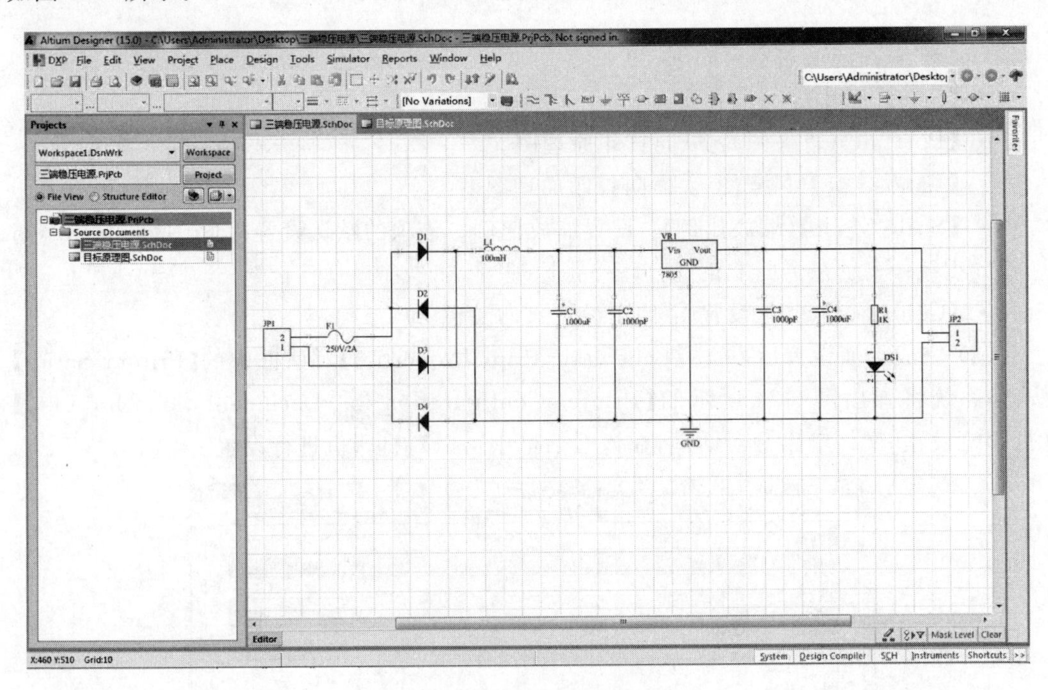

图 3-25　三端稳压电源电路

具体操作步骤如下：

（1）打开三端稳压电源原理图文件，按住 Ctrl 键同时向上或向下滚动鼠标滚轮，将图纸调整到适当的大小。

（2）按快捷键 Ctrl＋A，将原理图上的所有对象全部选中，如图 3-26 所示。

（3）右击，在快捷菜单中单击【Copy】命令，此时对象仍处于选中状态，复制内容被保存在 Windows 的剪贴板中。

（4）打开目标原理图文件，右击，在快捷菜单中单击【Paste】命令，此时光标变成十字形状，并带有一个矩形框，框内有欲粘贴对象的虚影，如图 3-27 所示。

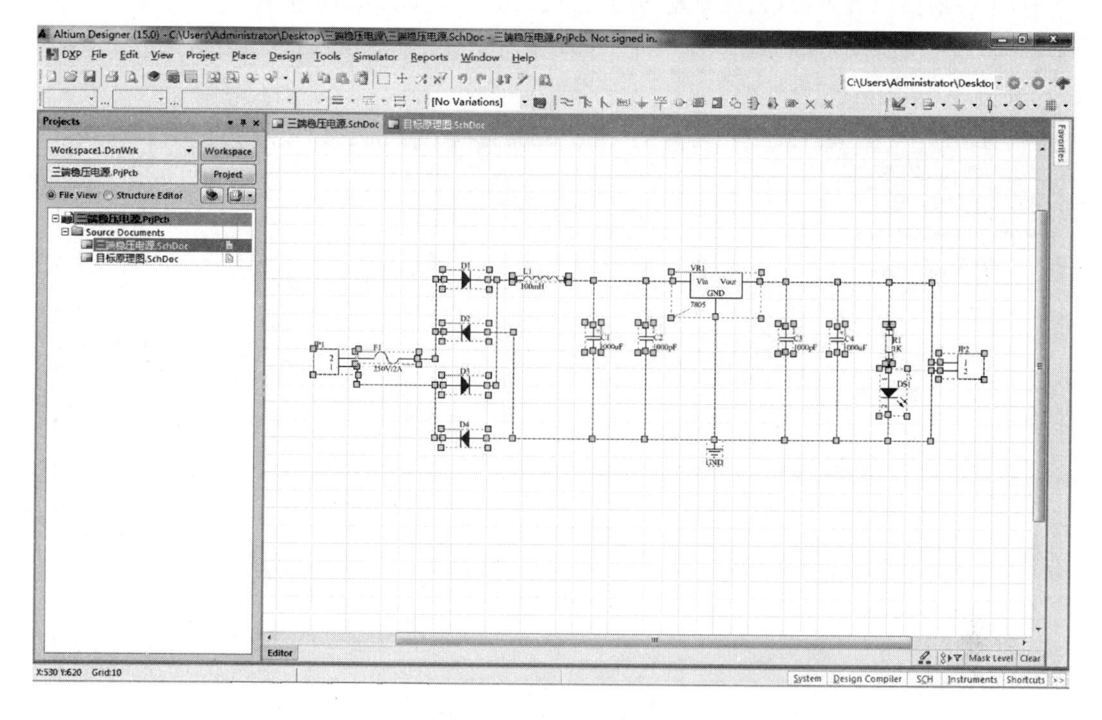

图 3-26 全部选中对象

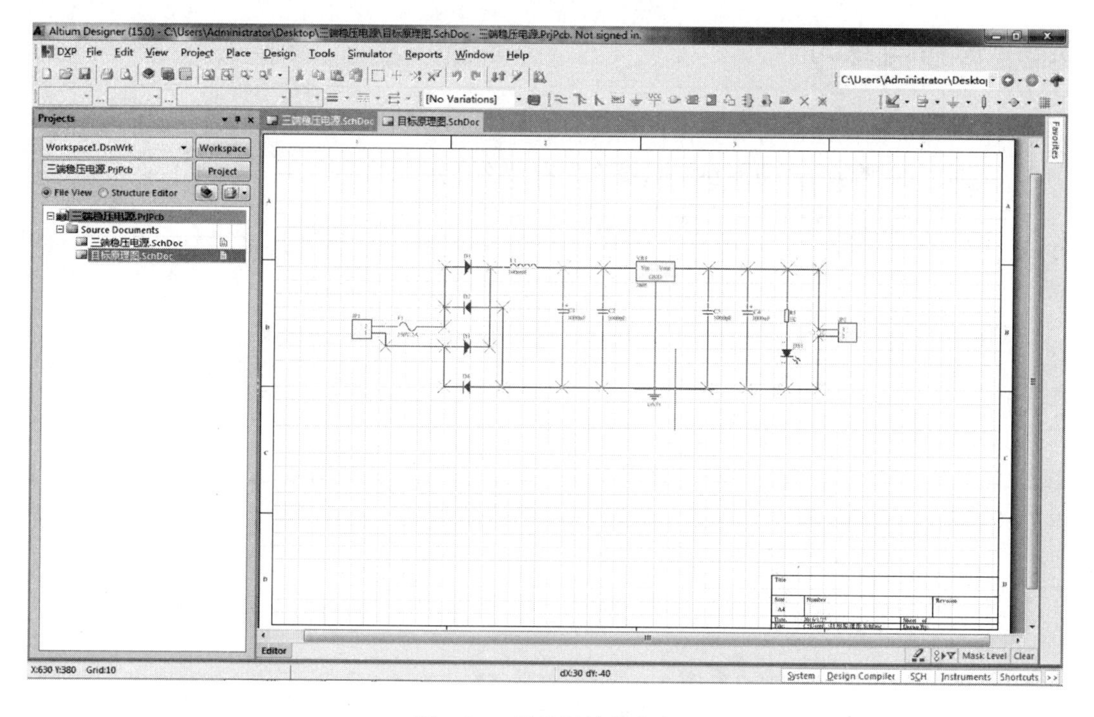

图 3-27 原理图粘贴状态

(5) 在所需位置单击,完成原理图的复制操作,结果如图 3-28 所示。

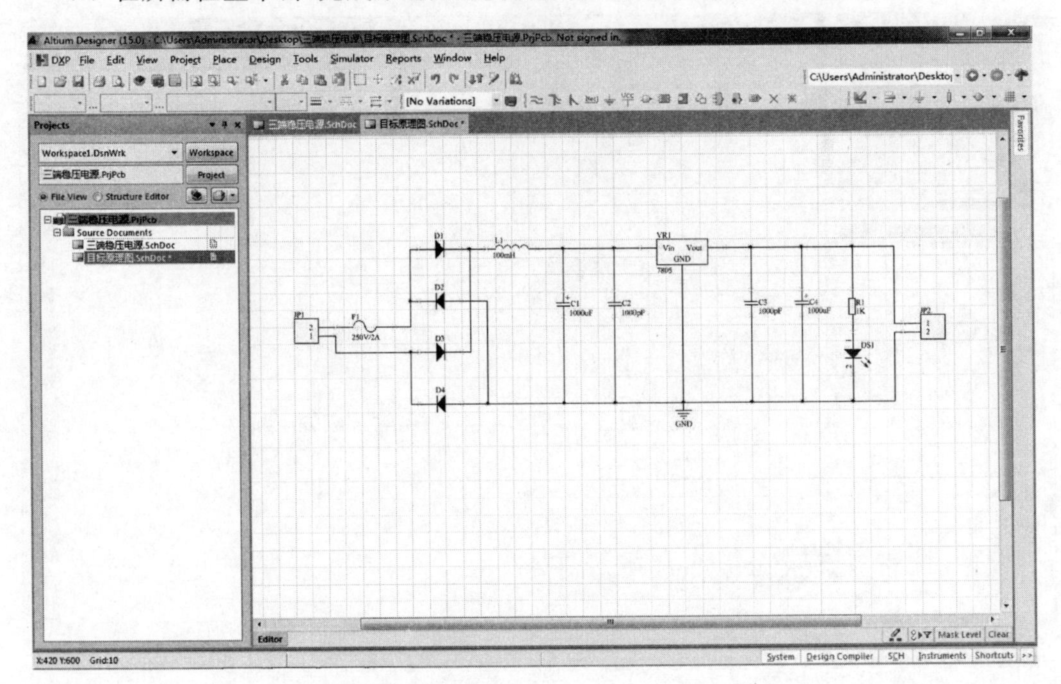

图 3-28 复制完成的原理图文件

3.5 思考与练习

(1) 工作界面的缩放有哪些操作方法?

(2) 对象的智能粘贴功能在实际操作中有什么作用?

(3) 如何预览原理图的打印效果?

第4章 原理图绘制工具介绍

在原理图绘制过程中，要进行建立电气连接、标注电气注释等操作，需要运用原理图绘制工具来实现。本章主要介绍电路原理图绘制时需要用到的各种电路绘制工具，要求用户能熟练运用各种绘制工具。

4.1 原理图绘制工具简介

在原理图绘制过程中，除了完成元器件放置并调整元器件属性及位置外，还需要通过多种绘制工具进行电气连接、电气注释等。元器件的放置只是表明了电路图的组成部分，并没有建立起需要的电气连接，而电路要正常工作需要建立正确的电气连接。因此，需要进行电路绘制。

绘制电路原理图主要通过电路图绘制工具来完成。绘制工具是电路原理图中最重要也是用得最多的图元，因此，必须熟练使用电路图绘制工具。

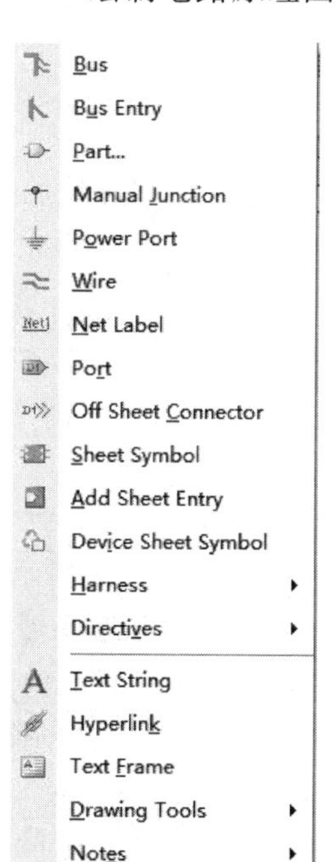

图 4-1 【Place】子菜单

Altium Designer 15 提供很方便的电路绘制操作。右击，在弹出的快捷菜单中选择【Place】命令，打开如图 4-1 所示的【Place】(放置)子菜单，所有的电路绘制功能都可以在【Place】子菜单中找到。具体功能将在后面章节依次讲述。

Altium Designer 15 还提供有工具栏。下面介绍两种常用的工具栏：布线工具栏和电源/地工具栏。

1. 布线工具栏

布线工具栏提供导线/总线绘制、放置电源/接地、设置网络标号、放置端口等操作。通过菜单栏，执行【View】|【Toolbars】|【Wiring】命令，即可打开如图 4-2 所示的布线工具栏。工具栏中各按钮功能与【Place】子菜单中各命令相互对应。

2. 电源/地工具栏

电源/地工具栏提供各种电源符号，如图 4-3 所示。其中，电源符号除了提供可编辑的 VCC 供电电压外，还提供有常用的＋12V、＋5V 和－5V 电压。考虑到电路的地包括电源地、信号地和与大地相连的机箱地 3 种地，为了能在电路设计中正确区分各种地，电源工具栏为它们设置了各自不同的符号。

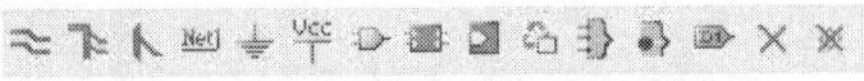

图 4-2　布线工具栏

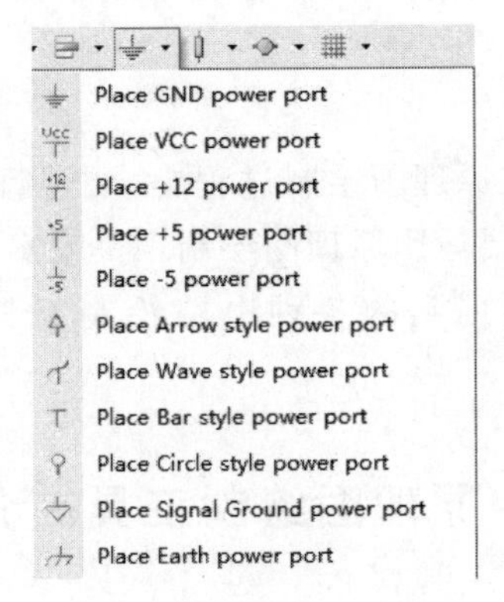

图 4-3　电源/地工具栏

4.2　导线的绘制

导线是电路原理图中最基本的电气组件之一，原理图中的导线具有电气连接意义。导线的绘制主要包括导线的绘制方法、导线属性的设置及导线的操作三方面内容。

1. 绘制导线

在电路原理图中，要表示具体元器件的引脚之间有电气连接，必须通过绘制导线将引脚连接起来。导线的绘制方法较为简单，采用如下步骤即可：

(1) 通过以下 4 种方式，进入导线绘制状态。

菜单栏：选择【Place】|【Wire】命令。

工具栏：单击布线工具栏中的 按钮。

快捷菜单：右击，在弹出的快捷菜单中选择【Place】|【Wire】命令。

快捷键：P＋W 键。

此时光标变成十字形状，显示在工作界面上。

(2) 移动光标到要绘制导线的起点，若导线的起点是元器件的引脚，当光标靠近元器件引脚时，会自动移动到元器件的引脚上，同时出现一个红色的"×"标记。该标记是一个元器件引脚与导线相连接的标识，说明已经具有的电气连接，以提醒用户已经连接到元器件引脚上。此时可以单击鼠标左键，确定导线起点，如图 4-4 所示。

(3) 移动光标至需要建立连接的元器件引脚上，随着光标的移动将出现尾随光标的导线。

当导线出现转折时，在导线折点处单击确定导线转折点位置，每转折一次都要单击一次。转折后,可以向目标元器件引脚绘制导线。导线转折时,也可以通过按 Shift+Space 键来切换导线转折的模式。模式共有 3 种,分别为直角、45°角和任意角。

(4) 当光标到达终点时,单击退出第一根导线的绘制,如图 4-5 所示。此时系统仍处于绘制导线状态,可以将鼠标移动到新的导线的起点上,或者以刚才绘制的元器件引脚为起点,按照上述方法继续绘制其他导线。

导线将两个引脚连接起来后,则这两个引脚具有电气连接,任意一个建立起来的电气连接将被称为一个网络,每一个网络都有自己惟一的名称。

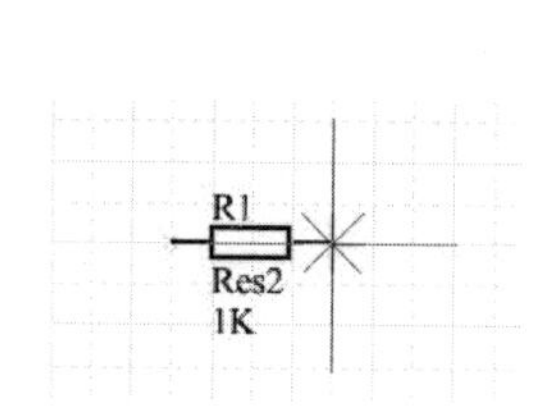

图 4-4 确定导线起点

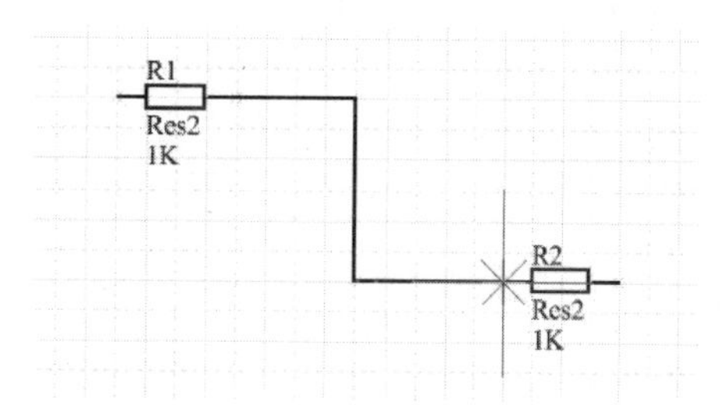

图 4-5 导线绘制效果

(5) 绘制完所有的导线后,右击,或者按 Esc 键,退出绘制导线状态。

2. 属性设置

如果用户需要更改所绘制导线的宽度、颜色等属性,可以在绘制导线状态下,双击导线,或者按 Tab 键,进入图 4-6 所示的【Wire】(线)对话框。在该对话框中,可以设置导线的颜色、线宽等参数。

要改变某根导线的颜色,执行上述命令,进入【Wire】对话框,单击【Color】右边的颜色框,系统将弹出图 4-7 所示的【Choose Color】(选择颜色)对话框,从中选中需要的颜色作为导线的颜色,单击【OK】按钮,完成该导线颜色属性的设置。

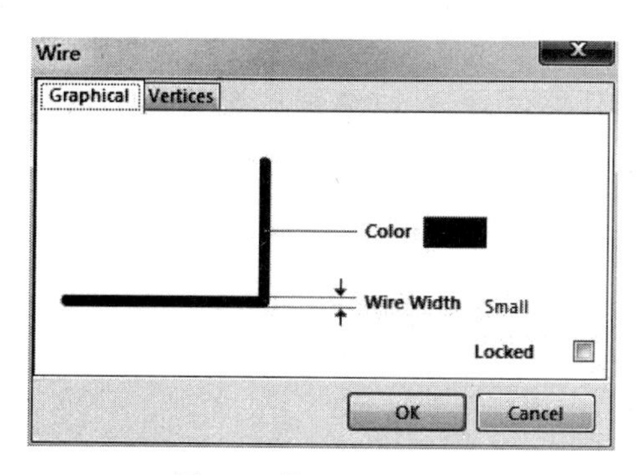

图 4-6 【Wire】对话框

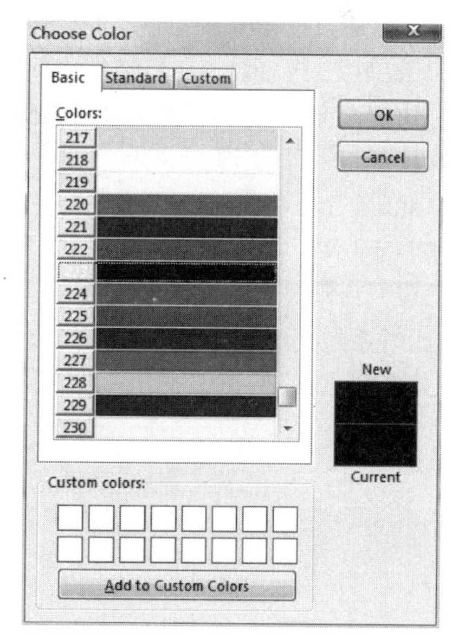

图 4-7 【Choose Color】对话框

3. 导线操作

导线作为原理图上的一种对象，前面章节所介绍的复制、剪切、删除等操作都可以应用于导线。除此之外，Altium Designer 15 还提供了导线的拖动操作功能。在导线拖动操作过程中，已经绘制的电气连接保持不变，这和导线的移动操作是不相同的。其具体操作方法如下：

(1) 选中导线，移动光标到导线的端点或折点上，如图 4-8 所示。

(2) 按住鼠标左键，即可拖动导线，从而实现导线的延长与缩短，或者改变折点的位置，如图 4-9 和图 4-10 所示。

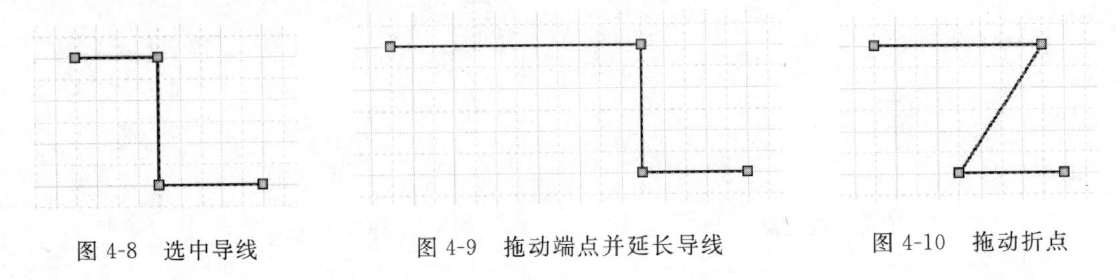

图 4-8　选中导线　　图 4-9　拖动端点并延长导线　　图 4-10　拖动折点

4.3 电路节点的放置

电路节点的作用是用来表示两条交叉的导线是否处于连接状态。如果两条导线交叉处有节点，表示两条导线在电气上是相连接的，它们所连接的元器件引脚处于同一网络；如果没有节点，那么两条导线不相通。

1. 放置电路节点

放置电路节点的具体操作步骤如下：

(1) 通过以下 3 种方式，进入电路节点放置状态。

菜单栏：选择【Place】|【Manual Junction】命令。

快捷菜单：右击，在弹出的快捷菜单中选择【Place】|【Manual Junction】命令。

快捷键：P+J 键。

此时，光标将由箭头变成十字形状显示在工作界面上，并且光标上带有一个红点，如图 4-11 所示。

(2) 移动光标，在需要放置节点的位置单击，完成一个电路节点放置，如图 4-12 所示，此时系统仍处于节点放置状态，移动光标到其他位置，可以继续放置其他节点。右击，或者按 Esc 键，可以退出电路节点放置状态。

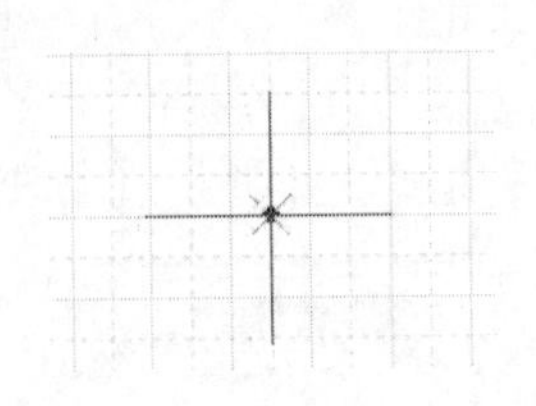

图 4-11　节点放置状态

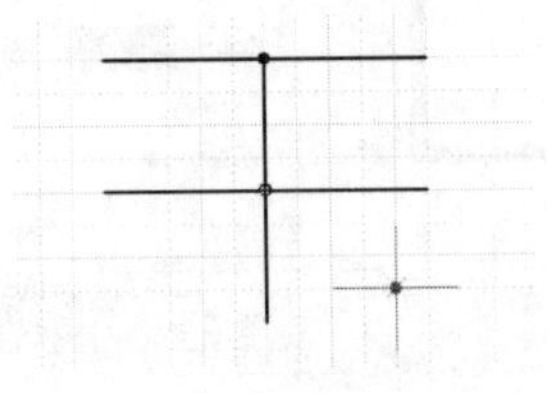

图 4-12　节点放置显示效果

两根十字交叉的导线，由于系统无法识别是否连接，所以需要采用上述方法进行节点放置。而对于两根呈T字形交叉的导线，系统会默认两根导线处于连接状态，在布线时，系统会自动加入电路节点，如图4-12所示，所以此时不用进行电路节点放置。

2. 属性设置

双击电路节点或者在放置电路节点状态下按Tab键，弹出图4-13所示的【Junction】(连接)对话框。

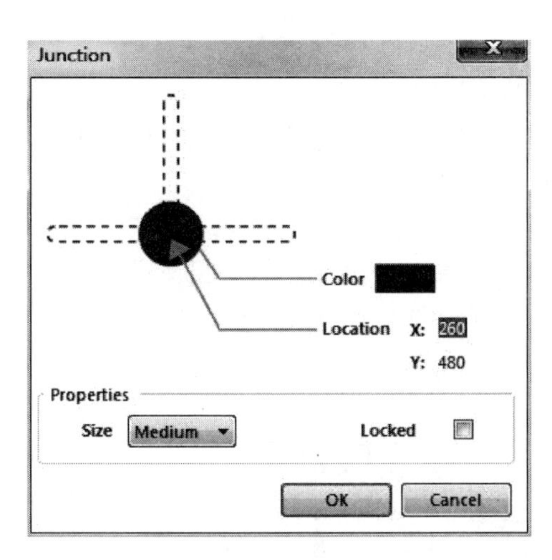

图4-13 【Junction】对话框

在【Junction】对话框中，可以设置节点的颜色、大小、位置以及是否锁定等参数。单击【Color】(颜色)选项可以设置节点的颜色；在【Size】(大小)下拉列表框中可以设置节点的大小；【Location】(位置)一般采用默认的设置即可。

4.4 电源/地符号的放置

在完成电路布线，建立起电路连接后，还必须进行电源/地符号的放置。通常将电源和地端称为电源端口。

1. 放置电源/地符号

放置电源/地符号的具体操作步骤如下：

(1) 通过以下4种方式，进入电源/地符号绘制状态。

菜单栏：选择【Place】|【Power Port】命令。

工具栏：单击布线工具栏中的⏚按钮或者Vcc按钮，或者从图4-3所示的电源/地工具栏中选择需要的电源/地符号。

快捷菜单：右击，在弹出的快捷菜单中选择【Place】|【Power Port】命令。

此时，光标由箭头变成十字形状显示在工作界面上，并且光标上带有一个电源或接地符号，如图4-14和图4-15所示。

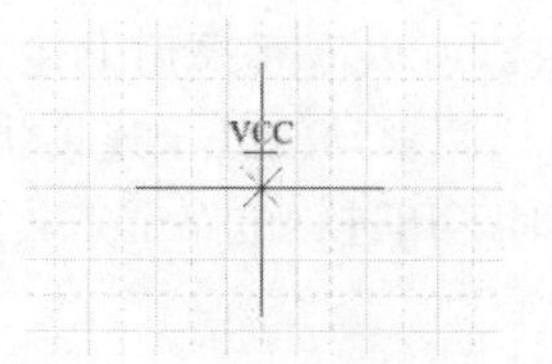

图 4-14　电源符号放置状态

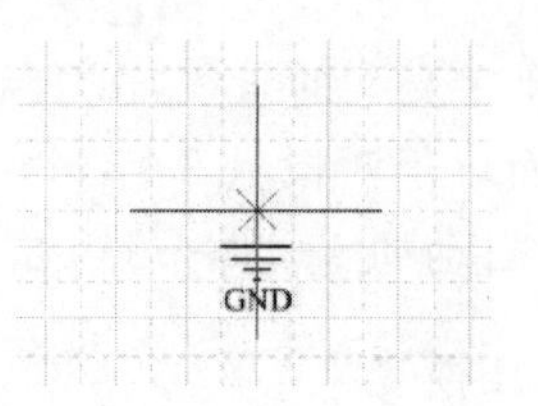

图 4-15　地符号放置状态

（2）移动光标，在需要放置电源/地符号的位置单击，或者按 Enter 键，即可使电源/地符号连接到原理图中。此时，系统仍处于电源/地符号放置状态，移动光标到其他位置，可以继续放置其他电源/地符号。

（3）右击，或者按 Esc 键退出电源/接地符号的放置状态。

2. 属性设置

双击放置好的电源/地符号，或者在电源/地放置状态下按 Tab 键，系统将弹出图 4-16 所示的【Power Port】(电源端口)对话框。

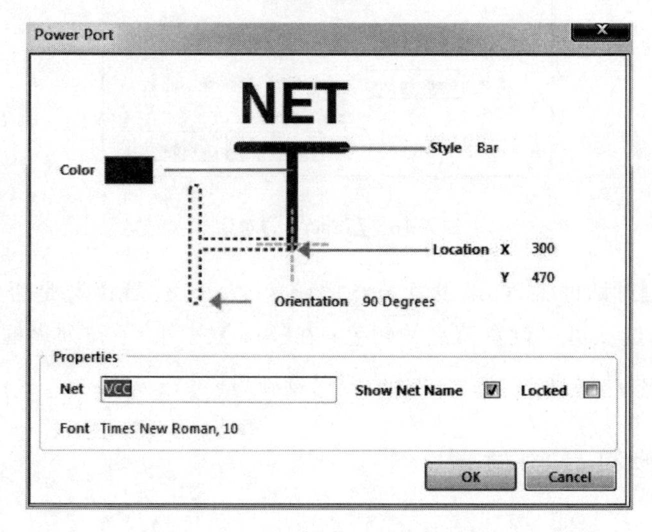

图 4-16　【Power Port】对话框

对话框中各选项的意义如下：

- 【Color】(颜色)：用于设置电源/地符号的颜色。
- 【Style】(类型)：用于设置电源/符号的风格。单击【Style】下拉按钮，弹出 7 种不同的电源类型，如图 4-17 所示。该下拉列表中的选项和电源工具栏中的小图标一一对应。
- 【Orientation】(定位)：用于设置电源/地符号的旋转角度。在【Orientation】下拉菜单中，有 0 Degrees、90 Degrees、180 Degrees 和 270 Degrees 4 个方向选项可供选择。此外，按 Space 键也可进行电源/地符号的旋转设置，每按一次 Space 键，符号沿逆时针方向旋转 90°。

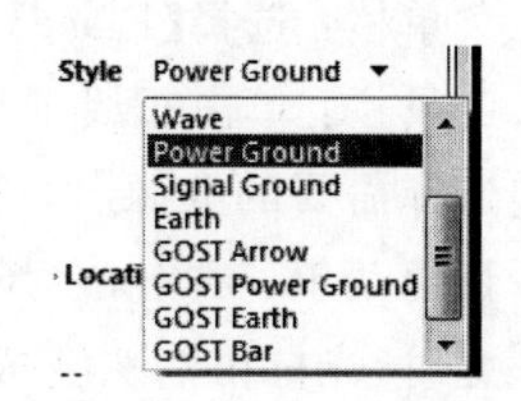

图 4-17　【Style】下拉列表框

- 【Location】(位置)：通过设置 X、Y 的坐标值，确定电源/地符号在工作界面的位置，一般采用默认设置。
- 【Properties】(属性)：用于设置电源/地符号的网络名称。可以在【Net】(网络)后面的文本框中对所放置电源/地符号进行命名或者名称修改。

4.5 网络标号的放置

在绘制原理图过程中，元器件引脚之间除了用导线建立起电气连接之外，也可以通过放置网络标号来建立起元器件引脚之间的电气连接。

1. 放置网络标号

在原理图中，网络标号通常被放置在元器件引脚、导线、电源/地符号等具有电气特性属性的对象上，使对象建立起电气连接。基于上述作用，在单张复杂原理图的绘制过程中，通过放置网络标号，在连接线路比较远或线路走线复杂时，可有效使电路图简化；在绘制层次原理图的过程中，通过放置网络标号可以建立跨原理图图纸的电气连接。因此，网络标号对于大规模原理图的绘制具有十分重要的作用。下面重点介绍其具体操作步骤：

(1) 通过以下 4 种方式，进入网络标号放置状态。

菜单栏：选择【Place】|【Net Label】命令。

工具栏：单击布线工具栏中的 Net1 按钮。

快捷菜单：右击，在弹出的快捷菜单中选择【Place】|【Net Label】命令。

快捷键：P+N 键。

此时，光标由箭头变成十字形状显示在工作界面上，并且光标上带有一个初始网络标号，该标号的内容由上一次使用的网络标号决定，如图 4-18 所示。

(2) 移动光标到需要放置的位置，此时光标上将出现一个红色的“×”，表明光标已捕捉到电气连接点，单击即可完成一个网络标号的放置。此时系统仍处于网络标号放置状态，移动光标到其他位置，可以继续放置网络标号，如图 4-19 所示。

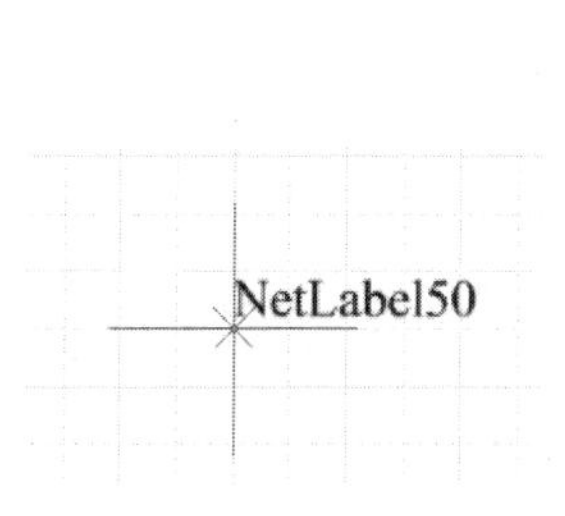

图 4-18　网络标号放置状态

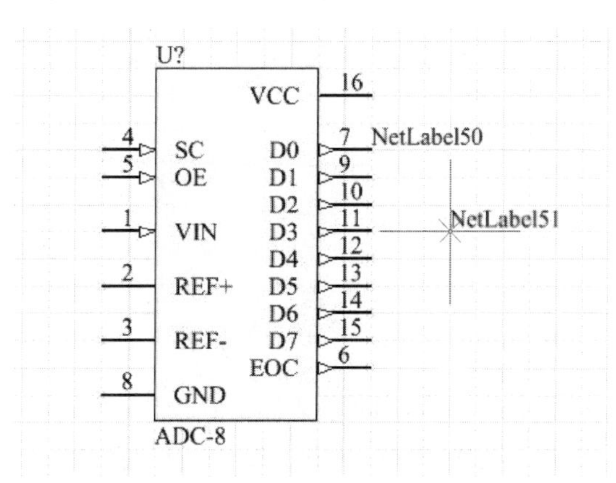

图 4-19　网络标号放置显示效果

(3) 网络标号放置完成后，右击，或者按 Esc 键，退出网络标号放置状态。

在网络标号放置过程中，前后放置的网络标号的名称是不相同的，系统会自动对名称末尾的数字进行递增，如图 4-20 所示。

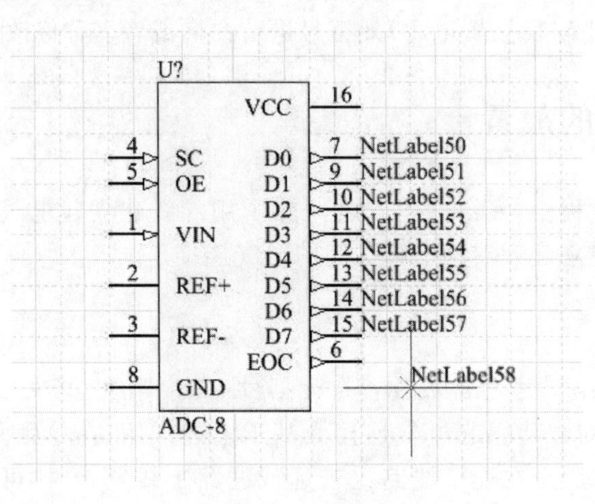

图 4-20　放置多个网络标号显示效果

2. 属性设置

由于所放置的各个网络标号名称是不相同的，无法建立起需要的电气连接，因此还必须对网络标号进行属性设置。双击放置好的网络标号，系统将弹出图 4-21 所示的【Net Label】对话框。

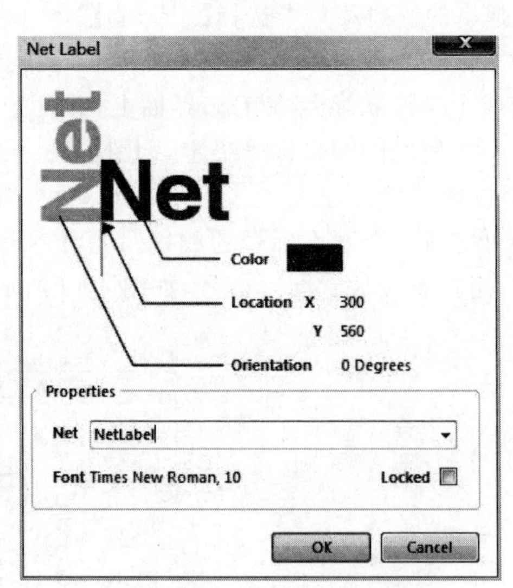

图 4-21　【Net Label】对话框

对话框中各选项的意义如下：

- 【Color】(颜色)：用于设置网络标号颜色。
- 【Location】(位置)：通过设置 X、Y 的坐标值，确定网络标号在工作界面的位置。
- 【Orientation】(定位)：用于设置网络标号的旋转角度。在【Orientation】下拉菜单中，有 0 Degrees、90 Degrees、180 Degrees 和 270 Degrees 4 个方向选项可供选择。此外，按 Space 键也可进行网络标号的旋转设置，每按一次 Space 键，符号沿逆时针方向旋转 90°。

- 【Net】(网络)：用于设置网络标号的名称。可以在【Net】后面的文本框中对所放置的网络标号进行名称修改。
- 【Font】(字体)：单击该选项，系统将弹出图 4-22 所示的【字体】对话框。通过对话框可以对所标注的网络标号名称进行设置。

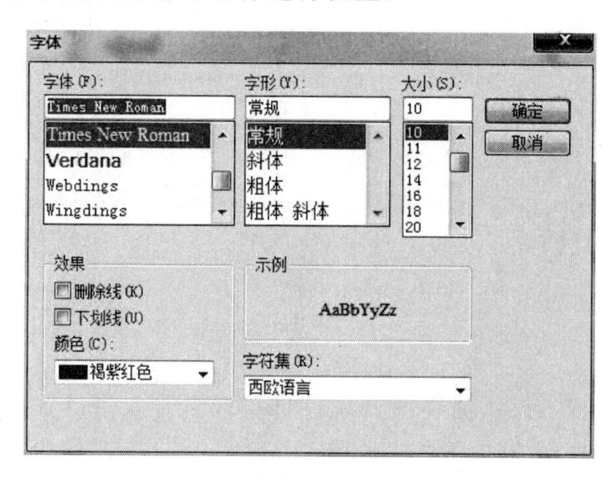

图 4-22 【字体】对话框

4.6 端口的放置

从前面的内容可知，在绘制原理图过程中，元器件引脚之间可以直接通过绘制导线来建立电气连接，也可以通过放置相同的网络标号来实现。本节将重点介绍建立元器件引脚之间电气连接的第 3 种方法，即电路输入/输出端口的放置。

1. 放置输入/输出端口

和网络标号一样，具有相同名称的输入/输出端口在电气关系上是相连接的，但在一般情况下，在单张原理图中是不使用放置端口连接的，只有在层次原理图中才会使用这种电气连接方式。放置输入/输出端口的具体操作步骤如下：

(1) 通过以下 4 种方式，进入输入/输出端口放置状态。

菜单栏：选择【Place】|【Port】命令。

工具栏：单击布线工具栏中的 D1 按钮。

快捷菜单：右击，在弹出的快捷菜单中选择【Place】|【Port】命令。

快捷键：P+R 键。

此时，光标由箭头变成十字形状显示在工作界面上，并且光标上带有一个输入/输出端口图标，如图 4-23 所示。

(2) 移动光标到需要放置的位置，此时光标上将出现一个红色的“×”，表明光标已捕捉到电气连接点，单击确定输入/输出端口的一端的位置，继续移动光标使端口的大小合适，再次单击确定输入/输出端口另一端的位置，此时完成了一个输入/输出端口的放置，如图 4-24 所示。移动光标到其他位置，可以继续放置输入/输出端口。

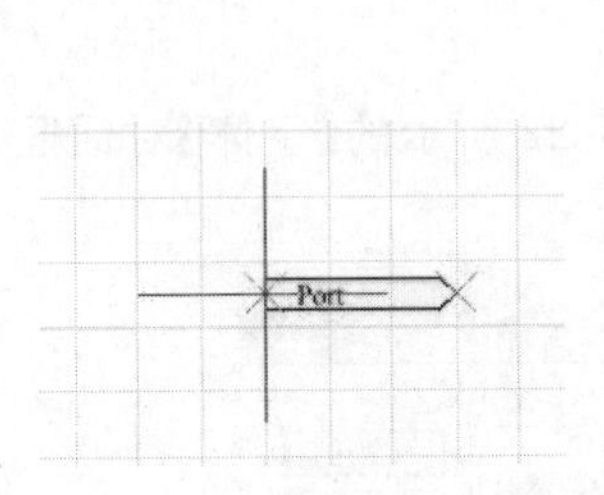

图 4-23　端口放置状态

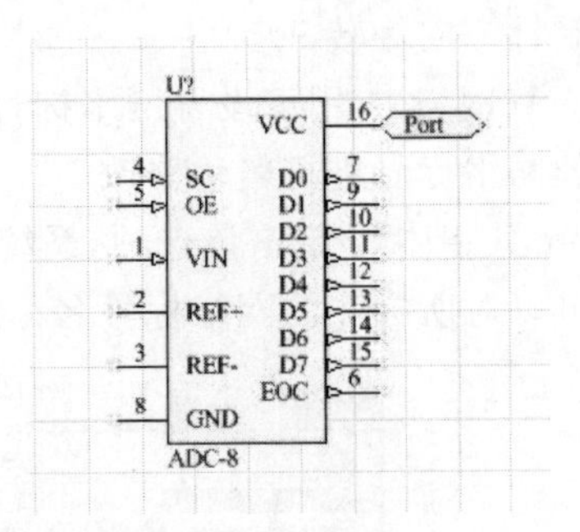

图 4-24　端口放置显示结果

（3）输入/输出端口放置完成后，右击，或者按 Esc 键即可退出输入/输出端口的放置状态。

2. 编辑设置

放置好输入/输出端口后，需要对其属性进行设置。双击放置好的输入/输出端口，或者在输入/输出端口放置状态下按 Tab 键，弹出图 4-25 所示的【Port Properties】（端口属性）对话框。

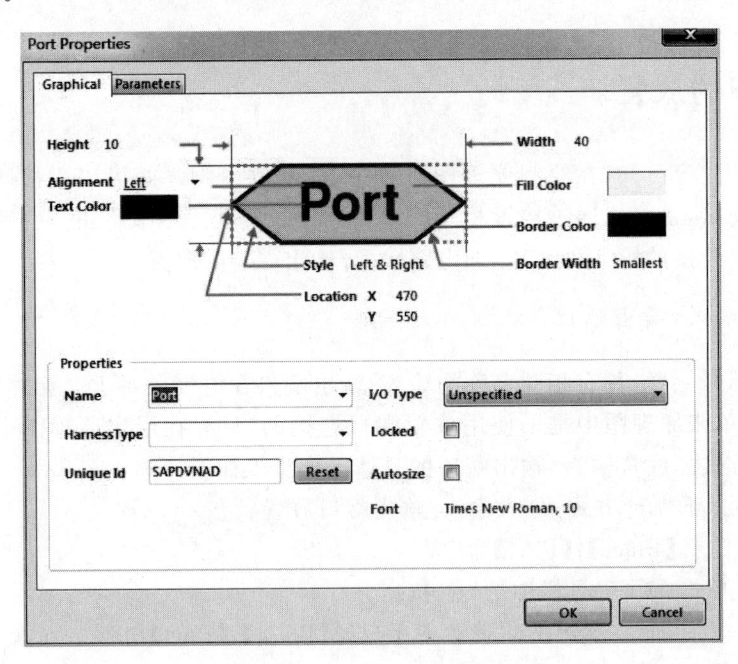

图 4-25　【Port Properties】对话框

对话框中各选项的意义如下：

- 【Height】（高度）：用于设置端口的外形高度。
- 【Width】（宽度）：用于设置端口的外形宽度。

- 【Alignment】(队列)：用于设置端口名称在端口符号中的位置，具有 Left(靠左)、Center(居中)和 Right(靠右)3 个选项。
- 【Text Color】(文本颜色)：用于设置端口内文字名称的颜色。
- 【Fill Color】(填充颜色)：用于设置端口符号的填充色。
- 【Border Color】(边界颜色)：用于设置端口符号边框的颜色。
- 【Border Width】(边界宽度)：用于设置端口符号边框的宽度，具有 Smallest(极细)、Small(细)、Medium(适中)和 Large(粗)4 个选项。
- 【Location】(位置)：通过设置 X、Y 的坐标值，确定端口在工作界面上的位置。
- 【Name】(名称)：用于定义端口名称。
- 【I/O Type】(I/O 类型)：用于设置端口的电气特性，为系统的电气规则检查提供依据，具有 Unspecified(未确定类型)、Output(输出端口)、Input(输入端口)和 Bidirectional(双向端口)。
- 【Unique Id】(唯一 Id)：用于设置端口在整个项目中的唯一 Id 号，用来与 PCB 同步，由系统随机给出，用户一般不需要修改。

4.7 总线的绘制

总线是一组具有并行信号线的组合，如数据总线、地址总线、控制总线等。在绘制原理图过程中，为了简化原理图，便于读图，通常采用一根较粗的线条来表示总线。

1. 绘制总线

在原理图中，总线并没有实际电气连接意义，仅仅是为了绘图和读图方便而采用的一种简化连线的表现形式。其具体绘制步骤如下：

(1) 通过以下 4 种方式，进入总线绘制状态。

菜单栏：选择【Place】|【Bus】命令。

工具栏：单击布线工具栏中的按钮。

快捷菜单：右击，在弹出的快捷菜单中选择【Place】|【Bus】命令。

快捷键：P+B 键。

此时，光标由箭头变成十字形状显示在工作界面上。

(2) 移动光标，在需要放置的起点位置单击，确定总线的起点位置。继续移动光标，在每一个总线转折处单击确认，到达需要放置的终点位置，再次单击确定总线的终点，完成总线的绘制，如图 4-26 所示。绘制总线的方法与绘制导线基本相同。

(3) 右击，或者按 Esc 退出总线绘制状态。

由总线接出的各单一导线上必须放置网络名称，具有相同网络名称的导线表示实际电气意义上的连接。

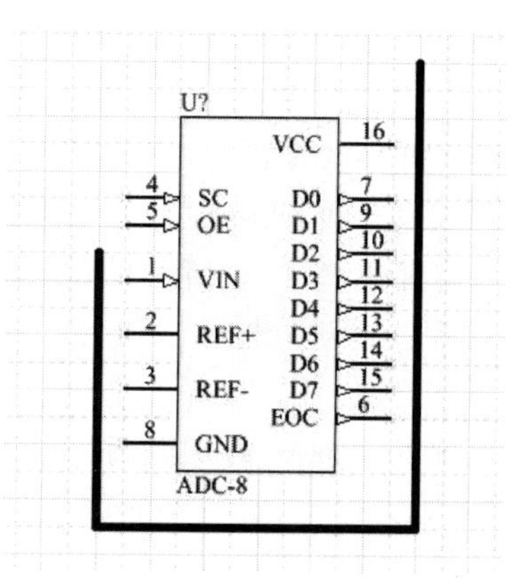

图 4-26 总线绘制显示效果

2. 绘制总线入口

总线入口是单一导线进出总线的端点。总线入口的作用是把总线与具有电气连接特性的导线连接起来，让原理图看起来更加清晰、美观。与总线一样，总线入口不具有任何电气连接意义。其具体绘制步骤如下：

(1) 通过以下4种方式，进入绘制总线入口状态。

菜单栏：选择【Place】|【Bus Entry】命令。

工具栏：单击布线工具栏中的 按钮。

快捷菜单：右击，在弹出的快捷菜单中选择【Place】|【Bus Entry】命令。

快捷键：P+U键。

此时，光标由箭头变成十字形状，并且光标上带有一个"/"符号，该符号为总线入口符号，如图4-27所示。每按一次Space键，总线入口符号逆时针旋转90°。

(2) 移动光标，在总线与导线之间单击，即可放置一段总线入口，继续移动光标，可以放置其他总线入口，如图4-28所示。

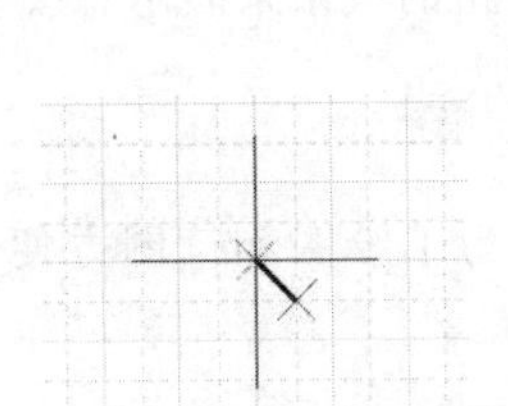

图4-27　总线入口绘制状态

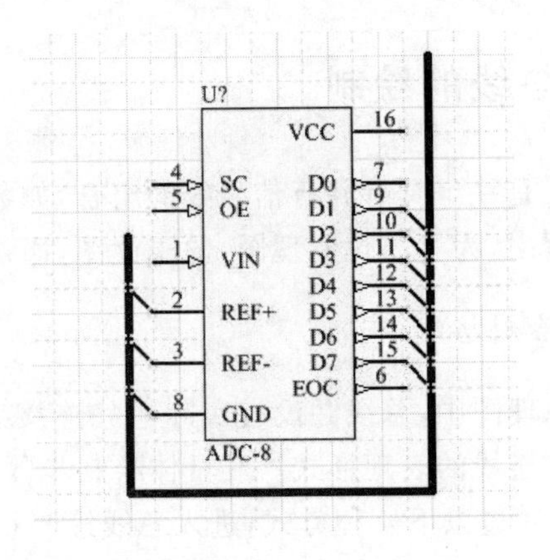

图4-28　总线入口绘制显示效果

(3) 完成总线入口放置后，右击，或者按Esc键，退出总线入口绘制状态。

3. 属性设置

在完成总线和总线入口绘制后，还必须对它们的属性进行设置。

双击总线，或者在总线放置状态下按Tab键，系统将弹出图4-29所示的【Bus】(总线)对话框。该对话框的设置与导线属性设置对话框相同，这里不再赘述。同理，双击总线入口，或者在总线端口放置状态下按Tab键，弹出【Bus Entry】(总线入口)对话框，如图4-30所示。通过该对话框可以对总线入口的颜色和线宽进行设置。

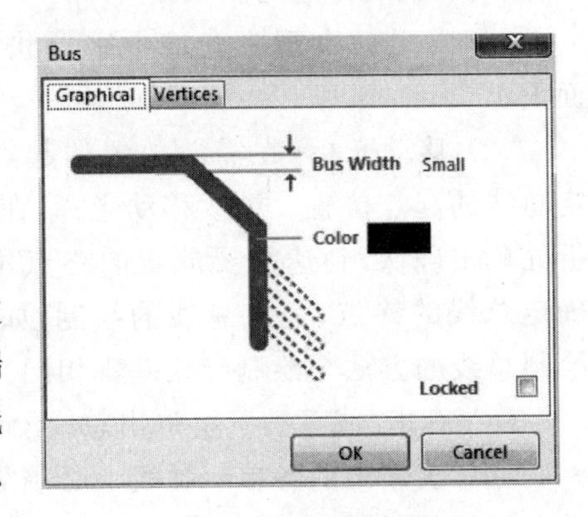

图4-29　【Bus】对话框

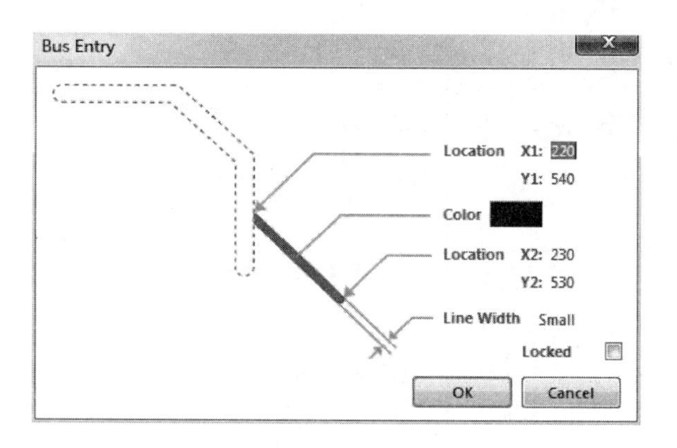

图 4-30 【Bus Entry】对话框

4.8 忽略 ERC 检查点的使用

在对所设计电路进行电气规则检查时(ERC),有时会出现一些不希望出现的错误报告。例如,系统默认所有输入型引脚必须进行连接,在 ERC 检查时,系统会判定有些因设计需要而进行悬空的输入型引脚使用错误。为避免用户在电路设计过程中遇到上述问题,Altium Designer 15 提供了忽略 ERC 检查功能,即在需要的位置放置忽略 ERC 检查点符号,让系统忽略该处的 ERC 检查,不产生错误报告。

1. 放置忽略 ERC 检查点

放置忽略 ERC 检查点的作用是让系统在进行电气规则检查(ERC)时,忽略对某些节点的检查。其具体操作步骤如下:

(1) 通过以下 4 种方式,进入忽略 ERC 检查点放置状态。

菜单栏:选择【Place】|【Directives】|【Generic No ERC】命令。

工具栏:单击布线工具栏中的 × 按钮。

快捷菜单:右击,在弹出的快捷菜单中选择【Place】|【Directives】|【NO ERC】命令。

快捷键:P+I+N 键。

此时,光标由箭头变成十字形状显示在工作界面上,并且光标上带有一个红色的"×"符号,如图 4-31 所示。

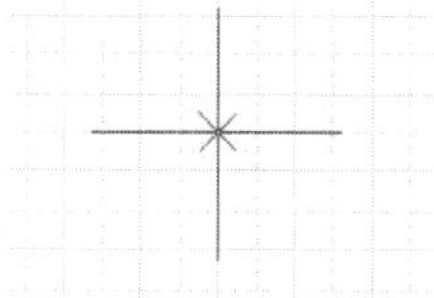

图 4-31 忽略 ERC 检查点放置状态

(2) 移动光标,在需要放置忽略 ERC 检查点的节点上右击,完成一个忽略 ERC 检查点的放置,继续移动光标,可以放置其他忽略 ERC 检查点,如图 4-32 所示。

(3) 右击,或者按 Esc 键,退出忽略 ERC 检查点放置状态。

2. 属性设置

双击所放置的忽略 ERC 检查点,或者在忽略 ERC 检查点放置状态下按 Tab 键,系统将弹出图 4-33 所示的【No ERC】(不 ERC 检查)对话框。通过对话框可以对忽略 ERC 检查点的颜色和位置进行设置,一般采用默认设置即可。

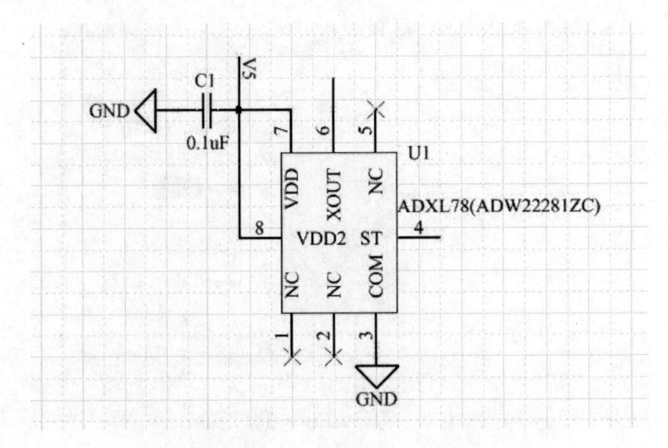

图 4-32　忽略 ERC 检查点放置显示结果

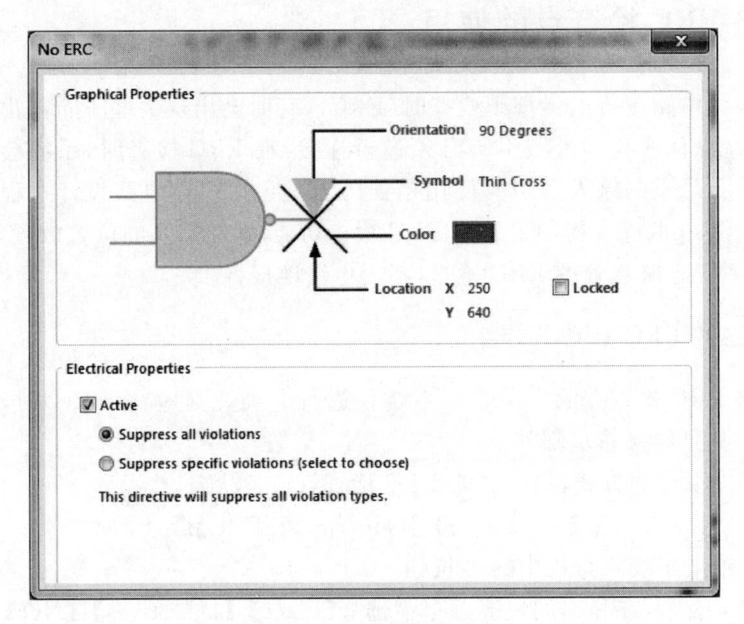

图 4-33　【No ERC】对话框

4.9　PCB 布线指示(PCBLayout)的放置

在绘制原理图过程中,可以在电路的某些位置放置 PCB 布线指示(PCBLayout),以便预先规划指定该处的 PCB 布线规则,如铜膜宽度、过孔直径、布线策略、布线优先权及布线板层等。如果用户在原理图中对某些特殊需求的网络设置 PCB 布线指示,在创建 PCB 的过程中就会自动在 PCB 中引入这些设计规则。

1. 放置 PCB 布线指示

放置 PCB 布线指示的具体操作步骤如下：

(1) 执行菜单栏【Place】|【Directives】|【PCB Layout】命令,进入 PCB 布线指示放置

状态。此时,光标由箭头变成十字形状显示在工作界面上,并且光标上带有一个"PCB Rule"图标,如图 4-34 所示。右击,在弹出的快捷的菜单中选择【Place】|【Directives】|【PCB Layout】命令,也可进入 PCB 布线指示放置状态。

(2) 移动光标,在需要放置 PCB 布线指示的位置单击,完成一个 PCB 布线指示的放置,移动光标,可继续放置其他 PCB 布线指示。

(3) 完成 PCB 布线指示放置后,右击,或者按 Esc 键,退出 PCB 布线指示放置状态。

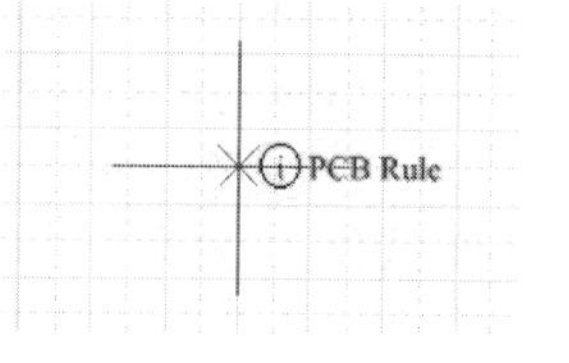

图 4-34　PCB 布线指示放置状态

2. 属性设置

在放置 PCB 布线指示符号的过程中,用户可以对 PCB 布线指示符号进行属性设置,其具体操作方法如下:

双击放置的 PCB 布线指示符号,或者在 PCB 布线指示放置状态下按 Tab 键,系统将弹出图 4-35 所示的【Parameters】(参数)对话框,通过对话框可以对 PCB 布线指示符号的相关属性进行设置。

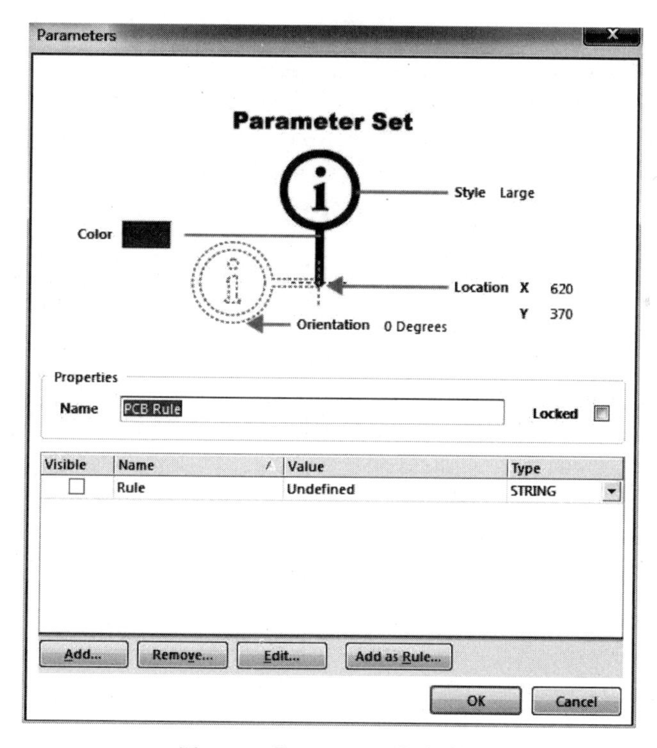

图 4-35　【Parameters】对话框

【Parameters】对话框中各选项的意义如下:

- 【Color】(颜色):用于设置 PCB 布线指示符号的颜色。
- 【Location】(位置):通过设置 X、Y 的坐标值,确定 PCB 布线指示符号在工作界面上的位置。

- 【Orientation】(定位)：用于设置PCB布线指示符号的旋转角度。在【Orientation】下拉菜单中，有0 Degrees、90 Degrees、180 Degrees和270 Degrees 4个方向选项可供选择。此外，按Space键也可进行PCB布线指示符号的旋转设置，每按一次Space键，符号沿逆时针方向旋转90°。
- 【Name】(名称)：用于定义PCB布线指示符号的名称。
- 【Orientation】(参数坐标窗口)：窗口中列出了选中的PCB布线指示的相关参数，包括名称、数值及类型等。选中其中任一参数值，单击对话框下方的【Edit】按钮，弹出如图4-36所示的【Parameters Properties】(参数属性)对话框。在【Parameters Properties】对话框中，单击【Edit Rule Values】按钮，弹出图4-37所示的【Edit PCB Rule】(编辑PCB布线指示)对话框。在该对话框中列出了PCB布线时用到的所有规则类型。

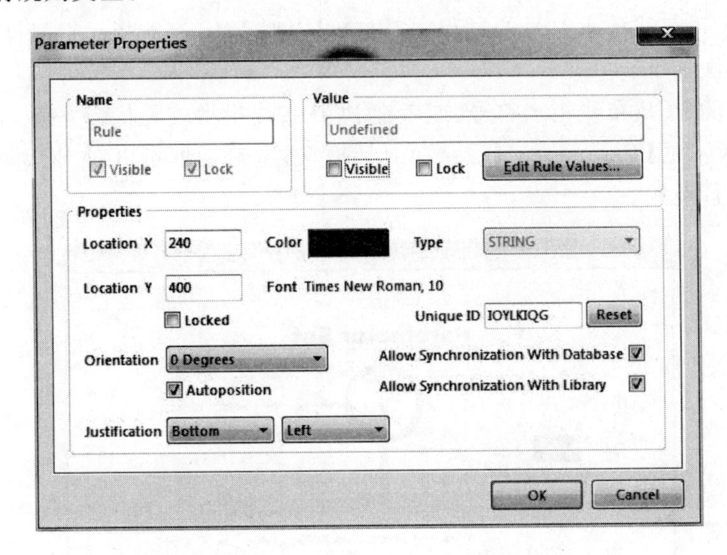

图4-36 【Parameters Properties】对话框

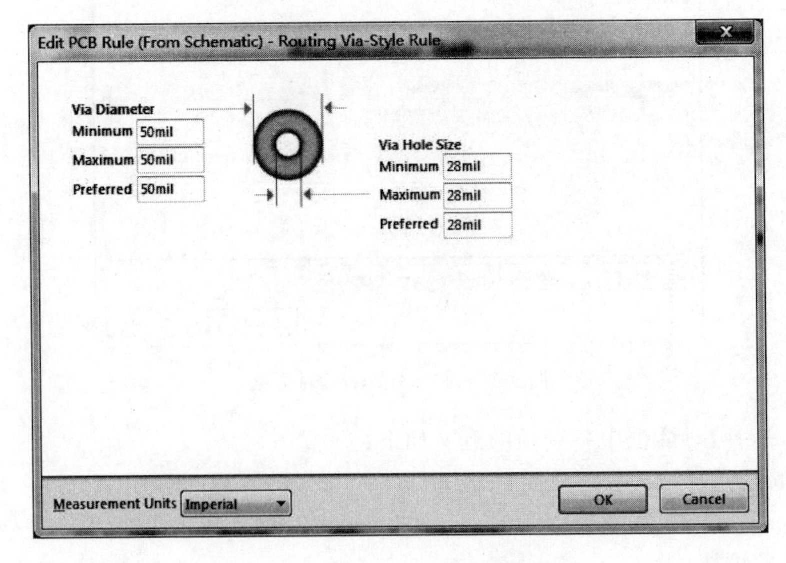

图4-37 【Edit PCB Rule】对话框

4.10 综合演练

为方便读者更好地掌握各种原理图绘制工具的操作使用方法，下面结合图4-38所示的某显示电路原理图的绘制过程，具体介绍各种绘制工具在实际原理图绘制过程的应用。

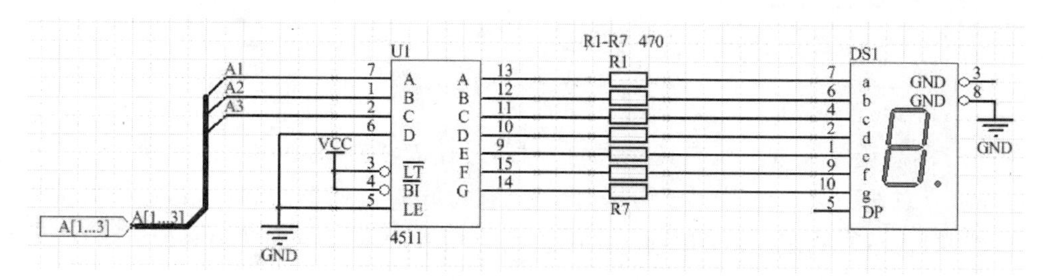

图4-38 显示电路原理图

如图4-39所示，显示电路原理图已完成了所需元器件的放置及属性设置，为将其绘制成一张完整的电路原理图，还需完成以下操作步骤：

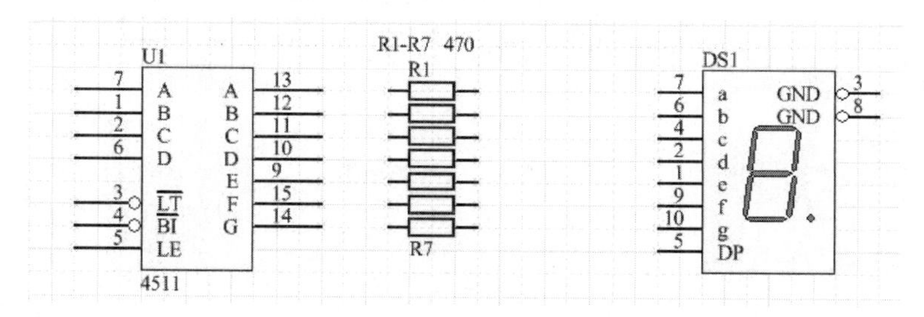

图4-39 放置元器件及属性设置结果

1. 连接导线

单击布线工具栏中的按钮，使光标变成十字形状，在具有电气连接关系的元器件引脚之间画上导线，绘制结果如图4-40所示。

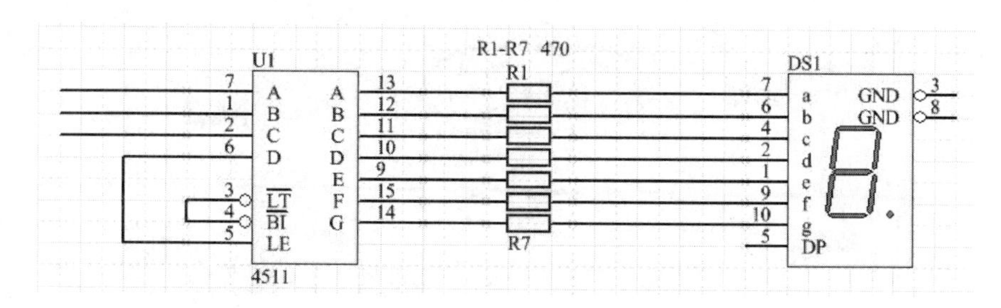

图4-40 导线绘制结果

2. 绘制总线

(1) 放置总线入口。单击布线工具栏中的按钮，按Space键旋转总线入口，使其处于所需的放置方向，分别在元器件4511的1、2和7号引脚处放置总线入口。放置结果如图4-41所示。

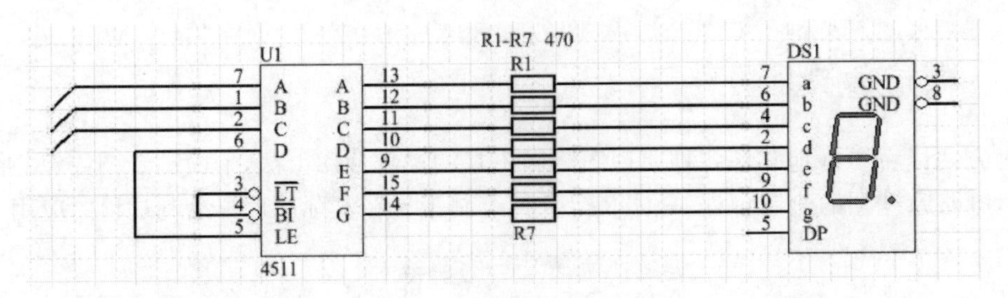

图 4-41　总线入口绘制结果

（2）绘制总线。单击布线工具栏中的 按钮，在元器件4511的7号引脚总线入口处单击，确定为总线的起点位置。继续移动光标，在总线转折处单击确认，到达需要放置的终点位置，再次单击确定总线的终点，完成总线的绘制，绘制结果如图4-42所示。

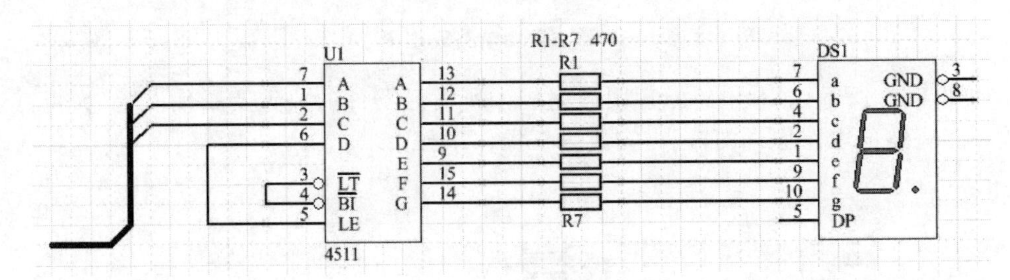

图 4-42　总线绘制结果

3. 放置端口

（1）单击布线工具栏中的 按钮，在总线终点处放置一个端口符号。

（2）双击端口符号，弹出【Port Properties】（端口属性）对话框。在【Name】文本框中输入A[1…3]，将【I/O Type】（I/O类型）设置为Input，如图4-43所示。

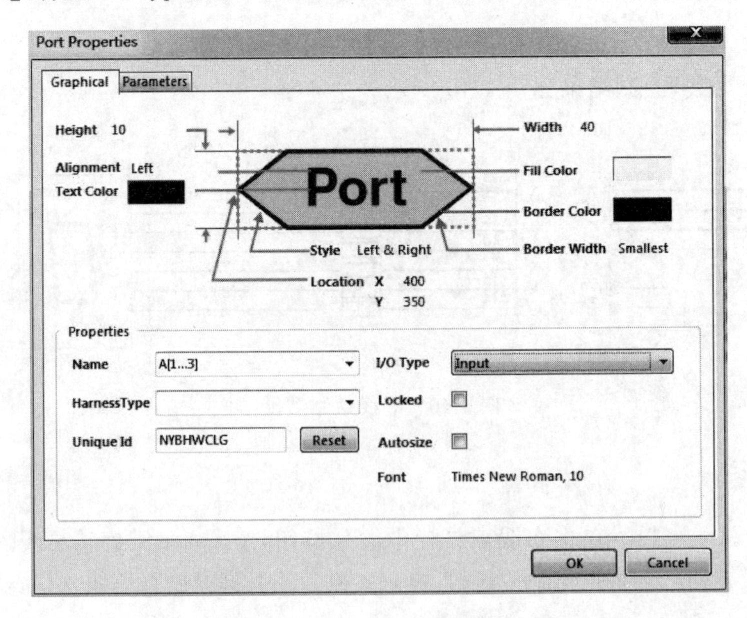

图 4-43　【Port Properties】对话框

(3) 单击【OK】按钮,完成端口属性设置,结果如图 4-44 所示。

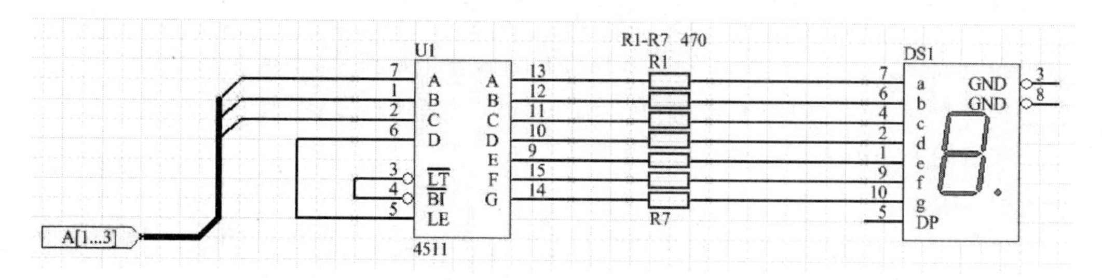

图 4-44 端口绘制结果

4. 放置网络标号

(1) 单击布线工具栏中的 Net 按钮,在总线入口及端口处放置网络标号。

(2) 双击放置好的网络标号,弹出【Net Lable】(网络标签)对话框。在【Net】(网络)文本框中输入所需设置的名称,如图 4-45 所示。

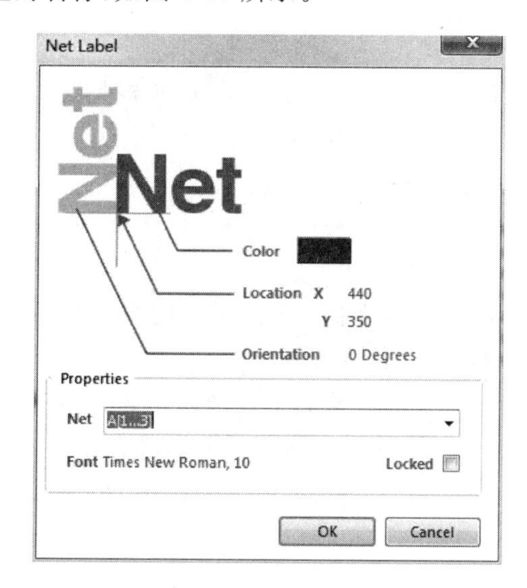

图 4-45 【Net Lable】对话框

(3) 单击【OK】按钮,完成标号名称的修改,结果如图 4-46 所示。

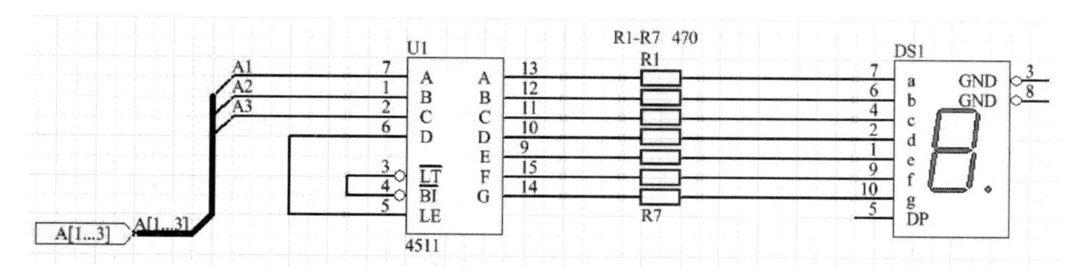

图 4-46 网络标号绘制结果

5．放置电源/地

单击电源/地工具栏中的按钮，在所需位置放置电源符号，本例共需放置 1 个电源符号。单击布线工具栏中的按钮，在所需位置放置接地符号，本例共需放置 2 个接地符号。放置结果如图 4-47 所示。

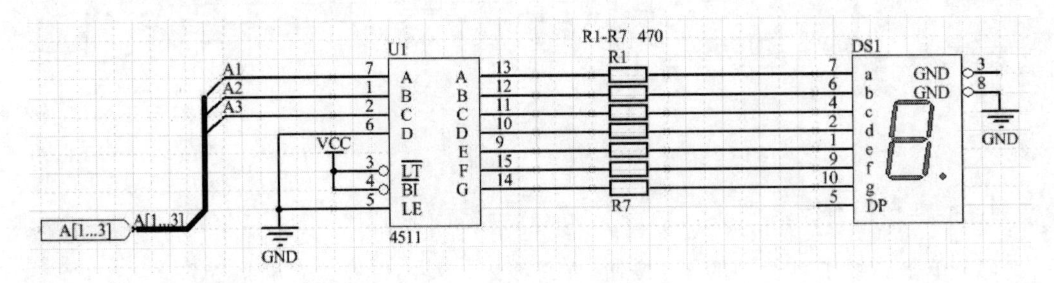

图 4-47　电源/地放置结果

6．放置电路节点

执行菜单栏【Place】|【Manual Junction】命令，在两根具有连接关系的导线的交叉处放置电路节点，从而完成本例原理图的绘制。

4.11　思考与练习

(1) 在 Altium Designer 15 中，绘制原理图最常用的两种工具栏是什么？

(2) 导线的移动和拖动操作有什么区别？

(3) 除导线之外，还可以通过哪些绘制工具来建立电气连接？

(4) 放置忽略 ERC 检查点和 PCB 布线指示分别具有什么作用？

第5章 电路原理图的绘制

在 Altium Designer 15 中，绘制原理图是 PCB 设计工作的起点，在电路原理图设计工作中起主导作用。只有绘制出符合设计要求的原理图，才能顺利对其进行信号仿真分析，最终生产可用的 PCB 文件，并投入生产。本章将重点介绍一般原理图及层次原理图的绘制方法，要求用户熟练掌握。

5.1 原理图的组成

原理图是用户设计意图的符号化（逻辑/功能）表示。如图 5-1 所示，这是一张由 Altium Designer 15 绘制的某采集板的原理图，从原理图中可以发现，它主要由一系列具有电气特性的符号组成，包括元器件、导线、电源/地、网络标号、端口及注释等符号。这些符号的意义如下：

（1）元器件：原理图中的元器件是以元器件符号的形式出现的。元器件符号各引脚与实际元器件引脚一一对应，也与 PCB 上的焊盘相对应。

（2）导线：一般连接导线是以线段的形式出现在原理图中，表示两个引脚之间具有电气连接。而表示一组并行信号的导线，则是以粗线段的形式出现在原理图中，在 PCB 上与一组由铜箔组成的有时序关系的导线相对应。

（3）电源/地符号：标注在原理图中的电源端口，与实际供电设备和接地引脚相对应。

（4）网络标号：与导线功能一样，用来建立元器件引脚之间的电气连接，一般标注在导线、总线和元器件引脚上。

（5）端口：包括输入端口和输出端口两种类型。其功能和导线、网络标号功能一样，但它主要用于在层次原理图中建立电气连接。

（6）忽略 ERC 检查点：为避免在 ERC 检查时出现一些不希望出现的错误报告，在原理图中的某些节点处放置忽略 ERC 检查点，以忽略对这些节点的 ERC 检查。

（7）原理图注释：为了便于原理图的阅读和检查，在原理图中所

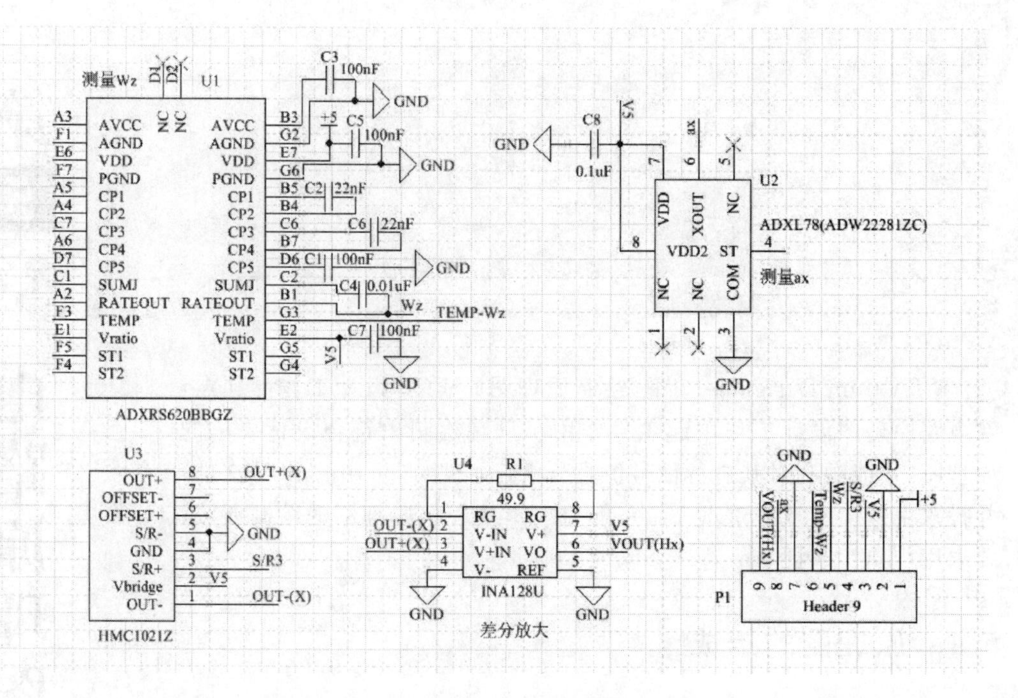

图 5-1　用 Altium Designer 15 绘制的原理图

标注的文字、形状及图片。

原理图上的电气符号表示了 PCB 的各个组成部分，它们存在相互对应的关系。

5.2　Altium Designer 15 元器件库

元器件是电路原理图的重要组成部分。从本质上讲，电路原理图就是各种元器件的连接图，要完成原理图的绘制，首先必须根据电路设计理念，在图纸上放置各种所需要的元器件。一般常用的系统设计所需的元器件均可在 Altium Designer 15 中找到。但是，元器件种类繁多、数量庞杂，该如何快速、准确地找到所需的元器件呢？

其实，Altium Designer 15 提供的元器件库已对各种元器件进行了明确的分类，用户可以通过 Altium Designer 15 元器件库快速、准确地查找到所需的元器件。下面对元器件库的有关内容进行详细介绍。

5.2.1　元器件库的管理与操作

在 Altium Designer 15 系统中，元器件库是以各种元器件集成库的形式进行设计的。所谓集成库，就是把元器件符号、引脚的封装形式及信号完整性的分析模型等所有信息都集成在一个库文件（*.IntLib）中。在调用某个元器件时，可以同时把该元器件的有关信息显示出来。

系统提供的元器件集成库种类繁多，但分类十分明确，一般是以元器件制造厂家的名称进行分类，在各厂家分类下面又以元器件的种类进行分类，如模拟电路、逻辑电路、

A/D 转换芯片等。

为了方便用户对元器件库进行管理与操作，Altium Designer 15 提供了【Libraries】(库)面板，如图 5-2 所示。只要执行菜单栏【Design】|【Browse Library】命令，或者单击工作窗口右侧的【Libraries】标签，即可打开【Libraries】面板。面板中各选项的意义如下：

- 【当前加载元件库】下拉列表框：列出当前加载的库文件。
- 【查询条件输入栏】：通过输入与所要查找元器件的相关内容，帮助用户快速查找到需要的元器件。
- 【元器件列表】：列出所有满足所列查询条件的相关元器件，包括元器件名称、特性描述、来源库、封装名称等信息。
- 【元器件符号预览】：预览当前元器件在原理图中的外形符号。
- 【元器件模型预览】：预览当前元器件 PCB 封装形式、信号完整性分析等各种模型。

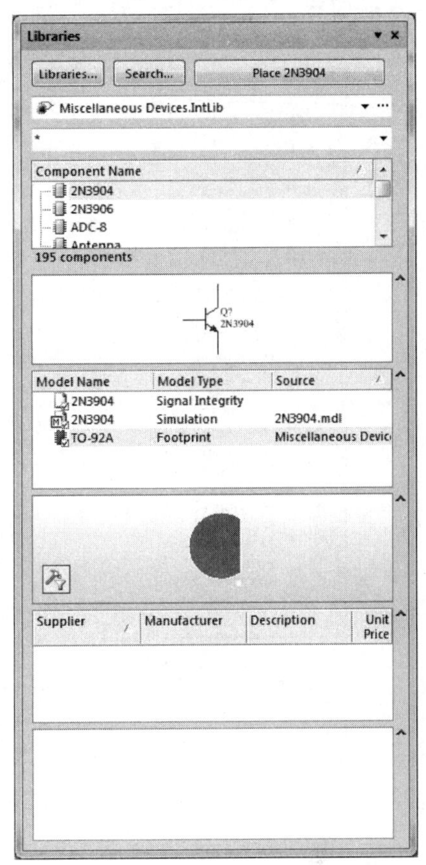

图 5-2 【Libraries】面板

如果在工作界面上没有【Libraries】标签，只要单击底部面板控制栏中的【System/Libraries】按钮，在工作界面右侧就会自动出现【Libraries】标签，并自动弹出【Libraries】面板。

在 Altium Designer 15 中，系统对数量庞杂的元器件进行了集成归类，并且提供了加载元器件库、快速查找元器件、放置元器件等功能。用户只要通过【Libraries】面板，即可完成对元器件库的管理与操作，十分便捷。

5.2.2 加载和卸载元器件库

在原理图绘制过程中，用户需要在图纸上放置各种元器件，因此，需要将所放置元器件所属的元器件库载入系统内存中，即元器件库的加载。但是，如果载入系统内存中的元器件库过多，就会占用较多的系统资源，给系统运行造成负担，进而会大大影响系统的运行效率，因此，需要将一些暂时不用的元器件库从系统内存中移除，即元器件库的卸载。用户可以根据电路设计需要，灵活地对元器件库进行加载和卸载操作。

1. 加载元器件库

加载元器件库的具体操作步骤如下：

(1) 选择菜单栏【Design】|【Add/Remove Library】命令，或者单击【Libraries】面板左上角的【Libraries】按钮，系统将弹出图 5-3 所示的【Available Libraries】(可用库)对话框。通过对话框，可以看出，系统已经默认加载了 Miscellaneous Devices. IntLib(通用元器件库)、Miscellaneous Connectors. IntLib(通用插接件库)等多个元器件库。

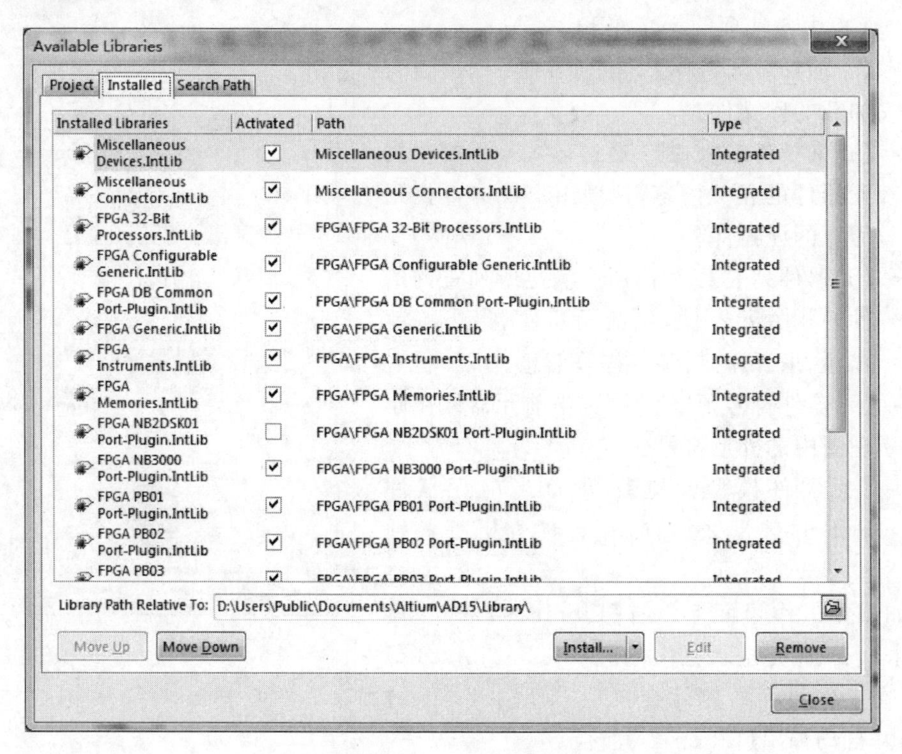

图 5-3 【Available Libraries】对话框

在【Available Libraries】对话框中共有 3 个选项卡。其中，【Project】选项卡列出了用户为当前工程自行创建的库文件；【Installed】选项卡列出系统当前可用的文件库。对话框左下方的【Move Up】(上移)和【Move Down】(下移)两个按钮主要用来调整元器件库的排列顺序。

(2) 选择【Installed】选项卡，单击右下角的【Install】按钮，在弹出的对话框中选择确定的库文件夹，打开后选择所需要的元器件库，单击右下角的【打开】按钮，所选择库文件即可出现在【Available Libraries】对话框中，完成元器件库的加载。

(3) 重复上述操作，把所需要的元器件库分别进行加载，使之成为系统中当前可用的元器件库。加载完毕单击【Close】按钮，关闭【Available Libraries】对话框。此时，所加载的元器件库均显示在【Libraries】面板上，用户可以选择使用。

2. 卸载元器件库

卸载元器件库的操作与加载元器件库类似，运用上述方法打开【Available Libraries】对话框，选择【Installed】选项卡，选中需要卸载的元器件库，单击对话框右下角的【Remove】按钮，即可完成选中元器件库的卸载。

5.2.3 查找元器件

虽然 Altium Designer 15 系统对各种元器件进行了分类管理，但是面对元器件库中众多相同种类的元器件，用户想要找到所需元器件也要花上一定的时间，这大大影响了工作效率。此时，用户可以使用系统提供的元器件快速查询功能，通过设置所需元器件的查找条件，快速在元器件库中定位所需元器件。其具体操作方法如下：

选择菜单栏【Tools】|【Find Component】命令，或者在【Libraries】面板中单击【Search】按钮，系统将弹出如图 5-4 所示的【Libraries Search】(搜索库)对话框。

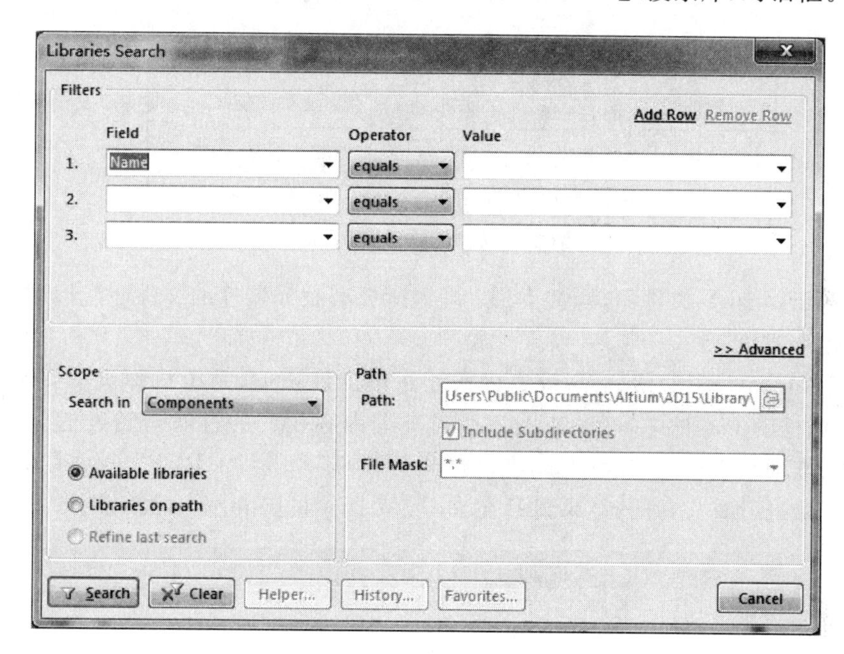

图 5-4 【Libraries Search】对话框

对话框中各选项的意义如下：

(1)【Scope】(范围)选项：用于设置查找范围。

- 【Search in】(查找类型)：该下拉列表框包括 4 种类型可供选择，分别为 Components(元件)、ProtelFootprints(PCB 封装)、3D Models(3D 模型)和 Database Components(数据库元件)。
- 【Available libraries】(可用库)：选择该单选按钮，系统会在已经加载元器件库中查找元器件。
- 【Libraries On Path】(元器件库路径)：选择该单选按钮，系统会按照所设置的路径查找元器件。

(2)【Path】(路径)选项：用于设置查找路径。只有选中【Libraries On Path】单选按钮，才能激活【Path】选项。

- 【Path】(路径)文本框：单击文本框右侧的按钮，系统将弹出如图 5-5 所示的【浏览文件夹】对话框，从中可设置查找路径。如果选中【Include Subdirectories】

复选框，那么也会对包含在指定目录中的子目录进行查找。

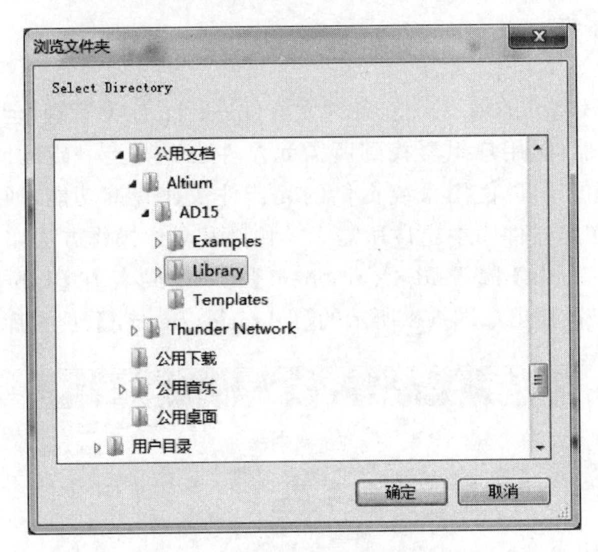

图 5-5 【浏览文件夹】对话框

- 【File Mask】(文件面具)文本框：设置所要查找元器件的文件匹配域，"＊"表示匹配字符串。

(3)【Advanced】(高级)：高级查询按钮。单击该按钮，系统将弹出图 5-6 所示对话框。在对话框的文本框中，可以输入一些与查询内容相关的过滤语句表达式，帮助系统更加快速、准确地进行查找。例如，在文本框中输入 Name＝'PNP'，单击【Search】按钮后，系统开始进行查找，查找结果显示在如图 5-7 所示的【Libraries】面板中。

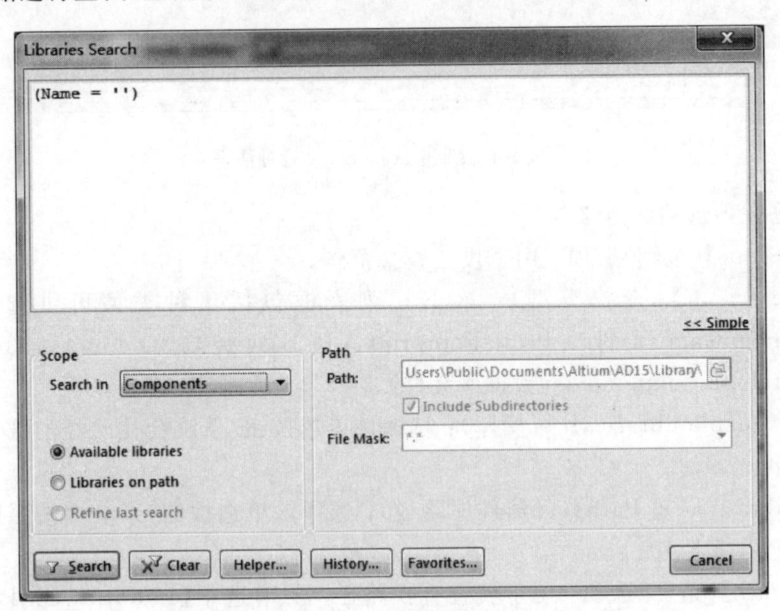

图 5-6 【Libraries Search】对话框的高级查询界面

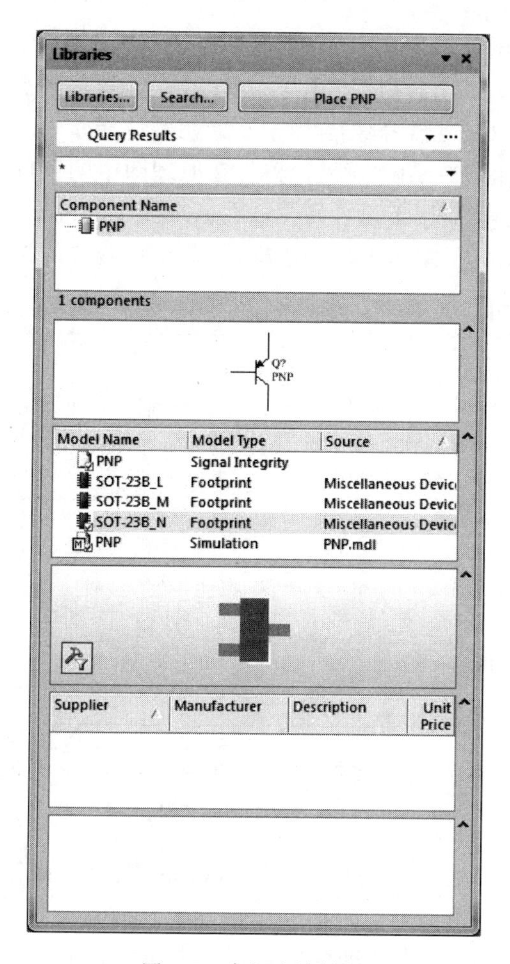

图 5-7 高级查询结果

5.3 元器件的放置和属性编辑

在完成元器件库加载后，还需要将找到的元器件放置在图纸上，并对其属性进行编辑，以满足电路设计要求。本节将重点介绍这两方面的内容。

5.3.1 元器件的放置

在 Altium Designer 15 中，系统提供了两种放置元器件的方法：一是直接放置元器件，即使用菜单栏或者工具栏进行放置；二是使用“库”面板放置元器件。

1. 直接放置元器件

如果用户已经明确知道所要放置元器件的名称、来源、封装等属性，可以使用直接放置元器件法。其具体操作方法如下：

选择菜单栏【Place】|【Part】命令，或者单击布线工具栏中的 按钮，系统将弹出

图 5-8 所示的【Place Part】(放置端口)对话框。对话框中各选项的意义如下：

- 【Physical Component】(物理名称)：用于设置元器件的名称。
- 【Logical Symbol】(逻辑符号)：用于设置元器件在库中的名称。
- 【Designator】(标识)：用于设置元器件在原理图中的字母代号。
- 【Comment】(注释)：用于设置元器件在原理图中的说明。
- 【Footprint】(封装)：单击下拉列表框，可选择元器件的封装形式。

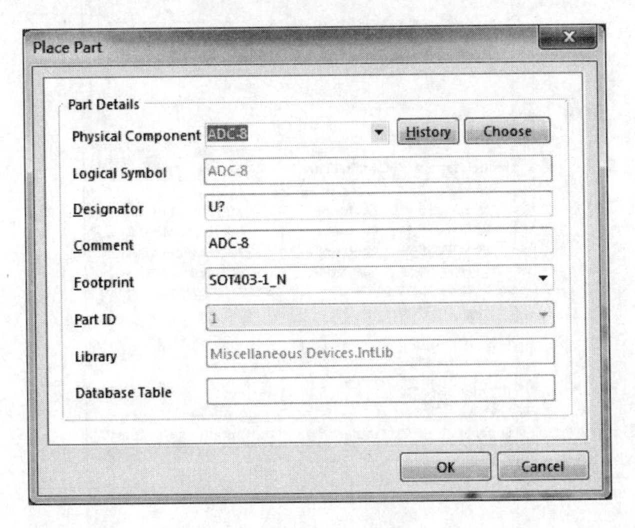

图 5-8 【Place Part】对话框

此外，单击对话框右上角的【History】按钮，系统弹出图 5-9 所示的【Placed Parts History】(放置端口记录)对话框。对话框中记录了已放置的所有元器件信息，供用户查询，也可以从中选择需要的元器件进行放置。单击对话框右上角的【Choose】按钮，系统弹出图 5-10 所示的【Browse Libraries】(浏览库)对话框。从对话框中可以选择并浏览放置元器件的所属元器件库，选中放置的元器件，可以预览其原理图符号模型和 PCB 封装模型。

Placed Parts History

Design Item ID	Lib. Reference	Designator	Comment	Footprint	Part ID
ADC-8	ADC-8	U?	ADC-8	SOT403-1_N	1
Cap	Cap	C3	Cap	RAD-0.3	1
Cap	Cap	C?	xxxx	RAD-0.3	1
Cap	Cap	C?	Cap	RAD-0.3	1
PNP	PNP	Q?	PNP	SOT-23B_N	1

Clear History　OK　Cancel

图 5-9 【Place Parts History】对话框

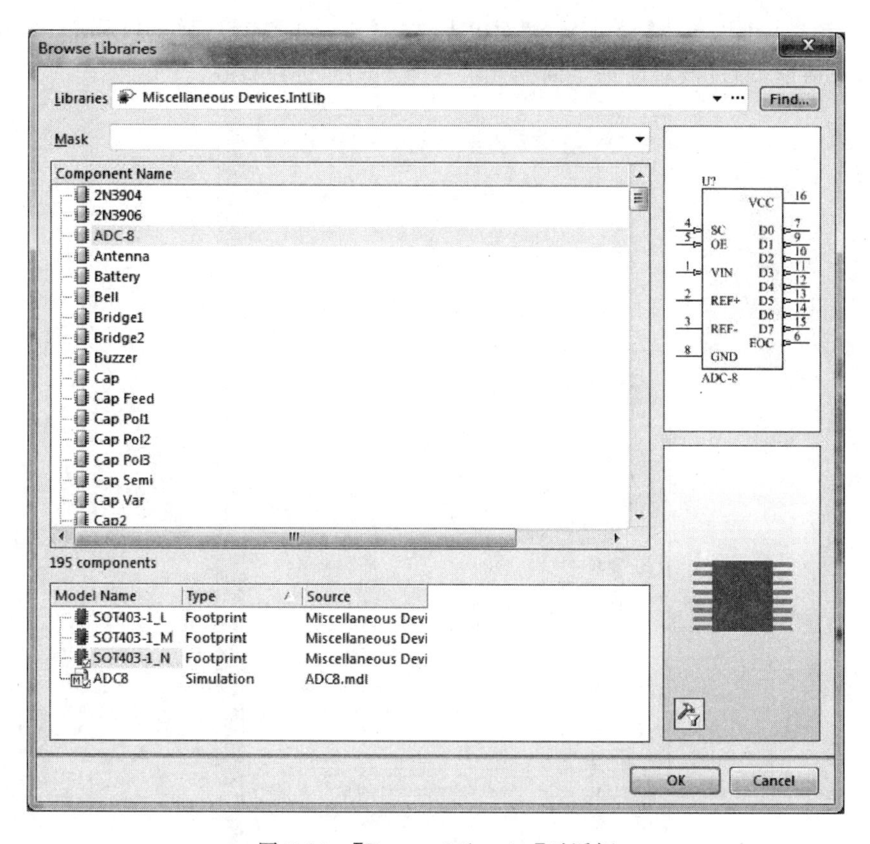

图 5-10 【Browse Libraries】对话框

通过【Place Part】对话框，用户可以将事先知道的元器件名称、来源、标识、封装等属性输入相应的文本框中。完成设置后，单击【OK】按钮，此时光标由箭头变成十字形状，并且光标带着所要放置的元器件符号显示在工作界面上，如图 5-11 所示。移动光标，在需要放置的位置单击，即可完成元器件的放置。右击或者按 Esc 键退出元器件放置状态。

图 5-11 元器件放置状态

2. 使用【Libraries】面板放置元器件

从前面介绍的内容可知，【Libraries】面板具有全面的功能，包括加载/卸载元器件库、快速查询元器件、浏览元器件库等功能。下面介绍【Libraries】面板的另一个重要功能：使用【Libraries】面板放置元器件。其具体操作方法如下：

(1) 打开【Libraries】面板，加载所需要的元器件库。

(2) 单击【当前加载元器件库下拉列表框】，选择放置元器件所属的元器件库。例如，要放置一个 PNP 型的三极管，就要选择 Miscellaneous Devices. IntLib(通用元器件库)。

(3) 运用【Libraries】面板的元器件查询功能，查找所需元器件。例如，在【查询条件输入栏】中输入 * PNP *，满足查找条件的 PNP 型三极管符号将显示在浏览器中，如

图 5-12 所示。也可以单击【Libraries】面板上方的【Search】按钮，弹出【Libraries Search】（搜索库）对话框，通过该对话框全面的元器件查询功能进行查找。

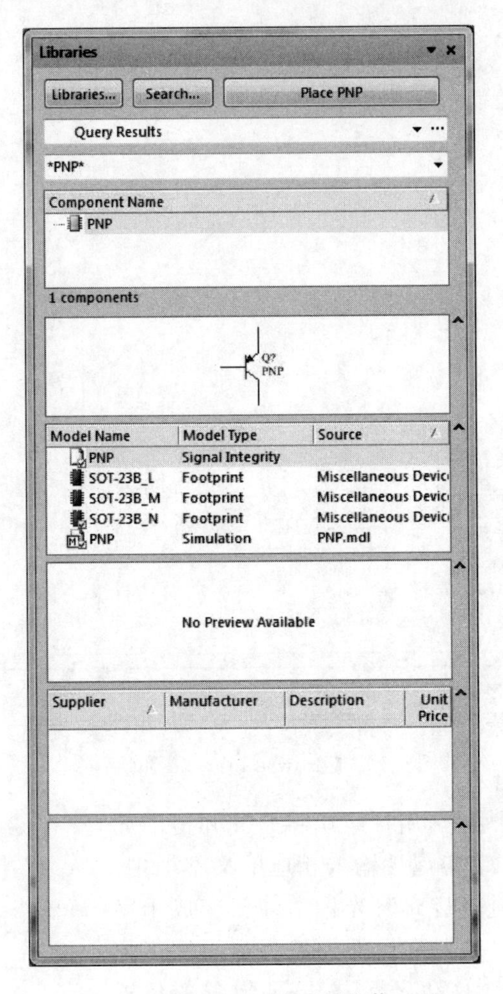

图 5-12　用【Libraries】面板查找 PNP

（4）在图 5-12 所示的【Libraries】面板中，单击右上方的【Place PNP】按钮，此时光标由箭头变成十字形状，并且光标带着所要放置的元器件符号显示在工作界面上，如图 5-13 所示。移动光标，在需要放置的位置单击，即可完成元器件的放置。右击，或者按 Esc 键退出元器件放置状态。

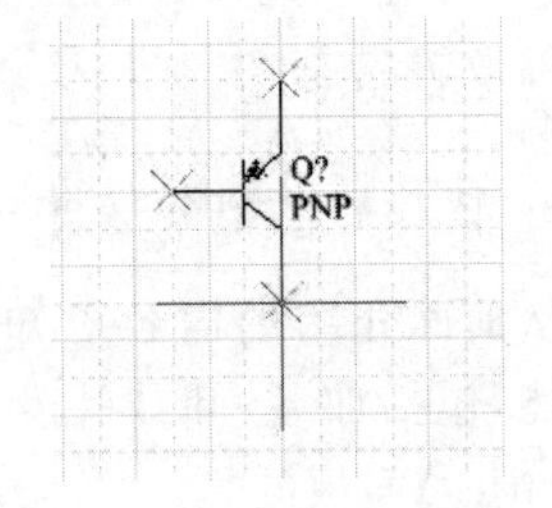

图 5-13　放置 PNP 元器件

5.3.2　元器件的属性编辑

原理图上放置的元器件都具有自身特定的属性，在放置完某个元器件后，还必须对其属性进行编辑，使其满足电路设计要求，避免给后面的网络表和 PCB 制作带来错误。

1. 手动编辑元器件属性

运用手动方法编辑元器件的属性操作起来较为简单。其具体操作方法如下：

(1) 选择菜单栏【Edit】|【Change】命令，使光标由箭头变成十字形状显示在工作界面上，此时系统处于元器件属性编辑状态。

(2) 移动光标到需要编辑属性的元器件上，单击，系统将弹出图 5-14 所示的属性编辑对话框。直接双击元器件，也可弹出属性编辑对话框。通过对话框，可以对元器件的基本属性、外观属性、扩展属性、模型属性及管件等进行设置。

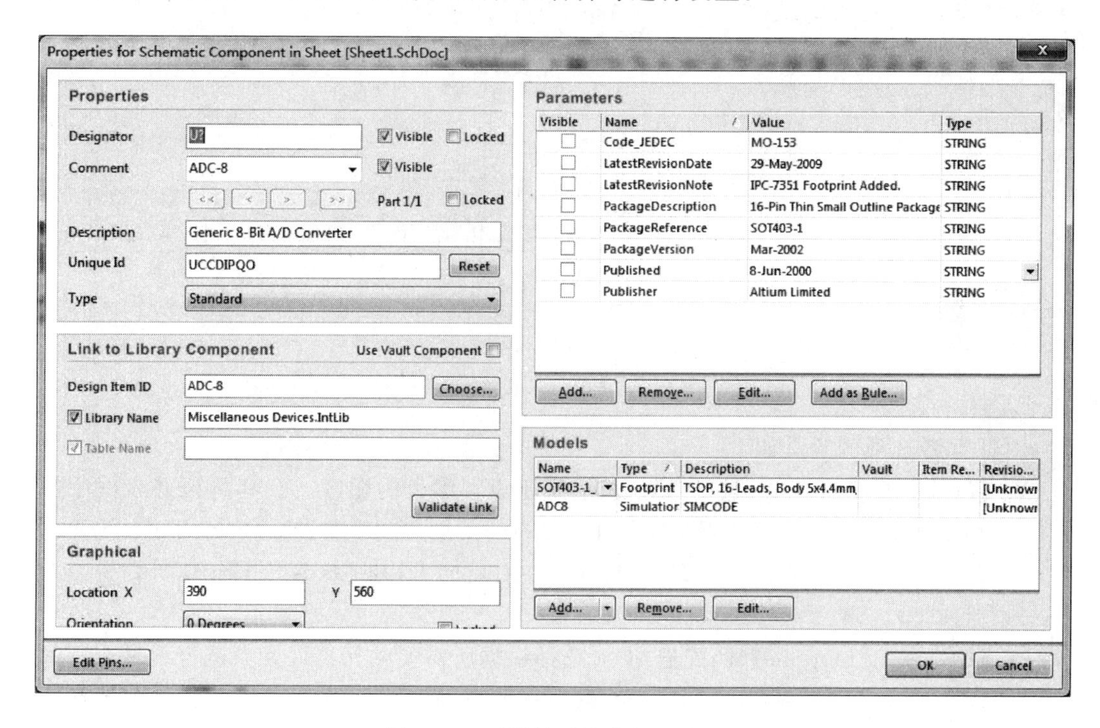

图 5-14 元器件属性编辑对话框

(3) 设置完成后，单击【OK】按钮即可完成对某元器件的属性编辑。此时，光标仍呈十字形状，移动光标到其他元器件的位置，可继续对其他元器件的属性进行编辑。右击，或者按 Esc 键，系统将退出元器件属性编辑状态。

2. 元器件编号的自动标注

在复杂的电路原理图中，往往存在着数量庞杂的元器件，如果运用手动编辑属性的方法对所有元器件进行逐个编号，那么工作量将十分繁重，而且极易出现编号遗漏、跳号等情况。针对上述问题，Altium Designer 15 为用户提供了注解工具，可以对元器件编号进行自动标注。其具体操作方法如下：

(1) 选择菜单栏【Tools】|【Annotate Schematics】命令，打开【Annotate】(注释)对话框，如图 5-15 所示。对话框主要包括【Schematic Annotation Configuration】(原理图注释

配置)和【Proposed Change List】(提议更改列表)两部分内容。通过对对话框中各选项的设置，可以对元器件进行重新编号。

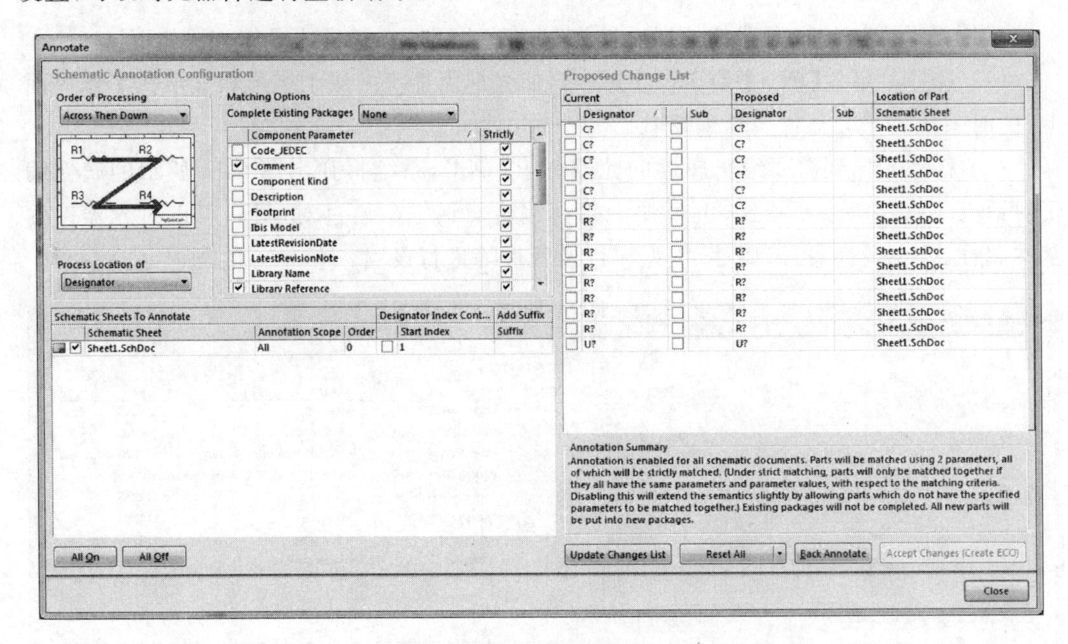

图 5-15 【Annotate】对话框

对话框各选项的意义如下：

- 【Order of processing】(处理顺序)：用于设置编号的顺序。在其下拉列表框中共有4种编号顺序可供选择：Up Then Across(先向上后左右)、Down Then Across(先向下后左右)、Across Then Up(先左右后向上)和 Across Then Down(先左右后向下)。
- 【Matching Options】(匹配选项)：选择根据所需要的元器件参数进行编号。
- 【Schematics Sheets To Annotate】(原理图页面注释)：在当前工程文件中选择需要进行重新编号的原理图。
- 【Current】(当前的)：列出当前元器件的编号。
- 【Proposed】(被提及的)：列出当前元器件新的编号。

(2) 设置完成后，单击【Update Changes List】按钮，系统将弹出图 5-16 所示的【Information】(信息)对话框，提示用户相对前一次状态和相对初始状态发生的改变。

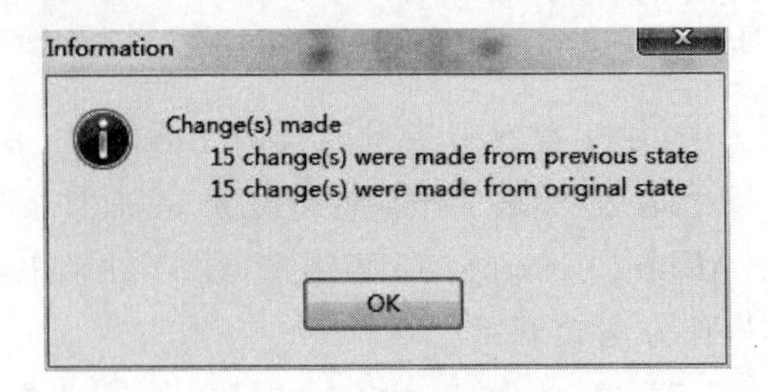

图 5-16 【Information】对话框

(3) 单击【OK】按钮，在【Proposed Change List】栏中可以查看编号的变化情况。如果对重置的编号满意，那么可以单击【Accept Changes(Create ECO)】(接受更改(创建ECO))按钮，系统将弹出图 5-17 所示的【Engineering Change Order】(工程更改顺序)对话框。通过对话框可以更新修改。单击对话框左下角的【Validate Changes】(生效更改)按钮，可以检测修改的可行性，如图 5-18 所示。若要输出修改后的报表，则可单击【Report Changes】(报告更改)按钮，系统将弹出图 5-19 所示的【Report Preview】(报告预览)对话框，单击【Export】按钮，系统将以 Excel 文件的形式对报表进行保存。单击【Print】按钮，可将报表打印输出。

Enable	Action	Affected Object		Affected Document	Check	Done	Message
	Annotate Component(15)						
☑	Modify	C? -> C1	In	Sheet1.SchDoc			
☑	Modify	C? -> C2	In	Sheet1.SchDoc			
☑	Modify	C? -> C3	In	Sheet1.SchDoc			
☑	Modify	C? -> C4	In	Sheet1.SchDoc			
☑	Modify	C? -> C5	In	Sheet1.SchDoc			
☑	Modify	C? -> C6	In	Sheet1.SchDoc			
☑	Modify	R? -> R1	In	Sheet1.SchDoc			
☑	Modify	R? -> R2	In	Sheet1.SchDoc			
☑	Modify	R? -> R3	In	Sheet1.SchDoc			
☑	Modify	R? -> R4	In	Sheet1.SchDoc			
☑	Modify	R? -> R5	In	Sheet1.SchDoc			
☑	Modify	R? -> R6	In	Sheet1.SchDoc			
☑	Modify	R? -> R7	In	Sheet1.SchDoc			
☑	Modify	R? -> R8	In	Sheet1.SchDoc			
☑	Modify	U? -> U1	In	Sheet1.SchDoc			

图 5-17 【Engineering Change Order】对话框

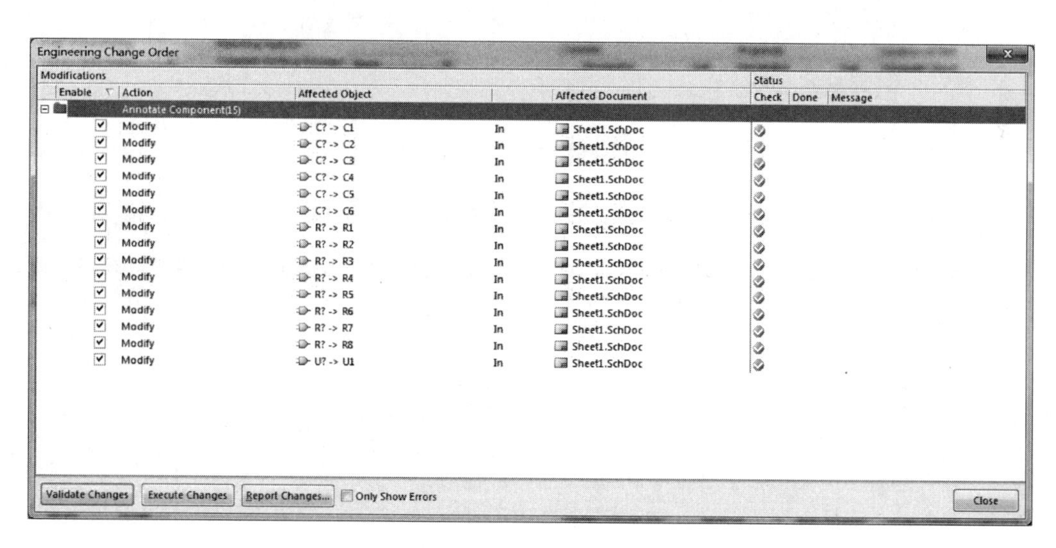

图 5-18 检测修改可行性界面

(4) 若系统对修改后的报表检测可行，则可单击【Engineering Change Order】对话框左下角的【Execute Changes】(执行更改)按钮，表示接受更改结果，如图 5-20 所示。单击【Close】按钮，完成编号自动标识，退出对话框。

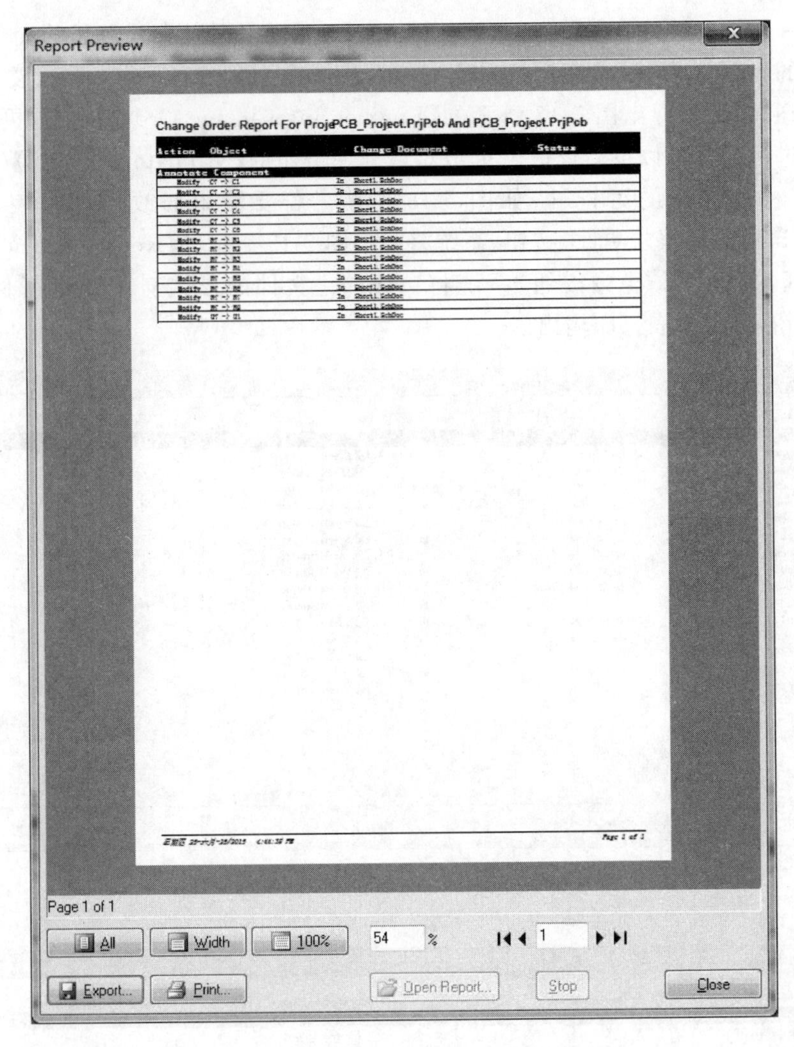

图 5-19 【Report Preview】对话框

Engineering Change Order

Enable	Action	Affected Object		Affected Document	Check	Done	Message
	Annotate Component(15)						
☑	Modify	C? -> C1	In	Sheet1.SchDoc	✓	✓	
☑	Modify	C? -> C2	In	Sheet1.SchDoc	✓	✓	
☑	Modify	C? -> C3	In	Sheet1.SchDoc	✓	✓	
☑	Modify	C? -> C4	In	Sheet1.SchDoc	✓	✓	
☑	Modify	C? -> C5	In	Sheet1.SchDoc	✓	✓	
☑	Modify	C? -> C6	In	Sheet1.SchDoc	✓	✓	
☑	Modify	R? -> R1	In	Sheet1.SchDoc	✓	✓	
☑	Modify	R? -> R2	In	Sheet1.SchDoc	✓	✓	
☑	Modify	R? -> R3	In	Sheet1.SchDoc	✓	✓	
☑	Modify	R? -> R4	In	Sheet1.SchDoc	✓	✓	
☑	Modify	R? -> R5	In	Sheet1.SchDoc	✓	✓	
☑	Modify	R? -> R6	In	Sheet1.SchDoc	✓	✓	
☑	Modify	R? -> R7	In	Sheet1.SchDoc	✓	✓	
☑	Modify	R? -> R8	In	Sheet1.SchDoc	✓	✓	
☑	Modify	U? -> U1	In	Sheet1.SchDoc	✓	✓	

Validate Changes　Execute Changes　Report Changes...　Only Show Errors　Close

图 5-20 执行更改后的【Engineering Change Order】对话框

5.4 元器件位置的调整

刚放置在原理图中的元器件，其位置只是一个大概的位置，并不是其在原理图中的最终位置。为了原理图的整体布局，一般在连线之前，需要对元器件的位置、方向进行调整，以便于连线，使最终绘制出来的原理图清晰、美观。

元器件位置的调整主要包括元器件的移动、排列及对齐等内容，下面将对有关内容进行详细介绍。

5.4.1 元器件的移动

元器件的移动具有两种移动情况，即平移和层移。所谓平移，是指元器件在同一平面上进行相对位置的调整；而层移，是指元器件上下位置关系的调整。在原理图绘制过程中，元器件移动最常用的方法是用鼠标直接移动元器件。此外，使用菜单栏命令、工具栏移动工具及快捷键均可实现元器件的移动。

1. 直接移动元器件

选中需要移动的元器件后，将光标移动到该元器件上，此时光标由箭头变成十字形状显示在工作界面上，按住鼠标左键同时拖动鼠标，被选中的元器件将随光标移动，如图 5-21 所示。到达需要放置的位置后，释放鼠标左键，完成移动操作。

如果要用鼠标同时移动多个元器件，那么首先必须要把所有需要移动的元器件选中，然后将光标移动到任意一个元器件上，按住鼠标左键同时拖动鼠标，被选中的所有元器件将随光标移动，如图 5-22 所示。到达需要放置的位置后，释放鼠标左键，完成移动操作。移动后，元器件的相对位置不变。

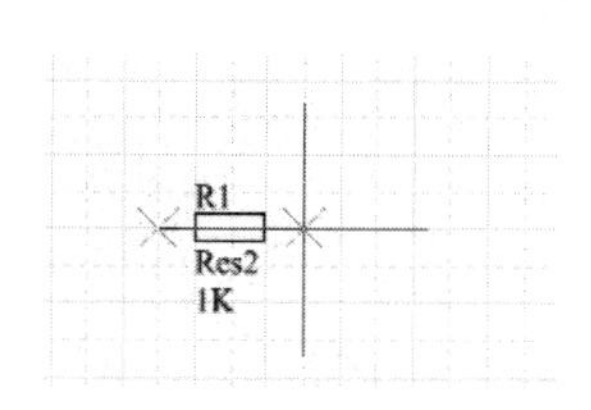

图 5-21 移动元器件

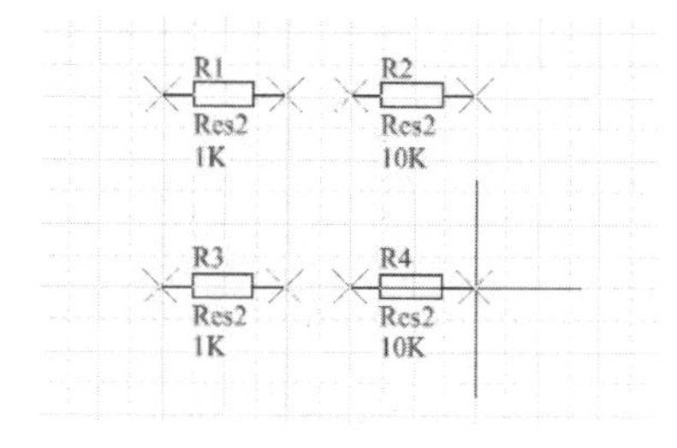

图 5-22 同时移动多个元器件

2. 使用工具栏移动元器件

选中需要移动的元器件，单击工具栏中的 ✛ 按钮，光标将由箭头变成十字形状显示在工作界面上，单击，被选中的元器件将随光标移动。到达需要放置的位置后，释放鼠标左键，完成移动操作。

3. 使用菜单栏移动元器件

选择菜单栏【Edit】|【Move】命令，系统弹出图 5-23 所示的移动子菜单。选择移动子菜单中的各选项命令，可实现对元器件的各种移动操作。

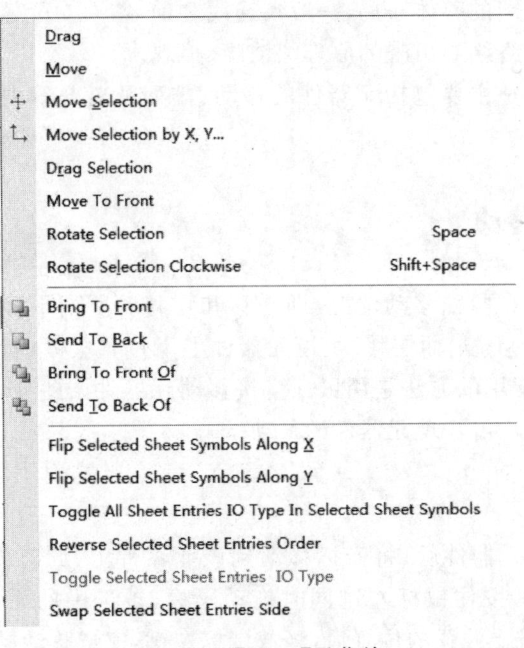

图 5-23 【Move】子菜单

- 【Drog】(拖动)：当元器件之间有连线时，执行该命令，在需要拖动的元器件上单击，元器件会随着光标一起移动，元器件上的连线也会跟随着移动，不会断线。例如，拖动图 5-24 中的元器件 R2，拖动效果如图 5-25 所示。

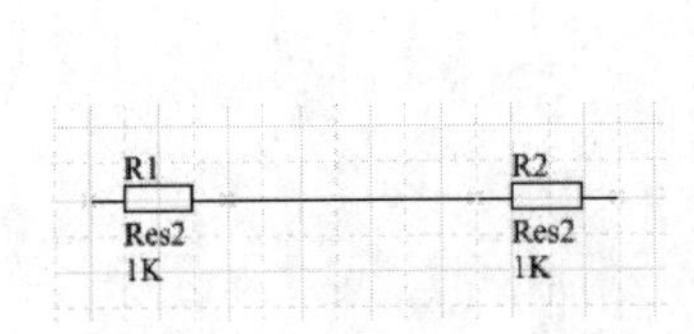

图 5-24 元器件拖动前

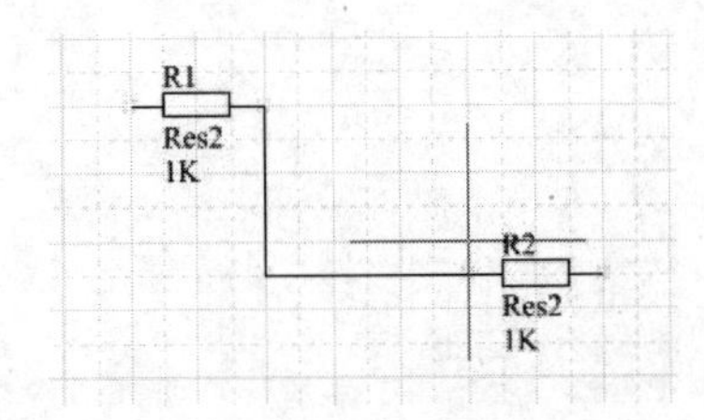

图 5-25 元器件拖动效果

- 【Move】(移动)：只移动元器件，不移动导线。
- 【Move To Front】(移到前面)：移动元器件，并将它放置在重叠元器件的最上层，操作方法与【Drog】命令相同。
- 【Bring To Front】(移到前面)：将元器件移动到重叠元器件的最上层。执行该命令，光标将变成十字形状，单击所要层移的元器件，该元器件将被移动到重叠元器件的最上层。
- 【Send To Back】(送到后面)：将元器件移动到重叠元器件的最下层。操作方法与【Bring To Front】命令相同。

- 【Bring To Front Of】(移到前面)：将元器件移动到某元器件的上层。执行该命令，光标将变成十字形状，单击所要层移的元器件，该元器件暂时消失，光标仍呈十字形状，选择参考元器件并单击，层移元器件出现并且被放置在参考元器件的上面。
- 【Send To Back Of】(送到后面)：将元器件移动到某元器件的下层。操作方法与【Bring To Front Of】命令相同。

4. 使用快捷键移动对象

元器件在被选中状态下，通过使用快捷键也可以实现元器件的移动。

Ctrl+Left 键：每按一次，元器件左移一个网格单元。

Ctrl+Right 键：每按一次，元器件右移一个网格单元。

Ctrl+Up 键：每按一次，元器件上移一个网格单元。

Ctrl+Down 键：每按一次，元器件下移一个网格单元。

Space 键：每按一次，被选中的元器件逆时针旋转 90°。

Shift+Space 键：每按一次，被选中的元器件顺时针旋转 90°。

Altium Designer 15 具有多个元器件同时旋转功能。首先必须选中所有需要旋转的元器件，每按一次旋转快捷键，所有选中元器件将沿同一方向旋转 90°。

5.4.2 元器件的对齐

在布置元器件位置时，为了使原理图更加清晰、美观，并且便于连线，应对元器件在水平和垂直方向上进行对齐调整。下面具体介绍元器件对齐的操作方法。

1. 水平方向上的对齐

水平方向上的对齐是指所有的元器件在垂直方向上的坐标不变，而以水平方向(左、右或者居中)的某个标准进行对齐。其具体操作步骤如下：

(1) 选中所要对齐的元器件。

(2) 选择菜单栏【Edit】|【Align】命令，系统将弹出如图 5-26 所示的【Align】(对齐)子菜单，各水平对齐命令的意义如下：

- 【Align Left】(左对齐)：在被选中的元器件中，以最靠左的元器件为基准，其他元器件向其对齐。
- 【Align Right】(右对齐)：在被选中的元器件中，以最靠右的元器件为基准，其他元器件向其对齐。
- 【Align Horizontal Centers】(水平中心分布)：在被选中的元器件中，所有元器件以最靠左元器件和最靠右元器件的中间位置为基准进行对齐。

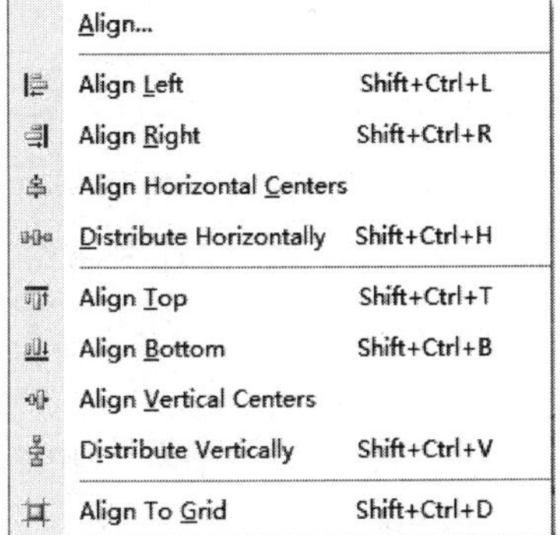

图 5-26 【Align】子菜单

- 【Distribute Horizontally】(水平分布)：在被选中的元器件中，所有元器件以最靠左元器件和最靠右元器件之间的等间距离进行对齐。

(3) 在空白处单击，取消元器件选中状态，完成对齐操作。此后用户可再自行调整。

2. 垂直方向上的对齐

垂直方向上的对齐是指所有的元器件在水平方向上的坐标不变，而以垂直方向(上、下或者居中)的某个标准进行对齐。其具体操作步骤如下：

(1) 选中所要对齐的元器件。

(2) 选择菜单栏【Edit】|【Align】命令，在弹出的【Align】子菜单中，各垂直对齐菜单的意义如下：

- 【Align Top】(顶对齐)：在被选中的元器件中，以最靠上的元器件为基准，其他元器件向其对齐。
- 【Align Bottom】(底对齐)：在被选中的元器件中，以最靠下的元器件为基准，其他元器件向其对齐。
- 【Align Vertical Centers】(垂直中心分布)：在被选中的元器件中，所有元器件以最靠上元器件和最靠下元器件的中间位置为基准进行对齐。
- 【Distribute Vertically】(垂直分布)：在被选中的元器件中，所有元器件以最靠上元器件和最靠下元器件之间的等间距离进行对齐。

(3) 在空白处单击，取消元器件选中状态，完成对齐操作。此后用户可再自行调整。

3. 同时在水平和垂直方向上对齐

除了单独的水平方向对齐和垂直方向对齐外，Altium Designer 15 还提供了同时在水平方向和垂直方向上进行对齐操作的功能。其具体操作步骤如下：

(1) 选中所要对齐的元器件。

(2) 选择菜单栏【Edit】|【Align】命令，在弹出的【Align】子菜单中，单击【Align】命令，系统弹出图 5-27 所示的【Align Objects】(排列对象)对话框。对话框主要由【Horizontal Alignment】(水平排列)选项组和【Vertical Alignment】(垂直排列)选项组两部分组成。两个选项组中各选项与水平对齐和垂直对齐命令一一对应。通过该对话框，可以同时选择水平对齐和垂直对齐的方式，从而实现元器件同时在水平和垂直方向上的对齐操作。

(3) 单击【OK】按钮，然后在空白处单击，取消元器件选中状态，完成对齐操作。此后用户可再自行调整。

勾选【Move primitives to grid】(按栅格移动)复选框，或者选择对齐子菜单中的【Align To Grid】(对齐到栅格)命令，被选中元器件将在网格上对齐，以便连线时捕捉到元器件的电气节点。

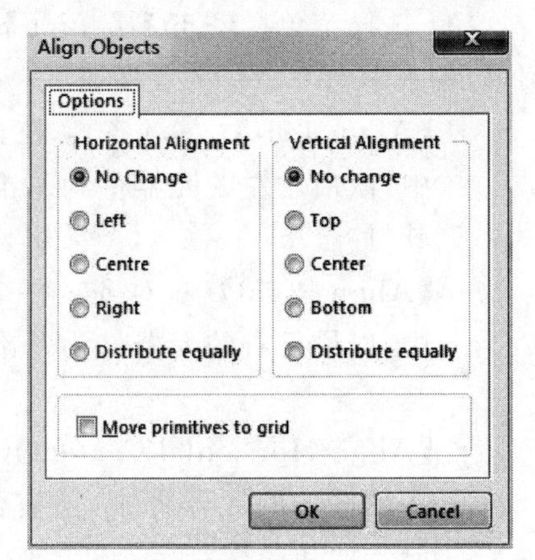

图 5-27 【Align Objects】子菜单

5.5 绘制简单电路原理图

在前面的章节中，本书详细介绍了原理图的编辑环境、绘制原理图的常用工具及常用操作等内容。这些内容是完成原理图绘制工作的基础，用户必须熟练掌握这些内容。

下面结合前面所讲内容，以绘制图 5-1 所示的某采集电路原理图为例，具体介绍单张原理图的绘制方法。

1. 建立工作环境

(1) 在 Altium Design 15 主界面中，选择【File】|【New】|【Project】|【PCB Project】命令，新建一个新项目，将项目名称设置为采集板. PrjPcb。

(2) 选择【File】|【New】|【Schematic】命令，新建一个原理图文件。选择【File】|【Save As】命令，将新建的原理图文件保存为采集板. SchDoc。

(3) 选择【Design】|【Document Options】命令，系统弹出图 5-28 所示的对话框。通过此对话框，对图纸相关参数进行设置。将图纸尺寸及标准风格设置为 A4，放置方向设置为 Landscape(水平)，其他选项均采用默认设置。单击【OK】按钮，完成图纸参数设置。

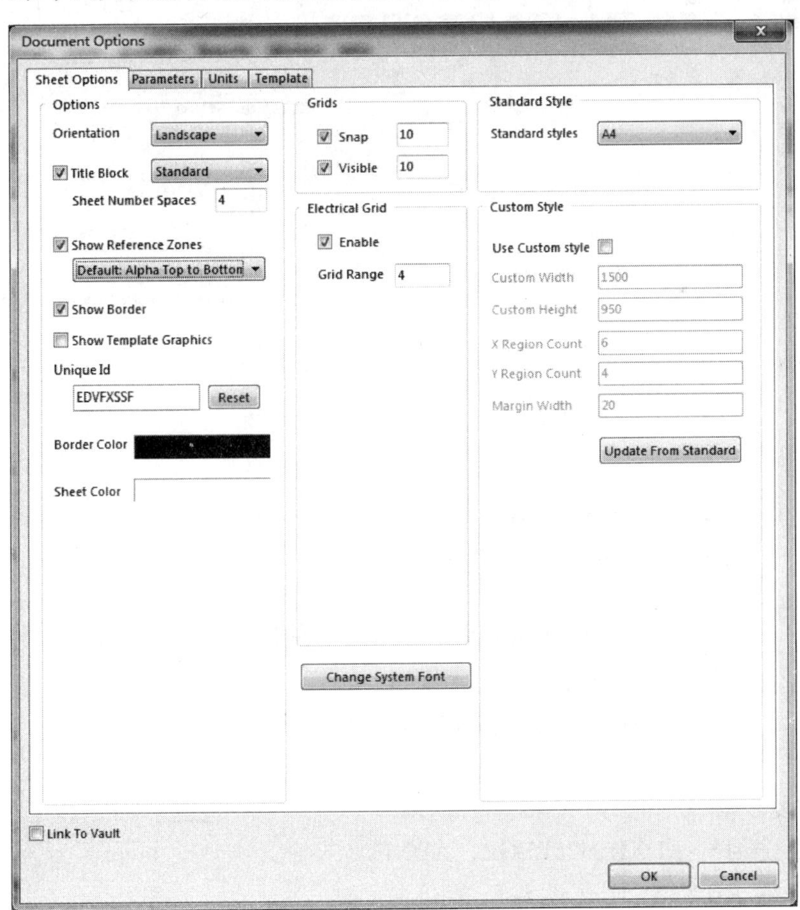

图 5-28 图纸设置界面

2. 加载元器件库

选择【Design】|【Add Remove Library】命令，系统弹出【Available Libraries】对话框。打开【Project】选项卡，加载根据本例需要所创建的元器件库采集板.SchLib，如图 5-29 所示（原理图元器件库的创建方法将在后面章节进行重点介绍）。

3. 放置元器件

（1）选择【Design】|【Browse Libraries】命令，打开【Libraries】面板，在【当前加载元器件库】下拉列表框选择采集板.SchLib 元器件库文件，如图 5-30 所示。

图 5-29　加载所需元器件库

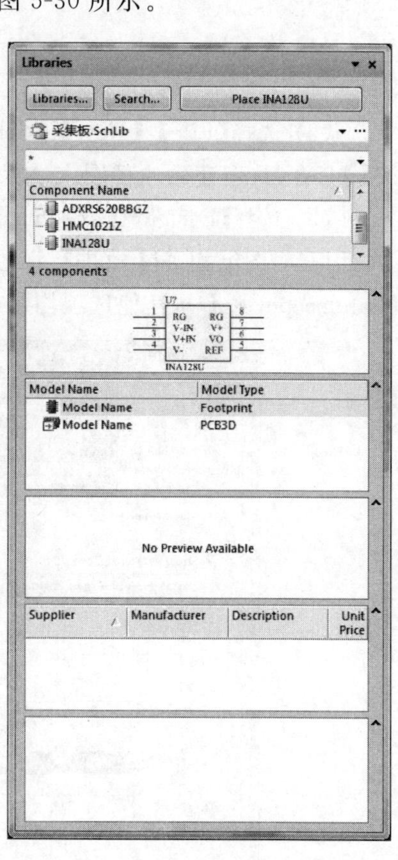

图 5-30　【Libraries】面板

（2）选中 INA128U 元器件，单击【Place INA128U】按钮，光标将变成十字形状并带着浮动的“INA128U”芯片符号显示在工作界面上，如图 5-31 所示。在所需位置单击，完成 INA128U 芯片的放置。

（3）重复步骤（1）和（2），在采集板.SchLib 元器件库中选择 ADXRS620BBGZ、ADXL78、HMC1021Z 芯片，将它们放置到所需位置，如图 5-32 所示。

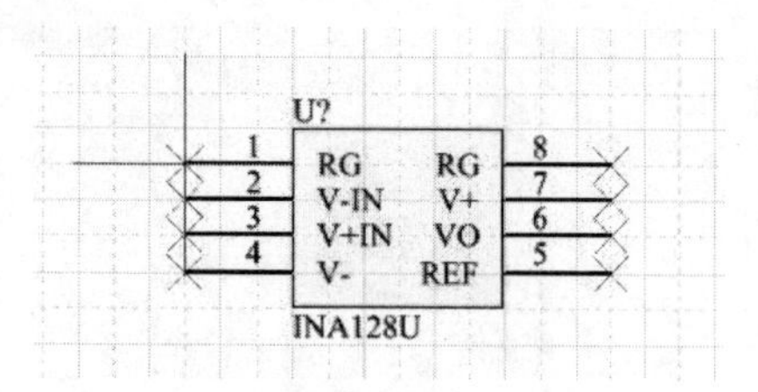

图 5-31　“INA128U”芯片放置状态

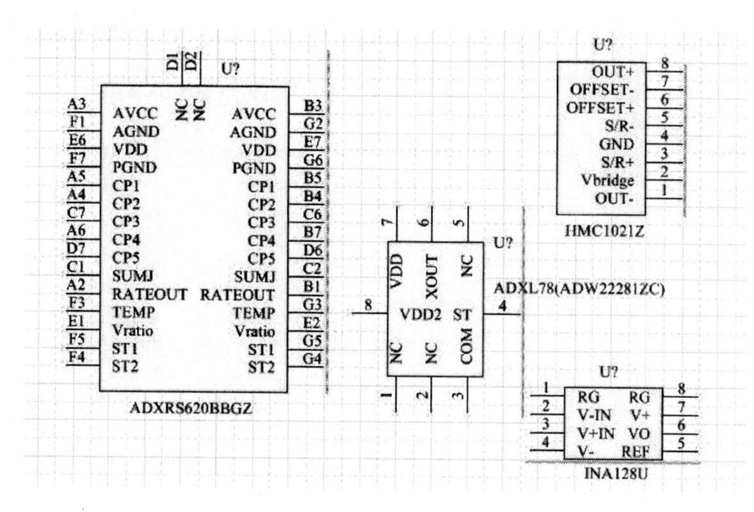

图 5-32　所有芯片放置结果

(4) 在【Libraries】面板的【当前加载元器件库】下拉列表框中选择 Miscellaneous Devices. IntLib 和 Miscellaneous Connectors. IntLib 元器件库，从中找到电容、电阻、插座等元器件，将它们放置在原理图中，如图 5-33 所示。

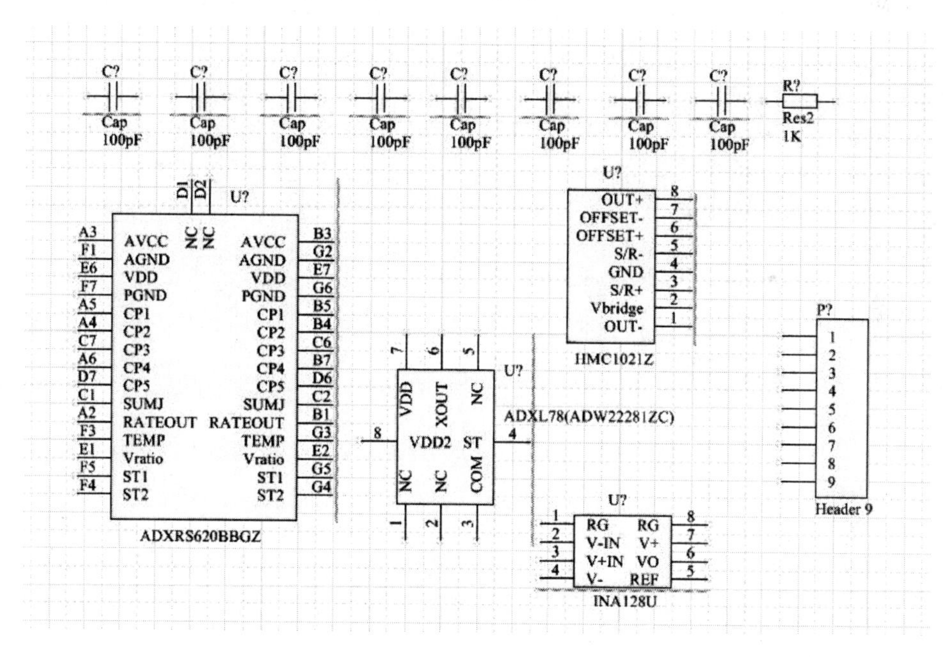

图 5-33　元器件放置结果

(5) 分别双击各个元器件，弹出图 5-34 所示的元器件属性设置对话框。通过对话框依次对各元器件的相关属性进行设置。

4. *元器件布局*

通过移动、对齐元器件等操作，将元器件合理布置在原理图上。如图 5-35 所示。

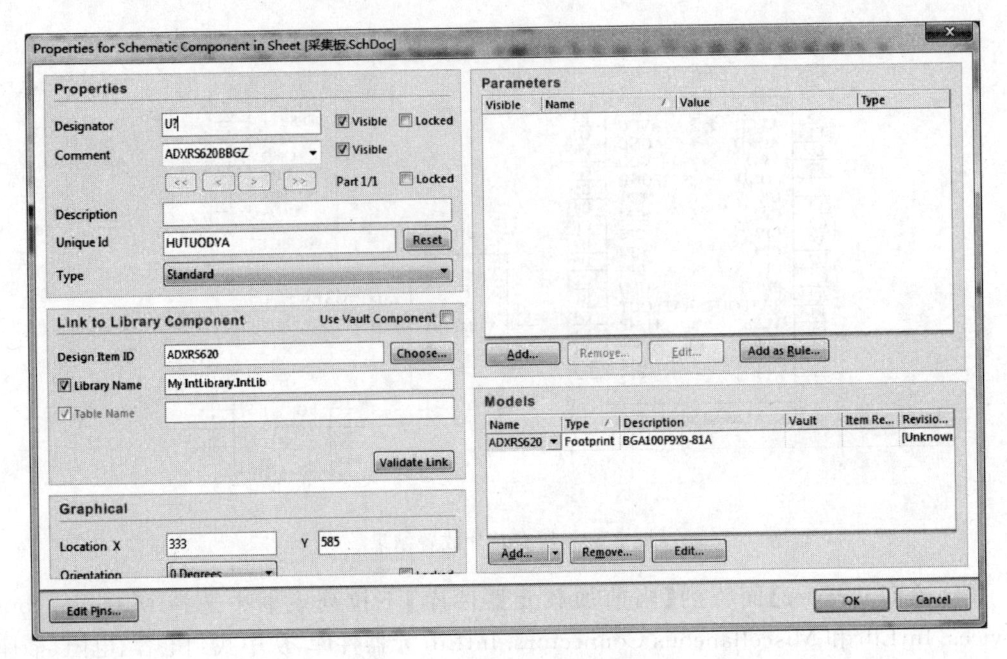

图 5-34　元器件属性设置对话框

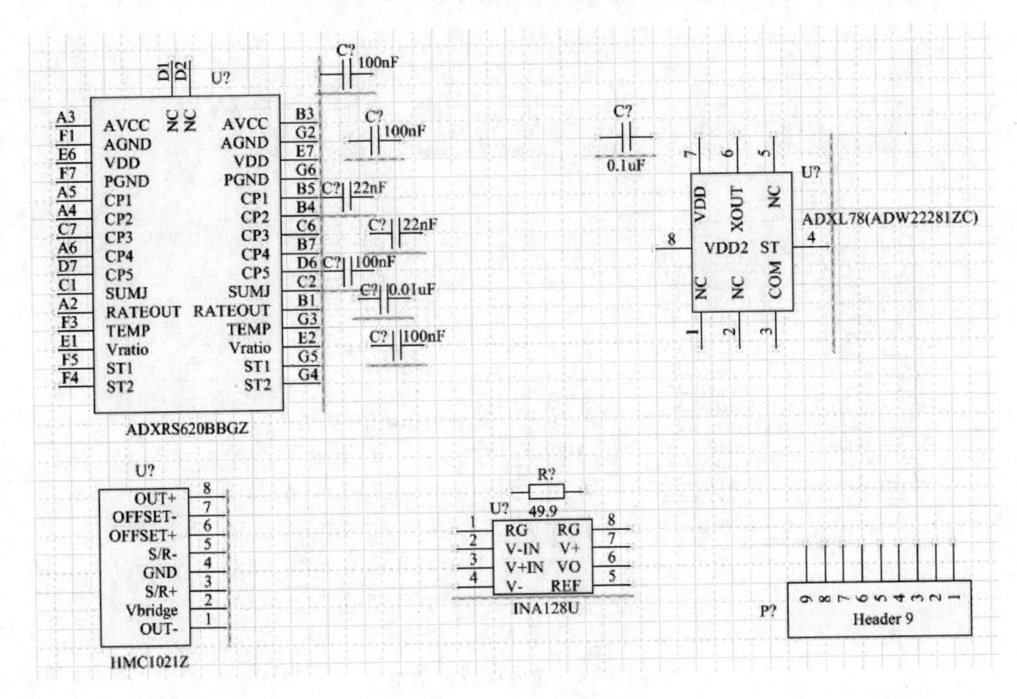

图 5-35　元器件布局结果

5. 连接导线

单击布线工具栏中的 按钮，根据设计要求，用导线将原理图中具有电气连接关系的元器件引脚连接起来。在连线过程中，可以根据电路设计需要，在指定位置放置电路节点、网络标号、忽略 ERC 检查点及注释等。布线结果如图 5-36 所示。

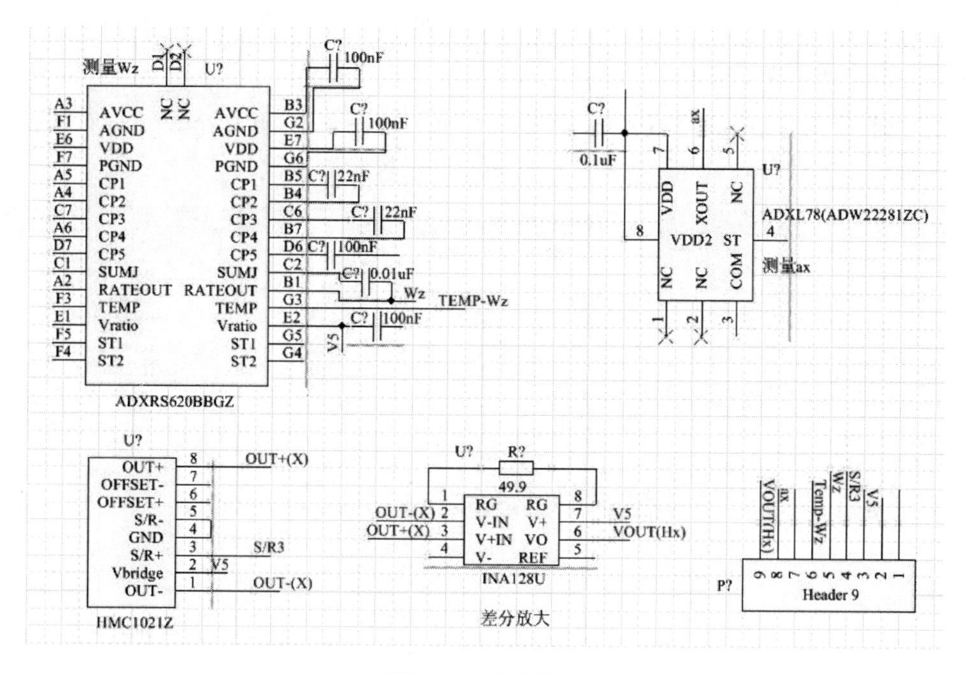

图 5-36　布线结果

6. 放置电源和接地符号

单击电源/地工具栏中的按钮,在原理图中放置电源符号,本例共需放置 2 个电源符号。单击布线工具栏中的按钮,在原理图中放置接地符号,本例共需放置 11 个接地符号。放置完电源和接地符号也就完成了本例原理图的绘制,绘制结果如图 5-37 所示。

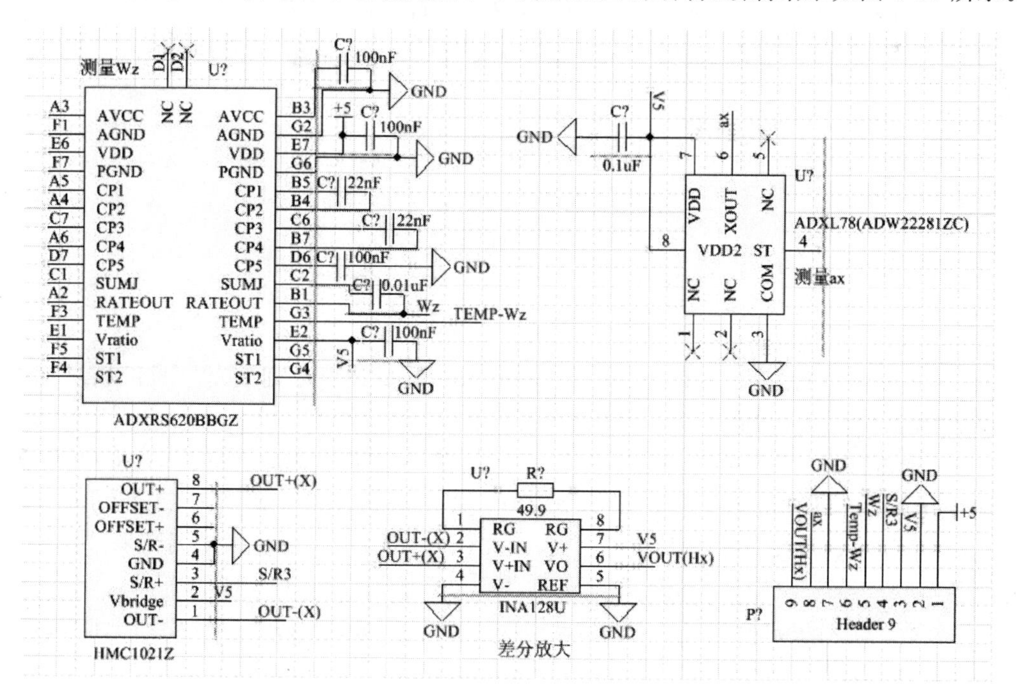

图 5-37　电源/地符号放置结果

7. 设置元器件编号

(1) 选择菜单栏【Tools】|【Annotate Schematics】命令，打开【Annotate】对话框，如图 5-38 所示。通过对话框可以对元器件的编号进行设置。

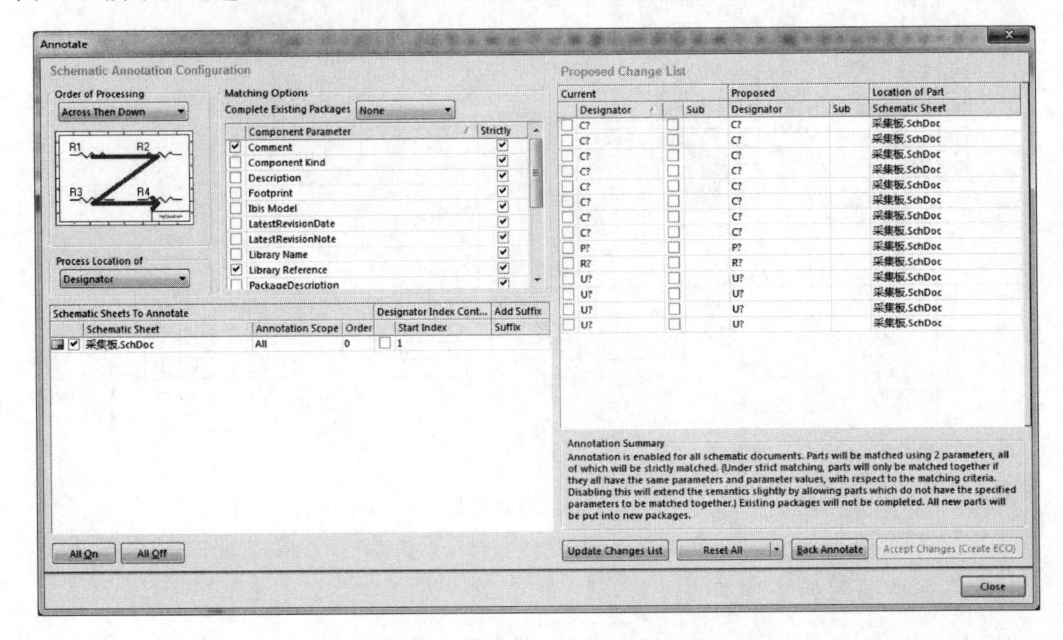

图 5-38 【Annotate】对话框

(2) 设置完成后，单击【Update Changes List】按钮，系统弹出【Information】对话框，如图 5-39 所示，提示用户相对前一次状态和相对初始状态发生的改变。

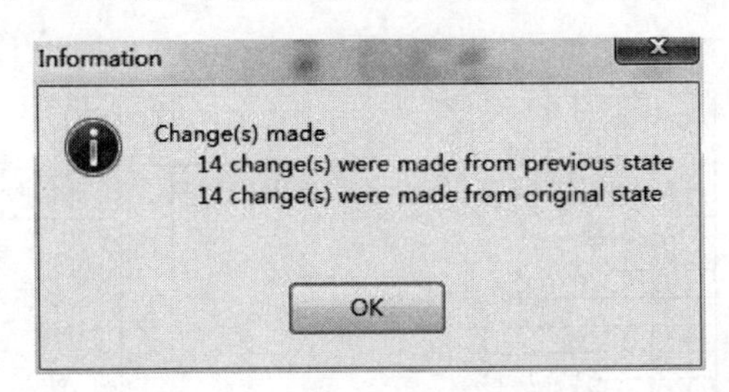

图 5-39 【Information】对话框

(3) 单击【OK】按钮，在【Proposed Change List】(提议更改列表)栏中可以查看编号的变化情况，如图 5-40 所示。

(4) 单击【Accept Changes(Create ECO)】按钮，弹出【Engineering Change Order】对话框，在【Affected Object】列中显示元器件编号更改情况，如图 5-41 所示。单击【Validate Changes】按钮，检测修改的可行性，在【Status】选项中可看到检测结果，如图 5-42 所示。

(5) 若系统对更改检测可行，则单击【Execute Changes】按钮，以接受当前的元器件编号的更改，如图 5-43 所示。

(6) 单击【Close】按钮，退出对话框，完成元器件编号设置。

Proposed Change List

Current				Proposed		Location of Part
	Designator		Sub	Designator	Sub	Schematic Sheet
☐	C?	☐		C1		采集板.SchDoc
☐	C?	☐		C2		采集板.SchDoc
☐	C?	☐		C3		采集板.SchDoc
☐	C?	☐		C4		采集板.SchDoc
☐	C?	☐		C5		采集板.SchDoc
☐	C?	☐		C6		采集板.SchDoc
☐	C?	☐		C7		采集板.SchDoc
☐	C?	☐		C8		采集板.SchDoc
☐	P?	☐		P1		采集板.SchDoc
☐	R?	☐		R1		采集板.SchDoc
☐	U?	☐		U2		采集板.SchDoc
☐	U?	☐		U3		采集板.SchDoc
☐	U?	☐		U1		采集板.SchDoc
☐	U?	☐		U4		采集板.SchDoc

图 5-40 【Proposed Change List】栏显示结果

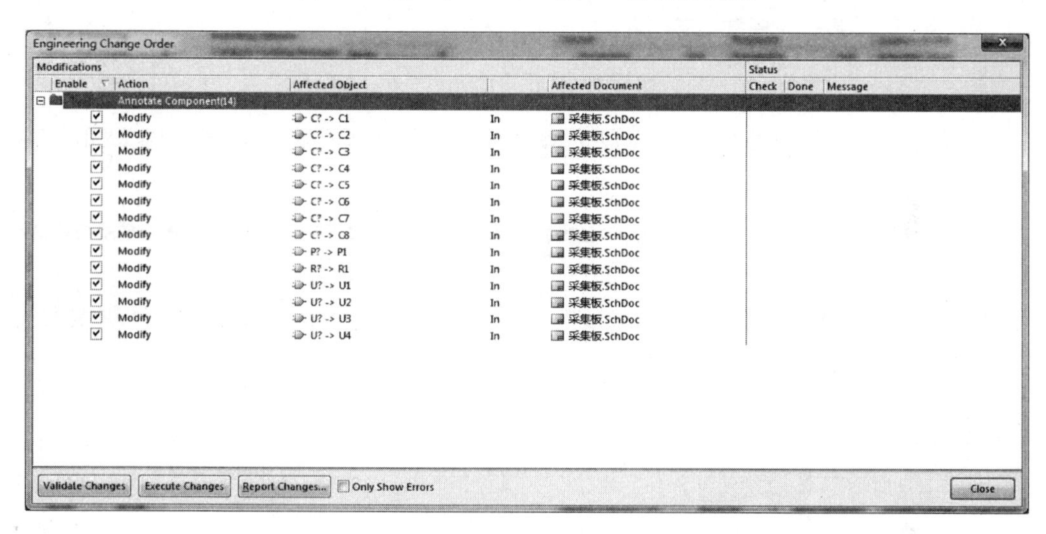

图 5-41 【Engineering Change Order】对话框

Engineering Change Order

Enable	Action	Affected Object		Affected Document	Check	Done	Message
	Annotate Component(14)						
☑	Modify	C? -> C1	In	采集板.SchDoc	✓		
☑	Modify	C? -> C2	In	采集板.SchDoc	✓		
☑	Modify	C? -> C3	In	采集板.SchDoc	✓		
☑	Modify	C? -> C4	In	采集板.SchDoc	✓		
☑	Modify	C? -> C5	In	采集板.SchDoc	✓		
☑	Modify	C? -> C6	In	采集板.SchDoc	✓		
☑	Modify	C? -> C7	In	采集板.SchDoc	✓		
☑	Modify	C? -> C8	In	采集板.SchDoc	✓		
☑	Modify	P? -> P1	In	采集板.SchDoc	✓		
☑	Modify	R? -> R1	In	采集板.SchDoc	✓		
☑	Modify	U? -> U1	In	采集板.SchDoc	✓		
☑	Modify	U? -> U2	In	采集板.SchDoc	✓		
☑	Modify	U? -> U3	In	采集板.SchDoc	✓		
☑	Modify	U? -> U4	In	采集板.SchDoc	✓		

Validate Changes | Execute Changes | Report Changes... | ☐ Only Show Errors | Close

图 5-42 【Proposed Change List】栏显示结果

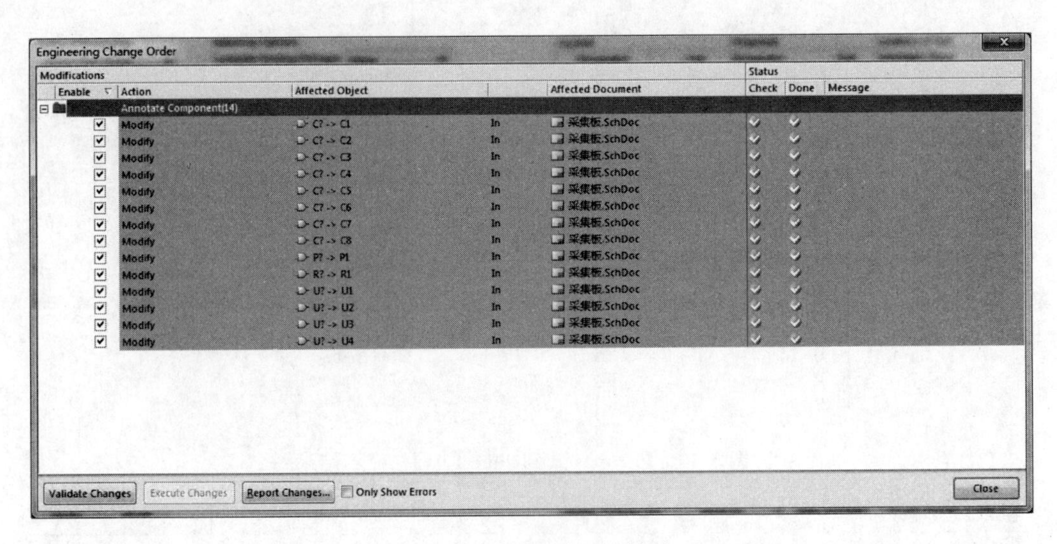

图 5-43　执行更改显示结果

完成元器件编号的设置，也就完成了本采集板电路原理图的绘制，绘制结果如图 5-44 所示。

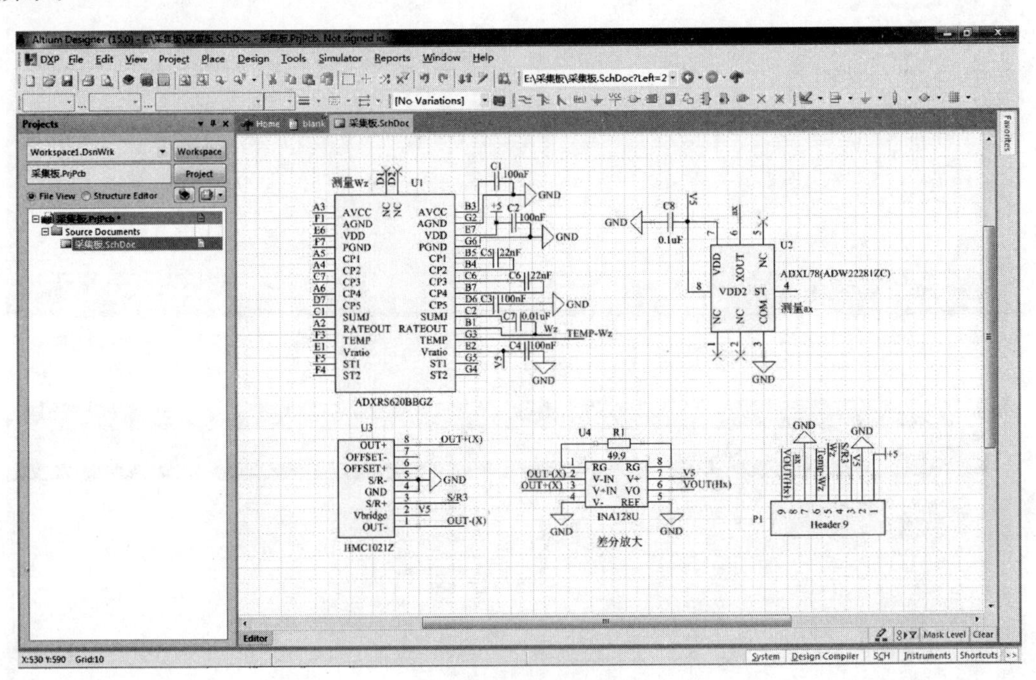

图 5-44　原理图绘制结果

由于本原理图中所涉及的元器件种类、数量较少，也可以在元器件属性设置过程中，分别双击各元器件，通过弹出的元器件属性设置对话框，对元器件的编号逐个进行设置。若需绘制的原理图所涉及的元器件种类繁杂、数量庞大，则使用上述元器件自动编号方法较为方便。

5.6 层次原理图的设计方法

随着电子产品功能的不断增强,电路设计的规模越来越庞大,由于逻辑结构非常复杂,原理图所包含的对象数量繁多,因此难以将单张原理图绘制在具有有限范围的图纸上,甚至无法由个人独立完成原理图的绘制工作。

针对复杂电路系统的设计,Altium Designer 15 提供了另一种原理图设计模式,即层次原理图设计。它有效地解决了上述设计难题。

5.6.1 层次原理图概述

层次原理图采用电路层次化设计的理念,将整个电路系统按照功能分解成若干个电路模块,每个电路模块能够完成一定的独立功能,具有相对独立性,允许多名设计人员分别绘制在不同的图纸上。如果需要,还可以把功能模块进一步划分为更小的电路功能模块,这样依次细分下去,把整个电路系统划分为多个层次,电路设计由繁变简。

电路模块划分应遵循的原则是,每一个功能模块应具有明确的功能特征和相对独立的结构,而且还要有简单、统一的接口,便于模块彼此之间的连接。在层次原理图中,一般把针对某一功能模块所绘制的电路原理图称为子原理图,而把为表示各个功能模块之间的连接关系所绘制的连接关系图称为顶层原理图。

1. 顶层原理图的绘制

顶层原理图由方块电路符号、方块电路端口符号和导线组成,主要用于表示子原理图之间的层次连接关系。其中,每一个方块符号表示一张子原理图,方块电路符号表示子原理图之间的端口连接关系。各个方块电路符号通过导线连接起来,使各子原理图建立起连接关系,从而组成一个完整的电路系统原理图。顶层原理图的具体绘制方法如下:

(1) 放置方块电路符号。选择菜单栏【Place】|【Sheet Symbol】命令,或者单击布线工具栏中的按钮,光标将变成十字形状显示在工作界面上,并且带有一个方块电路符号,如图 5-45 所示。

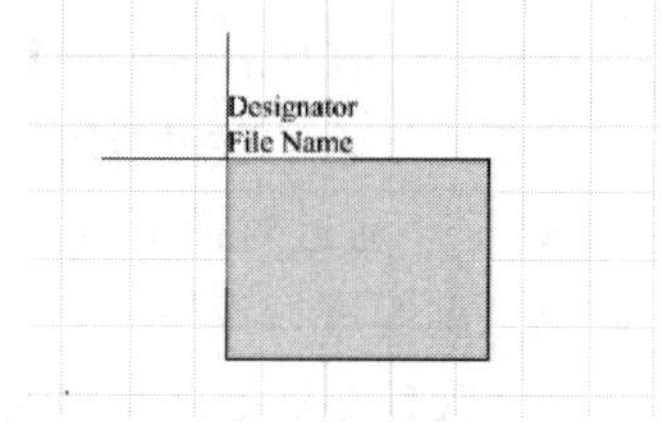

图 5-45 方块电路放置状态

(2) 移动光标到需要放置的位置,单击确定方块电路的一个顶点。拖动鼠标,在合适位置再次确定方块电路的另一个顶点。此时系统仍处于方块电路绘制状态,右击或者按 Esc 键可退出绘制状态。

(3) 设置方块电路符号的属性。双击所绘制的方块电路符号,系统弹出图 5-46 所示的【Sheet Symbol】(方块符号)对话框。对话框中各选项的意义如下:

- 【Location】(位置):用于表示方块符号左上角顶点的位置坐标,用户可对坐标值进行设置。
- 【Border Color】(边框颜色):用于设置方块电路符号的边框颜色。

- 【Draw Solid】(是否填充)：选中该复选框，则方块电路符号内部被填充。若不选，则方块电路符号内部是透明的。
- 【Fill Color】(填充颜色)：用于设置方块电路符号的内部填充颜色。
- 【Border Width】(边框宽度)：用于设置方块电路符号的边框宽度，共有 Smallest、Small、Medium 和 Large 4 个选项可供选择。
- 【Designator】(标志)：用于设置方块电路符号的名称。
- 【Filename】(文件名)：用于设置方块电路符号所代表的下层原理图的文件名。
- 【Unique Id】(惟一 ID)：惟一的 ID 号由系统自动产生，系统不需要进行设置。

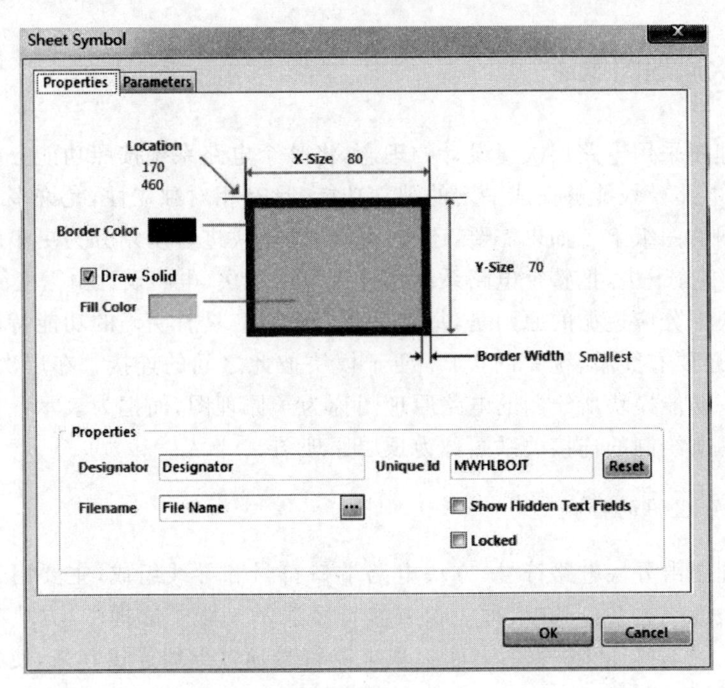

图 5-46 【Sheet Symbol】对话框

此外，单击【Parameters】(参数)选项卡，方块符号对话框将变成图 5-47 所示的界面，单击界面左下方的【Add】按钮，系统弹出图 5-48 所示的【Parameters Properties】(参数属性)对话框。通过对话框可以对方块电路符号标注文字的名称、内容、位置、颜色、字体、方向及类型等进行设置。

(4) 放置方块电路端口符号。选择菜单栏【Place】|【Add Sheet Entry】命令，或者单击布线工具栏的 按钮，光标将变成十字形状显示在工作界面上。

(5) 移动光标到方块电路符号中，光标上将出现一个端口符号，如图 5-49 所示。移动光标到需要放置的位置，单击，完成一个端口符号的放置，如图 5-50 所示。此时系统仍处于方块电路端口符号放置状态，右击，或者按 Esc 键可退出放置状态。

(6) 设置方块电路端口符号的属性。双击放置的方块电路端口符号，系统弹出图 5-51 所示的【Sheet Entry】(方块入口)对话框。对话框中各选项的意义如下：

- 【Text Color】(文本颜色)：用于设置端口名称文字的颜色。
- 【Text Font】(文本字体)：用于设置端口名称文字的字体。

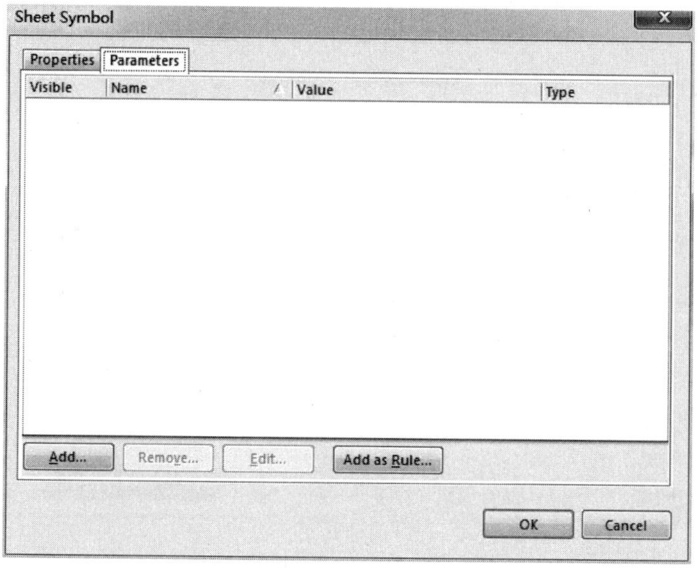

图 5-47 【Parameters】选项界面

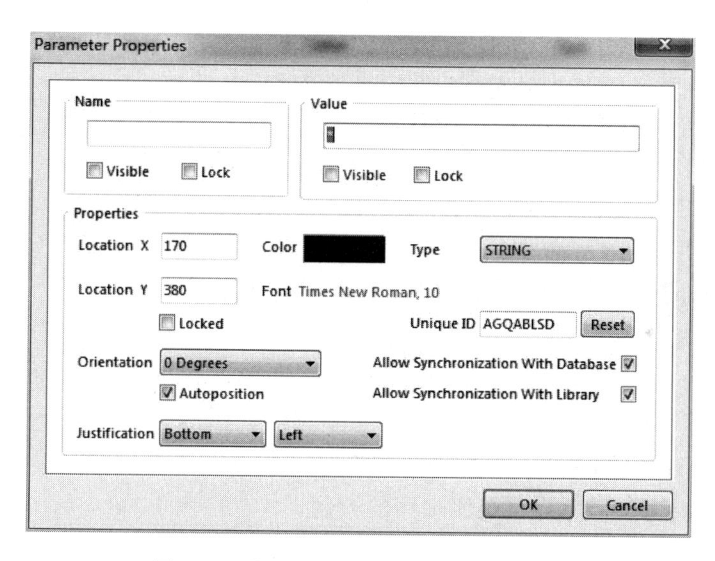

图 5-48 【Parameters Properties】对话框

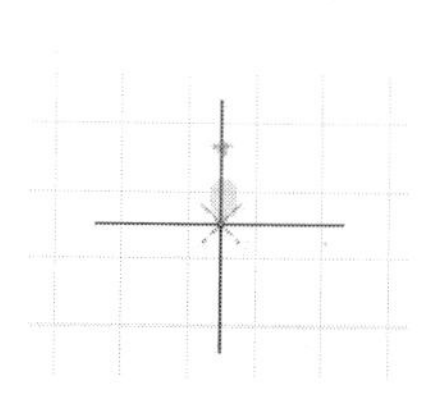

图 5-49 方块电路端口放置状态

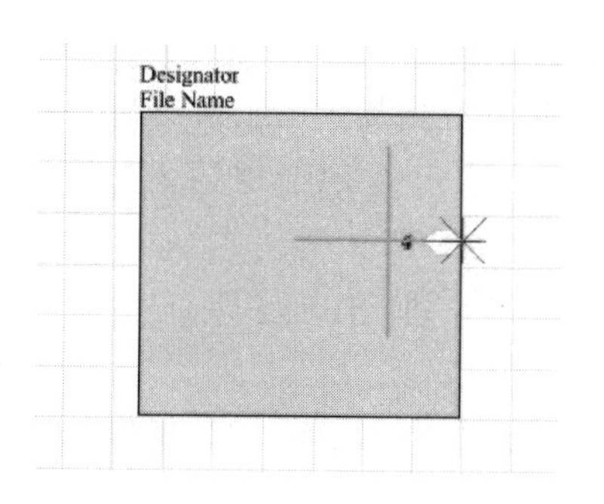

图 5-50 方块电路端口放置显示效果

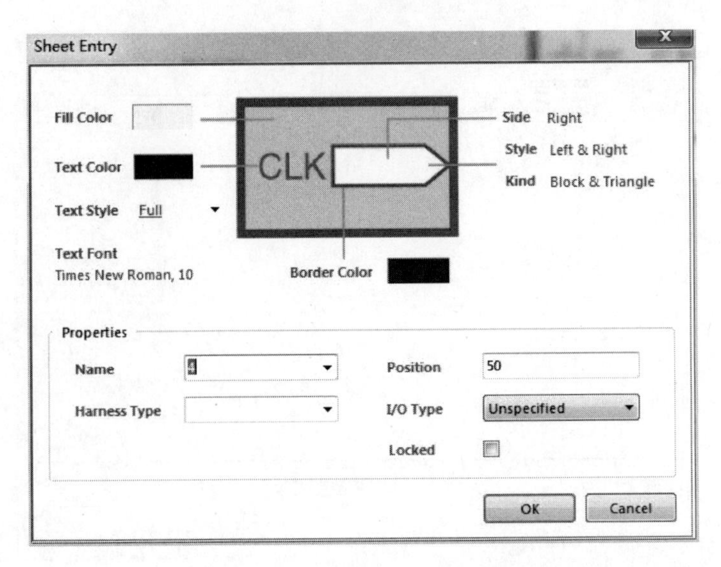

图 5-51 【Sheet Entry】对话框

- 【Side】(边)：用于设置端口在方块电路符号中的位置，包括 Left、Right、Top 和 Bottom 4 个选项可供选择。
- 【Style】(类型)：用于设置端口符号箭头的方向。共有 8 个选项可供选择，如图 5-52 所示。
- 【kind】(种类)：用于设置端口符号的形状，共有 Block&Triangle、Triangle、Arrow Tail 和 Arrow 4 个选项可供选择。
- 【Position】(位置)：用于设置端口距离方块电路符号上边框的距离。

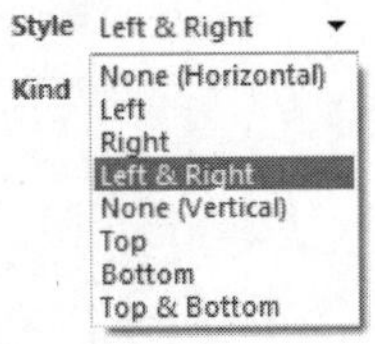

图 5-52 【Style】下拉列表框

- 【I/OType】(I/O 类型)：用于设置端口的输入输出类型。共有 Unspecified、Input、Output 和 Bidirectional 4 个选项可供选择。

(7) 重复上述步骤，画出其他方块电路符号和方块电路端口符号。使用导线将所绘制的方块电路连接起来，完成顶层原理图的绘制。

2. 子原理图的绘制

子原理图是用来描述某一模块具体功能的电路原理图，主要由元器件、导线、总线、注释等组成，并且增加了与上层原理图连接的输入输出端口。其绘制方法与一般电路原理图的绘制方法完全相同，这里不再赘述。

5.6.2 层次原理图的设计

从层次原理图的组成可知，层次原理图的设计过程实际上就是对顶层原理图和若干个子原理图分别进行设计的过程。层次原理图的设计方法有两种：一种是从上到下的设计方法；另一种是从下到上的设计方法。

1. 从上到下的层次原理图设计方法

所谓从上到下的层次原理图设计，就是先绘制出顶层原理图，再绘制出顶层原理图各方块电路所对应的子原理图。运用这种设计方法的关键是先要根据电路功能将其分成若干个功能模块，然后将各功能模块正确连接起来。

下面以绘制一张多路单片机采集电路原理图为例，具体介绍从上到下的层次原理图设计的操作步骤。

1）创建新项目文件

选择【File】|【New】|【Project】|【PCB 工程】命令，建立一个新项目，保存并设置新项目文件名称为多路单片机采集电路.PrjPCB。

2）绘制顶层原理图

（1）选择【File】|【New】|【Schematic】命令，在新项目文件中新建一个原理图文件，保存并设置原理图文件名称为顶层.SchDoc。

（2）选择菜单栏【Place】|【Sheet Symbol】命令，或者单击布线工具栏中的 按钮，放置方块电路符号，本电路共需绘制 5 个方块电路符号，如图 5-53 所示。绘制完成后，右击退出绘制状态。

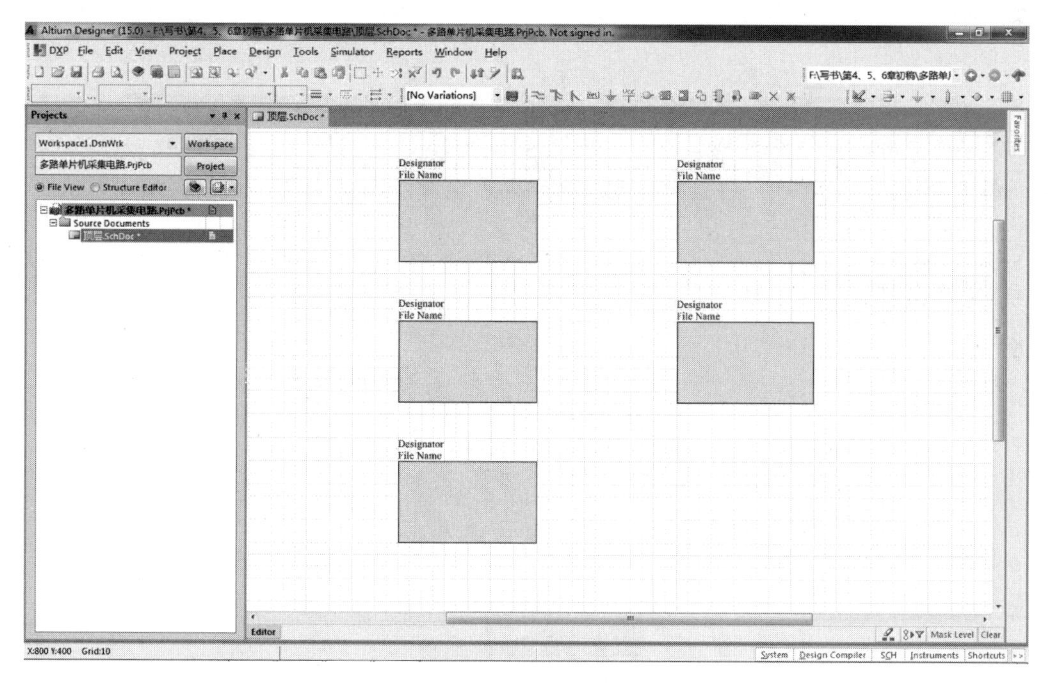

图 5-53　放置方块电路

（3）双击绘制完成的方块电路符号，系统将弹出【Sheet Symbol】对话框。通过对话框，将方块电路名称和文件名分别设置为 CPU 和 CPU.SchDoc，如图 5-54 所示。其余方块电路名称和文件名分别设置为：AD 转换和 AD 转换.SchDoc、显示和显示.SchDoc、存储和存储.SchDoc、电源和电源.SchDoc。完成属性设置的方块电路如图 5-55 所示。

（4）调整各方块电路符号的大小，并将它们放置在合适的位置，如图 5-56 所示。

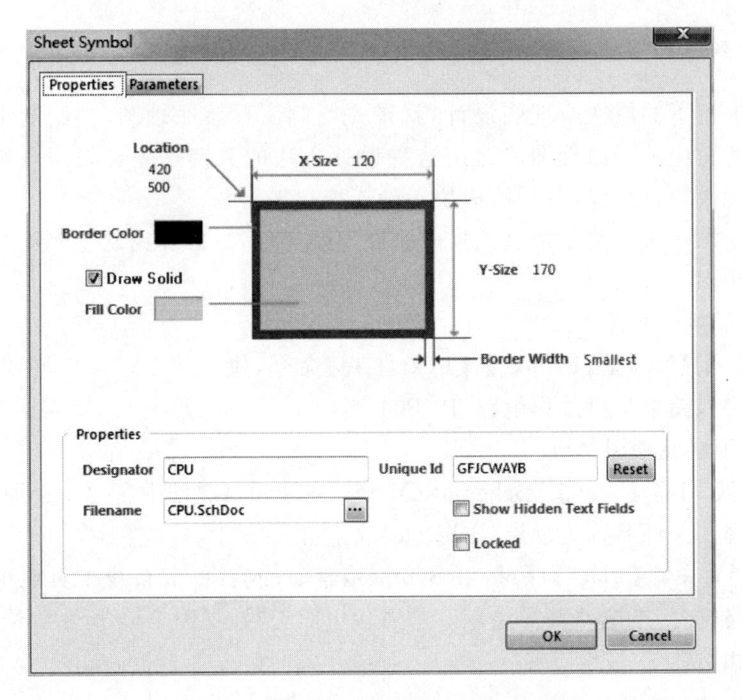

图 5-54　设置方块电路名称和文件名

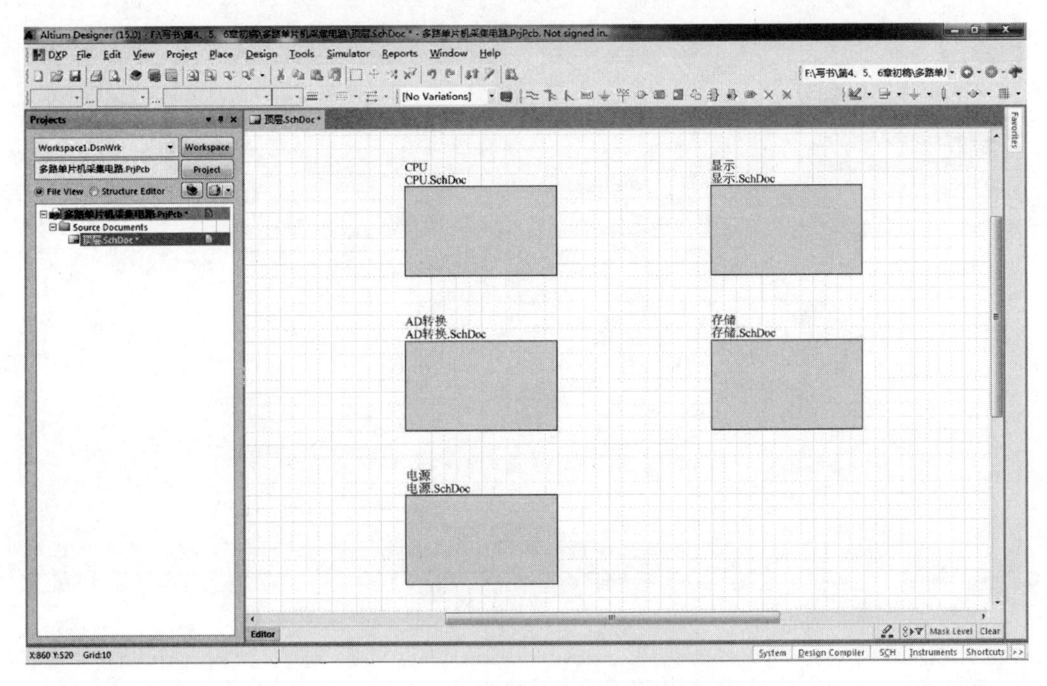

图 5-55　完成属性设置的方块电路

(5) 选择菜单栏【Place】|【Add Sheet Entry】命令，或者单击布线工具栏中的 按钮，在所需方块电路中放置方块电路端口符号。

(6) 双击所放置的方块电路端口符号，系统弹出图 5-57 所示的【Sheet Entry】对话

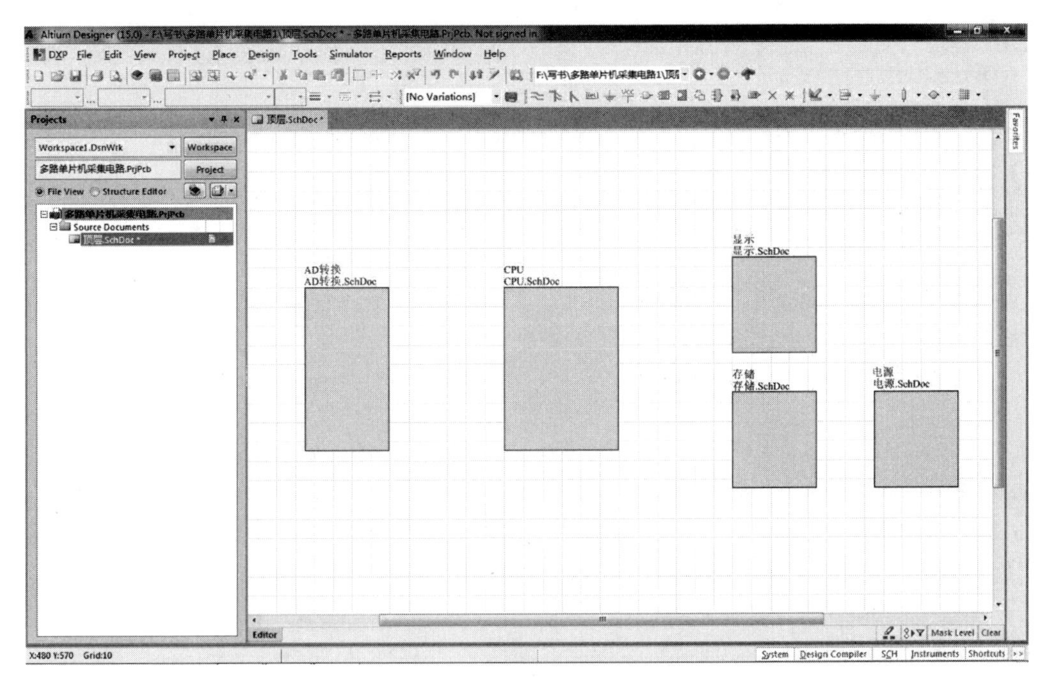

图 5-56 方块电路布局结果

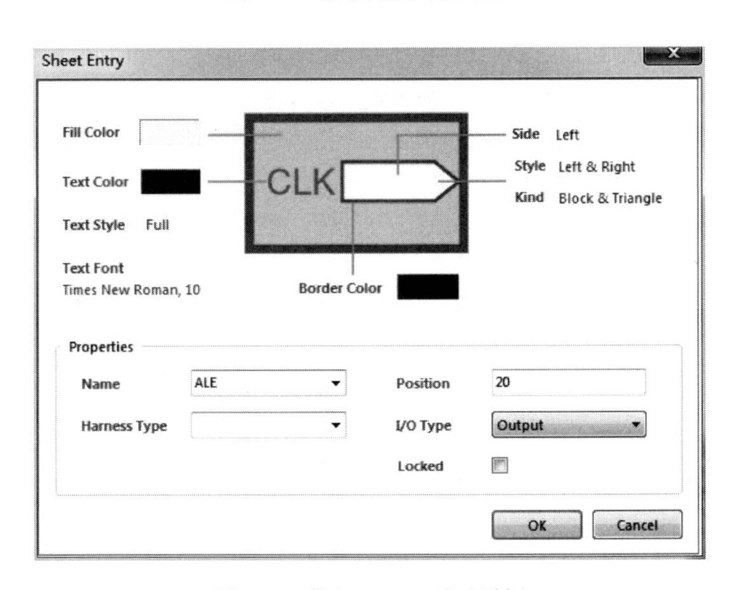

图 5-57 【Sheet Entry】对话框

框。通过对话框设置端口符号的名称、I/O 类型等属性。完成端口放置及属性设置的方块电路如图 5-58 所示。

(7) 将有电气连接关系的端口用导线连接起来，完成顶层原理图绘制，绘制结果如图 5-59 所示。

3) 绘制子原理图

(1) 选择菜单栏【Design】|【Create Sheet From Sheet Symbol】命令，光标将变成十字形状显示在工作界面上。移动光标到方块电路 CPU 内部，单击，系统将自动生成一个名

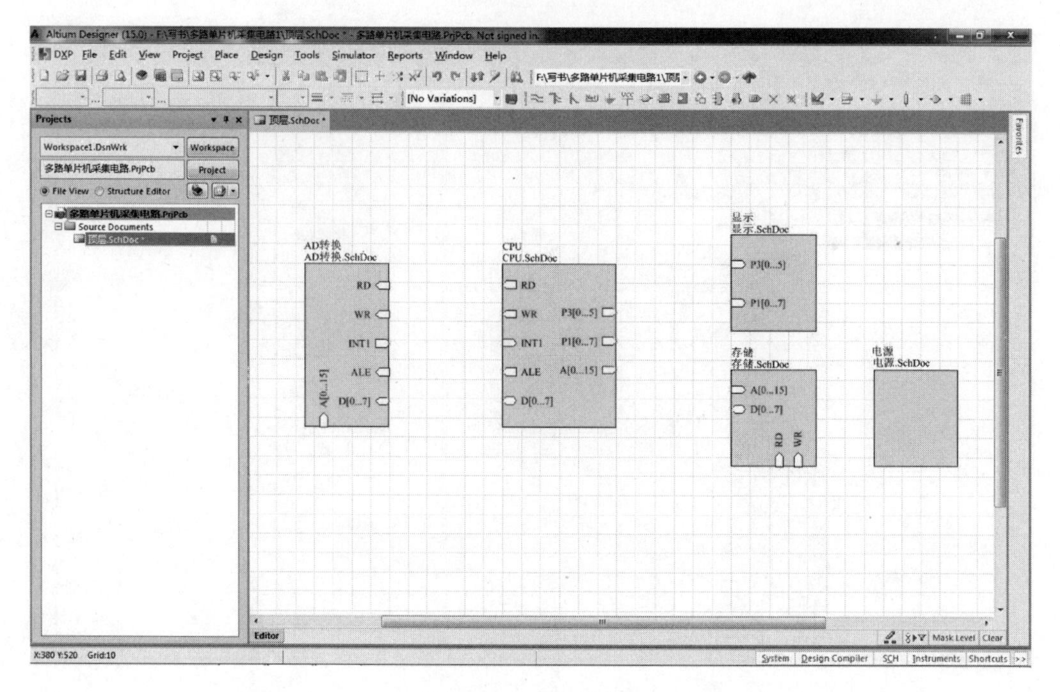

图 5-58　完成端口放置及其属性设置的原理图

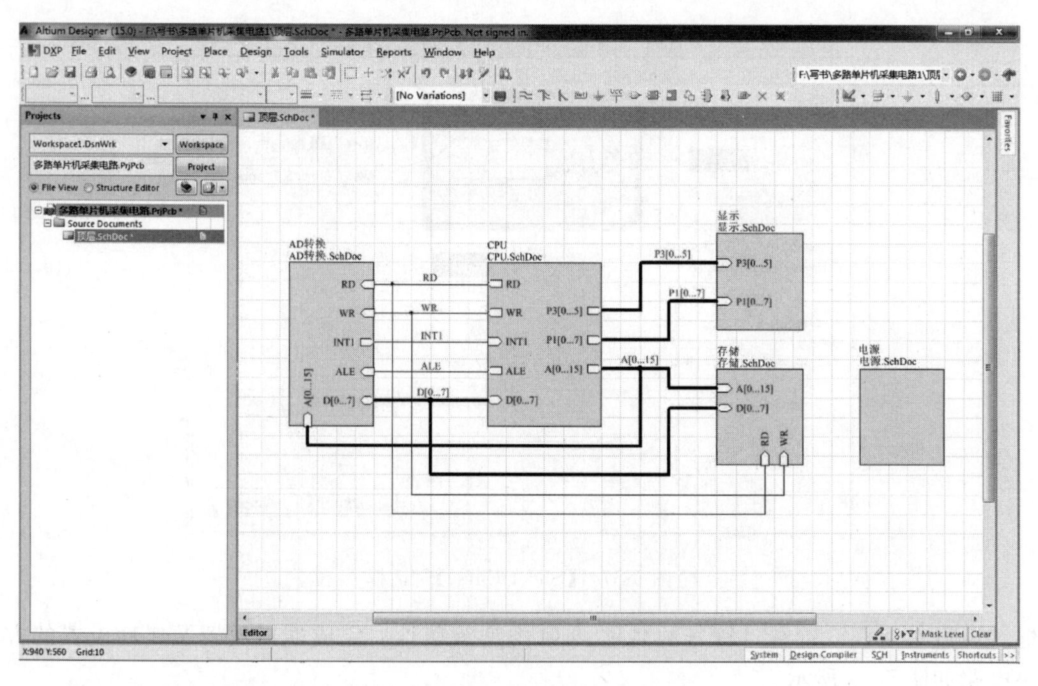

图 5-59　绘制完成的顶层原理图

称为 CPU. SchDoc 的新原理图文件，如图 5-60 所示。

（2）在新生成的原理图文件中绘制子原理图。具体绘制步骤参照第 5.5 节所介绍的简单原理图绘制方法，绘制结果如图 5-61 所示。

（3）重复步骤（1）、（2），生成新原理图文件 AD 转换. SchDoc，绘制完成的原理图如

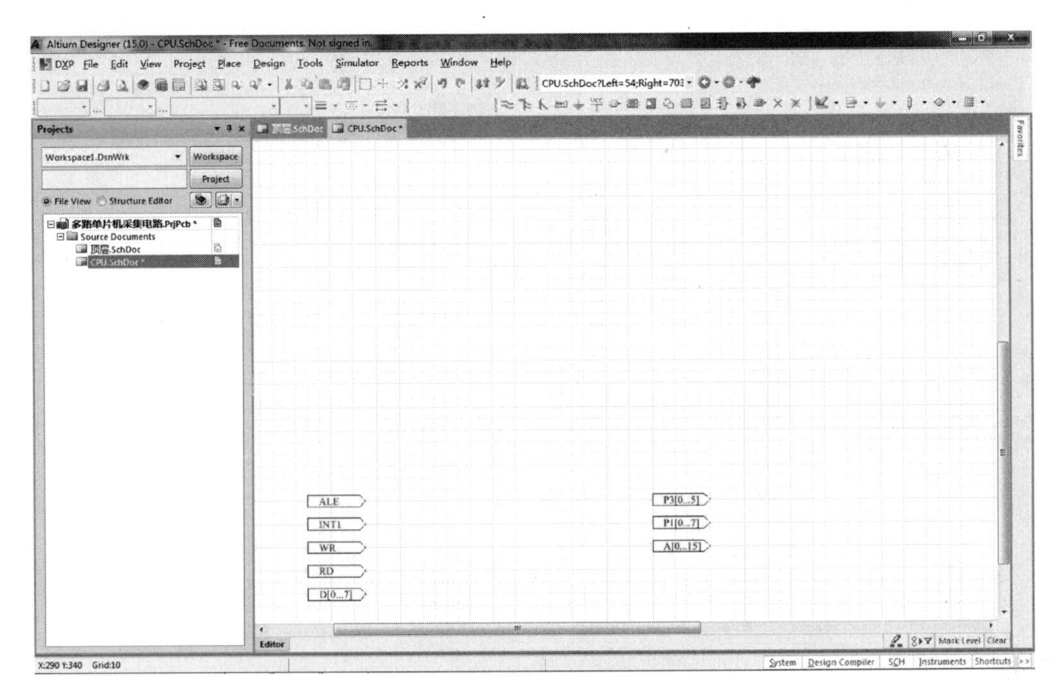

图 5-60 所生成的子原理图文件 CPU. SchDoc

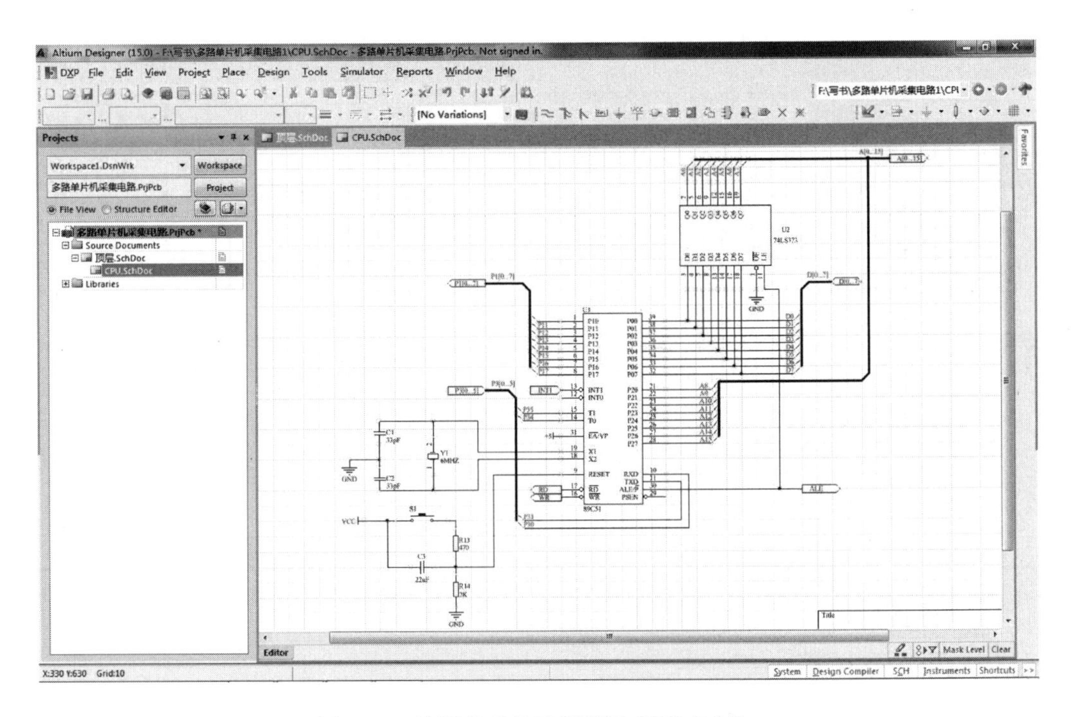

图 5-61 绘制完成的子原理图 CPU. SchDoc

图 5-62 所示。

(4) 重复步骤(1)、(2),生成新原理图文件显示. SchDoc,绘制完成的原理图如图 5-63 所示。

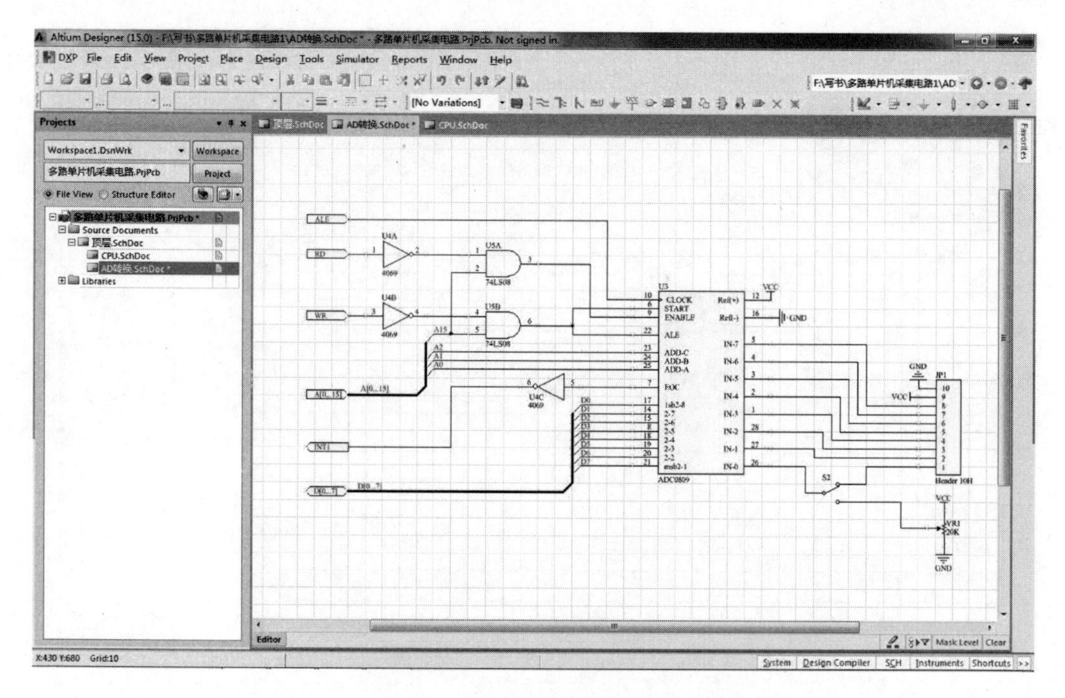

图 5-62　绘制完成的子原理图 AD 转换. SchDoc

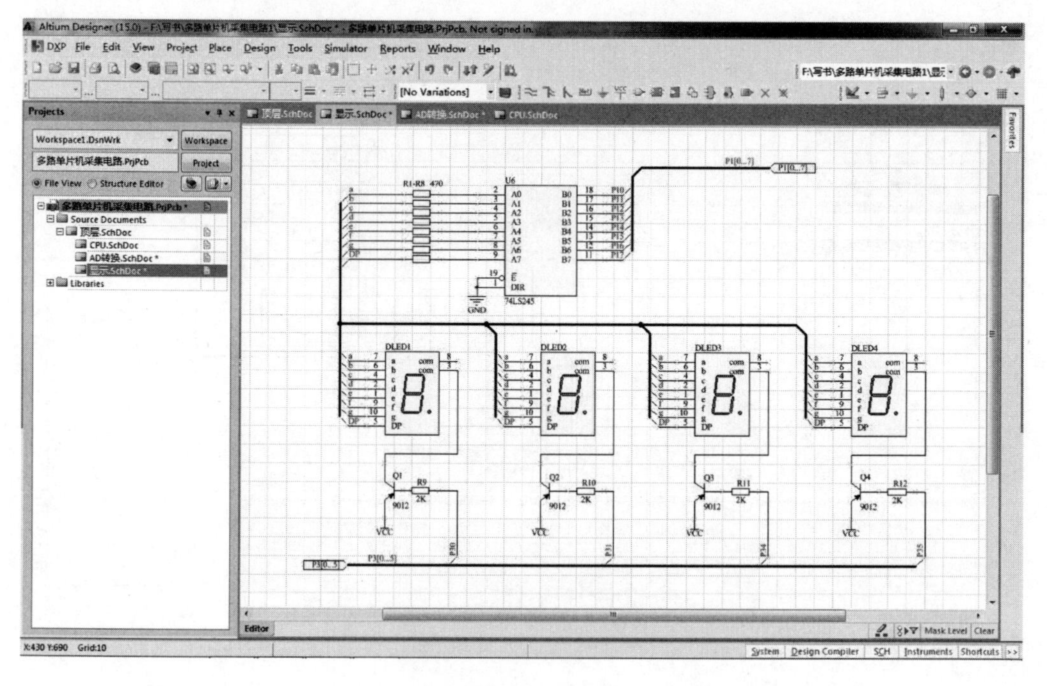

图 5-63　绘制完成的子原理图显示. SchDoc

(5) 重复步骤(1)、(2)，生成新原理图文件存储. SchDoc，绘制完成的原理图如图 5-64 所示。

(6) 重复步骤(1)、(2)，生成新原理图文件电源. SchDoc，绘制完成的原理图如图 5-65 所示。

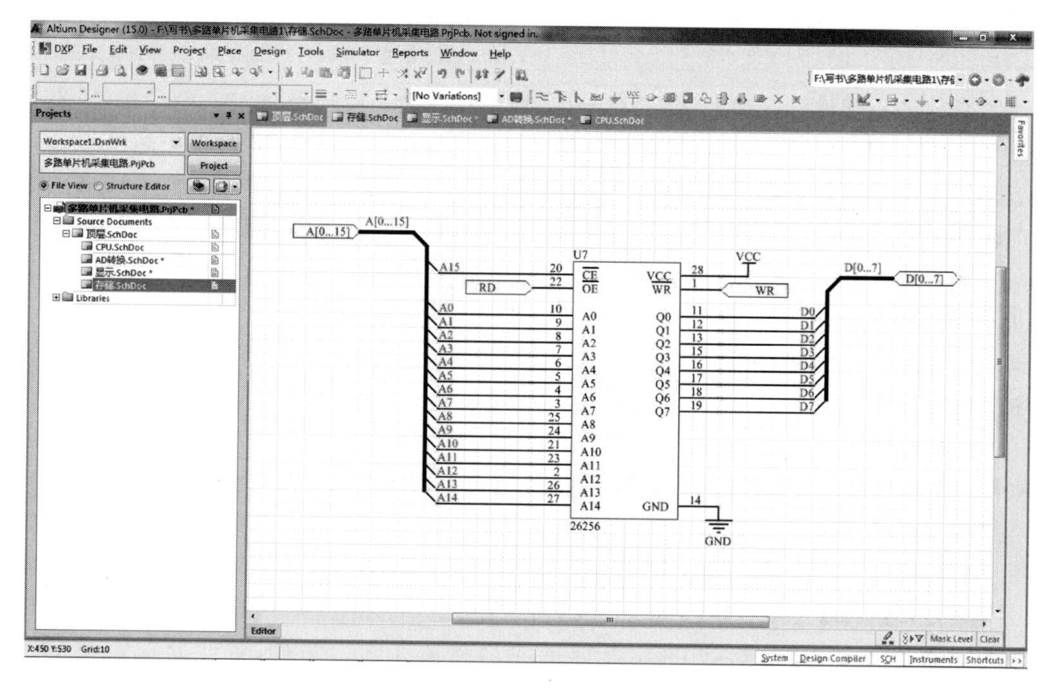

图 5-64　绘制完成的子原理图存储.SchDoc

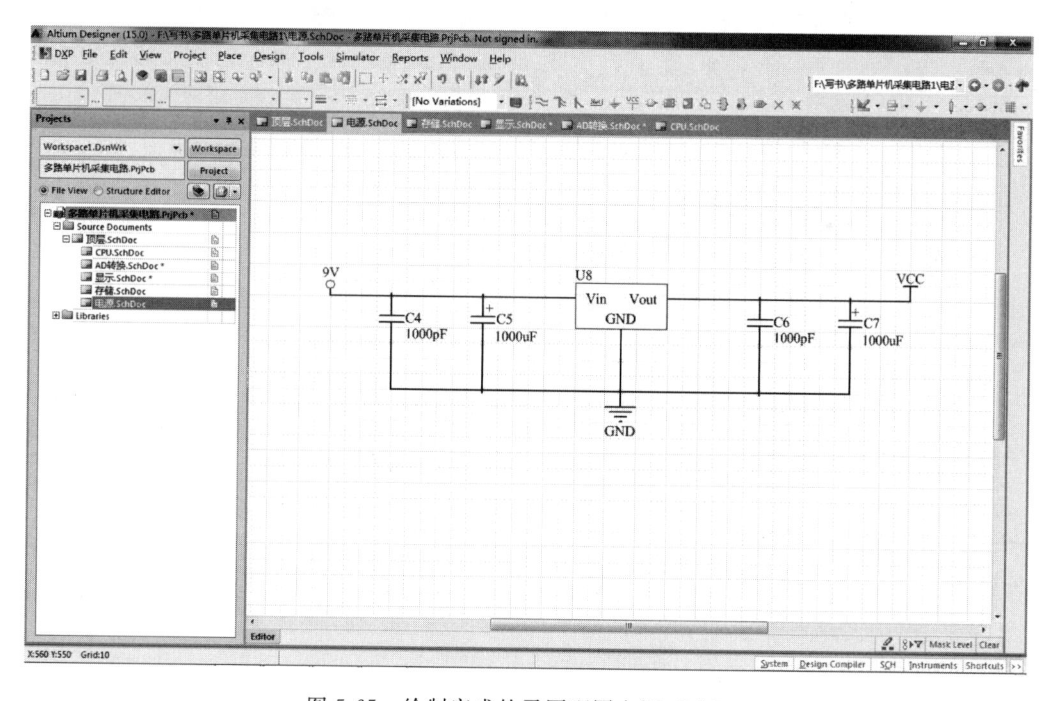

图 5-65　绘制完成的子原理图电源.SchDoc

完成了5个子原理图的绘制后，也就完成了多路单片机采集电路原理图的绘制，将项目文件保存后退出工作界面。

绘制过程中应注意，N 个方块电路用于 N 个子原理图的绘制，为了保证子原理图与顶层原理图之间的电气连接，应根据具体设计要求放置相应的输入/输出端口。

2. 从下到上的层次原理图设计方法

在层次原理图设计过程中，经常会发现，采用相同的功能模块进行不同的组合，会形成功能完全不同的电路系统。遇到上述情况，可以采用另外一种层次原理图的设计方法，即从下到上的层次原理图设计方法。

所谓从下到上的层次原理图设计，就是先完成每一个功能模块的设计，即绘制与各功能模块相对应的子原理图，然后由子原理图生成方块电路，通过绘制顶层原理图将各功能模块连接起来，从而形成符合设计要求的完整电路系统。

下面继续以多路单片机采集电路原理图为例，具体介绍从下到上的层次原理图设计的操作步骤。

1）创建新项目文件

选择【File】|【New】|【Project】|【PCB 工程】命令，建立一个新项目，保存并设置新项目文件名称为多路单片机采集电路. PrjPcb。

2）绘制子原理图

（1）选择【File】|【New】|【Schematic】命令，在新项目中分别新建 4 个原理图文件。执行【File】|【Save as】命令，分别将新建的原理图文件进行保存，名称分别设为 CPU . SchDoc、AD 转换. SchDoc、显示. SchDoc、存储. SchDoc 和电源. SchDoc，如图 5-66 所示。

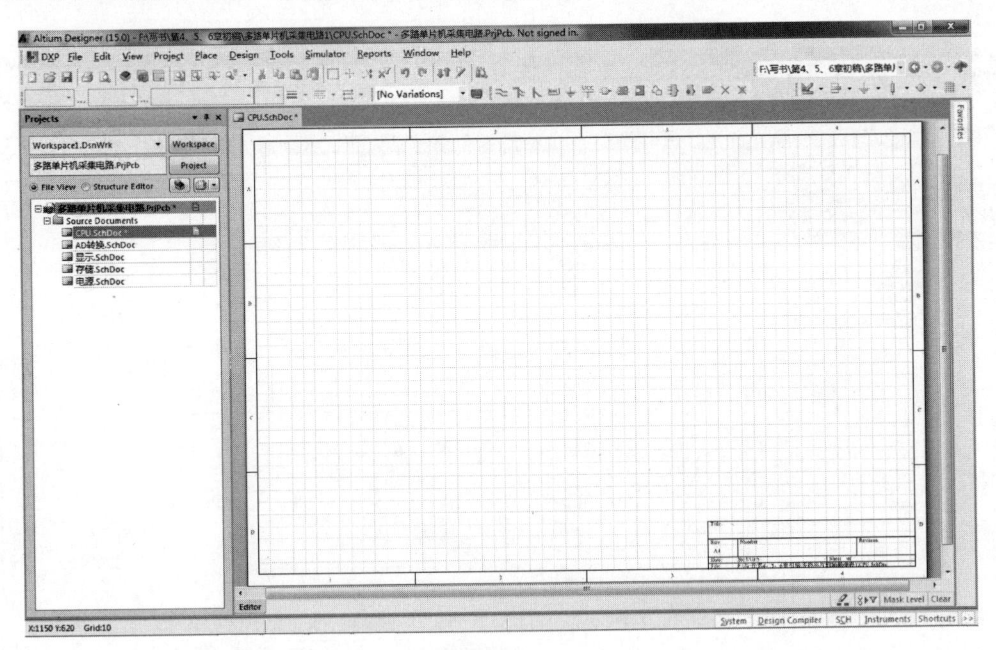

图 5-66　创建子原理图文件

（2）在新建的各个原理图文件中，分别完成各个子原理图的绘制。具体绘制步骤参照第 5.5 节所介绍的简单原理图绘制方法。

3）绘制顶层原理图

（1）选择【File】|【New】|【Schematic】命令，在新项目中新建一个原理图文件。选择【File】|【Save As】命令，将新建的原理图文件保存为顶层原理图. SchDoc，如图 5-67 所示。

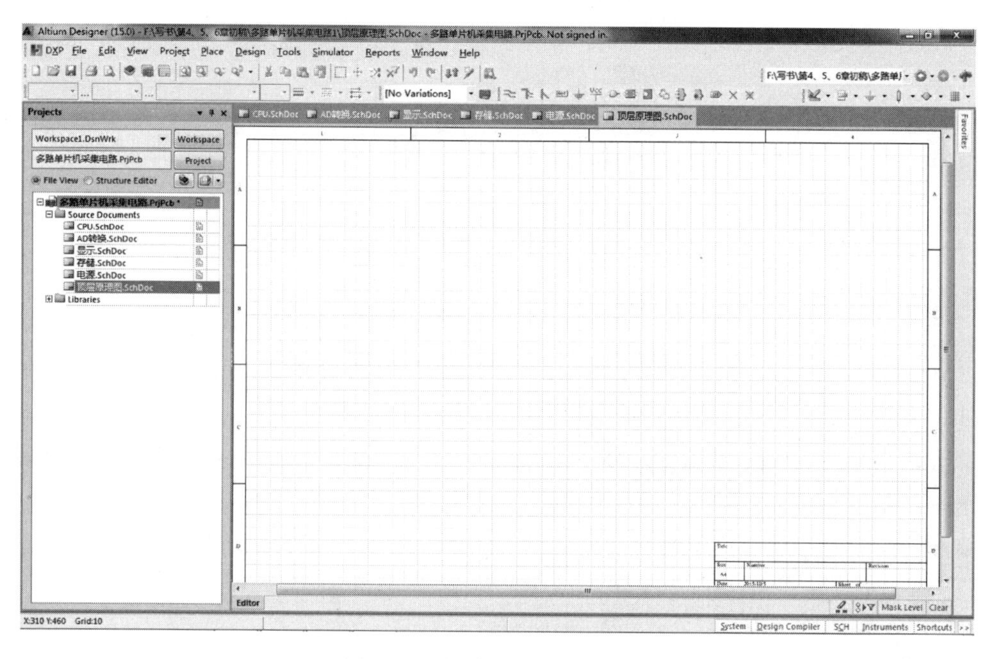

图 5-67 创建顶层原理图文件

(2) 选择菜单栏【Design】|【Create Sheet Symbol From Sheet or HDL】命令，系统将弹出【Choose Document to Place】(选择文件设置对话框)，如图 5-68 所示。在对话框中选择 CPU. SchDoc，单击【OK】按钮，光标上将生成一个与子原理图同名的浮动方块电路符号，如图 5-69 所示。将生成的方块符号放置在顶层原理图. SchDoc 的工作界面中，并对其属性进行设置。

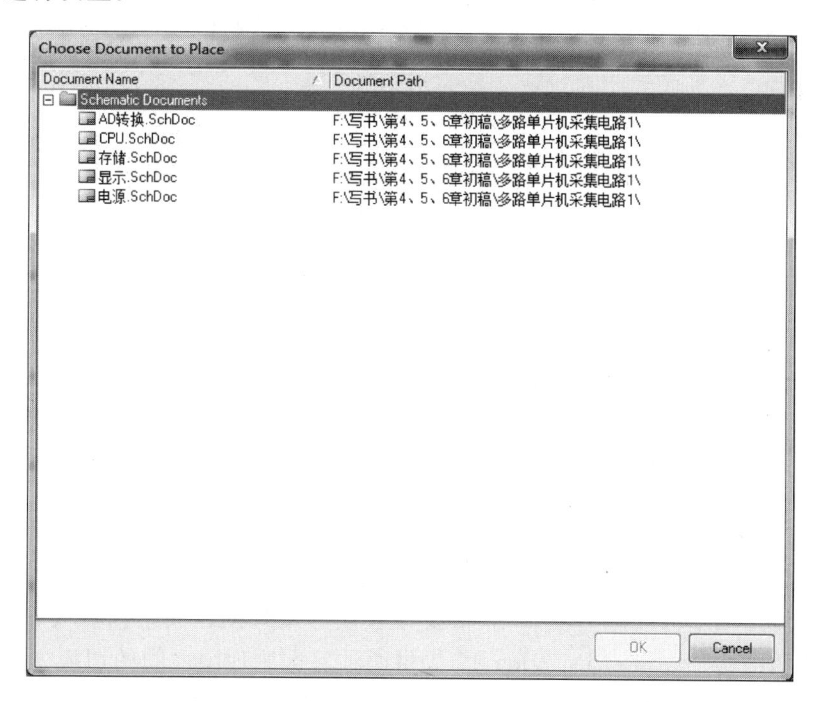

图 5-68 【Choose Document to Place】对话框

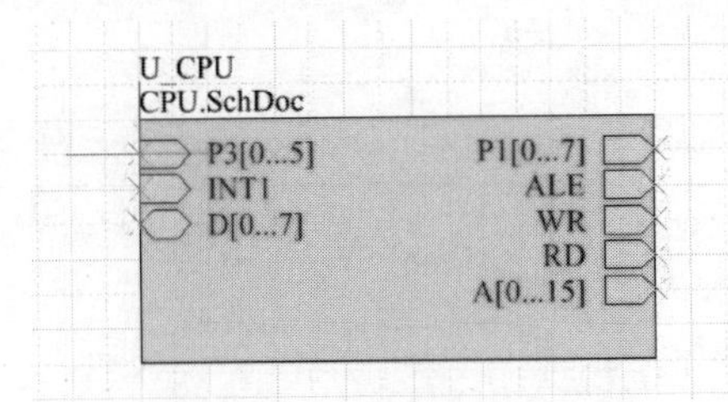

图 5-69　方块电路放置状态

(3) 重复步骤(2)，生成其他方块电路符号，将它们放置在顶层原理图.SchDoc 的工作界面中，并分别对它们的属性进行设置，结果如图 5-70 所示。

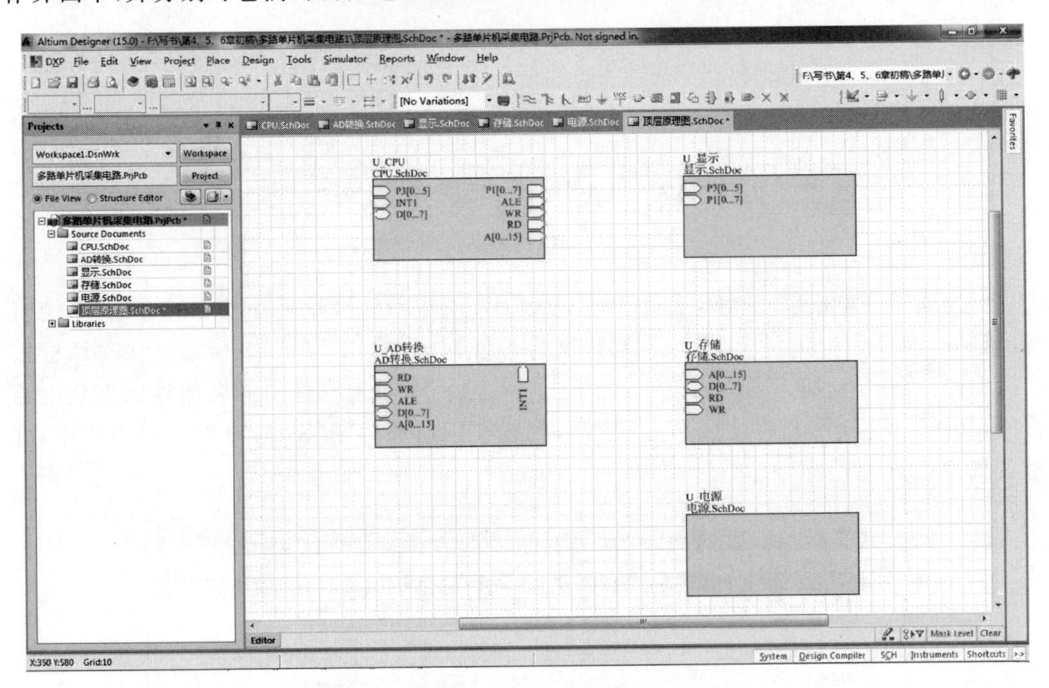

图 5-70　方块电路放置及其属性设置结果

(4) 用导线将各方块电路连接起来，使各方块电路建立起电气连接，从而完成顶层原理图的绘制，如图 5-71 所示。

系统所生成的方块电路符号与相应子原理图名称是相同的，而方块电路端口符号名称与相应子原理图中的输入/输出端口名称也是相同的，为了保证上下层次间的信号连接，最好不要随意修改名称。

5.6.3　层次原理图之间的切换

在层次原理图编辑过程中，用户经常要在各层次原理图之间来回切换查看，以便了解整个电路的结构。Altium Designer 15 提供两种层次原理图之间的切换方法：一种是直接使用【Projects】面板进行切换；另一种是使用菜单栏或者工具栏进行切换。

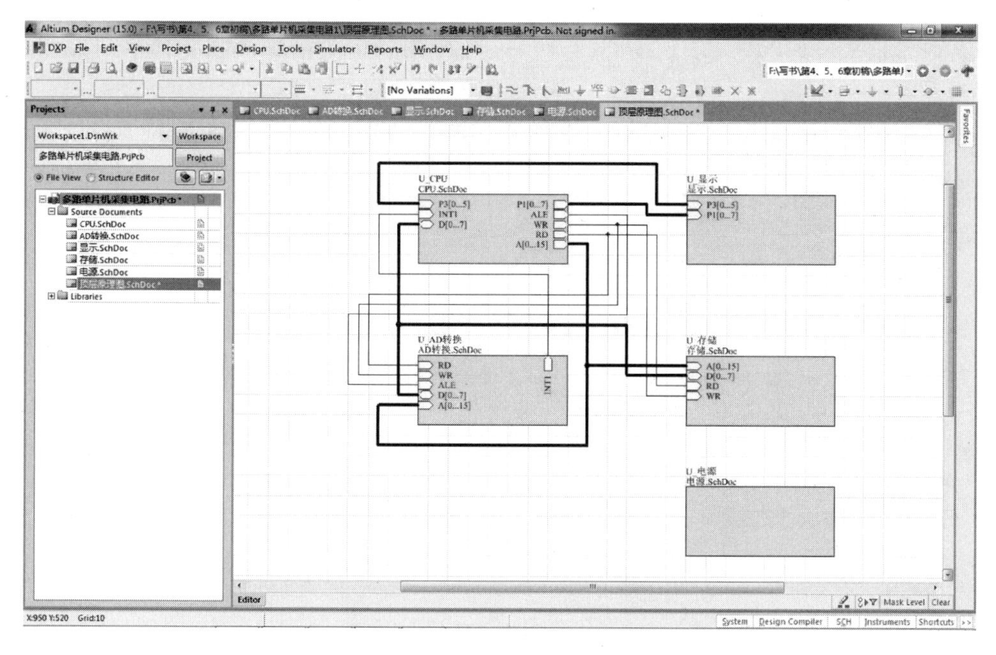

图 5-71　方块电路连线结果

1. 使用【Projects】面板切换

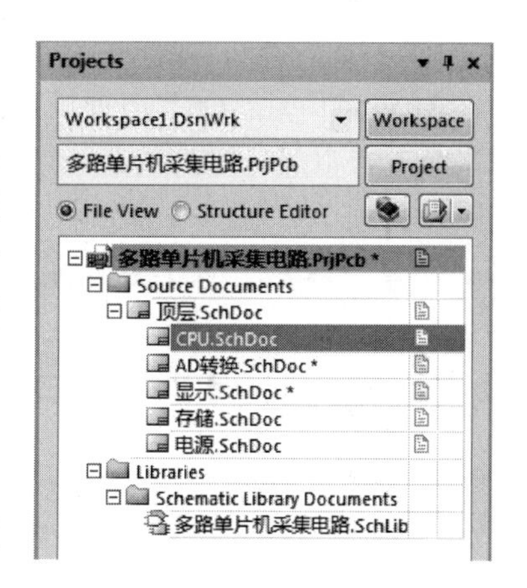

图 5-72　【Projects】面板

使用【Projects】面板进行切换的方法较为简单，只要打开图 5-72 所示的【Projects】面板，直接单击面板中相应原理图文件的图标，即可进行切换查看。此方法比较适用于分层较少，结构简单的层次原理图之间的切换。

2. 使用菜单栏或者工具栏切换

如果所设计的原理图分层较多、结构复杂，那么直接通过【Projects】面板进行切换查看很容易造成混乱、出错。针对这种情况，用户可以使用菜单栏和工具栏进行切换。该方法可以帮助用户在复杂的层次之间快速进行切换查看，从而实现多张原理图的同步查看和编辑。其具体操作步骤如下：

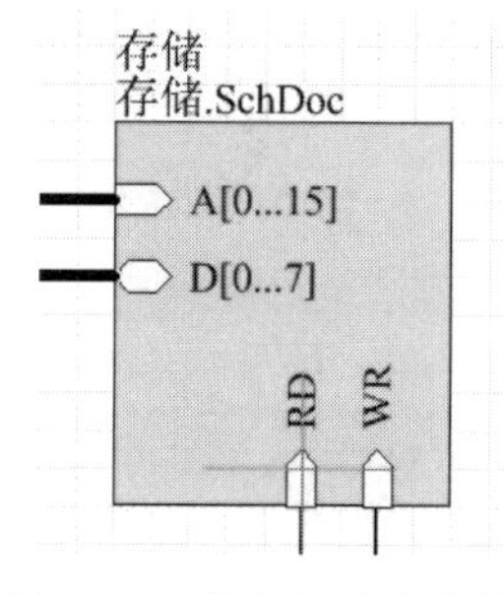

图 5-73　单击方块电路端口

(1) 选择菜单栏【Tools】|【Up/Down Hierarchy】命令，或者单击工具栏中的按钮，光标将变成十字形状显示在工作界面上。

(2) 移动光标到某个方块电路端口上，如图 5-73 所示，将光标移动到方块电路端口 RD 上，单击，系统将自动打开与方块电路相对应的子原理图，从而实现由顶层原理图切换到子原理图的操作。此时，子原理图中与被单击方块电路端口同名的输入/输出端口处于高亮状态，如图 5-74 所示。

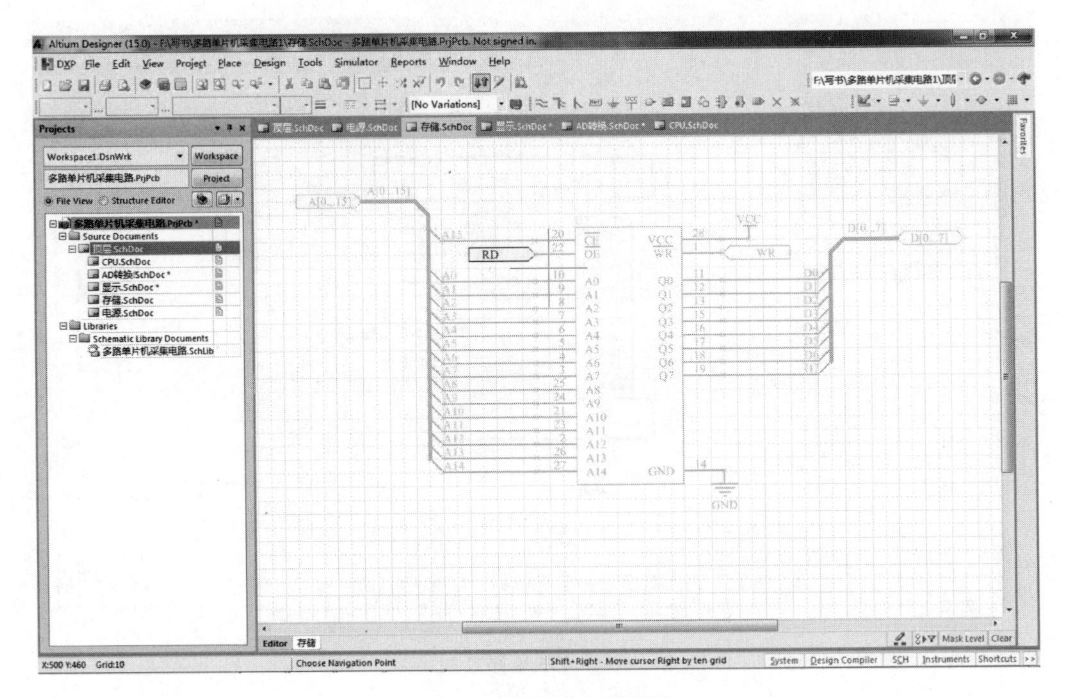

图 5-74　切换到子原理图

Altium Designer15 还提供方块电路预览功能，只要将鼠标放在方块电路上，系统就弹出与方块电路相对应的子原理图预览窗口，如图 5-75 所示。通过该功能可以帮助用户在不切换到子原理图的情况下，即可浏览方块电路所对应的子原理图。

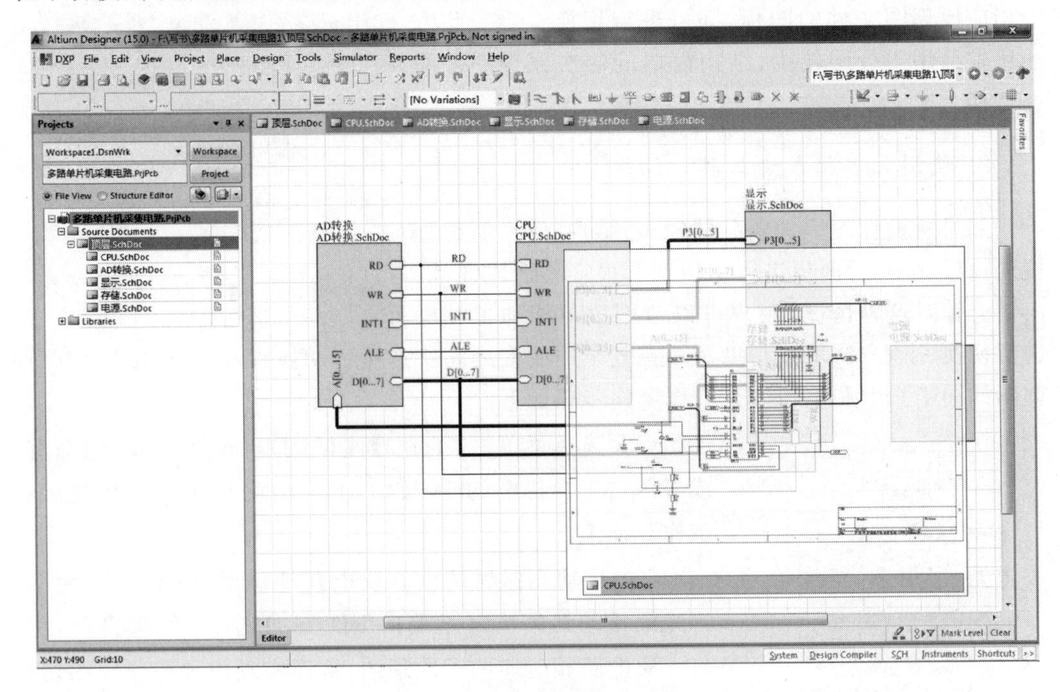

图 5-75　方块电路预览效果

(3) 移动光标到子原理图的某个输入/输出端口上，如图 5-76 所示，将光标移动到 WR 端口上，单击，系统将自动切换到顶层原理图，从而实现了由子原理图切换到顶层原理图的操作。此时，顶层原理图中与被单击的输入/输出端口同名的方块电路端口处于高亮状态，如图 5-77 所示。

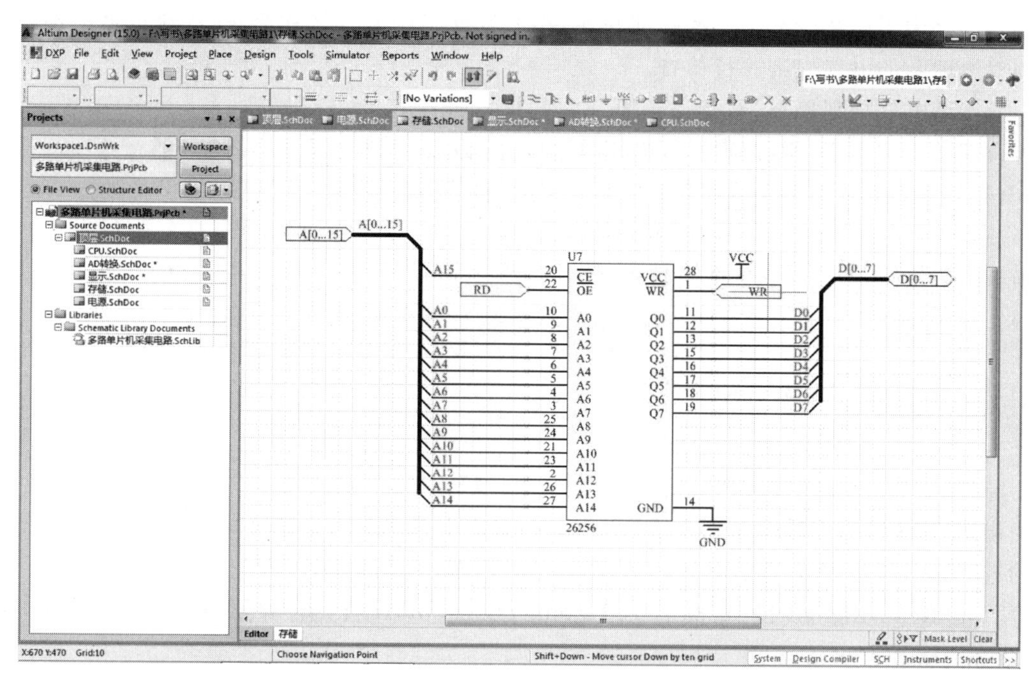

图 5-76 单击子原理图端口

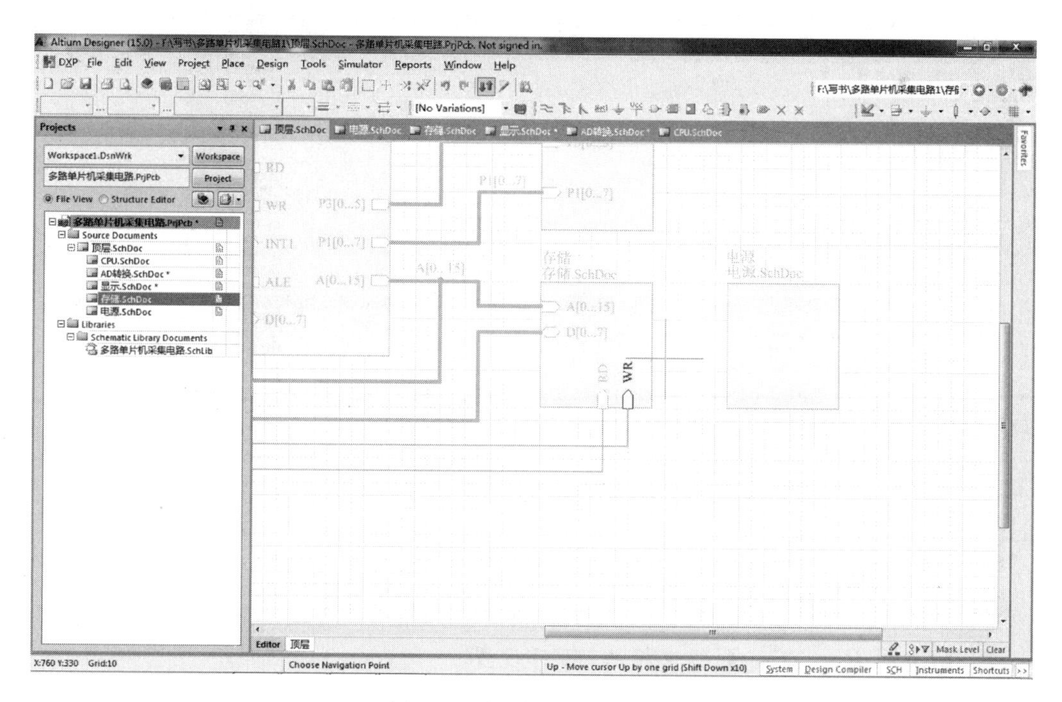

图 5-77 切换到顶层原理图

5.7 编译项目及查错

一般情况下，由于电路系统较为复杂，在设计完成的电路原理图中，或多或少存在一些错误。为了后续设计工作的顺利开展，在把设计好的原理图送到 PCB 编辑器之前，必须对原理图的电气规则进行检查。

所谓电气规则检查，是指查看原理图的电气连接特性是否一致，电气参数的设置是否合理等。而编译项目则是用户用来检查所设计原理图电气规则的重要手段。在 Altium Designer 15 系统中，为实时维护原理图的正确性，用户可以根据设计要求，对编译项目进行设置。在设计过程的任何阶段，系统都可以对原理图项目进行编译，以验证项目的等级和连接性、校验项目的电气和绘制错误等，同时将检查后的错误信息在【Messages】(信息)面板中列出来，并在原理图中标注出来，方便用户进行查错与修正。

5.7.1 编译项目的设置

打开任意一个 ProtelPcb 项目，选择菜单栏【Project】|【Project Options】命令，系统将弹出图 5-78 所示的【Option for PCB Project】(PCB 工程选项)对话框。所有与工程有关的选项都可以通过该对话框进行设置。在对话框中，与原理图电气检测有关的主要有【Error Reporting】(错误报告)、【Connection Matrix】(电路连接检测矩阵)和【Comparator】(比较器)等选项。

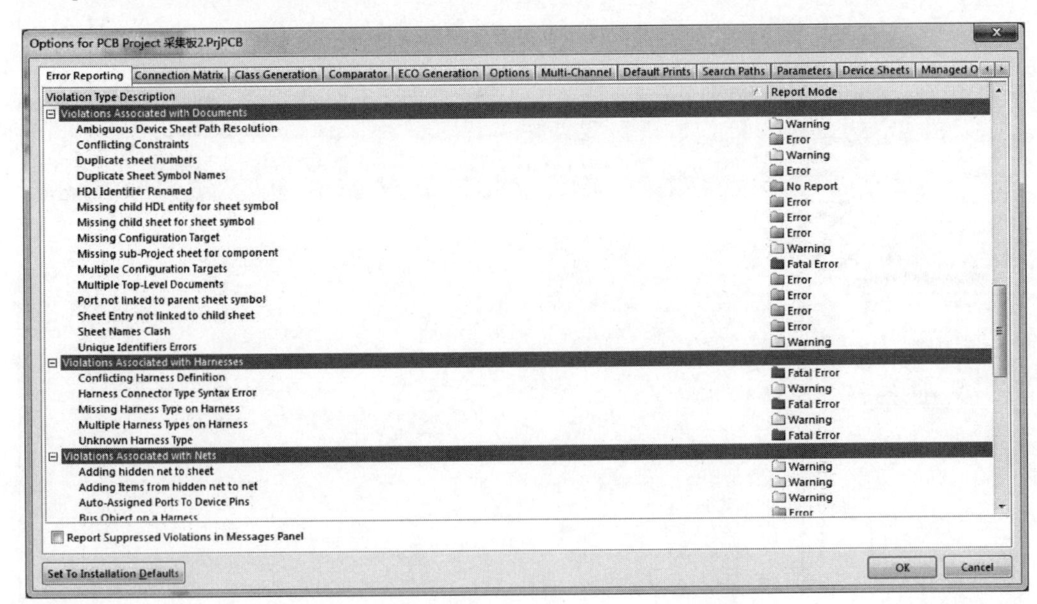

图 5-78 【Option for PCB Project】对话框

1.【Error Reporting】(错误报告)项目设置

【Error Reporting】选项主要用于设置各种电气连接错误的等级。单击【Error

Reporting】标签，对话框将显示图 5-78 所示的界面。其中，共有 6 类电气违例类型，它们的意义具体如下：

- 【Violations Associated With Buses】（与总线相关的违例类型）：用于设置含有总线的原理图。主要包括总线文件、定义、标号及范围值等相关违例类型。
- 【Violations Associated With Components】（与元器件相关的违例类型）：用于设置原理图中的元器件选项。主要包括元器件属性、引脚及元器件放置等相关违例类型。
- 【Violations Associated With Documents】（与文档相关的违例类型）：用于设置原理图文档。主要包括与层次原理图有关的违例类型。
- 【Violations Associated With Nets】（与网络相关的违例类型）：用于设置原理图网络。主要包括各种与原理图网络相关的不合理现象。
- 【Violations Associated With Others】（与其他对象相关的违例类型）：用于设置除总线、元器件、文档和网络外的原理图中的对象。主要包括这些对象相关的不合理现象。
- 【Violations Associated With Parameters】（与参数相关的违例类型）：用于原理图中参数设置不匹配。主要包括原理图中同一参数具有不同的类型及数值等参数违例类型。

对于以上每一种违规类型，系统提供以下 4 种相应的错误报告模式：

- 【No Report】（无报告）：出现该错误时，系统不报告。
- 【Warning】（警告）：出现该错误时，系统出现警告信息提示。
- 【Error】（错误）：出现该错误时，系统出现错误信息提示。
- 【Fatal Error】（严重错误）：出现该错误时，系统出现严重错误信息提示。

上述 4 种错误报告模式，不仅表明了违反电气规则的严重程度，而且采用了不同的颜色设计，以便于用户明确区分。若要改变系统对某种违例类型的设置，只要单击该类型名称右侧的【Report Mode】（报告模式）选项，从以上 4 种错误报告模式中选择需要的模式。

虽然用户可以根据电气检测需要，设置不同的报告模式来显示项目中错误的严重程度，但是在一般情况下，最好采用系统默认设置，不建议更改。

2.【Connection Matrix】（电路连接检测矩阵）项目设置

【Connection Matrix】选项主要用于设置所有关于违反电气连接特性报告的错误类型，包括对引脚、端口、方块电路端口等的连接状态及错误类型进行设置。当对原理图进行电气规则检查时，错误信息将在原理图中显示出来。

单击【Connection Matrix】标签，对话框显示图 5-79 所示的界面。从界面中可以看出，检测矩阵共有 4 种错误报告类型，并用 4 种色块进行表示，即【No Report】（无报告，绿色）、【Warning】（警告，黄色）、【Error】（错误，橙色）和【Fatal Error】（严重错误，红色）。如果要改变检测矩阵中的错误类型设置，只需在要改变的位置单击相应的色块即可，每单击一次改变一次。

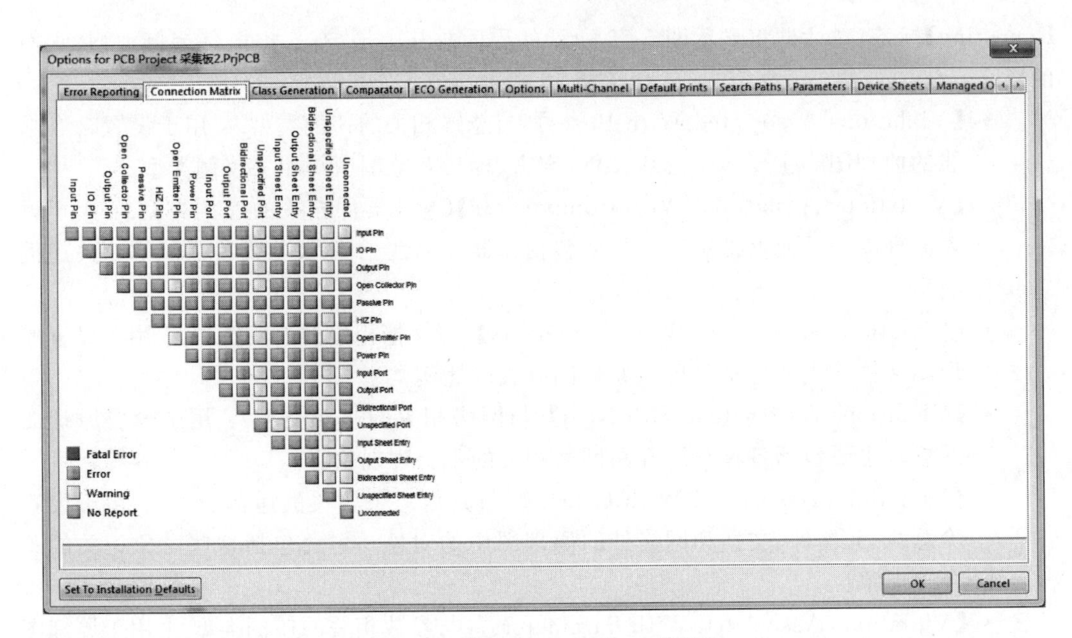

图 5-79 【Connection Matrix】界面

例如，在检测矩阵中，【Output Port】（输出端口）与【Output Port】（输出端口）的交叉点处，显示一个橙色方块，表示系统对该错误默认设置为【Error】类型。为了严格表示两个输出端口相连接所引起的错误的严重性，单击该色块，使其变成红色，即可将其错误类型由【Error】变成【Fatal Error】。

单击【OK】按钮，系统将完成设置。单击【Set To Installation Defaults】按钮，系统将恢复默认设置。一般情况下保持默认设置即可。对于特殊原理图的设计，用户需要进行一定的设置。

3.【Comparator】（比较器）项目设置

【Comparator】（比较器）选项主要用于设置比较器的参数、对象与标准的匹配程度等。只要单击【Comparator】标签，对话框就显示图 5-80 所示的界面。其中，与比较器参数有关的主要有 4 种类型，即【Differences Associated With Components】（与元器件相关的变化）、【Differences Associated With Nets】（与网络相关的变化）、【Differences Associated With Parameters】（与参数相关的变化）和【Differences Associated With Physical】（与对象相关的变化）。

在每一类中列出了若干具体选项，对于每一项在电气检测过程中发生的变化，用户只要单击该项名称右侧的【Mode】（模式）选项，从中选择【Ignore Differences】（忽略差异）和【Find Differences】（查找差异），就可以以此确定是忽略这种变化还是显示这种变化。如果选择【Find Differences】，那么完成电气检测后，相应项的变化情况将被列在【Messages】面板中。

此外，对话框界面下方还可用于设置对象与标准的匹配程度。该设置将作为用来判别差异是否产生的依据。

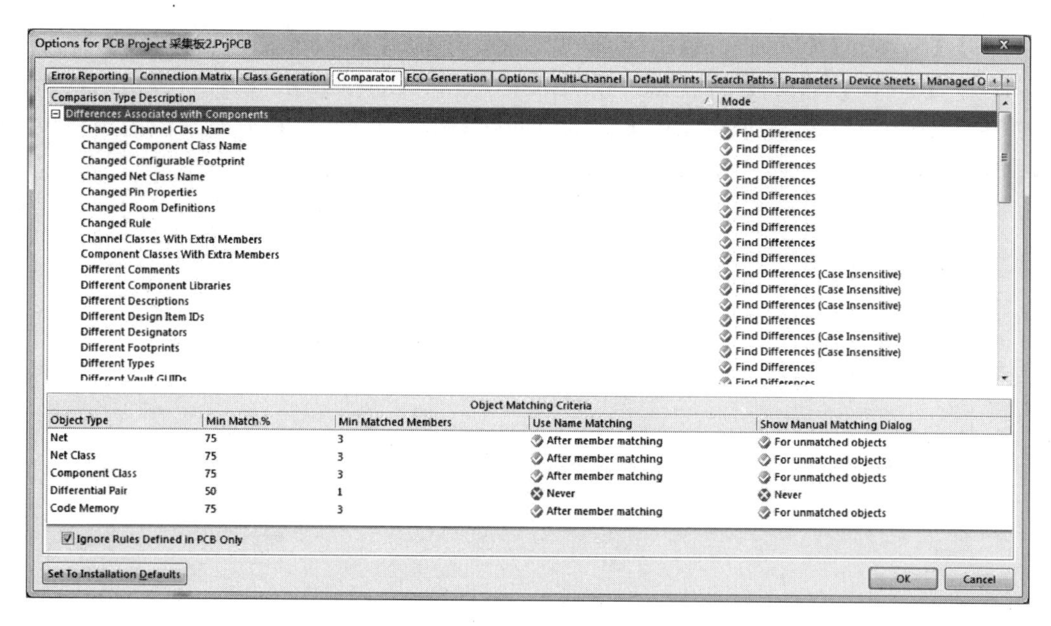

图 5-80 【Comparator】界面

5.7.2 执行编译项目

完成了原理图的编译项目设置后，用户便可以对原理图进行编译操作，以检查和修改各种电气错误，此时设计工作进入了原理图调试阶段。

项目编译的执行方法较为简单，只要选择菜单栏【Project】|【Compile PCB Project *.PrjPcb】(*表示编译项目文件名称)命令，即可对项目文件*.PrjPcb进行编译。文件编译完成后，系统将自动弹出图5-81所示的【Messages】面板，系统检测出的错误信息将一一列在面板上。如果原理图绘制无误，那么面板显示为空白。

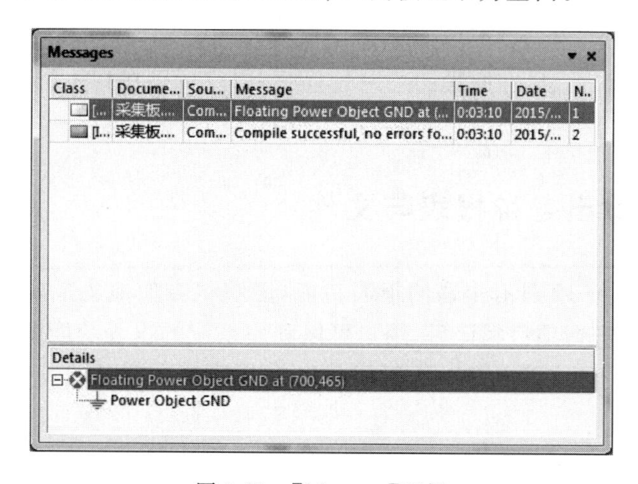

图 5-81 【Message】面板

如果将自动弹出的【Messages】面板关闭，并需要重新打开面板，那么可以运用快捷菜单进行操作。只要在原理图空白处右击，在弹出的快捷菜单中选择【Workspace

Panels】|【System】|【Messages】命令，即可打开被关闭的【Messages】面板。

双击【Messages】面板中的任意一条错误信息，如图 5-81 所示，系统将弹出与此错误相关的原理图信息，并显示在面板下方的【Detail】选项中。同时相应原理图的出错位置处于高亮显示状态，如图 5-82 所示。

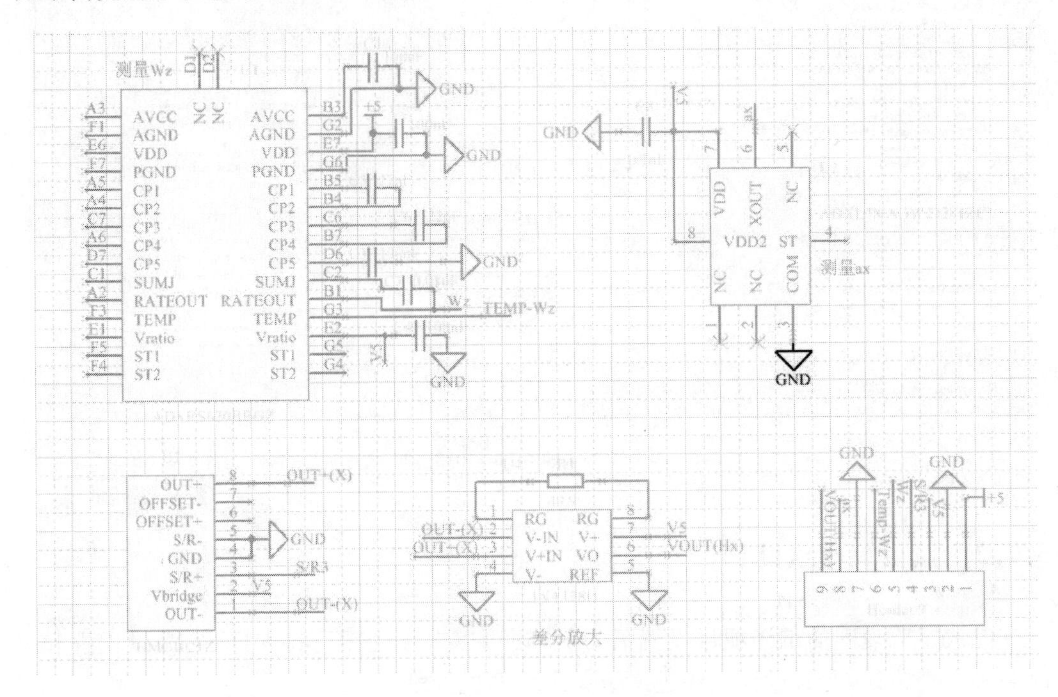

图 5-82　高亮显示原理图中错误部位

最后，根据检查结果，对相关错误进行修改，并重新对原理图进行编译，检查是否还有其他错误。

系统自动检测出的错误信息并不都是准确的，也并不一定都要进行修改，用户要根据自身设计要求具体分析。此外，对于违反电气规则但实际上是正确的设计部分，为了避免系统显示出错误信息，在原理图绘制过程中，用户可以在相关位置放置忽略 ERC 检查点。

5.8　生产和输出各种报表与文件

Altium Designer 15 具有丰富的报表功能，能够很方便地生成各种类型的报表。当原理图完成设计并进行项目编译后，用户可以利用系统的报表功能来创建各种原理图报表文件。通过这些报表，用户可以从不同角度去掌握整个项目的设计信息，以便为下一步工作做好准备。

5.8.1　网络报表

所谓网络报表，是指彼此连接在一起的一组元器件引脚。在电路设计中，网络报表在所生成的各种报表中最为重要，因为它是电路原理图设计软件与印制电路板设计软件之间的接口，通过它使原理图与 PCB 建立起连接关系。

一个电路实际上就是由若干个网络组成的，而网络报表就是对电路或电路原理图的一个完整描述。网络报表可描述为以下两个方面的内容：一是元器件连接信息，主要包括元器件的标识、引脚、封装形式等信息；二是网络连接信息，主要包括网络名称、节点等信息。

在 Altium Designer 15 中，用户可以根据项目设计需要，创建各种格式的网络报表文件。在 PCB 设计中，用户所要创建的是 Protel 网络报表。它具有两种类型：一种是基于单个原理图文件所创建的网络报表；另一种是基于整个设计项目所创建的网络报表。下面将对这两种网络报表进行详细介绍。

1. 网络报表选项设置

单击图 5-78 所示的【Option for PCB Project】对话框中的【Option】(选项)标签，对话框显示图 5-83 所示的界面，通过该界面可对网络报表选项进行设置。

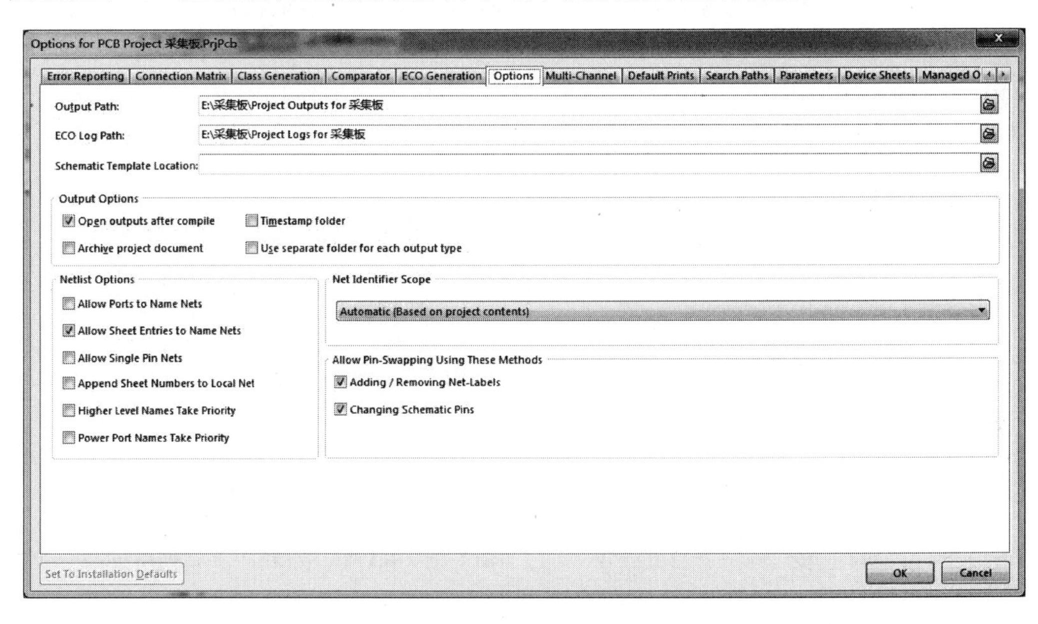

图 5-83 【Option】界面

各选项的意义如下：

- 【Output Path】(输出路径)：用于设置网络报表的输出路径。
- 【ECO Log Path】(ECO 日志路径)：用于设置 ECO 文件的输出路径。
- 【Output Options】(输出选项)：包括【Open outputs after compile】(编译后打开输出)、【Timestamp folder】(时间标志文件夹)、【Archive project document】(工程存档文档)和【Use separate folder for each output type】(为每种输出类型输出文件夹)4 个复选框，用户可根据设置需要进行勾选。
- 【Netlist Options】(网络报表选项)：用于设置生成网络报表的条件。该选项共包含 6 个功能复选框，用户可根据设置需要进行勾选。

• 【Net Identifier Scope】(网络标识符范围)：用于设置网络标识的认定范围。单击该选项后面的下拉列表框，共有 5 种选择可供设置，如图 5-84 所示。

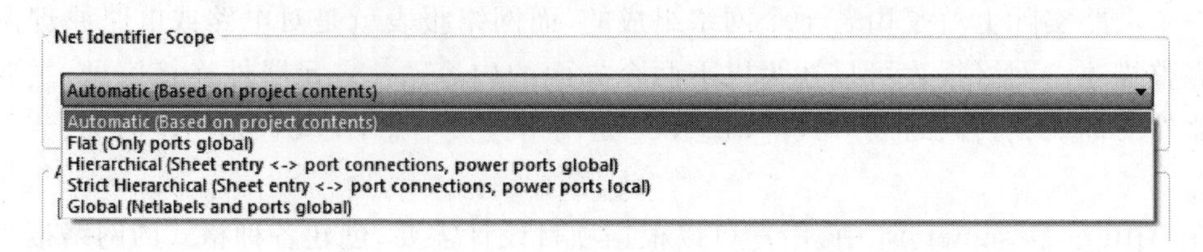

图 5-84 【Net Identifier Scope】下拉列表框

2. 基于单张原理图生成网络报表

下面结合第 5.5 节所创建的采集板.PrjPcb 项目，具体介绍基于单张原理图的网络报表生成方法。

(1) 打开项目采集板.PrjPcb 及项目中的原理图文件采集板.SchDoc。

(2) 选择菜单栏【Design】|【Netlist For Document】命令，系统将弹出图 5-85 所示的子菜单。

(3) 选择子菜单中的【PCAD】命令，系统将自动生成当前原理图的网络报表文件采集板.Net，并存放在【Project】面板 Generated 文件中的 Netlist Files 文件夹里，如图 5-86 所示。

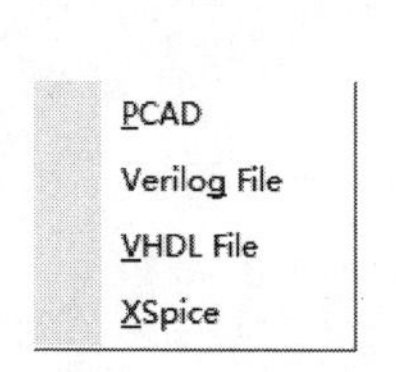

图 5-85 【Netlist For Document】子菜单

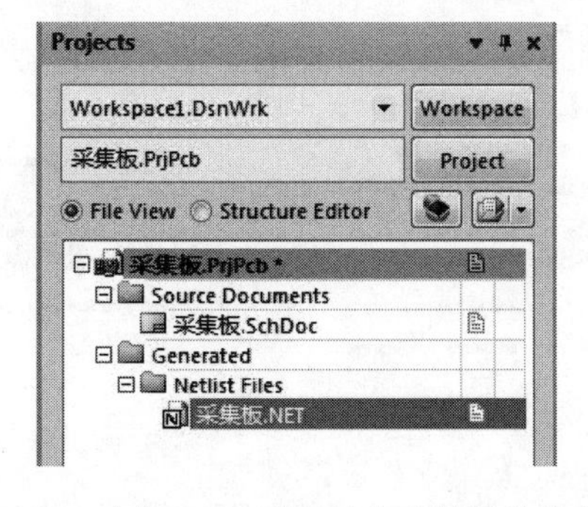

图 5-86 在【Projects】面板生成网络报表文件

(4) 在【Project】面板中，双击原理图网络报表文件采集板.Net，系统将打开该网络报表，如图 5-87 所示。该网络报表是一个简单的 ASCII 码文本文件，由一行一行的文本组成。其主要分成两部分：一部分是元器件信息；另一部分是网络连接信息。

元器件信息由若干小段组成，每一个元器件的信息为一小段，用方括号隔开，由元器件的标识、封装形式、型号等组成，空行由系统自动生成，如图 5-88 所示。

网络连接信息同样由若干小段组成，每一个网络的信息为一小段，用圆括号分隔，由网络名称和网络中具有电气连接关系的元器件引脚组成，如图 5-89 所示。

通过原理图文件的网络报表，可以很清晰地查看元器件是否重名、是否缺少封装信息、引脚是否相连接等情况。

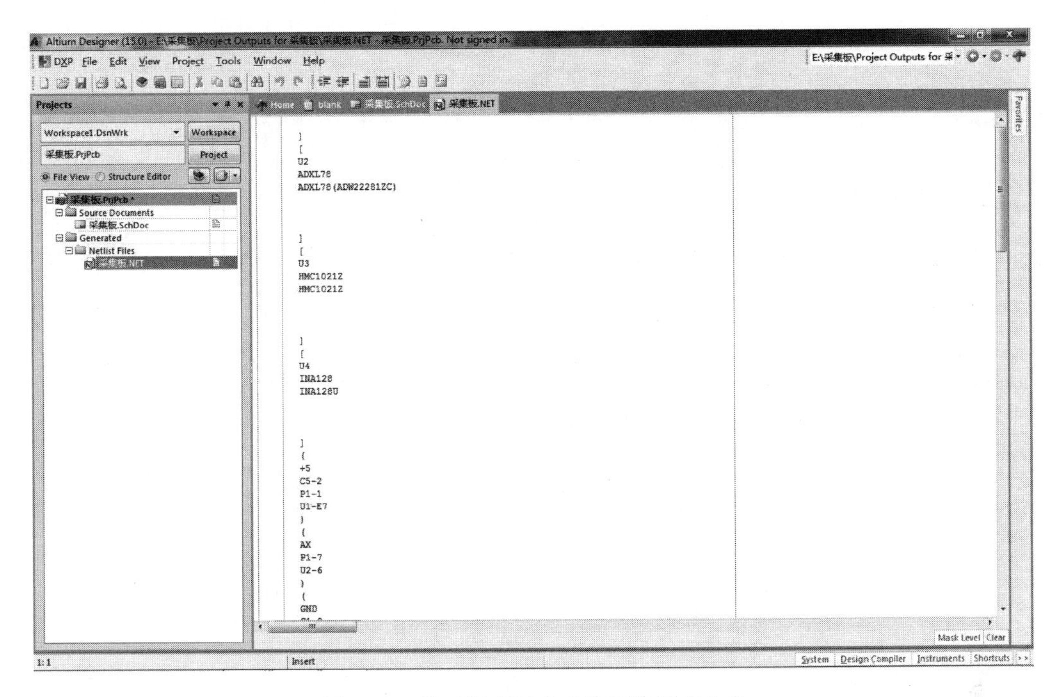

图 5-87 基于原理图生成的网络报表文件

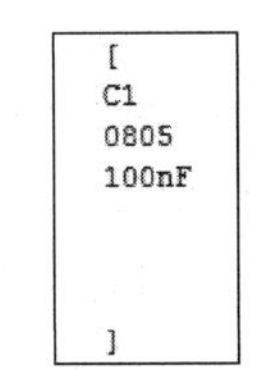

图 5-88 元器件信息

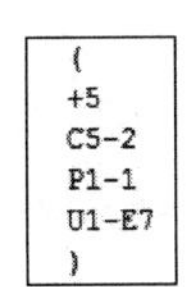

图 5-89 网络连接信息

3. 基于项目生成网络报表

下面结合第 5.5 节所创建的采集板. PrjPcb 项目，具体介绍基于项目的网络报表生成方法。

(1) 打开项目采集板. PrjPcb 及项目中的原理图文件采集板. SchDoc。

(2) 选择菜单栏【Design】|【Netlist For Project】命令，系统将弹出和图 5-85 一样的子菜单。

(3) 单击子菜单中的【PCAD】命令，系统将自动生成当前项目的网络报表文件采集板. Net，并存放在【Project】面板 Generated 文件中的 Netlist Files 文件夹里，如图 5-90 所示。

图 5-90 在【Projects】面板生成网络报表文件

(4) 在【Project】面板中，双击当前项目网络报表文件采集板. Net，系统将打开该网络报表，如图 5-91 所示。

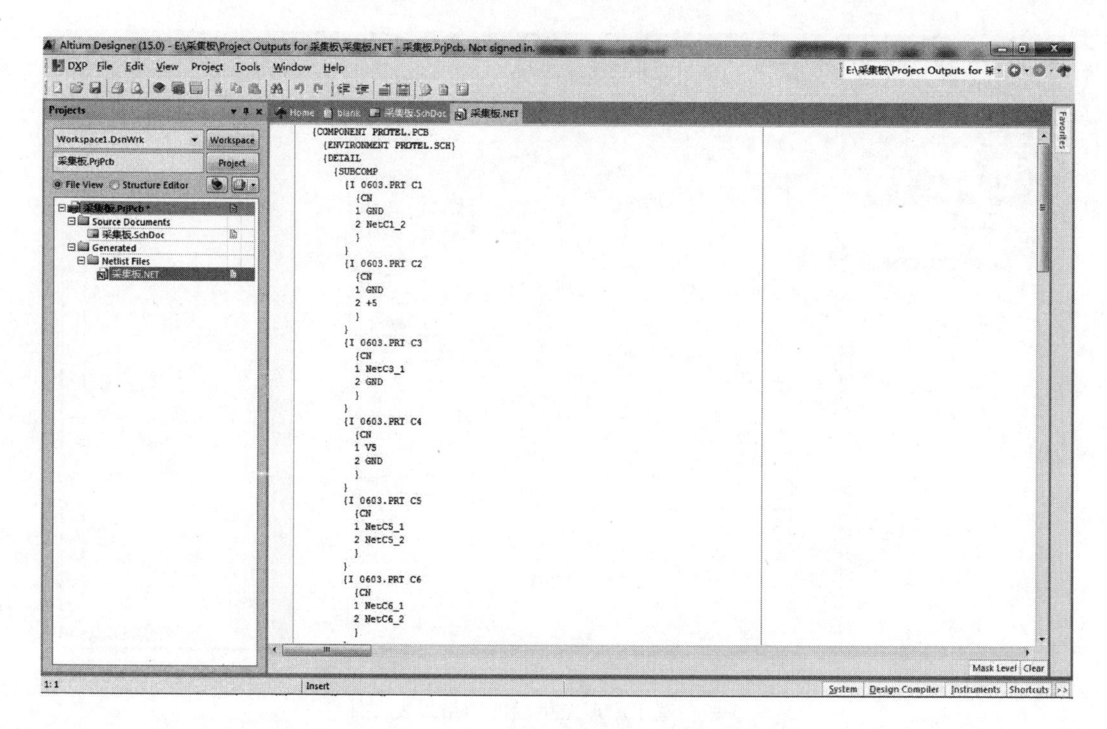

图 5-91　基于项目生成的网络报表文件

由于采集板. PrjPcb 项目中只有一个原理图文件，所以所生成的基于该项目的网络报表与前面基于原理图所生成的网络报表完全相同。如果项目中包含有多张原理图，那么基于项目所生成的网络报表包含所有原理图的元器件信息和网络连接信息，虽然其文件名称与基于项目中单张原理图所生成的网络报表是相同的，但内容不同。

5.8.2　元器件报表

元器件报表主要用于列出当前项目中所用元器件的标识、封装形式等信息，相当于一份元器件清单。通过这份清单，用户可以清晰查看项目设计中所用到元器件的详细信息。同时，在制作电路板时，用户可以根据报表所列元器件的信息进行采购。

下面结合第 5.5 节所创建的采集板. PrjPcb 项目，具体介绍元器件报表的生成方法。

(1) 打开项目采集板. PrjPcb 及项目中的原理图文件采集板. SchDoc。

(2) 设置元器件报表选项。选择菜单栏【Report】|【Bill of Materials】命令，系统将弹出如图 5-92 所示的【Bill of Materials For Project】(元器件报表)对话框，通过该对话框可以对元器件报表的选项进行设置。对话框中各选项的意义如下：

- 【All Columns】(全部纵列)：列出系统提供的所有元器件信息。对于需要查看的元器件信息，只要勾选右侧与之对应的复选框，即可将所需信息显示出来。
- 【Grouped Columns】(聚合纵队)：该列表框主要用于设置元器件的归类标准。用户可以将【All Culumns】选项中的某一个属性信息拖到该列表框中，系统将以该属性信息为标准，对元器件进行归类，并显示在元器件报表中。

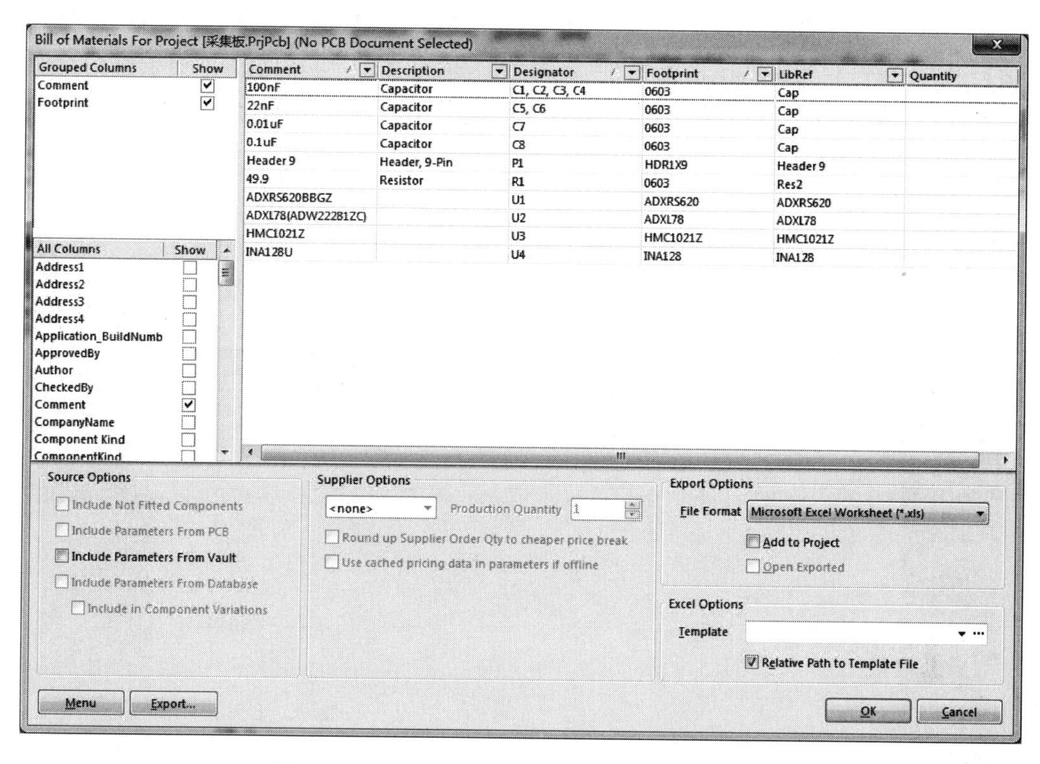

图 5-92 【Bill of Materials For Project…】对话框

- 【File Format】(文件格式):该下拉列表框主要用于设置输出报表文件的格式。单击该下拉列表框,在弹出的下拉列表中,共有 5 种格式可供选择,如图 5-93 所示。
- 【Template】(模板):该下拉列表框主要用于设置元器件报表的显示模板。单击该下拉列表框,在弹出的下拉菜单中,选择需要的模板文件,如图 5-94 所示。也可以单击下拉列表框后面的 ⋯ 按钮,在相关文件中选择模板。

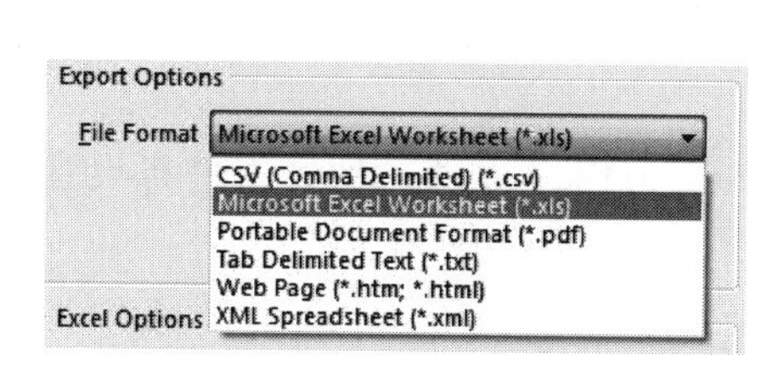

图 5-93 【File Format】下拉列表框

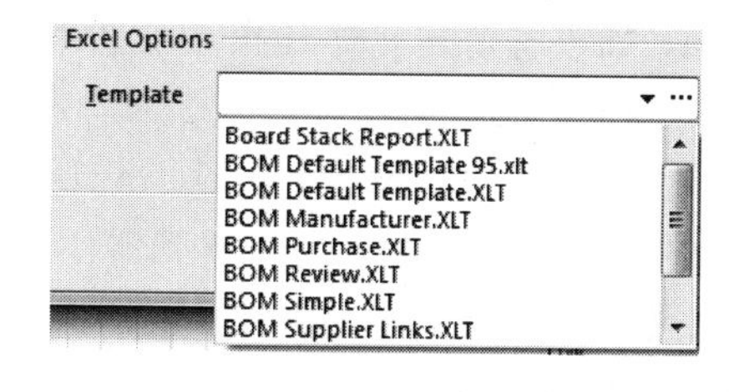

图 5-94 【Template】下拉列表框

此外,单击对话框左下方的【Menu】按钮,系统将弹出图 5-95 所示的子菜单。其中,【Export】(导出)命令用于输出元器件报表并保存到指定位置,其功能与对话框左下方的【Export】按钮相同;【Report】(报告)命令主要用于预览元器件报表。

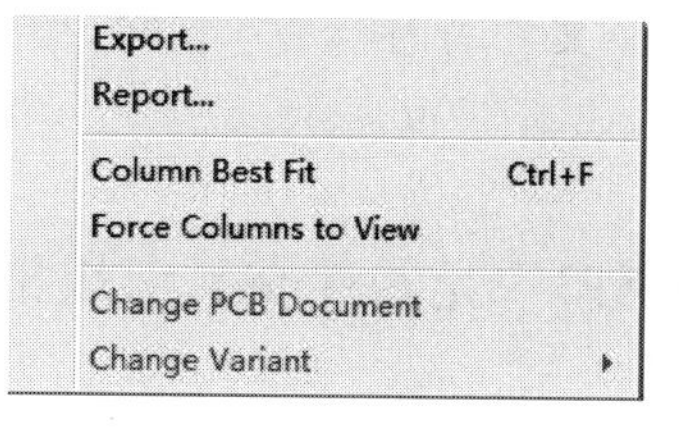

图 5-95 【Menu】子菜单

(3) 完成相关设置后,单击【Menu】菜单,选择

【Report】命令，系统将弹出图 5-96 所示的【Report Preview】(报表预览)对话框。通过此对话框，用户可以对所要输出的元器件报表进行预览。如果用户对设置结果感到满意，那么可以单击【Export】按钮，输出并保存该报表。报表保存格式可以单击图 5-92 所示对话框中的【File Format】下拉列表框进行选择设置，系统默认设置为一个文件名为 *. xls 的 Excel 文件。

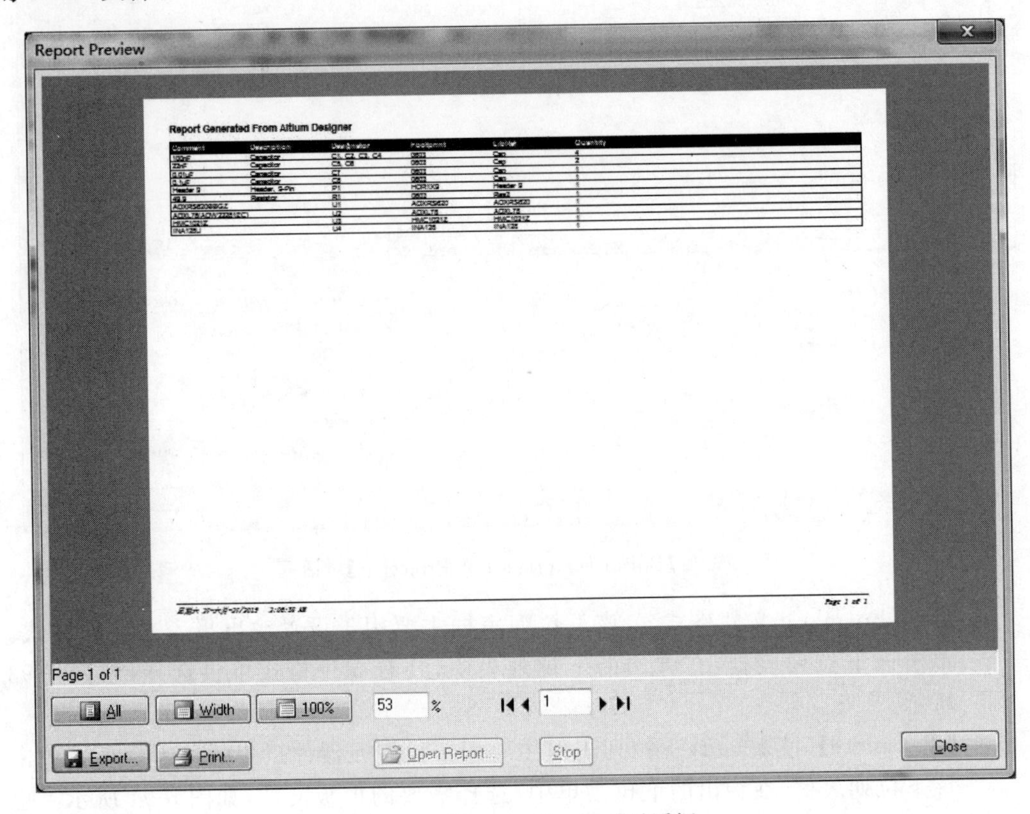

图 5-96 【Report Preview】对话框

(4) 如果将上述元器件报表文件保存为 Excel 文件，那么打开该文件，输出结果如图 5-97 所示。

除了上述元器件报表外，Altium Designer 15 还为用户提供一种无需进行设置即可产生的简易元器件报表，即简单元器件清单报表。

在上述原理图编辑环境中，选择菜单栏【Report】|【Simple BOM】命令，系统将同时生成采集板. BOM 和采集板. CSV 两个文件，并存放在【Project】面板 Generated 文件中的 Text Documents 文件夹里，如图 5-98 所示。从【Project】面板中打开两个文件，会发现两个文件的内容基本相同，均简要直观地列出了所有元器件的标识、封装形式、数量等信息，如图 5-99 所示。

5.8.3 元器件交叉引用报表

元器件交叉引用报表主要用于将整个项目中的所有元器件按照所属的原理图进行

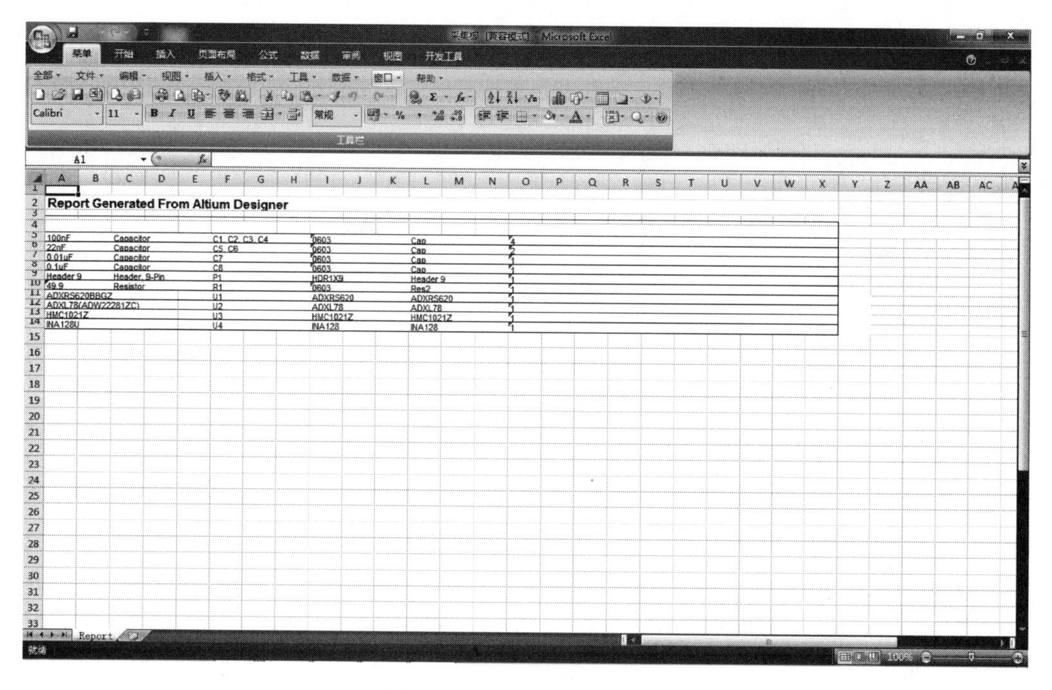

图 5-97　生成的元器件报表

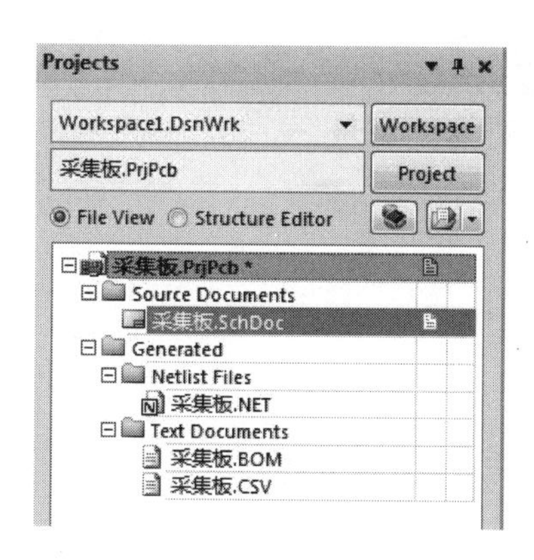

图 5-98　在【Projects】面板生成简单元器件清单报表文件

分组统计，也相当于一份元器件清单。

元器件交叉引用报表的选项设置与输出的操作方法与元器件报表类似。打开项目采集板. PrjPcb 及项目中的原理图文件采集板. SchDoc，选择菜单栏【Report】|【Component Cross Reference】命令，系统将弹出图 5-100 所示的【Component Cross Reference Report For Project】(元器件交叉引用报表)对话框。由于该对话框与图 5-92 所示的元器件报表对话框基本相同，所以对话框中各选项的意义及相关操作方法，这里不再赘述。

用户可以通过上述对话框对元器件交叉引用报表的选项进行设置，并输出元器件交叉引用报表。

在使用过程中应注意，元器件交叉引用报表实际上是一种元器件报表，采用系统默

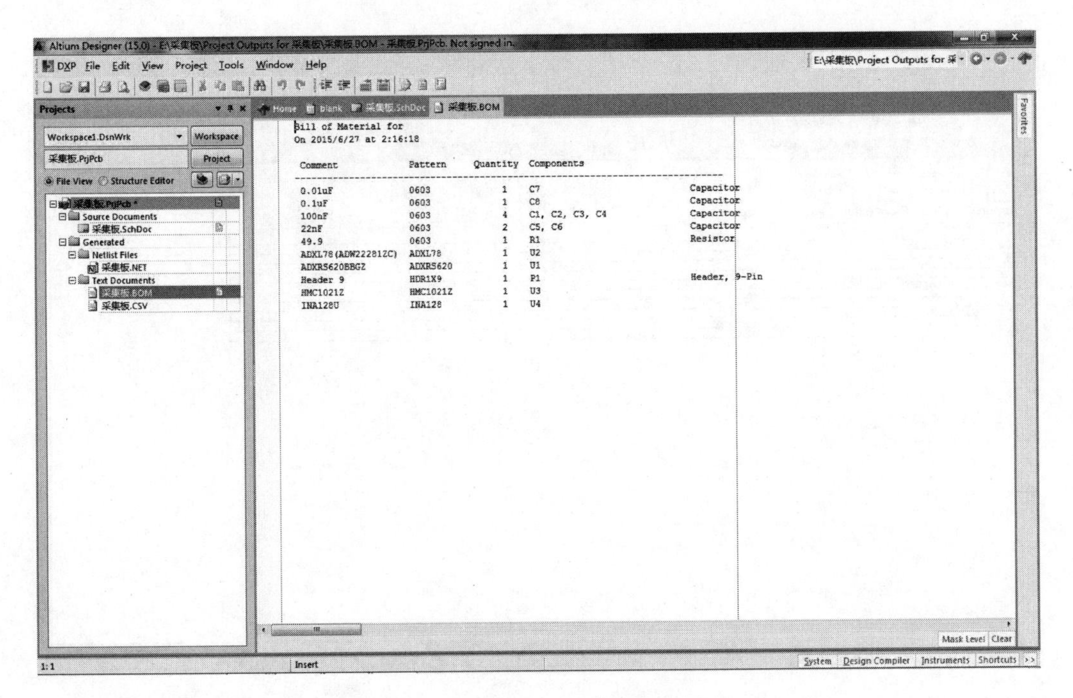

图 5-99　生成的简单元器件清单报表

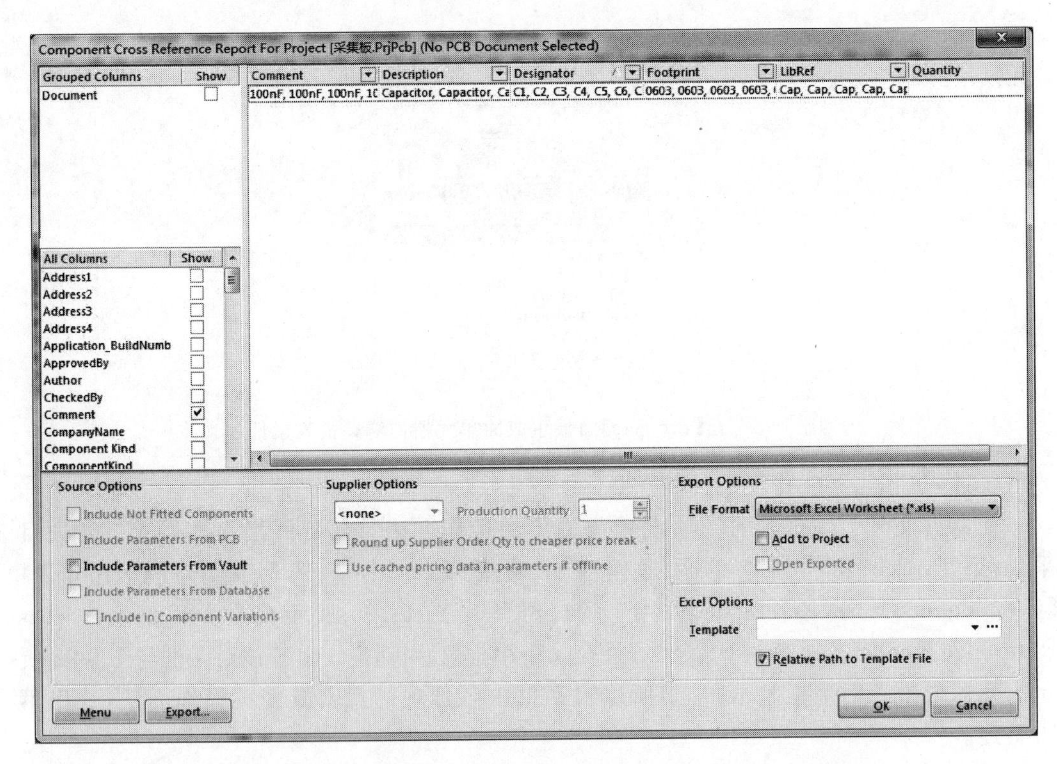

图 5-100　【Component Cross Reference Report For Project】对话框

认保存时，元器件交叉引用报表与元器件报表将会采用同一个文件名，所以在保存时，应对两者设置不同的文件名称。

5.8.4 层次设计报表

一个规模庞大的电路系统往往包含着多个层次的电路原理图，并且各原理图的层次关系比较复杂。在层次原理图设计过程中，为帮助用户进一步明确电路系统的整体结构，更好地把握设计流程，Altium Designer 15 提供了层次设计报表这一辅助设计工具。它可以将原理图的多层结构关系清晰地显示出来。

下面结合第 5.6 节所创建的多路单片机采集电路. PrjPcb 项目，具体介绍层次设计报表的生成方法。

(1) 打开项目文件多路单片机采集电路. PrjPcb，然后打开项目中的任意一个原理图文件，例如，打开 CPU. SchDoc 子原理图文件。

(2) 选择菜单栏【Reports】|【Report Project Hierarchy】命令，系统将自动生成层次设计报表文件 CPU. REP，并存放在【Project】面板 Generated 文件中的 Text Documents 文件夹里，如图 5-101 所示。从图中可以看出，所生成的层次设计报表显示出了各原理图之间的层次关系，文件名称越靠左，表明文件层次越高。

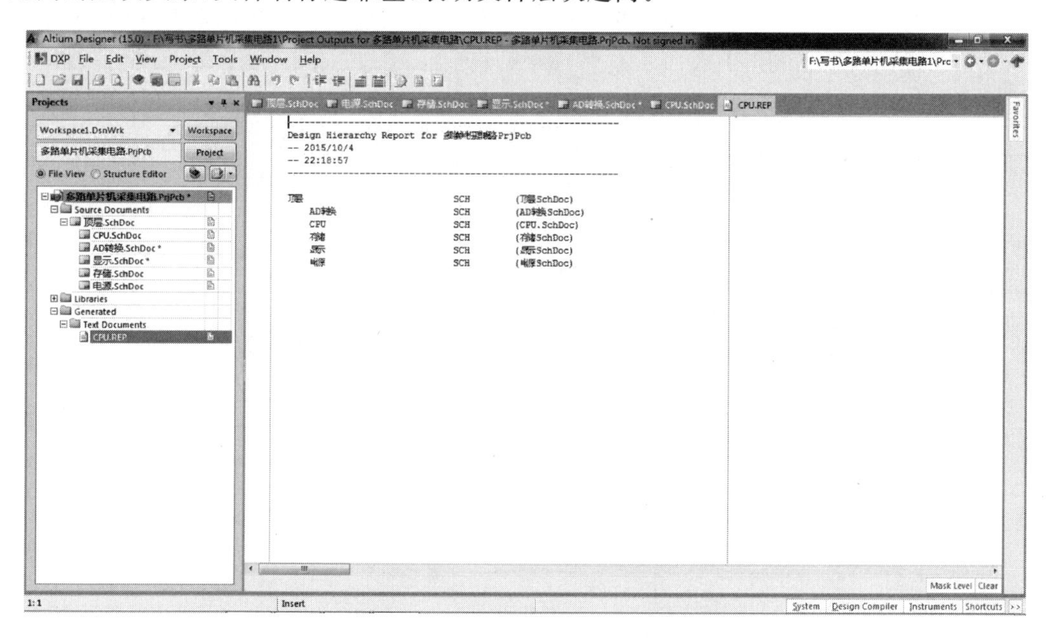

图 5-101 层次设计报表文件 CPU. REP

5.9 综合演练

数字时钟是采用数字电路实现多时、分、秒数字显示的计时装置。随着数字集成电路的发展和石英晶体振荡器的广泛应用，数字时钟的精度已远超老式时钟，在工作和生活中得到了广泛的应用。下面以数字时钟原理图为例，具体介绍 Altium Designer 15 原理图的绘制过程，使各位读者能够熟练掌握原理图的绘制方法。具体绘制步骤如下：

1. 创建新项目文件

（1）选择【File】|【New】|【Project】|【PCB工程】命令，建立一个新项目。

（2）选择【File】|【Save As】命令进行保存，项目名称设置为数字时钟.PrjPCB。

2. 绘制顶层原理图

（1）选择【File】|【New】|【Schematic】命令，在新项目文件中新建一个原理图文件，保存并设置原理图文件名称为数字时钟顶层原理图.SchDoc。

（2）绘制方块电路。选择菜单栏【Place】|【Sheet Symbol】命令，或者单击布线工具栏中的按钮，此时光标将变成十字形状并带有一个方块电路显示在工作界面上，将光标移动到原理图纸中适当的位置，单击鼠标确定方块电路左上角，然后拖动鼠标到适当的位置，单击即可确定方块电路的大小和位置。本电路共需绘制2个方块电路。绘制完成后，右击退出绘制状态。

（3）设置方块电路属性。双击绘制完成的方块电路，系统将弹出【Sheet Symbol】对话框。通过对话框，将方块电路名称和文件名分别设置为控制电路和控制电路.SchDoc，如图5-102所示。另一个方块电路名称和文件名分别设置为显示电路和显示电路.SchDoc，设置结果如图1-103所示。

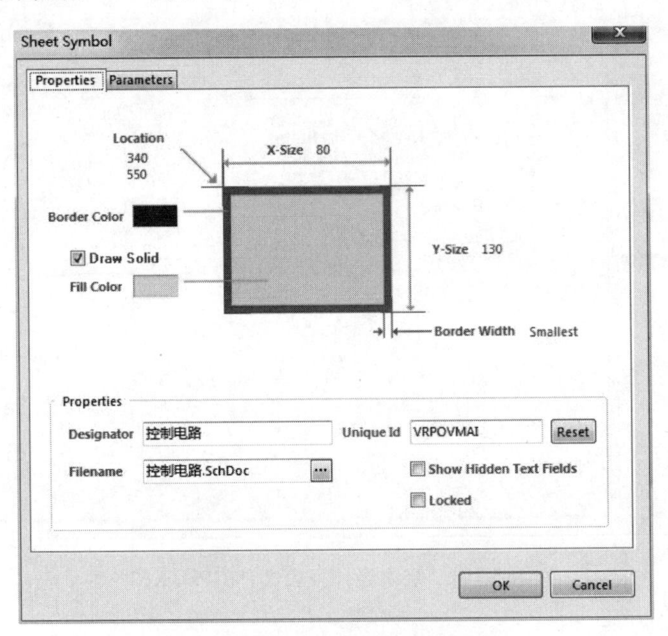

图5-102 【Sheet Symbol】对话框

（4）放置方块电路端口。选择菜单栏【Place】|【Add Sheet Entry】命令，或者单击布线工具栏中的按钮，此时光标将变成十字形状，然后在需要放置端口的地方单击，完成方块电路端口放置。

（5）设置方块电路端口属性。双击所放置的方块电路端口，系统将弹出图5-104所示的【Sheet Entry】对话框。通过对话框设置端口符号的名称、I/O类型等属性。完成端口放置及属性设置的方块电路如图5-105所示。

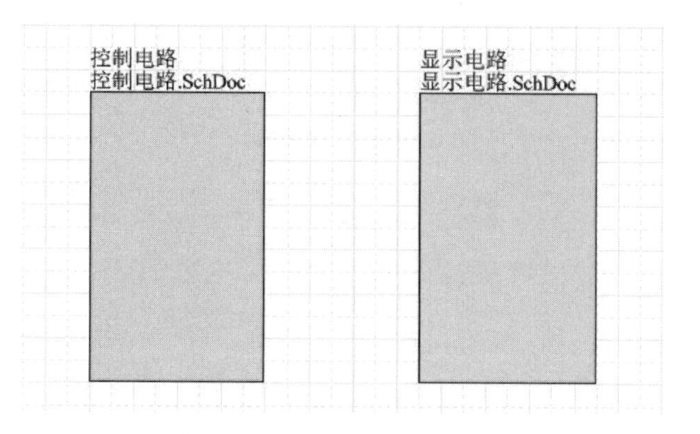

图 5-103　方块电路属性设置结果

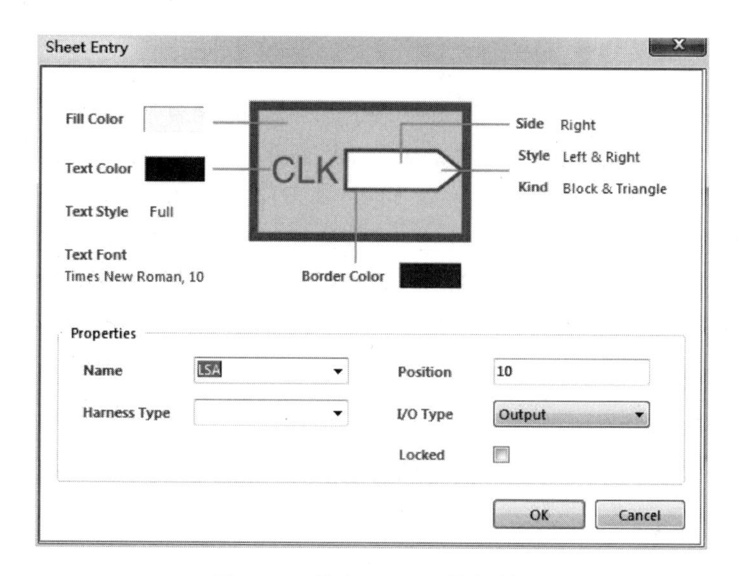

图 5-104　【Sheet Entry】对话框

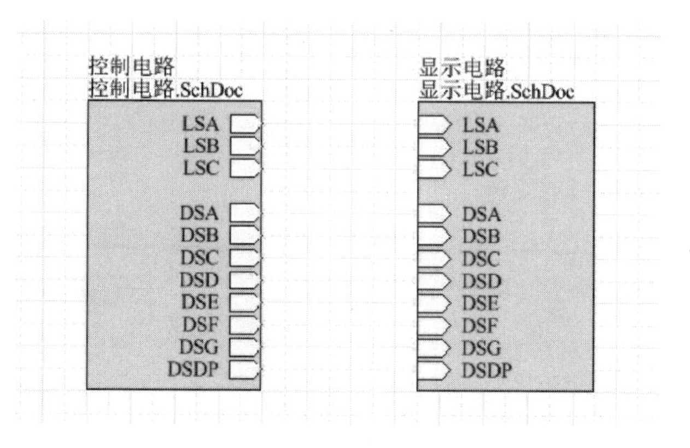

图 5-105　完成端口放置及属性设置的方块电路

(6) 将有电气连接关系的端口用导线连接起来，完成顶层原理图绘制，如图 5-106 所示。

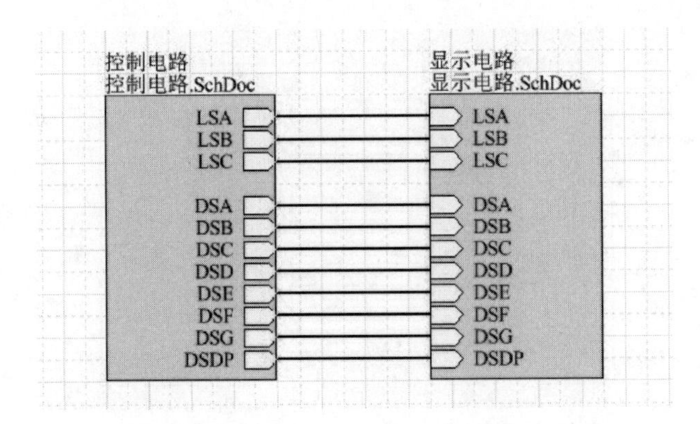

图 5-106　顶层原理图绘制结果

3．创建与加载元器件库

（1）创建元器件库。由于 Altium Designer 15 的元器件库中没有 AT89S52 和 74F138PC 两个元器件，需要自行绘制，因此必须创建一个元器件库，保存并命名为数字时钟.Schlib。具体绘制过程将在后面章节进行详细介绍，这里不再赘述。

（2）加载元器件库。完成元器件绘制后，选择【Design】|【Add Remove Library】命令，系统将弹出【Available Libraries】对话框。打开【Project】选项卡，加载根据本例需要所创建的元器件库数字时钟.SchLib，如图 5-107 所示。

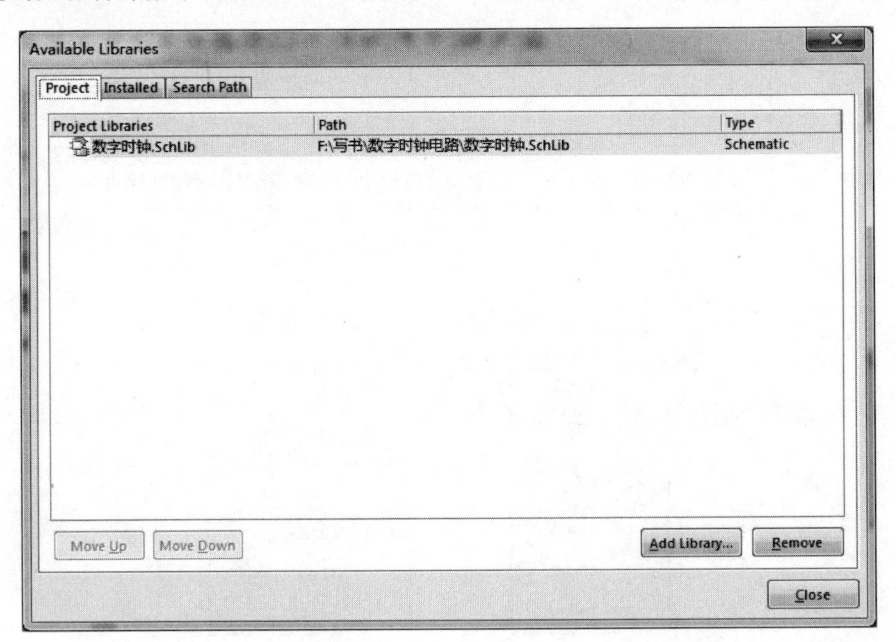

图 5-107　【Available Libraries】对话框

4．绘制子原理图

（1）选择【Design】|【Create Sheet From Sheet Symbol】命令，光标将变成十字形状显

示在工作界面上。移动光标到控制方块电路内部，单击，系统将自动生成一个名称为控制电路.SchDoc的新原理图文件，如图5-108所示。

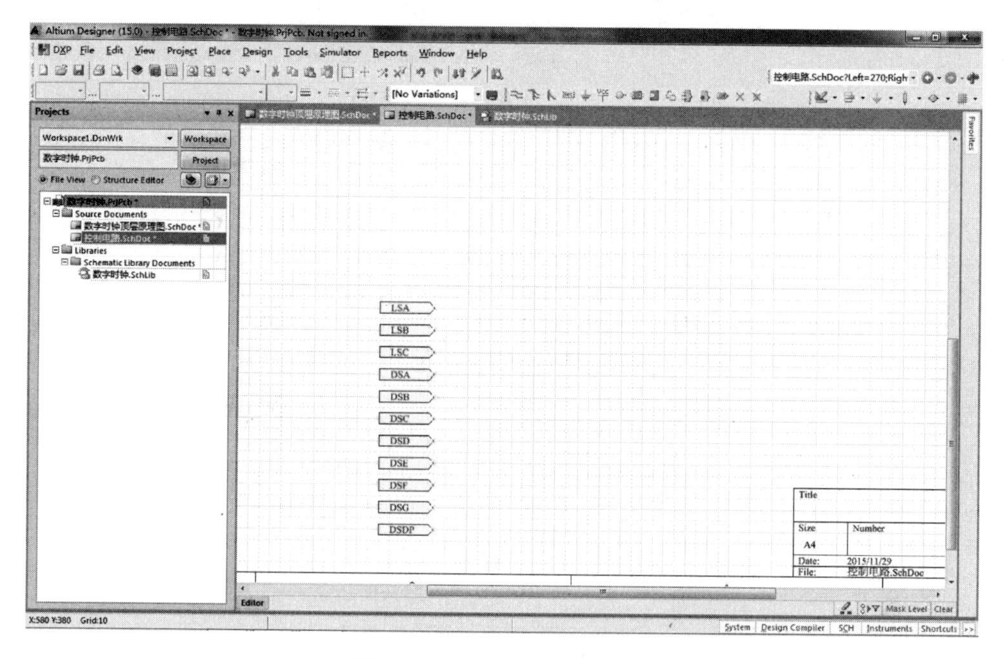

图5-108 生成子原理图文件

(2) 放置元器件。选择【Design】|【Browse Libraries】命令，打开【Libraries】面板，从中找到所需元器件，并将它们放置到原理图中。分别双击所放置的元器件，弹出图5-109所示的元器件属性编辑对话框，从中设置元器件的属性，设置完成后单击【OK】按钮，结果如图5-110所示。

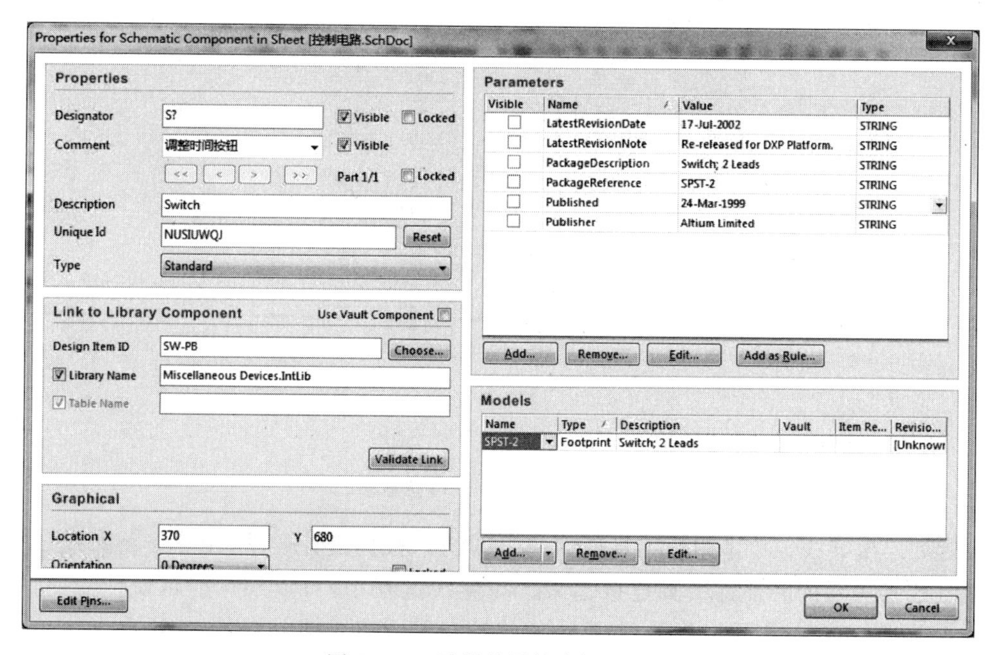

图5-109 元器件属性编辑对话框

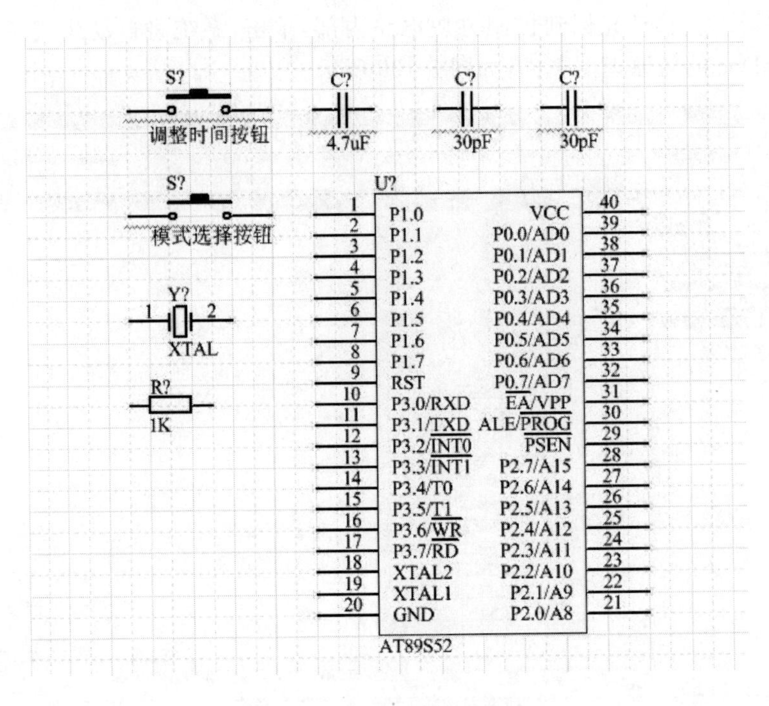

图 5-110　元器件属性编辑结果

(3) 元器件布局。通过移动、对齐元器件，将元器件合理布置在原理图上。布置结果如图 5-111 所示。

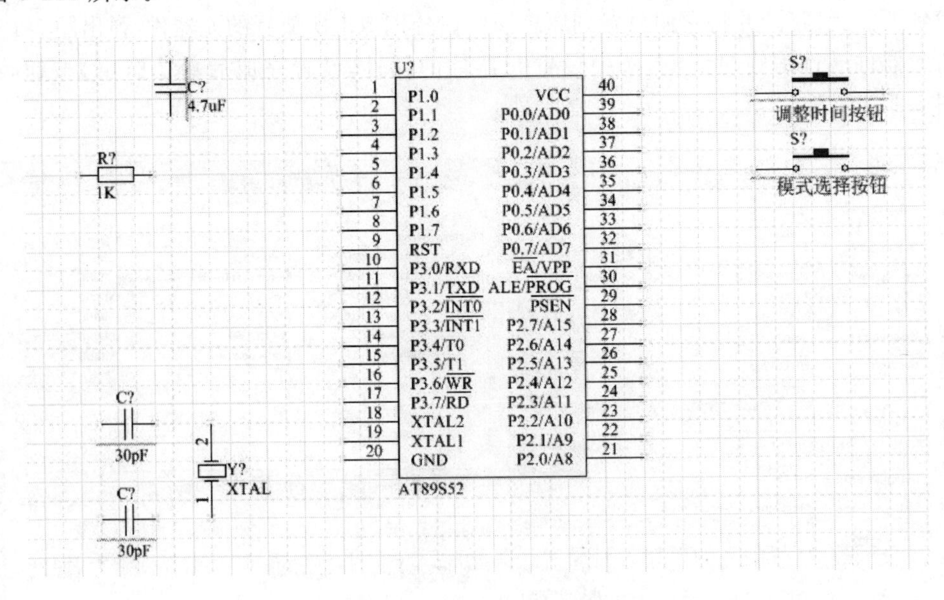

图 5-111　元器件布局结果

(4) 连接导线。单击布线工具栏中的按钮，根据设计要求，用导线将原理图中具有电气连接关系的元器件引脚连接起来。在连线过程中，可以根据电路设计需要，在指定位置放置电路节点、网络标号及输入/输出端口等。布线结果如图 5-112 所示。

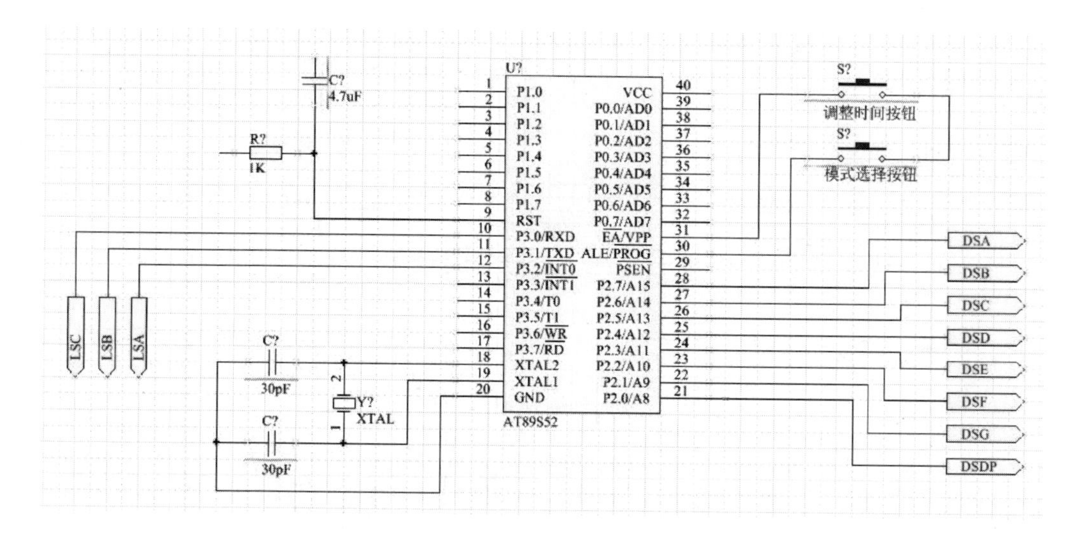

图 5-112 布线结果

(5) 放置电源和接地符号。单击电源/地工具栏中的 按钮,在原理图中放置电源符号,本例共需放置 2 个电源符号。单击布线工具栏中的 按钮,在原理图中放置接地符号,本例共需放置 3 个接地符号。放置完电源和接地符号也就完成了本例原理图的绘制,绘制结果如图 5-113 所示。

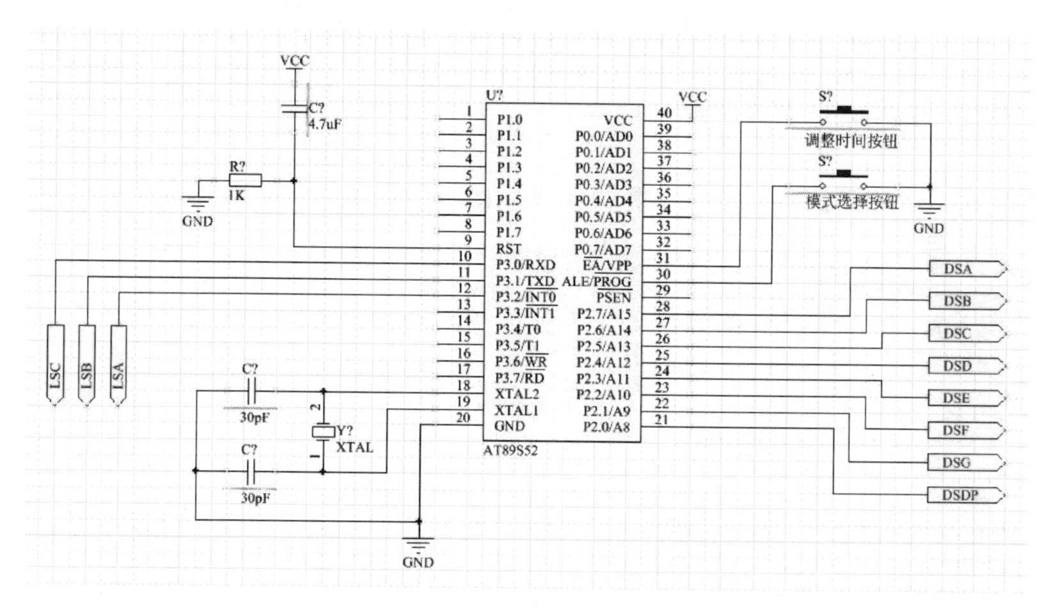

图 5-113 电源和接地符号放置结果

(6) 重复步骤(1)~(5),绘制显示电路,结果如图 5-114 所示。

(7) 设置元器件编号。选择菜单栏【Tools】|【Annotate Schematics】命令,打开图 5-115 所示的【Annotate】对话框。通过对话框对项目文件中所有元器件的编号进行设置,结果如图 5-116 和图 5-117 所示。

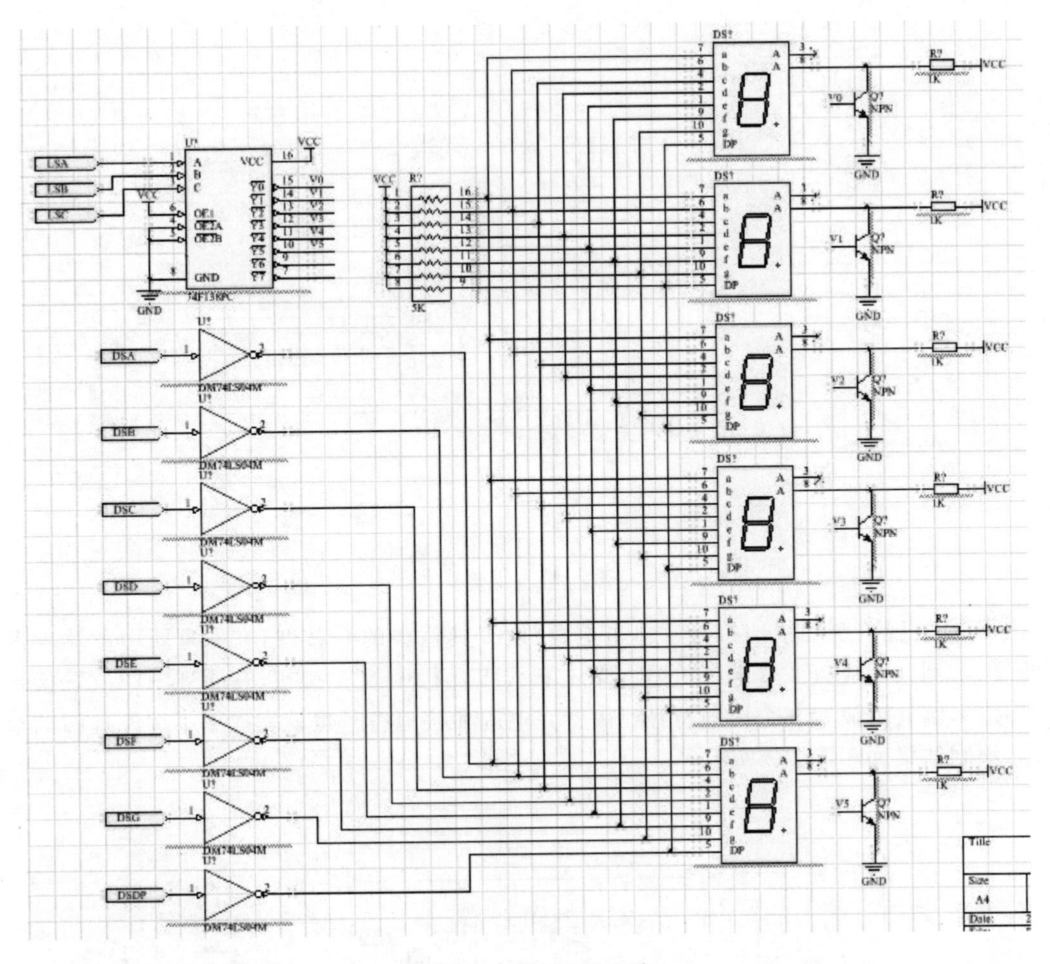

图 5-114　绘制显示电路

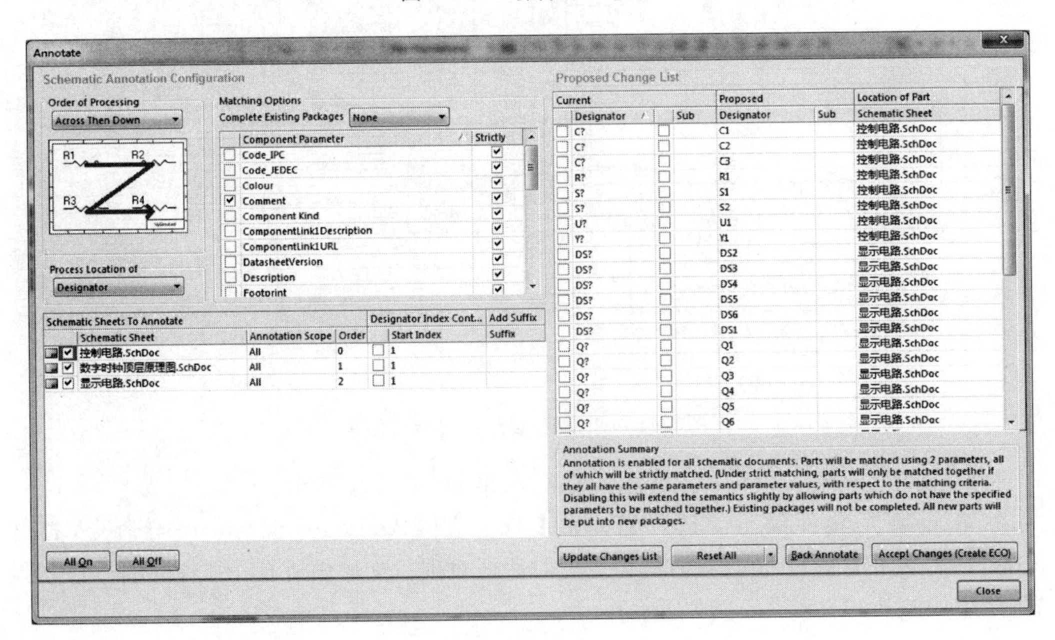

图 5-115　【Annotate】对话框

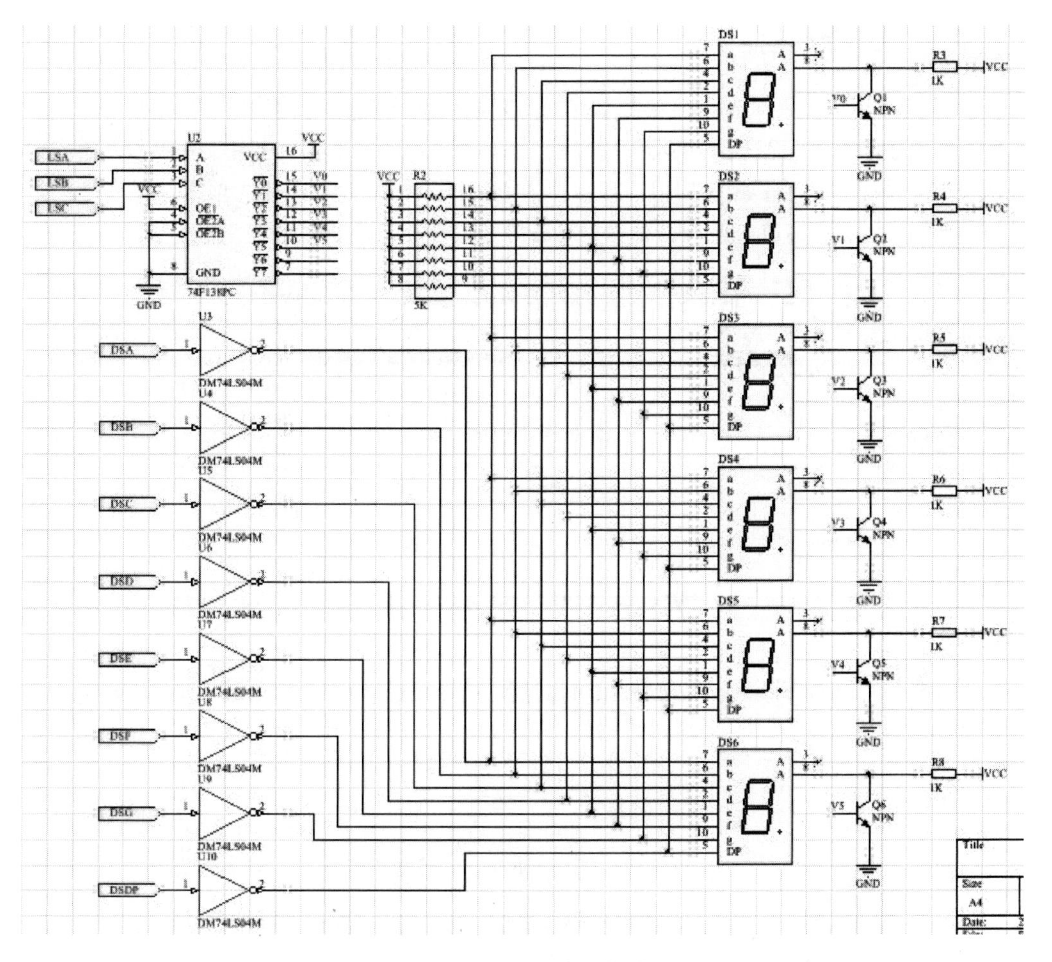

图 5-116 显示电路绘制结果

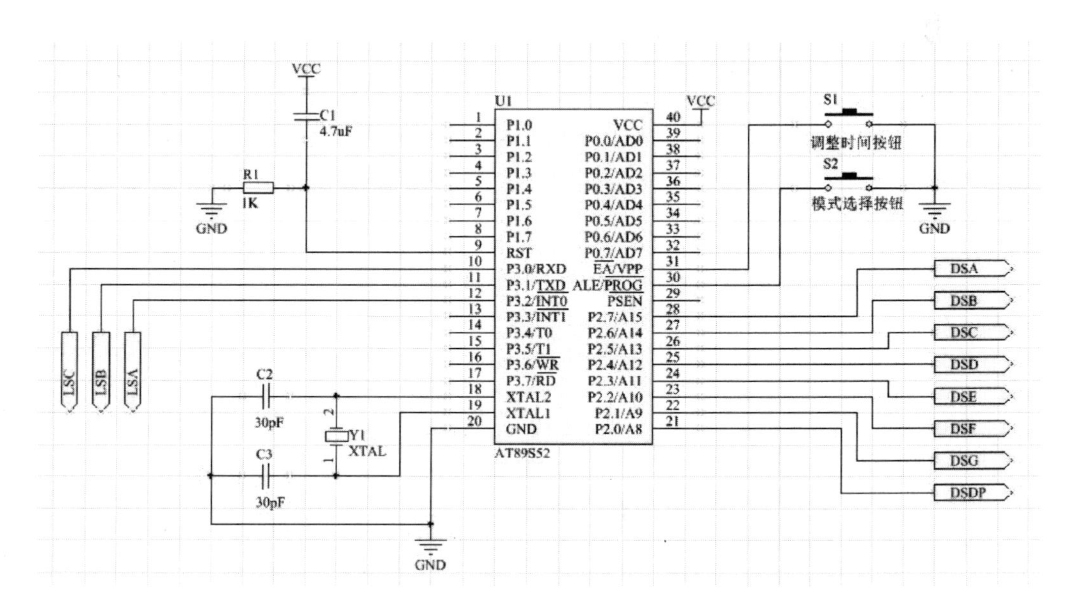

图 5-117 控制电路绘制结果

5. 编译工程及查错

(1) 设置编译项目。选择菜单栏【Project】|【Project Options】命令，弹出【Option for PCB Project】(PCB工程选项)对话框。在【Error Reporting】选项卡中，可以设置所有可能出现错误的报告类型，如图5-118所示。在【Connection Matrix】选项卡中显示设置的电气连接矩阵，如图5-119所示。单击【OK】按钮，完成编译项目的设置。

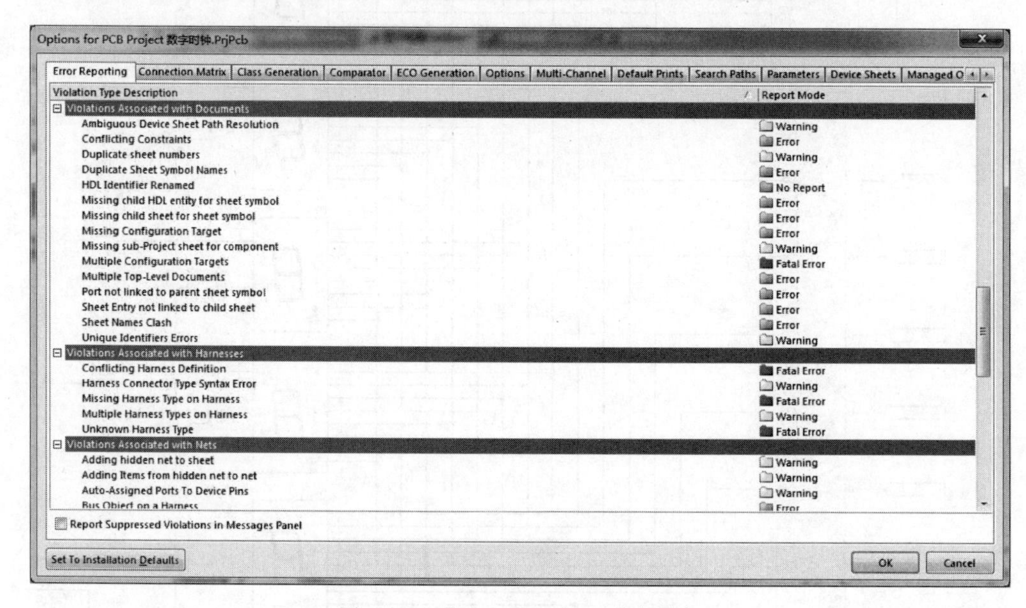

图5-118 【Error Reporting】选项卡

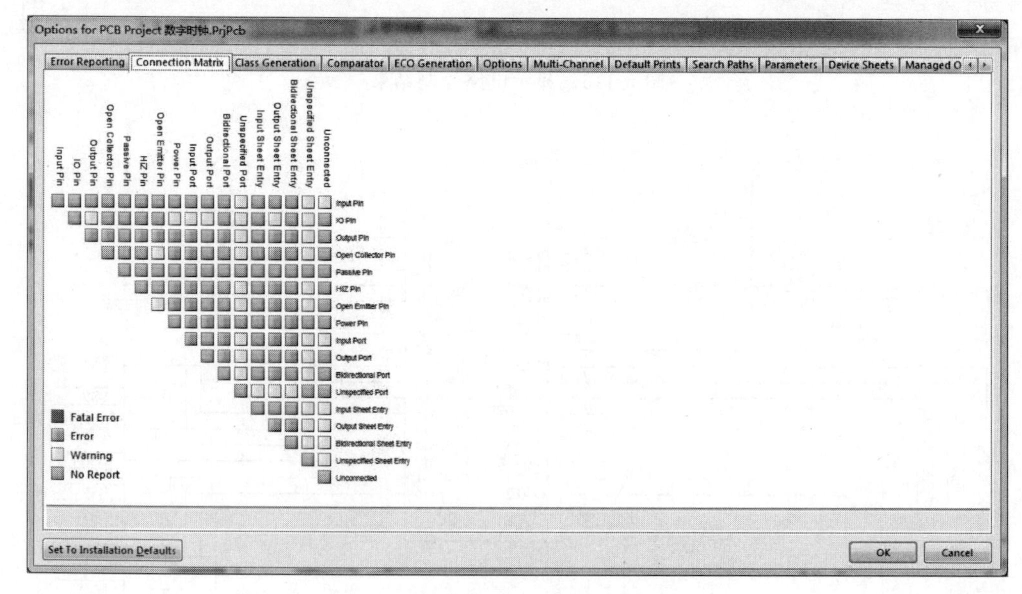

图5-119 【Connection Matrix】选项卡

(2) 执行编译项目。选择菜单栏【Project】|【Compile PCB Project 数字时钟.PrjPcb】命令，系统自动对项目文件数字时钟.PrjPcb进行编译。

6. 生成网络报表

(1) 选择菜单栏【Design】|【Netlist For Project】命令，在子菜单中单击【PCAD】命令，系统将自动生成当前原理图的网络报表文件数字时钟.Net，并存放在【Projects】面板Generated文件中的Netlist Files文件夹里，如图5-120所示。

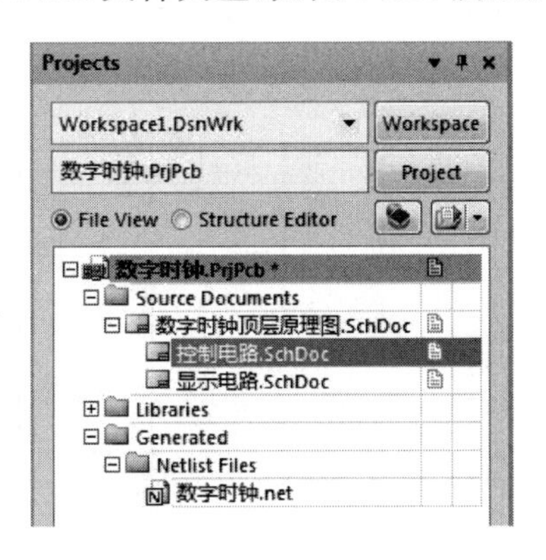

图 5-120 【Projects】面板

(2) 双击所生成的数字时钟.Net文件，便可显示出网络表文件。

7. 生成元器件报表

选择菜单栏【Report】|【Bill of Materials】命令，系统弹出图5-121所示的【Bill of Materials For Project】(元器件报表)对话框，通过对话框设置并输出元器件报表文件。

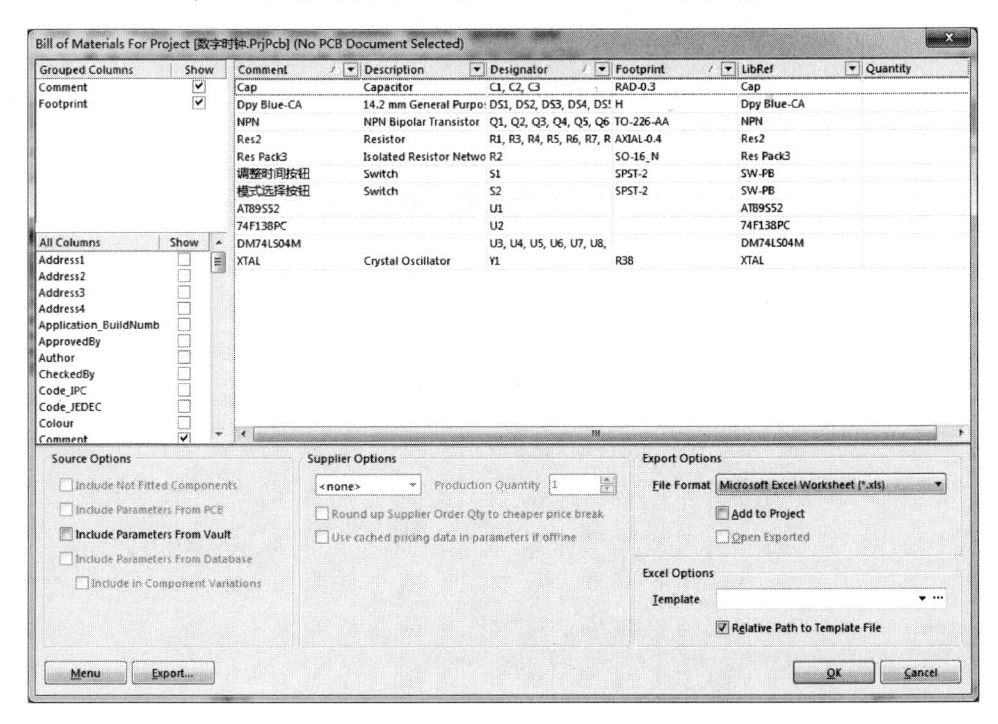

图 5-121 【Bill of Materials For Project】对话框

5.10 思考与练习

（1）为什么要绘制电路原理图？其主要组成是什么？

（2）简述原理图的绘制步骤，并绘制完成图 5-122 所示的三端稳压电源电路原理图。

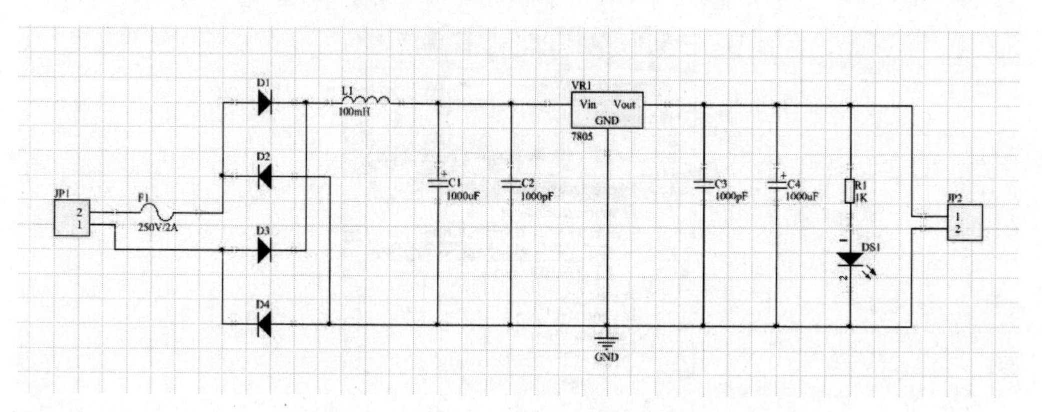

图 5-122　三端稳压电源电路原理图

（3）层次原理图在构成上有什么特点？其两种常用绘制方法是什么？它们之间有什么区别？

（4）Alium Designer 15 具有哪些报表？它们分别具有什么作用？

第6章 创建元器件原理图库

元器件是原理图的重要部分，在设计原理图时如果集成元器件库中没有所需的元器件，这时就需要自己设计元器件，本章将对原理图库文件管理、元器件库编辑环境、元器件符号绘制工具、封装检查元器件及元器件的绘制、库文件报表等进行详细介绍。

6.1 原理图库文件管理

在 Altium Designer 15 中，所有的元器件都存储在元器件库中，所有元器件的相关操作都需要通过元器件库来执行，Altium Designer 15 支持集成的元器件库和单个的元器件库。

6.1.1 库文件的创建

第 1 步：启动 Altium Designer 15，关闭所有当前打开的工程。选择【File】(文件)|【New】(新建)|【Library】(库)|【Schematic Library】(原理图库)命令，如图 6-1 所示。

第 2 步：Altium Designer 15 将自动跳到工程面板，如图 6-2 所示，此时在工程面板中增加一个元器件库文件，该文件即为新建的元器件库，由于原来已经有一个元器件库，名称为 Schlib1. SchLib，所以新增加的元器件库名称自动增加为 Schlib2. SchLib。

6.1.2 库文件的保存

选择【File】(文件)|【Save】(保存)命令，弹出图 6-3 所示的对话框。在该对话框中输入元器件库的名称，即可同时完成对元器件库的重命名和保存操作。在这里，元器件库可以重命名，也可以保持默认值。单击【Save】(保存)按钮后，元器件库被保持在自定义的文件夹中。

双击桌面的计算机图标，在刚才的 Altium Designer 15 文件夹中可以找到新建的元器件库，在以后的设计工程中，可以很方便地引用。

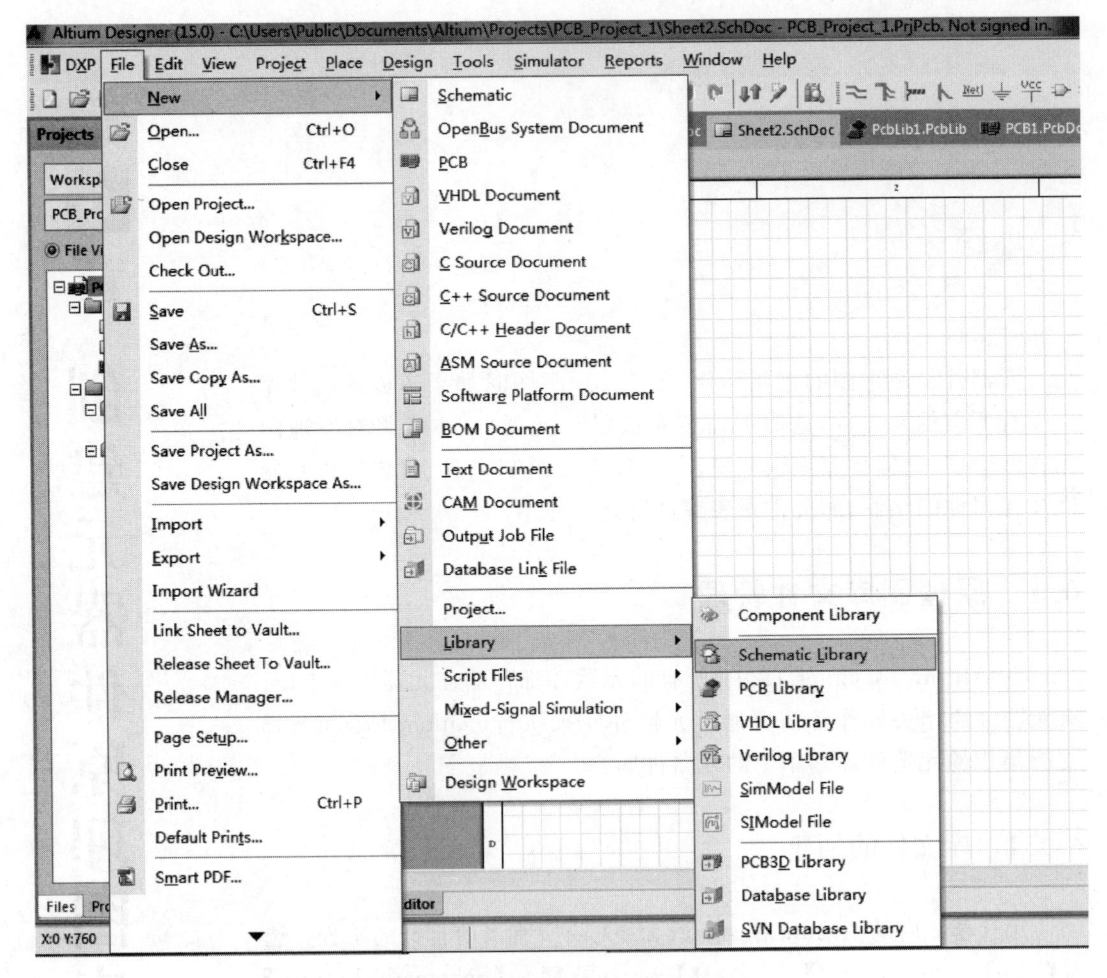

图 6-1　选择新建原理图元器件库

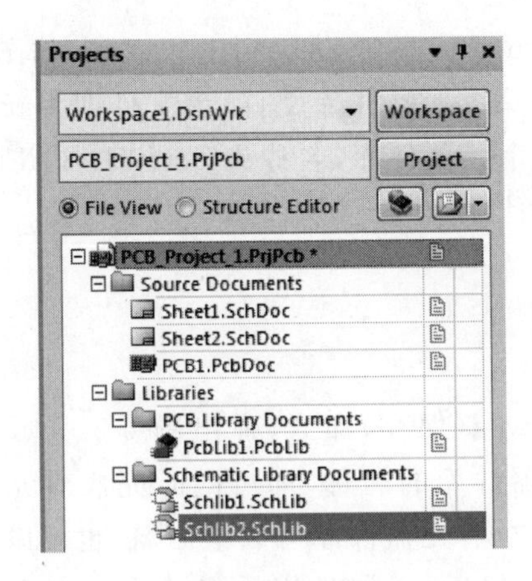

图 6-2　新建元器件库后的工程面板

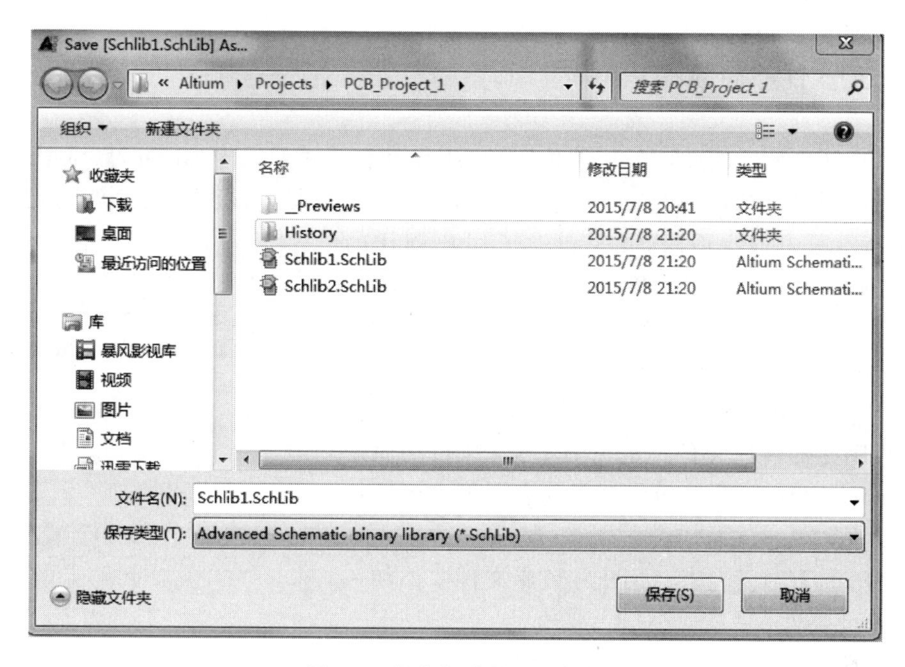

图 6-3　保存新建的元器件库

6.2　原理图元器件库编辑环境

新建一个原理图库文件，或者打开一个原有的原理图库文件，即可进入原理图元器件库的编辑环境，如图 6-4 所示。

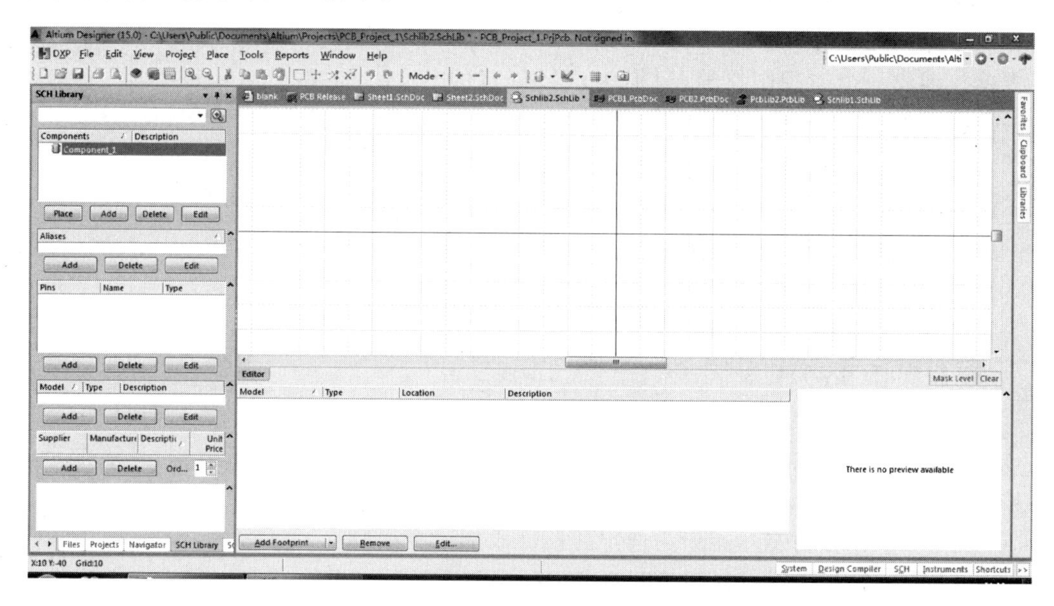

图 6-4　原理图元器件库的编辑环境

6.2.1 元器件库面板

在原理图文件库的文件编辑器中，单击工作面板中的【SCH Library】(SCH 元器件库)标签页，即可显示【SCH Library】(SCH 元器件库)面板。该面板是原理图元器件库文件编辑环境中的主面板，几乎包含了用户创建的库文件的所有信息，用于对库文件进行编辑管理，如图 6-5 所示。

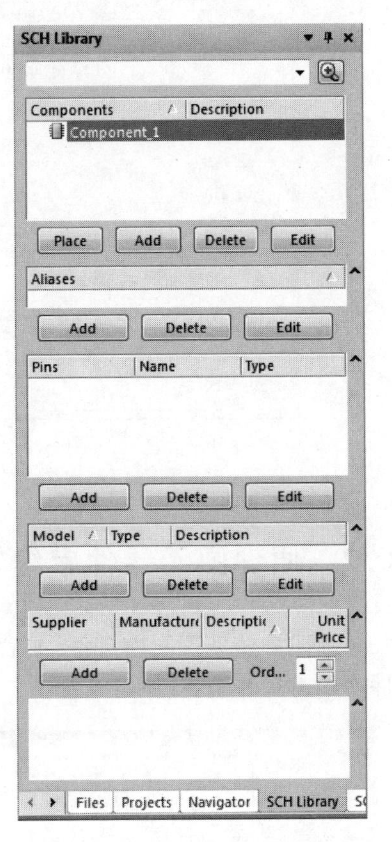

图 6-5 【SCH Library】(SCH 元器件库)面板

(1)【Components】(器件)列表框。

【Components】(器件)列表框中列出了当前所打开的原理图元器件库文件中的所有库元件，包括原理图符号名称及相应的描述等。器件列表框下方各按钮的功能如下：

- 【Place】(放置)按钮，用于在该库文件中添加一个元器件。
- 【Delete】(删除)按钮，用于删除选定的元器件。
- 【Edit】(编辑)按钮，用于编辑选定元器件的属性。

(2)【Aliases】(别名)列表框。

在【Aliases】(别名)列表框中可以为同一个库元件的原理图符号设置别名。例如，有些库元件的功能、封装和引脚形式完全相同，但由于产自不同的厂家，其元器件型号并不完全一致。对于这样的库元件，没有必要再单独创建一个原理图符号，只需为已经创建的其中一个库元件的原理图符号添加一个或多个别名就可以了。【Aliases】(别名)列表框下方各按钮的功能如下：

- 【Add】(添加)按钮，用于为选定元器件添加一个别名。
- 【Delete】(删除)按钮，用于删除选定的别名。
- 【Edit】(编辑)按钮，用于编辑选定的别名。

(3)【Pins】(引脚)列表框。

在【Components】(器件)列表框中选定一个元器件后，在【Pins】(引脚)列表框中会列出该元器件的所有引脚信息，包括引脚的编号、名称、类型等。【Pins】(引脚)列表框下方各按钮的功能如下：

- 【Add】(添加)按钮，用于为选定元器件添加一个引脚。
- 【Delete】(删除)按钮，用于删除选定的引脚。
- 【Edit】(编辑)按钮，用于编辑选定引脚的属性。

(4)【Model】(模型)列表框。

在【Components】(器件)列表框中选定一个元器件后，【Model】(模型)列表框中会列出该元器件的其他模型信息，包括 PCB 封装、信号完整性分析模型、VHDL 模型等。在这里由于只需要显示库元件的原理图符号，相应的库文件是原理图文件，所以该列表框一般不需要设置。【Model】(模型)列表框下方各按钮的功能如下：

- 【Add】(添加)按钮，用于为选定元器件添加其他模型。
- 【Delete】(删除)按钮，用于删除选定的模型。
- 【Edit】(编辑)按钮，用于编辑选定模型的属性。

6.2.2 工具栏

对于原理图元器件库文件编辑环境中的菜单栏及工具栏，由于功能和使用方法与原理图编辑环境中的基本一致，在此不再赘述。主要对【实用】工具栏中的原理图符号绘制工具、IEEE 符号工具进行介绍，具体操作将在后面的章节中详述。

1. 原理图符号绘制工具

单击【实用】工具栏中的【绘图】按钮 ，弹出原理图符号绘制工具下拉菜单，如图 6-6 所示。其中各按钮的功能与【Place】(放置)菜单中的各命令具有对应关系，具体功能说明如下：

- ：用于绘制直线。
- ：用于绘制贝塞尔曲线。
- ：用于绘制椭圆弧线。
- ：用于绘制多边形。
- A：用于添加说明文字。
- ：用于放置超链接。
- ：用于放置文本框。
- ：用于在当前库文件中添加一个元器件。
- ：用于在当前元器件中添加一个元器件子功能单元。
- ：用于绘制矩形。
- ：用于绘制圆角矩形。
- ：用于绘制椭圆。
- ：用于插入图片。
- ：用于放置引脚。

这些按钮与原理图编辑器中的按钮十分相似，这里不再赘述。

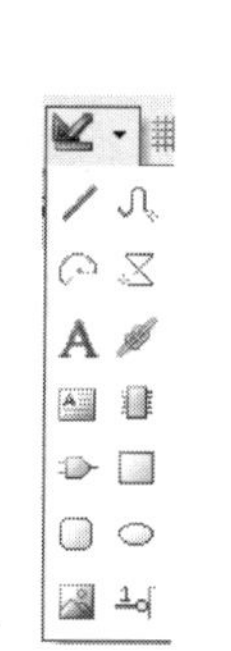

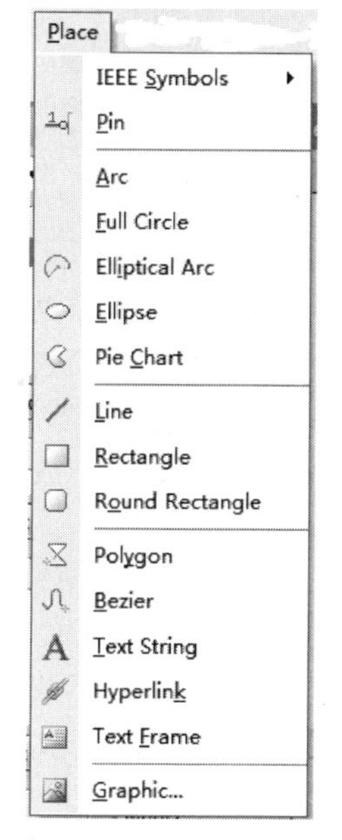

图 6-6 原理图符号绘制工具

2. IEEE 符号工具

单击【实用】工具栏中的【IEEE Symbols】(IEEE 符号)按钮 ，弹出 IEEE 符号工具下拉菜单，如图 6-7 所示。其中各按钮的功能与【Place】(放置)菜单中【IEEE Symbols】(IEEE 符号)子菜单中的各命令具有对应关系，部分按钮功能说明如下：

- ○：用于放置点状符号。

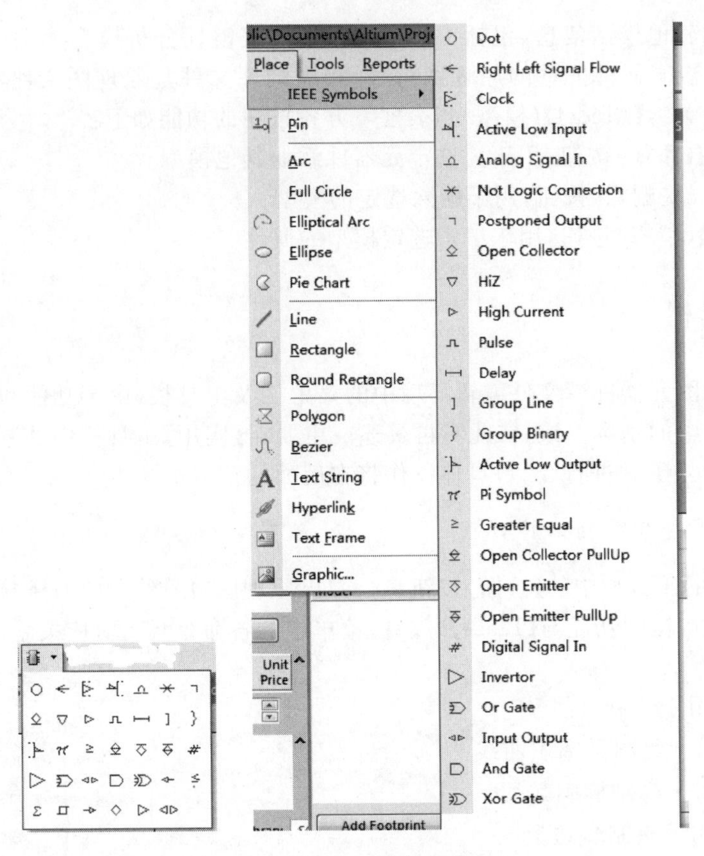

图 6-7　IEEE 符号工具

- ←：用于放置左向信号流符号。
- ▷：用于放置时钟符号。
- ⊣[：用于放置低电平输入有效符号。
- ⏜：用于放置模拟信号输入符号。
- ⋇：用于放置无逻辑连接符号。
- ¬：用于放置延迟输出符号。
- ◇：用于放置集电极开路符号。
- ▽：用于放置高阻符号。
- ▷：用于放置大电流输出符号。
- ⎍：用于放置脉冲符号。
- ⊢⊣：用于放置延迟符号。

6.3　原理图元器件符号绘制工具

绘图工具主要用于在原理图中绘制各种标注信息以及各种图形。

6.3.1　绘图工具

由于绘制的图形在电路原理图中只起到说明和修饰的作用，不具有任何电气意义，所以系统在做电气检查(ERC)及转换成网络表时,它们不会产生任何影响。选择【Place】(放置)命令,如图 6-8 所示,或单击实用工具栏中按钮,弹出图 6-9 所示的绘图工具栏,选择其中不同的命令,就可以绘制各种图形。绘图工具栏中的各项与绘图工具子菜单中的命令具有对应关系,相关解释说明见原理图符号绘制工具。

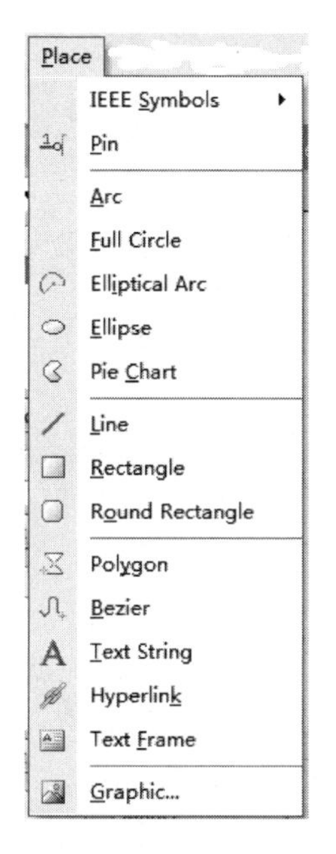

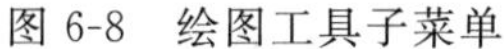
图 6-8 绘图工具子菜单

图 6-9 绘图工具栏

6.3.2 绘制直线

在电路原理图中,绘制出的直线在功能上完全不同于前面所讲的导线,它不具有电气连接意义,所以不会影响到电路的电气结构。选择【Place】(放置)|【Line】(线)命令。单击绘图工具栏中的 按钮,执行以上命令后,光标变成十字形,系统处于绘制直线状态。在指定位置单击确定直线的起点,移动光标形成一条直线,在适当的位置再次单击确定直线终点。若在绘制过程中需要转折,在折点处单击确定直线转折的位置,每转折一次就要单击一次,可以通过按 Shift+Space 键来切换选择直线转折的模式,与绘制导线一样,也有 3 种模式,分别是直线、45°角和任意角。

绘制出第一条直线后,右击退出绘制第一条直线。此时系统仍处于绘制直线状态,将鼠标移动到新的直线的起点,按照上面的方法继续绘制其他直线。

绘制完所需直线后,右击或者按 Esc 键可以退出绘制直线状态。

在绘制直线状态下按 Tab 键或者在完成绘制直线后双击需要设置属性的直线,弹出【PolyLine】(折线)对话框,如图 6-10 所示。

(1)【Graphical】(绘图的)选项卡。

- 【Start Line Shape】(开始线外形):用来设置直线起点外形。有 7 个选项供用户选择,如图 6-11 所示。

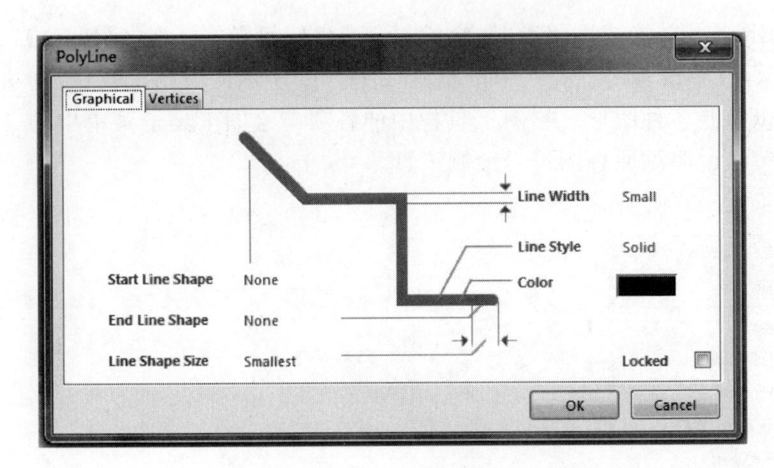

图 6-10 【PolyLine】(折线)对话框

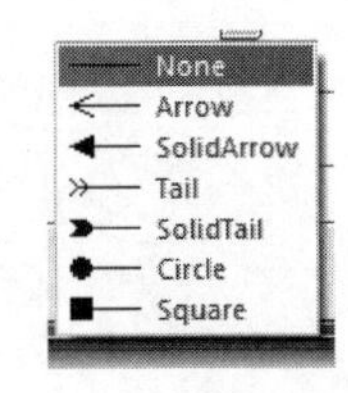

图 6-11 起点形状设置

- 【End Line Shape】(结束线外形)：用来设置直线终点外形。该选项同样有 7 种选择。
- 【Line Shape Size】(线外型尺寸)：用来设置直线起点和终点外形尺寸。有 4 个选项供用户选择：Smalllest、Small、Medium 和 Large。系统默认是 Smallest。
- 【Line Width】(线宽)：用来设置直线的宽度。也有 4 个选项供用户选择：Smalllest、Small、Medium 和 Large。系统默认是 Small。
- 【Line Style】(线种类)：用来设置直线类型。有 3 个选项供用户选择：Sold(实线)、Dashed(虚线)和 Dotted(点线)。系统默认是 Sold。
- 【Color】(颜色)：用来设置直线的颜色。单击右边的色块，即可设置直线的颜色。

(2)【Vertices】(顶点)选项卡。

【Vertices】(顶点)选项卡主要用来设置直线各个顶点(包括转折点)的位置坐标。如图 6-12 所示，是一条折线中 3 个点的坐标。用户可以改变每一个点中的 X、Y 值来改变各点的位置。

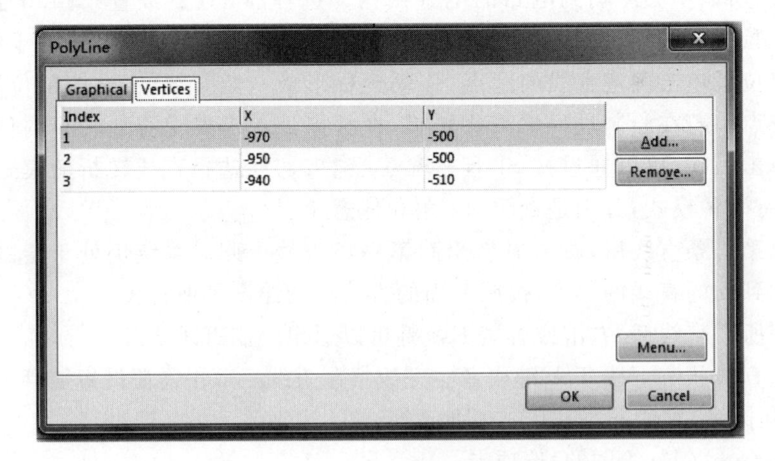

图 6-12 【Vertices】(顶点)选项卡

6.3.3 绘制椭圆弧和圆弧

除了绘制直线外，可以用绘图工具绘制曲线，比如绘制椭圆弧和圆弧。

1. 绘制椭圆弧

选择【Place】(放置)|【Elliptical Arc】(椭圆弧)命令，或单击绘图工具中的 按钮。执行以上命令后，光标变成十字形。移动光标到指定位置，单击确定椭圆弧的圆心，如图 6-13 所示。

沿水平方向移动鼠标，可以改变椭圆弧的宽度，当宽度合适后单击确定椭圆弧的宽度，如图 6-14 所示。沿垂直方向移动鼠标，可以改变椭圆弧的高度，当高度合适后单击确定椭圆弧的高度，如图 6-15 所示。此时，光标会自动移到椭圆弧的起始角处，移动光标可以改变椭圆弧的起始角，单击确定椭圆弧的起始点，如图 6-16 所示。光标自动移动到椭圆弧的终点处，单击确定椭圆弧的终点，如图 6-17 所示。此时，就完成了一个椭圆弧的绘制，但系统仍处于绘制椭圆弧的状态。若需要继续绘制，则按上面的步骤绘制；若要退出绘制，则右击或按 Esc 键。

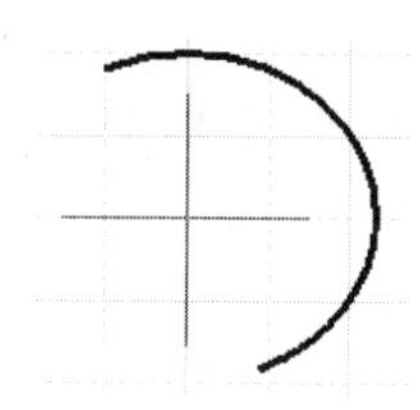

图 6-13 确定椭圆弧圆心

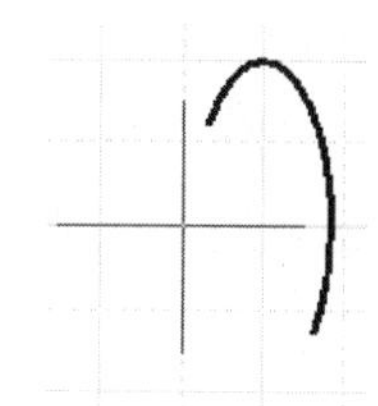

图 6-14 确定椭圆弧宽度

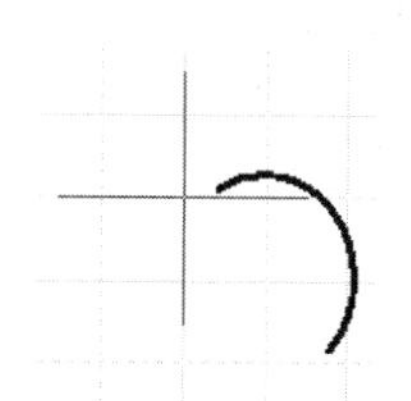

图 6-15 确定椭圆弧高度

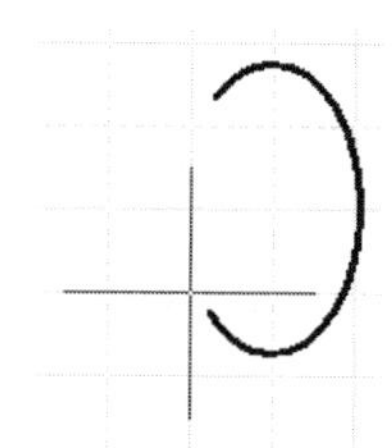

图 6-16 确定椭圆弧的起始点

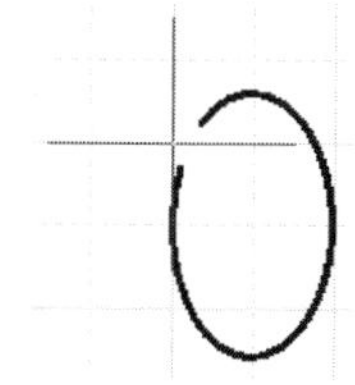

图 6-17 确定椭圆弧的终点

在绘制状态下按 Tab 键或者在完成绘制后双击需要设置属性的椭圆弧，弹出【Elliptical Arc】(椭圆弧)对话框，如图 6-18 所示。

该对话框主要用来设置椭圆弧的 Location(圆心坐标)、X-Radius(宽度)和 Y-Radius(高度)、Start Angle(起始角)和 End Angle(终止角)以及 Color(颜色)等。

2. 绘制圆弧

绘制圆弧的方法与绘制椭圆弧的方法基本相同。绘制圆弧时，不需要确定宽度和高

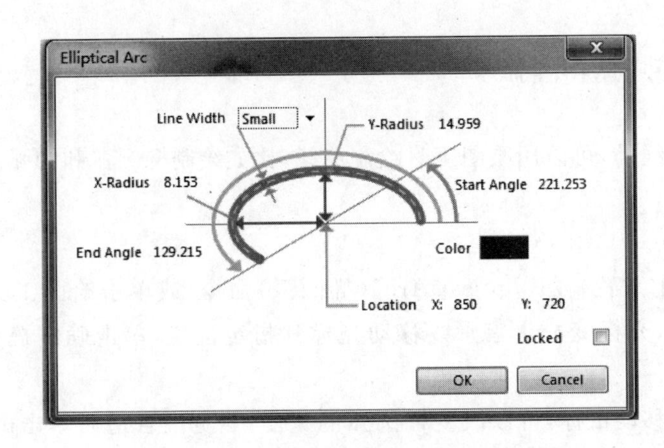

图 6-18 【Elliptical Arc】(椭圆弧)对话框

度，只需要确定圆弧的圆心、半径以及起始角和终止角就可以了。选择【Place】(放置)|【Arc】(弧)命令，或者利用右键来完成命令。执行命令后，光标变成十字形。将光标移动到指定位置，单击确定圆弧的圆心如图 6-19 所示。此时，光标自动移到圆弧的圆周上，移动鼠标可以改变圆弧的半径。单击确定圆弧的半径，如图 6-20 所示。光标自动移动到圆弧的起始角处，移动鼠标可以改变圆弧的起始角。单击确定圆弧的起始角，如图 6-21 所示。此时，光标移到圆弧的另一端，单击确定圆弧的终止角，如图 6-22 所示。此时，一条圆弧绘制完成，但系统仍处于绘制圆弧状态。若需要继续绘制，则按上面的步骤绘制；若要退出绘制，则右击或按 Esc 键。

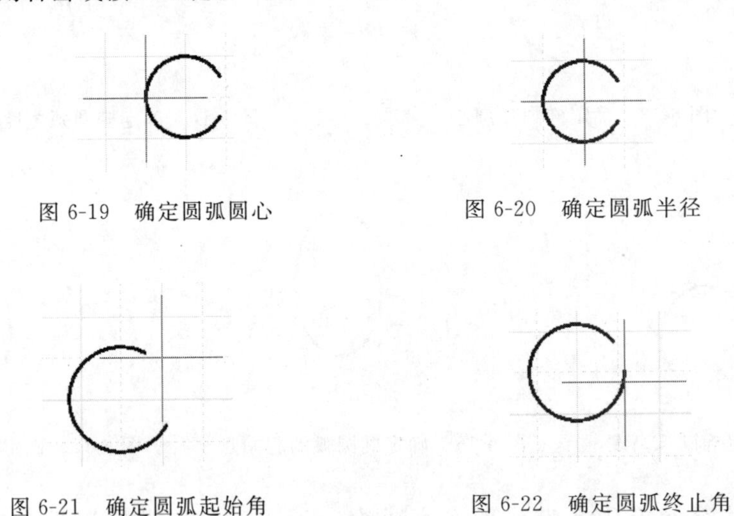

图 6-19 确定圆弧圆心

图 6-20 确定圆弧半径

图 6-21 确定圆弧起始角

图 6-22 确定圆弧终止角

在绘制状态下按 Tab 键或者在完成绘制后双击需要设置属性的圆弧，弹出【Arc】(圆弧)对话框，如图 6-23 所示。

圆弧的属性设置与椭圆弧的属性设置基本相同。区别在于圆弧设置的是半径的大小，而椭圆弧设置的是其宽度(X)和高度(Y)。

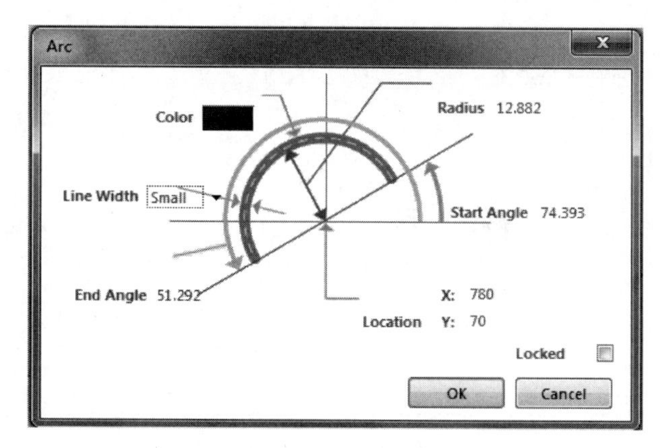

图 6-23 【Arc】(弧)对话框

6.3.4 绘制多边形

选择【Place】(放置)|【Polygon】(多边形)命令,或者右击在弹出的快捷菜单中选择相应的命令,或者单击绘图工具中的 ⌧ 按钮。执行此命令,光标变成十字形。单击确定多边形的起点,移动鼠标至多边形的第 2 个顶点,单击确定第 2 个顶点,绘出一条直线,如图 6-24 所示。移动光标至多边形的第 3 个顶点,此时出现一个三角形,如图 6-25 所示。

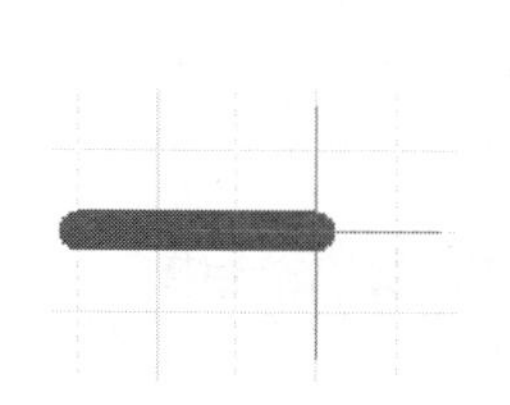

图 6-24 确定多边形一边

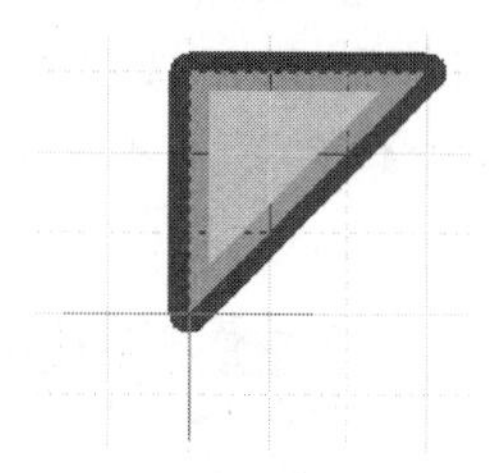

图 6-25 确定多边形的第 3 个顶点

继续移动光标,确定多边形的下一个顶点,多边形变成一个四边形或者两个相连的三角形,如图 6-26 所示。

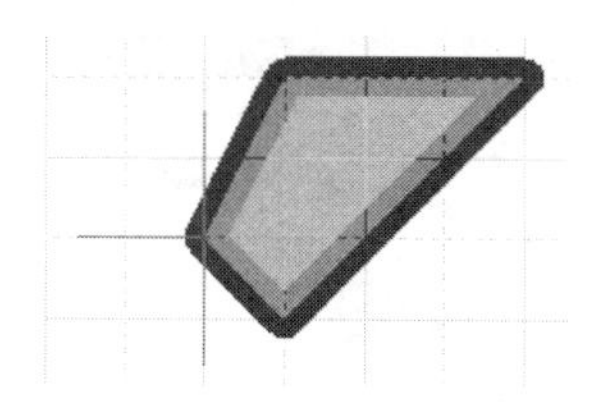

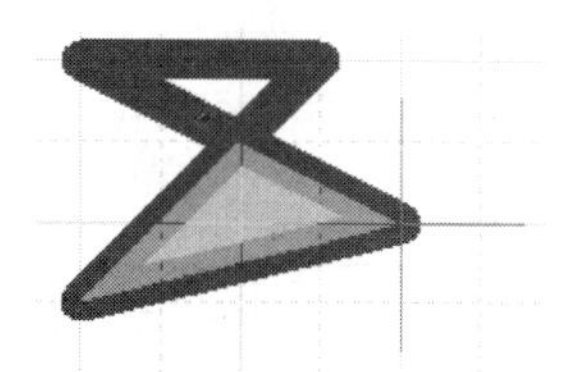

图 6-26 确定多边形的第 4 个顶点

继续移动光标,可以确定多边形的第 5,第 6,…,第 n 个顶点,绘制出各种形状的多边形,右击则完成此多边形的绘制。此时系统仍处于绘制多边形状态,若需要继续绘制,则按上面的步骤绘制,否则右击或者按 Esc 键,退出绘制命令。

在绘制状态下按 Tab 键或者在完成绘制后双击需要设置属性的多边形,弹出【Polygon】(多边形)对话框,如图 6-27 所示,各选项卡的具体意义如下:

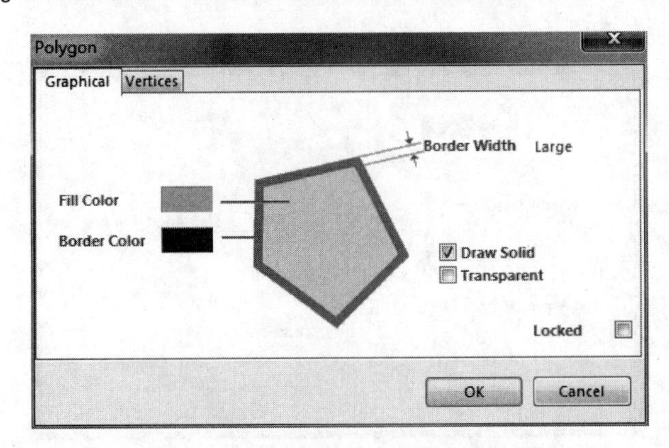

图 6-27 【Polygon】(多边形)对话框

(1)【Graphical】(绘图的)选项卡。

- 【Fill Color】(填充颜色)：用来设置多边形内部填充颜色。单击后面的色块，可以进行设置。
- 【Border Color】(边界颜色)：用来设置多边形边界线的颜色。同样单击后面的色块，可以进行设置。
- 【Border Width】(边框宽度)：用来设置边界线的宽度，有 4 个选项：Smallest，Small，Medium 和 Large。系统默认是 Large。
- 【Draw Solid】(填充实体)：该复选框用来设置多边形内部是否加入填充。

(2)【Vertices】(顶点)选项卡。

- 【Vertices】(顶点)选项卡上主要用来设置多边形各个顶点的位置坐标，如图 6-28 所示。

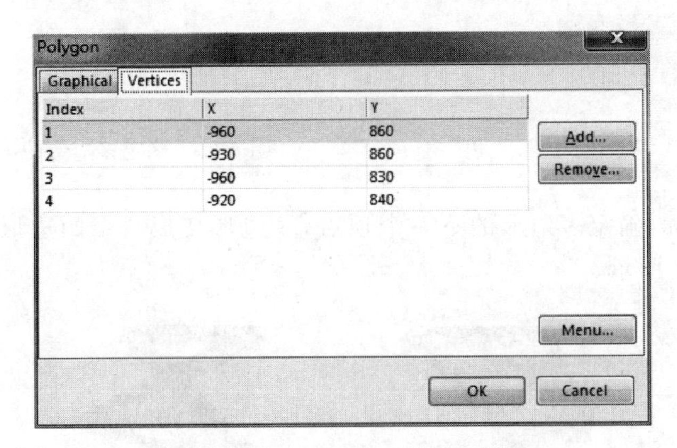

图 6-28 【Vertices】(顶点)选项卡

6.3.5 绘制矩形

Altium Designer 15 中绘制的矩形分为直角矩形和圆角矩形两种，两者的绘制方法基本相同。

选择【Place】(放置)|【Rectangle】(矩形)命令，或者右击在弹出的快捷菜单中选择相应的命令，或者单击绘图工具中的 □ 按钮。执行上述命令，光标变成十字形。将十字光

标移到指定位置单击，确定矩形左下角的位置，如图 6-29 所示。此时，光标自动跳到矩形的右下角，拖动鼠标，调整矩形至合适大小，再次单击确定右上角位置，如图 6-30 所示。矩形绘制完成后，系统仍处于绘制矩形状态，若需要继续绘制矩形，则按上面的方法绘制，否则右击或者按 Esc 键，退出绘制命令。

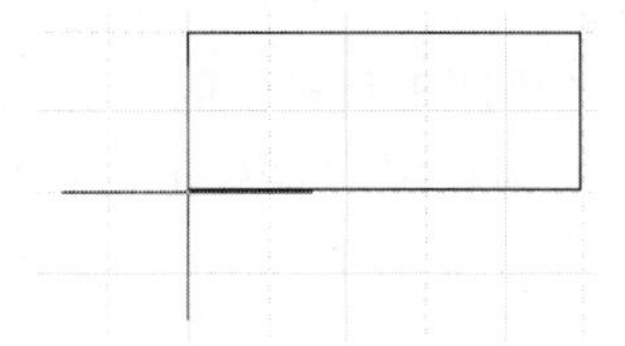

图 6-29 确定矩形左下角

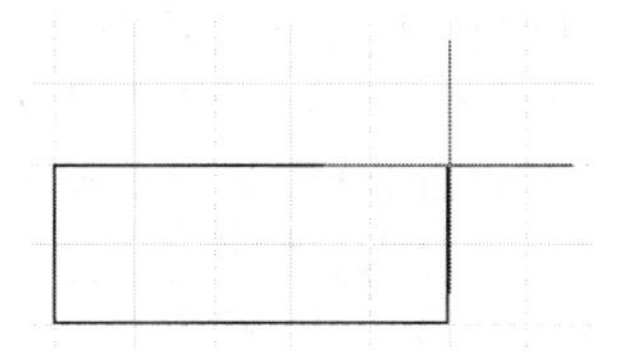

图 6-30 确定矩形右上角

在绘制状态下按 Tab 键或者在绘制完成后双击需要设置属性的矩形，弹出【Rectangle】(矩形)对话框，如图 6-31 所示。此对话框可用来设置长方形的左下角坐标(位置 X1、Y1)、右上角坐标(位置 X2、Y2)、线的宽度、板的颜色、填充颜色等。由于圆角矩形的绘制方法与直角矩形的绘制方法基本相同，因此不再赘述。圆角矩形的属性设置如图 6-32 所示。在该对话框中多出两项，一个用来设置圆角矩形转角的宽度“X 半径”，另一个用来设置转角的高度“Y 半径”。

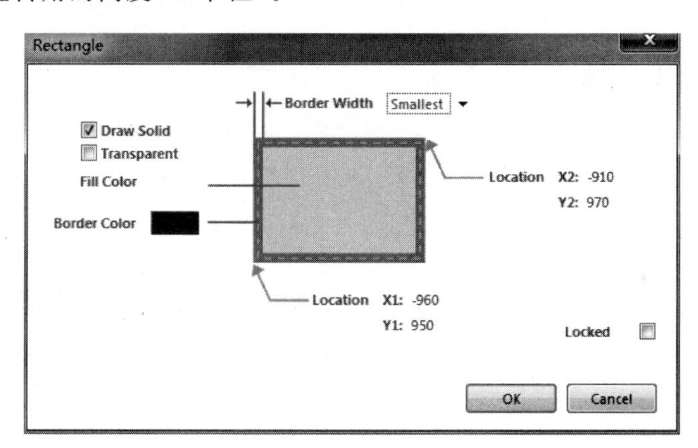

图 6-31 【Rectangle】(矩形)对话框

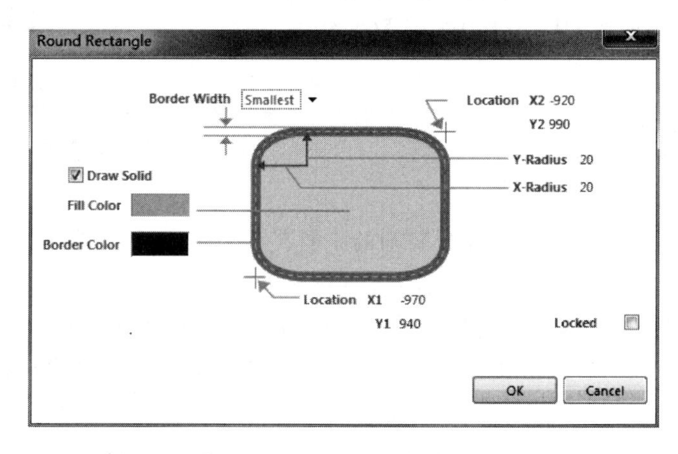

图 6-32 【Round Rectangle】(圆角矩形)对话框

6.3.6 绘制贝塞尔曲线

贝塞尔曲线在电路原理图中的应用比较多，可以用于绘制正弦波、抛物线等。

选择【Place】(放置)|【Bezier】(贝塞尔曲线)命令，或者右击并在弹出的快捷菜单中选择【Place】(放置)|【Bezier】(贝塞尔曲线)命令，也可以单击绘图工具栏中的 按钮。

执行以上命令后，鼠标变成十字形。将十字光标移动到指定位置单击，确定贝塞尔曲线的起点，然后移动光标，再次单击确定第2点。绘制出一条直线，如图6-33所示。继续移动鼠标，在合适位置单击确定第3点，生成一条弧线，如图6-34所示。

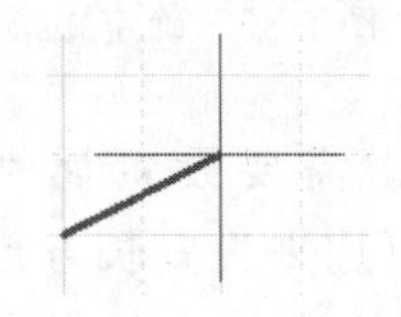

图6-33 确定一条直线

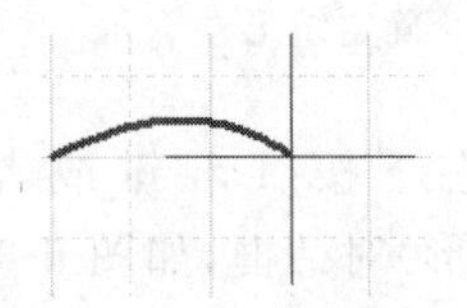

图6-34 确定贝塞尔曲线第3点

继续移动鼠标，曲线将随光标的移动而变化，单击确定此段贝塞尔曲线，如图6-35所示。继续移动鼠标，重复上述操作，绘制出一条完整的贝塞尔曲线，如图6-36所示。

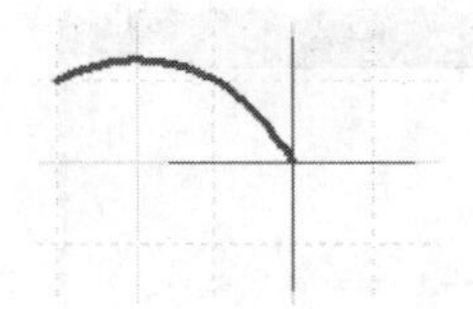

图6-35 确定一段贝塞尔曲线

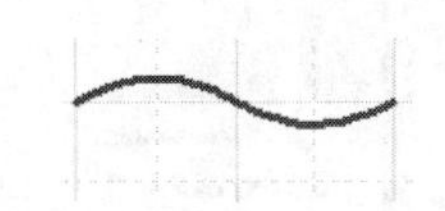

图6-36 完整的贝塞尔曲线

此时系统仍处于绘制贝塞尔曲线状态。若需要继续绘制，则按上面的步骤绘制，否则右击或者按Esc键退出绘制。

双击绘制完成的贝塞尔曲线，弹出【Bezier】(贝塞尔曲线)对话框，如图6-37所示。此时对话框用来设置贝塞尔曲线的【Curve Width】(曲线宽度)和【Color】(颜色)属性。

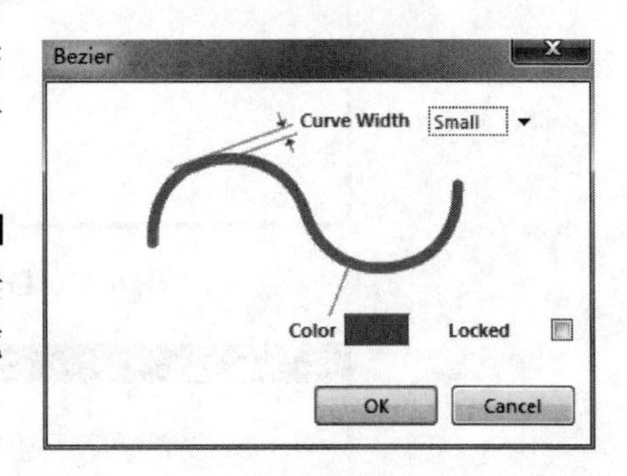

图6-37 【Bezier】(贝塞尔曲线)对话框

6.3.7 绘制椭圆或圆

Altium Designer 15中绘制椭圆和圆的工具是一样的。当椭圆的长轴和短轴的长度相等时，椭圆会变成圆。因此，绘制椭圆与绘制圆本质上是一样的。

选择【Place】(放置)|【Ellipse】(椭圆)命令，或者单击绘图工具栏中的 按钮，也可以在原理图的空白区域右击，在弹出的快捷菜单中选择【Place】(放置)|【Ellipse】(椭圆)命令。

执行以上命令后，光标变成十字形。将光标移动到指定位置单击，确定椭圆的圆心位置,如图 6-38 所示。

光标自动移动到椭圆的右顶点,水平移动光标改变椭圆水平轴的长短,在合适位置单击确定水平轴的长度,如图 6-39 所示。此时光标移动到椭圆的上顶点处,垂直拖动鼠标改变椭圆垂直轴的长短,在合适位置单击完成一个椭圆的绘制,如图 6-40 所示。此时系统仍处于绘制椭圆状态,可以继续绘制椭圆。若要退出,右击或者按 Esc 键。

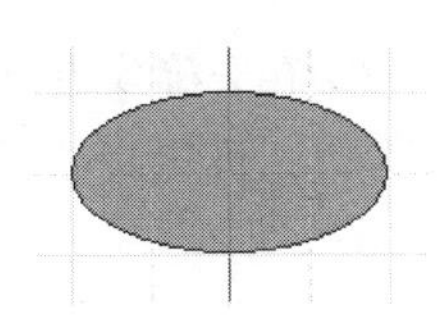

图 6-38 确定椭圆圆心

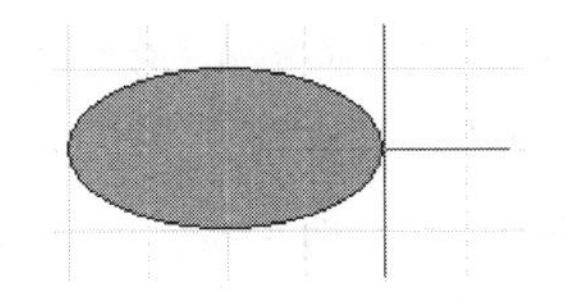

图 6-39 确定椭圆水平轴长度

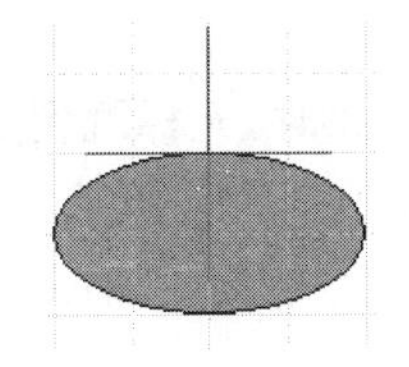

图 6-40 绘制的椭圆

在绘制状态下按 Tab 键或者在绘制完成后双击需要设置属性的椭圆,弹出【Ellipse】(椭圆)对话框,如图 6-41 所示。

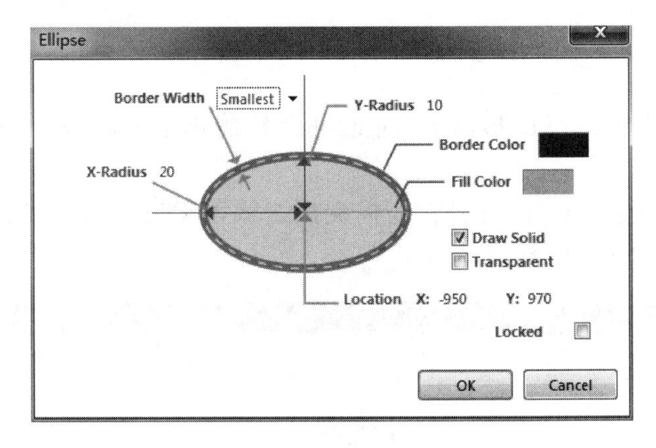

图 6-41 【Ellipse】(椭圆)对话框

此对话框用来设置椭圆的圆心坐标(X、Y)、水平轴长度(X 半径)、垂直轴长度(Y 半径)、边界宽度、边界颜色以及填充颜色等。

当需要绘制一个圆时,直接绘制存在一定的难度,用户可以先绘制一个椭圆,然后在其属性对话框中设置,让水平轴长度(X 半径)等于垂直轴长度(Y 半径),即可以得到一个圆。

6.3.8 绘制扇形

选择【Place】(放置)|【Pie Chart】(饼形图)命令,或者单击绘图工具栏中的 按钮,也可以右击并在弹出的快捷菜单中选择【Place】(放置)|【Pie Chart】(饼形图)命令。

执行以上命令后,光标变成十字形,并附有一个扇形。将光标移动到指定位置,单击确定扇形位置,如图 6-42 所示。圆心确定后,光标自动跳到扇形的圆周上,移动光标调整半径大小,单击确定扇形的半径,如图 6-43 所示。

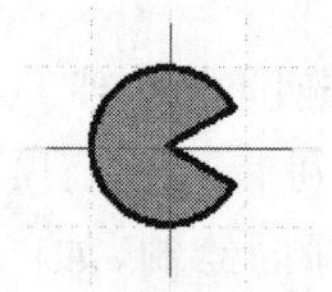

图 6-42　确定扇形圆心

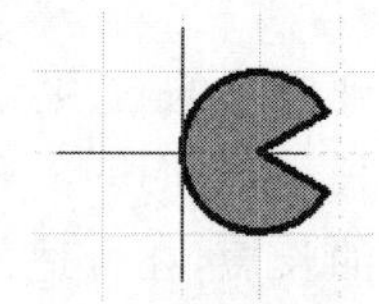

图 6-43　确定扇形半径

此时，光标跳到扇形的开口起点处，移动光标选择合适的起始角度，单击确实起始角度，如图 6-44 所示。起始角度确定后，光标跳到扇形的开口终点处，移动光标选择合适的终止角度，单击确定终止角度，如图 6-45 所示。

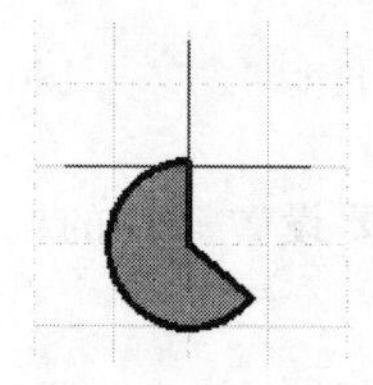

图 6-44　确定扇形起始角

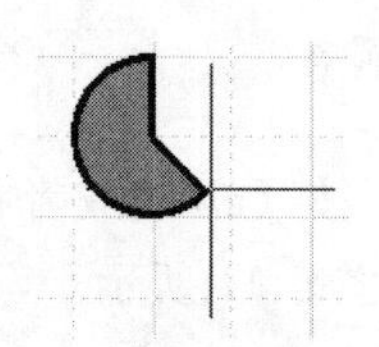

图 6-45　确定扇形终止角

此时系统仍处于绘制扇形状态，可以继续绘制饼形图。若要退出，右击或者按 Esc 键。

在绘制状态下按 Tab 键或者在绘制完成后双击需要设置属性的扇形，弹出【Pie Chart】(饼形图)对话框，如图 6-46 所示。

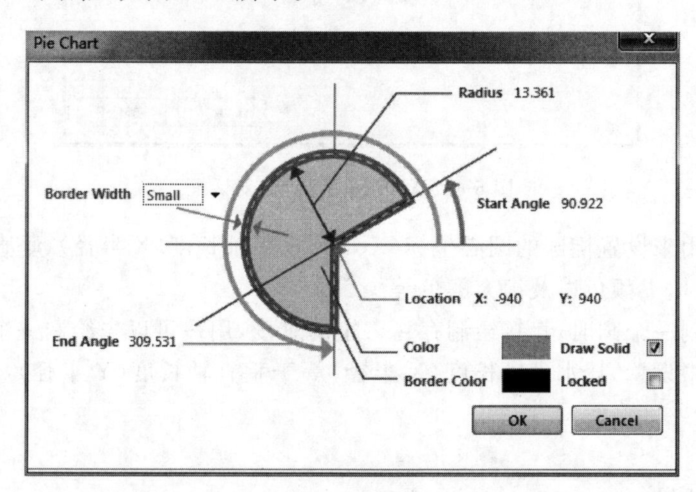

图 6-46　【Pie Chart】(饼形图)对话框

对话框用来设置扇形的圆心坐标(X、Y)、边界宽度、边界颜色、起始角度、终止角度以及填充颜色等。

6.3.9　放置文本字符串和文本框

在绘制电路原理图时，为了增加原理图的可读性，设计者会在原理图的关键位置添加文字说明，即添加文本字符串和文本框。当需要添加少量的文字时，可以直接放置文本字，对需要大段文字说明时，就需要用文本框。

1. 放置文本字符串

选择【Place】(放置)|【Text String】(文本字符串)命令，或者单击绘图工具栏中的 **A** 按钮，也可以右击并在弹出的快捷菜单中选择【Place】(放置)|【Text String】(文本字符串)命令。启动放置文本字命令后，光标变成十字形，并带有一个“Text”。移动光标至需要添加文字说明处，单击即可放置文本字符串，如图 6-47 所示。

在放置状态下按 Tab 键或者在放置完成后双击需要设置属性的文本字符串，弹出【Annotation】(标注)对话框，如图 6-48 所示。此对话框用来设置文本字符串属性。

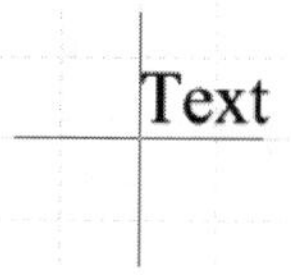

图 6-47　放置文本字符串

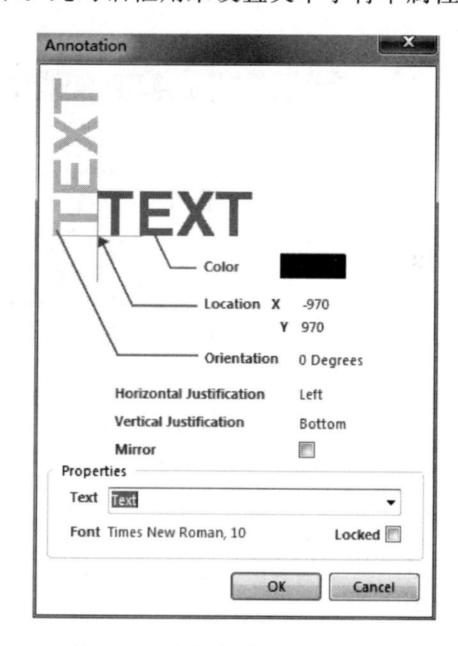

图 6-48　文本字属性设置对话框

各选项的意义如下：

- 【Color】(颜色)：用于设置文本字符串的颜色。
- 【Lotation】(位置)X、Y：用于设置文本字符串的坐标位置。
- 【Orientation】(定位)：用于设置文本字符串的放置方向。有 4 个选项：0 Degrees、90 Degrees、180 Degrees 和 270 Degrees。
- 【Horizontal Justification】(水平正确)：用于调整文本字符串在水平方向上的位置。也有 3 个选项：Left、Center 和 Right。
- 【Vertical Justification】(垂直正确)：用于调整文本字符串在垂直方向上的位置。也有 3 个选项：Bottom、Center 和 Top。
- 【Text】(文本)：用于输入具体的文字说明。单击放置的文本字，稍等一会再次单击，即可进入文本字的编辑状态，可直接输入文字说明。此法不需要打开【Annotation】(标注)对话框。

2. 放置文本框

选择【Place】(放置)|【Text Frame】(文本框)命令，或者单击绘图工具栏中的 按钮，也可以右击并在弹出的快捷菜单中选择【Place】(放置)|【Text Frame】(文本框)命令。执行此命令后，光标变成十字形。移动光标到指定位置，单击确定文本框的一个顶点，然后移动鼠标到合适位置，再次单击确定文本框对角上的另一个顶点，完成文本框的放置，如图 6-49 所示。

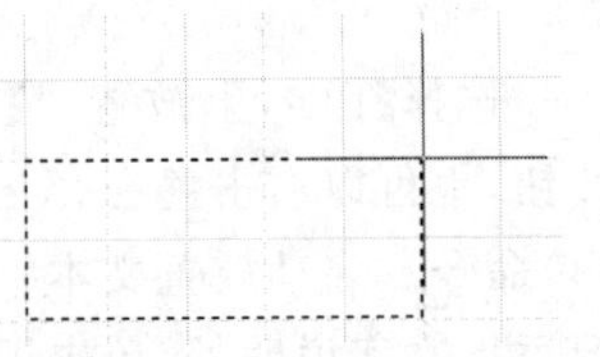

图 6-49　文本框的放置

在放置状态下按 Tab 键或者在放置完成后双击需要设置属性的文本框，弹出【Text Frame】(文本框)对话框，如图 6-50 所示。

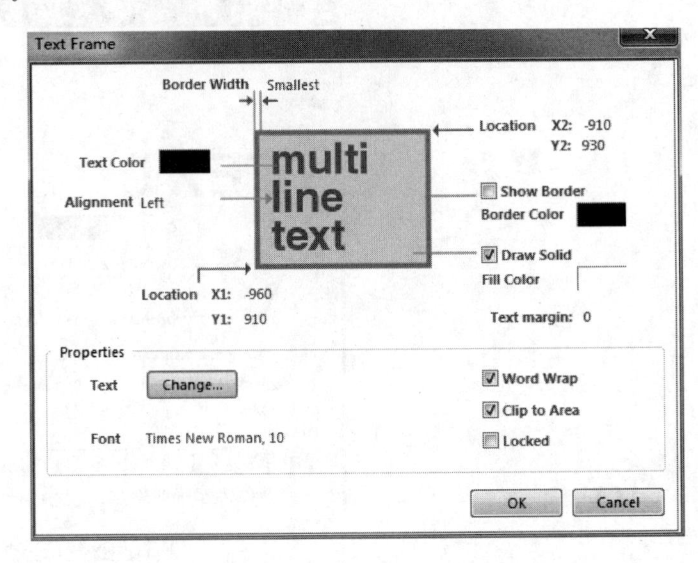

图 6-50　【Text Frame】(文本框)对话框

对话框中各选项意义如下：

- 【Text Color】(文本颜色)：用于设置文本框中文字的颜色。
- 【Alignment】(队列)：用于设置文本内文字的对齐方式，有 3 个选项：Left(左对齐)、Center(中心对齐)和 Right(右对齐)。
- 【Location】(位置)X1、Y1 和【Location】(位置)X2、Y2：用于设置文本框起始顶点和终止顶点的位置坐标。
- 【Border Width】(板的宽度)：用于设置文本框边框的宽度。有 4 个选项供用户选择：Smallest、Small、Medium 和 Large。系统默认是 Smallest。
- 【Show Border】(显示边界)：该复选框用于设置是否显示文本框的边框。若勾选，则显示边框。
- 【Border Color】(框的颜色)：用于设置文本框的边框的颜色。
- 【Draw Solid】(填充实体)：该复选框用于设置是否填充文本框。若勾选，则文本框被填充。

- 【Fill Color】(填充色)：用于设置文本框填充的颜色。
- 【Text】(文本)：用于输入内容。单击【Change】按钮，将弹出一个【TextFrame Text】(文本框文本)对话框，用户可以在该对话框中输入文字，如图 6-51 所示。

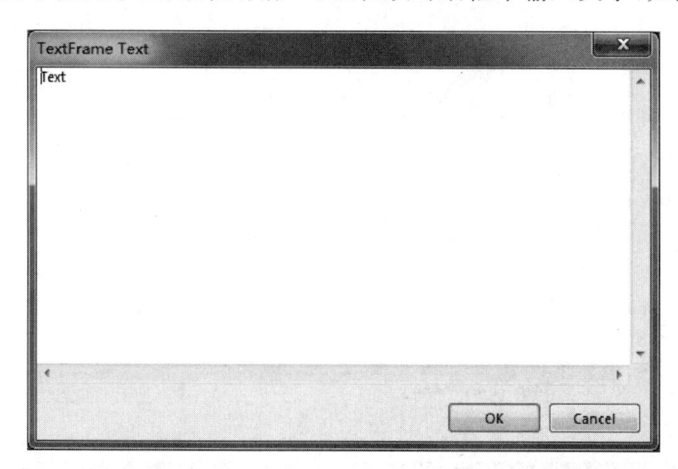

图 6-51 【TextFrame Text】(文本框文本)对话框

- 【Word Wrap】(自动换行)：该复选框用于设置文字的自动换行。选中，则当文本框中的文字长度超过文本框的宽度时，会自动换行。
- 【Font】(字体)：用于设置文本框中文字的字体。
- 【Clip to Area】(修剪范围)：若勾选该复选框，则当文本框中的文字超出文本框区域时，系统自动截去超出的部分。若不勾选，则当出现这种情况时，将在文本框的外部显示超出的部分。

6.3.10 放置图片

在电路原理图的设计过程中，有时需要添加一些图片文件，例如元件的外观、厂家标志等。

选择【Place】(放置)|【Graphic】(图像)命令，或者单击绘图工具栏中的按钮，也可以右击并在弹出的快捷菜单中选择【Place】(放置)|【Graphic】(图像)命令。执行此命令后，光标变成十字形，并附有一个矩形框。移动光标到指定位置，单击确定矩形框的一个顶点，如图 6-52 所示。此时光标自动跳到矩形框的另一个顶点，移动鼠标可改变矩形框的大小，在合适位置，再次单击确定另一个顶点，如图 6-53 所示，同时弹出【打开】对话框，选择图片路径 D:\Program Files\Altium\AD15\Templates，如图 6-54 所示。完成选择以后，单击【打开】按钮即可将图片添加到原理图中。

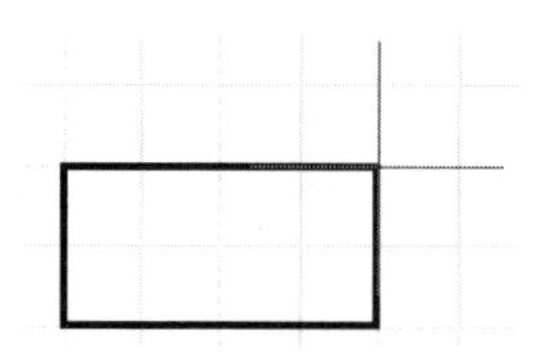

图 6-52 确定起点位置

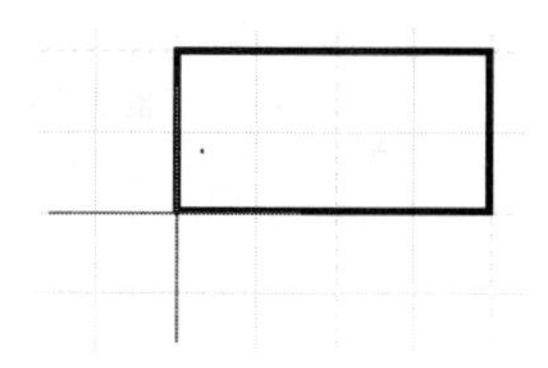

图 6-53 确定终点位置

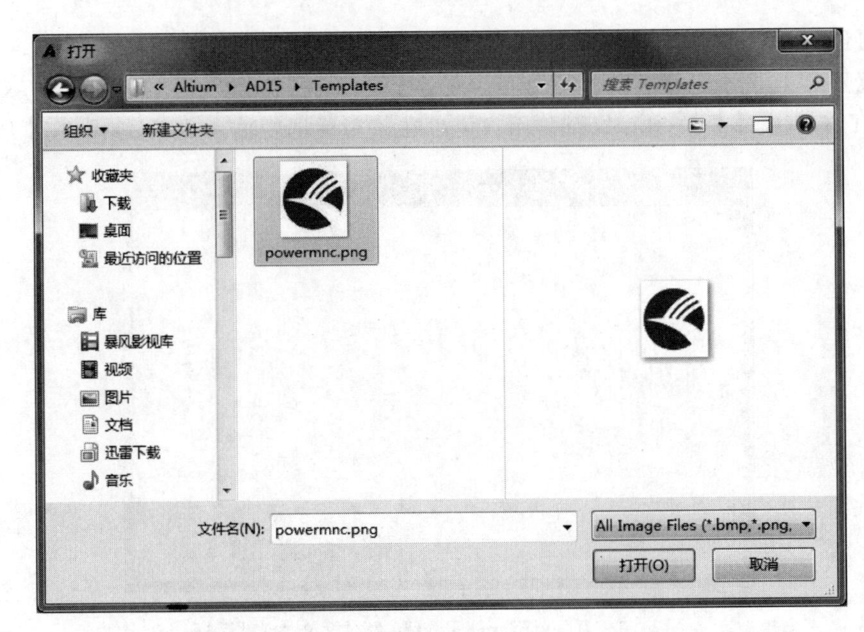

图 6-54 【打开】对话框

在放置状态下按 Tab 键或者在放置完成后双击需要设置属性的图片，弹出【Graphic】(绘图)对话框，如图 6-55 所示。对话框中各选项的意义如下：

- 【Border Color】(边界颜色)：用于设置图片边框的颜色。
- 【Border Width】(边框宽度)：用于设置图片边框的宽度。有 4 个选项供用户选择：Smallest、Small、Medium 和 Large。系统默认是 Smallest。
- 【Location】(位置)X1、Y1 和【Location】(位置)X2、Y2：用于设置边框的第一个顶点和第二个顶点的坐标。
- 【FileName】(文件名)：所放置的图片的路径及名称。单击右边的【Browse】(浏览)按钮，可以选择要放置的图片。
- 【Embedded】(嵌入式)：若勾选该复选框，则将图片嵌入到电路原理图中。

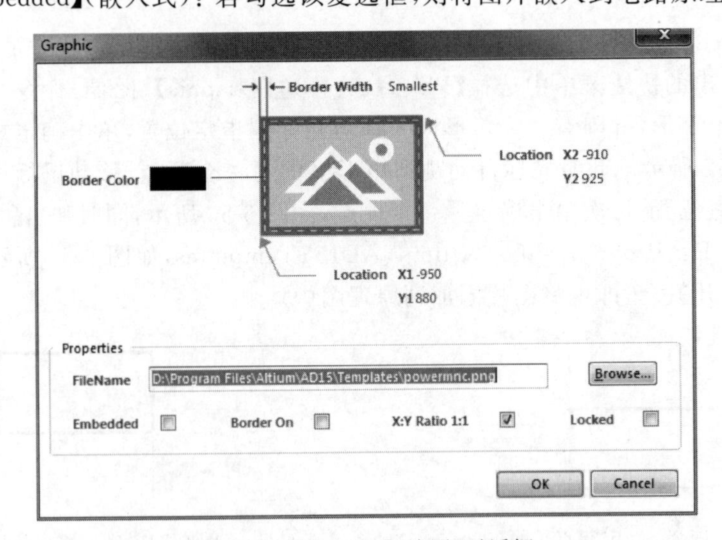

图 6-55 【Graphic】(绘图)对话框

6.4 原理图封装检查

原理图绘制完成后，如果原理图中的元器件没有封装，那么在转成 PCB 时将不会在 PCB 中出现元器件封装，最多只有一个元器件的名称，因此有必要检查原理图的封装。

6.4.1 通过元器件属性检查元器件封装

第 1 步：双击放置完成的元器件，出现【Properties for Schematic Component】(元器件属性)对话框，如图 6-56 所示。

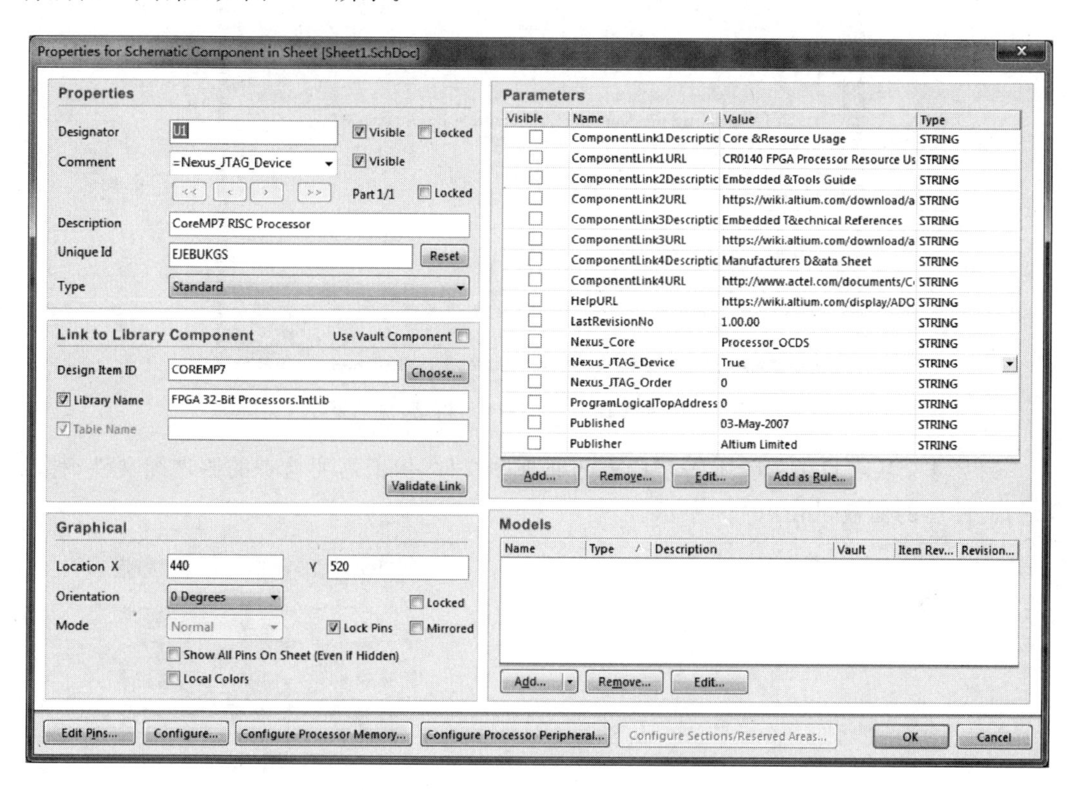

图 6-56 【Properties for Schematic Component】(元器件属性)对话框

第 2 步：再单击图 6-56 中右下角的【Edit】按钮，进行封装检查，如图 6-57 所示。在图中可以查看封装模型，也可以给没有封装的元器件添加封装模型。

6.4.2 通过封装管理器检查封装

检查封装的第 2 种方法：

第 1 步：选择【Tools】(工具)|【Footprint Manager】(封装管理器)命令来进行检查，如图 6-58 所示。

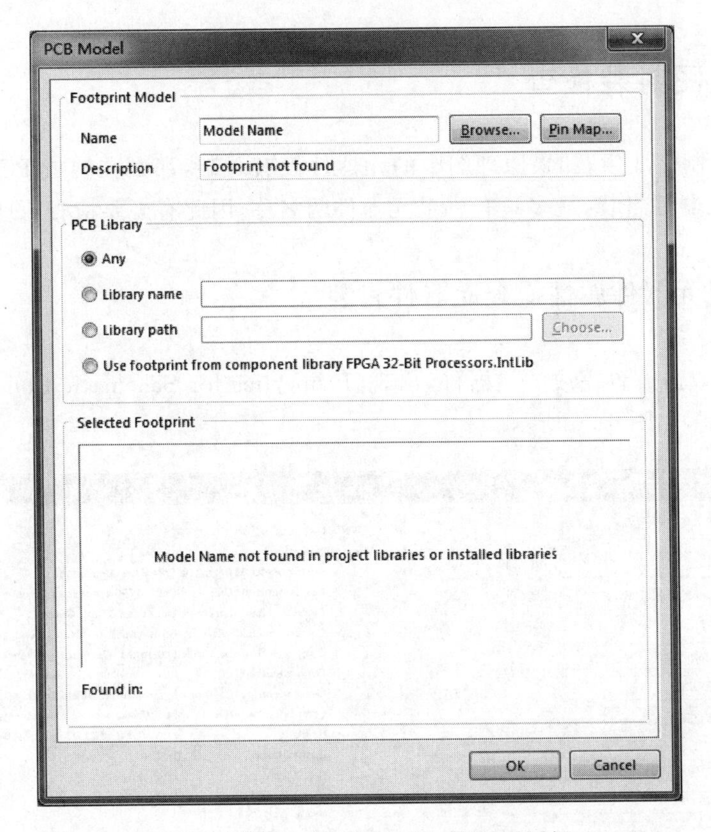

图 6-57 【PCB Model】(PCB 模型)对话框

第 2 步：从项目中移除不需要检查的原理图文件，保留需要检查的原理图文件，移动项目文件后的面板，如图 6-59 所示。

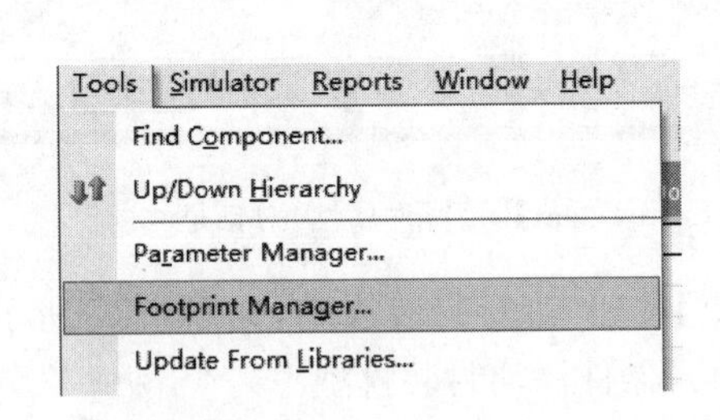

图 6-58 【Footprint Manager】(封装管理器)

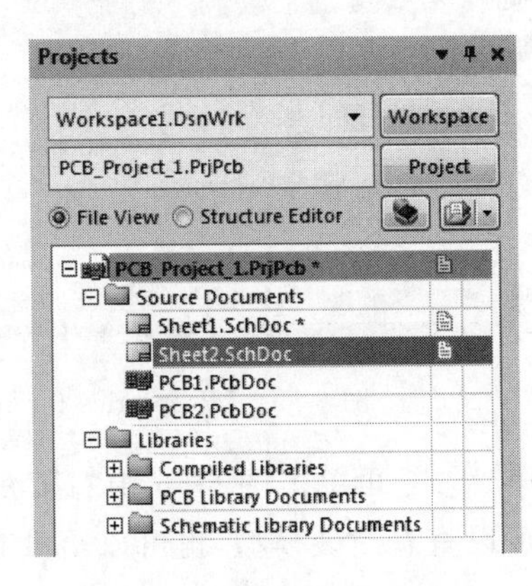

图 6-59 保留需要的原理图文件

第 3 步：此时的【Footprint Manager】(封装管理器)对话框如图 6-60 所示。

第 4 步：单击选择元器件，可以发现 U1 有封装，单击其他元器件，检查没有封装，发现很多元器件没有封装。

第 5 步：单击图中的【Add】(添加)按钮来实现封装的添加。单击【Add】(添加)按钮后，出现【PCB Model】(PCB 模型)对话框，如图 6-61 所示。

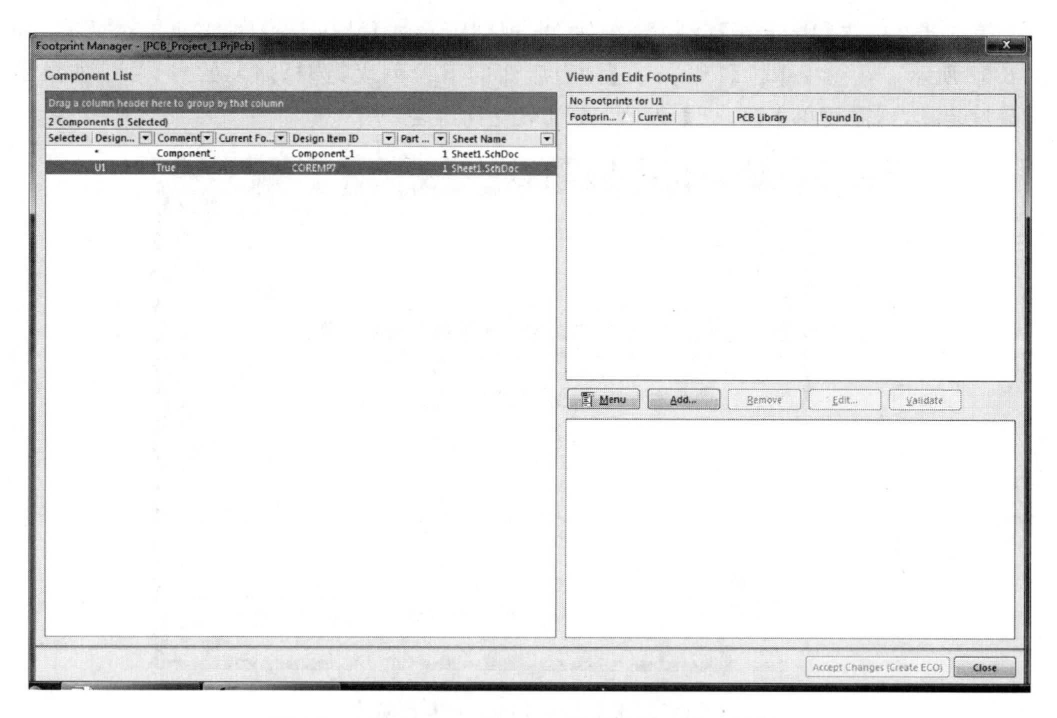

图 6-60 【Footprint Manager】(封装管理器)对话框

PCB Model
Footprint Model
Name
Browse...
Pin Map...
Description
Footprint not found
PCB Library
Any
Library name
Library path
Choose...
Use footprint from component library Schlib1.SchLib
Selected Footprint
Enter a footprint name
Found in:
OK
Cancel

图 6-61 【PCB Model】(PCB 模型)对话框

第 6 步：单击【Browse】(浏览)按钮，出现【Browse Libraries】(浏览库)对话框，如图 6-62 所示。在图中单击【Libraries】(库)后面的下拉列表，选择需要的封装库，如果不知道封装库，则需要单击【Find】(发现)按钮来查找封装。

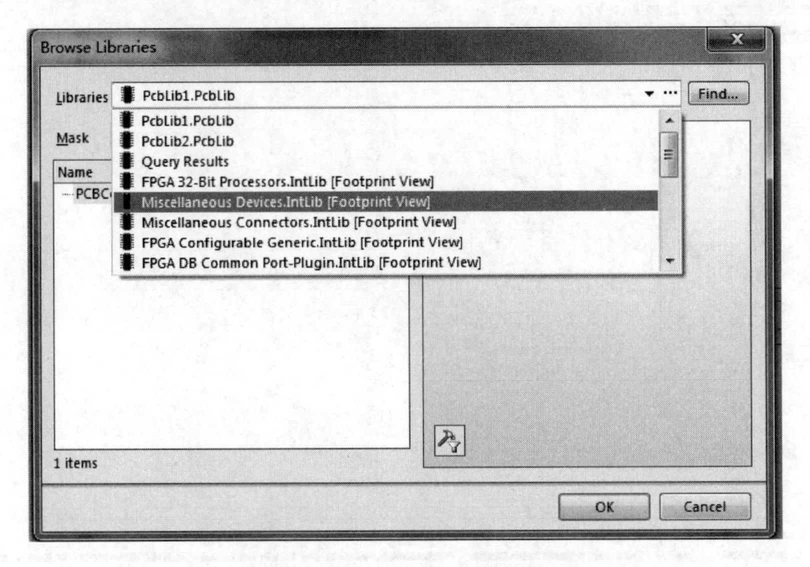

图 6-62 【Browse Libraries】(浏览库)

第 7 步：选择电容 C1 的封装 RAD-0.3，如图 6-63 所示。

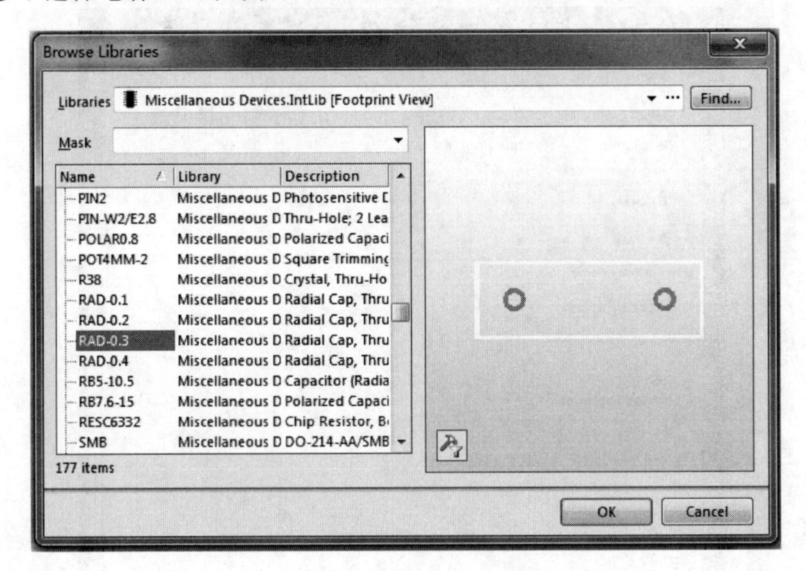

图 6-63 选择 RAD-0.3 封装

第 8 步：单击图中的【OK】按钮，再次回到【PCB Model】(PCB 模型)对话框，发现封装已完成添加，如图 6-64 所示。

第 9 步：可以单击【Yes】按钮，也可以单击【No】按钮。完成 C1 封装添加后的元器件封装管理器如图 6-65 所示。

PCB Model
Footprint Model
Name RAD-0.3 Browse... Pin Map...
Description Radial Cap, Thru-Hole; 2 Leads; 0.3 in Pin Spacing
PCB Library
Any
Library name
Library path Choose...
Use footprint from component library Schlib1.SchLib
Selected Footprint
Found in: D:\Users\Public\Documents\Altium\AD15\...\Miscellaneous Devices.IntLib
OK Cancel

图 6-64　RAD-0.3 封装已经添加

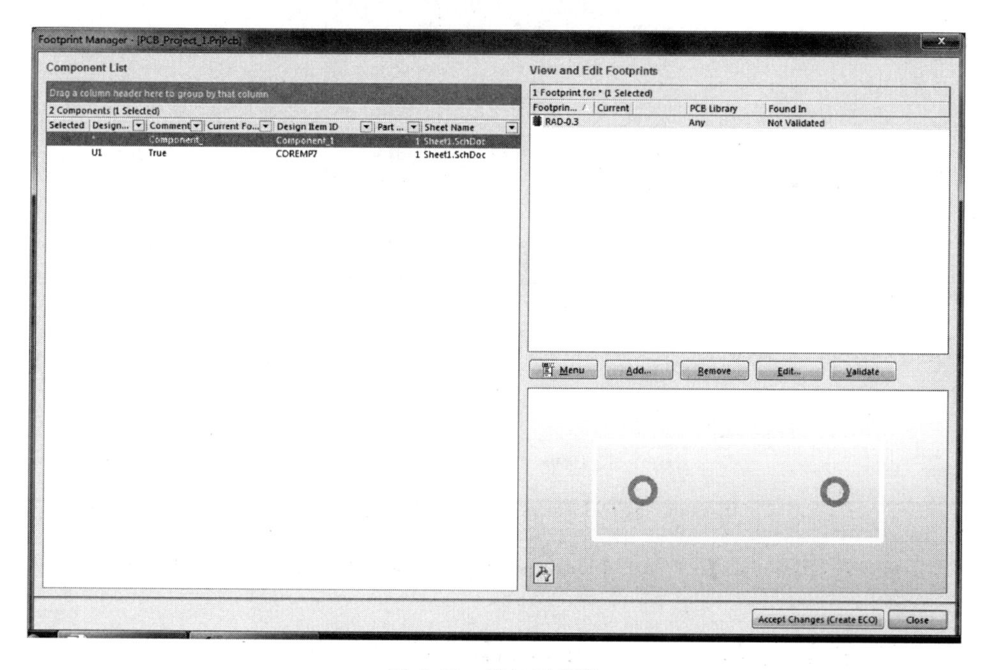

图 6-65　添加了封装

第 10 步：当在图 6-64 的【PCB Model】(PCB 模型)对话框中添加不了封装时，需要通过【Find】(发现)按钮来按封装名称进行查找，然后，再进行封装的添加。在元器件封装库部分将介绍通过【Find】(发现)来添加封装。

6.5 绘制元器件及原理图元器件库的加载

绘制原理图时，有的元器件需要自己绘制，并载入元器件库中。为了原理图绘制的方便，也可以加载原理图元器件库，在其中选择元器件。

6.5.1 元器件的绘制

下面以 MOSFET 元件的制作来说明元器件的绘制。

第 1 步：选择【Tools】(工具)|【New Component】(新器件)命令，建立一个元器件，原理图元器件库面板如图 6-66 所示。

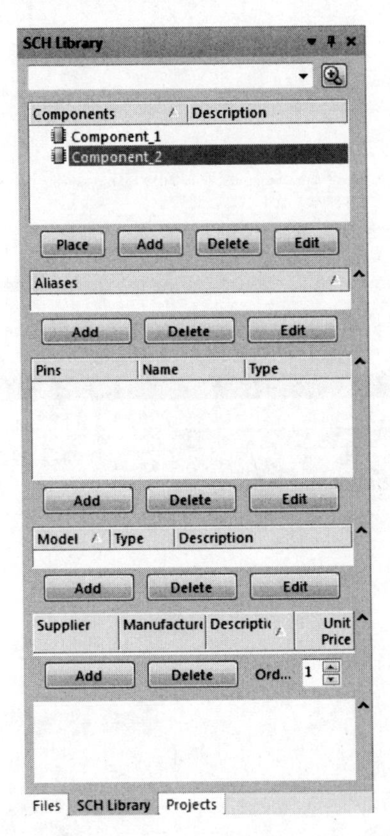

图 6-66 【SCH Library】(原理图元器件库)面板

第 2 步：选择【Tools】(工具)|【Rename Component】(重新命名器件)命令，如图 6-67 所示。

第 3 步：在弹出的【Rename Component】(重新命名器件)对话框中，输入 MOSFET，如图 6-68 所示。

第 4 步：放置椭圆，如图 6-69 所示。

第 5 步：双击椭圆，属性设置如图 6-70 所示。

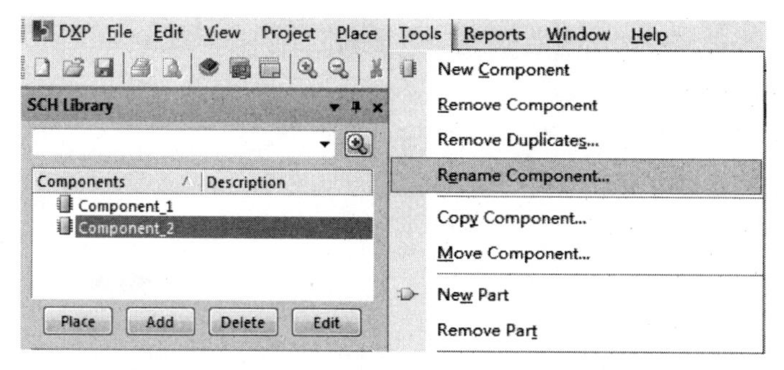

图 6-67 【Rename Component】(重新命名器件)命令

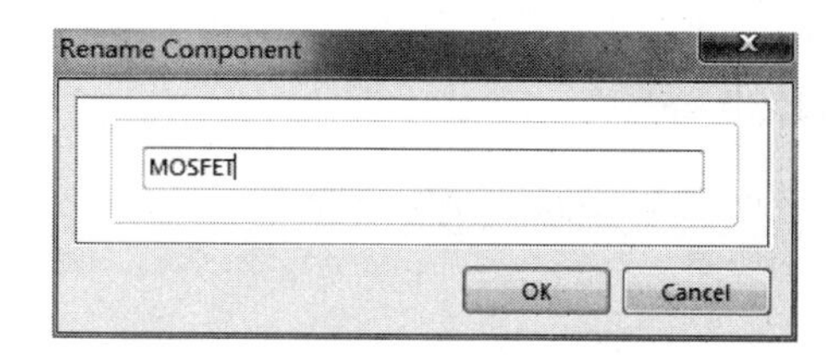

图 6-68 【Rename Component】(重新命名器件)对话框

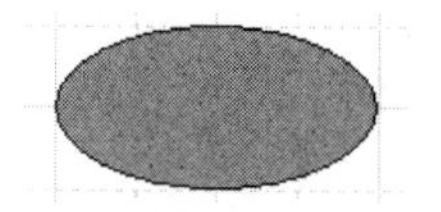

图 6-69 放置后的椭圆

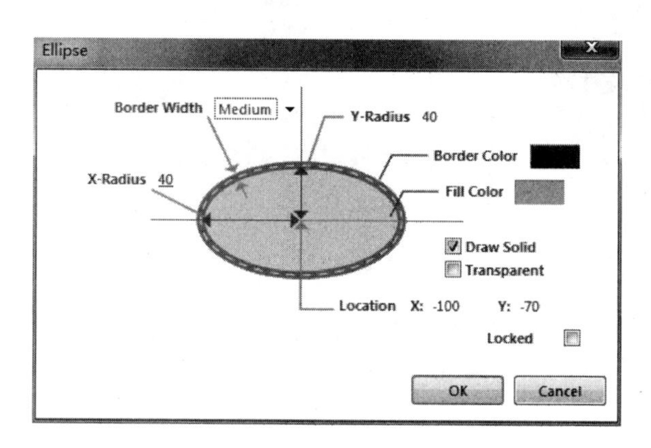

图 6-70 【Ellipse】(椭圆)对话框

第 6 步：绘制好的圆如图 6-71 所示。

第 7 步：单击【Line】(直线)工具，绘制内部线条，如图 6-72 所示。

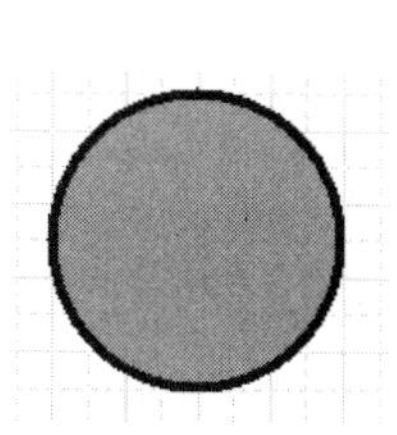

图 6-71 绘制好的圆

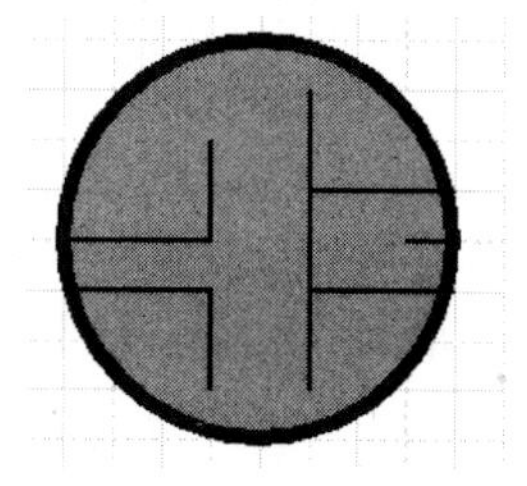

图 6-72 放置内部线条

第 8 步：设置线条属性，双击线条进行属性设置，如图 6-73 所示。

第 9 步：单击多边形工具，绘制一个小多边形，如图 6-74 所示。

第 10 步：设置多边形属性，双击多边形进行设置，如图 6-75 所示。

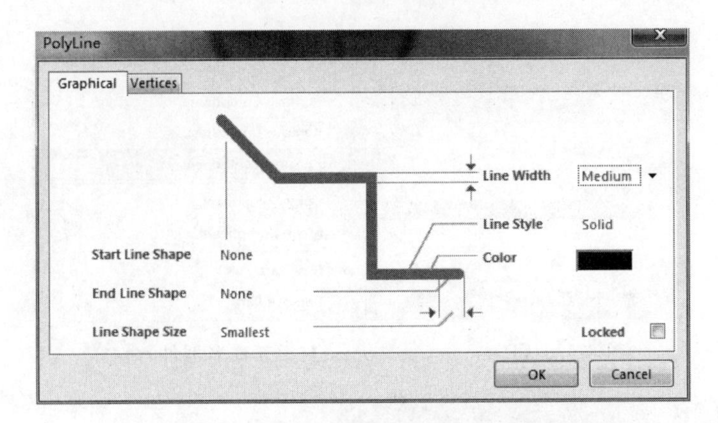

图 6-73 【PolyLine】(线属性)对话框

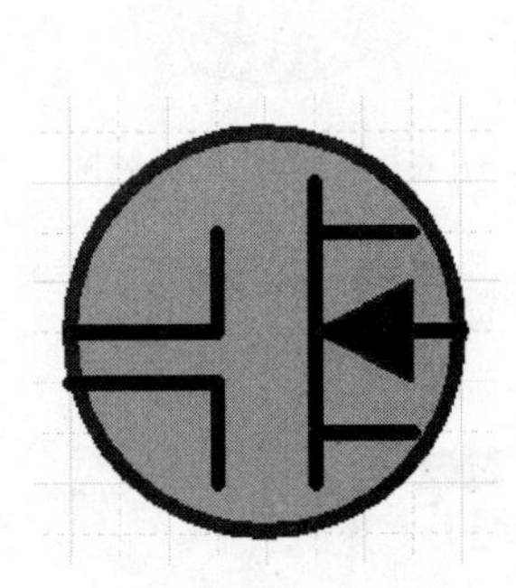

图 6-74 绘制的小多边形

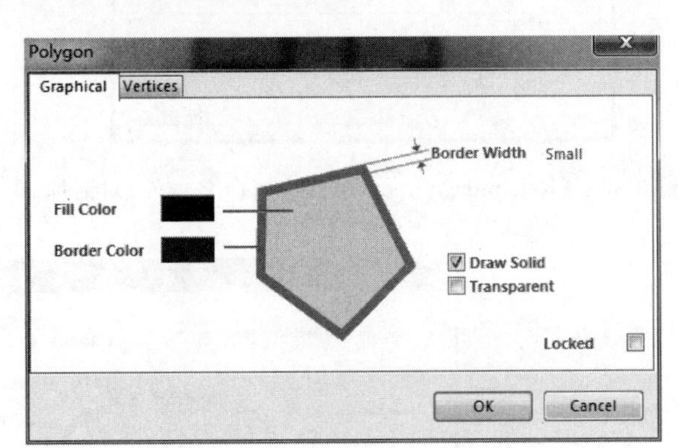

图 6-75 【Polygon】(多边形)对话框

第 11 步：单击放置引脚工具，放置引脚，如图 6-76 所示。

第 12 步：通过放置字符串命名，放置说明文字，如图 6-77 所示。

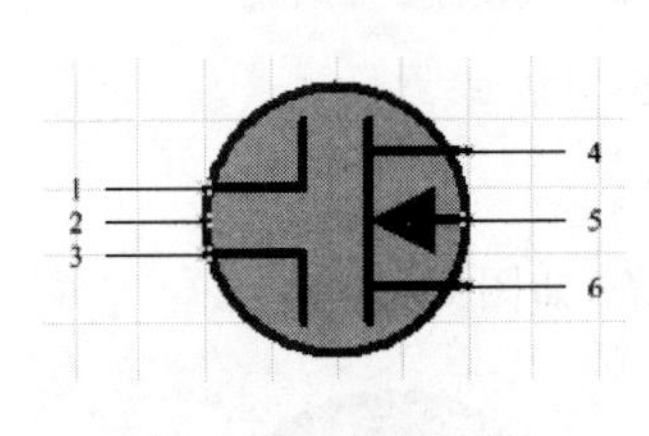

图 6-76 放置引脚

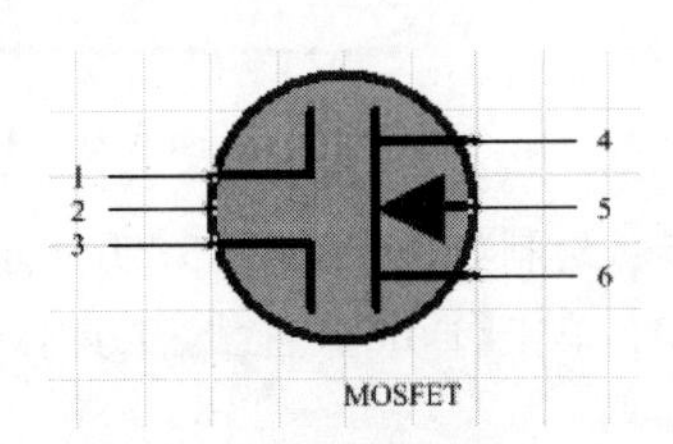

图 6-77 放置说明文字

整个元器件 MOSFET 管制作完成后进行保存。原理图绘制过程中，基本元器件可以在元器件库中选取，但部分元器件需要基本元器件的组合，甚至是重新绘制，视具体情况而定。

6.5.2 原理图元器件库的加载

加载元器件库的方法如下所述：

第 1 步：选择【Design】(设计)|【Browse Library】(浏览库)子菜单。弹出图 6-78 所

示的库面板。

第 2 步：在图中选择【Library】按钮，弹出【Available Library】(可用库)对话框如图 6-79 所示。

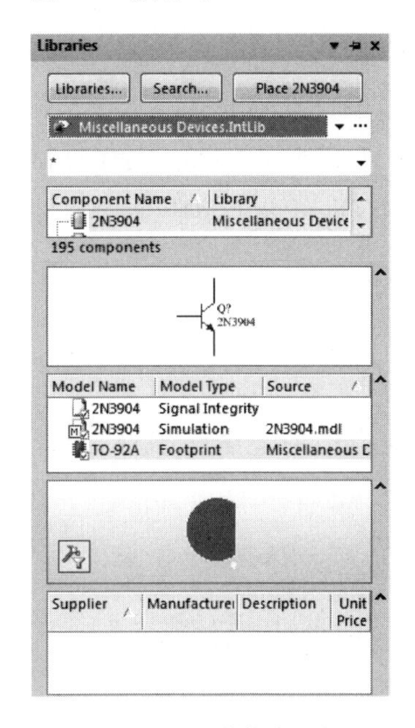

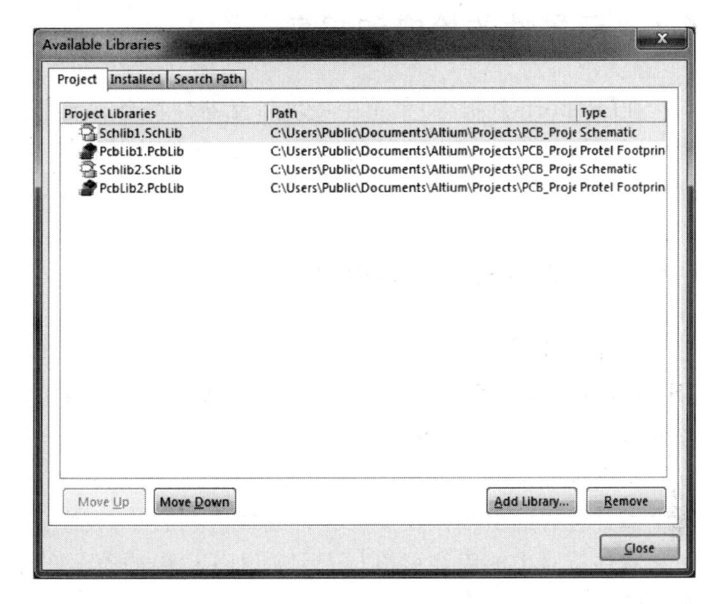

图 6-78 元器件库面板

图 6-79 【Available Library】(可用库)对话框

第 3 步：单击【Available Library】(可用库)中的【Add Library】(添加库)按钮，从弹出的窗口中选择所需要的元器件库 Miscellaneous Devices. IntLib，或者直接在下拉箭头中选择，这样更方便。以上选择的元器件库位于 Altium Designer 15 安装程序文件夹 Library 下面，如图 6-80 所示。单击【打开】按钮，将回到【Available Library】(可用库)对话框。

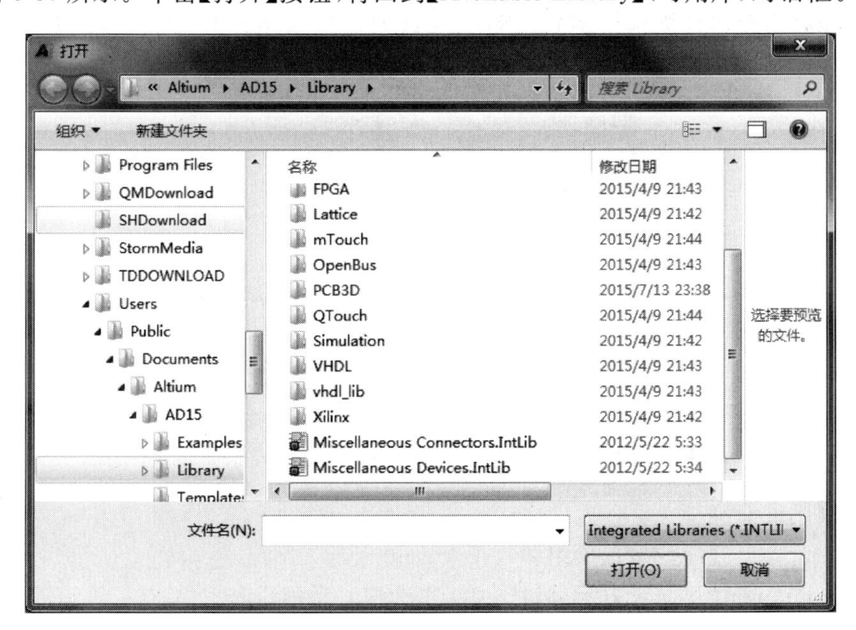

图 6-80 所选元器件库所在位置

第 4 步：单击【关闭】按钮，回到元器件库面板。

在元器件库加载完成后，就可以将元器件库中原理图所需要的元器件放在原理图图纸上。放置元器件可以在元器件库中浏览选择放置，也可以通过搜索放置。

6.6 元器件的检错和报表

在【Reports】(报告)菜单中提供了元器件符号和元器件符号库的一系列报表，通过报表可以了解某个元器件符号的信息，对元器件符号的自动检查，也可以了解整个元器件库的信息。

6.6.1 元器件符号信息报表

打开 SCH Library 面板后，选择元器件符号库元器件列表中的一个元器件，选择【Reports】(报告)|【Component】(元器件)命令，将自动生成该元器件的信息报表，如图 6-81 所示。

在列表中给出的信息包括：元器件由几个部分组成、每个部分包含的引脚以及脚的各种属性。列表中特别给出了元器件符号中的隐藏引脚以及具有 IEEE 说明符号的引脚等信息。

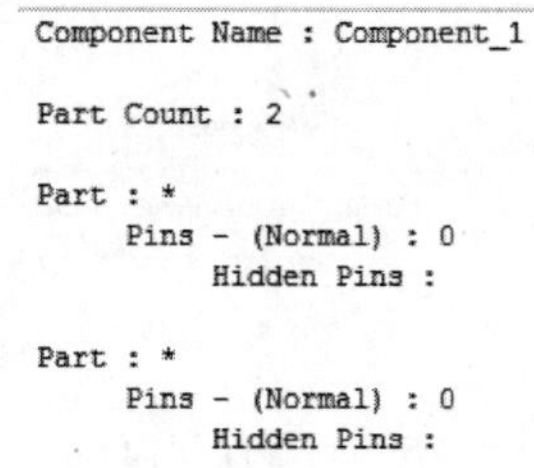
```
Component Name : Component_1

Part Count : 2

Part : *
     Pins - (Normal) : 0
          Hidden Pins :

Part : *
     Pins - (Normal) : 0
          Hidden Pins :
```

图 6-81　元器件的信息报表

6.6.2 元器件符号错误信息报表

Altium Dsigner 15 提供元器件符号错误的自动检测功能。选择【Reports】(报告)|【Component Rule Check】(器件规则检查)命令，弹出图 6-82 所示的【Library Component Rule Check】(库元器件规则检测)对话框，在该对话框中可以设置元器件符号错误检测的规则。

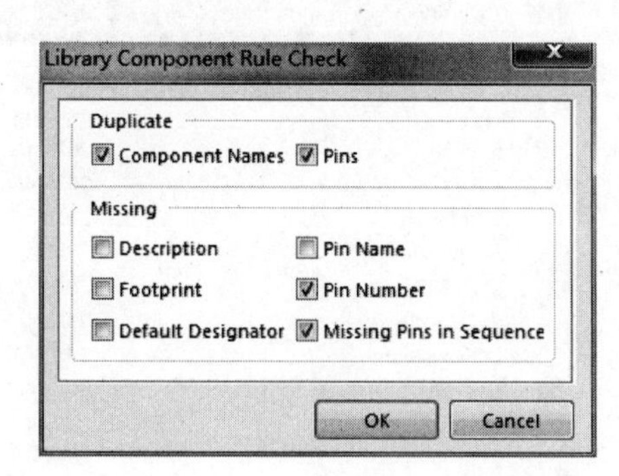

图 6-82　【Library Component Rule Check】(库元器件规则检测)对话框

各项规则的意义如下。

(1)【Duplicate】(副本)选项组。

- 【Component Names】(元器件名称)复选框：元器件符号库中是否有重名的元器件符号。

- 【Pins】(引脚)复选框：元器件符号中是否有重名的引脚。

(2)【Missing】(缺失的)的选项组。

- 【Description】(描述)复选框：是否缺少元器件符号的描述。
- 【Pins Name】(引脚名称)复选框：是否缺少引脚名称。
- 【Footprint】(封装)复选框：是否缺少对应引脚。
- 【Pin Number】(引脚号码)复选框：是否缺少引脚号码。
- 【Default Dsignator】(默认标识)复选框：是否缺少默认标号。
- 【Missing Pins Sequence】(序列缺失引脚)复选框：在一个序列的引脚号码中是否缺少某个号码。

在完成设置后，单击【OK】按钮将自动生成元器件符号错误信息报表。再选中所有复选框后对元器件符号进行检测，生成的错误信息报表如图 6-83 所示。

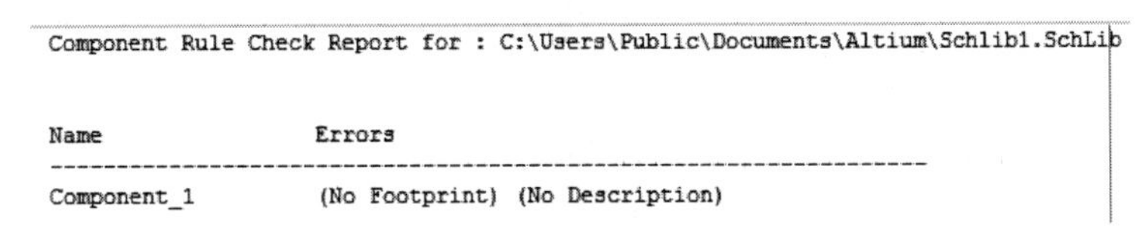

```
Component Rule Check Report for : C:\Users\Public\Documents\Altium\Schlib1.SchLib

Name                Errors
------------------------------------------------------------------
Component_1         (No Footprint) (No Description)
```

图 6-83　元器件符号错误信息报表

从信息表中可以看出一个元器件没有描述，没有封装。因此，通过这项检查，可以检查出元器件符号的错误，设计者只需打开元器件库中的元器件符号将没有完成的元器件绘制完成即可。

6.6.3　元器件符号库信息报表

选择【Reports】(报告)|【Library report】(库列表)命令，将生成元器件符号库信息报表。这里对 Schlib1. SchLib 元器件符号库进行分析，得到的报表如图 6.84 所示。

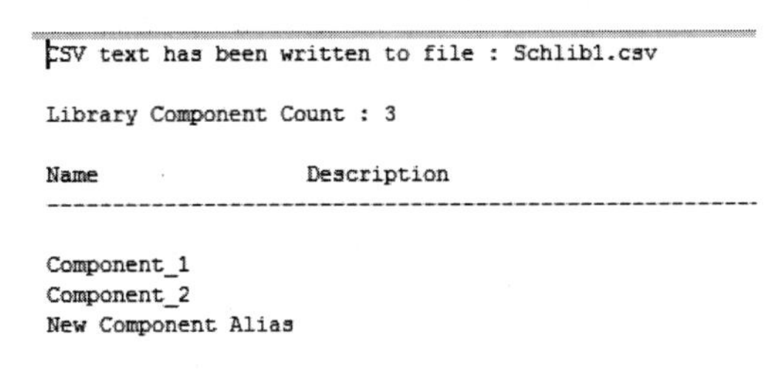

```
CSV text has been written to file : Schlib1.csv

Library Component Count : 3

Name                Description
------------------------------------------------------

Component_1
Component_2
New Component Alias
```

图 6-84　元器件符号信息报表

在报表中列出了所有的元器件符号名称及描述。

6.7　综合演练

本节将以数字时钟电路元器件原理图库为例进行演练，数字时钟是采用数字电路实现多时、分、秒数字显示的计时装置。广泛应用于个人家庭、车站、码头、办公室等公共场所，成为人们日常生活中不可少的必需品。下面对主要操作进行简单阐述。

第 1 步：新建原理图库并保存为数字时钟.SchLib。

第 2 步：打开原理图库数字时钟.SchLib，向其添加元器件名称，如图 6-85 所示。

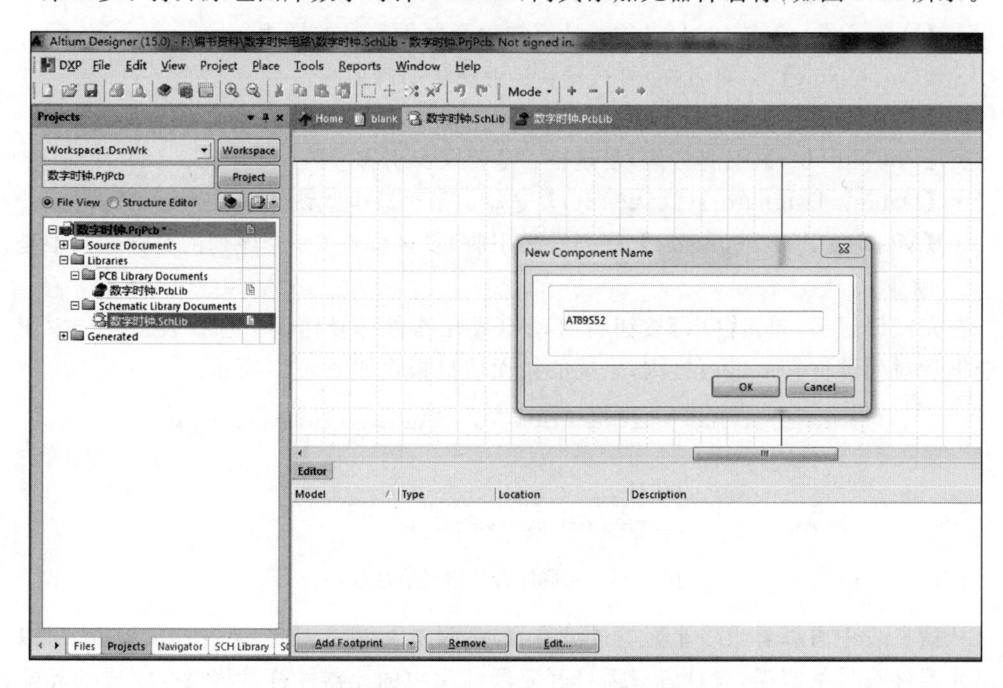

图 6-85　添加元器件名称 AT89S52

第 3 步：利用绘图工具，绘制原理图的封装符号，如图 6.86 所示。

引脚	名称	名称	引脚
1	P1.0	VCC	40
2	P1.1	P0.0/AD0	39
3	P1.2	P0.1/AD1	38
4	P1.3	P0.2/AD2	37
5	P1.4	P0.3/AD3	36
6	P1.5	P0.4/AD4	35
7	P1.6	P0.5/AD5	34
8	P1.7	P0.6/AD6	33
9	RST	P0.7/AD7	32
10	P3.0/RXD	EA/VPP	31
11	P3.1/TXD	ALE/PROG	30
12	P3.2/INT0	PSEN	29
13	P3.3/INT1	P2.7/A15	28
14	P3.4/T0	P2.6/A14	27
15	P3.5/T1	P2.5/A13	26
16	P3.6/WR	P2.4/A12	25
17	P3.7/RD	P2.3/A11	24
18	XTAL2	P2.2/A10	23
19	XTAL1	P2.1/A9	22
20	GND	P2.0/A8	21

U1　AT89S52

图 6-86　AT89S52 封装图

第 4 步：添加原理图封装引脚，如图 6-87 所示。

第 5 步：设置低电平使能引脚的符号方法，如图 6.88 所示。

Logical Parameters
Display Name GND Visible
Designator 8 Visible
Electrical Type Passive
Description
Hide Connect To
Part Number 1
8
GND
Symbols
Inside No Symbol
Inside Edge No Symbol
Outside Edge No Symbol
Outside No Symbol
Line Width Smallest
Graphical
Location X -40 Y -40
Length 30
Orientation 180 Degrees
Color Locked
Name Position and Font
Customize Position
Margin 0
Orientation 0 Degrees To Pin
Use local font setting Times New Roman, 10
Designator Position and Font
Customize Position
Margin 0
Orientation 0 Degrees To Pin
Use local font setting Times New Roman, 10
VHDL Parameters
Default Value Formal Type Unique Id EGOUWUAW Reset
OK Cancel

图 6-87　封装引脚界面

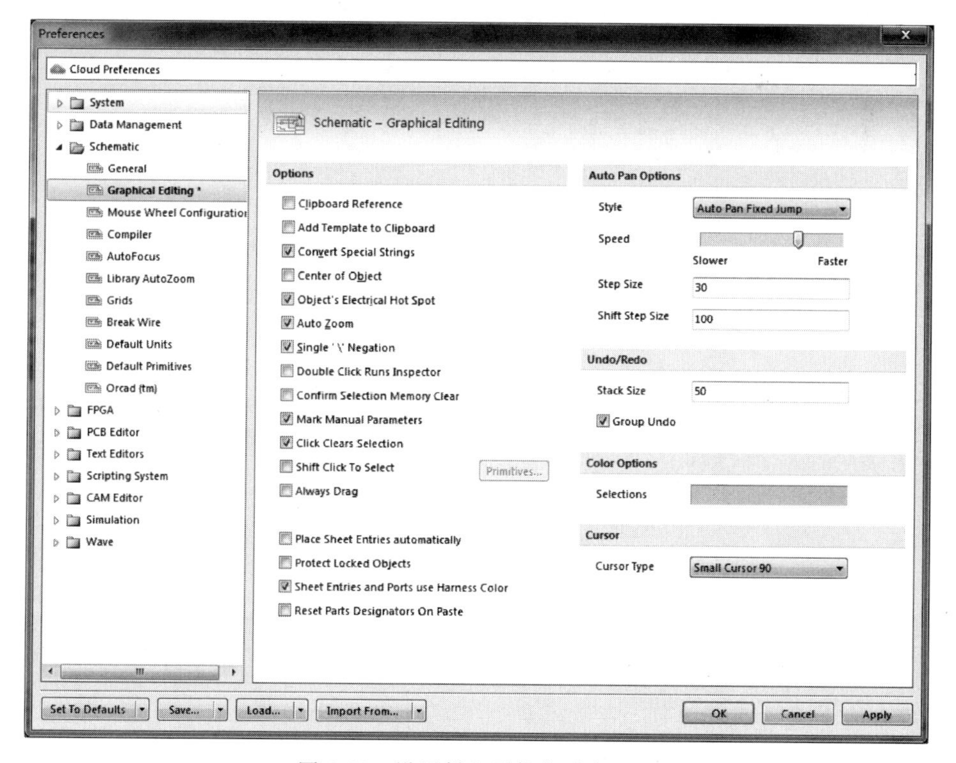

图 6-88　设置低电平使能引脚界面

6.8 思考与练习

(1) 叙述原理图库文件的创建步骤。

(2) 原理图元器件符号绘制工具有几种？各种绘制工具如何操作？

(3) 叙述原理图封装检查的步骤。

(4) 结合本章 MOSFET 元器件的绘制过程，绘制集成电路元器件 AT89C52 单片机芯片。

(5) 元器件的检错如何进行？报表如何生成？

第7章 创建元器件PCB封装库

在实际绘制PCB文件的过程中会经常遇到所需的元器件封装在Altium Designer 15提供的封装库中找不到的情况，那么设计人员就需要根据元器件实际的引脚排列、外形、尺寸大小等创建元器件封装。

本章将对封装库的创建、元器件封装的绘制、元器件封装的管理及元器件封装报表的生成等操作进行详细介绍。

7.1 封装库文件管理

在绘制PCB文件的过程中有时不能在现有封装库中找到所需的元器件封装，此时用户需要创建自己的封装库并且自己绘制元器件封装。新建封装库文件的方法很简单，在已经打开的工程文件上右击，在弹出的快捷菜单中选择【Add New to Project】(给工程添加新的)|【PCB Library】(PCB库)命令，如图7-1所示，系统即在当前工程中新建一个PcbLib文件，如图7-2所示。也可通过【File】(文件)|【New】(新建)|【Library】(库)|【PCB Library】(PCB元器件库)命令创建封装库文件。

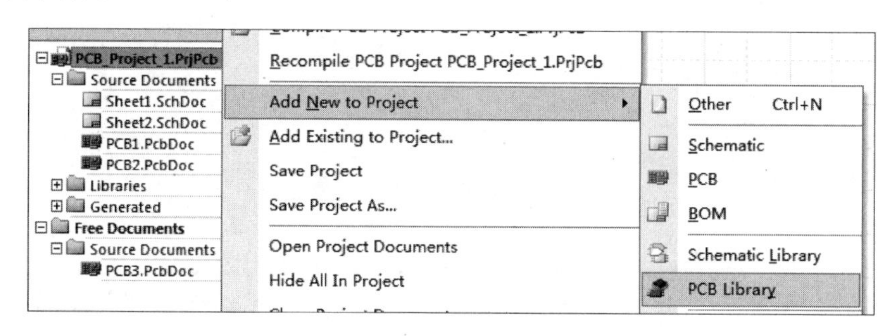

图7-1 添加PCB库

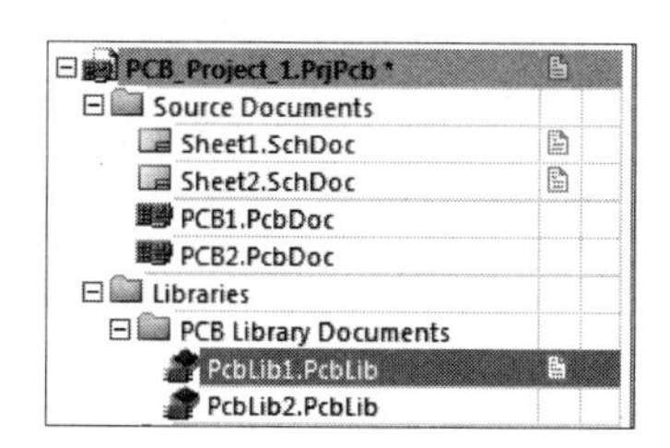

图7-2 新建的PcbLib文件

7.2 封装库编辑环境

打开PCB库文件，系统进入元器件封装编辑器，该编辑工作环境与PCB编辑器环境类似，如图7-3所示。元器件封装编辑器的左边是【Projects】面板，可以单击该面板左下角的【PCB Library】按钮切换到PCB Library面板，如图7-4所示，该图窗口右边是作图区。

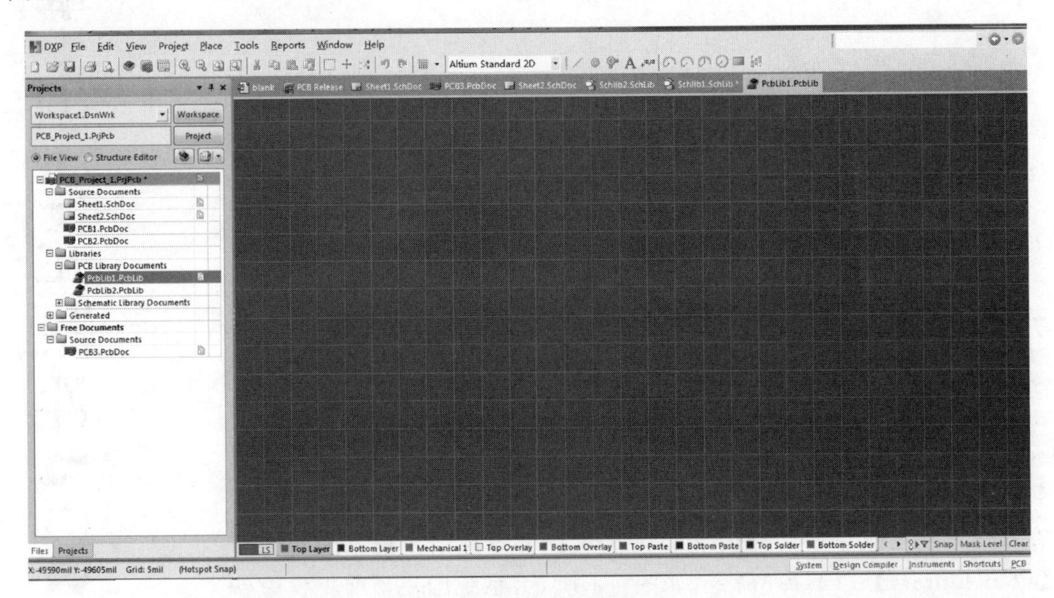

图7-3　元器件封装编辑器

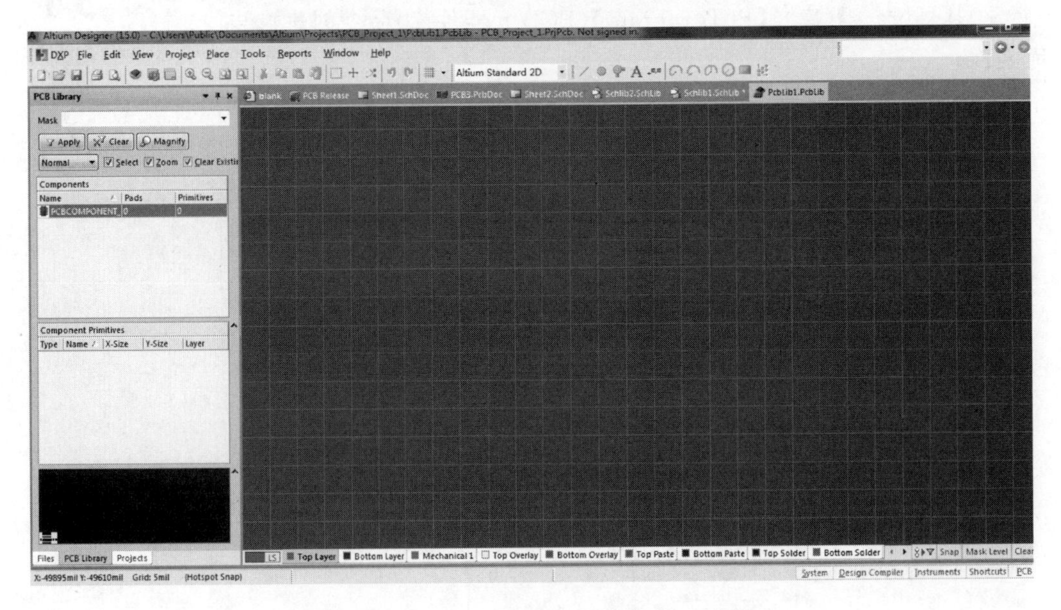

图7-4　【PCB Library】(PCB元器件库)工作窗口

7.3 新建元器件封装

在封装库中可以通过手工的方法或借助向导创建元器件封装。

7.3.1 手工创建元器件封装

元器件封装由焊盘和图形两部分组成，这里以图 7-5 所示元器件封装为例介绍手工创建元器件封装的方法。

1. 新建元器件封装

在【PCB Library】面板中的【Components】(元器件)列表栏内右击，系统弹出快捷菜单，执行【New Blank Component】(新建空元器件)命令即可新建一个空的元器件封装，如图 7-6 所示。在【Components】(元器件)列表栏双击该新建文件，系统弹出【PCB Library Component[mil]】(PCB 库元器件)对话框，用户可修改元器件的名称、高度及注释信息，在此输入封装名称 8-5LED，如图 7-7 所示。

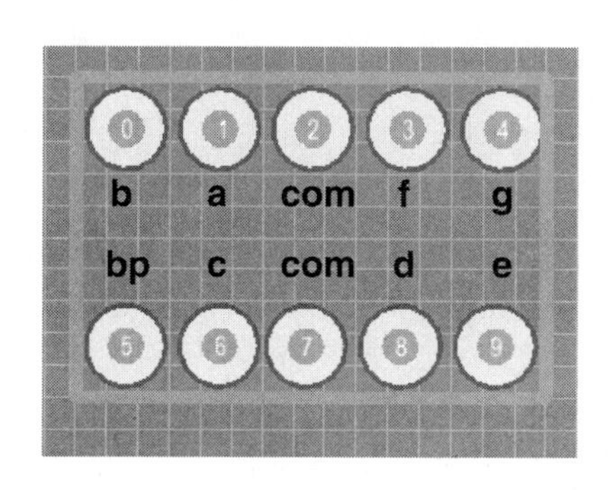

图 7-5 8-5LED 封装

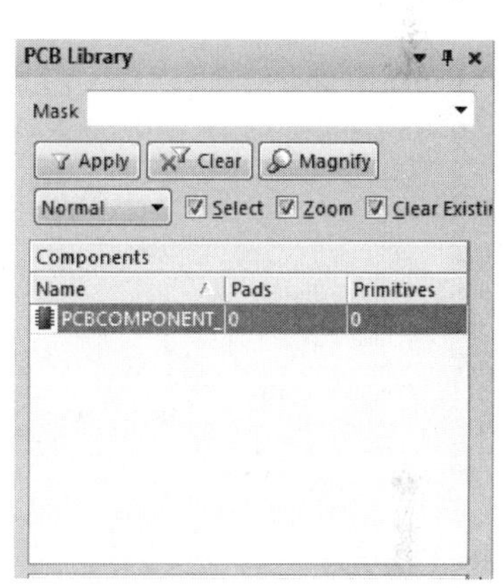

图 7-6 元器件列表中已有元器件

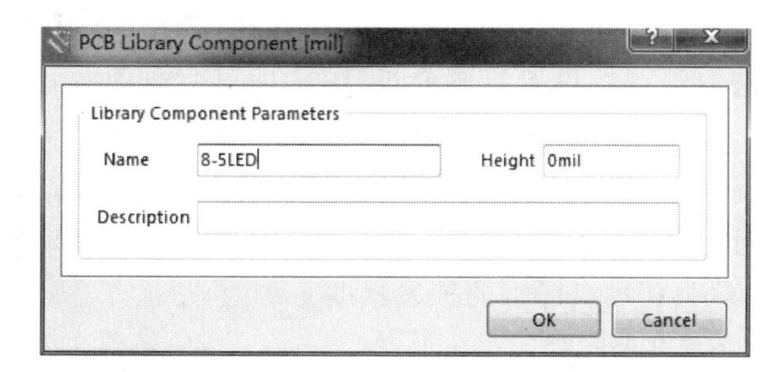

图 7-7 【PCB Library Component】(PCB 库元器件)对话框

2. 放置焊盘

在绘图区依次放置元器件的焊盘，这里共有 10 个焊盘需要放置，焊盘的排列和间距要与实际元器件的引脚一致。双击焊盘弹出【Pad[mil]】(焊盘)对话框，如图 7-8 所示。

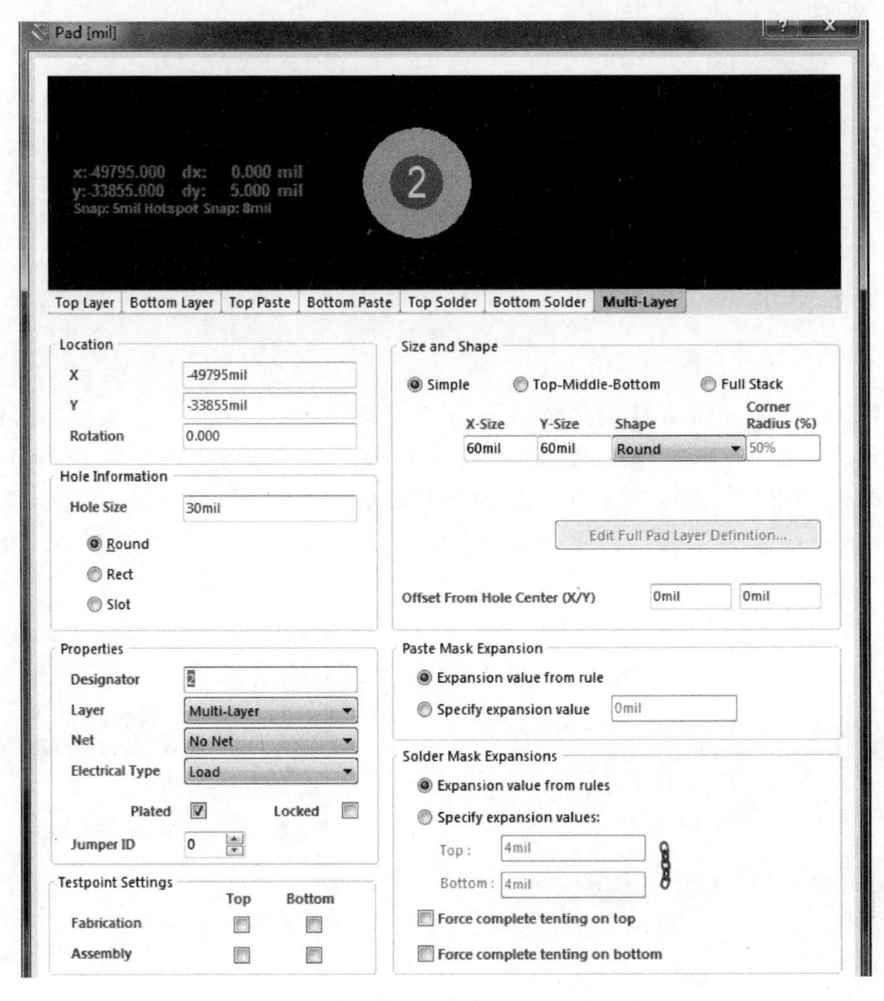

图 7-8 【Pad[mil]】(焊盘)对话框

在【Hole Information】(空洞信息)栏可以设置焊盘的通孔尺寸和形状等。在【Size and Shape】(尺寸和外形)选项组可以设置焊盘的形状、X 轴尺寸、Y 轴尺寸等。在【Properties】(属性)选项组可以设置焊盘的设计者、层、网络、电气类型、是否镀金、是否锁定。在【Testpoint Settings】(测试点的设置)栏可以设置装配、组装的层次等。其中焊盘的标识符属性非常重要，焊盘的标识符要与原理图中元器件的相应引脚保持一致。【Paste Mask Expansions】(助焊层扩展)栏和【Solder Mask Expansions】(阻焊层扩展)栏用于设置助焊膜和阻焊膜在焊盘周围的扩展程度。

放置好的焊盘如图 7-9 所示。

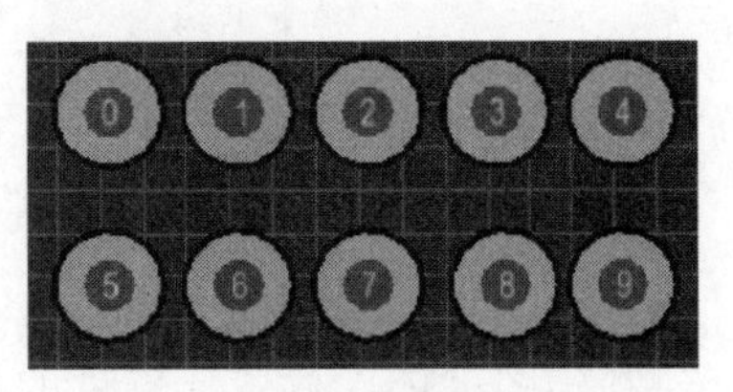

图 7-9 放置好的焊盘

3. 放置文字

选择主菜单中的【Place】(放置)|【String】(字符串)命令，在 Top Overlay 层来给上面的焊盘添加文字，按【Tab】键可以弹出【String[mil]】对话框，进行文

本和层的设置，如图 7-10 所示。放置文本后的焊盘如图 7-11 所示。

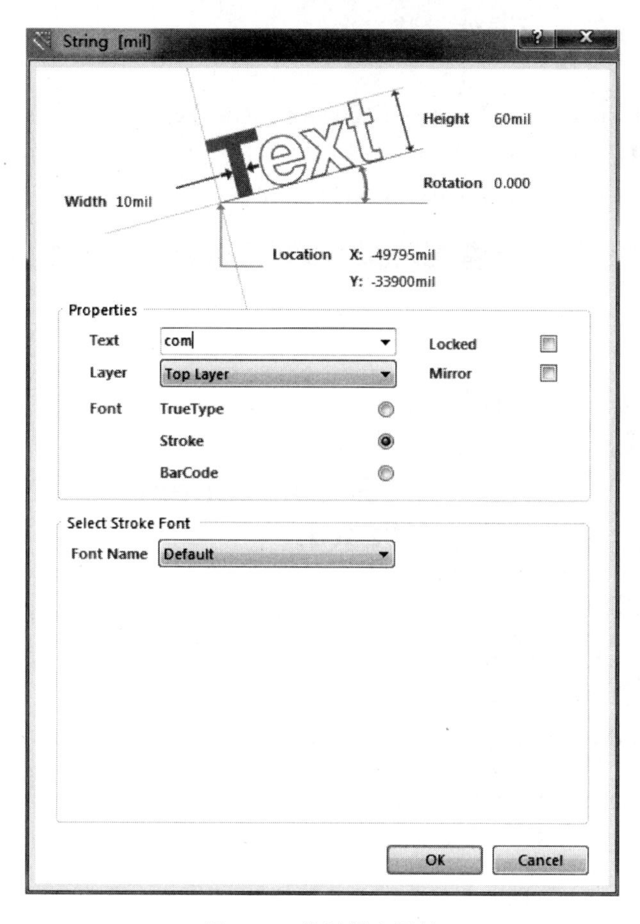

图 7-10 设置焊盘属性

4. 绘制图形

在 Top Overlay 层绘制元器件的图形，绘制的图形需要参考元器件的实际尺寸和外形。执行【Place】(放置)|【line】(走线)菜单命令，来绘制焊盘的外形的走线，绘制完成后的元器件封装如图 7-12 所示。

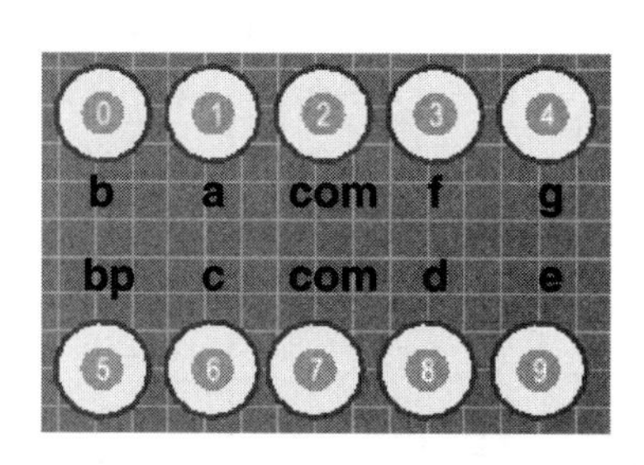

图 7-11 放置文本后的焊盘

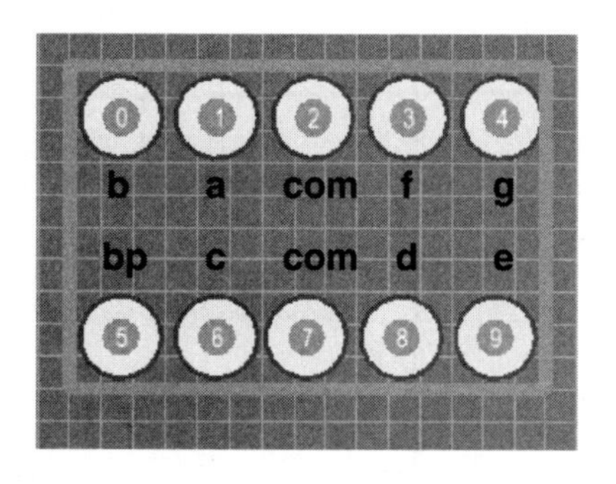

图 7-12 绘制好的元器件封装

7.3.2 使用向导创建元器件封装

第 1 步：在【PCB Library】面板中的【Components】(元器件)列表栏内右击，系统弹出快捷菜单，选择【Components Wizard】(元器件向导)命令即可启动新建元器件封装向导。系统弹出【PCB Components Wizard】(PCB 元器件向导)对话框，如图 7-13 所示。

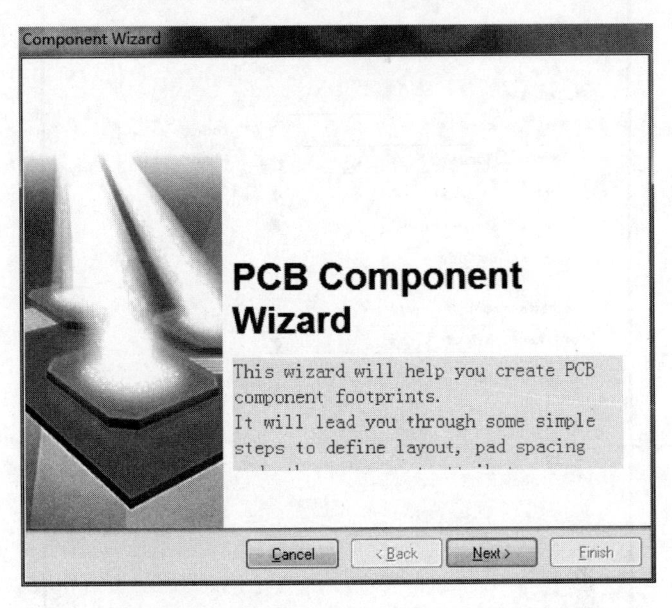

图 7-13 【PCB Components Wizard】(PCB 元器件向导)对话框

第 2 步：单击【Next】按钮，进入【模式和单位】对话框，从模式表中选择元器件的封装类型，这里以 DIP 式封装为例，采用英制单位，如图 7-14 所示。

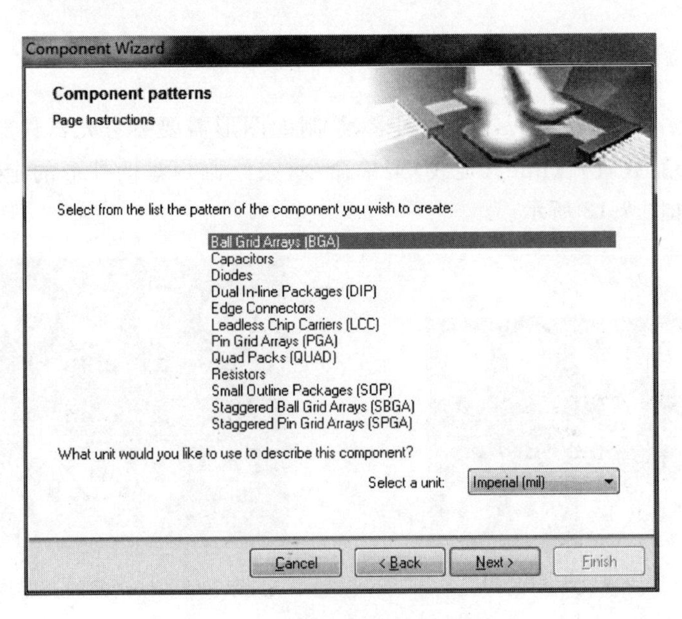

图 7-14 【模式和单位】对话框

第 3 步：单击【Next】按钮，进入【指定焊盘尺寸】对话框，设置焊盘直径，如图 7-15 所示。

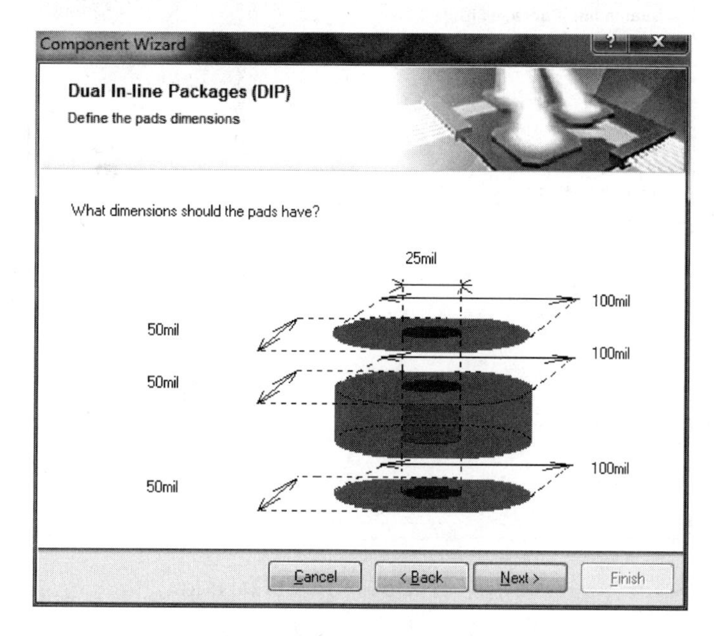

图 7-15 【指定焊盘尺寸】对话框

第 4 步：单击【Next】按钮，进入【焊盘距离值类型】对话框，按照用户选择的封装模式设置焊盘之间的间距，如图 7-16 所示。

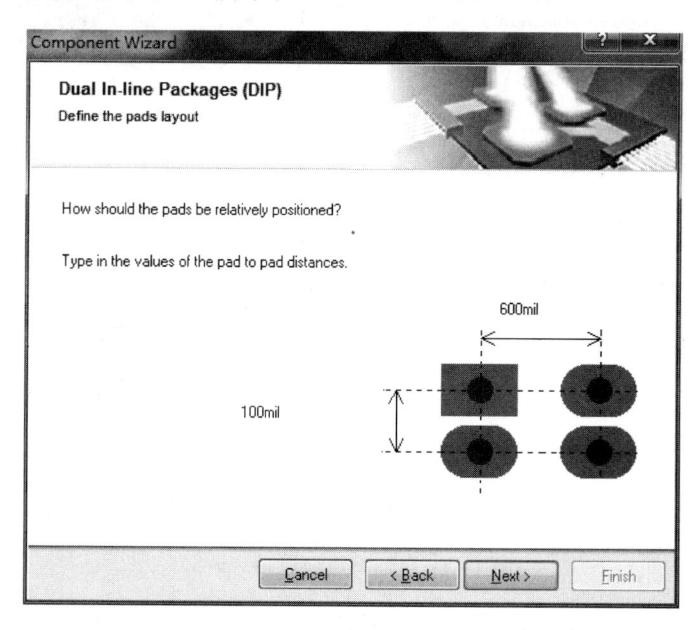

图 7-16 【焊盘距离值类型】对话框

第 5 步：单击【Next】按钮，进入指定外框线宽度对话框，设置用于绘制封装图形的轮廓线的宽度，如图 7-17 所示。

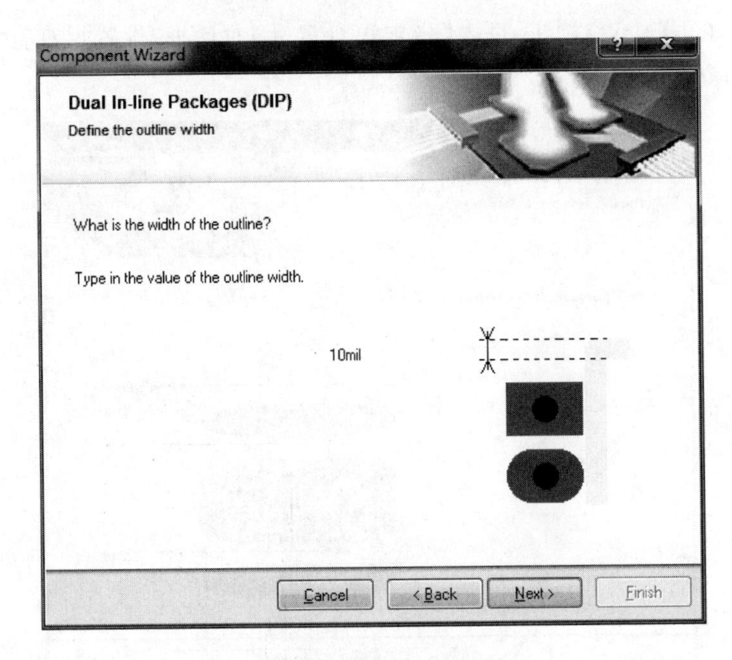

图 7-17 【指定轮廓线宽度】对话框

第 6 步：单击【Next】按钮，进入【设置焊盘数目】对话框，如图 7-18 所示。

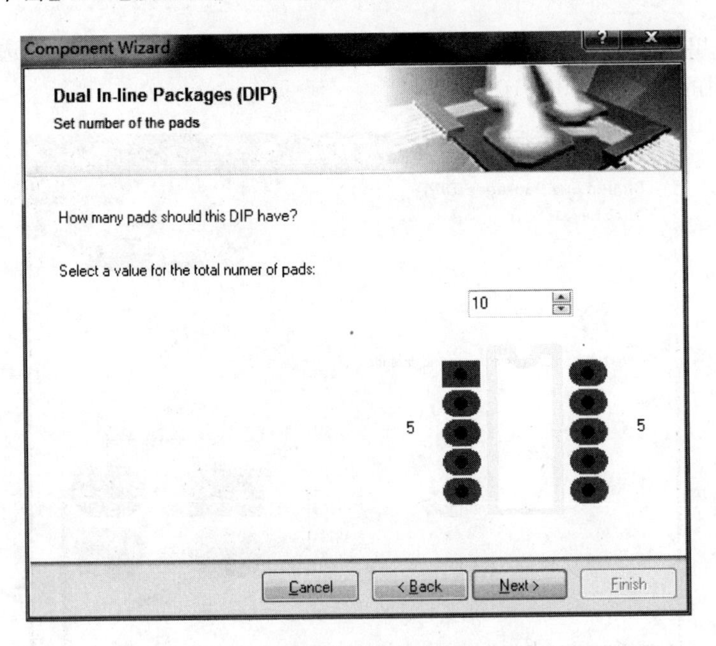

图 7-18 【设置焊盘数目】对话框

第 7 步：单击【Next】按钮，设置 DIP 封装的名字，如图 7-19 所示。

第 8 步：单击【Next】按钮，如图 7-20 所示。在出现的对话框中再单击【Finish】按钮即可创建一个 DIP 元件封装，如图 7-21 所示。

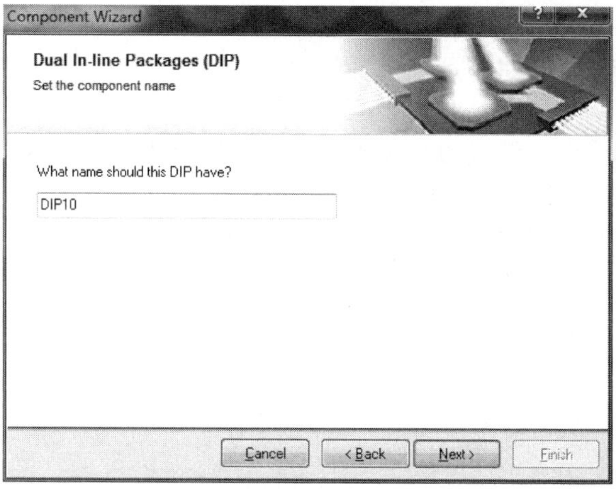

Component Wizard

Dual In-line Packages (DIP)

Set the component name

What name should this DIP have?

DIP10

Cancel　< Back　Next >　Finish

图 7-19　设置 DIP 封装名称

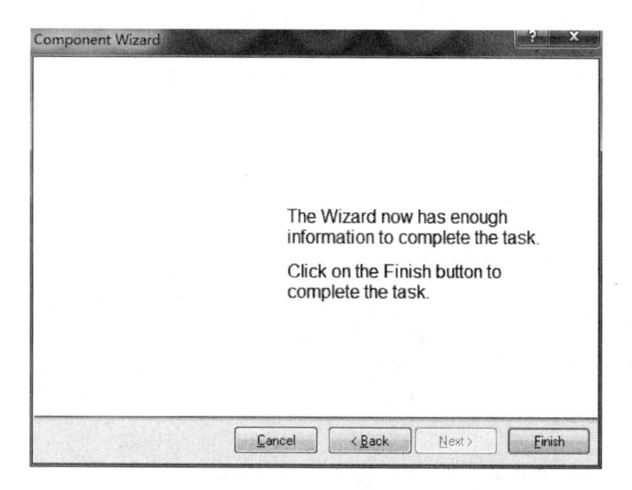

图 7-20　结束任务

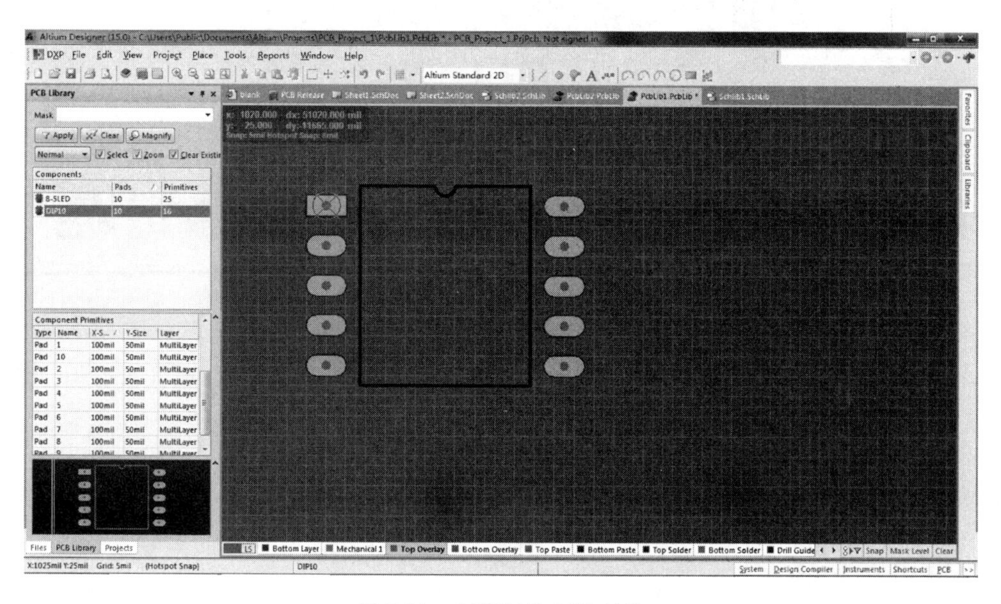

图 7-21　创建好的 DIP 封装

7.4 不规则封装的绘制

随着电子工艺的进步，新式的封装不断涌现，出现很多具有不规则引脚排列的封装形式。绘制不规矩的封装不能单纯使用向导完成，需要对向导生成的封装进行修改。下面以示例的形式介绍不规则封装的绘制。

7.4.1 焊盘属性编辑

封装编辑主要通过修改焊盘属性和构成边框的线属性完成，其中的焊盘属性编辑过程如下。

1. 进入焊盘属性编辑状态

进入焊盘属性编辑状态有以下三种方式：

(1) 从工作面板进入焊盘属性编辑状态需要以下的步骤，这里被编辑的焊盘为焊盘1。

第1步：选中刚才新建的DIP10封装，该封装被高亮显示。

第2步：单击该封装，下面的焊盘列表将被刷新，如图7-22所示。用鼠标拖动滚动条可以浏览所有的焊盘标号。该图是选择第一个焊盘后的窗口。

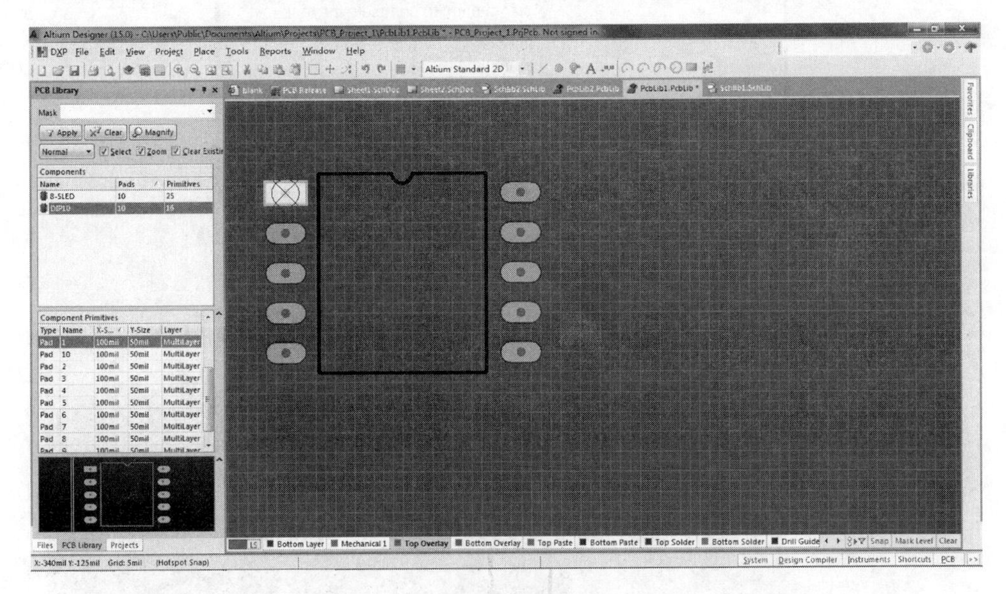

图7-22 焊盘列表

第3步：在焊盘列表框中选中焊盘标号1，将选中该标号对应的焊盘，双击焊盘或者引脚弹出编辑焊盘属性的对话框。

(2) 通过下拉菜单进入焊盘属性编辑状态，步骤如下。

第1步：在工作窗口中单击选中焊盘，焊盘处于选中状态。

第2步：在该焊盘上右击，弹出图7-23所示的快捷菜单。

第3步：选择【Properties】(特性)命令进入该焊盘的编辑状态。

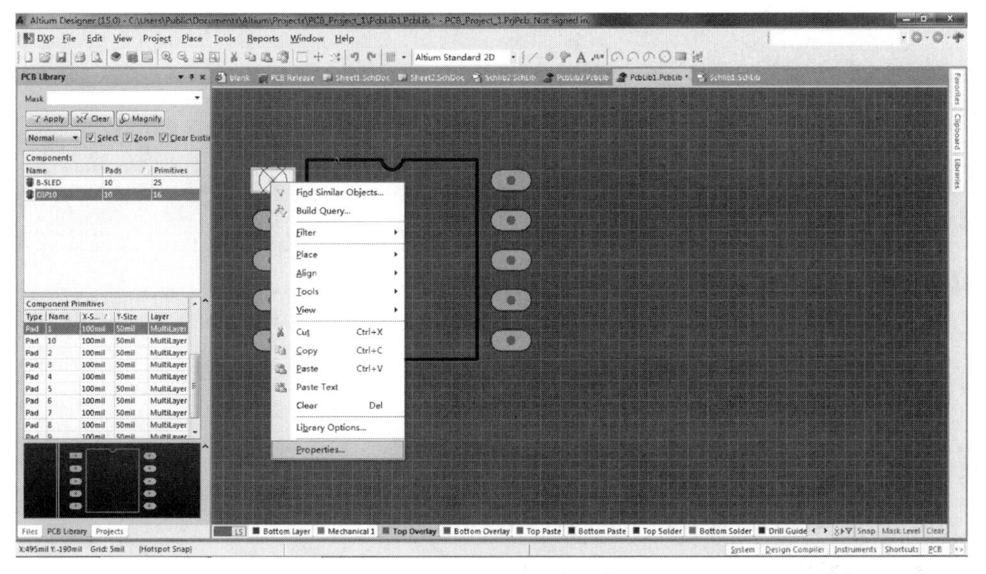

图 7-23　选中焊盘后的快捷菜单

2. 编辑焊盘属性

编辑焊盘属性的对话框如图 7-24 所示。

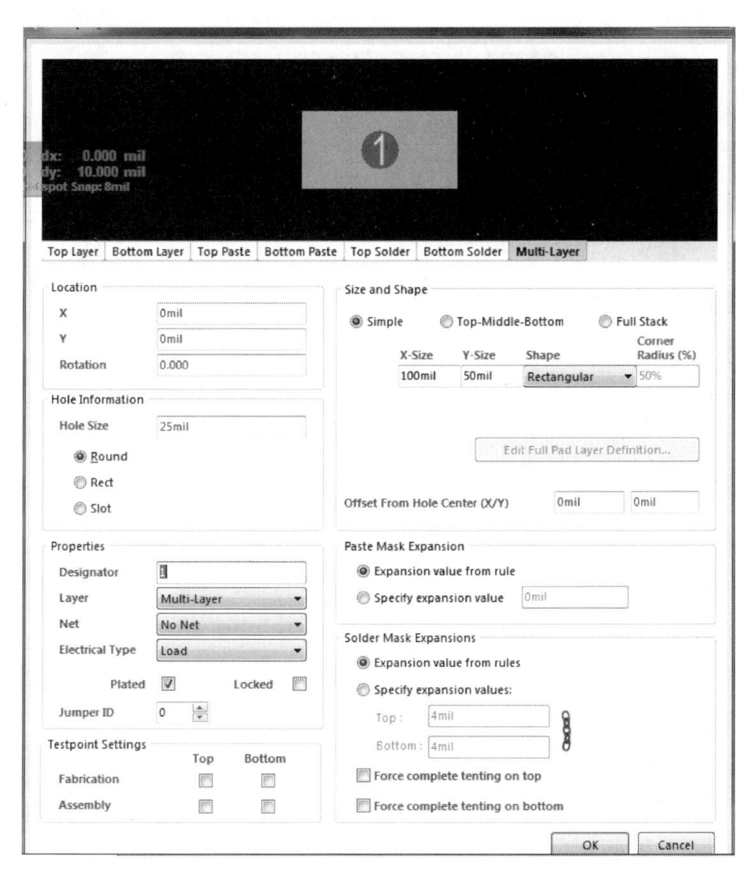

图 7-24　【编辑焊盘属性】对话框

7.4.2 线属性编辑

下面介绍如何对线属性进行编辑。

(1) 进入线属性编辑状态。

与编辑焊盘属性类似，在线上双击或者单击选中线后再右击，从弹出的快捷菜单中选择【Properties】(特性)命令可以进入线属性编辑状态。

(2) 编辑线的属性。

线属性编辑对话框如图 7-25 所示，这里编辑的是一条线段。

- 【Start】(开始)：线段的起点坐标。
- 【End】(结尾)：线段的终点坐标。
- 【Width】(宽度)：表示该线段的宽度，这里采用默认的 10mil。

【Properties】(属性)选项组中的各项意义分别如下。

- 【Layer】(层)：表示该线段所在的层。
- 【Net】(网络)：表示该线段所属的网络。
- 【Locked】(锁定)：表示该线段是否锁定。
- 【Keepout】(使在外)：表示该线段是否为 Keepout 区域的边界。通常情况下采用默认设置即可。

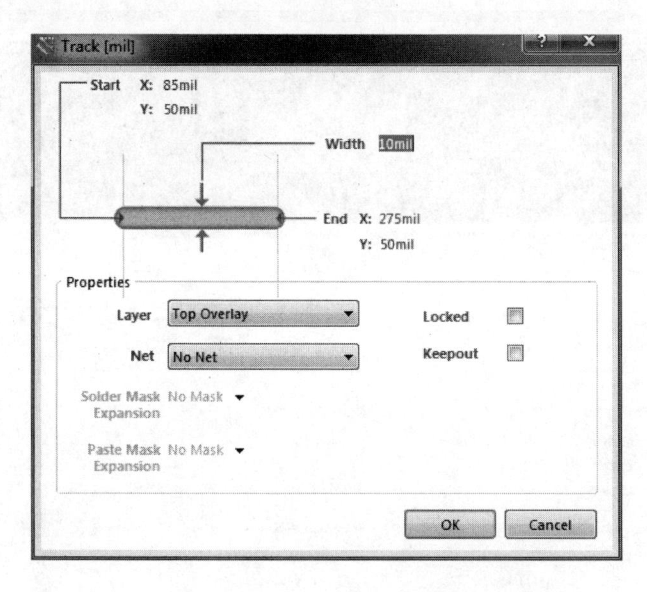

图 7-25 【Track[mil]】(线段属性编辑)对话框

7.4.3 圆弧属性编辑

圆弧属性编辑对话框如图 7-26 所示，该对话框与线段属性编辑对话框类似。

该对话框可以分为两部分。

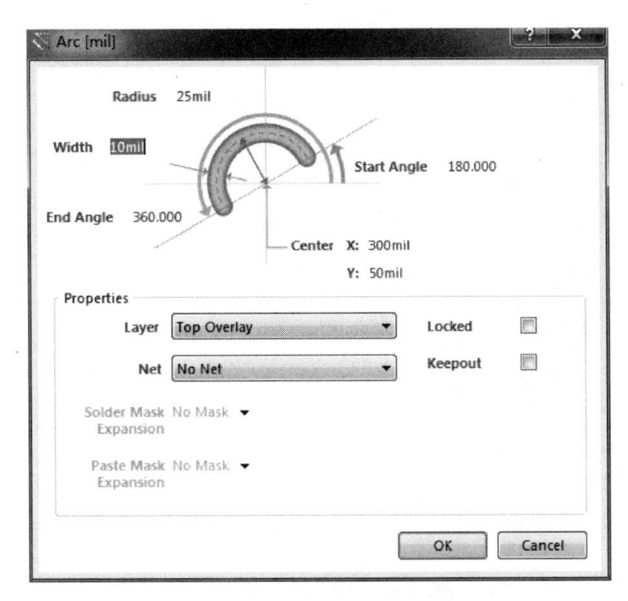

图 7-26 【Arc[mil]】(圆弧属性编辑)对话框

(1) 上方为圆弧的直观图像,各项意义如下:

- 【Start Angle】(起始角度):表示起始的度数。
- 【End Angle】(终止角度):表示终止的度数。
- 【半径】:表示圆弧的半径。

(2) 下面的【Properties】(属性)选项组与线段属性编辑对话框中的相同,不再多述。

7.4.4 示例芯片的封装信息

本小节将绘制一个需要进一步编辑的封装,该封装名称为 SOP6,只有 3 个焊盘,左边 2 个,右边只有 1 个,如图 7-27 所示。

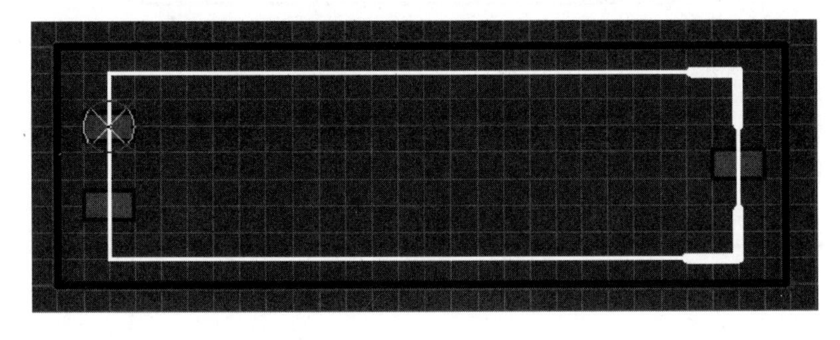

图 7-27 SOP6 封装形式

7.4.5 通过向导制作 SOP6

第 1 步:该示例芯片的封装不规则,可以采用向导绘制规则封装,然后再修改即可。向导步骤如图 7-28 至图 7-35 所示。

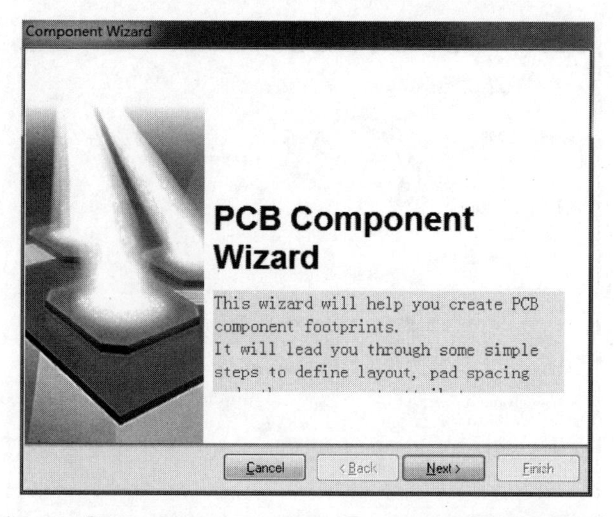

图 7-28　【PCB Components Wizard】(PCB 元器件向导)对话框

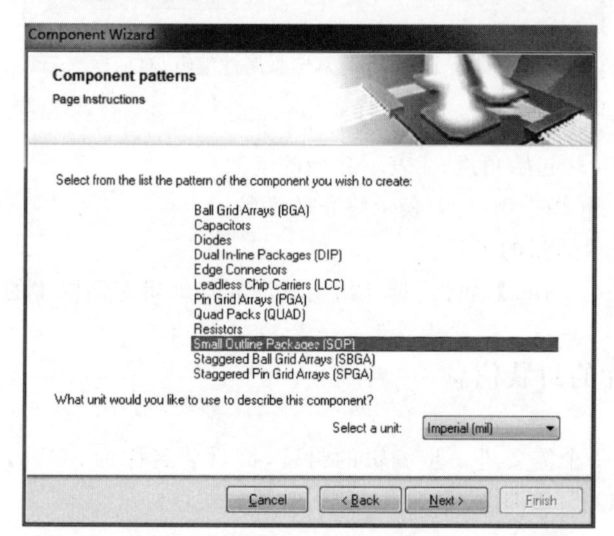

图 7-29　选择 SOP 选项

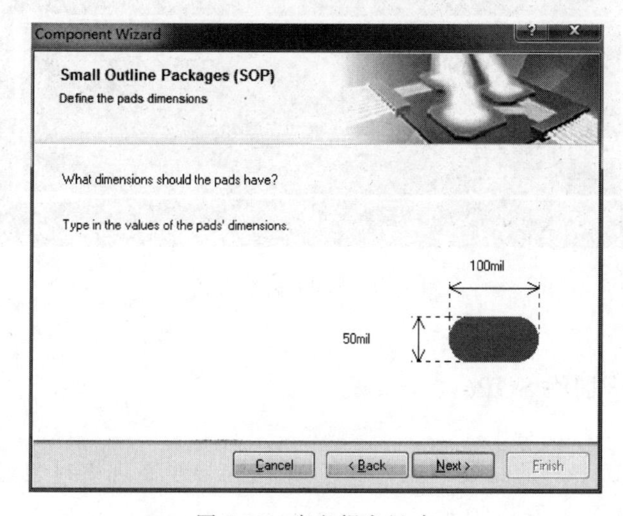

图 7-30　定义焊盘尺寸

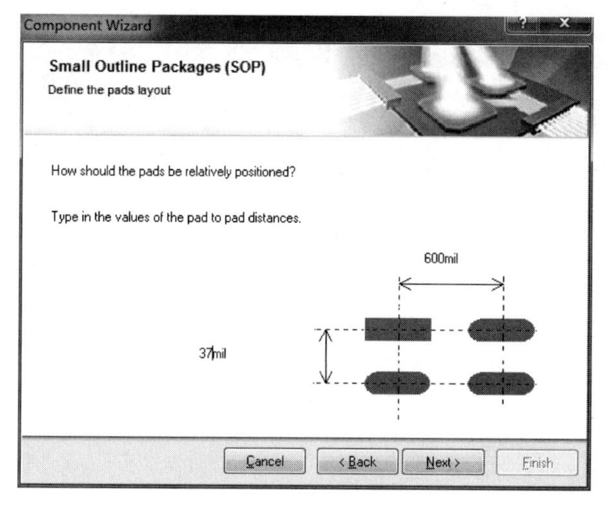

图 7-31 定义焊盘布局

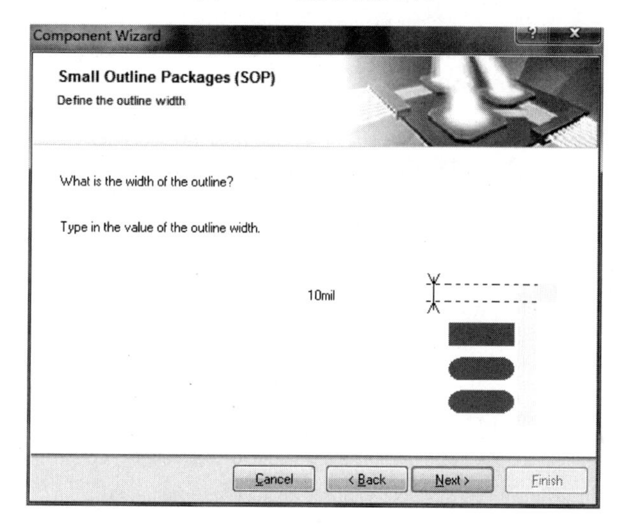

图 7-32 定义外框宽度

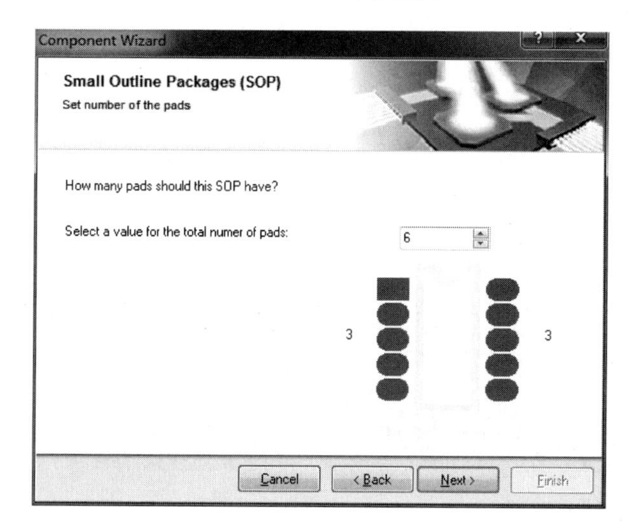

图 7-33 定义焊盘数量

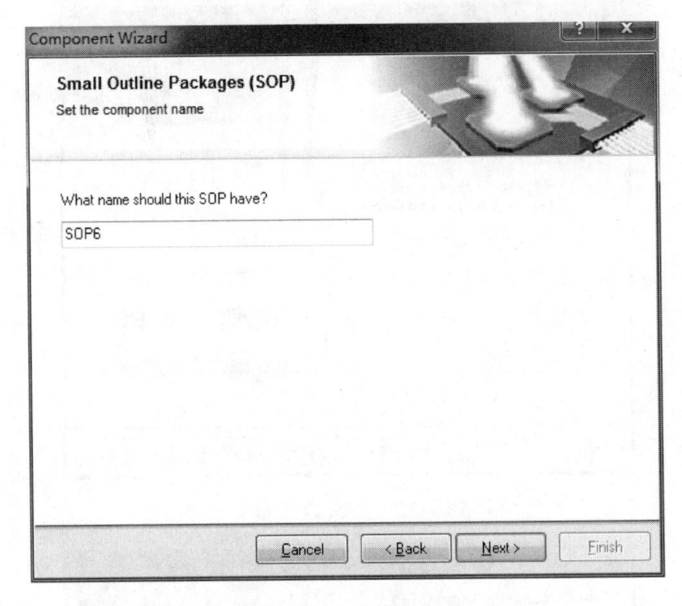

图 7-34　设定封装名称

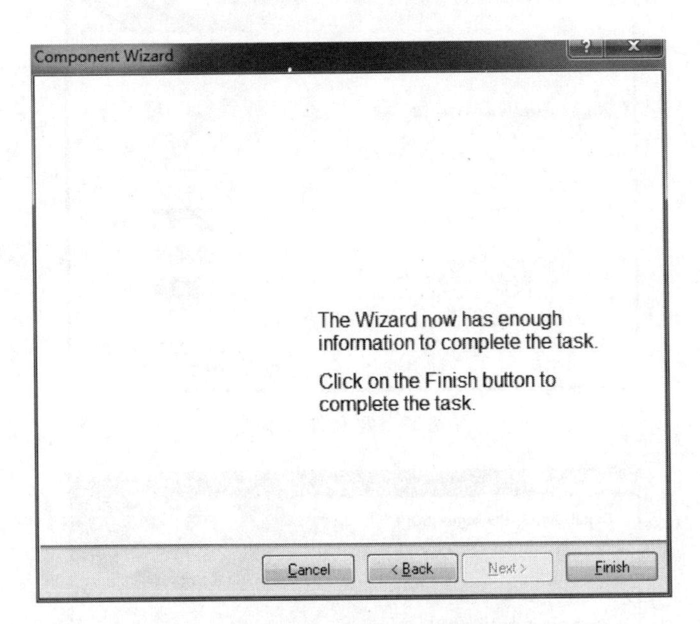

图 7-35　完成封装向导

第 2 步：使用向导生成 SOP6 的封装，如图 7-36 所示。

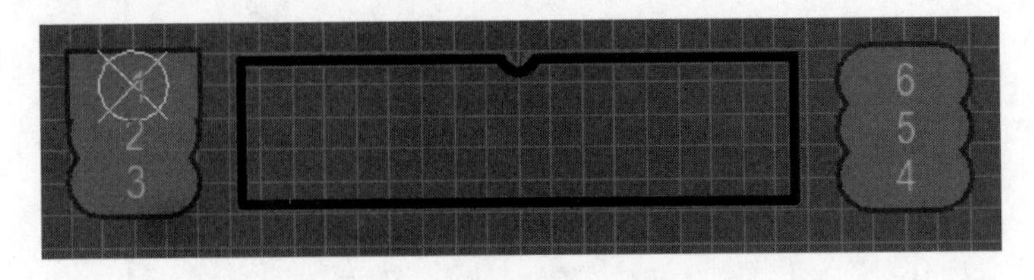

图 7-36　SOP6 的封装

这种焊盘是不合要求的,因为焊盘尺寸过大。

7.4.6 修改 SOP6 焊盘

第 1 步:删除焊盘 4 和焊盘 6。

第 2 步:编辑焊盘 1 和焊盘 3 的属性,即改变它们的形状为矩形,尺寸为 45mil×23mil,如图 7-37 所示,选中焊盘右击,从弹出的快捷菜单中选择【Properties】(属性)命令,在弹出的窗口中选择【Size and Shape】(尺寸和外形)区域中的【Shape】(外形)下拉列表框 Rectangle 选项即可改变形状为矩形。

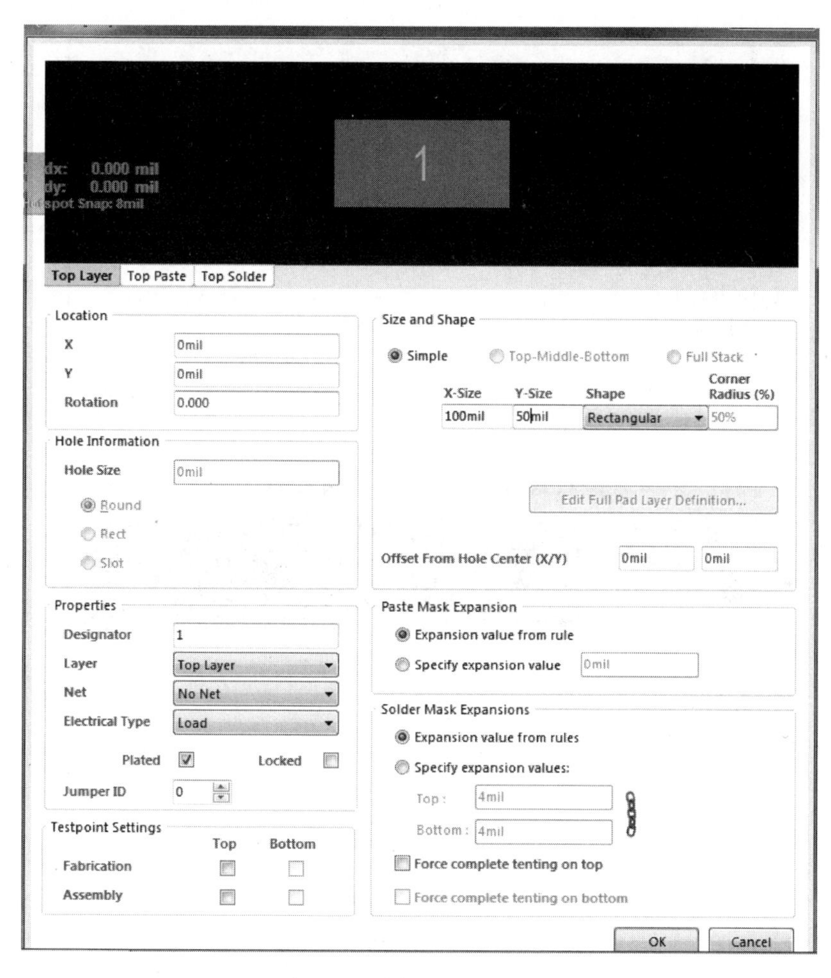

图 7-37 编辑焊盘 1 的属性

第 3 步:修改焊盘的尺寸为 45mil 和 23mil,如图 7-38 所示。

第 4 步:删除第 2 脚的焊盘,编辑第 3 脚焊盘的属性,如图 7-39 所示。

第 5 步:更改后的焊盘形状如图 7-40 所示。

第 6 步:编辑第 5 脚焊盘的属性,如图 7-41 所示。

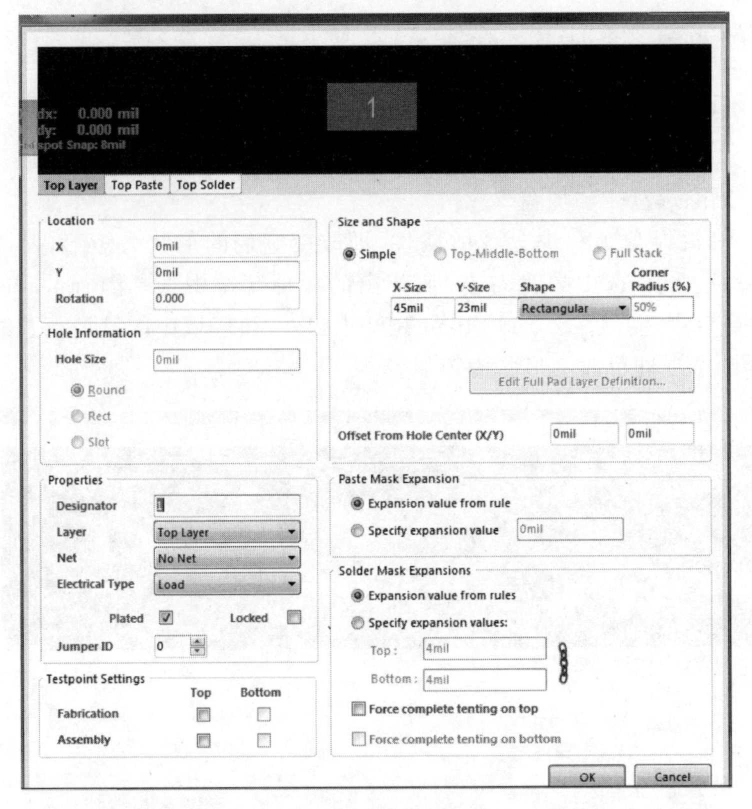

图 7-38　焊盘属性

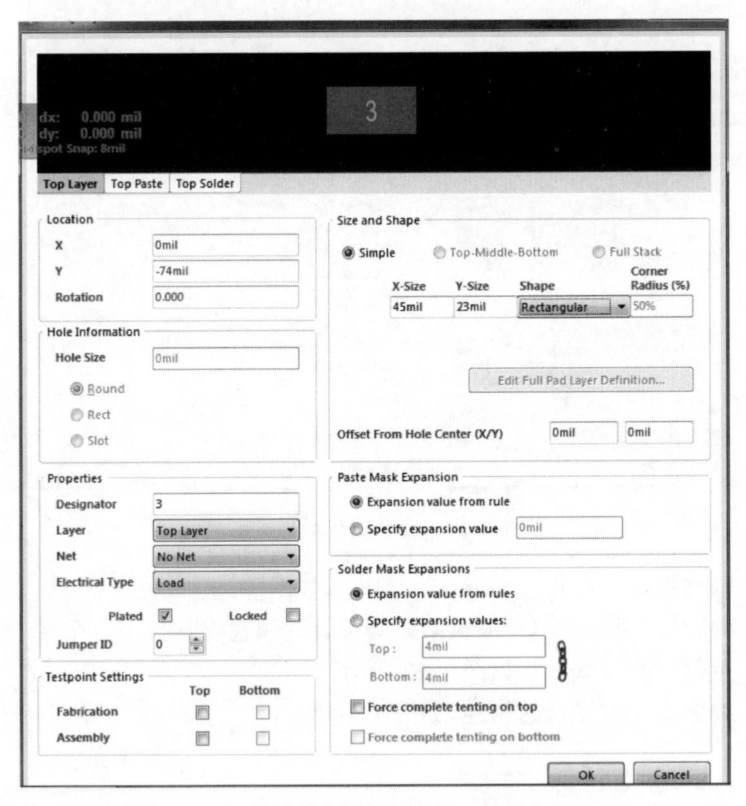

图 7-39　编辑焊盘 3 属性

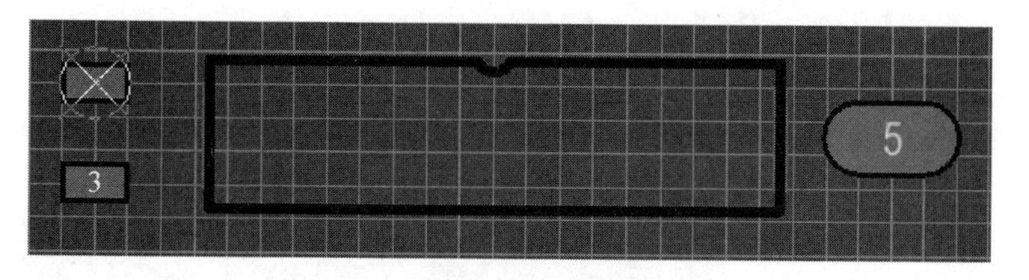

图 7-40　更改后的焊盘

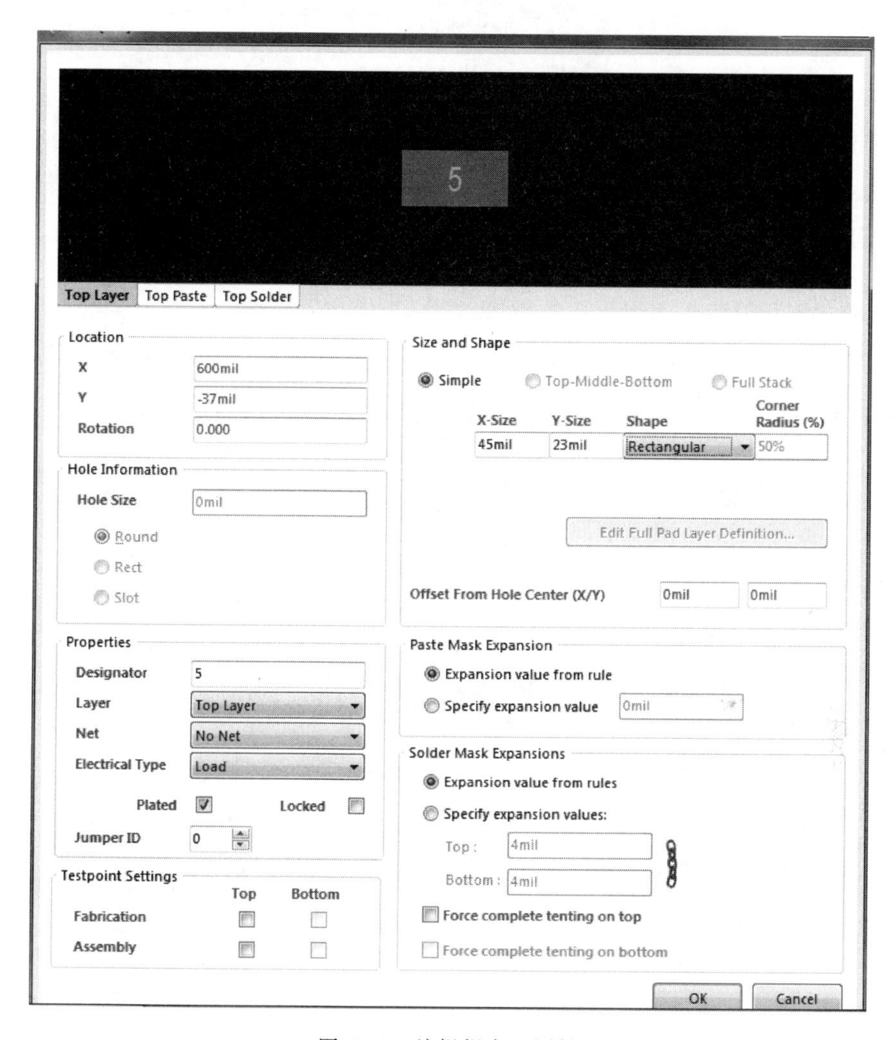

图 7-41　编辑焊盘 5 属性

7.4.7　测量焊盘的距离

在绘制元器件时，测量焊盘距离是很重要的，否则，元器件在实物 PCB 板中可能安装不上。

第 1 步：选择【Reports】(报告)|【Measure Distance】(测量距离)命令，如图 7-42 所示。

第 2 步：测量焊盘 1 到焊盘 2 的距离，如图 7-43 所示。

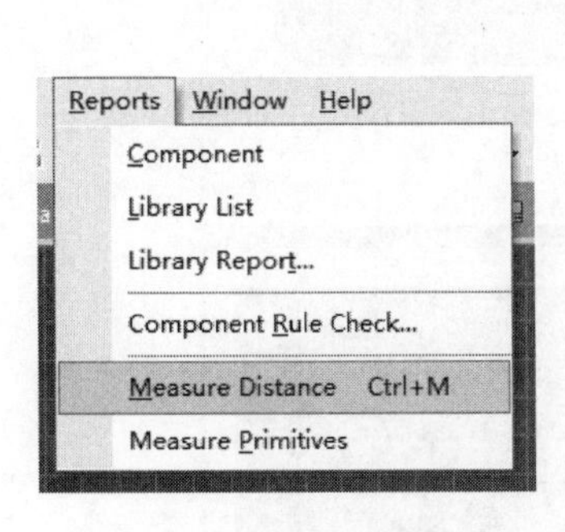

图 7-42 测量距离命令

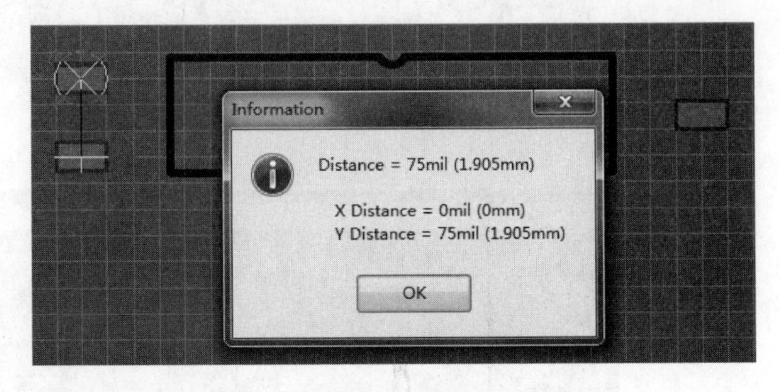

图 7-43 测量焊盘 1 到焊盘 2 的距离

第 3 步：测量焊盘 1 到焊盘 3 的距离，如图 7-44 所示。

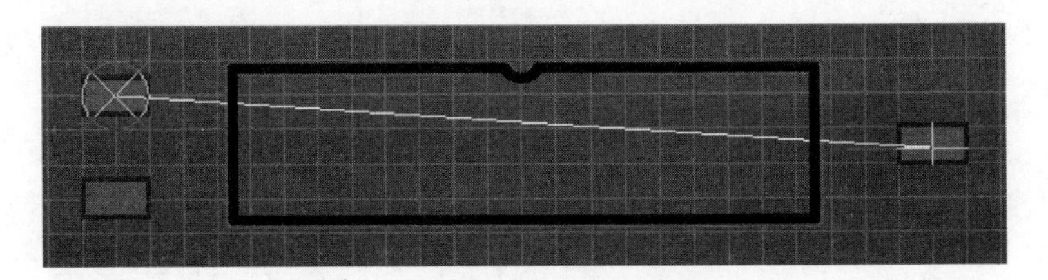

图 7-44 测量焊盘 1 到焊盘 3 的距离

第 4 步：焊盘 1 到焊盘 3 的距离，如图 7-45 所示。

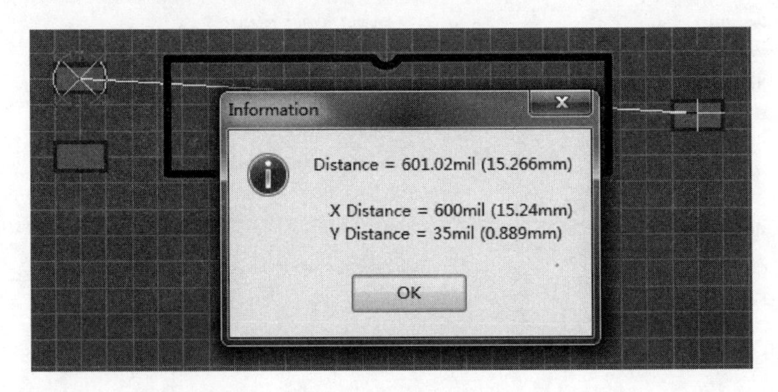

图 7-45 焊盘 1 到焊盘 3 的距离

7.4.8 查看元器件封装的走线尺寸

第 1 步：右击查看集成元器件库的那个机械层的直线尺寸，如图 7-46 所示。

第 2 步：打开的属性对话框如图 7-47 所示。

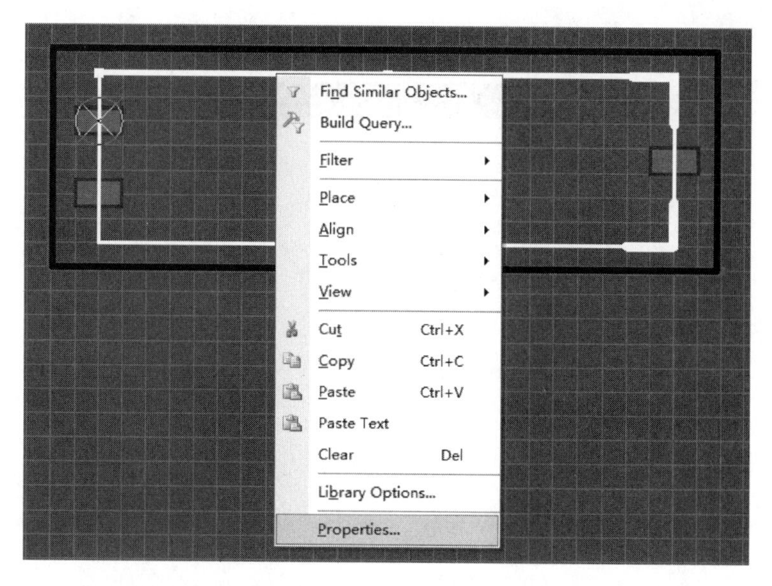

图 7-46　查看属性

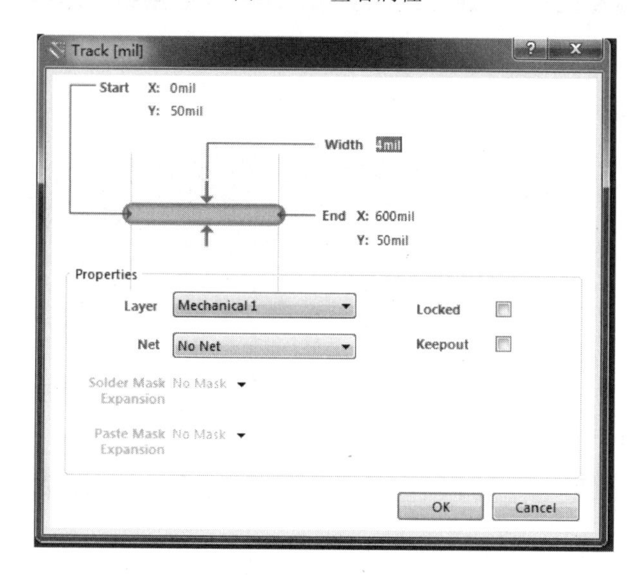

图 7-47　【轨迹属性】对话框

7.4.9　绘制 SOP6 的走线

第 1 步：删除自己制作的 SOP6 中的直线，如图 7-48 所示。

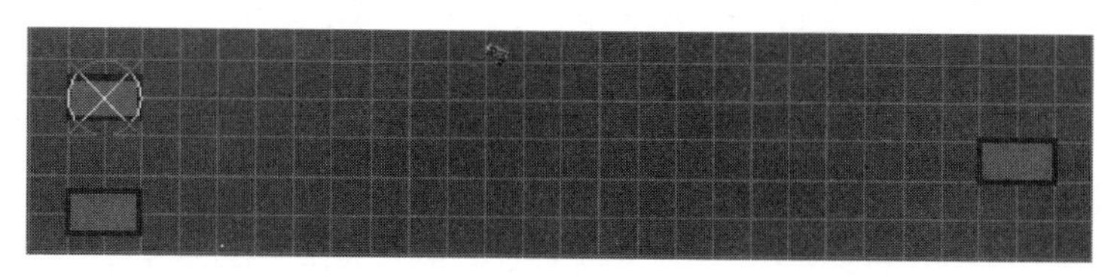

图 7-48　删除直线

第 2 步：设置直线的宽度，如图 7-49 所示。

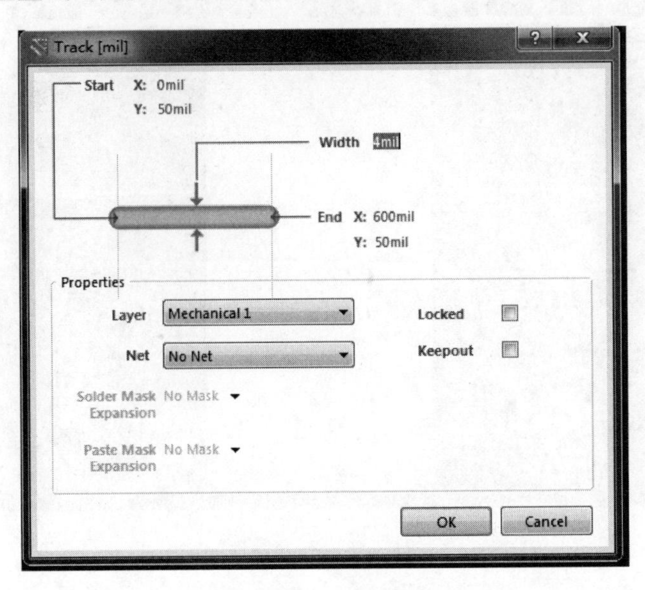

图 7-49　设置线宽

第 3 步：绘制走线后的示意图，如图 7-50 所示。

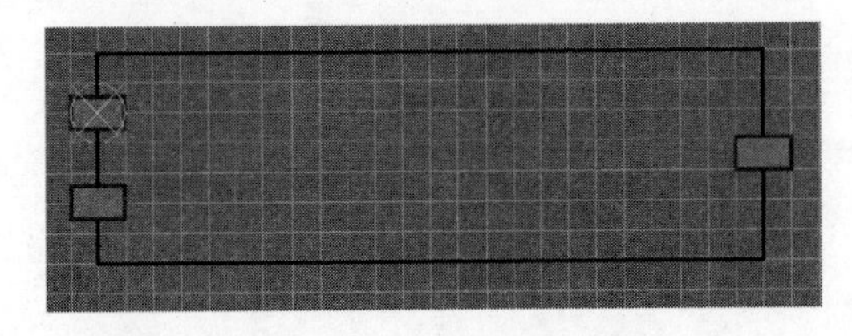

图 7-50　走线示意图

第 4 步：在丝印层上继续绘制走线，设置线宽，如图 7-51 所示。

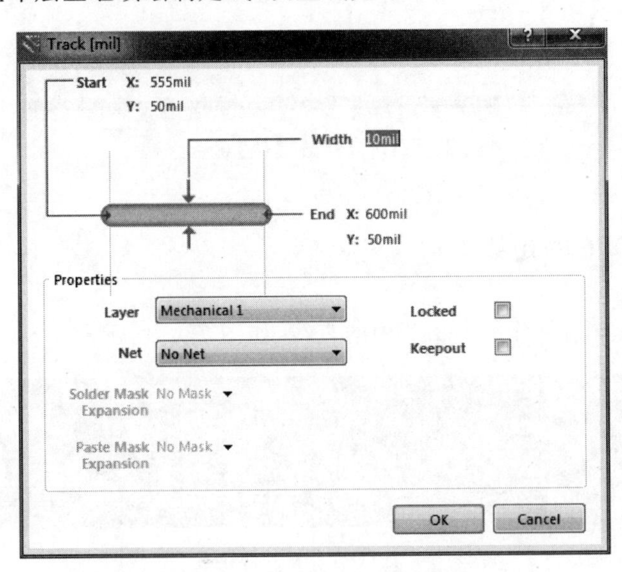

图 7-51　丝印层的走线线宽

第 5 步：绘制的丝印层图形，如图 7-52 所示。

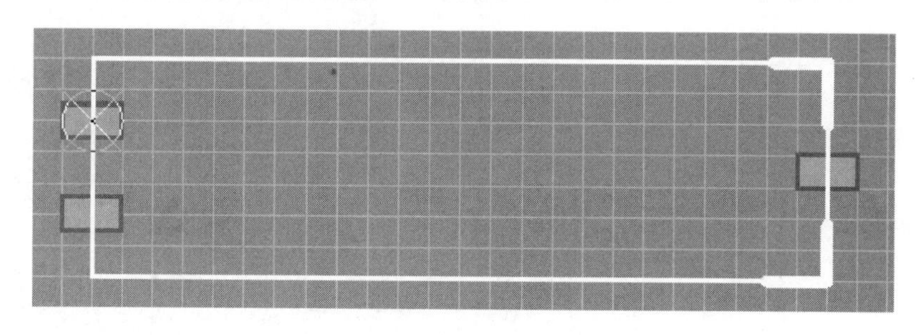

图 7-52 绘制丝印层图形

第 6 步：在机械层上绘制外框，如图 7-53 所示。

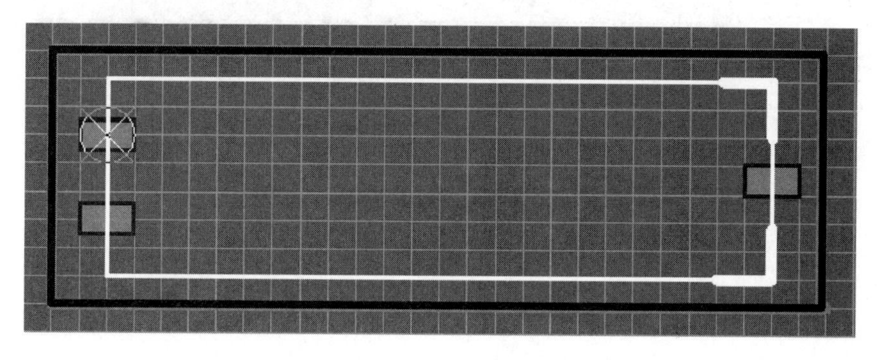

图 7-53 绘制外框

再更改焊盘 3 和焊盘 5 的名称，即可完成 SOP6 的封装绘制。

到此为止，一个不规则的封装已经绘制完成。设计者通过手动放置焊盘和边框方法也可以绘制该封装，绘制出来的结果也是完全有效的。但是手动绘制的方法很容易出错，工作量大，尤其是在绘制不规则 BGA 封装时，芯片有上百个引脚，手动绘制的方法实际上是不现实的。

7.5 元器件封装管理

7.5.1 元器件封装管理面板

打开元器件封装库文件进入 PCB 封装库编辑器，执行窗口右下角区域标签栏内的【PCB】|【PCB Library】命令，将会打开【PCB Library】面板，如图 7-54 所示。【PCB Library】面板的顶部是应用、清除、放大图形等辅助功能，下面依次是【Components】(元器件)列表框、【Component Primitives】(原始元器件)列表框及元器件封装预览区。当前被选中元器件的所有焊盘、直线、圆弧等图元都被显示在【Component Primitives】(原始元器件)列表框中。

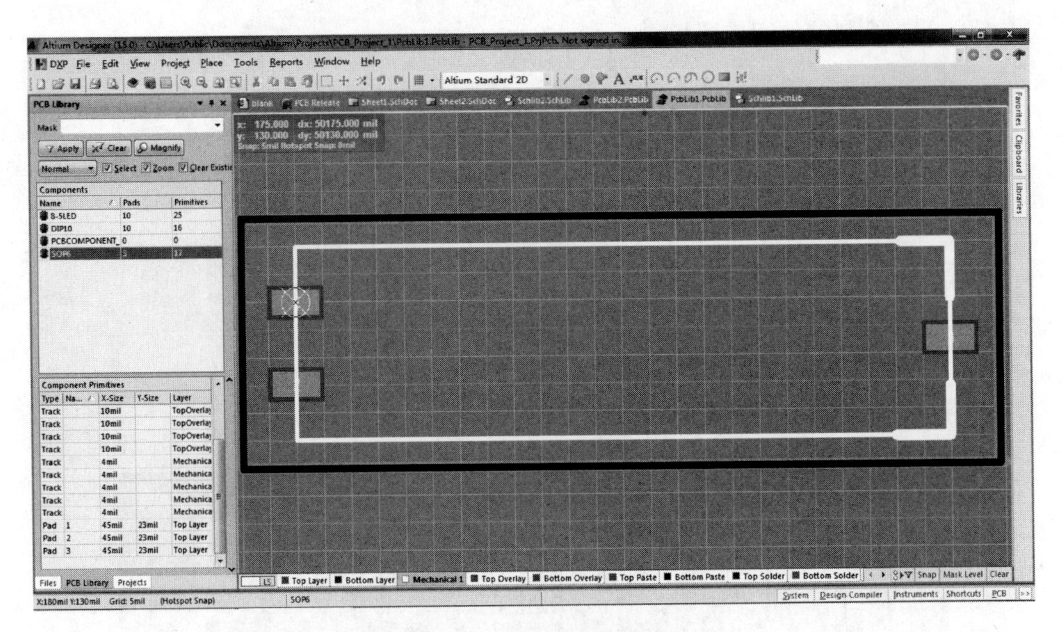

图 7-54　查看生成库中的元器件封装

7.5.2　元器件封装管理操作

在【PCB Library】面板的【Components】(元器件)列表框中右击，系统弹出图 7-55 所示的快捷菜单。

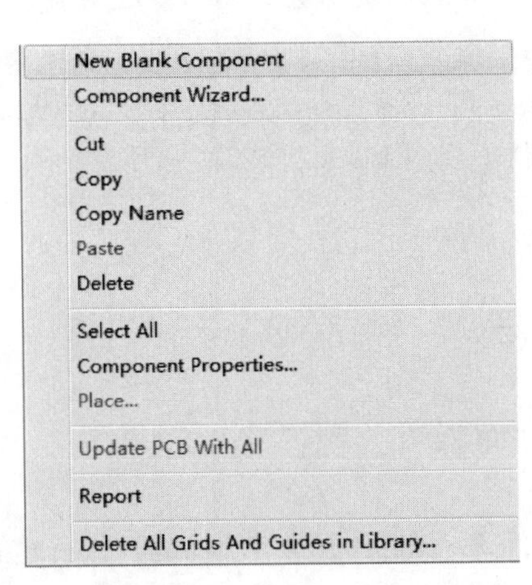

图 7-55　【Components】(元器件)列表框右键菜单

执行【New Blank Component】(新建空白文件)命令，新建一个空的元器件封装；执行【Component Wizard】(元器件向导)命令，通过向导新建一个元器件封装；【Cut】、【Copy】及【Copy Name】命令分别用于对所选元器件进行剪切、复制及复制元器件名称的操作(此操作在复制集成 PCB 元器件封装到自己绘制的 PCB 封装库时很有用)；执行【Paste】命令，粘贴剪切板中最新复制的一个元器件到当前库文件中；执行【Delete】命令，删除当前被选中的文件，还可以通过键盘上的 Delete 键直接删除元器件；【Component Properties】(元器件属性)命令用于修改元器件名称、高度等属性；执行【Place】命令，在当前打开的 PCB 文件中放置被选中的元器件封装；执行【Update PCB With PCB Component-1】命令，用选中的元器件封装更新当前处于打开状态的 PCB 文件；执行【Update PCB With All】(为全部更新 PCB)命令，用库中所有的元器件封装更新当前处于打开状态的 PCB 文件进行更新；执行【Reports】命令生成元器件封装报表。

在【PCB Library】面板的【Component Primitives】(原始元器件)列表框中右击，系统弹出图 7-56 所示的快捷菜单。该菜单主要用于对【Component Primitives】(原始元器件)列表框中显示的内容进行选择。执行【Reports】命令，将所有元器件信息生成报告并打印。执行【Properties】命令，修改选元器件的属性。

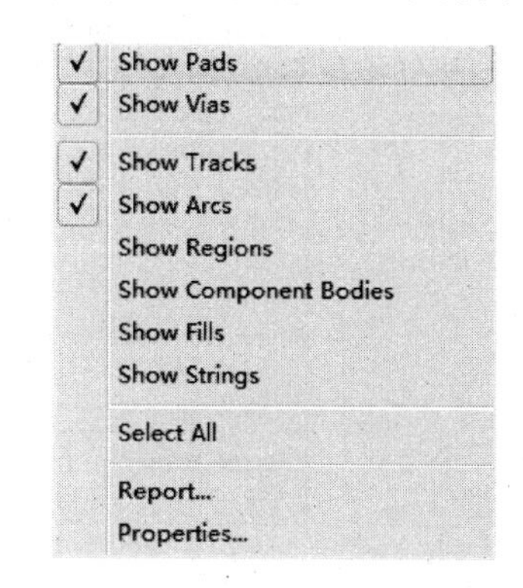

图 7-56 【Component Primitives】(原始元器件)列表框右键菜单

7.6 封装报表文件

7.6.1 设置元器件封装规则检查

元器件封装绘制完成后，还需要进行元器件封装规则检查。在元器件封装编辑器中，执行【Reports】(报告)|【Component Rule Check】(元器件规则检查)命令，系统弹出【Component Rule Check】(元器件规则检查)对话框，如图 7-57 所示。

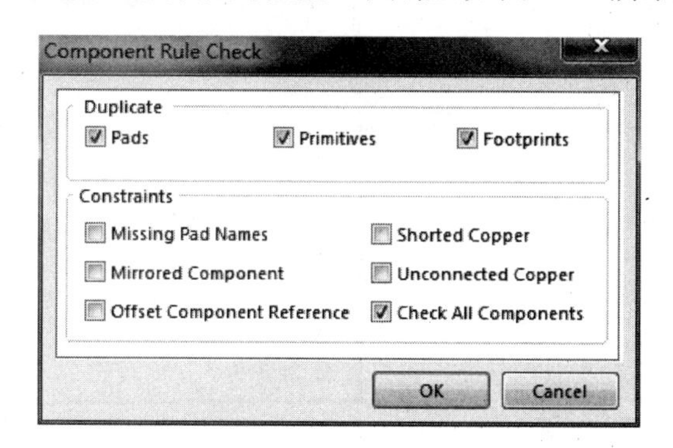

图 7-57 【Component Rule Check】(元器件规则检查)对话框

在【Component Rule Check】(元器件规则检查)对话框的【Duplicate】(副本)栏中设置需要进行重复性检测的工程，重复的焊盘、重复的图元及重复的封装。在【Constraints】(约束)栏设置其他约束条件，一般应选中【Missing Pad Names】(丢失焊盘名)复选框和【Check All Components】(检查所有元器件)复选框。

7.6.2 创建元器件封装报表文件

在元器件封装编辑器中，单击【Reports】（报告）|【Component】（元器件）菜单，系统对当前被选中的元器件生成元器件封装报表文件，扩展名为 cmp，如图 7-58 所示。

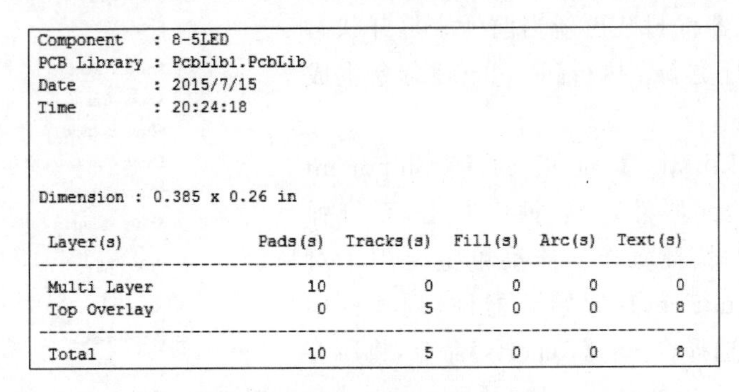
Component : 8-5LED
PCB Library : PcbLib1.PcbLib
Date : 2015/7/15
Time : 20:24:18

Dimension : 0.385 x 0.26 in

Layer(s)	Pads(s)	Tracks(s)	Fill(s)	Arc(s)	Text(s)
Multi Layer	10	0	0	0	0
Top Overlay	0	5	0	0	8
Total	10	5	0	0	8

图 7-58 元器件封装报表文件

7.6.3 封装库报表文件

在元器件封装编辑器中，单击【Reports】（报告）|【Library List】（库列表）命令，系统对当前元器件封装库生成封装库报表文件，扩展名为 rep，如图 7-59 所示。

在元器件封装编辑器中，单击【Reports】（报告）|【Library Report】（库报告）命令，系统弹出【Library Report Settings】（库报告设置）对话框，如图 7-60 所示。

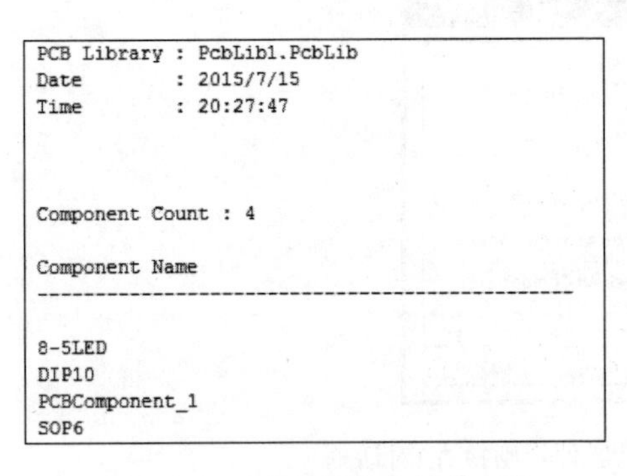
PCB Library : PcbLib1.PcbLib
Date : 2015/7/15
Time : 20:27:47

Component Count : 4

Component Name

8-5LED
DIP10
PCBComponent_1
SOP6

图 7-59 元器件封装库报表文件

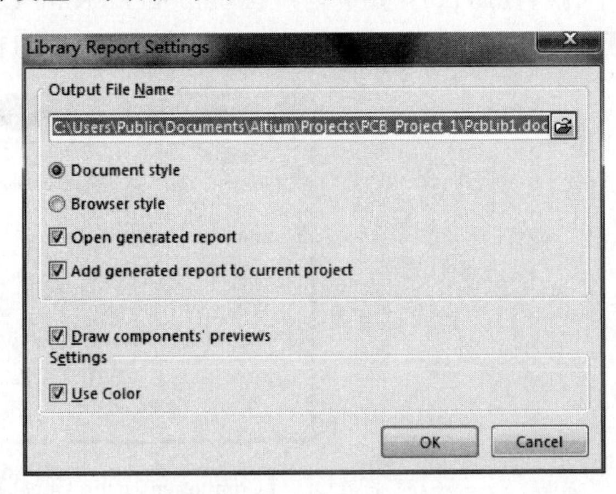

图 7-60 【Library Report Settings】（库报告设置）对话框

设置报告文件的路径和扩展名，选择报告采用【Document style】（文档风格）还是【Browser style】（浏览器风格），选中【Open generated report】（打开产生的报告）复选框（这样在报告生成完以后将被自动打开）。单击【OK】按钮，系统对当前元器件封装库生成封装库报告文件，报告文件的格式为 Word 文档格式，扩展名为 doc，报告生成后报告文档将自动被打开，如图 7-61 所示。

Protel PCB Library Report

Library File Name	C:\Users\Public\Documents\Altium\Projects\PCB_Project_1\PcbLib1.PcbLib
Library File Date/Time	2015年7月14日 16:49:38
Library File Size	111104
Number of Components	4
Component List	8-5LED, DIP10, PCBComponent_1, SOP6

Library Reference	8-5LED
Description	
Height	0mil
Dimension	385mil x 260mil
Number of Pads	10
Number of Primitives	25

Library Reference	DIP10
Description	
Height	0mil
Dimension	708mil x 510mil
Number of Pads	10
Number of Primitives	16

图 7-61　封装库报告文件的 Word 文档

7.7　综合演练

第 6 章演练已经建立了时钟电路元器件原理图库，本节将演练利用向导进行元器件 PCB 封装，其主要步骤如下：

第 1 步：新建 PCB 封装库文件数字时钟.PcbLib 并保存。

第 2 步：利用元器件向导对 AT89S52 进行元器件封装，设置孔径、焊盘长轴和短轴直径，如图 7-62 所示。

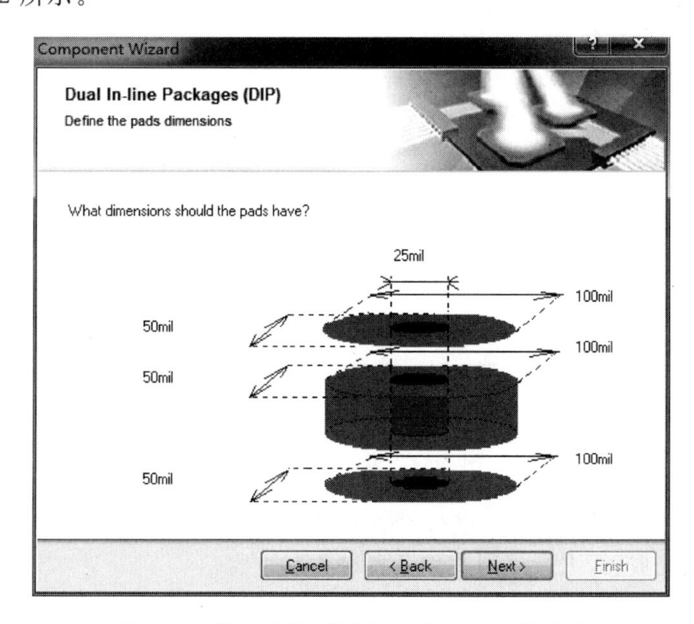

图 7-62　设置孔径、焊盘长轴和短轴直径界面

第 3 步：设置焊盘中心距和丝印线宽度，如图 7-63 和图 7-64 所示。

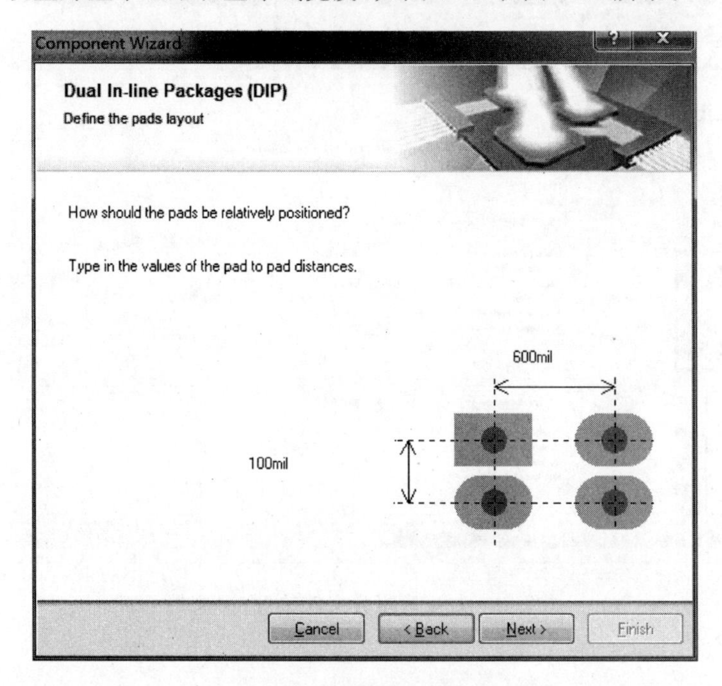

图 7-63　设置焊盘中心距

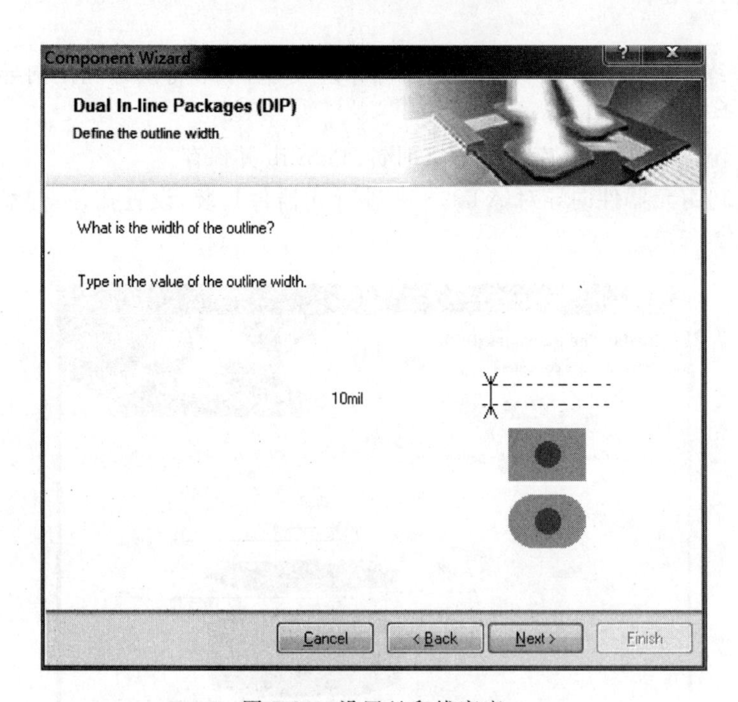

图 7-64　设置丝印线宽度

第 4 步：设置焊盘数量，然后进行封装命名，如图 7-65 所示。

元器件封装完成后，进行规则检查及各种报表生成。

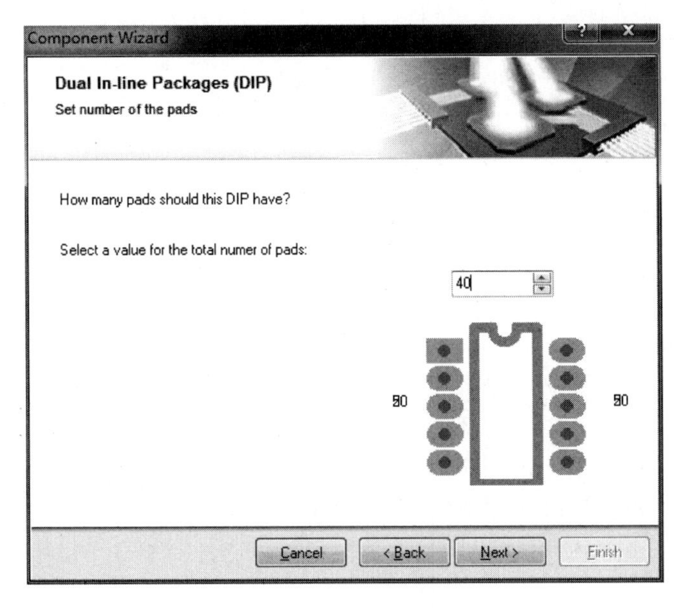

图 7-65　设置焊盘数量

7.8　思考与练习

(1) 叙述手工创建元器件封装的步骤。

(2) 如何通过向导创建元器件的 PCB 封装模型?

(3) 本章元件 DIP10 封装为 2D 模式,其 3D 模式封装如何进行? 请拓展练习。

(3) 如何进行不规则封装? 元器件的封装管理需要注意哪些问题?

第8章 印制电路板设计的环境设置

印制电路板简称为PCB(printed circuit board),又称印制板,是电子产品重要的部件之一。它以覆盖良好导电材料的基板为基础,去掉敷铜中无用部分形成导线,并加工其他对象完善而成。通常情况下,电路原理图完成以后,需要设计一块PCB来实现原理图元器件之间的电气连接,并由制板厂家依据用户设计的PCB图制造出印制电路板。

8.1 PCB的设计基础

PCB的设计基础包括PCB的分类、常用组成、元器件封装概述、设计流程、设计原则等。了解或熟悉PCB的设计基础对用户进行PCB设计的环境设置至关重要。

8.1.1 PCB的分类

PCB主要由绝缘体、金属铜及焊锡等材料制作而成。根据导电层数的不同,可分为单面板、双面板和多层板。

1. 单面板

最早期的电路使用单面板,单面板适用于简单的电路。单面板一面敷铜,另一面不敷铜,元器件和布线只放置在敷铜的一面。单面板结构简单,成本低,通常用于简单的大批量产品中,但因为元器件布线只放置在一面,不能交叉而必须走独自的路径,因此单面板在应用上有许多严格的限制,在早期PCB中比较常见。

2. 双面板

双面板包括顶层(Top Layer)和底层(Bottom Layer)两层,中间为一层绝缘层,两面敷铜,两面都有布线。要使顶层和底层两面的导线连接起来,一般需要由过孔或焊盘连通。因为双面板的布线面积比单布线面板大了一倍,而且可以通过过孔建立上下层间的电气连接,布线可以相互交错,所以双面板可用于比较复杂的电路,是比较理想的一种印制电路板。

3. 多层板

多层板一般指3层以上的电路板，如图8-1所示。它除了有顶层和底层外，还有中间层，即在双层板的基础上增加了内部电源层、内部接地层及多个中间信号层。层与层之间相互绝缘，由过孔来连通。板子的层数代表了布线的层数，通常层数都是偶数。大部分的主机板都是4～8层板，技术上可以做到近100层的PCB。多层板制作工艺复杂，层数越多，设计时间越长，成本也越高。随着电子技术的发展，电路的集成度越来越高，电路板的面积要求越来越小，多层板的应用也越来越广泛。

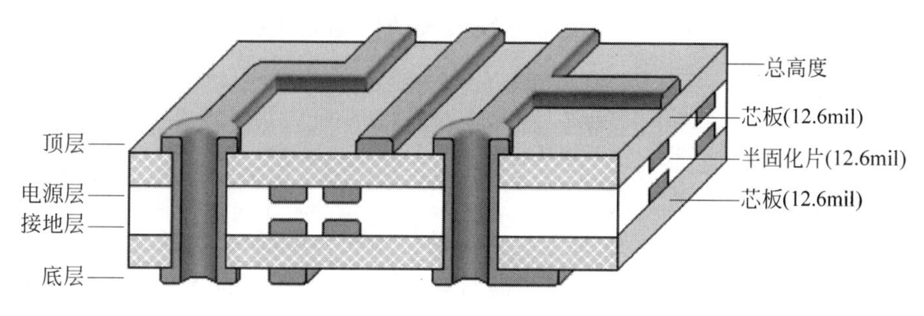

图8-1 多层板结构

8.1.2 PCB常用组成

(1) 元器件：用于完成电路功能的各种元器件。每一个元器件都包含若干引脚，通过引脚可将电信号引入元器件内部进行处理，从而完成对应功能。

(2) 过孔：用来连接不同板层之间导线的孔。过孔内侧一般由焊锡连通，用于元器件引脚的插入。过孔有3种，即从顶层贯穿到底层的穿透式过孔、从顶层通到内层或从内层通到底层的盲孔，以及从一个内层连接另一个内层的隐蔽在内层间的埋孔。

(3) 焊盘：元器件引脚的对应物。焊盘的作用是放置焊锡、连接导线和元器件引脚。各种元器件引脚对应不同的焊盘形式，常用的焊盘有对应于直插型引脚的通孔焊盘和对应于表贴型引脚的单层焊盘。选择元器件的焊盘类型要综合考虑该元器件的形状、大小、布置形式等因素，例如电流大、易发热的焊盘就设计成泪滴状。常见的焊盘形状有圆形、方形、八角形等，如图8-2所示。当用户需要自己设计焊盘时，一些需要考虑的原则包括元器件焊盘孔尺寸比引脚直径大0.2～0.4mm，长短不对称焊盘在元器件引脚间走线时比较有用。

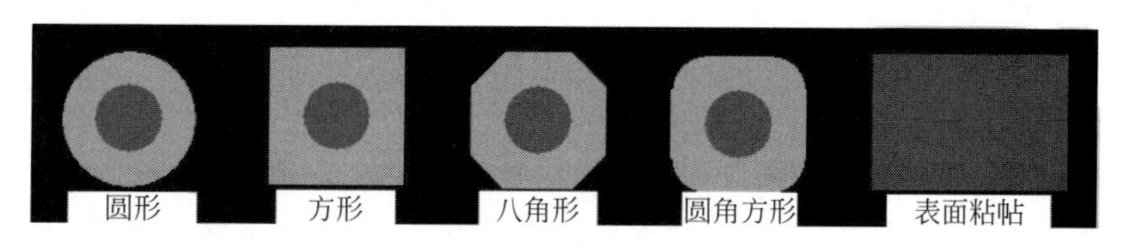

图8-2 常见焊盘

(4) 敷铜：PCB设计中敷铜将以区块的形式显示，在PCB上区块的大小和位置即为电路板上敷铜区的大小和位置。大面积敷铜可以提高系统抗干扰性能，多数情况下与地相连，也可以独立存在。

(5) 丝印层：为方便电路的安装和维修，需要在印制板的上下表面印制上所需的标志图案和文字代号，例如元器件的标注、元器件外廓形状和说明文字等，这些标志图案和文字说明就构成了丝印层(Silkscreen Top/Bottom Overlay)。

(6) 飞线：也称为预拉线，是在网络表载入后，元器件之间相互连接的交叉线。这种飞线只是表示元器件间的连接关系，并不具有电气特性。通过自动或手工布线后，飞线会被连接导线代替而消失。若布线结束，还有未布通的飞线，那么就可以使用0Ω电阻元件来代替飞线，实现电气连通。飞线与导线最大的区别是飞线没有电气连接特性，而导线是布线连接后具有电气特性的。

8.1.3 元器件封装概述

元器件封装是指元器件在PCB上焊接时的位置和大小形状，包括外形、位置、尺寸和引脚间距等。不同的元器件可以有相同的封装，也可以有不同的封装，搞清楚元器件的封装在PCB设计中也很重要。

元器件封装按安装方式可分为直插式和表贴式。直插式封装元器件通过插入焊盘通孔中以固定在电路板上当焊盘穿越多层时，需要将焊盘的板层设置为Multi-Layer。表贴式元器件也可叫贴片式元器件，它没有焊盘孔，直接贴装在板子的顶面或底面，焊盘设置选择顶层或底层。一般引脚比较多的元器件采用这种封装，适用于大批量生产。典型元器件封装如图8-3所示。

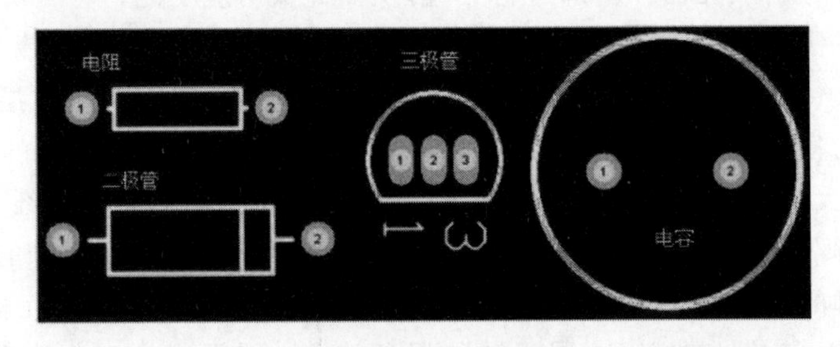

图8-3　典型元器件封装

元器件封装的编号一般为元器件类型＋焊盘数量＋外形尺寸。由此，可以根据元器件封装编号来判断元器件封装的参数规格等。例如，RB5.8-16表示引脚间距为5.8mm、元器件直径为16mm的极性电容。

8.1.4 PCB设计流程

一般来说，在进行PCB设计时，首先确定设计方案，再绘制电路原理图，并进行ERC检查，然后进行PCB布局布线，最后输出设计文件，交给厂家加工制作。遵循设计流程，可以避免一些低级错误，使项目设计更加严谨科学化，纠错和检查也更方便。一般PCB

设计流程包括：

(1) 创建工程文件,保存工程文件,并根据系统方案设计出电路原理图。

(2) 从封装库中加载 PCB 上的元器件所需的封装或者手动绘制特殊的元器件封装,并且生成网络报表。

(3) 根据项目规格、要求、安装等确定 PCB 的形状、尺寸、层数等参数,同时设置编辑环境参数等,规划出合适的 PCB。

(4) 在 PCB 上生成网络报表和加载网络报表,同步导入原理图包含的全部信息,形成电路原理图和 PCB 之间的纽带,为自动或手动布线打下基础。

(5) 导入网络报表后,通过元器件自动布局操作,将元器件摆放在 PCB 上合适的位置,完成初步布局。

(6) 根据布线要求和元器件功能划分对不合理布局的元器件进行精细调整。元器件布局是 PCB 设计的关键步骤。良好的布局不仅能让 PCB 外观更舒畅,而且会对后续布线工作带来极大便利,布线效果明显。

(7) 接下来就是最为关键的布线工作。PCB 有自动布线和手动布线两种方式。当用户原理图比较简单,设置好布线规则和布线策略后,使用【自动布线】按钮就能对 PCB 进行自动布线。手动布线是用户根据元器件布局和常用布线规则要求,灵活进行走线连接。一般,自动布线会效果不太理想,纯手工布线工作量会很大,所以良好的布线设计是将两者结合起来进行,先自动布线,然后再手动灵活调整。

(8) 调整完布线后,接下来就是敷铜和添加安装孔,生成相应的各种报表文件(如材料清单)等后续工作。

(9) 设计检查规则,对 PCB 设计进行功能检查。接着是信号完整性分析和仿真。

(10) 最后完成文件的打印和输出。生成 PCB 报表,导出 gerber 文件,准备印制 PCB。

8.1.5 PCB 设计的基本原则

PCB 设计的基本原则直接影响到 PCB 设计的大方向和完成的质量,所以进行 PCB 设计前一定要理解一些常见的布局和布线原则。

元器件布局不仅影响 PCB 的外观,而且会影响后续布线,常见布局原则总结如下：

(1) 先摆放 DSP、ARM 处理器等关键元器件,然后按照信号和地址线按就近原则走向摆放其他元器件。

(2) 变压器、功率管等发热严重的元器件应尽量摆放在板子边缘,不要靠的太近,分散放置。

(3) 应把原理图上功能紧密的元器件摆放在一起,并且平齐摆放以缩小连线长度。但是强电元器件与其他元器件应离得远一些,避免信号干扰。

(4) 电位器、可变电容等手动调节元器件需要放置在易于调节的地方。

(5) 模拟器件与数字器件应分开放置,不可混在一起。

(6) 各电路的滤波元器件应就近摆放,减少被干扰的概率。

(7) 电路中易受干扰的元器件要远离干扰源。

布线直接影响信号传输的质量和电路板的功能，常见布线原则总结如下：

(1) 数字信号线与模拟信号线区分隔离，数字地与模拟地也隔离开来，最后接入大地。

(2) 平行信号布线间距要大些以避免相互串扰。若条件不允许使两信号间距较近，最好在其间接一条地线来起屏蔽作用。

(3) 相邻层的信号走向最好相互垂直，以避免串扰。

(4) 在规则允许范围内，布线宽度尽量大一些，以增强抗干扰性能。

(5) 布线尽量少转弯，一般转弯时不取锐角直角，而用45°或圆弧转弯比较合适。

(6) 电源和地线宽度要比信号线粗一些。

8.2 PCB 编辑环境

当用户第一次打开 Altium Designer 15 时可以看到所有与创建电子产品相关的工具，包含原理图设计、PCB 设计、电路仿真及信号完整性分析等工具，而且用户也可以根据需要打造满足项目设计要求的 PCB 编辑环境。

8.2.1 集成的设计平台

Altium Designer 是协调与载入用户全部创建或编辑设计的集成软件平台。它能处理与用户间的互动，还能设置应用接口来满足工作文件。简而言之，当用户打开某种编辑器，Altium Designer 就会激活与该编辑器配套的菜单或工具栏，也表示用户可以在原理图设计、布局布线与信号完整性分析等编辑或设计间来回切换。为了使用户快速、舒适地完成设计，集成设计平台也允许用户根据需要定制个性的菜单栏、工具等设计环境。

8.2.2 典型图形界面对象

Altium Designer 平台包含多个标准图形界面对象，主要有编辑器视图、面板、工具栏、菜单、快捷键和对话框等。

1. 编辑器视图

当有多个文档处于打开状态时，Altium Designer 会为这些文档在编辑器上方配备相应的标签。单击相应标签就能激活该文档并使其高亮度显示。如图 8-4 所示，编辑器中打开了 1 个原理图文件和 3 个 PCB 文件，PCB1. PcbDoc * 文件处于当前编辑状态。用户可通过 Ctrl＋Tab 键在多个打开的文件中切换。

图 8-4　多个打开文件的标签

用户还可以将打开的多个文件平铺显示，软件支持多显示器的显示。在编辑器上方的标签中右击，在子菜单中选择【全部分散】，打开的多个文件就会分散平铺显示。在分散平铺模式中再右击，从弹出的菜单中选择【全部合并】，系统就又返回单文件显示模式。Altium Designer 支持的多屏幕显示通过右键菜单中的【在新窗口中打开】或拖曳可完成操作。

2. 面板

面板是 Altium Designer 编辑器中的基本细节单元。无论是在特定的编辑器中还是系统级的设计中，面板都能为用户提供有用信息，从而使用户高效地完成设计。

1）打开面板

当 Altium Designer 启动时，系统会将一些诸如【文件】和【工程】的菜单集合成面板在窗口左侧显示出来，还有一些【偏好的】和【库】面板会摆放在窗口右侧。摆放在窗口侧边的面板打开时会从框边以飞入形式进入。

有的窗口底部也有能快速访问常用工作菜单的面板按钮。这些面板按钮显示该面板类型的名称，单击该面板按钮就能看到其包含的各个子菜单。进入面板后，当其中某个菜单的弹出窗口在工作空间中显示出来，其就会被选中"√"标记。当有面板被打开但不可见，只要单击该"√"标记就能使其可见并成为活动面板。

2）面板显示模式

该设置是用来方便用户对工作空间的管理，Altium Designer 提供了 3 种面板显示模式——停靠模式、伸缩模式、悬浮模式。

(1) 停靠模式：该模式可使面板长时间驻留在编辑器中。面板在停靠模式下可水平或垂直放置在编辑环境下。常见 PCB 编辑器中左侧的【工程】面板和右侧的【偏好的】与【库】面板就是垂直停靠的；底侧的【System】、【Design Compier】、【PCB】等面板是水平停靠的。停靠模式的面板如图 8-5 所示。

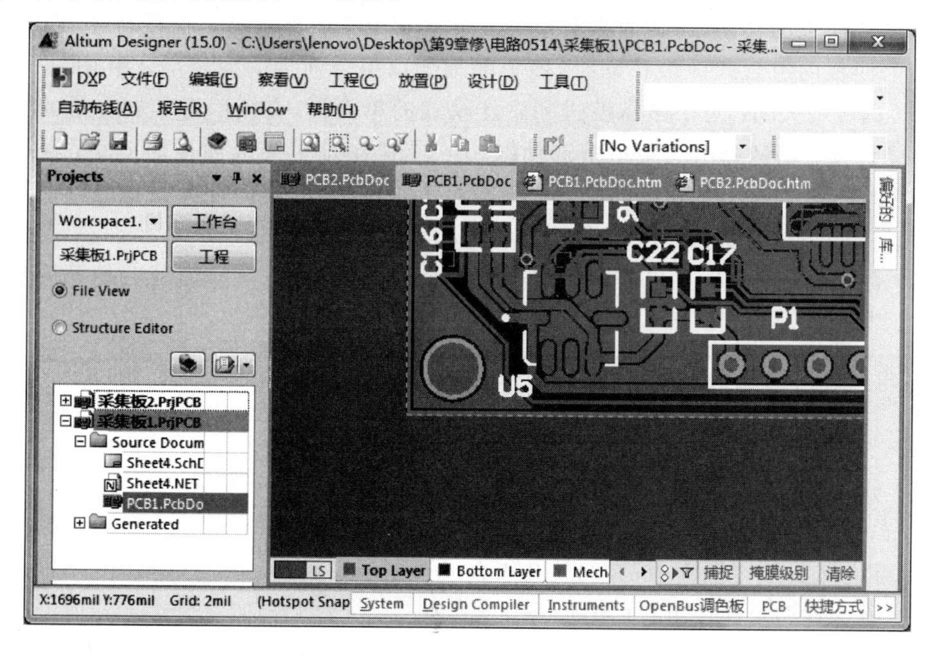

图 8-5　面板停靠模式的 PCB 编辑器

（2）伸缩模式：其实是停靠模式的延伸。用户单击停靠模式面板旁边的“×”即可将其转换为伸缩模式。该模式下的面板，当光标停留在其上时，其就会从侧边滑出，一旦鼠标离开又再隐藏回去。面板滑出的速度可通过【参数选择】下的【系统视图】来设置，如图 8-6 所示。

（3）悬浮模式：当面板既没有设置成停靠模式，也没有设置伸缩模式，面板就会默认成悬浮模式，它可以在编辑器内部或外部。若在【参数选择】的【系统】下的【透明度】选项只设置了允许面板透明和面板透明程度等，如图 8-7 所示，则在进行设计操作中，处于编辑器上方的面板会变成透明。

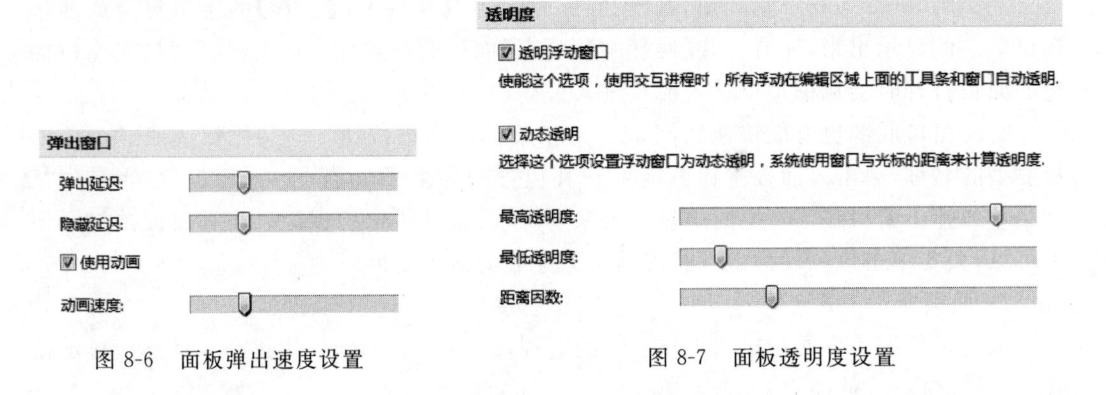

图 8-6　面板弹出速度设置　　　　图 8-7　面板透明度设置

3）面板的操作

（1）面板的移动：对于停靠模式和悬浮模式的单面板，只需单击面板标题栏并拖曳其至目标位置再松开鼠标即可完成面板的移动；对于伸缩面板，可先单击其按钮使其滑出隐藏的面板，再单击标题栏并拖曳来完成移动。组合式面板的移动会引起该组合中包含的全部面板的移动，因此若要移动其中单个面板，需要拖曳其面板标签或标题栏。拖曳单个面板向组合式面板移动时，该单面板会以组合面板的模式融入其中。

（2）面板的关闭：对于停靠模式和悬浮模式的单面板，直接单击其右上角的“×”或在其标题栏处右击从弹出的菜单中选择【Close】子菜单即可完成面板的关闭；对于伸缩模式的单面板直接右击从弹出的菜单中选择【Close】或单击其标签等面板滑出后再直接单击“×”关闭。对于组合面板若单击“×”就关闭全部面板。

（3）面板的最大化：直接双击标题栏就能最大化面板，再次双击就会使其还原。或者右击选择【最大化】即可。

4）面板的组合

将两个或多个面板通过重叠或堆砌可形成组合面板。Altium Designer 编辑器提供选项卡式组合面板和堆砌组合面板两种模式。

（1）选项卡式组合面板：此模式将两个或多个面板以选项卡方式显示出来，同一时刻只能显示一个面板。用户将源面板拖曳到目标面板上方，这时有灰色阴影出现在目标面板上，鼠标松开放置源面板，它们就会组合成选项卡式面板。图 8-8 和图 8-9 是两个面板，图 8-10 为这两个面板组合后的形式。

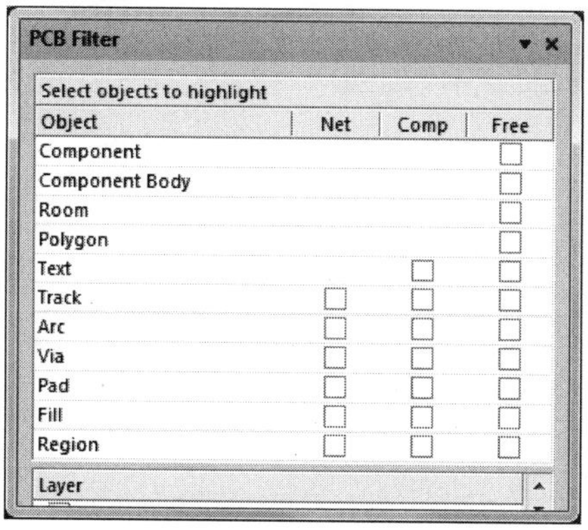

图 8-8 【PCB Fliter】面板

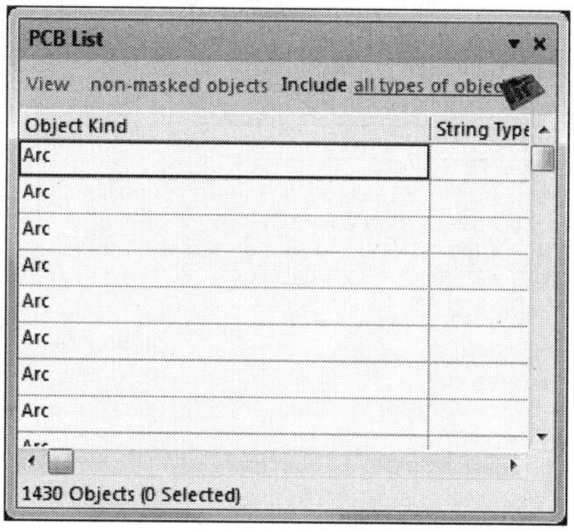

图 8-9 【PCB List】面板

拖曳组合成选项卡面板后，单击相应选项卡就能激活该面板成当前面板，通过向左或向右拖曳选项卡还能给组合面板重新排序。当用户需要将某面板从选项卡中释放出来，只需单击并拖曳鼠标，这时被组合的面板就会出现灰色阴影，并且出现上下左右 4 个方向箭头，向任何一个方向拖动即能将其释放出来。

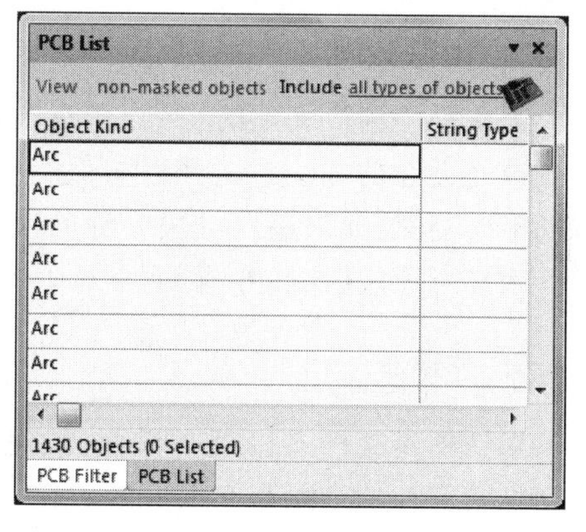

图 8-10 【Filter】与【List】选项卡组合面板

（2）堆砌式组合面板：该模式将两个或多个标准面板以堆砌形式组合在一起。同一时刻能将全部面板显示出来。选中需要堆砌的源面板，用鼠标拖曳它直覆盖目标面板，这时目标面板会被灰色阴影笼罩，与选项卡式面板不同，此时还不能松开鼠标，否则就变成选项卡式组合面板。继续将源面板沿着上下左右 4 个箭头方向拖曳一小段距离松开即可，这时就会出现上下堆砌式或左右堆砌式组合面板。源面板按哪个方向拖曳就会出现在目标面板的哪个方向。单击哪个面板就会激活使其成为当前面板。整体拖曳堆砌式组合面板沿着出现的上下左右方向箭头还能将组合面板变成编辑器中的水平或垂直停靠模式。图 8-11 为由图 8-8 和图 8-9 所示面板组成的堆砌式组合面板。

3. 工具栏

工具栏用来对常用菜单进行快捷访问，如图 8-12 所示。针对每个编辑环境，系统基本都能提供常见工具，同时用户也能根据自己的需要定制个性的工具栏。与工具栏相关的操作是用户常常遇见的。有的工具按钮集成了多个子工具选项，当要访问其中的子工具时需要单击其侧的扩展按钮。拖曳工具栏可完成工具栏的移动。将光标停留在工具栏边缘出现可移动的光标时拖动鼠标即可移动工具栏，此外还能从各个方向来改变工具栏的大小。当用户关闭工具后又需要重新使用它，可以通过【察看】菜单下的【工具栏】来重新调用。

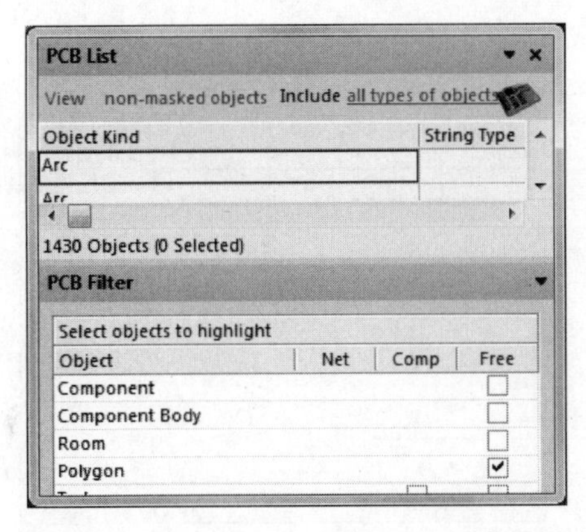

图 8-11 【Filter】与【List】堆砌式组合面板

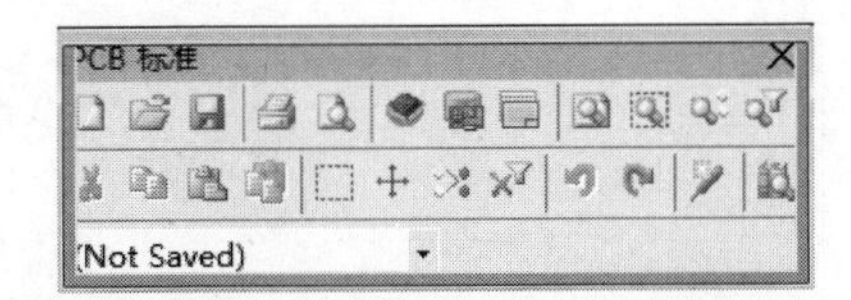

图 8-12 【PCB标准】工具栏

4. 菜单

菜单是一种广义上的工具，所有通过工具完成的操作，菜单同样能实现。菜单的移动和改变大小的方法与工具栏相似。在菜单栏右击还能补充完成普通菜单和工具的一些功能。当然，如果用户对快捷键的使用熟记于心的话，也能通过快捷键来提高设计效率。用户可通过【快捷方式】面板查看菜单或工具的快捷键。

5. 对话框

对话框是一种人机交互界面，能完成一些特定命令或任务，包含各种按钮和选项。对话框与窗口的区别是它没有最大化、最小化按钮。对话框中有单选框，也有复选框，其组成部分是对话框资源和对话框类。可分为模式对话框和无模式对话框。对话框上方的【?】按钮是用来激活【帮助】功能。通过 Tab 键的使用可以在对话框各选项卡中切换，向相反方向切换则按 Shift+Tab 键。

8.2.3 启动 PCB 编辑环境

当用户打开或新建 PCB 文件时，Altium Designer 会进入 PCB 编辑环境，如图 8-13 所示。用户在 PCB 编辑环境中可以编辑和设计 PCB，并输出 PCB 制造所需要的相关文件信息。

启动 PCB 编辑环境需要新建一个 PCB 文件，在 Alitum Designer15 中，选择菜单中的【文件】，再选择【新建】命令，在子菜单中选择【PCB 文件】即可。如图 8-13 所示为一块电路板在 PCB 编辑环境中的 3D 显示。

8.2.4 PCB 编辑界面及菜单工具简介

PCB 编辑环境的主菜单与原理图编辑环境的主菜单大体相似，不同的是多了一些与 PCB 编辑相关的功能选项。以下是 PCB 编辑环境的详细介绍。

PCB 编辑界面最上方是菜单栏和工具栏，通过菜单栏或工具栏命令用户可以对 PCB

图 8-13 PCB 编辑器界面

设计对象进行各种操作。左上方的【Heads up】信息显示的是光标当前所在坐标、光标所在元器件及其网络标号。该信息的显示可通过勾选或不勾选【显示头信息】来设置。

PCB 编辑界面右下方是面板控制栏，包含【System】、【Design Compiler】、【Instruments】、【Open Bus 调色板】等。其中关于【PCB】板的一些面板操作可通过【PCB】按钮来进行，主要包括【3D 可视化】、【Board Insight】、【PCB Filter】、【PCB Inspector】、【PCB List】等。

PCB 编辑界面左下方是状态栏。当光标指向某个设计对象时，该状态栏中就会显示该对象的坐标、层、线宽、长度、网络等信息。

下面介绍 PCB 编辑器环境的设置，如图 8-14 所示。在进行 PCB 编辑时，经常会设计约束规则，从而使 PCB 编辑器用来监控用户操作是否正确。【PCB Editor】菜单下包括【General】、【Display】、【Board Insight Dispaly】、【Board Insight Modes】、【DRC Violation Display】、【True Type Fonts】、【Layer Colors】等子菜单。

1. 菜单栏

PCB 编辑环境下的菜单栏如图 8-15 所示。PCB 设计过程中的各种编辑操作都可通过菜单栏来完成。【DXP】菜单包含【我的账户】、【参数选择】、【自定制】等。【文件】菜单可以新建各种文件，也可以打开和关闭各种文件，还能保存和另存为文件等。【编辑】菜单能撤销、重复、移动、对齐、删除等。【察看】菜单能放大、缩小、翻转 PCB 板等。【工程】菜单能为工程项目添加和删除文件，并编译工程。【放置】菜单能放置圆弧、走线、字符串、过孔、尺寸、多边形敷铜等设计对象。【设计】菜单可以设计布局布线规则，还能设置

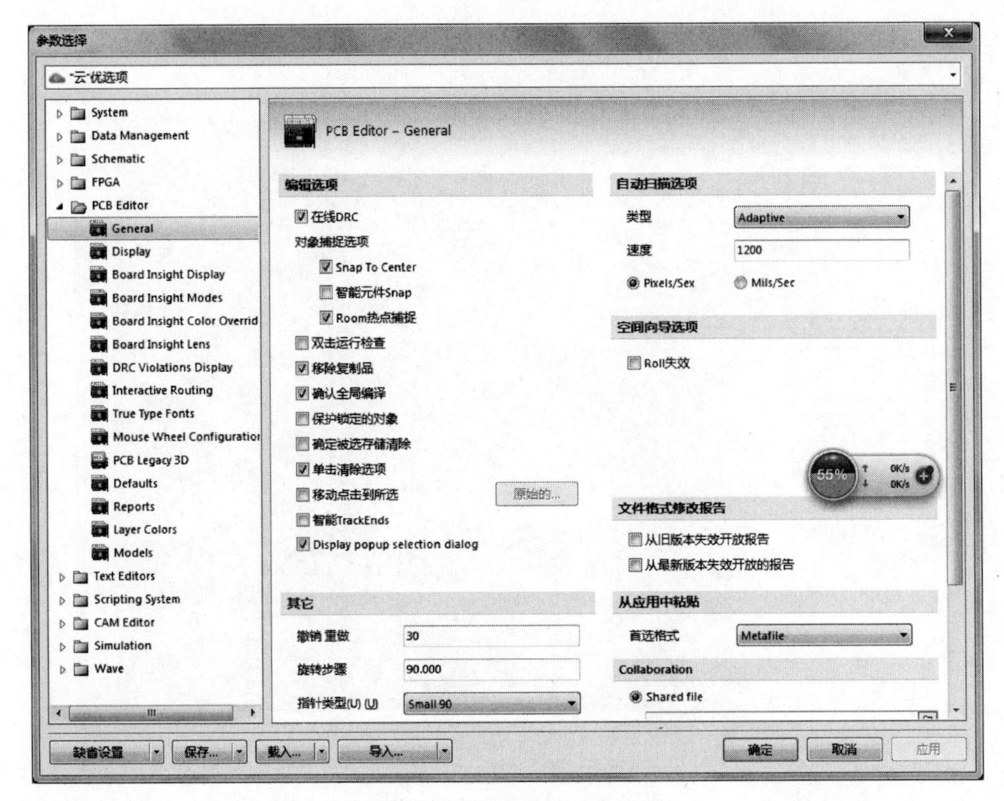

图 8-14　PCB 编辑器环境设置

板子形状、层叠管理、类和库等。【工具】菜单可用来进行多边形填充、平面分割、设计规则检查、栅格和向导管理等。【自动布线】菜单可对全部、网络、网络类、连接、区域、Room、器件类、扇出等进行布线。【报告】菜单可报告出 PCB 信息、材料清单、项目报告、测量距离等。【Windows】菜单可设置窗口风格，可以水平平铺，也可以垂直平铺。【帮助】菜单可帮助用户求助于论坛或支持中心解决一些常见问题。

DXP　文件(F)　编辑(E)　察看(V)　工程(C)　放置(P)　设计(D)　工具(T)　自动布线(A)　报告(R)　Window　帮助(H)

图 8-15　菜单栏

2. 标准工具栏

PCB 标准工具栏如图 8-16 所示，一些常用操作的快捷方式可通过标准工具栏来进行。可以打开文件，保存文件，预览文件，打印文件，放大和缩小器件或区域，剪切、拷贝、粘贴、移动、选择、撤销、浏览器件等。

图 8-16　PCB 标准工具栏

3. 布线工具栏

印制电路板布线时的各种操作可通过布线工具栏来进行，如图 8-17 所示。常用的布线工具包括交互式布线连接、交互式布多根线连接、交互式布差分对连接、放置焊盘、放置过孔、通过边沿放置圆弧、放置填充、放置多变形平面、放置字符串、放置元器件。

4. 过滤器工具栏

过滤器工具栏可根据过滤参数，如元器件属性和元器件号等，使符合条件的部分在PCB编辑区内高亮度显示，如图8-18所示。同时，图元的明暗对比度可通过编辑区右下角的【掩膜级别】按钮来设置，如图8-19所示。

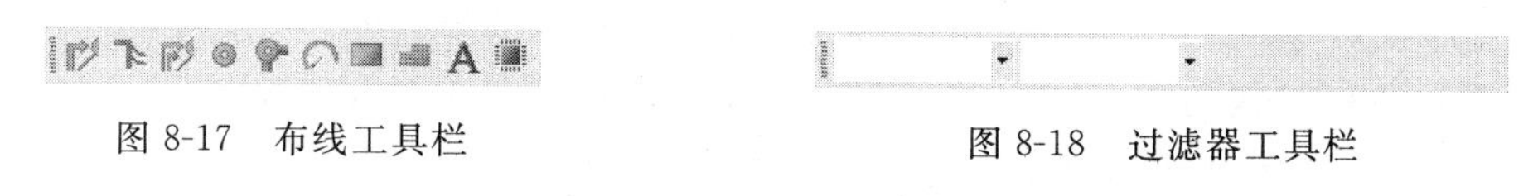

图8-17 布线工具栏

图8-18 过滤器工具栏

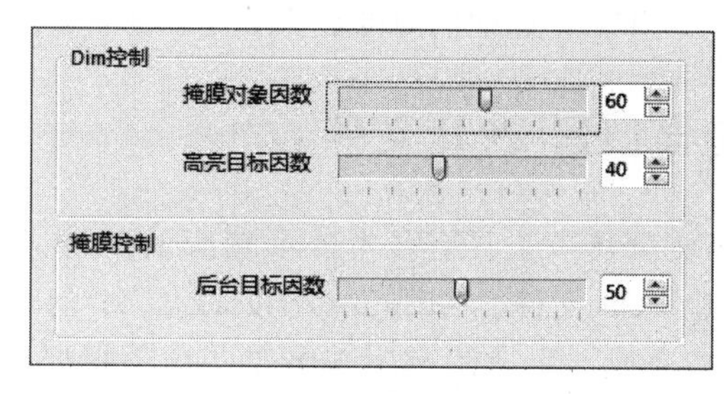

图8-19 明暗对比度设置

5. 导航和叠层工具栏

此外，菜单栏中还有用于实现不同界面之间快速切换的导航工具栏和便于不同层次图纸显示的叠层选项标签，分别如图8-20和图8-21所示。PCB每个叠层都在PCB编辑器底部有一个相应的选项卡。选项卡即层标签，它显示的是层的名字和颜色。当用户单击不同的层标签时，系统就会切换到不同的板层，同时该层高亮显示。当底部有左右箭头菜单时，表示PCB板层太多不能全部显示。通过单击左右箭头可向左或向右移动层标签。设置层颜色可通过左侧的颜色卡来进行。

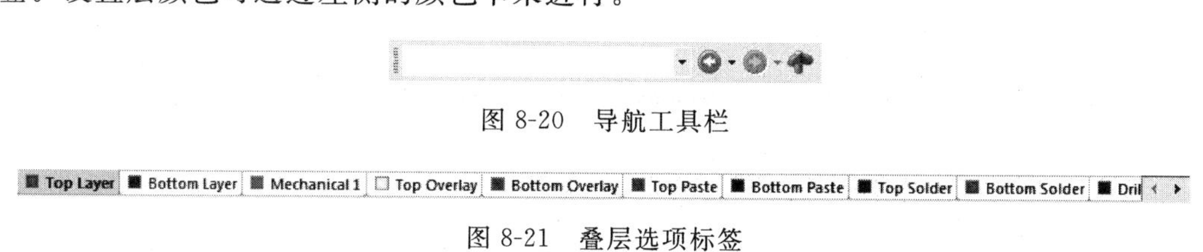

图8-20 导航工具栏

图8-21 叠层选项标签

8.2.5 在PCB编辑器中快速导航

在进行PCB设计时，经常需要查看或定位一些特定对象，如电阻或电源网络，但是PCB设计中的对象繁杂多类，若不能通过快速导航找到目标，将极大降低设计效率。Altium Designer为方便用户设计，提供了一系列快速导航工具来帮助用户。其中比较典型的就是使用【跳转】菜单。用户可以通过选择【编辑】|【跳转】子菜单，这样就能快速定位目标位置。【跳转】子菜单包括如下命令：

- 【绝对原点】：快捷键J+A。光标可以快速定位到PCB的绝对原点处。同样可使用Ctrl+Home组合键来代替。
- 【当前原点】：快捷键J+O。光标可以快速定位到PCB文档当前原点处。同样可使用Ctrl+End组合键来代替。
- 【新位置】：快捷键J+L。光标可以快速定位到指定的新位置处。
- 【元器件】：快捷键J+C。光标可以快速定位到指定的元器件处。
- 【网络】：快捷键J+N。光标可以快速定位到指定的网络处。
- 【焊盘】：快捷键J+P。光标可以快速定位到指定的焊盘处。
- 【字符串】：快捷键J+S。光标可以快速定位到指定的文本字符串处。
- 【错误标志】：快捷键J+E。光标可以快速定位到DRC错误标志处。
- 【选择】：快捷键J+T。将选中的对象放大显示出来。

8.3 利用PCB向导创建PCB文件

设计完原理图后，需要创建一个具有基本外形轮廓的PCB。与设计原理图相似，也可以采用不同的方式创建PCB文件。Altium Designer 15中创建PCB文件最简单又最常用的方法是通过向导来完成。用户在PCB向导的指引下根据项目要求设置PCB的外形、大小、板层和接口等参数，从而创建出用户自己的PCB文件。在向导创建的过程中，设计者如果有需要修改的地方都可以用【Back】按钮来返回上一步更正或取消。

(1) 打开菜单栏中的【Files】面板，找到该画板底部的【从模板新建】单元，单击【PCB Board Wizard】按钮。如果该单元没有在屏幕上显示出来，用户只需单击向上的箭头图标，从而收起上面的卷展栏。

(2)【PCB Board Wizard】打开，用户看到的是介绍页面，如图8-22所示，单击对话框中的【Next】按钮，弹出【选择板单位】对话框，如图8-23所示。通过该对话框可以选择PCB采用的尺寸单位，其中有英制和公制2个单选按钮，【英制的】表示将以毫尺寸(mil)为单位，【公制的】表示以毫米(mm)为单位，这里选择【英制的】单选按钮。注意：1000mils=1inch，1inch=2.54cm。

图8-22 启动PCB向导

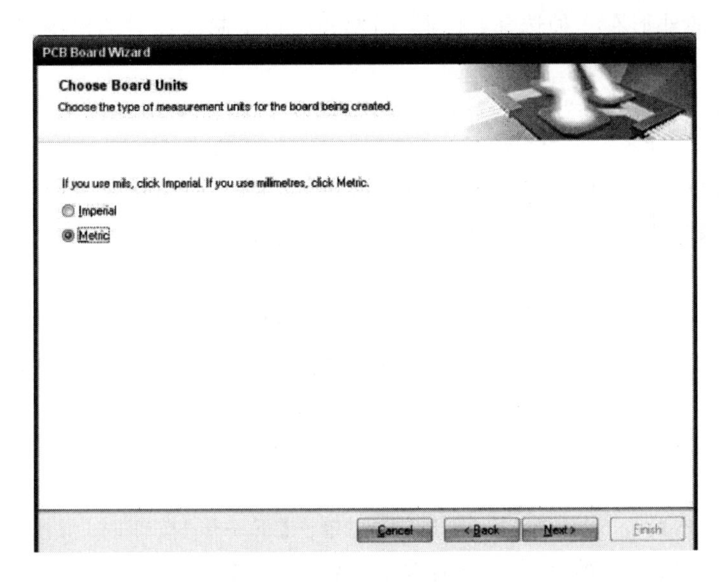

图 8-23 【选择板单位】对话框

(3) 设置完成后,单击对话框中的【下一步】按钮,弹出【选择板剖面】对话框。Altium Designer 15 中通过【选择板剖面】对话框可以设置很多包含通用标准的 PCB 类型,如包含 PCI 接口、总线接口的 PCB,单击 PCB 类型的同时通过对话框右边,可以预览该 PCB。Altium Designer 15 同时提供用户 PCB 自定义类型,这里在对话框中选择【Custom】类型,用户可以根据需求自定义 PCB 规格。

(4) 选择【Custom】后,单击【下一步】按钮,弹出可以设置 PCB 的形状、板尺寸(在【宽度】和【高度】文本框中输入数值即可)、尺寸层、边界线宽、尺寸线宽、与板边缘保持距离等参数的【选择板详细信息】对话框,如图 8-24 所示。

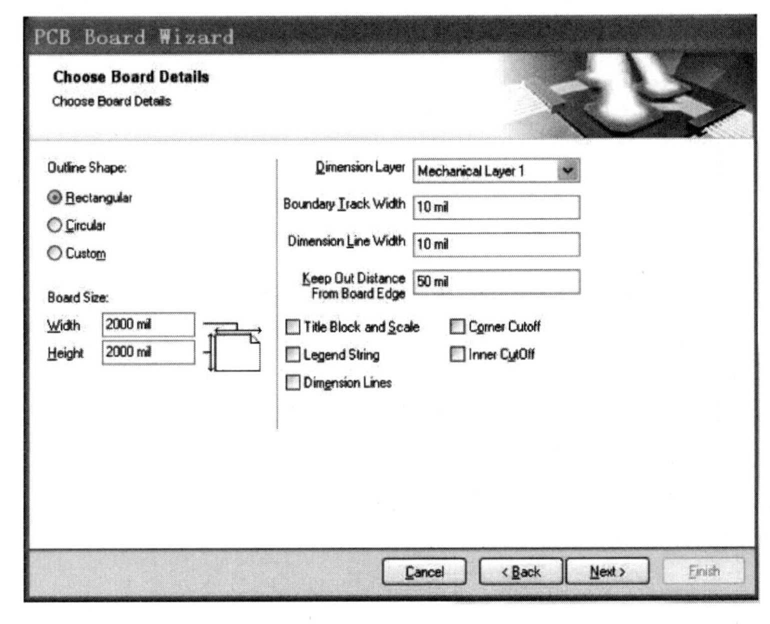

图 8-24 PCB 板形状设置

其中 PCB 的外形有 3 种选择：矩形、圆形和用户定制。该对话框中各个复选框的作用如下：

- 【标题块和比例】：当用户选中该复选框时，标题栏和刻度栏则将添加在 PCB 图样上。
- 【切掉拐角】：若用户选中该复选框，则单击【下一步】按钮时，弹出的是【选择板切角加工】对话框。通过该对话框，用户可以设置满足 PCB 要求的 4 个指定尺寸的板角。
- 【图例串】：当用户选中该复选框时，Legend 特殊字符串会出现在 PCB 图上。Legend 特殊字符串在 PCB 文件输出送给厂家生产时自动转换成钻孔列表文件，它一般放置在钻孔视图内。
- 【尺寸线】：当用户有需要在 PCB 编辑区内显示 PCB 的尺寸线时，只需选中该复选框即可。
- 【切掉内角】：若用户选中该复选框，则单击【下一步】按钮时，弹出的是【选择板切角加工】对话框，继续单击对话框中的【下一步】按钮，弹出的是可以设置在 PCB 板内部切除指定尺寸的板块的【选择板内角加工】对话框。

(5) PCB 的几何参数设置完成后，单击对话框中的【下一步】按钮，弹出【选择板层】对话框，如图 8-25 所示。在该对话框中，用户根据需要设置 PCB 的信号层数和电源平面的层数。一般无特殊需求时，PCB 为双面板，即将信号层设置为 2 层，而电源平面不需要，将其层数设置为 0。

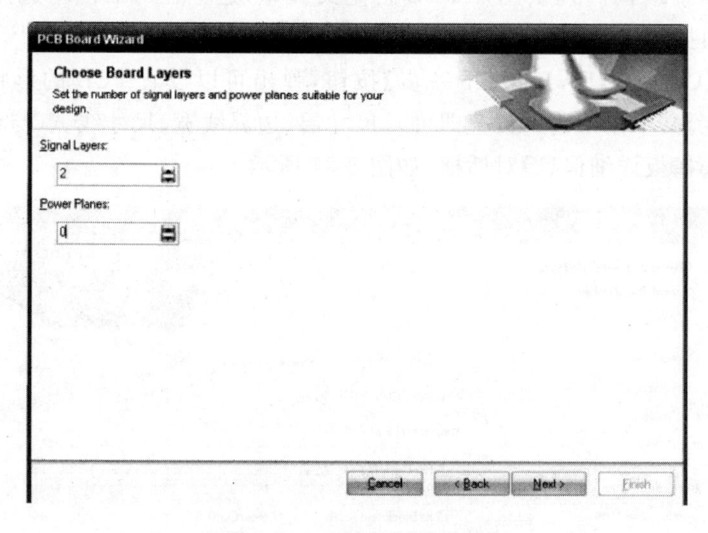

图 8-25　电路板层数设置

(6) 设置完【选择板层】对话框后，单击【下一步】按钮，弹出【选择过孔】对话框，这里有通孔和盲孔两种选择。可以在选择时通过对话框右侧预览过孔风格。若选中【仅通过的过孔】复选框，则表示选择的过孔类型为通孔；若选中【仅盲孔和埋孔】复选框，则表示选择的过孔类型为隐孔或盲孔。

(7) 设置完成【选择板层】对话框后，单击对话框中的【下一步】按钮，弹出【选择元器件和布线工艺】对话框。PCB 上的元器件和走线主题要求可以通过该对话框来设置。

PCB上的主体元器件类型可通过【板主要部分】选项组来选择，该栏有两种选择——表面装配元器件和表面通孔元件。此外，还可以根据需要选择是将元器件放置在PCB的一面还是两面。

- 【表面装配元器件】：当选择该选项时，表示PCB上以表贴型元器件为主。当需要在PCB的两个表面上均可放置元器件时，在【你要放置元器件到板两边】选项组中选中【是】单选按钮即可。反之，只在PCB的单面上放置元器件，就选中【否】单选按钮。
- 【表面通孔元器件】：当PCB上以直插型元器件为主时，需要选择该选项。需要说明的是，通过【临近焊盘两边线数量】选项组可以设置相邻焊盘之间的导线数量。
- 【一个轨迹】：相邻焊盘之间只能有一根导线。
- 【两个轨迹】：相邻焊盘之间只能有二根导线。
- 【三个轨迹】：相邻焊盘之间只能有三根导线。

(8) 设置完成【选择元器件和布线工艺】对话框后，单击对话框中的【下一步】按钮，弹出【选择默认线和过孔尺寸】对话框。通过该对话框可以设置PCB导线和过孔的属性以及走线间距要求等参数，如导线尺寸最小值、过孔宽度最小值、过孔孔径最小值以及导线间的最小间距等，如图8-26所示。这里采用系统默认值。

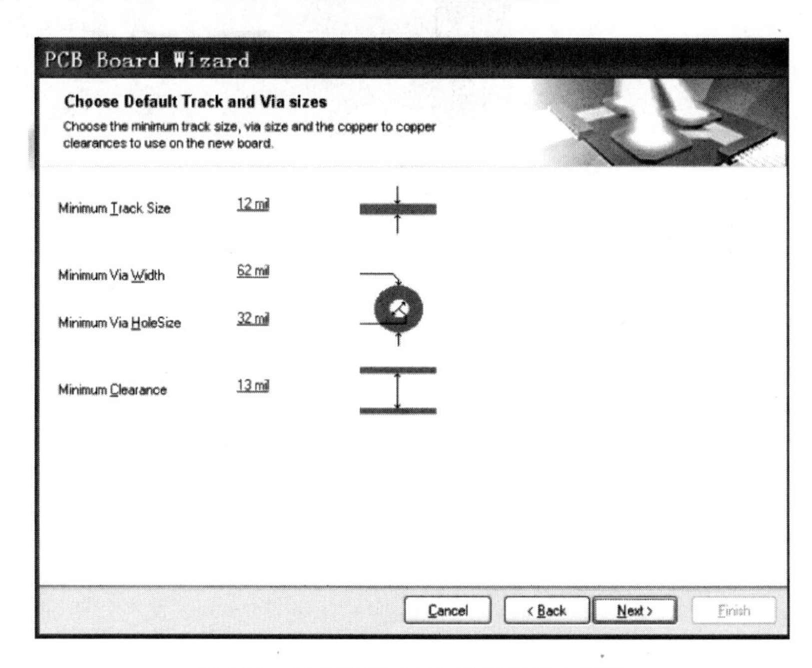

图8-26 设置线宽、焊盘、孔径的最小间距

(9) 设置完成【选择默认线和过孔尺寸】对话框后，单击对话框中的【下一步】按钮，弹出【电路板向导完成】对话框。单击【完成】按钮，可以将刚刚建立的PCB板作为模板进行保存，完成利用向导创建PCB文件。

(10) 单击【Finish】按钮，PCB Board Wizard已完成所有创建新PCB所需的信息，

PCB编辑器将显示一个系默认名为 PCB1. PcbDoc 的文件，同时自动启动 PCB 编辑环境。

(11) 选择【File】|【Save As】命令，可以保存新创建的 PCB 文件，在弹出的对话框中重命名该文件(用 *. PcbDoc 扩展名)。将该 PCB 文件保存在工程中的方法为：在【Project】面板的【Free Documents】单元右击 PCB 文件，选择【Add to Project】。这个 PCB 文件就会加入到工程下的源文件中，与工程中其他项目文件相连接，如图 8-27 所示。

图 8-27 定义好的空白 PCB 板形状

8.4 使用菜单命令生成 PCB 文件

虽然使用向导生成 PCB 文件是最简单的方法，但更多时候设计者需要自己规划电路板。这就需要使用菜单命令生成 PCB 文件，然后再为该 PCB 设置各种参数。它需要设计者自己对边框进行认真规划，准确定义以下两个方面：电路板物理边界规划和电路板电气边界规划。

首先介绍利用菜单命令生成空白 PCB 文档，然后再介绍在空白 PCB 文件层面上规划电路板的物理边界和电气边界。

8.4.1 菜单命令创建空白 PCB 文件

单击菜单【Files】，选择子菜单【New】，接着选择【PCB】文件类型，如图 8-28 所示启动

PCB编辑器。这时软件会新建一个默认名为PCB1.Pcbdoc的PCB板文件，它将会出现在PCB编辑区的空白PCB图纸上。

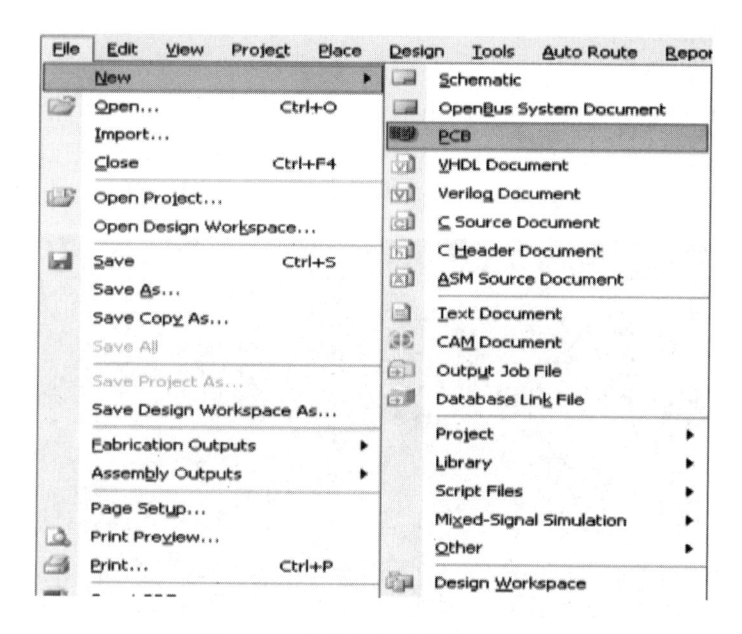

图 8-28 菜单命令创建空白PCB

8.4.2 规划电路板物理边界

PCB的物理边界即为电路板的实际外形和大小，它是在Mechanical工作层面上进行规划的。执行菜单命令【Design】，选择板子外形【Board Shape】，将会出现几个子菜单选项：【Redefine Board Shape】(重新定义板子外形)、【Move Board Vertices】(移动板子外形顶点)、【Move Board Shape】(移动板子外形)、【Auto-Position Sheet】(图纸自动定位)、【Define from Selecetd objects】(从选中区域定义板子外形)。

规划电路板物理边界的步骤如下：

(1) 移动鼠标至软件窗口下方的层标签，单击【Mechanical】机械层，在该层面上进行物理边界的绘制。

(2) 在该工作层面上放置4根走线构成封闭区域来确定PCB板的外形边框。单击【放置】菜单后，选择【走线】命令，工作窗口中鼠标将由指针变成十字形状。

(3) 根据鼠标当前所在点的坐标来移动鼠标，至坐标为(1725,4645)的点时，单击确定，此即为板子边框的第一个顶点。

(4) 移动鼠标的同时将有一根红线随之移动，当左移至坐标为(1735,1340)的点后单击，此时红线变成白线，一条板子的边框线宣告绘制完成。

(5) 此时移动仍呈现出十字状态的鼠标，则用户可以继续绘制第2条边框线。当鼠标移动到坐标为(5350,1650)的点时，双击，第二条边框线即可确定。

(6) 按照上一步的操作，由坐标点(5350,1650)和坐标点(6550,4675)构成第3根边框线。

(7) 重复上述操作。同理，板子第4根边框线由坐标点(6250,4675)和坐标点(1755,4565)构成。当鼠标移动至最后坐标点(1755,4655)时，在该点处将出现一个小圆圈，此即表明闭合边框已经完成。

(8) 右击，退出绘制边框线的状态，此时一个完整的物理边界边框将显示在工作窗口中。在绘制PCB物理边界线时需要精确定位端点的坐标位置，确保电路板的实际大小不失真。当用户需要调整板子的物理边界时，可以通过【Move Board Vertices】命令，将鼠标移动至需要修改的地方重新操作即可。编辑PCB板外形参见图8-29。

图8-29 编辑PCB板外形

8.4.3 规划电路板电气边界

电路板电气边界用于设置元器件布局区和布线区范围，它必须处于Keep-OutLayer工作层面中。规划电路板电气边界与物理边界的规划完全相同，总结起来需要以下步骤：

(1) 将当前工作层转移到禁止布线层Keep-Out Layer上，单击【Keep-Out Layer】标签。

(2) 在该工作层面上放置确定电路板电气边界的4条线。单击【放置】菜单，选择【Track】命令后，十字形状的鼠标指针将显示在工作窗口中。

(3) 与规划电路物理边界类似，由4个顶点(1775,4590)、(1755,1390)、(6500,1400)和(6485,4580)确定出电气边界边框。

(4) 按ESC键或右击，退出绘制边界状态，此时物理边界和电气边界将显示在工作窗口中，由此在给出电路板的物理边界和电气边界后完成了电路板的规划，参见图8-30。

图8-30 设置PCB板电气边界

8.4.4 印制电路板选项设置

在菜单【设计】中选择【电路板选项】或者在 PCB 编辑环境下右击，在弹出菜单【选项】中选择子菜单【电路板选项】，系统会弹出图 8-31 所示的【电路板选项】对话框。可以看到，该对话框可分为 7 个选项组。

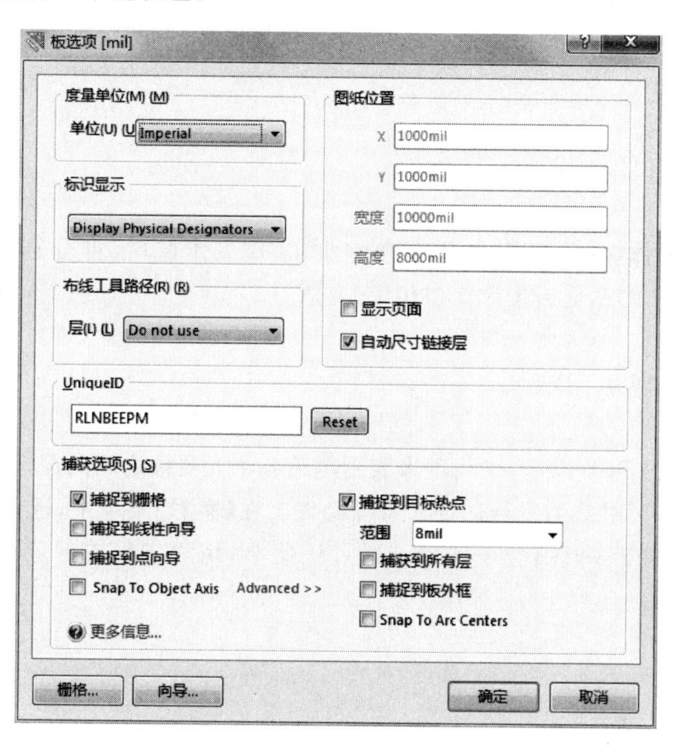

图 8-31 【电路板选项】对话框

- 【度量单位】：用来设置 PCB 的度量单位，从下拉列表中可选择英制(Imperial)或公制(Metric)。
- 【标识显示】：用来设置显示物理或逻辑标号，从下拉列表中选择显示物理标识(Display Physical Designators)或显示逻辑标识(Display Logical Designators)。
- 【布线工具路径】：用来设置工具布线时所在的层，从下拉列表中选择不使用或用户需要布线的机械层。
- 【惟一 ID】：用来设置 PCB 的惟一 ID，用户可通过右侧【重置】按钮来为其重命名。
- 【捕获选项】：用来设置有关捕获的细节。可选择【捕捉到栅格】、【捕捉到线性向导】、【捕捉到点向导】、【捕捉到器件轴】等。在【捕捉对象轴】中还能进一步从近处对象或远处对象中选择用户需要的元器件。
- 【图纸位置】：用来设置 PCB 当前原点即左下角的 X 和 Y 坐标值；【宽度】用来设置 PCB 的宽度值；【高度】用来设置图纸的高度；【显示页面】复选框用来设置只显示 PCB 还是显示图纸；【自动尺寸链接层】可以在层中自动链接尺寸。

• 【捕捉到目标热点】：用来设置捕捉到的目标热点，可在【范围】选项中设置目标热点范围，以及设置是捕获到所有层还是捕捉到板外框。

8.5 PCB视图操作管理

与前述原理图、视图操作基本相同，PCB视图操作也包括对象的移动、缩放、显示和隐藏等。单击【察看】菜单或在PCB编辑器中按快捷键V(英文状态)均可调出PCB视图操作的【察看】菜单。

8.5.1 工作窗口的缩放

进行PCB操作时，常常需要放大和缩小PCB工作窗口，可分别使用PageUp和PageDn快捷键来实现，刷新工作窗口用End键。

8.5.2 飞线的显示与隐藏

网络表加载进PCB以后，飞线用来表示电路各个元器件之间的逻辑连接关系。为了设计方便，常常需要对某类飞行进行显示与隐藏。在【察看】菜单中，选择【连接】子菜单，继续选择【显示/隐藏网络】命令即可。通过该菜单，用户还可查看原理图元器件库的引脚。

8.5.3 常见视图命令

常见的视图命令如下：

• 合适文件：在当前视窗口中显示PCB设计文档，包括PCB页面内外的所有设计对象，通过快捷键V+D实现。
• 适合图纸：在当前视窗口中显示PCB页面内的所有设计对象。通过快捷键V+H实现。
• 选中的对象：在视窗中显示被选中的设计对象。通过快捷键V+E实现。
• 过滤的对象：在视窗中显示被过滤的对象。通过快捷键V+J实现。
• 刷新视窗：通过快捷键End实现。
• 刷新当前层：通过快捷键Alt+End实现。
• 从当前光标位置缩小视窗：通过快捷键PgDn实现。
• 从当前光标位置放大视窗：通过快捷键PgUp实现。
• 显示整个PCB设计文档：通过快捷键Ctrl+PgDn实现。
• 高倍放大当前光标所在位置：通过快捷键Ctrl+PgUp实现。
• 视窗中心平移到当前光标所在位置：通过快捷键Home实现。

8.5.4 PCB的3D显示

Alitum Designer 15 支持 MCAD 设计工具，使用户在 PCB 中可三维显示元器件和电路板。按数字键 3 或通过菜单【察看】，再选择【切换到三维显示】，系统弹出 PCB 3D 效果面板。如图 8-32 所示，左右或上下拖动鼠标，就能从各个角度察看电路板效果。

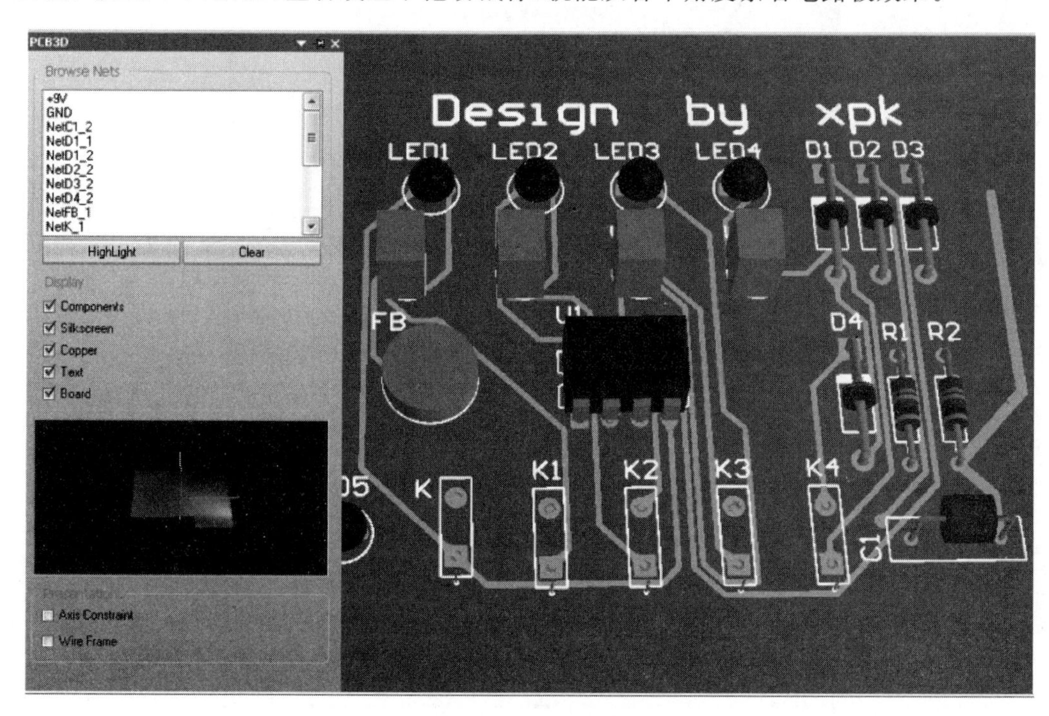

图 8-32 PCB的3D显示

8.6 综合演练

利用 PCB 向导生成 PCB 文件。

本部分在原理图的基础上以 PCB 向导生成 PCB 文件的方式具体讲解案例。

(1) 打开【Files】画板，单击子菜单【从模板新建】，再单击【PCB Board Wizard】按钮，如图 8-33 启动 PCB 向导。

(2) 单击【Next】按钮，在【选择板单位】对话框，选择 PCB 板采用的尺寸单位，如图 8-34 所示。

(3) 单击【下一步】按钮，通过【选择板剖面】对话框设置通用标准 PCB 类型。这里选择【Custom】类型，自定义 PCB 规格。

(4) 单击【下一步】按钮，【选择板详细信息】对话框可设置 PCB 的形状、板尺寸等参数，参见图 8-35。

(5) 单击【下一步】按钮，通过【选择板层】对话框设置 PCB 的信号层数和电源平面的层数，如图 8-36 所示。这里都设置为 2 层。

PCB Board Wizard
Altium Designer
New Board Wizard
This wizard will help you create and set up a new printed circuit board.
It will take you through some simple steps to define the board layout, manufacturing parameters and layer information.
Cancel
< Back
Next >
Finish

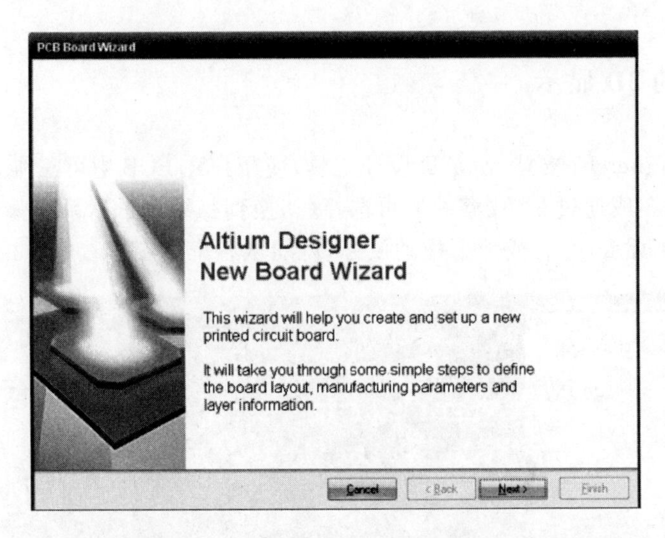

图 8-33　PCB 向导启动

PCB Board Wizard
Choose Board Units
Choose the type of measurement units for the board being created.
If you use mils, click Imperial. If you use millimetres, click Metric.
Imperial
Metric
Cancel
< Back
Next >
Finish

图 8-34　度量单位对话框

PCB Board Wizard
Choose Board Details
Choose Board Details
Outline Shape:
Rectangular
Circular
Custom
Board Size:
Width
2000 mil
Height
2000 mil
Dimension Layer
Mechanical Layer 1
Boundary Track Width
10 mil
Dimension Line Width
10 mil
Keep Out Distance From Board Edge
50 mil
Title Block and Scale
Legend String
Dimension Lines
Corner Cutoff
Inner CutOff
Cancel
< Back
Next >
Finish

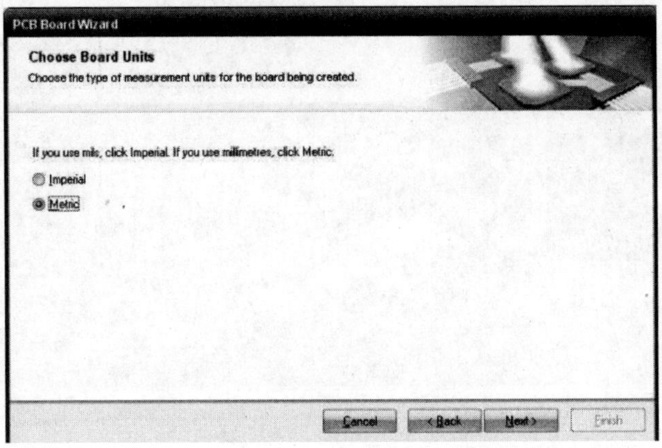

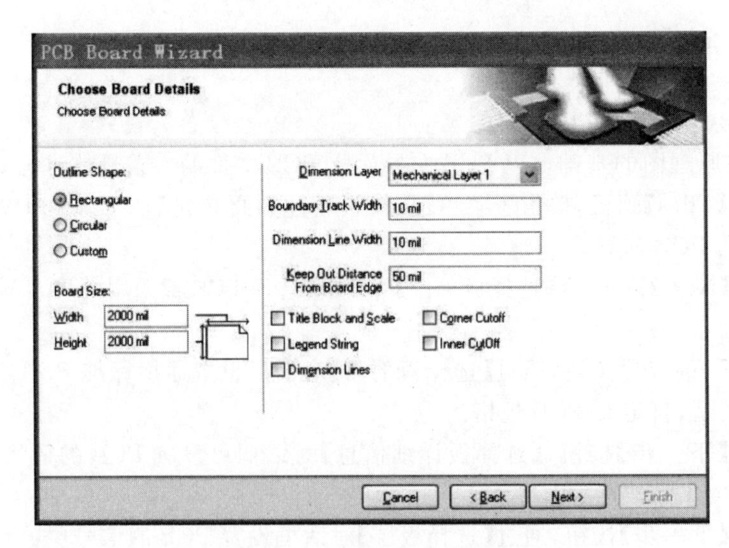

图 8-35　PCB 板形状设置

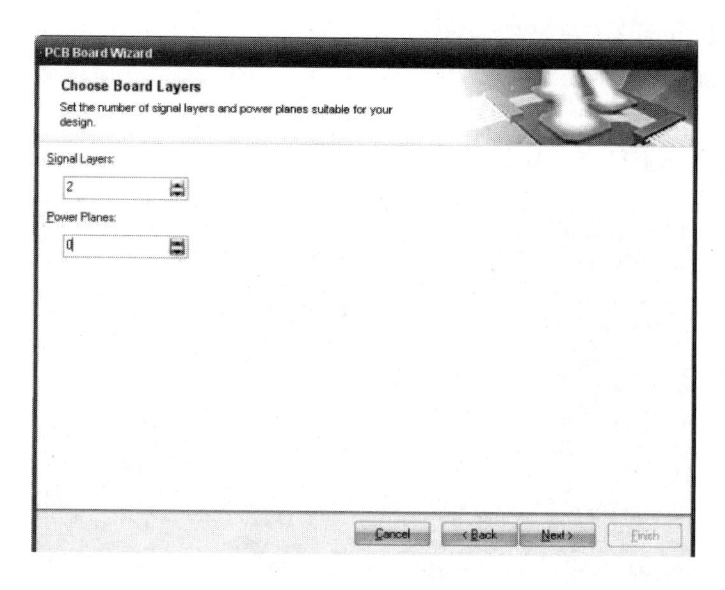

图 8-36　电路板层数设置

(6) 单击【下一步】按钮,【选择过孔】对话框设置通孔或盲孔。

(7) 单击【下一步】按钮,【选择元件和布线工艺】对话框,可设置板上的元器件和走线的主要要求。

(8) 单击【下一步】按钮,【选择默认线和过孔尺寸】对话框设置 PCB 导线和过孔的属性以及走线间距要求等参数,如图 8-37 所示。

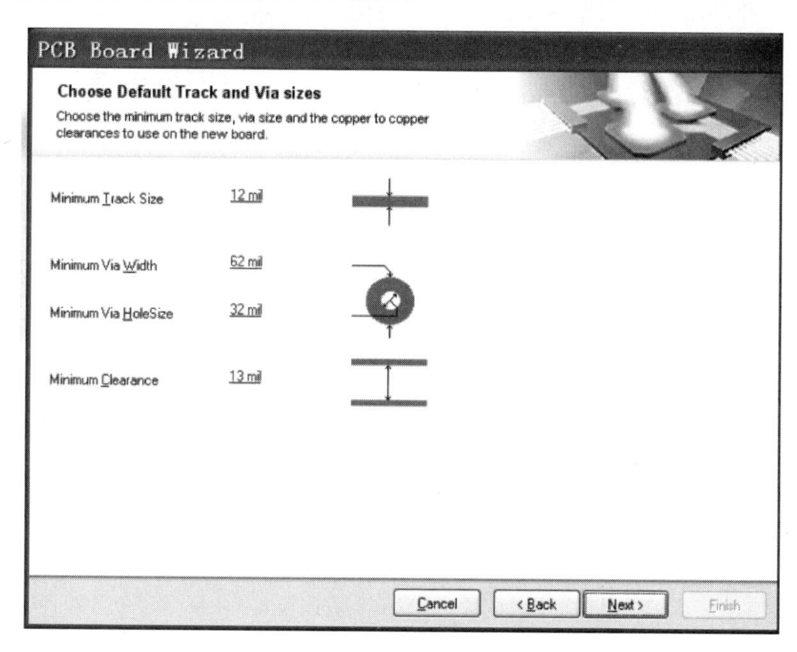

图 8-37　设置线宽、焊盘、孔径的最小间距

(9) 单击【下一步】按钮,弹出【电路板向导完成】对话框。单击【完成】按钮,可以将刚刚建立的 PCB 板作为模板进行保存,完成利用向导创建 PCB 文件。

(10) 单击【Finish】按钮，PCB Board Wizard 已完成所有创建新 PCB 所需的信息，PCB 编辑器将显示一个系默认名为 PCB1. PcbDoc 的文件，同时自动启动 PCB 编辑环境。

(11) 单击【File】|【Save As】命令，可以保存新创建的 PCB 文件，如图 8-38 所示。

图 8-38 PCB 板外形

8.7 思考与练习

(1) PCB 设计流程包括哪些？分别在设计过程中起什么作用？

(2) PCB 布局常用原则有哪些？并叙述原因。

(3) 分别叙述使用 PCB 向导创建 PCB 文件和菜单命令创建 PCB 文件的方法。

(4) PCB 视图操作包括哪些？分别怎样操作？常用的快捷键是什么？

第9章 印制电路板设计

印制电路板设计是进行电子产品设计最为关键的环节之一。因此本章内容需要引起读者的足够重视，本章也将从PCB设计常用对象、设计规则、PCB的板层、元器件的布局与布线、原理图与PCB的同步更新、信号的完整性分析等方面进行详细介绍。

9.1 PCB常用对象的放置及属性设置

PCB设计需要用到各种对象(也称为元素)，既包括焊盘和走线等电气对象，也包括尺寸和文本框等非电气对象，它们通常都是电路板后期编辑过程中用到的，会对PCB设计起到完善和补充作用，所以用户也需要熟练掌握常用对象的放置及其属性设置。

PCB常用对象的放置可通过命令【放置】或【布线】与【应用程序】工具栏来实现。更改对象属性有3种方法：按住Tab键，弹出属性设置对话框，在其中更改即可；也可双击设计对象，弹出属性设置对话框，更改即可；选中设计对象，使用快捷键F11打开【PCB Inspector】面板来更改。通过【工具】|【优先选项】，打开【参数选项】界面，可以看到设计对象的默认属性，如图9-1所示。

9.1.1 放置辅助对象及属性设置

顾名思义，辅助对象是在PCB设计中起辅助作用的，虽然这些对象中部分具有电气特性，但一般情况下使用得比较少。

本文以辅助对象圆弧为例，说明辅助对象的放置和属性设置方法。

(1) 使用菜单命令【放置】，选择【Drawing Tools】，再选择【Elliptical Arc】，光标呈现十字形状，如图9-2所示。在需要绘制的圆弧中心点处单击鼠标以确定圆心，移动光标会出现一个预拉全圆，继续单击鼠标即确定圆的半径，再次单击完成圆弧放置，绘制好的圆弧如图9-3所示。这时软件会自动以刚才的半径为默认半径进行下一个圆弧的绘制。

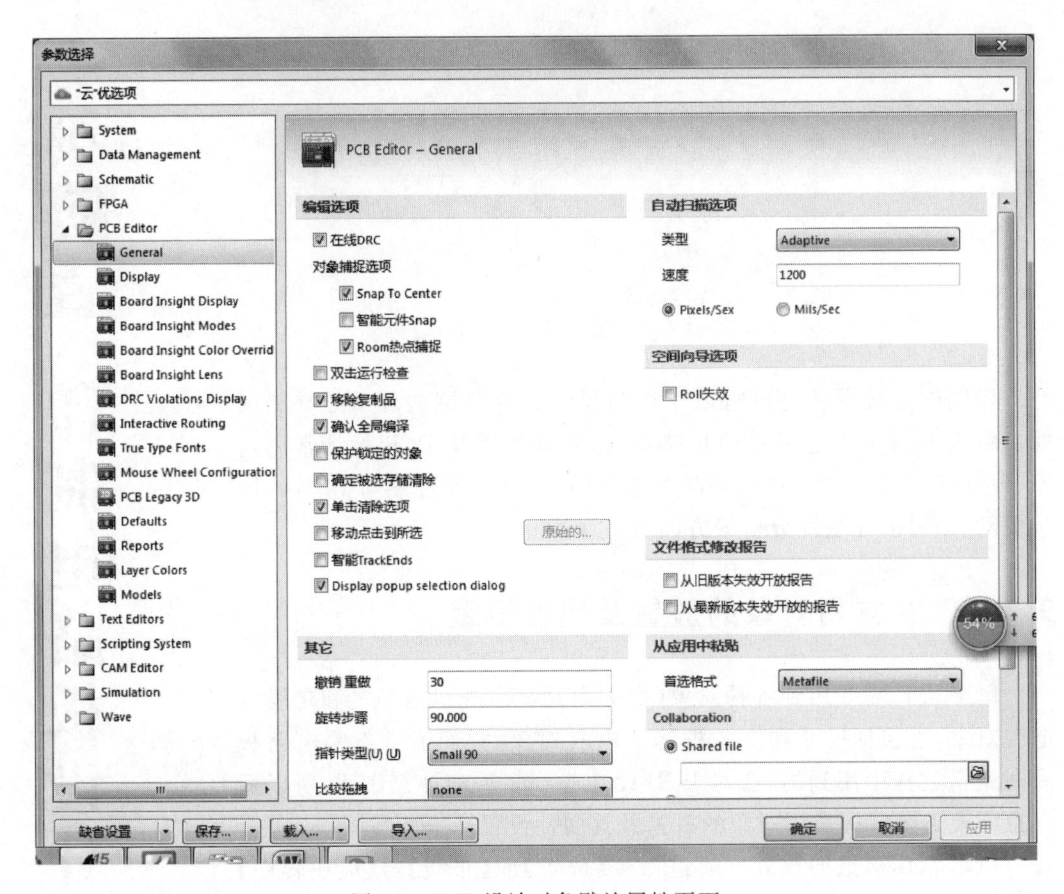

图 9-1　PCB设计对象默认属性页面

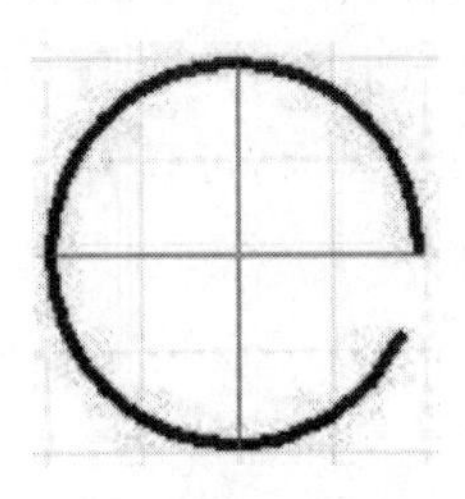

图 9-2　开始绘制圆弧

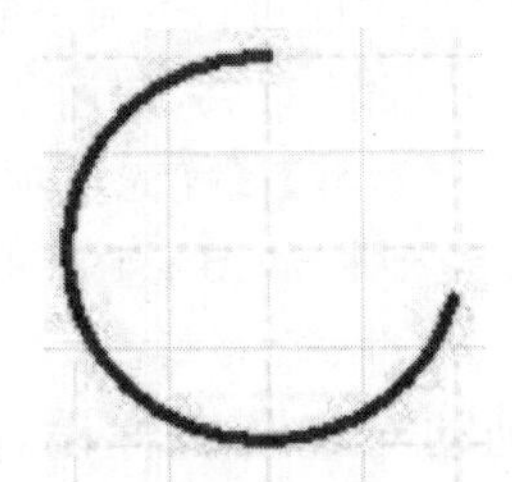

图 9-3　绘制好的圆弧

（2）在绘制圆弧的过程中按下 Tab 键或双击已放置好的圆弧，则可打开【圆弧属性】设置对话框，如图 9-4 所示。该对话框中有 X 轴半径、Y 轴半径、中心点的 X 轴和 Y 轴坐标、线宽、线条颜色等属性参数。

（3）修改 Start Angle（起始角度）或 End Angle（结束角度），可使全圆变成圆弧。修改 Radius 可以改变圆弧半径大小。

（4）【属性】选项组参数设置。

- 【层】的右侧下拉列表包含用户 PCB 的所有可用层，根据用户需要可以将其中某层设置为圆弧的放置层（与放置圆弧时所在层无关），此为圆弧层移的方法。
- 【网络】右侧下拉列表包含用户 PCB 的所有网络标号，根据用户需要可以将其中

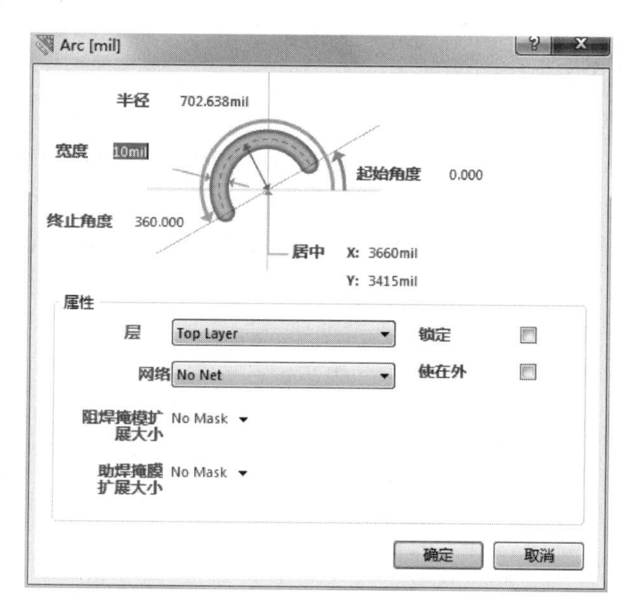

图 9-4 【圆弧属性】对话框

某个网络标号设置为圆弧的网络标号。

- 如果用户需要定位圆弧，则选择【锁定】选项。当圆弧被定位后，如果用户移动圆弧，软件会弹出警告信息框，如图 9-5 所示，提示对象已锁定，是否需要继续。【Yes】按钮，表示可以继续移动圆弧，移动完成后圆弧再次进入锁定状态。

图 9-5 移动圆弧警告信息框

- 当圆弧内不能有布线时，用户需要选择【使在外】选项。

9.1.2 放置走线及属性设置

布线是带有电气属性的金属走线，而走线主要是在非电气 KeepOut 层放置 PCB 板框、禁止布线边界等，即禁止在区域以外布线。走线放置在 KeepOut 层可以不受电气规则的约束。

(1) 在工作窗口选择【禁止布线层】标签，将 PCB 当前层设置为 KeepOut Layer。

(2) 从菜单中选择命令【放置】|【走线】，鼠标变成十字光标，按要求画 4 根走线构成一个封闭的框，元器件的布局和布线均在此范围内进行，颜色设置为与 KeepOut Layer 相同。

(3) 放置走线的过程中按下 Tab 键或放置完成后双击直线，就会打开属性设置对话框，相关参数的设置方法与上述圆弧的属性参数设置方法相同。

9.1.3 放置字符串及属性设置

在 PCB 中字符串主要用来作为注释出现，如元器件型号、制板日期等。可以通过工具栏中的字符串按钮 A 来放置，也可通过【放置】命令来实现。

(1) 选择【放置】命令，然后选择【String】，图板上会默认出现 String 字符串，即可单击放置在适当位置。

(2) 放置字符串的过程中按下 Tab 键或放置完成后双击字符串，就会出现属性设置对话框，在其中可设置属性参数，如图 9-6 所示。

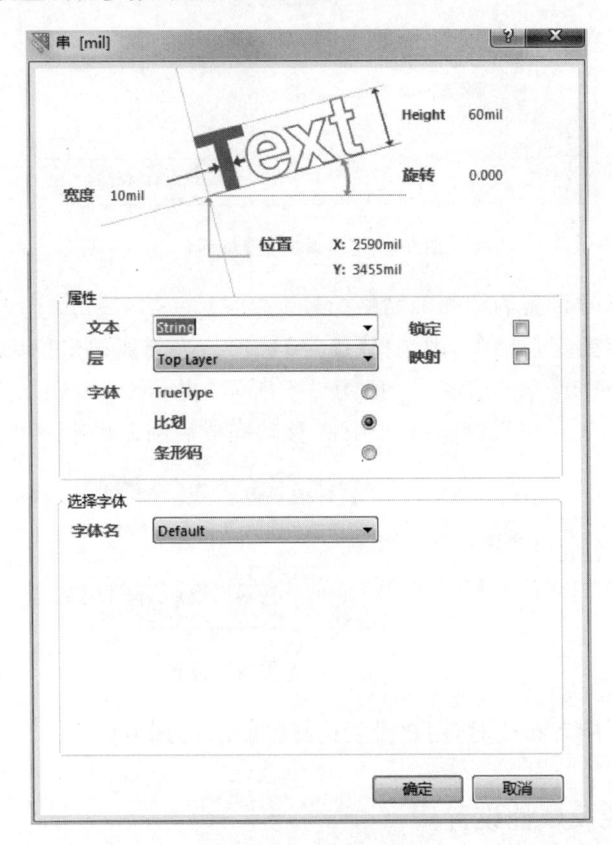

图 9-6　字符串属性对话框

- 【Height】：可调节字符串高度，等同于设置字号。
- 【旋转】：可调节字符串相对水平位置的倾角，正值表示逆时针，负值表示顺时针。
- 【文本】：需要显示的字符串内容，可手动输入，也可点击下拉列表选择特殊字符串。
- 【层】：选择字符串需要放置的层。
- 【字体】：有 TrueType 和比划及条形码 3 种选择。
- 【锁定】：可以定位字符串。
- 【映射】：即可将字符串由当前层镜像到电路板的背面层。

9.1.4 放置焊盘及属性设置

焊盘可以归类为元器件,同时也可以在需要测试点或安装孔时作为独立设计对象。

放置焊盘的步骤为:选择【放置】|【焊盘】命令,鼠标变成十字光标,并出现一个焊盘,选择在合适的位置单击即可放置焊盘。需要注意:当焊盘放置在空白位置上时,它是没有网络信息的;如果将新焊盘与已有焊盘完全重叠,新焊盘会默认选择与已有焊盘相同的网络信息;如果新焊盘与走线相交或者部分相交,它将捕获走线的网络信息。

放置焊盘的过程中按下 Tab 键或双击已经放置的焊盘,就会打开属性设置对话框,在其中可以设置相关属性参数,如图 9-7 所示。

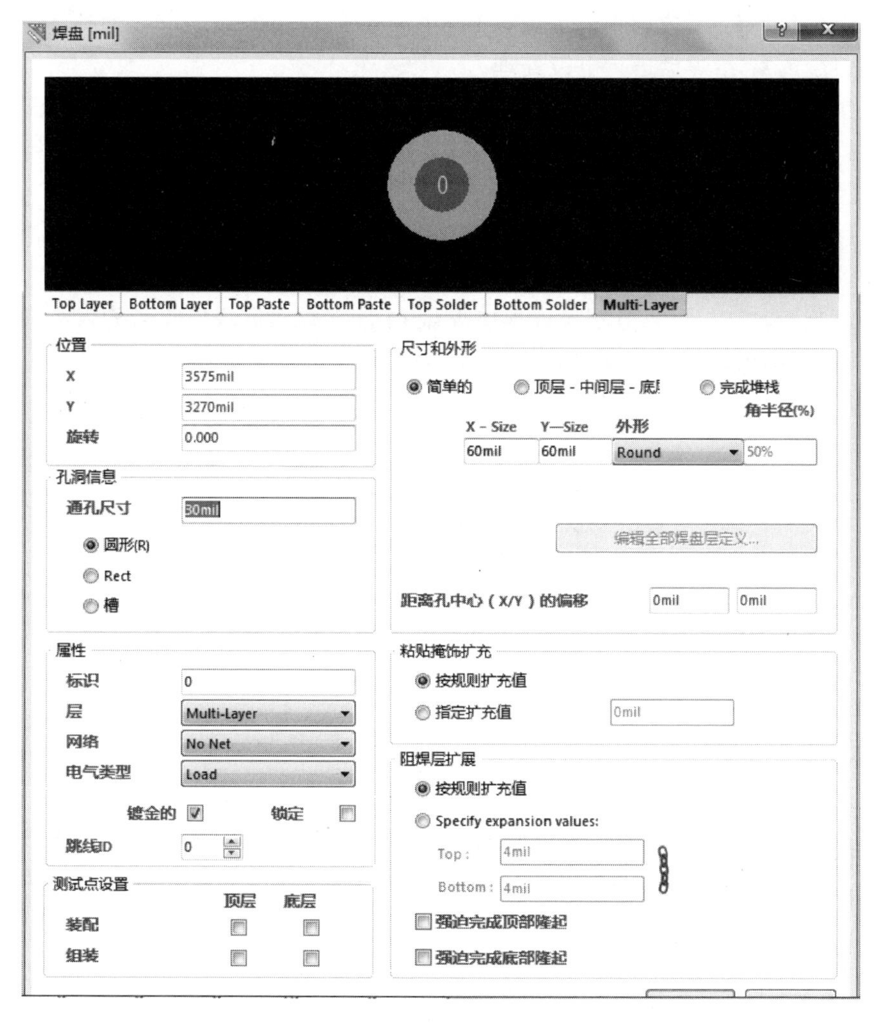

图 9-7　焊盘属性设置框

(1) 在该对话框中,最上方的图示窗口显示的是焊盘的形状。其下方有 PCB 层标签,通过单击可以切换到需要的层。

(2) 通过【孔洞信息】选项组可设置焊盘通孔形状和尺寸。

• 【通孔尺寸】：设置直径(圆形孔)或边长(方形或插槽孔)。

• 【圆形】单选项：孔洞为圆形。

• 【正方形】单选项：孔洞为方形。并且【正方形】选项中，用户可设置正方形旋转角度。

• 【槽】单选项：孔洞为插槽。选中【槽】单选项时，【长度】和【旋转】选项被激活，它们是用于设置旋转角度和插槽长度的。插槽孔长度需要大于或等于通孔尺寸。

(3)【属性】设置区域：

• 【标识】：通常以相应元器件引脚号作为焊盘标识符。

• 【层】：从PCB层中选择焊盘所在的层。默认选择Multi-Layer。

• 【网络】：焊盘的网络标号。

• 【电气类型】：下拉列表框中包含Load、Source和Terminator 3种类型。

• 【镀金的】：给焊盘进行电镀处理。

• 【锁定】：给焊盘定位，不能移动。

(4)【测试点设置】选型组：测试点一般设置在顶层或底层，用户在对应层将焊盘标记为测试点，以备PCB调试测试之用。

(5)【尺寸和外形】选项组：用来设置焊盘尺寸和外围形状。

• 【简单的】被选中时，可以设置焊盘形状和X轴、Y轴大小。【顶层-中间层-底层】选项被选中时，可以分别设置顶层焊盘、中间层焊盘和底层焊盘的大小和外形，以满足多层板设计的需求，如图9-8所示。

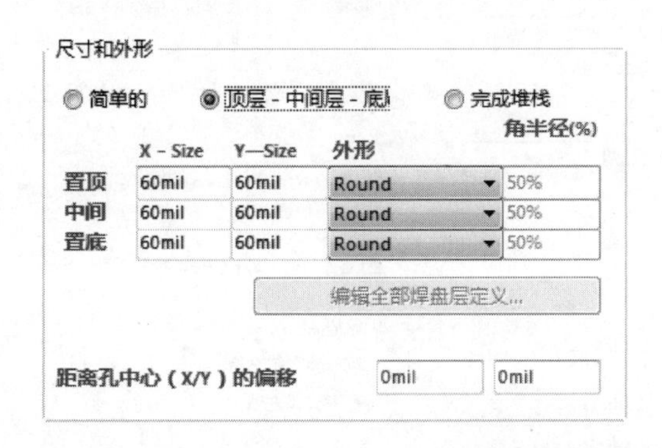

图9-8　多层板各层焊盘定义框

• 【完成堆栈】选项被选中时，就会激活【编辑全部焊盘层定义】选项，点击该按钮，就会弹出【焊盘层编辑器】界面。如果选择左下角按钮，就会只显示层栈中的焊盘，如图9-9所示。不选择该按钮时，就会显示全部板层的焊盘，如图9-10所示。在该界面中，用户可以分别定义各层焊盘的尺寸大小和转角半径(comer radius)以及名称等。

(6)【粘贴掩饰扩充】：可用来设置助焊层扩展模式，其优先级高于设计规则中的设置。

• 【按规则扩充值】：根据设计规则设置的值扩展。

• 【指定扩充值】：单独设定助焊膜至焊盘边缘的距离。

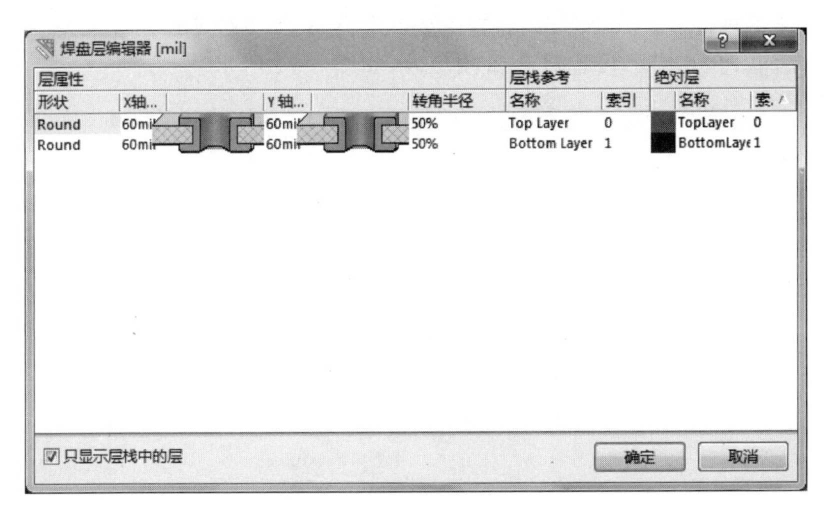

图 9-9　只显示层栈中的焊盘

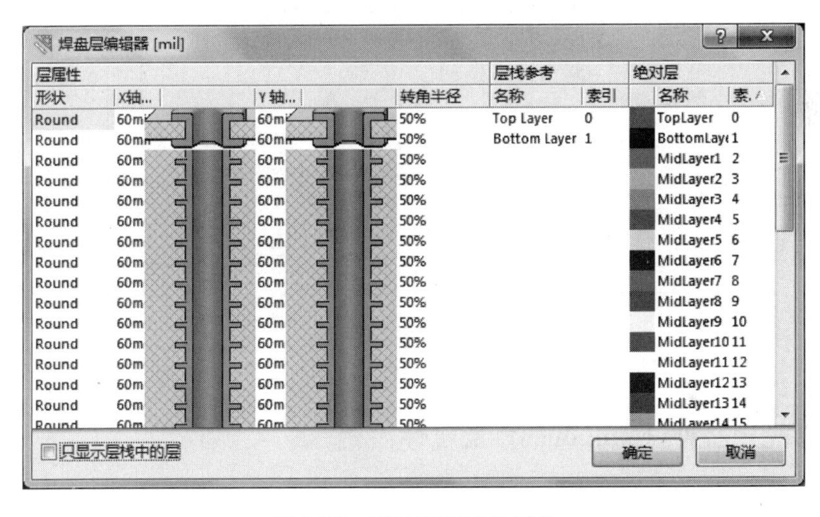

图 9-10　显示所有层的焊盘

(7)【阻焊层扩展】选项：用来设置阻焊层的扩展模式。

- 【按规则扩充值】：按设计规则设置的值扩展。
- 【指定扩充值】：不按设计规则，额外设定扩展值。
- 【强迫完成顶部隆起】：强制在顶层生出隆起。
- 【强迫完成底部隆起】：强制在底层生出隆起。

9.1.5　放置过孔(Via)及属性设置

放置过孔需要经历的步骤：选择【放置】|【过孔】命令，鼠标变成十字光标并预带一个过孔，选择合适的位置，单击鼠标即可完成放置。如果该过孔放置在空白位置上，它将没有网络信息；如果新过孔与旧过孔重合对齐，新过孔会捕获旧过孔的网络信息；如果新过孔与走线相交或部分相交，它将捕获走线的网络信息。

过孔属性设置方法：放置过孔过程中按下 Tab 键或放置过孔完成后双击，就会打开属性设置对话框，在其中可设置过孔属性参数，如图 9-11 所示。

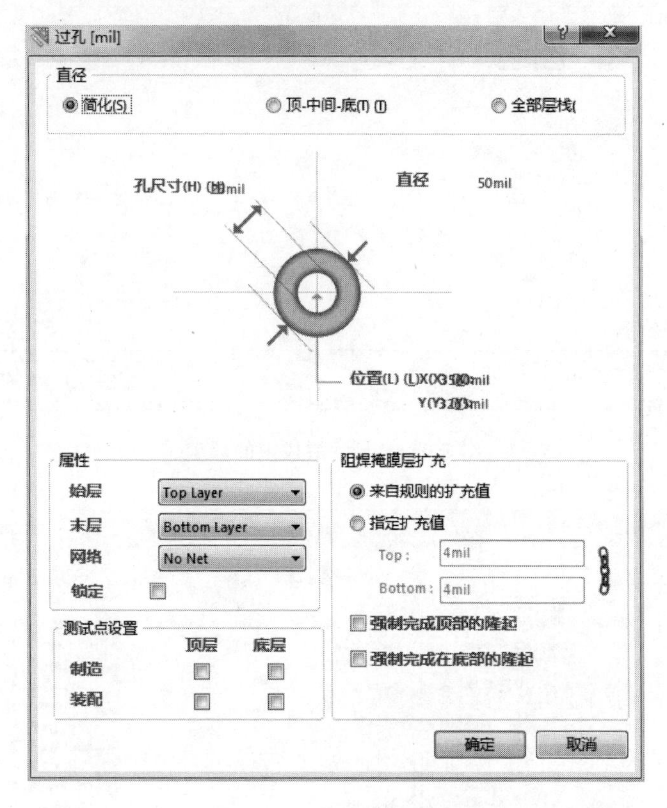

图 9-11　过孔属性设置

9.1.6　放置元器件(Component)及属性设置

PCB 编辑器中放置元器件时会有两种选择：封装和元器件。主要指的是封装类型。

(1) 选择【放置】|【器件】命令，就会出现【放置元器件】对话框，如图 9-12 所示。可以看到，对话框中放置类型有两种选择：元器件和封装。选择放置类型后，可以继续通过【浏览】按钮选择封装型号或器件型号。

(2) 单击【浏览】按钮，弹出【封装浏览库】对话框，如图 9-13 所示，从中选择需要的元器件封装。

(3) 选择相应封装后单击【确定】按钮，软件会返回 PCB 编辑界面放置元器件。在对话框中用户可以用标识符给封装命名，用注释给封装做注解，继续单击【确定】按钮，光标上就会出现所选封装，如图 9-14 所示。

放置好元器件封装后，需要逆时针旋转时按 Space 键，需要左右反转时按 X 键，需要上下反转时按 Y 键。在元器件移动时也能通过这些键起作用。放置完成后，自动回到【放置元器件】对话框继续单击，就可以继续放置元器件。

放置元器件
放置类型
封装
元件
元件详情
Lib Ref(L) (L)
封装(F) (F)
位号(D) (D) Designator1
注释(C) (C) Comment
确定 取消

图 9-12 放置元器件对话框

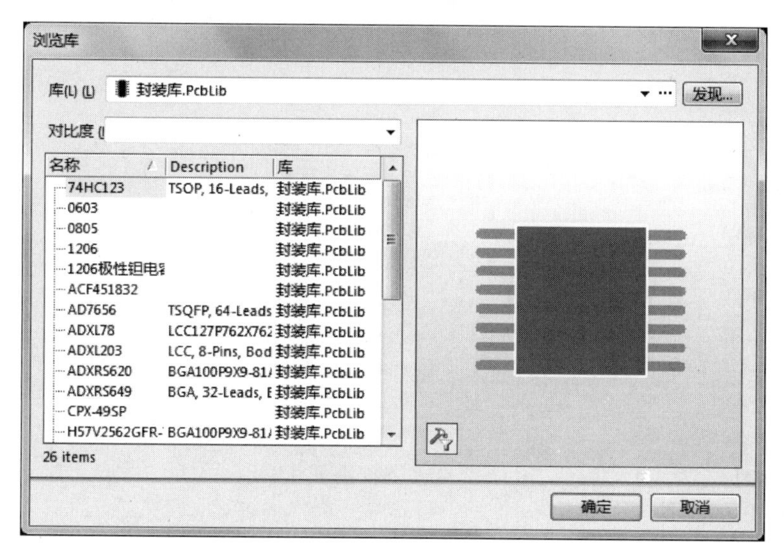

图 9-13 浏览元器件封装库

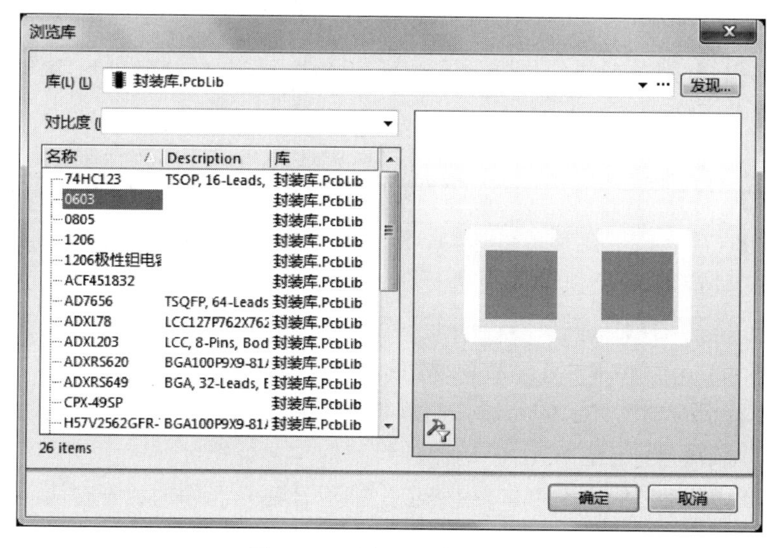

图 9-14 选择元器件封装图

(4) 放置元器件的同时按下 Tab 键，出现元器件属性界面，如图 9-15 所示。

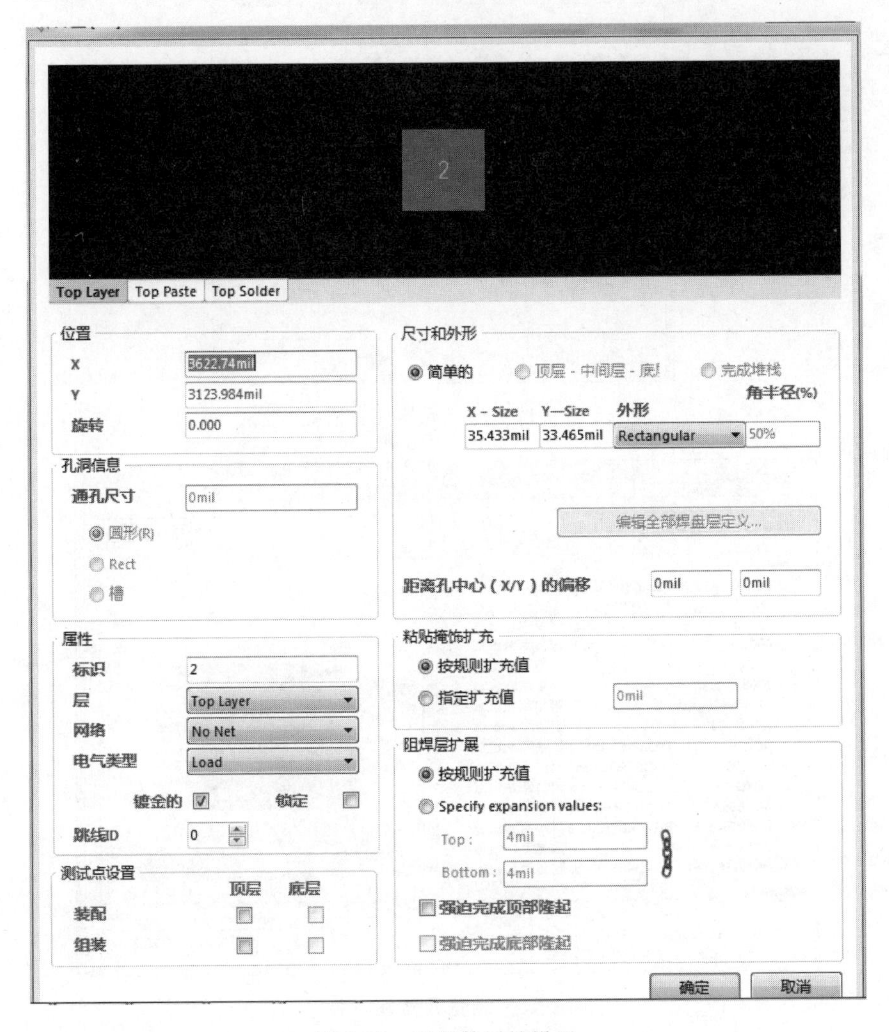

图 9-15　元器件属性设置

在该界面中，分别是封装的位置、孔洞信息、属性、标识、尺寸和外形等。

选项组中各项的意义如下：

- 【层】：通过下拉列表从当前 PCB 可用层中选择元器件的所在层。
- 【旋转】：调整元器件的旋转角度，正值表示逆时针旋转，负值表示顺时针旋转。
- 【类型】选项有以下几种可供选择：Standard(标准的元件)，Mechanical(非电气特性的机械元件，如固定件和散热片等)，Graphical(图形光绘)，Net Tie(In BOM)(在 BOM 中的网络约束)，Net Tie(不同网络相互连接时的约束条件即网络约束)，Standard(No BOM)(无 BOM 的标准元件)。
- 【高度】：用于 3D 显示的元器件高度值。
- 【锁定原始的】：定位图元，使元器件封装的位置被锁定。
- 【锁定串】：锁定标识字符串，用于锁定标识号与元器件的相对位置。
- 【锁定】：锁定元器件，这样元器件在 PCB 中的位置固定。

【交换选项】按钮用来设置交换模式，通常用于FPGA设计中。由于FPGA工艺技术的不断进步，FPGA功能不断强化，价格不断降低，所以现代PCB设计越来越多以FPGA为中心。FPGA引脚具有可配置性，使能引脚的交换，可使布线更容易，简单化布线路径和层数。

- 【使能引脚交换】：允许引脚交换。
- 【使能局部交换】：允许端口交换。

当【标识】菜单的【隐藏】选项被选中时，元器件的标识符就隐藏不见。

当【注释】菜单的【隐藏】选项被选中时，元器件的注释就隐藏不见。

9.1.7 放置坐标(Coordinate)及属性设置

坐标用于显示当前位置相对原点的距离，其设置步骤如下：

(1) 选择【放置】|【坐标】命令，鼠标变成十字光标，并会显示坐标值。

(2) 放置坐标过程中按下Tab键或放置坐标完成后双击，出现【属性】对话框，在其中可设置相关属性参数，主要设置坐标中心十字点的大小及坐标数字的字体和大小。【单位格式】下拉框中有None、Normal、Brackets 3种类型可供选择。

9.1.8 放置尺寸(Dimension)及属性设置

在机械层一般会放置尺寸标注，Altium Dsigner 15提供了10种尺寸标注类型。以放置直线标注为例，其步骤如下：

(1) 选择【放置】|【尺寸】|【线性的】命令，鼠标变成十字光标并附带双箭头。

(2) 在需要标注尺寸的起点处单击，移动鼠标，起点与十字光标间出现尺寸线。

(3) 如果需要在水平标注和垂直标注之间切换按Space键即可。

(4) 移动鼠标至标注终点，单击左键或【确定】按钮。

(5) 光标在移动的同时，标注尺寸的长度也在改变，在合适的位置单击完成标注。

(6) 尺寸标注完成后，双击或放置过程中按下Tab键，打开尺寸的属性设置对话框，在其中可设置属性相关参数，如图9-16所示。

9.1.9 放置敷铜(Polygon Pour)

现代集成高速电路板通常会将PCB上多余空间作为基准面，使用固体铜进行填充。本书将这些铜区称为敷铜，敷铜由多边形结构生成。

印制电路板上的大面积敷铜可用于散热，或者屏蔽和减小信号干扰。

由于PCB的基板与铜箔间的粘合剂长时间受热或浸焊，产生的挥发性气体易导致热量积聚，以至于产生铜箔膨胀或脱落现象，因此通常需要在大面积敷铜上开网状窗口。

选择【放置】|【多变形敷铜】命令，会出现敷铜属性设置对话框，如图9-17所示。设置完相关属性后，用鼠标在合适的位置画一个边框放置敷铜，系统按设置好的规则间隙灌铜。

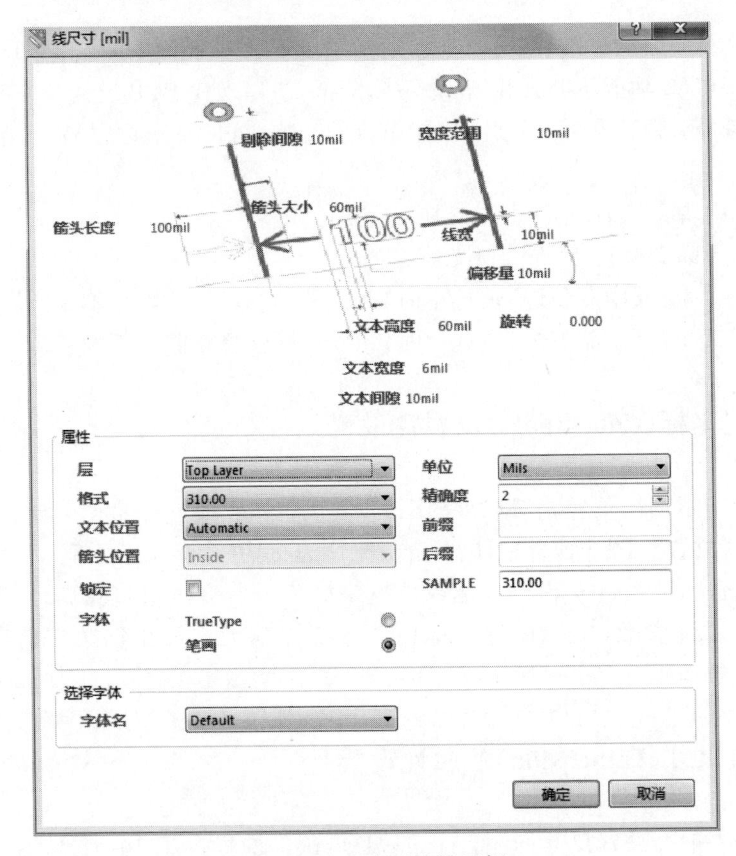

图 9-16　尺寸属性设置框

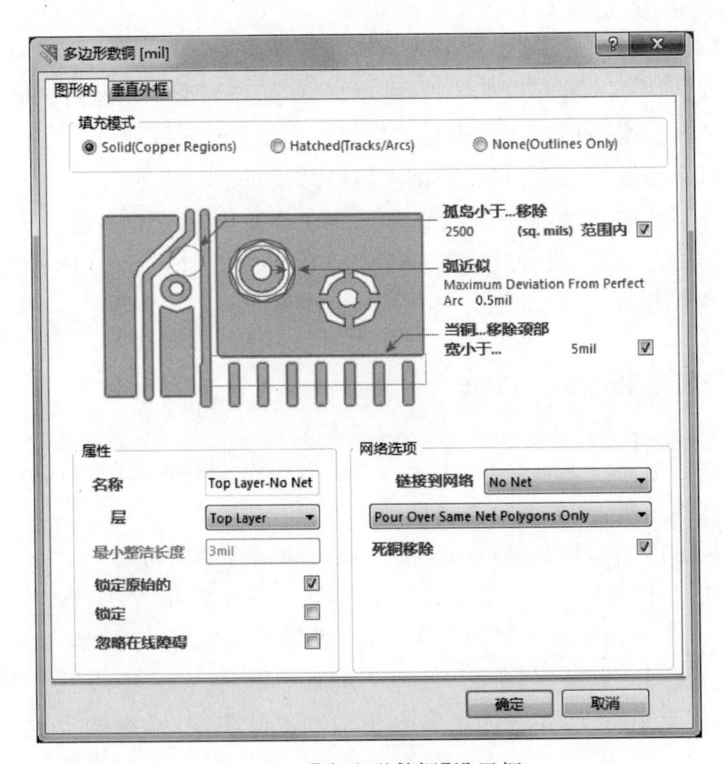

图 9-17　【多边形敷铜】设置框

敷铜填充有 Solid(CopperRegions)(实心填充)、Hatched(Tracks/Arcs)(网格填充)、None(Outlines Only)(无填充)3 种模式。

1. 实心填充模式

在【多边形敷铜】设置框【填充模式】选项组中选择【Solid(Copper Regions)】模式,即为实心填充模式。

- 【孤岛小于移除】选项:移除小于设定面积的独立存在的小面积敷铜。孤铜通常是通过设定参数将其自动移除的。
- 【弧近似】:敷铜与焊盘或过孔之间的弧形间隙最大偏差值。
- 【当铜…移除颈部】:当敷铜宽度小于设定值时系统会自动删除它们。

【网络选项】选项组简介如下:【链接到网络】右侧下拉列表框包含 PCB 的所有网络,敷铜一般与 GND 相连。【链接到网络】下侧按钮用来选择敷铜与网络之间的连接模式,有以下几种选项:

- Don't Pour Over Same Net Objects:内部填充时,敷铜不与同网络的对象相连。
- Pour Over All Same Net Objects:内部填充时,敷铜与所有同网络的对象相连。
- Pour Over Same Net Polygons Only:内部填充时,敷铜仅与同网络的铜对象相连。

【死铜移除】选项用来删除死铜。死铜是指部分敷铜面积较小又无法连接到指定网络上,所以需要通过设定参数由系统将其自动移除。死铜只能用这种方法删除,在放置好后还不能单独删除。

2. 网格填充模式

在多边形敷铜设置框【填充模式】选项组中选择【Hatched(Tracks/Arcs)】模式,即为网格填充模式。

- 【轨迹宽度】:敷铜轨迹的走线宽度。
- 【栅格尺寸】:敷铜的网格大小。
- 【包围焊盘宽度】:敷铜包围焊盘的宽度。
- 【孵化模式】:网格的 4 种开口模式。

3. 无填充模式

在多边形敷铜设置框【填充模式】选项组中选择【None(Outlines Only)】模式,即为无填充模式。无填充模式就是只有敷铜边框,而内部无任何填充。

9.1.10 敷铜镂空(Polygon Pour Cutout)

敷铜镂空与放置敷铜相反,又可叫敷铜切块。敷铜镂空是切除部分敷铜,它的方法包括切除敷铜尖角和孤岛等。

(1) 选择【放置】|【多边形填充挖空】命令,鼠标变成十字光标。

(2) 在敷铜上确定出一个多边形,右击或单击【确定】按钮结束放置,可看到多边形内的敷铜被删除掉。

(3) 如果敷铜镂空放置于敷铜放置之前，那么敷铜镂空区域内不会被灌铜。

(4) 在放置敷铜镂空时按下 Tab 键或双击敷铜镂空，将会出现敷铜镂空属性设置对话框。对话框主要用来设置敷铜镂空所在层。选择【锁定】时，敷铜镂空的位置会被锁定；需要提醒的是【多边形剪切块】如果不被选中，敷铜将不被镂空。【多边形剪切块】未被选中时，这时会额外出现网络和禁止布线两个选项。若敷铜镂空通过【网络】菜单选择了网络标号，那么原来的镂空范围会被灌铜，但是其四周出现镂空。勾选【使在外】时，敷铜镂空区将被禁止布线，而且区域内被灌铜。

9.1.11 切割敷铜

切割敷铜(Slice Polygon Pour)是指将一块完整的敷铜割断成两块或更多块。

(1) 选择【放置】|【切断多边形填充区】命令，鼠标变成十字光标，在需要切割的敷铜上确定切割起点并单击，移动十字光标到切割结束点再次单击，这样就会画完切割线。切割线可以是折线，也可以是闭合或开口的多边形。

(2) 通过右击结束切割线的放置，光标仍处于等待放置状态。再次右击，这时会弹出确认切割信息的对话框。

(3) 单击【Yes】按钮，确认切割，会弹出重新灌铜确认信息框。

(4) 继续单击【Yes】按钮，被切割的敷铜重新灌铜。

(5) 确定切割线起点后，按下 Tab 键，将会出现切割线属性设置对话框。该对话框主要用来设置切割线宽和切割层。

需要提醒，使用 Back Space 键可以返回切割线放置点。每按一次，就会取消一段，取消顺序为由后向前。

9.1.12 放置矩形填充

矩形填充(Fills)作为矩形实心区域，可以放置在任何层，它与敷铜最明显的不同是，放置时不会避开相关电气对象。

(1) 选择【放置】|【填充】命令，鼠标变成十字光标。

(2) 在 PCB 中找到填充矩形的起点并单击，移动光标，系统会随之调整矩形填充的大小，到合适位置找到下一点，再单击确定终点。

(3) 放置过程中按下 Tab 键或双击已完成放置的矩形填充，就会弹出属性设置对话框。

(4) 通过对话框可以设置填充矩形的旋转角度，网络连接和所在层。选择【使在外】复选框时，矩形填充将自动禁止布线，自动布线会避开该区。

9.1.13 放置铜区域

铜区域(Copper Regions)作为多边形实心填充，可以被放置在任何层，可以是规则也可以是不规则的，它能作为敷铜或屏蔽层以及在大电流布线时使用。与敷铜最明显的区别是，其放置时不会避开相关电气对象。

(1) 选择【放置】|【实心区域】，鼠标变成十字光标。

(2) 在 PCB 中单击放置各个端点，画出铜区域多边形的范围直至完成。右击即结束放置。

(3) 放置过程中按下 Tab 键或双击已完成放置的铜区域，就会弹出属性设置对话框，如图 9-18 所示。

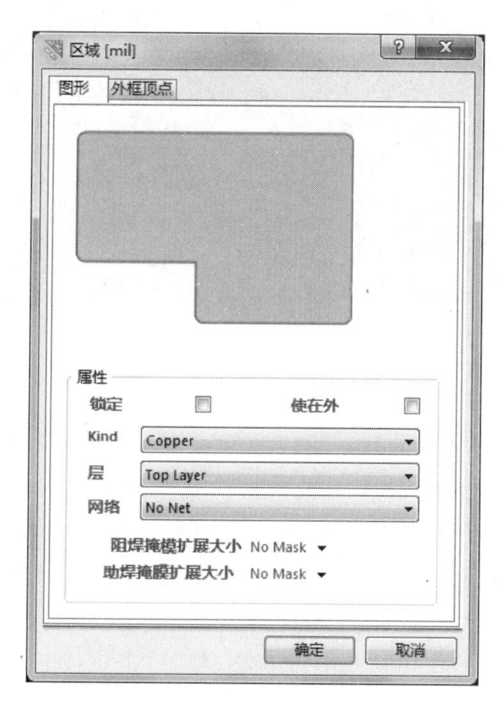

图 9-18 铜区域属性设置框

9.1.14 敷铜管理器

Altium Designer 15 的敷铜管理器作为超强的控制中心，用于设置和管理 PCB 上的全部敷铜。

敷铜管理器一方面为 PCB 上的全部敷铜提供高级视图，另一方面可设置敷铜灌铜顺序，重新命名敷铜名字，执行在需要的敷铜上重新灌铜或搁置等各种任务，为需要的敷铜增加设计规则。

敷铜管理器通过选择【工具】|【多边形填充】|【多边形管理器】命令，打开敷铜管理器设置对话框，如图 9-19 所示。

(1)【视图/编辑】区域：

- 【名称】列：列出了板上所有敷铜的名称。点击敷铜名称时，相应的敷铜形状会在窗口右下侧显示出来。
- 【层】列：显示敷铜所在层。

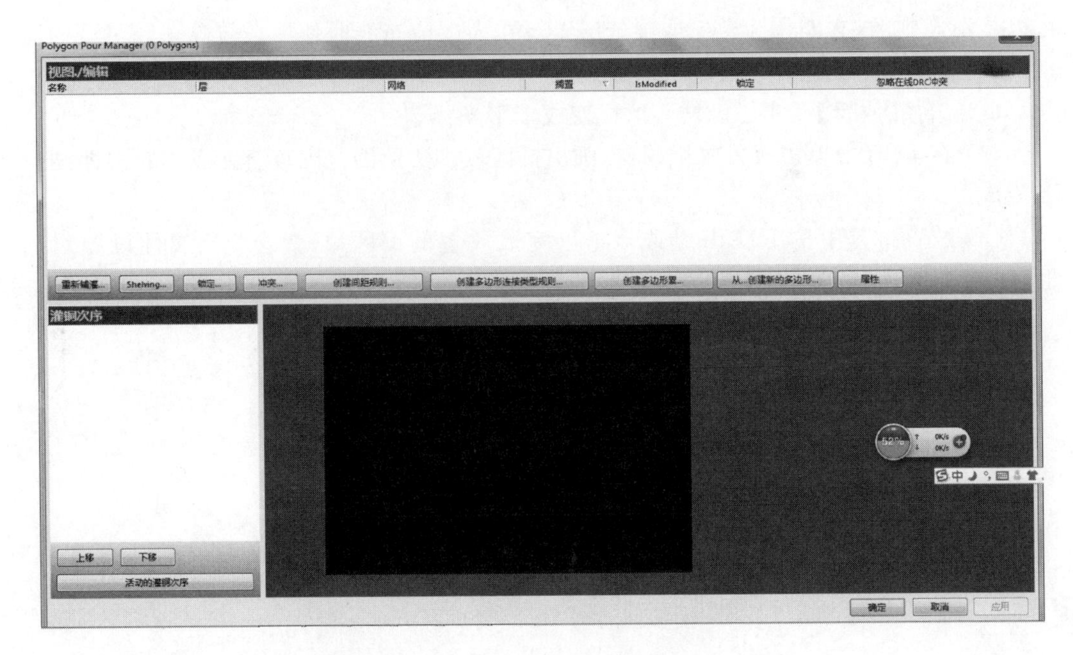

图 9-19 【敷铜管理器】对话框

- 【网络】列：敷铜的网络信息。
- 【搁置】列：该选项被选中时，相应敷铜块会被搁置。

敷铜搁置，也称敷铜堆放，指用户设计时把 PCB 上需要的大量多边形敷铜堆放在一起管理。搁置敷铜多边形在设计窗口中没有出现，它们不是被删除了，而是保留了其完整定义被放进 PCB 文件中。

(2)【重新铺铜】按钮的作用是使能重新灌铜。单击该按钮时会弹出【强制重新灌注所有敷铜块】对话框，其中包含 3 个命令。

- 【Selected Polygons】：重新灌注选择的敷铜块。
- 【Violating Polygons】：重新灌注违反规则的敷铜块。
- 【Modified Polygons】：重新修改敷铜。

如选择修改敷铜时，系统会弹出确认信息对话框，选择【Yes】按钮，敷铜就会重新灌注。

(3)【创建多边形连接类型规则】按钮的作用是建立敷铜与同网络大小的连接方式规则。单击该按钮，弹出对话框可编辑敷铜连接方式规则。

(4)【创建间距规则】按钮的作用是创建安全间距规则，就是设置敷铜与其他对象的安全间隙值。单击该按钮，弹出对话框可设置安全间距规则。

【约束】下拉框中有 Different Nets Only、Same Nets Only、Any Net 3 个选项和用来选择最小安全间距的【最小间隔】文本框。

- Different Nets Only：只针对不同网络的约束。
- Same Nets Only：只针对相同网络的约束。
- Any Net：针对所有网络的约束。

- 【最小间隔】：最小的安全间距，默认设置值为10mil。

(5)【创建多边形类】按钮的作用是为敷铜建立类属关系，单击该按钮弹出的是【对象类名称】对话框。在其中输入敷铜类的名称，选择【确定】按钮，就完成了敷铜类的建立。

(6)【灌铜次序】选项组，包含PCB板中全部敷铜块灌铜时的次序。

- 【上移】按钮，将选中的敷铜按次序上移。
- 【下移】按钮，将选中的敷铜按次序下移。
- 【自动产生】按钮，将选中的敷铜按顶在上，底在下，然后各层由面积从小到大排列的次序自动进行灌铜。
- 【活动的灌铜次序】按钮，用来使能灌铜次序，使其设置生效，并且将敷铜块图形依次显示出来。

9.1.15 放置禁止布线对象

通过选择走线、填充区等的属性对话框中的【Keepout】选项，可以为其定义Keep-Out区域。

选择【放置】菜单命令，再选择【禁止布线】，其中有7种绘制工具。需要说明的是用它们绘制出的图形，自动具有禁止布线的属性。如果该图形在Keepout层，那么所有层都禁止在该图形范围内布线；反之，该图形不在Keepout层时，则只有所在层不能在该图形范围内布线。对其他放置的对象，该特点同样适用。

9.2 PCB设计规则

PCB设计规则用来对PCB设计过程中的操作，如放置元器件、手动或自动布线等，进行约束，并规范用户设计行为。规则设置是否合理将直接影响PCB板的布线质量和成功与否。

这些规则包含自动布线、线宽、过孔、焊盘过孔等，用户在设计过程中可手动检查这些规则，也可生成设计规则检查(DRC)报告进行批次检查。

虽然PCB编辑器中大部分布局布线、电气、放置、制造等要素，都采用了默认设计规则，但是为了使PCB板布局布线更理想，用户还是有必要结合实际对规则进行修改。

9.2.1 概述

PCB编辑器中，选择【设计】|【规则】命令，弹出【PCB规则与约束编辑器】对话框，如图9-20所示。

该对话框采用的是树状管理模式，左侧显示的是十大类PCB设计规则，单击“+”号会展开规则，右侧显示的是每个类别规则的种类、范围、属性等设置和编辑参数。这些设计规则主要包括电气特性、布线、封装设计、放置、测试等。

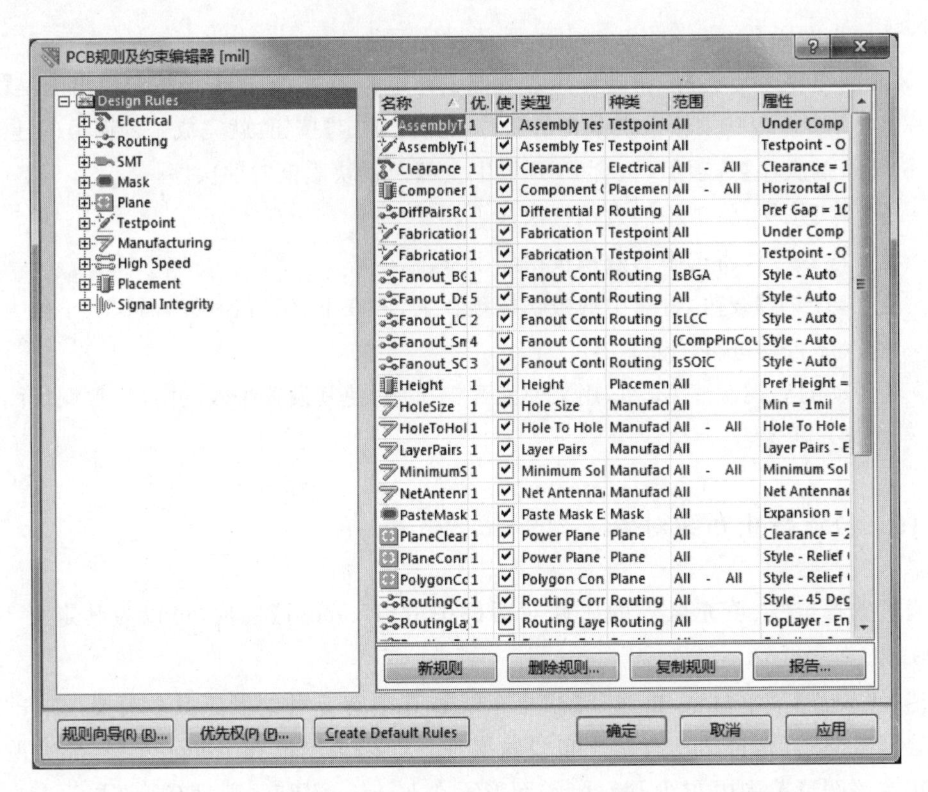

图 9-20　PCB 规则及约束编辑器

9.2.2　电气规则(Electrical)

Electrical 规则用来设置 PCB 布线过程中有关电气方面的规定，主要包括 Clearance(安全间距)、Short-Circuit(短路规则)、Unrouted Net(未布线网络)和 Unconnected Pin(未连接引脚)4 个方面。

1. 安全间距(Clearance)

Clearance 规则主要用于 PCB 设计过程中，导线、焊盘、过孔和敷铜等电气对象相互之间的安全距离，保证不至于因为靠的过近而相互干扰。

单击左侧的【Clearance】规则，继续点击展开的树形结构下的【Clearance】，系统默认只有一个安全距离规则，右侧边框显示的是安全距离规则的使用对象和相关约束，如图 9-21 所示，系统默认最小安全间隔为 10mil。

下面以电源网络(VCC)和地网络(GND)间的安全距离 15mil 为例，介绍新规则的设置步骤：

(1) 在图 9-21 的左侧【Clearance】上右击，选择【新规则】子菜单。

(2) 树形结构下多出一个默认名为【Clearance-1】的规则，单击【Clearance-1】。

(3) 右侧【Where The First Object Matches】第一个匹配对象选则网络 Net，在下拉列表中选择电源网络 VCC。

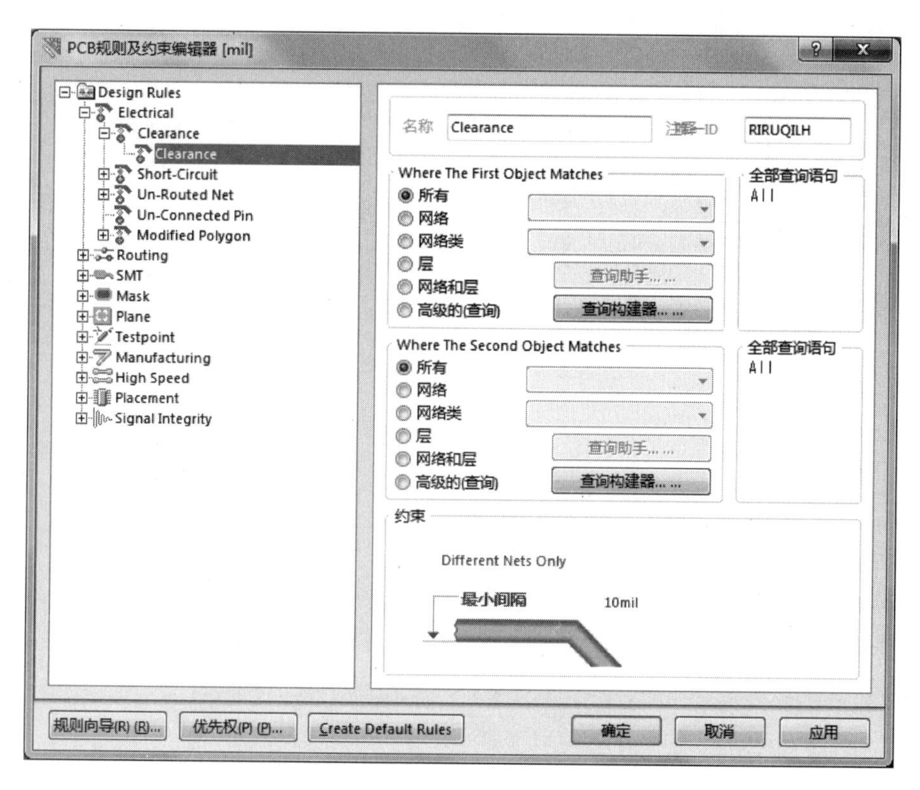

图 9-21 安全间距设置对话框

同样在第二个匹配对象【Where the Second object matches】选项组中设置地网络GND，然后在最下方的【约束】选项组中将【最小间距】数值修改为15mil，这样就完成了电源线和地线间安全间距15mil的设置。

2. 短路规则(Short-Circuit)

Short-Circuit规则主要用来设置是否允许PCB上导线短路，如图9-22所示，在右侧最下方的【约束】选项组中，勾选【允许短电流】，则允许导线短路。系统默认为不允许导线短路。

3. 未布线网络(Unrouted Net)

Unrouted Net规则用于检查指定范围内的网络是否布线成功，如果有未成功布线的网络，将使其保持飞线，该规则不需要约束，只需创建即可。

4. 未连接引脚(Unconnected Pin)

为了检查指定范围内的元器件引脚是否连接到相应网络，电气规则就有必要添加Unconnected Pin规则。如果有未连接到网络的空引脚，如悬空引脚，系统会给出提示。该规则也不需要约束，默认为空规则。

图 9-22　短路规则设置

9.2.3　布线规则(Routing)

布线规则是PCB设计中进行自动布线时遵循的重要依据，该规则设置是否恰当将直接影响PCB板的布线质量。布线规则主要设置与布线有关的7类规则。

1. 布线宽度(Width)

Width规则用于设定布线的线宽，系统默认值为10mil。某些特定网络如电源和地网络，由于需要更强的抗干扰性，它们的线宽需要重新设置。一般，每个网络的线宽与其他网络的线宽是不同的，所以需要为每个特定网络添加规则名称，以便区分。线宽设置框如图9-23所示。

在【约束】选项组中可设置【最小线宽】(Min Width)、【优先线宽】(Preferred Width)和【最大线宽】(Max Width)，也可勾选【Characteristic Imped】(典型阻抗驱动宽度)和【Layers in layerstack only】(只有图层堆栈中的层)。

2. 布线方式(Routing Topoloogy)

Routing Topoloogy规则用于设置引脚间布线方式的拓扑逻辑，包含7种可选拓扑方式，如图9-24所示。各拓扑方式解释如下：

- Shortest：系统默认拓扑规则，表示以最短路径布线。

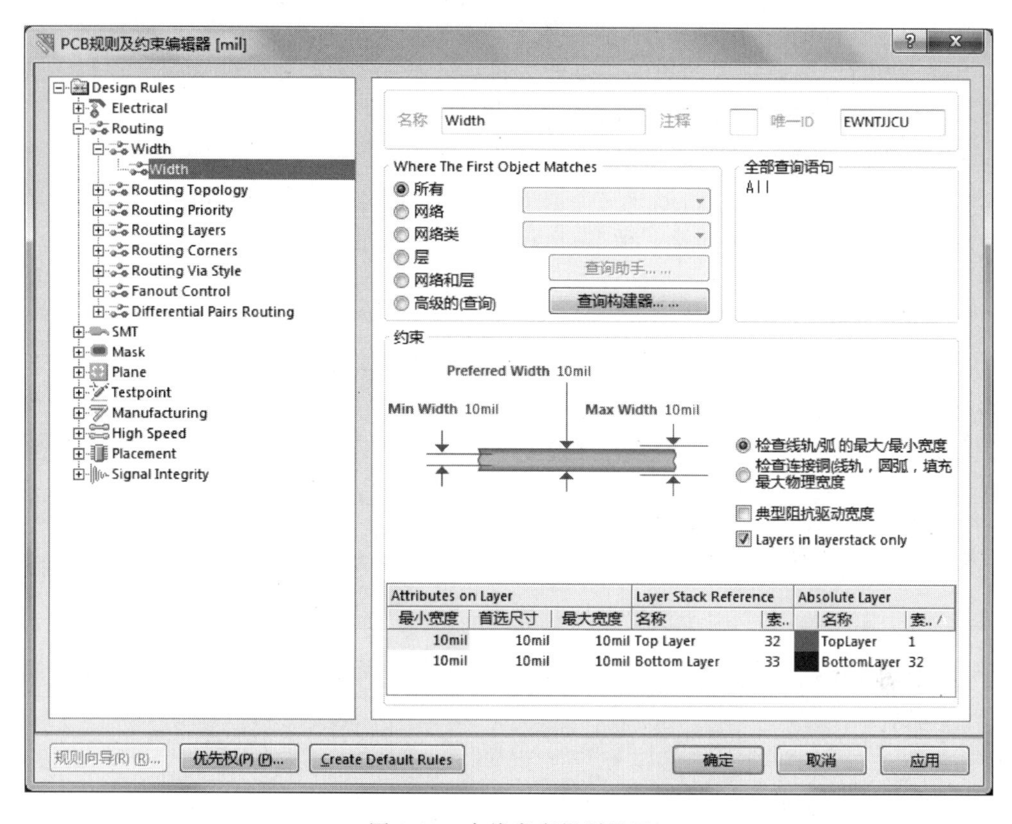

图 9-23 布线宽度规则设置

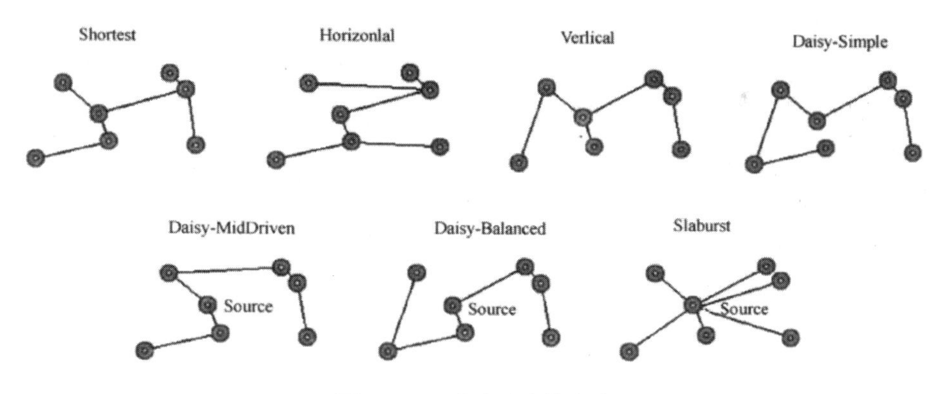

图 9-24 7 种常见布线方式

- Horizontal：布线方式以水平方向为主。
- Vertical：布线方式以垂直方向为主。
- Daisy-Simple：简单菊花链状方式。在指定起点和终点的前提下，系统网络内的所有节点以连线最短的方式连成一串。在没有指定起点和终点的条件下，其和 Shortest 方式效果相同。
- Daisy-MidDriven：中间驱动链状方式。该方式以网络中间某个节点为起点向两边以最短路径进行链状连接。这种方式用户也需要指定起点和终点，但向两边扩散的中间节点数可以不相同。

- Daisy-Balance：平衡链状方式。该方式需要一个起点和多个终点，起点也是在链接的中间，只是需要两边终止点的数目大致平衡，其含义是由中间节点数平均分配成组并使用连线最短的方式连接起来。
- Starburst：星形扩散链状方式，其含义是在所有网络节点中选出起点，其余各节点直接连接到该起点，形成一个散射状逻辑方式。若用户没有设起点，系统将以每个节点作起点去连接其他节点，找出连线最短的一组。

3. 布线优先级别(Routing Priority)

Routing Priority 规则用来设置 PCB 中网络布线的先后顺序，优先级高的网络比优先级低的网络先进行布线。优先级别取值范围为 0～100，数字越大代表优先级别越高。在【约束】选项组中的【行程优先权】文本框中输入数字或使用按钮调节来设置优先级别。

4. 布线板层(Routing Layers)

Routing Layers 主要用于设置布线过程中允许布线的工作层，如图 9-25 所示。

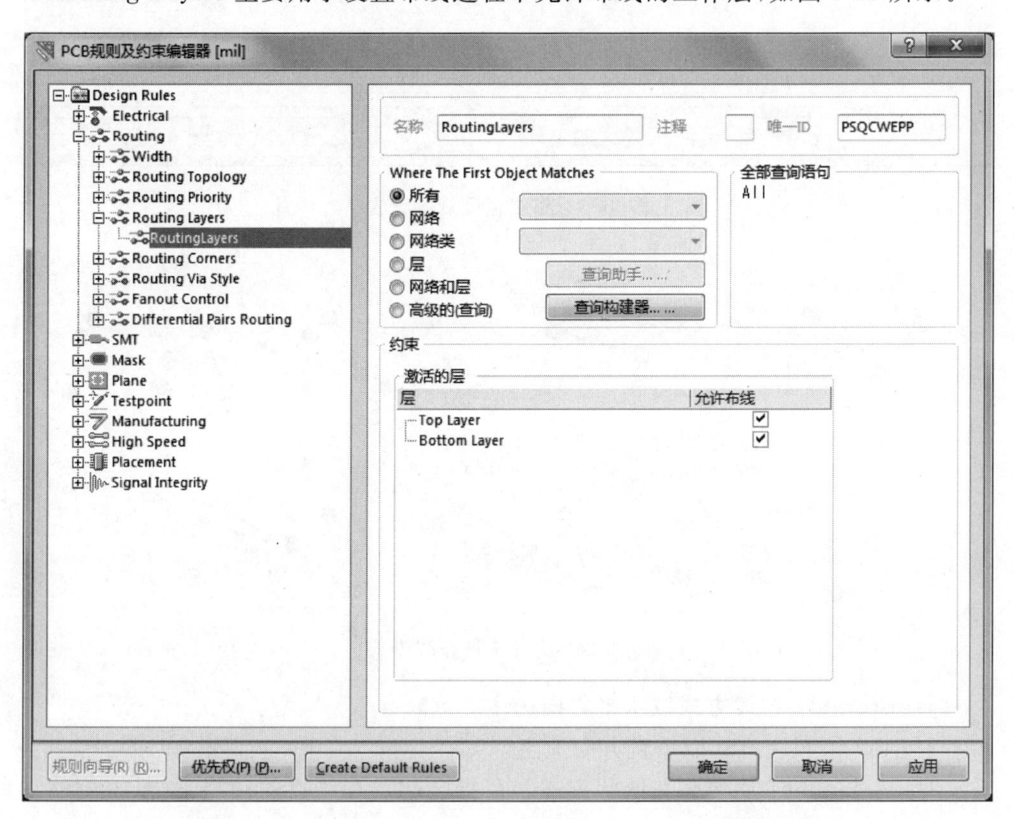

图 9-25　布线层设置

为了减少布线层间的干扰耦合，通常不同层的走线方向需要设置为不同，如双面板情况下若顶层为水平布线，则底层需要设为垂直布线。用户打开【Layer Directions】对话框可改变布线走向，设置步骤如下：

(1) 选择【自动布线】|【设置】命令，弹出【Situs 布线策略】对话框。

(2) 单击【编辑层走线方向】，弹出【层说明】对话框。在该对话框中单击层右边的【当前设定】，从下拉按钮中用户可更改层的布线走向。

5. 布线转角(Routing Comers)

Routing Comers 用于设置布线的拐弯方式，主要有 90°转角、45°转角和圆弧转角 3 种，建议整个 PCB 布线转角采用统一的风格。

6. 布线过孔类型(Routing Via Style)

Routing Via Style 用来设置布线过程中放置过孔的参数，主要包括【Via Diameter】(过孔直径)和【Via Hole Size】(过孔孔径)两项，分别有最大值、最小值和优先值。

7. 扇出控制(Fanout Control)

扇出指的是表贴元器件的焊盘用导线通过过孔导出到其他层。Fanout Control 规则主要用于表贴式元器件的扇出布线。系统提供有 BGA(球栅阵列封装)、LCC(无引脚芯片封装)、SOIC(小外形封装)、Small(小型封装)、Default(默认)5 种扇出布线类型，如图 9-26 所示。

名称	优...	有效	类型	类别	范围
Fanout_BGA	1	✔	Fanout Control	Routing	IsBGA
Fanout_Default	5	✔	Fanout Control	Routing	All
Fanout_LCC	2	✔	Fanout Control	Routing	IsLCC
Fanout_Small	4	✔	Fanout Control	Routing	(CompPinCount < 5)
Fanout_SOIC	3	✔	Fanout Control	Routing	IsSOIC

图 9-26 扇出控制

- 扇出类型：选择扇出过孔与 SMT 组件的放置关系，包括 Auto(自动扇出)、Inline Rows(同轴排列)、Staggered Rows(交错排列)、BGA 形式、Under Pads(从焊盘下方扇出)5 种类型。
- 扇出向导：包括 In Only(向内扇出)、Out Oly(向外扇出)、In Then Out(先内后外)、Out Then In(先外后内)、Alternating In and Out(内外交替)等扇出方向。
- 从焊盘扇出的方向：主要包括 Away From Center(以 45°向四周)、North-East(以 45°向东北)、South-East(以 45°向东南)、South-West(以 45°向西南)、North-West(以 45°向西北)、Towards Center(以 45°向中心扇出)这几个选择项。
- 过孔放置模式：主要包括 Close To Pad (Follow Rules)(遵循规则时接近焊盘)、Centered Between Pads(位于两焊盘之间)两种过孔放置模式。

9.2.4 表贴式封装设计规则(SMT)

SMT 规则用于表贴元器件的一些设置。

1. 表贴式焊盘引线长度

为避免表贴式焊盘与相邻焊盘太近，表贴式焊盘导线通常会在引出一段距离后才开始拐弯，所以由此引入用于二者之间最小距离的 SMD To Comer 规则。

在【SMD To Comer】处右击，选择【Add New Rule】命令，在【SMD To Comer】树形结构下出现新规则，单击该新规则，右侧出现设置对话框，在约束区中设置该距离即可，如图 9-27 所示。

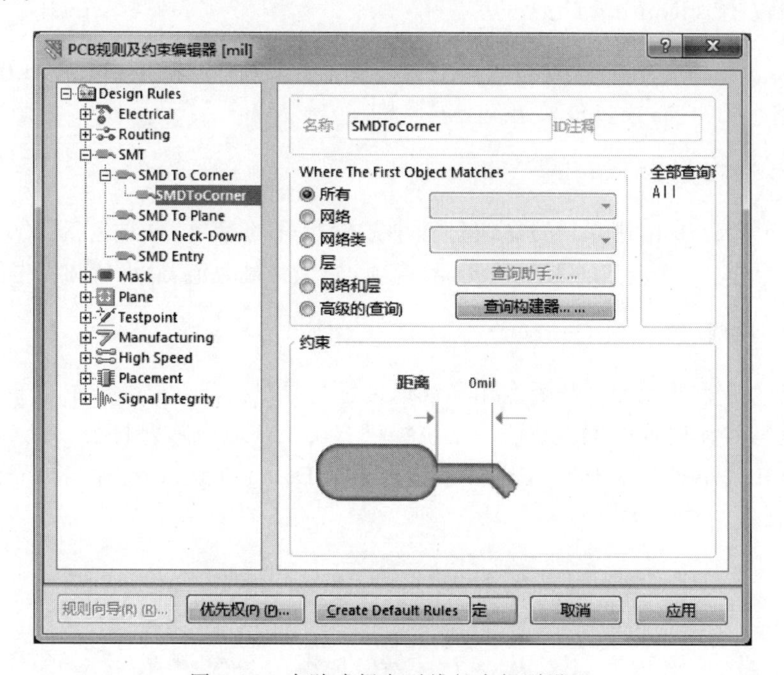

图 9-27　表贴式焊盘引线长度规则设置

2. 表贴式焊盘与内电层的连接间距

表贴式焊盘与内电层用过孔来连接，因此【SMD To Plane】规则指出能使用过孔与内电层相连时，内电层与 SMD 焊盘中心的距离，默认值为 0mil。

3. 表贴式焊盘引出线收缩比

【SMD Neck-Down】用于设置引出导线的宽度与元器件焊盘的宽度之比值，默认为 50%。

9.2.5　屏蔽设计规则(Mask)

Mask 用于设置阻焊层、锡膏防护层与焊盘的间隔规则。

1. 阻焊层扩展(Solder Mask Expansion)

阻焊层一方面阻止焊锡连接不该被焊上的部分，另一方面可以提高印制电路板的绝缘性。所谓阻焊层扩展，指的是阻焊剂印到板子上时，焊盘或过孔裸露的面积会比其本身的面积大一些。与其他规则设置相同，在约束区域中修改扩充值，即完成阻焊层扩展的设置。

2. 锡膏防护层扩展(Paste Mask Expansion)

锡膏防护层扩展是用来设置钢模上镂空面积与焊盘设计面积差值的最大值。如前所述,在【约束】区域中修改扩充值,即完成锡膏防护层扩展的设置。

9.2.6 内电层设计规则(Plane)

内电层设计规则用于设置电源层的连接类型、安全间距以及敷铜连接方式。

1. 电源层的连接类型(Power Plane Connect Style)

电源层的连接类型规则包括关联类型、导线数和导线宽度3个方面。

- 关联类型包括 Relief Connect(间隙连接)、M Direct Connect(直接连接)和 No Connect(不连接)3种。
- 导线数:电源层为间隙连接时,焊盘与内电层的连接导线数量。有2线或4线。
- 导线宽度:电源层为间隙连接时导线的宽度。

2. 电源层安全间距(Power Plane Clearance)

Power Plane Clearance 用于设置电源层与穿过该层的焊盘或过孔间的安全间距。

3. 敷铜连接方式(Polygon Connect Style)

Polygon Connect Style 用于设置敷铜与穿过该层的焊盘、过孔等的连接方式,与电源层连接类型相同,包括间隙连接、直线连接和不连接3种,连接角度可以为90°或45°。

9.2.7 测试点设计规则(Testpoint)

Testpoint 规则包括测试点形状和大小及测试点使用方法。

1. 测试点样式(Testpoint Style)

测试点样式规则用于设置测试点的形状和大小,如图9-28所示。

【尺寸】选项组包含【通孔尺寸】和【大小】两方面内容,可分别设置最小尺寸、最大尺寸和首选尺寸;【栅格】选项组用来设置测试点是否使用栅格或使用栅格的原点、尺寸和公差,以及是否允许将测试点放置在元器件下方;【允许的面】选项组包括允许将测试点放置在顶层和底层。

2. 测试点使用方法(Testpoint Usage)

Testpoint Usage 规则用于设置测试点的使用方法。当【测试点】选项组选择了【必需的】单选框,进而可选择【允许更多测试点(手动分配)】,也可选择【每个节点上的测试点】以及【每个网络一个单一的测试点】。

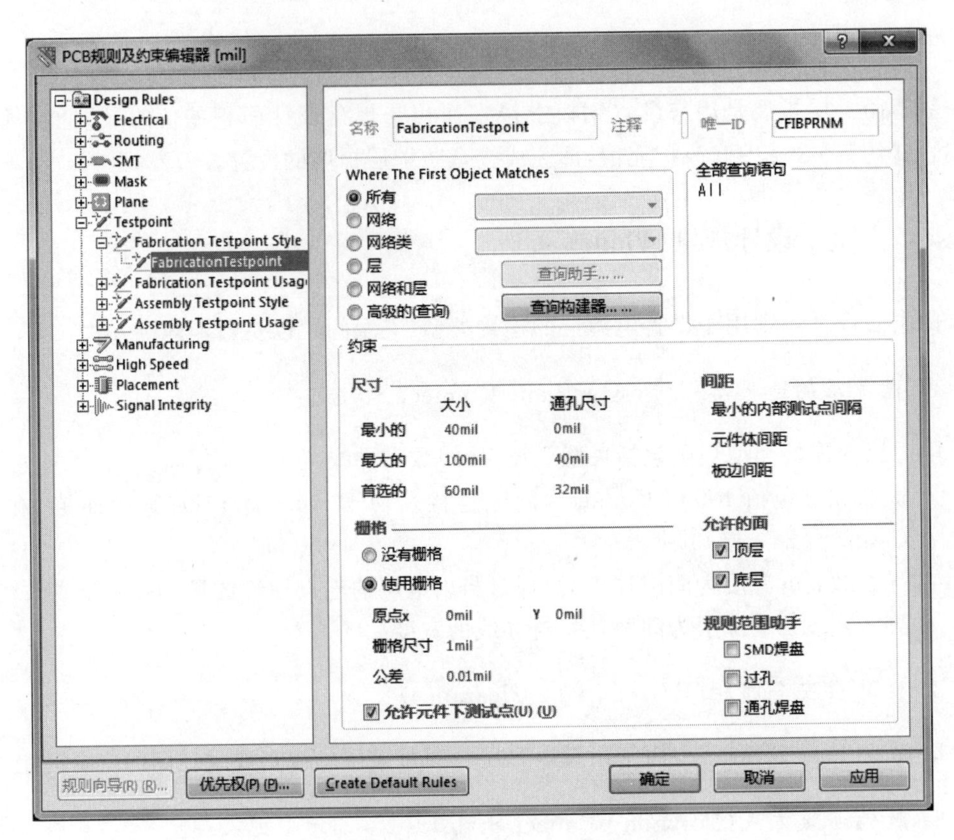

图 9-28　测试点样式设置

9.2.8　制造设计规则(Manufacturing)

Manufacturing 顾名思义就是用于设置与 PCB 板制造有关的规则。

1. 最小环宽(Minimum Annula Ring)

最小环宽用来设置焊盘或过孔与其钻孔的直径差的最小值。

2. 最小角(Acute Angle)

最小角规则用来防止药物残留引起的过度蚀刻而设置的布线间的最小夹角(一般大于或等于 90°)。

3. 钻孔尺寸(Hole Size)

钻孔尺寸规则用于设置钻孔直径的测量方法，有绝对尺寸标注法和百分比标注法(钻孔最小与最大直径之比)。

4. 钻孔板层对(Layer Pairs)

Layer Pairs 规则用来设置是否需要使用钻孔板层对。当用户需要强制采用钻孔板层对时，就勾选【加强层对设定】选项。

5. 允许堆微小孔(Hole To Hole Clearance)

此规则用于设置数字高频电路中孔与孔之间的微小间距。

此外制造设计规则还包括 Minimum Solder Mask Silver(最小化阻焊层裂口)、Silkscreen Over Component Pads(丝印盖过裸露焊盘的间距)、Silk To Silk Clearance(丝印层字符间距)、Net Antennae(网络天线)。

9.2.9 高频电路设计规则(High Speed)

数字电路中频率超过 50MHz，而且该频率的电路占到系统电路的 1/3 以上，通常将这类电路称之为高速电路。高速电路存在传输线效应、反射信号、延时等现象，并可造成时序错误、串扰、电磁辐射等问题。随着集成电路的发展，高速电路设计已经成为现代电子设计中非常重要的一个方面，因此用户很有必要理解高频电路设计规则。

为有力支持用户设计高频电路，Altium Designer 15 提供了平行布线、网络布线长度、等长网络布线、菊花链支线长度、SMD 焊盘下放置过孔、过孔数限制这六大类设计规则。

1. 平行布线(Parallel Segment)

平行布线规则用来约束平行布线的层设置和长度及间距。

- 【Layer Checking】：指定平行布线层，下拉框中有 Same Layer(同一层)、Adjacent Layer(相邻层)两种选择。
- 【For a parallel gap of】：默认为 10mil 的平行布线间最小安全间距。
- 【The parallel limit is】：默认为 10000mil 的平行布线的极限长度。

2. 网络布线长度(Length)

网络布线长度规则用于设置网络布线的长度，有首选长度、最大长度和最小长度。

3. 等长网络布线(Matched Net Lengths)

等长网络布线规则的基准是规定范围内的最长布线，通过延长布线的形式在公差范围内匹配网络与选定的基准线等长。

4. 菊花链支线长度(Daisy Chain Stub Length)

通过菊花链支线长度规则可以设置支线以菊花链形式走线时的最大长度。

5. SMD 焊盘下放置过孔(Via Under SMD)

通过勾选【约束】区域中的【SMD 焊盘下允许过孔】选项，即可允许在 SMD 焊盘下放置过孔。

6. 过孔数限制(Maximum Via Count)

直径不超过 6mil 的过孔称为微孔，高速电路板中这种微孔技术使用非常普遍，它节约布线空间，给用户设计带来极大方便。一方面，用户总是希望过孔尺寸越小越好，但是过孔尺寸太小会给加工工艺带来困难，而且成本也会增加。另一方面，用户也希望过孔数量越多越好，这样走线就能在多个板层间进行切换，但是由于过孔阻抗的不连续性，会造成信号的反射，其寄生电容延长了信号的上升时间，降低了电路的速度。因此，用户需要设置电路板过孔数限制。

9.2.10 组件布置规则(Placement)

元器件的布置关系到整个 PCB 的布局布线，其相关规则有区间定义、组件安全间距、元器件放置方向、组件放置板层、放置忽略的网络、组件高度这 6 种。

1. 区间定义(Room Definition)

区间也就是电路板上的一个矩形区域，元器件可以放在区间外，也可以放在区间内。该规则用于定义 Room 的尺寸和板层，如图 9-29 所示。

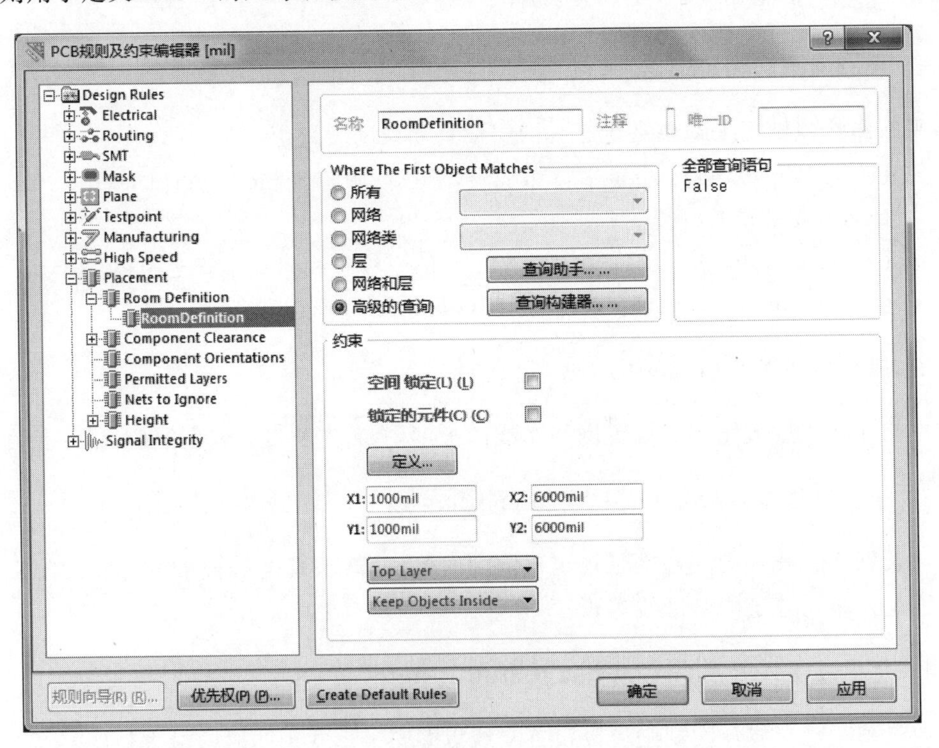

图 9-29 区间定义设置框

- 【空间锁定】复选框：如果锁定了元器件放置区间，则 Room 不能移动和直接修改。
- 【锁定的元器件】复选框：如果锁定了元器件，则元器件不能移动和直接修改。

单击【定义】按钮，软件返回PCB编辑区，鼠标变成十字状，鼠标拖动出一个虚框确定区间范围。X1是Room第一点的x坐标，Y1是Room第一点的y坐标，X2是Room第二点的x坐标，Y2是Room第二点的y坐标。

- Room只能放置在Top层和Bottom层，通过【约束】选项组的下拉框选择放置层。
- 【约束】选项组中另一个下拉框用来设置组件是放置在Room内还是Room外，即Keep Objects Inside或Keep Objects Outside。

2. 组件安全间距(Component Clearance)

组件安全间距规则用来设置元器件封装在水平和垂直两个方向的最小距离。

3. 元器件放置方向(Component Orientation)

元器件放置方向规则用于设置元器件封装的排列方向，有0°、90°、180°、270°等。

4. 组件放置板层(Permitted Layer)

组件放置板层规则用来设置元器件放置的层面，适用于整个印制电路板，元器件允许被放置在顶层或底层。

5. 放置忽略的网络(Nets to ignore)

放置忽略的网络规则用来设置布局布线可忽略的网络以提高布局布线的质量和速度。

6. 组件高度(Height)

组件高度规则用来设置元器件高度值，有首选和最大、最小值，不在规则高度内的元器件不能放置。

9.2.11 信号完整性分析设计规则(Signal Integrity)

该规则用来设置信号完整性分析相关参数特性，共分为13种，如图9-30所示。

- Signal Stimulus：激励信号。
- Undershoot-Rising Edge：信号下冲上升沿。
- Undershoot-Falling Edge：信号下冲下降沿。
- Overshoot-Rising Edge：信号过冲上升沿。
- Overshoot-Falling Edge：信号过冲下降沿。
- Impedance：阻抗约束。
- Signal Base Value：信号基准电平。
- Signal Top Value：信号高电平。
- Flight Time-Rising Edge：飞行时间上升沿。
- Flight Time-Falling Edge：飞行时间下降沿。
- Slope-Rising Edge：上升沿斜率。

- Slope-Falling Edge：下降沿斜率。
- Supply Nets：电源网络。

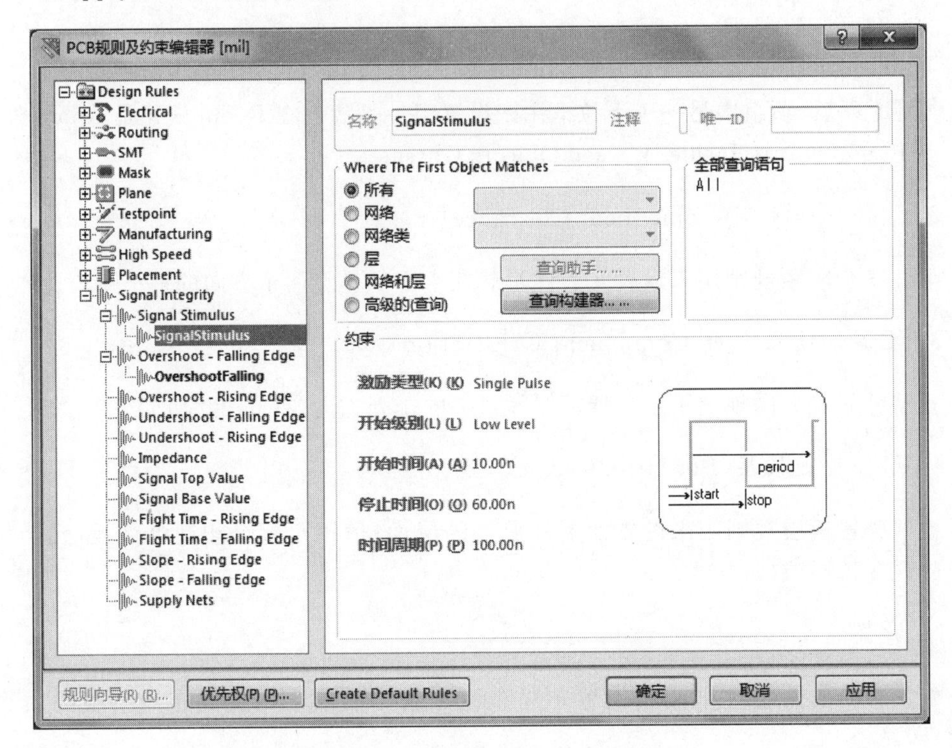

图 9-30　信号完整性分析规则

9.2.12　电源线宽度类规则的设计

当 PCB 设计涉及多个不同的电源和地线时，建立电源类布线规则就显得很有必要。电源线宽类规则设置步骤如下：

(1) 选择【设计】|【类】命令，弹出【类设置】对话框。右击【Net classes】选择【添加类】，将其重命名为 power。

(2) 单击 power，右侧成员栏会显示出 PCB 中所有的电源和地，将它们全部添加进来。

(3) 选择【设计】|【规则】命令，弹出【PCB 规则及约束编辑器】对话框，展开树形结构中的布线规则，新建名称为 power 的类规则，再选择【网络类】，单击“+”展开下拉菜单，选择【power】选项，然后在右侧窗口中设置各个电源和地的线宽。

至此，PCB 设计规则介绍完毕，一般设计师主要考虑线宽等规则，但是遇见高频电路设计，则要仔细考虑高频电路相关规则。

9.3　PCB 的板层

层是印制板上的铜箔材料，PCB 设计中布局、布线、添加过孔等都需要以板层为依托来完成，设置板层会直接影响到 PCB 的设计效果。

9.3.1 PCB 板层启动

设计对象需要设置对象所在层。在 Altium Designer 15 中电气属性板层可以通过层堆栈管理器(Layer Stack Manager)进行管理。在层堆栈管理器中,用户可以定义层的结构,并可以看到印制电路板层的立体效果。在 PCB 设计过程中,执行【设计】|【层叠管理】命令,软件将弹出如图 9-31 所示的对话框。

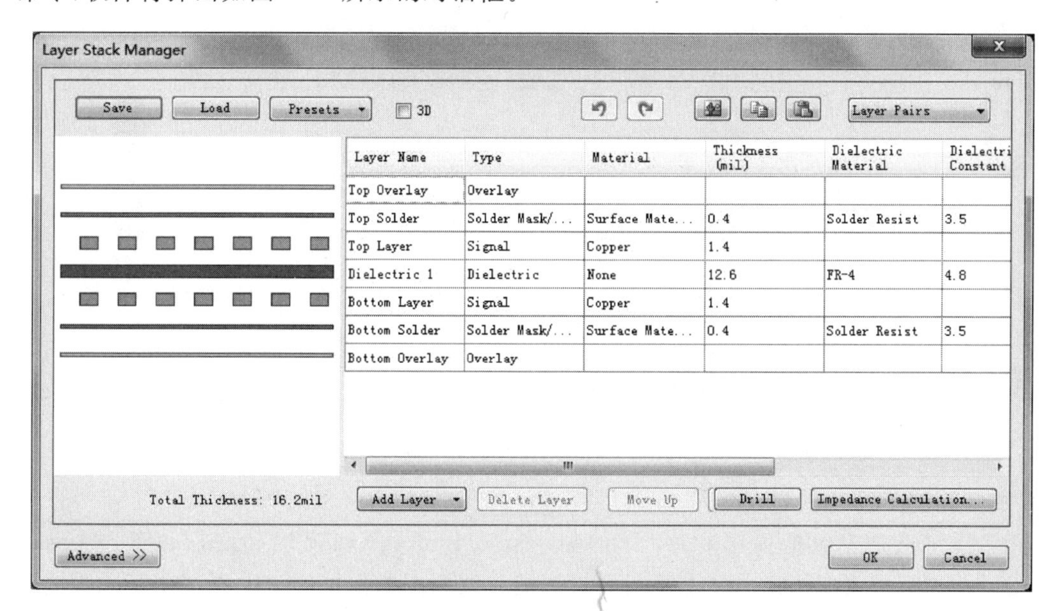

图 9-31 【层堆栈管理器】对话框

通常情况下,为了布局布线方便,还需要控制 PCB 板层的颜色配置及显示,该功能可在【视图配置】(View Configurations)对话框中定义。在 PCB 文件中,选择【设计】|【板层颜色】命令,软件将弹出如图 9-32 所示的【视图配置】对话框。当前层设置可通过单击层标签或通过 * 键触发或通过+/-键切换层来实现。

9.3.2 板层定义

从图 9-32 中可以看出 Altium Designer 15 提供的所有工作层面,大致包括以下类型:

(1) 信号层:用于建立电气连接的铜箔层。Altium Designer 提供 32 个信号层用来布线,分别为 Top Layer,Mid Layer1,Mid Layer2,…,Mid Laye30,Bottom Layer。信号层的命名也可以由用户自定义。

(2) 内平面:主要用于放置电源线和接地线,可以算做信号层的一种。Altium Designer 提供 16 个内部电源层/接地层,分别是 Internal Plane 1,…,Internal Plane 16。内平面可以被分割成多块区域,能最大限度地减小电源与地之间的连接路径,并且能很好地屏蔽中高层信号对电路的干扰。内部电源层和接地层通常要配对使用。

(3) 机械层:用于放置标注尺寸、注释信息等印制材料。Altium Designer 提供最多

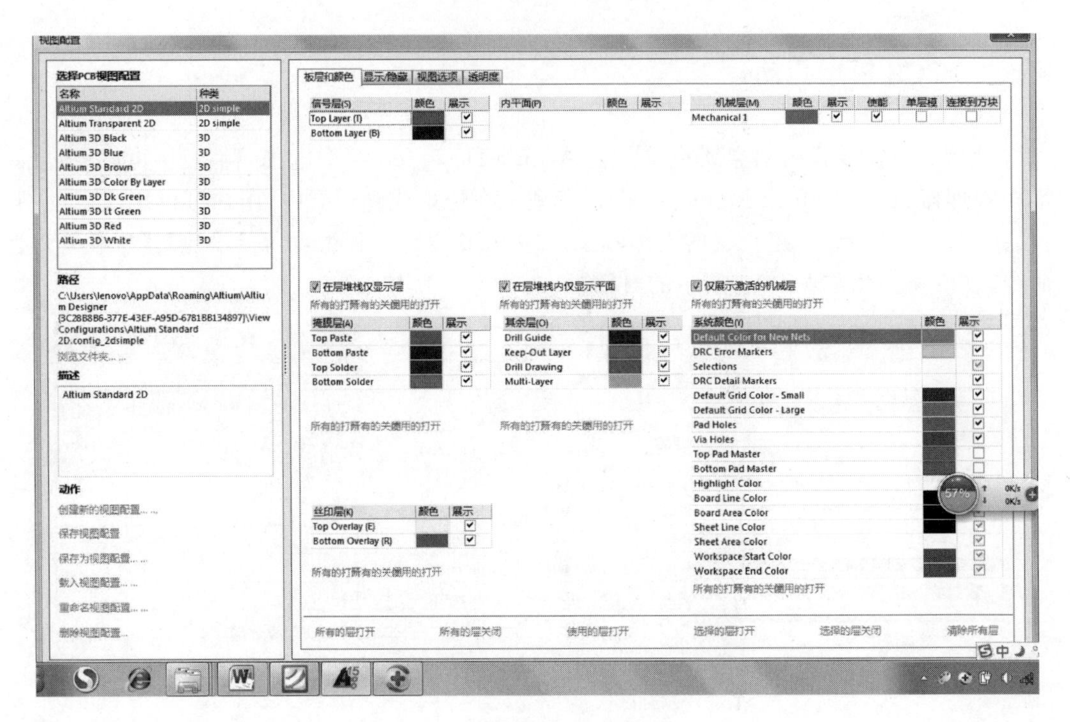

图 9-32 【视图配置】对话框

32个机械制图层(Mechanical Layer 1，…，Mechanical Layer 32)。

(4) 屏蔽层：包括顶层和底层阻焊层(solder mask)和顶层和底层助焊层(paste mask)。阻焊层主要用于电路上不需要镀锡的导线周围的保护区。助焊层用于助焊光绘工艺所需要的表贴器件的贴片焊盘，没有表贴器件时不需使用该层。

(5) 丝印层：用来显示电路元器件的外框和说明文字，分为Top Overlay和Bottom Overlay。

(6) 禁止布线层：用于设置电气有效区域，此区域边界外不得布局布线。

(7) 多层：通常用来放置通孔焊盘和过孔等，如果不显示该层，其上的对象就无法显示出来。

9.3.3 板层设置与管理

层堆栈管理器为PCB层堆栈的结构提供了用户可视化界面，从而为用户定义电气层数和顺序等，以及设置层属性等带来极大方便。

(1) 在【Layer Stack Manager】对话框中，单击被选目标层，此处选择Top Layer。

(2) 单击【Add Layer】按钮，新添加层Signal Layer 1会在目标层下方显示，如图9-33所示。在对话框中，用户可以设置该层的名称和导线线宽、材料和介电常数等。

(3) 单击【Add Internal Plane】按钮，便可以添加内层电源/接地层，同样在该对话框中可设置板层名称、类型、材料、线宽等。

(4) 单击【Drill】按钮，弹出【钻孔对管理器】对话框，如图9-34所示，在对话框中可设置钻孔的起使层和停止层、钻孔对属性等。

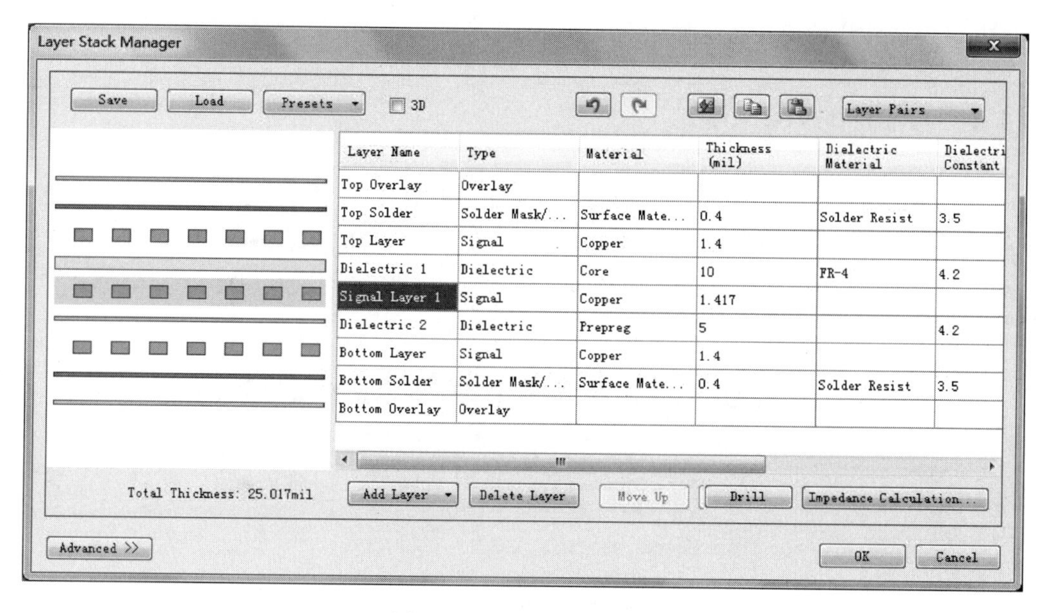

图 9-33 添加中间信号层

图 9-34 钻孔对管理器

（5）当需要对中间信号层进行排列时，可以选择【Move Up】按钮来进行移动。

9.4 PCB 元器件布局布线

PCB 布局布线一般规则：PCB 上划分数字、模拟信号布线区域；数字器件和模拟器件分开放置；高速数字信号走线尽量短；合理分配电源和地；电源地、数字地和实地分开；电源和临界信号走线尽量使用宽线。

9.4.1 元器件的自动布局

导入网络表之后，原理图上元器件封装全部加载到PCB上，需要对这些封装进行合理排列即布局，使PCB外形紧凑美观，并且有利于布线，Alitum Designer 15拥有强大的自动布局功能，也可以使用手动布局。自动布局设置对话框如图9-35所示，选择【工具】|【器件布局】命令，右侧子菜单会出现器件布局相关选项。

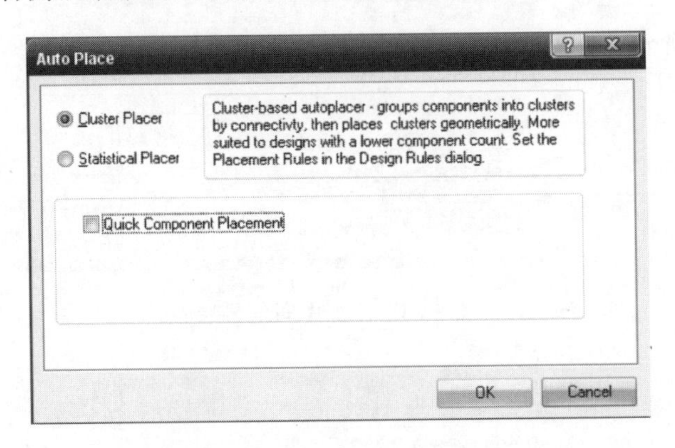

图9-35 自动布局设置对话框

1. 元器件自动布局的方法

当元器件比较多时，设置好自动布局规则后，使用自动布局会极大提高PCB设计的效率。元器件的自动布局如图9-36所示。

选择【工具】|【器件布局】|【自动布局】命令，接着【自动放置】对话框弹出。通过该对话框可选择【成群的放置项】和【统计的放置项】两种自动布局方式。

- 【成群的放置项】：适合较少元器件数的PCB，系统按布局面积最小为标准将元器件分组，元器件组按几何方式放置，使用的是基于组的自动布局方式；
- 【统计的放置项】：适合较多元器件数的PCB，系统按连接线最短的标准使用统计型算法，使用的是基于统计的自动布局方式。

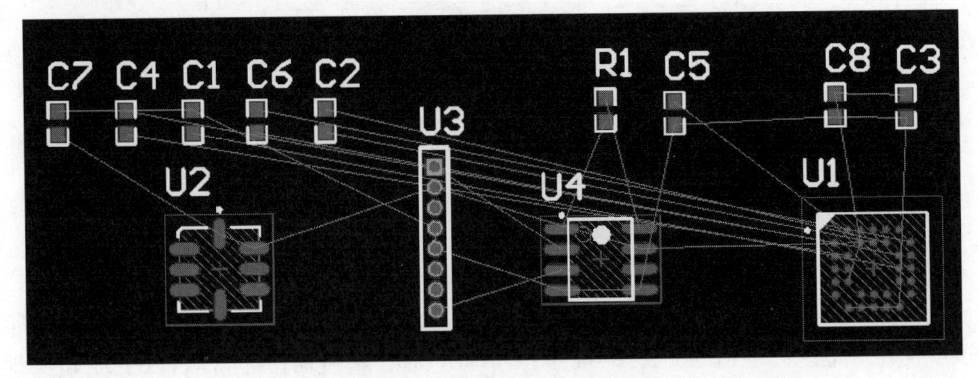

图9-36 元器件自动布局图

系统默认的布局方式是【成群的放置项】,该方式下的【快速元件放置】选项是用来加速元器件布局的。但是布局速度慢一些的话,PCB布局效果会更好。

在【统计的放置项】方式下,还有如下复选框和文本可供设置。

- 【组元】复选框:勾选该复选框,就会将当前布局中连接密切的元器件组成一组,然后将它们作为整体单位进行布局。
- 【旋转元件】复选框:勾选该复选框意味着自动布局器在器件布局时可以对其改变旋转方向,从而更有利于布线或设计方便,绝大多数情况下都会勾选该复选框。
- 【自动更新PCB】:勾选该复选框意味着,自动布局器布局完成后可以自动更新PCB图。
- 【电源网络】和【地网络】复选框:这两个选项用于对自动布局器显示电源网络和地网络的名称。由于接地线和电源线通常在PCB设计中会做些处理,所以【电源网络】和“地网络”这两个选项更有利于合理地加快布局。
- 【格栅尺寸】复选框:该复选框用来设置显示网格的大小,系统默认值为20mil。

2. 停止自动布局

选择使用【成群的放置项】进行自动布局时,若用户想停止自动布局,选择【工具】|【器件布局】|【停止自动布局器】命令,这时【你想停止自动放置】对话框弹出。鼠标勾选【恢复元件回到旧位置】选项,再单击【是】按钮,元器件就会返回到自动布局前的位置。

3. 推挤式自动布局

当元器件全部堆叠起来,可使用推挤式自动布局将元器件分散排列向四周推挤开。使用推挤式自动布局之前,需要先完成推挤深度的设置,选择【工具】|【器件布局】,从右侧子菜单中选择【设置推挤深度】命令,【Shove Depth】对话框弹出,设置推挤深度,单击【确定】按钮即可。然后再从【器件布局】右侧子菜单选择【推挤】命令,在PCB编辑器中选择一个基准元器件,则系统会以其为中心进行推挤式布局。

9.4.2 元器件的手动布局

自动布局通常会造成元器件的堆叠等不理想的布局效果,所以一般自动布局后,用户还需要手动调整元器件布局。当PCB中元器件数目较少时,用户可直接将它们拖到框图中;当PCB中元器件数目较多时,则可通过几个常用菜单命令【调整元件位置】、【排列相同元件】、【修改元件标注】来进行调整。这种调整需要虑板子美观,走线方便等因素。排列相同元器件会使用到查找相似元件、自动排布、矩形排布、取消屏蔽这几个小技巧。

9.4.3 元器件的自动布线

经过自动布局结合手动调整,再设置好布线相关规则后用户就可以进行自动布线了。单击菜单【自动布线】,系统弹出自动布线子菜单。该子菜单提供了6中自动布线方式:全部布线、对指定网络、焊盘、Room空间、元件组合等进行单独的布线。自动布线信息窗口如图 9-37 所示。

Messages

Class	Docum...	Sour...	Message	Time	Date	N..
Situ...	多路抢...	Situs	Completed Fan out to Plane in ...	23:10:...	2008-...	4
Situ...	多路抢...	Situs	Starting Memory	23:10:...	2008-...	5
Situ...	多路抢...	Situs	Completed Memory in 0 Seconds	23:10:...	2008-...	6
Situ...	多路抢...	Situs	Starting Layer Patterns	23:10:...	2008-...	7
Ro...	多路抢...	Situs	Calculating Board Density	23:10:...	2008-...	8
Situ...	多路抢...	Situs	Completed Layer Patterns in 0 ...	23:10:...	2008-...	9
Situ...	多路抢...	Situs	Starting Main	23:10:...	2008-...	10
Ro...	多路抢...	Situs	31 of 34 connections routed (9...	23:10:...	2008-...	11
Situ...	多路抢...	Situs	Completed Main in 0 Seconds	23:10:...	2008-...	12
Situ...	多路抢...	Situs	Starting Completion	23:10:...	2008-...	13
Situ...	多路抢...	Situs	Completed Completion in 0 Sec...	23:10:...	2008-...	14
Situ...	多路抢...	Situs	Starting Straighten	23:10:...	2008-...	15
Situ...	多路抢...	Situs	Completed Straighten in 0 Seco...	23:10:...	2008-...	16
Ro...	多路抢...	Situs	34 of 34 connections routed (1...	23:10:...	2008-...	17
Situ...	多路抢...	Situs	Routing finished with 0 content...	23:10:...	2008-...	18

图 9-37　自动布线信息窗口

1. 全部布线

单击【自动布线】|【全部】命令，【Situs 布线策略】对话框弹出。

在【布线设置报告】选项组中，选择【编辑层走线方向】选项，再通过【层说明】对话框设置各层的布线方向，通过右侧下拉列表可选择相应布线方式，有水平方向、垂直方向、45 度向上和 45 度向下等。

如果用户对之前的布线规则不甚满意，可以再次通过【编辑规则】按钮来修改布线规则。

若用户勾选了【锁定已有布线】选项，那么用户手动布置的导线将不会被接下来的系统自动布线所覆盖或更改。

把相关选项设置好后，单击【Route All】按钮即可对全部导线进行自动布线，系统弹出图 9-37 所示的自动布线信息窗口。当信息窗口进度条显示 100％时，说明布线全部完成。自动布线的结果如图 9-38 所示。

2. 网络

有时用户需要对某些焊盘或特定飞线进行单独布线，这就会使用到【自动布线】菜单中的【网络】子菜单进行自动布线。单击该子菜单后，用户只需点击选取所需的焊盘或飞线即可对这些网络单独布线。

3. 连接

【连接】子菜单用来对 PCB 中某些飞线连接进行单独布线。它与上述【网络】子菜单的明显不同是，该命令仅对飞线而不是其所在的网络。其设置方法与网络的单独布线相同，右击鼠标或使用 ESC 键就能结束操作。

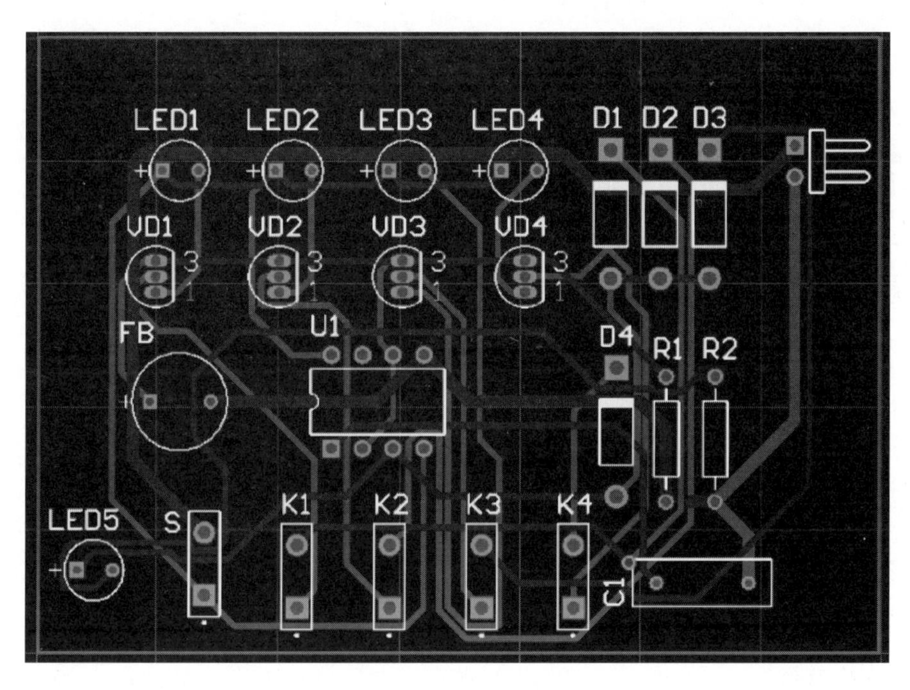

图 9-38　自动布线结果

4. 区域

【区域】子菜单用于对指定区域进行自动布线。执行该命令，鼠标将变成十字形，拖动鼠标画出一个待确定矩形区域，该矩形范围内的全部网络会被自动布线。

5. 元件

【元件】子菜单用于对指定元器件所有连接进行自动布线。单击【元件】命令，用十字形光标选取用户需要的元器件，则所有与该元器件相连的连接会被自动布线。

6. 器件类

该菜单用于对指定元器件类内的全部元器件的连接进行自动布线。单击【器件类】命令，【Choose Component Classes to Route】对话框弹出，在其中选出需要的元器件类，单击【确定】按钮，系统将对器件类中的全部连接进行自动布线。

7. 选中对象的连接

【选中对象的连接】子菜单用来对与选中对象的全部连接进行自动布线。

8. 选择对象之间的连接

【选择对象之间的连接】子菜单用来对与所选至少两个元器件间的全部连接进行自动布线。

9. 扇出

【扇出】子菜单也包括：全部对象、电源层网络、信号层网络、网络、连接、元件等命令。该子菜单通常对高密度 PCB 设计中的引脚众多对象进行扇出布线，如图 9-39 所示。

此外【设置】子菜单可设置布线规则策略；【停止】子菜单将停止布线；【复位】菜单可重启自动布线；【Pause】子菜单可使当前自动布线中断。

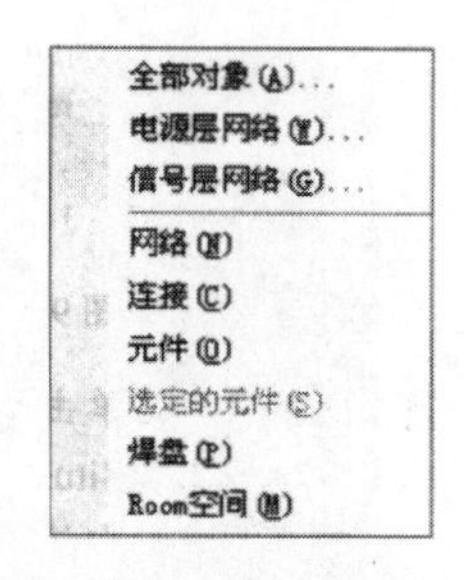

图 9-39 【扇出】子菜单

9.4.4 元器件的手动布线

PCB 布线是个复杂过程，需要涉及方方面面的因素，但自动布线是按某些算法来进行的操作，因此自动布线效果通常不是很完美，这就需要人工调整布线，即手动布线。与自动布线相同，手动布线前，也要设置或修改布线规则。调整过程中，一些布置不合理的导线需要清除，Altium Designer 15 提供了相关命令。

1. 清除布线

选择【工具】|【取消布线】命令，在弹出的对话框中可选择取消所有布线、取消指定网络布线、取消指定的连接、取消器件间的布线、取消 Room 内的布线等。

2. 手动调整的内容

通常不同的 PCB 设计需要调整的内容不一样，但一般会涉及如下几项：

(1) 修改转角过多的布线：PCB 设计中两个连接间布线最短是首选原则，但是自动布线由于算法的原因不可能做到这么理想，甚至有些走线会出现弯来弯去的现象。对这些导线往往需要修改。

(2) 移动位置不当的布线：例如与信号线交叉的电源和地线，与散热差器件过近的导线等都需要调整。

(3) 删除不必要的过孔：自动布线有时为了追求简单会使用很多过孔，但过孔又会带来电容电感和串扰等问题，所以有些不必要的过孔可以删除。

此外还需要设置布线密度和加大电源类的线宽等，总之手动布线需要根据项目具体要求来进行调整。

9.5 原理图与 PCB 的同步更新

从完成原理图到完成 PCB 板的制作是个长期过程，需要原理图与 PCB 之间反复切换和同步更新。Altium Designer 15 具有二者同步更新功能，极大地便利了 PCB 设计。同步更新是双向的，包括由原理图向 PCB 更新和由 PCB 向原理图更新。

9.5.1 由原理图更新 PCB

在 PCB 布局布线过程中，通常会遇到原理图有需要更改的问题，但是之前原理图中网络报表信息已经载入到 PCB 中，这时在原理图中再次使用更新原理图到 PCB 功能可使 PCB 与修改后的原理图信息一致。

同时打开原理图文件采集板. SchDoc 和 PCB 文件采集板. PcbDoc。这时有两种选择：在原理图文件中单击【设计】菜单，再选择【Update PCB Document 采集板. PcbDoc】子菜单；在 PCB 文件中单击【设计】菜单，再选择【Import Changes From 采集板. PrjPCB】子菜单。【工程更改顺序】对话框弹出，点击【执行更改】，再选择【生效更改】即可。

9.5.2 由 PCB 更新原理图

在 PCB 布局布线过程中，直接更改 PCB 中一些细节也是很常见的，为了省去更改原理图的麻烦，用户也有用 PCB 图更新原理图的需要。

同时打开原理图文件采集板. SchDoc 和 PCB 文件采集板. PcbDoc。在当前 PCB 文件中单击【设计】菜单，再选择【Update Schematics in 采集板. PrjPCB】子菜单，【工程更改顺序】对话框弹出，单击【执行更改】，再选择【生效更改】即可。

9.6 信号完整性分析

信号完整性指的是信号通过导线传输后保持信号完整不受损的性能，一般包括波形失真控制在一定范围内、时序逻辑无误。具体指的是电信号能以正确的时序和电压幅度传送并到达输出端。进行信号完整性分析是为了保证 PCB 上数据高速传输时的稳定可靠性。信号高速传输时的边沿时间短至几纳秒，传输线上的延迟和波形损坏等众多因素会影响信号时序的正确性。常见的信号完整性问题有反射、振铃、非单调性、衰减、近端串扰等。它们一般都与单一网络的信号完整性、两个或多个网络间的串扰、电源和地分配中的轨道塌陷、整个系统的电磁干扰和辐射这几个噪声源有关。

9.6.1 信号完整性常见问题

(1) 传输延迟：数据信号不能在规定的时间内以一定持续时间或电压幅度到达信号接收端。它一般由导线过长和驱动过载等原因引起，该问题在数字电路中无法完全避免，只能设置个延迟阈值来判断。

(2) 反射：反射指的是信号经传输线传导过程中，有一部分传给负载，还有一部分反射到源端。传输阻抗不匹配、几何形状的不规则、不恰当端接等都会引起信号的反射。反射会带来信号的严重过冲或下冲等问题。

(3) 串扰：两个无直接连接的信号由于感生电感、电容引起的电磁耦合。容性耦合引起耦合电流，感性耦合引起耦合电压，这样就会使信号线带来天线效应。信号间距、信号频率，以及器件特性等都会引起串扰。

（4）接地反弹：接地反弹指的是较大电流涌动而引起电源和地平面间有大量噪声，有可能引起其他元器件的误判断。

9.6.2 信号完整性系统模型

信号完整性需要整个系统的物理环境来保证，因此进行信号完整性分析就有必要建立信号完整性模型，主要包括完整信号源、信号物理协调通道、完整接收这 3 方面。

（1）完整信号源：保证信号产生的完整，包括电源的完整、接地、共模消除、滤除噪声等方面。

（2）信号物理协调通道：保证信号传输过程中的完整性，包括延时、反射、衰减、阻抗匹配、谐振等。

（3）完整接收：保证信号接收的完整，包括输入阻抗匹配、接地、滤波电容、输入网络信号分配等。

9.6.3 信号完整性分析指标

（1）频率：电路对信号频谱的要求和信号的频率范围。

（2）幅值：信号功率大小和信号能量水平和功率密度。

（3）时间：连续信号的周期或一定周期内发生的频率。

（4）阻抗：输出端阻抗、传输阻抗、接收单元阻抗等。

（5）串扰：发射设备和射频电流、以波长为尺寸的结构的串扰。

（6）延迟：时序延迟和通道延迟、容性负载。

9.6.4 信号完整性分析规则设置

与 PCB 的布局布线类似，使用 Altium Designer 进行信号完整性分析之前也需要对相关规则进行设置，以检测出 PCB 上信号完整性可能存在的问题。单击【设计】菜单，再选择【规则】，弹出【PCB 规则和约束编辑器】对话框，展开左侧窗的【Signal Integrity】，共有 13 项信号完整性相关的规则。

- Signal Stimulus：该规则用于设置激励信号，可设置激励源的种类、开始电平、开始时间、停止时间、时间周期等。
- Overshoot-Falling Edge：该规则用于设置信号下降沿的最大过冲。默认单位是伏特(V)。
- Overshoot-Rising Edge：该规则用于设置信号上升沿的最大过冲。
- Undershoot-Falling Edge：该规则用于设置信号下降沿的最大下冲，如图 9-40 所示。
- Undershoot- Rising Edge：该规则用于设置信号上升沿的最大下冲。
- Impedance：该规则用于设置 PCB 板上最大和最小阻抗。
- Signal Top Value：该规则设置高电平下允许最小稳定电压值。
- Signal Base Value：该规则设置基准电压的最大值。

- Flight Time Rising Edge：该规则设置信号上升沿最大延迟时间。
- Flight Time Falling Edge：该规则设置信号下降沿最大延迟时间。
- Slope-Rising Edge：该规则设置信号上升到高电平的最大延迟时间。
- Slope-Falling Edge：该规则设置信号下降到低电平的最大延迟时间，如图 9-41 所示。

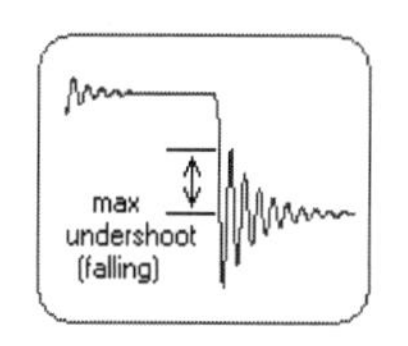

图 9-40 Undershoot-Falling Edge 规则设置

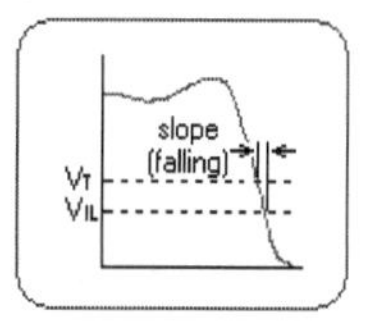

图 9-41 Slope-Falling Edge 规则设置

9.6.5 在信号完整性分析方面的功能

传输线上的反射有时不仅影响该线路的信号，有时也会带来会电磁干扰(EMI)。要掌握信号反射和电磁干扰情况，需要相关分析工具，Altium Designer 15 就能帮助用户实现目标。

生成 PCB 前，需要对信号完整性设计规则进行检查。单击【工具】菜单，再选择【设计规则检查】子菜单，系统弹出【设计规则检测】对话框，如图 9-42 所示。

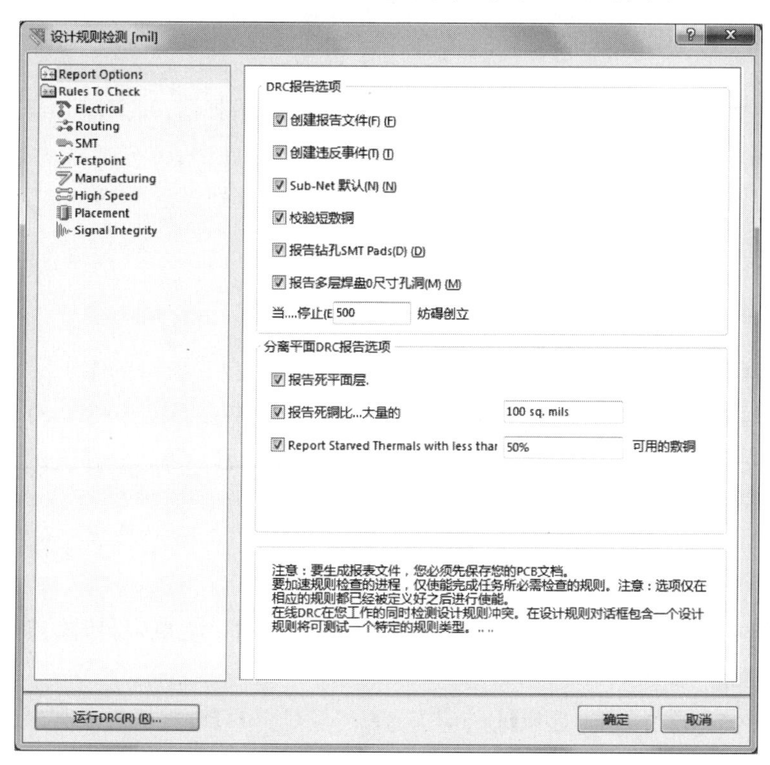

图 9-42 设计规则检查对话框

信号完整性分析规则是作为补充检查DRC而不是分析设计的一部分，其相关参数的设置与常规线宽、间距等设置一样是完整板卡设计流程的一部分。用户根据项目实际勾选信号相关规则，并单击【运行DRC】，可检查延迟、阻抗、过冲、下冲等参数。若相关网络出现有关问题，还可以进行更详细地定位分析。

9.6.6 进行信号完整性分析特点

在Altium Designer 15中，用户既能在原理图阶段通过布线前预仿真进行信号完整性分析，也能在PCB编辑器中按实际环境进行仿真验证，并在图形界面下以波形的形式给出相关分析结果，其特点主要包括：I/O缓冲宏模型以及完善的计算方法，能给出准确的仿真结果；布局前在原理图环境下，可模拟电路潜在的信号完整性问题；PCB环境下不仅以图形方式分析反射和串扰，还提供有效终端来帮助优化设计，解决方案。

9.7 综合演练

根据第5章原理图设计采集板的PCB文件。

在前述第5章原理图的基础上，本小节将进一步讲解PCB的综合设计，设计思路包括新建PCB文件，编译原理图，设置PCB参数，自动结合手动布局布线，敷铜等。

1. 新建PCB文件

(1) 新建工程文件采集板.PrjPCB，在空白处右击，选择【Add Existing to Project】，再选择原理图文件采集板.Schematic，将其加载到工程文件中。

(2) 使用电路板向导创建新的文件，电路板宽和高分别设置为60mm和30mm。同样将其加载到工程文件中。

2. 编译原理图，完成PCB的更新

(1) 选择【Project】菜单下的【Compile Document 采集板.SchDoc】。

(2) 选择【Design】菜单下的【Update PCB Document 采集板.PcbDoc】，弹出图9-43所示的窗口。单击【Validate Changes】按钮，再单击【Excute Changes】按钮，此时可看到PCB板处于飞线连接状态，如图9-44所示。

3. 设置PCB参数

(1) 在【Design】菜单下，选择【Layer Stack Manager】子菜单，对所属层进行名称、材料、厚度等的设置，如图9-45所示。

(2) 在【Design】菜单下，选择【Board Layers & Colors】设置板层及其颜色，如图9-46所示。

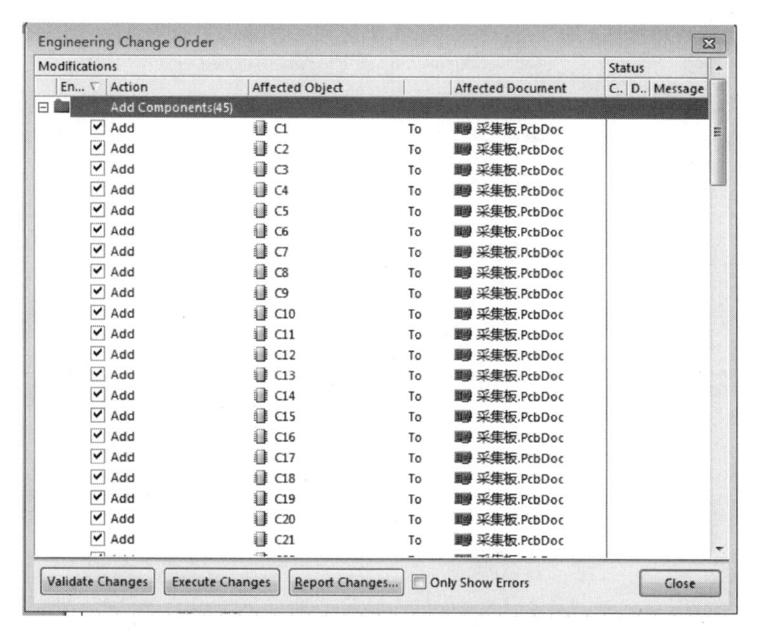

图 9-43　原理图向 PCB 更新

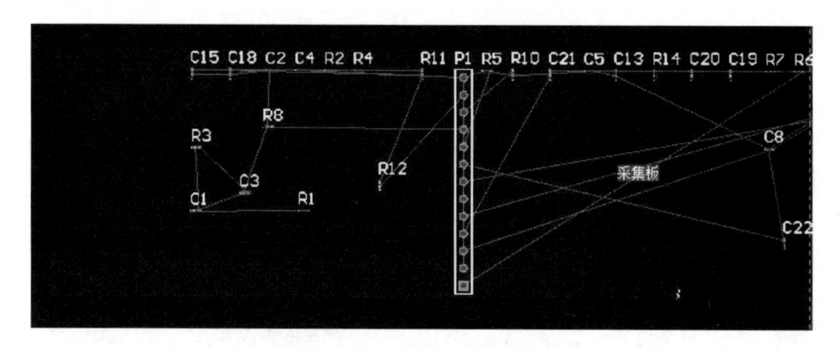

图 9-44　处于飞线状态的 PCB

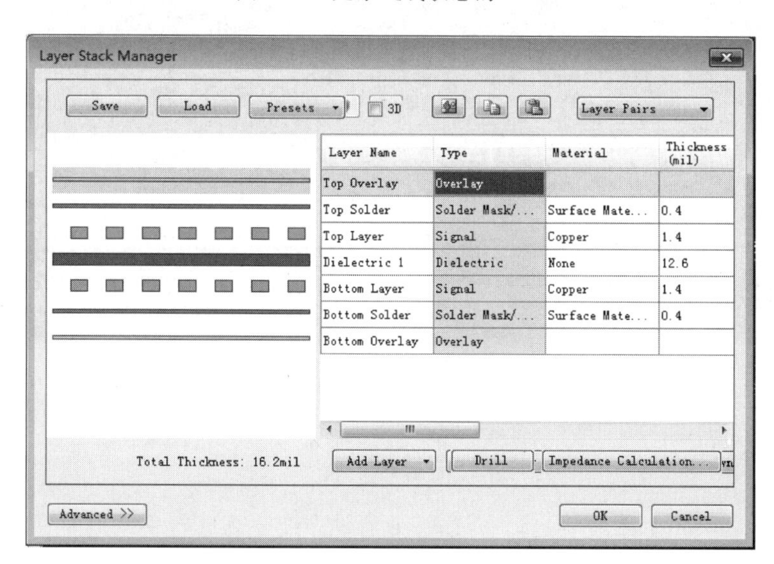

图 9-45　设置板层层数和名称

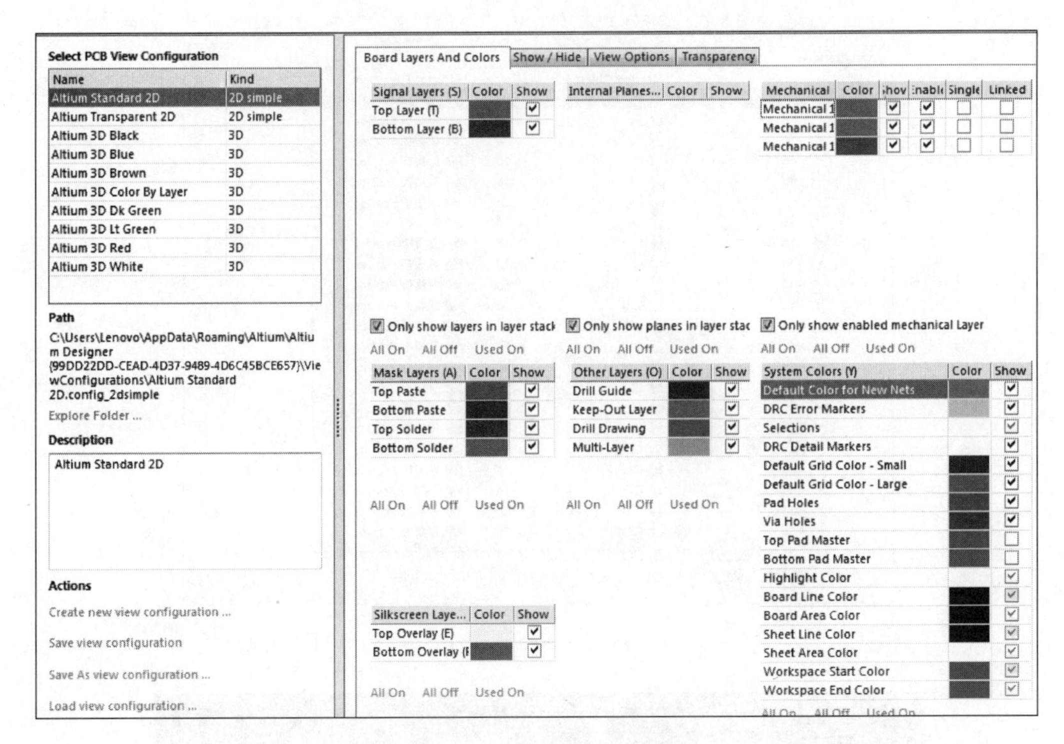

图 9-46　设置板层颜色及显示

4. 元器件布局

选择【Tools】|【Component Placement】命令，软件会将原理图中的元器件加载到PCB板上，按照元器件布局规则，再经手动调整后得到PCB元器件布局图，如图9-47所示。

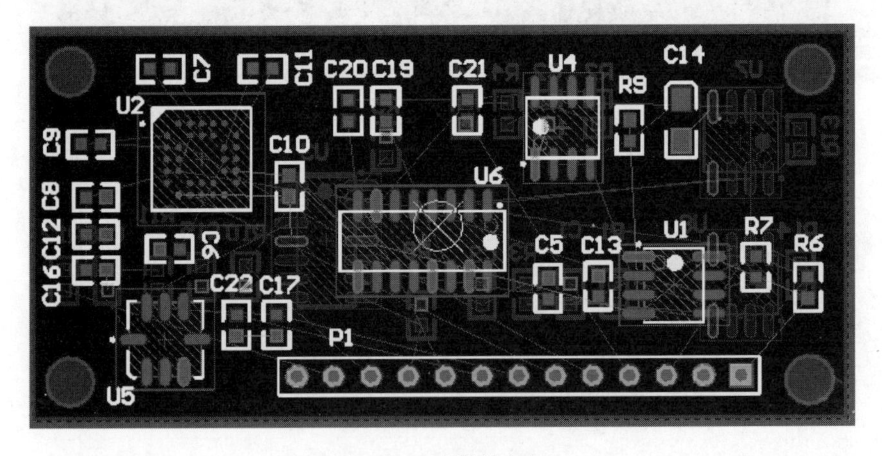

图 9-47　元器件布局

5. 元器件布线

选择【Auto Route】，系统会自动布线，按元器件布线原则进行手动调整，得到图9-48所示的PCB布线图。

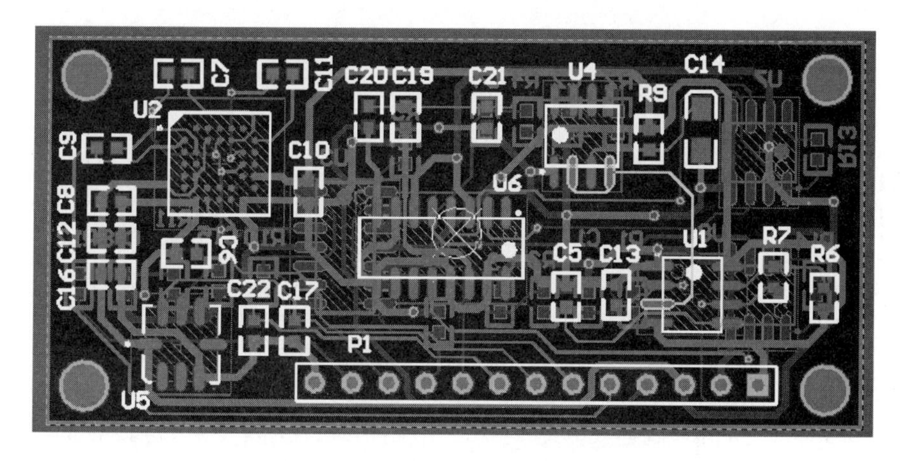

图 9-48 元器件布线图

6. 敷铜

设置敷铜规则,选择【Tools】|【Polygon Pours】命令,即可完成 PCB 板的敷铜。敷铜之后的 PCB 图如图 9-49 所示。

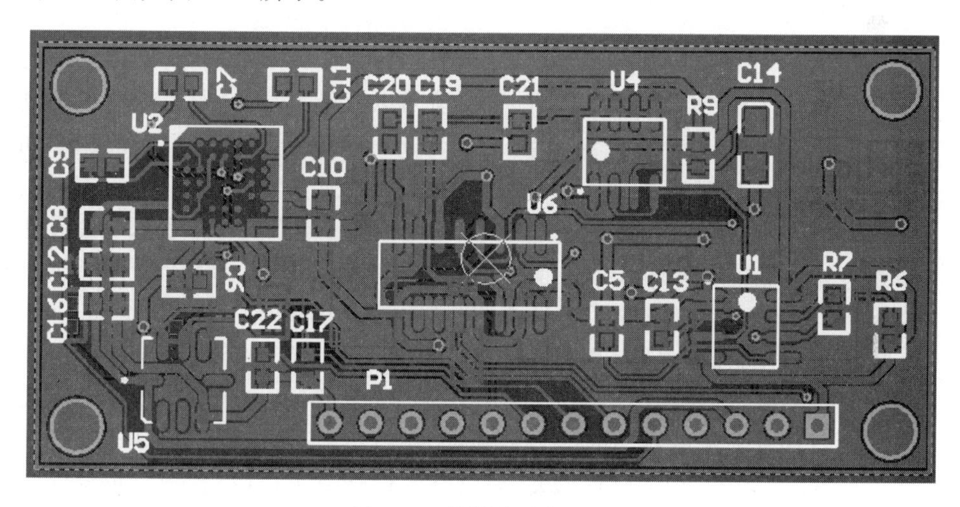

图 9-49 敷铜之后的 PCB

9.8 思考与练习

(1) 分别叙述 PCB 设计常用对象的放置及属性设置方法。

(2) 分别叙述 PCB 设计常用的设计规则。

(3) PCB 板层包括哪些？分别起什么作用？

(4) PCB 元器件的布局布线规则和方法有哪些？

(5) 信号完整性分析指标包括哪些？

第10章 电路仿真

本章主要讲述 Altium Designer 15 的电路原理图的仿真，包括电路仿真概述及其基本概念、电路仿真的主要特点、仿真的主要步骤、常用电路仿真元器件、电源和仿真信号源、仿真模式设置、常用的各种仿真分析方法，最后结合 Altium Designer 提供的实例和编者设计的测试电路对电路图仿真过程做详细的讲解。

10.1 Altium Designer 仿真概述

Altium Designer 15 内置一个功能强大的模/数混合信号电路仿真器，能提供模拟信号、数字信号以及模/数混合信号电路的仿真。配合简单易用的参数设置窗口，Altium Designer 15 可以完成基于时序、离散度、信噪比等多种数据的分析。

电子产品的制作，需要完成原理图设计、PCB 图设计、制造等步骤。原理图设计是整个工程的基础，设计者所设计的电路性能的优劣直接影响电子产品的质量，这就要求设计者对设计电路的性能进行验证。早期的电子工程师主要通过将所设计的电路图连接成面包板，然后使用电源、信号发生器、示波器、电表等电子仪器来验证。这对于规模较小的电路是可行的，但是随着大规模集成电路的发展，电路集成规模越来越大，对电路的设计要求也越来越高，传统的验证方法已经行不通。Altium Designer 15 为用户提供完整的从设计到验证的仿真设计环境，是电子工程师进行电路设计的有力工具。

仿真中涉及的几个基本概念如下：

(1) 仿真元器件。用户进行电路仿真时使用的元器件，要求具有仿真属性。

(2) 仿真原理图。用户根据具体电路的设计要求，使用原理图编辑器及具有仿真属性的元器件绘制而成的电路原理图。

(3) 仿真激励源。用于模拟实际电路中的激励信号。

(4) 节点网络标签。对电路中要测试的多个节点，应该分别放置一个有意义的网络标签名，便于明确查看每一节点的仿真结果(电压或电流波形)。

（5）仿真方式。仿真方式有多种，不同的仿真方式下有不同的参数设置，用户应根据具体的电路要求来设置仿真方式。

（6）仿真结果。仿真结果一般以波形的形式给出，但不局限于电压信号，每个元器件的电流及功耗都可以以波形的形式在仿真结果中观察到。

10.2 Altium Designer 15 电路仿真的主要特点

Altium Designer 15 为用户提供完整的从设计到验证的仿真设计环境，可以对设计电路进行一系列的仿真。Altium Designer 的混合电路信号仿真工具，在电路原理图设计阶段可以实现对数模混合信号电路的功能设计仿真，配合简单易用的参数配置窗口，完成基于时序、离散度、信噪比等多种数据的分析。Altium Designer 可以在原理图中提供完善的混合信号电路仿真功能，除了对 XSPICE 标准的支持之外，还支持对 Pspice 模型和电路的仿真。仿真的编辑环境简单，仿真电路的编辑环境与原理图设计的编辑环境相同，而与原理图编辑相比，唯一的区别在于仿真电路中的所有元器件必须具有仿真属性，其主要特点如下：

（1）Altium Designer 15 包含一个数目庞大的仿真元件库，包括数十种仿真激励源和数千种仿真元器件。用户从仿真元件库中选出所需的仿真元器件后，连接好电路图，在激励源的作用下，就可以进行仿真。仿真元件库包含仿真信号源元件库（Simulation Sources. IntLib）、仿真专用函数元件库（Simulation Special Function. IntLib）、仿真数学函数元件库（Simulation Math Function. IntLib）、信号仿真传输线元件库（Simulation Transmission Line. IntLib）、仿真 Pspice 功能元件库（Simulation Pspice Functions. IntLib）等。

（2）Altium Designer 15 提供大量的仿真模型，支持各种仿真功能，包括直流工作点分析、瞬态分析、傅里叶分析、直流扫描分析、交流小信号分析、阻抗特性分析、噪声分析、Pole-Zero（临界点）分析、传递函数分析（直流小信号分析）、蒙特卡罗分析、参数扫描和温度扫描等。不同的仿真方式从不同角度对电路的各种电气特性进行仿真，设计者可以根据具体电路的需要确定使用哪一种或同时选择哪几种仿真方式。

（3）Altium Designer 15 仿真器提供功能强大的仿真结果分析工具，可以记录各种需要的仿真数据，显示各种仿真波形如波特图、模拟信号波形、数字信号波形等，并且可以进行波形缩放、波形比较、波形测量等。仿真结果直观，使用户能快速而准确地评估电路性能。

（4）Altium Designer 15 提供大量的仿真模型，但在实际电路中仍然需要补充、完善仿真模型库。一方面，用户可编辑系统自带的仿真模型文件来满足仿真需求；另一方面，用户可以直接将外部标准的仿真模型导入系统中成为集成库的一部分，然后就可直接在原理图中进行电路仿真。

10.3 Altium Designer 15 仿真的主要步骤

1. 编辑仿真原理图

(1) 装载与电路仿真相关的元件库。Altium Designer 为用户提供大部分常用的仿真元器件，它们分别包含于仿真信号源元件库、仿真专用函数元件库、仿真数学函数元件库、信号仿真传输线元件库、仿真 Pspice 功能元件库中，如图 10-1 所示。

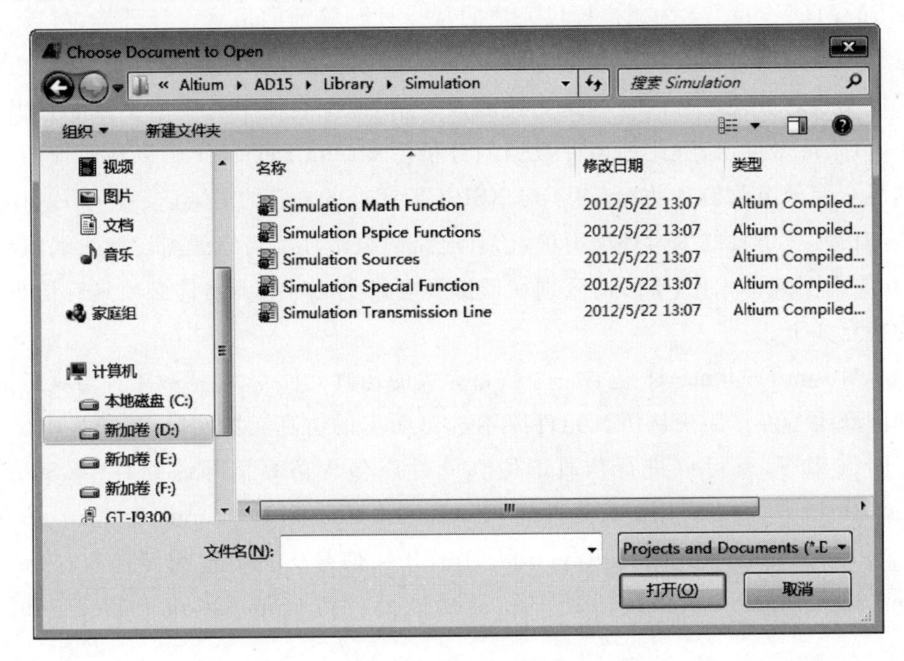

图 10-1 仿真元件库

(2) 放置仿真元器件。绘制仿真原理图时，图中所使用的元器件都必须具有 Simulation 属性。如果某个元器件不具有仿真属性，则在仿真时将出现错误信息。对仿真元器件的属性进行修改，需要增加一些具体的参数设置，如三极管的放大倍数、变压器的原边和副边的匝数比等。

(3) 绘制仿真电路图。方法与绘制电路原理图一致。

2. 设置仿真激励源

所谓仿真激励源，就是输入信号，使电路可以开始工作。仿真常用激励源有直流源、脉冲信号源及正弦信号源等。放置好仿真激励源后，就需要根据实际电路的要求修改其属性参数，如激励源的电压电流幅度、脉冲宽度、上升沿和下降沿的宽度等。

3. 设置仿真节点及电路的初始状态

将这些网络标号放置在需要测试的电路位置上。

4. 设置仿真方式及参数

不同的仿真方式需要设置不同的参数,显示的仿真结果也不同。用户要根据具体电路的仿真要求设置合理的仿真方式及参数。

5. 执行仿真命令

将以上设置完成后,选择菜单中的【设计】|【仿真】|【混合仿真】命令,启动仿真命令。若电路仿真原理图中没有错误,系统将给出仿真结果,并将结果保存在 *.sdf 的文件中;若仿真原理图中有错误,系统自动中断仿真,同时弹出【Message】(信息)面板,显示电路仿真原理图中的错误信息。

6. 分析仿真结果

用户可以在 *.sdf 的文件中查看、分析仿真的波形和数据。若对仿真结果不满意,可以修改电路仿真原理图中的参数,再次进行仿真,直到满意为止。

10.4 常用电路仿真元器件

Altium Designer 15 的主要仿真电路元器件有分离元器件、特殊元器件等。下面分别介绍这些仿真元器件。

1. 分离元器件

Altium Designer 15 系统为用户提供一个常用分离元器件集成库(Miscellaneous Devices. IntLib),该库中包含了常用的元器件,如电阻、电容、电感、三极管等,它们大部分都具有仿真属性,可以用于仿真。

1) 电阻

Altium Designer 15 系统在元器件集成库中为用户提供 3 种具有仿真属性的电阻,分别为固定电阻、可变电阻以及半导体电阻(Res Semi),它们的仿真参数都可以手动设置。对于固定电阻只需设置一个电阻值仿真参数;对于可变电阻,需要设置的参数有电阻的总阻值、仿真使用的阻值占总阻值的比例;而对于半导体电阻,阻值与其长度、宽度以及环境温度有关,仿真时需要设置这些参数。

下面以可变电阻为例,介绍其仿真参数的设置。

双击原理图上的可变电阻,打开电阻属性设置对话框,如图 10-2 所示。

选择【Models】(模型)栏中的【Simulation】属性,双击弹出【Sim Model-General/Resistor(Variable)】对话框,选中 Resistor(Variable),如图 10-3 所示。单击【Parameters】(参数)标签,切换到【Parameters】(参数)选项卡,如图 10-4 所示。在该选项卡中,各参数的意义如下:

- 【Value】(值):用于设置可变电阻的总阻值。
- 【Set Position】(设置比例):用于设置仿真使用的阻值占总阻值的比例。

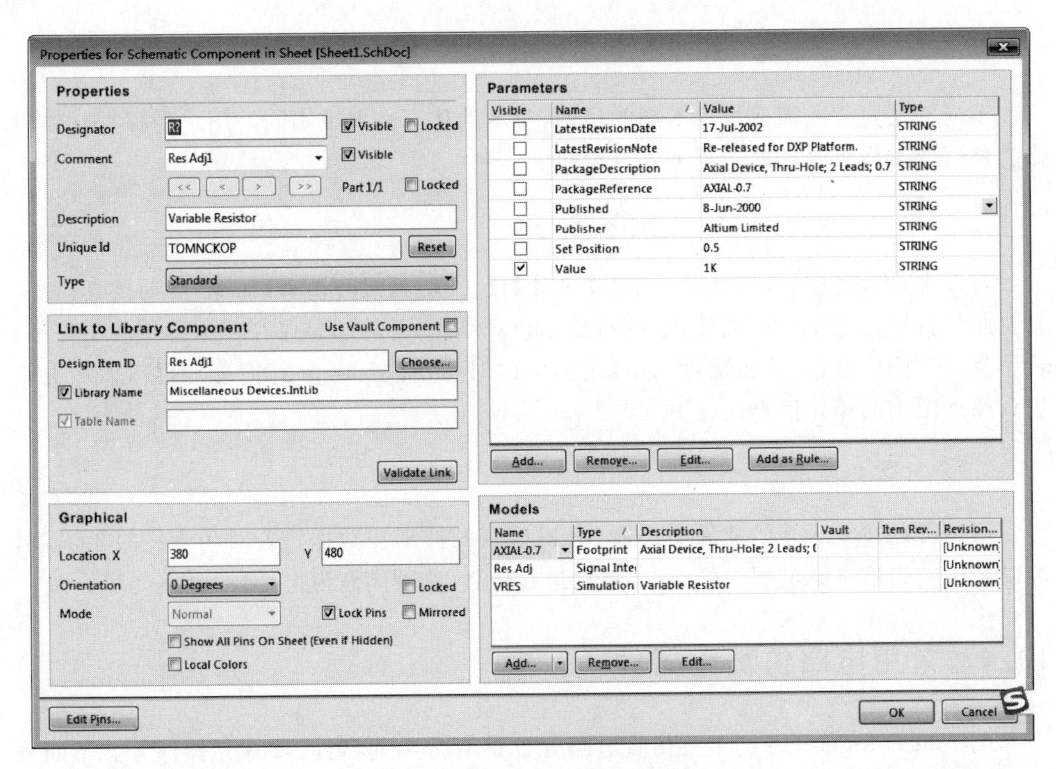

图 10-2　电阻属性设置对话框

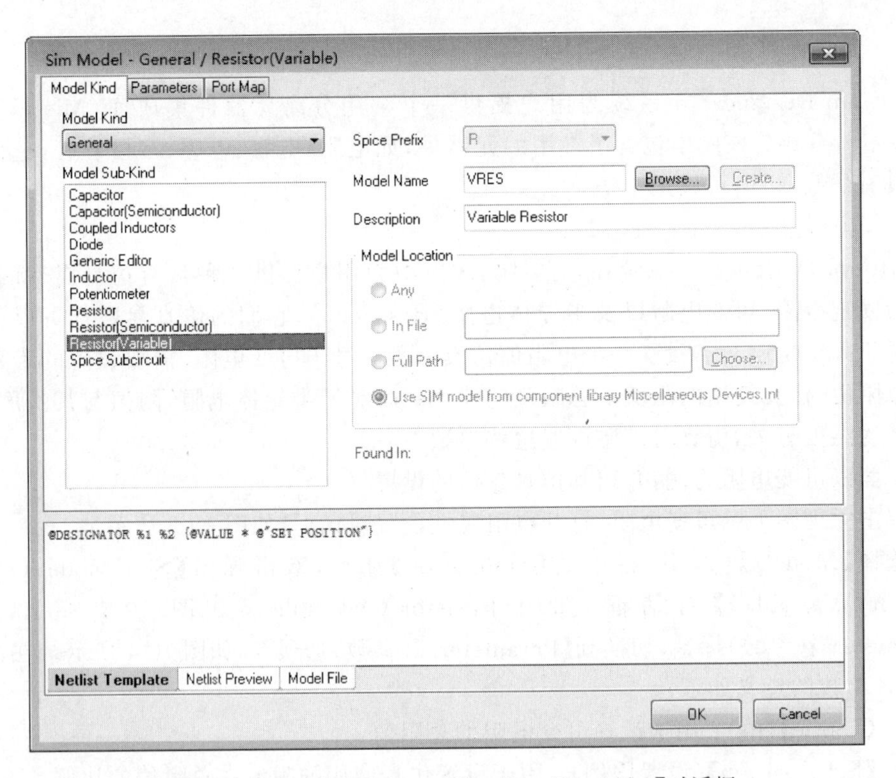

图 10-3　【Sim Model-General/Resistor(Variable)】对话框

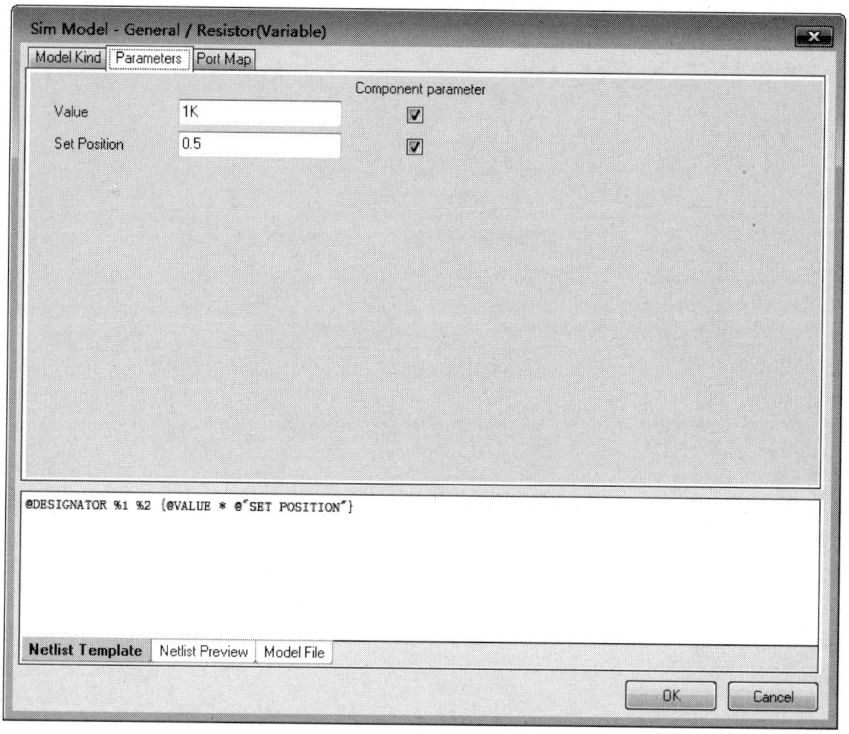

图 10-4 【Parameters】选项卡

2）电容

元器件集成库中提供了两种类型的电容：Cap（无极性电容）和 Cap Pol（有极性电容），原理图符号如图 10-5 所示，其仿真参数设置对话框如图 10-6 所示。

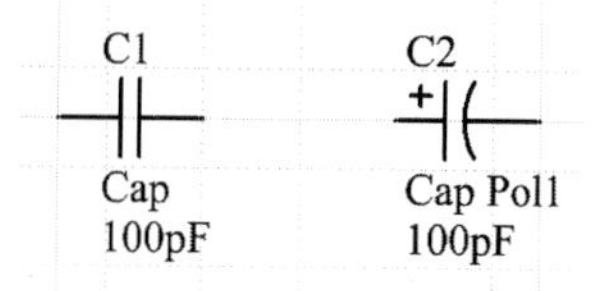

图 10-5 两种类型的电容

- 【Value】（值）：用于设置电容的电容值。
- 【Initial Voltage】（初始电压）：用于设置电容两端的初始端电压，可以设置为具体值，也可以缺省，缺省时系统默认为 0V。在瞬态特性仿真方式中，不同的初始端电压值会带来不同的仿真输出结果。

3）电感

在元器件集成库中系统提供多种具有仿真属性的电感，它们的仿真参数设置是一样的，有两个基本参数，如图 10-7 所示。

- 【Value】（值）：用于设置电感值。
- 【Initial Current】（初始电流）：用于设置电路初始工作时刻流入电感的电流，缺省时电流值默认设定为 0A。在瞬态特性仿真方式中，不同的初始端电流值也会带来不同的仿真输出结果。

4）晶振

在元件库面板中输入 XTAL，得到晶振的原理图符号，如图 10-8 所示。晶振的仿真参数设置对话框如图 10-9 所示，该对话框中需要设置的晶振仿真参数包括下面几项：

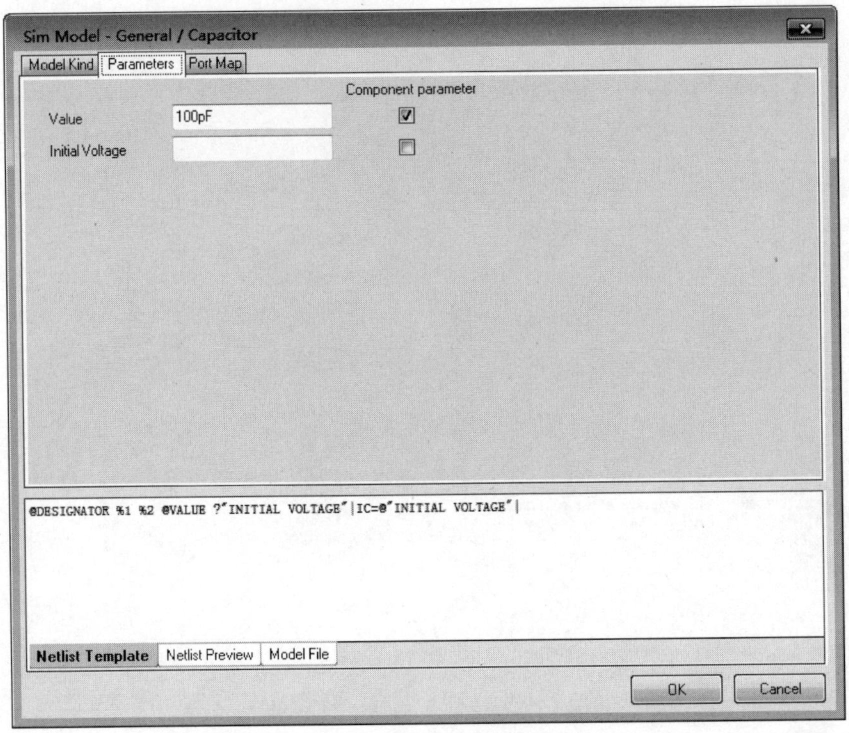

Sim Model - General / Capacitor

Model Kind | Parameters | Port Map

Component parameter

Value　100pF　☑

Initial Voltage　☐

```
@DESIGNATOR %1 %2 @VALUE ?"INITIAL VOLTAGE"|IC=@"INITIAL VOLTAGE"|
```

Netlist Template | Netlist Preview | Model File

OK　Cancel

图 10-6　电容仿真参数设置对话框

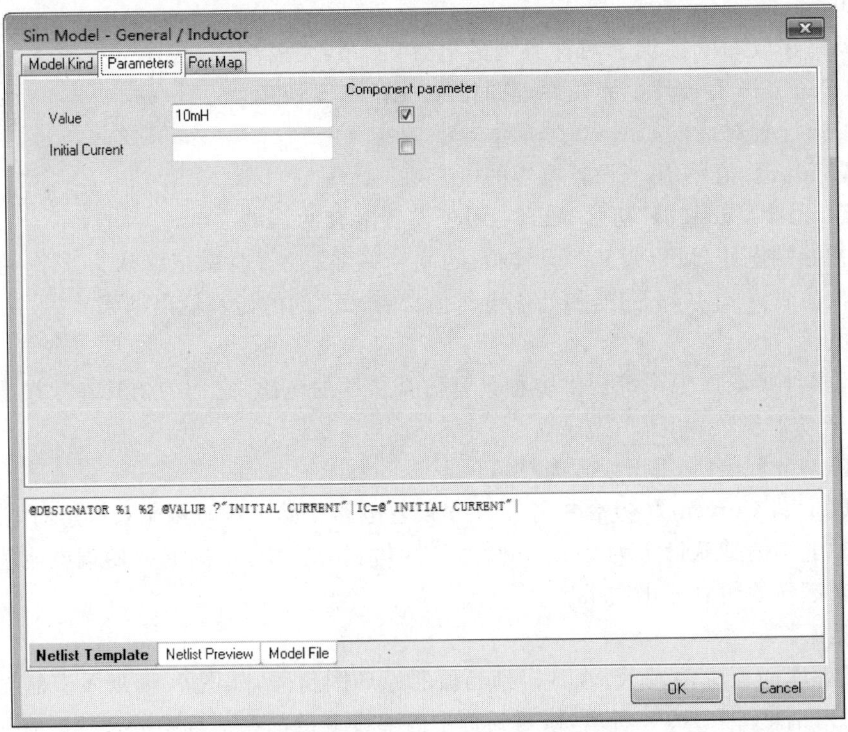

Sim Model - General / Inductor

Model Kind | Parameters | Port Map

Component parameter

Value　10mH　☑

Initial Current　☐

```
@DESIGNATOR %1 %2 @VALUE ?"INITIAL CURRENT"|IC=@"INITIAL CURRENT"|
```

Netlist Template | Netlist Preview | Model File

OK　Cancel

图 10-7　电感仿真参数设置对话框

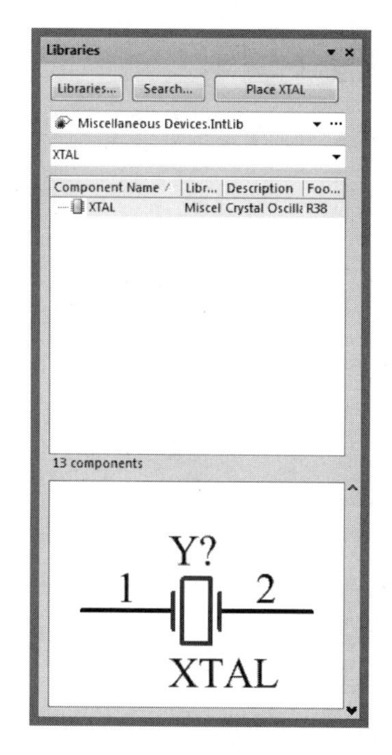

图 10-8 晶振原理图符号

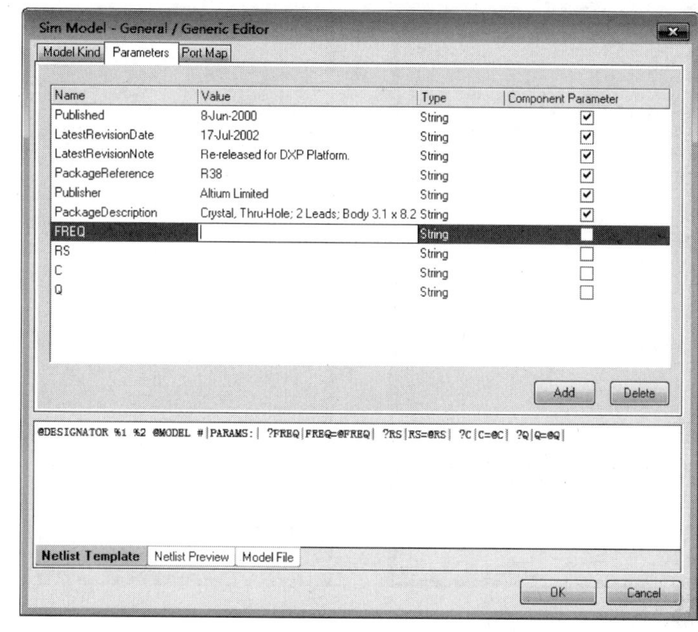

图 10-9 晶振仿真参数设置对话框

- 【FREQ】：用于设置晶振的振荡频率，可以在【值】列内修改设定值。
- 【RS】：用于设置晶振的串联电阻值。
- 【C】：用于设置晶振的等效电容值。
- 【Q】：用于设置晶振的品质因数。

5）熔丝

熔丝是在线路短路或严重过载的情况下，可以熔断用于保护电路的一种导丝。在元件库面板中输入 FUSE，得到熔丝的原理图符号，如图 10-10 所示。熔丝仿真参数设置对话框如图 10-11 所示，该对话框需要设置的熔丝仿真参数包含以下内容：

- 【Resistance】：用于设置熔丝的内阻值。
- 【Current】：用于设置熔丝的熔断电流。

6）变压器

集成库中提供多种具有仿真属性的变压器，它们的仿真参数设置基本相同。这里以 Trans 普通变压器为例，在元件库面板中输入 Trans，得到普通变压器的原理图符号，如图 10-12 所示。变压器仿真参数设置对话框如图 10-13 所示，该对话框需要设置的熔丝仿真参数包括下面几项：

- 【Inductance A】：用于设置感应线圈 A 的电感值。
- 【Inductance B】：用于设置感应线圈 B 的电感值。
- 【Coupling Factor】：用于设置变压器的耦合系数。

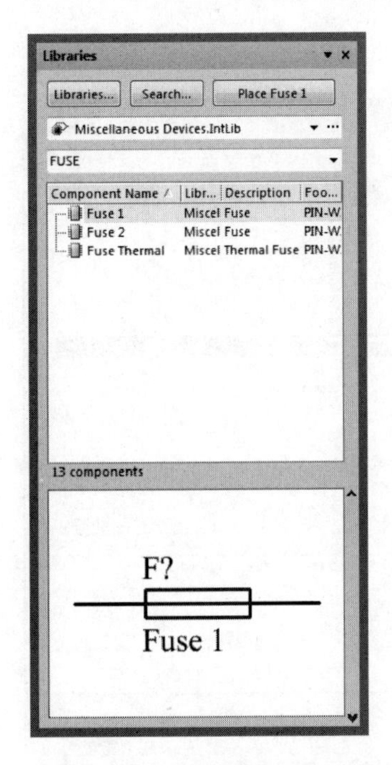

图 10-10　熔丝原理图符号

Sim Model - General / Generic Editor

Model Kind | Parameters | Port Map

Name	Value	Type	Component Parameter
Published	8-Jun-2000	String	☑
LatestRevisionDate	17-Jul-2002	String	☑
LatestRevisionNote	Re-released for DXP Platform.	String	☑
PackageReference	PIN-W2/E2.8	String	☑
Publisher	Altium Limited	String	☑
PackageDescription	Thru-Hole; 2 Leads	String	☑
Resistance	1m	String	☐
Current	1	String	☐

Add　Delete

```
@DESIGNATOR %1 %2 @MODEL PARAMS: CURRENT=@CURRENT ?RESISTANCE|RESISTANCE=@RESISTANCE|
```

Netlist Template　Netlist Preview　Model File

OK　Cancel

图 10-11　熔丝仿真参数设置对话框

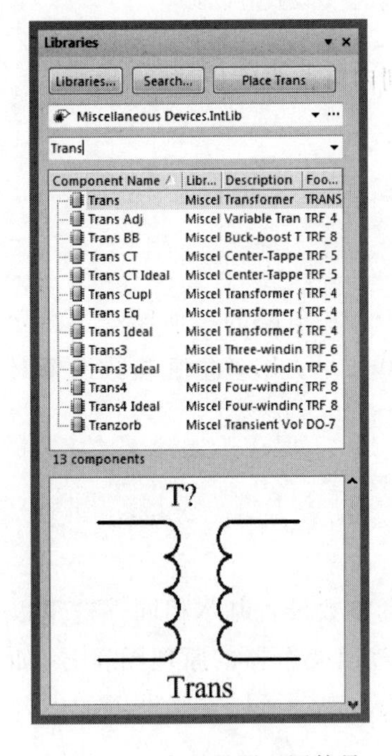

图 10-12　变压器原理图符号

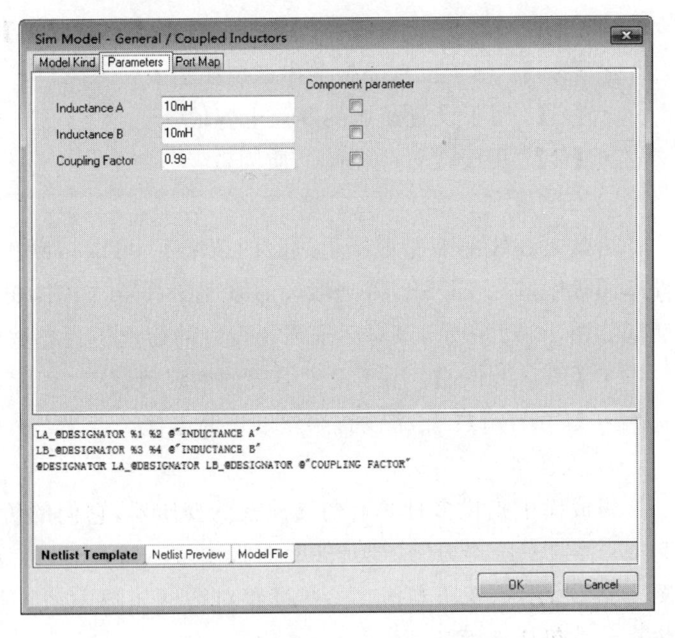

图 10-13　变压器仿真参数设置对话框

7）二极管

集成库中提供多种具有仿真属性的二极管，它们的仿真参数设置基本相同。在元件库面板中输入 Diode，得到二极管的原理图符号，如图 10-14 所示。二极管仿真参数设置对话框如图 10-15 所示，该对话框需要仿真设置参数如下：

- 【Area Factor】：用于设置二极管的面积因子。
- 【Starting Condition】：用于设置二极管的起始状态，一般选择为 OFF 状态。
- 【Initial Voltage】：用于设置二极管两端的起始电压。
- 【Temperature】：用于设置二极管的工作温度。

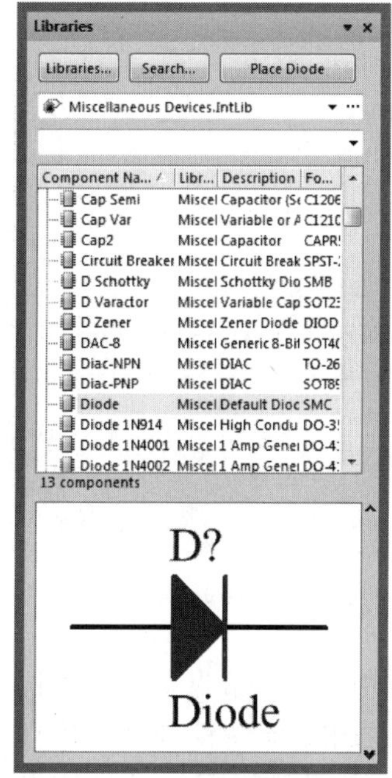

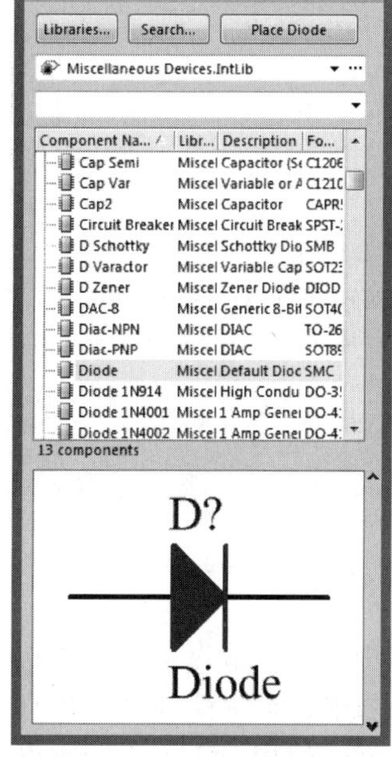

图 10-14　二极管原理图符号

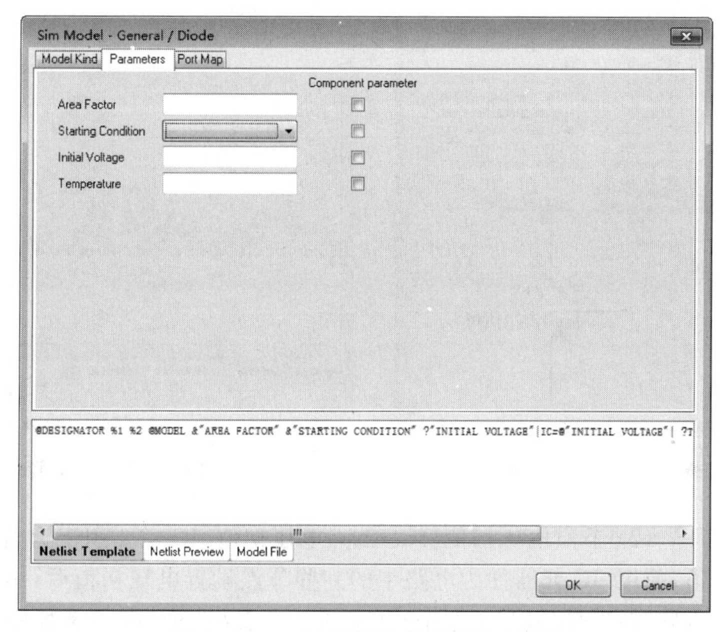

图 10-15　二极管仿真参数设置对话框

8）三极管

在元件库面板中输入 NPN 或 PNP，得到三极管的原理图符号，如图 10-16 所示。三极管仿真参数设置对话框如图 10-17 所示，需要设置的参数包括下面几项：

- 【Area Factor】：用于设置三极管的面积因子。
- 【Starting Condition】：用于设置三极管的起始状态，一般选择为 OFF 状态。
- 【Initial B-E Voltage】：用于设置基极和发射极两端的起始电压。
- 【Initial C-E Voltage】：用于设置集电极和发射极两端的起始电压。
- 【Temperature】：用于设置三极管的工作温度。

2. 特殊元器件

1）节点电压和节点电压初值

在库文件 Simulation Sources. IntLib 中，包含两个特别的初始状态定义符：. NS（Node Set，节点电压设置）和. IC（Initial Condition，初始条件设置），如图 10-18 所示。这两个特别的符号可以用来设置电路仿真的节点电压和节点电压初值。

（1）节点电压. NS：在对双稳态或单稳态电路进行瞬态特性分析时，节点电压. NS 用来设定某个节点的电压预收敛值，如果仿真程序计算出该节点的电压小于预设的收敛值，则去掉. NS 元器件所设置的收敛值，继续计算，直到算出真正的收敛值为止，即. NS 元器件是求节点电压收敛值的一个辅助手段。

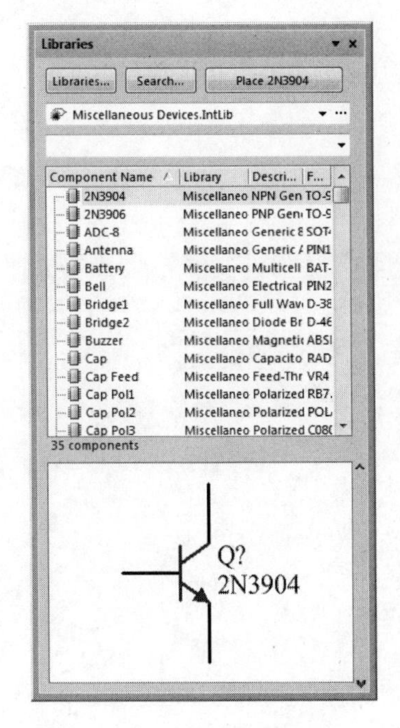

图 10-16　三极管原理图符号

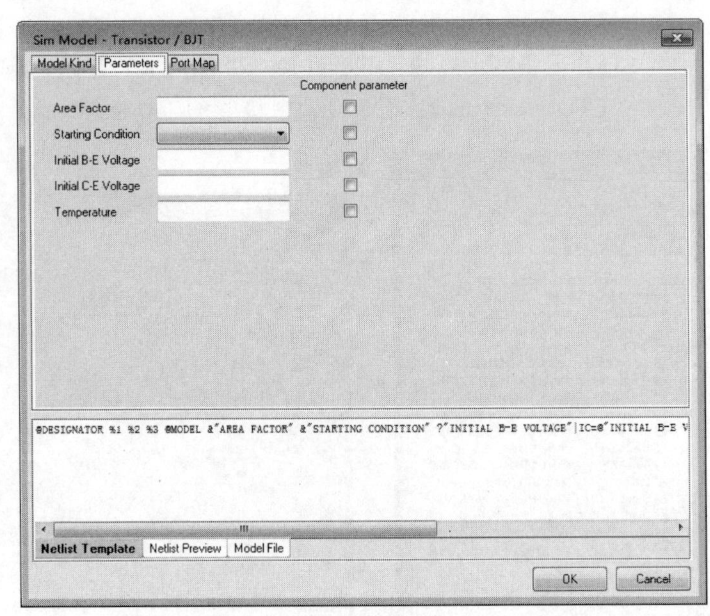

图 10-17　三极管仿真参数设置对话框

（2）节点电压初值.IC：节点电压初值.IC主要用于为电路中的某一节点提供电压初值，使用.IC元器件为电路中的一些节点设置电压初值后，用户采用瞬态特性分析的仿真方式时，若选中【Use Initial Conditions】复选框，则仿真程序将直接使用.IC元器件所设置的电压初值作为瞬态特性分析的初始条件。

节点电压设置步骤如下：

（1）通过【元件库】面板在Simulation Sources.IntLib库中查找到.NS；

（2）把元器件.NS放在需要设置电压预收敛值的节点上，如图10-19所示。

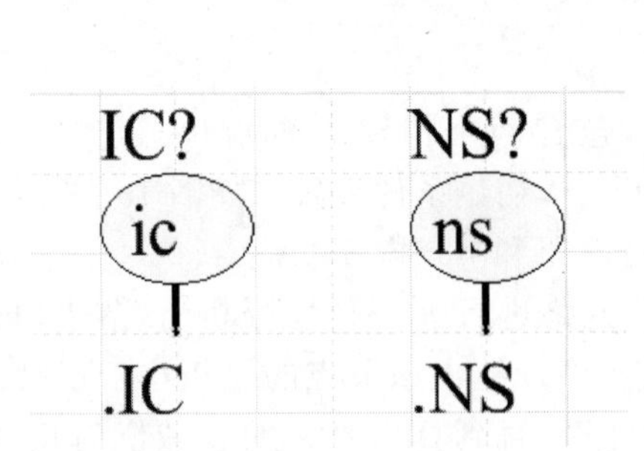

图 10-18　.IC和.NS初始状态定义符

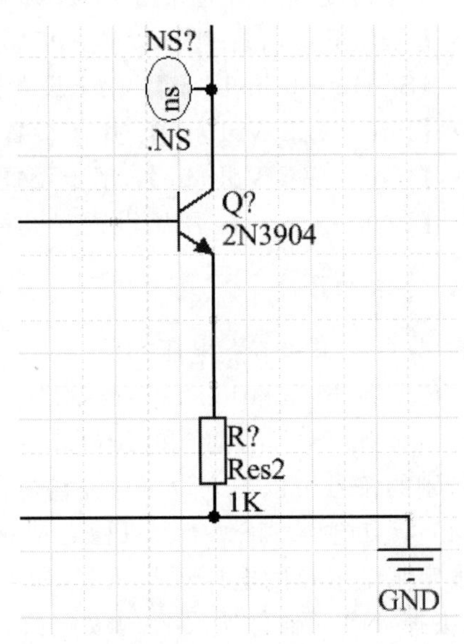

图 10-19　放置.NS元器件

(3) 双击.NS符号,打开原理图元器件属性对话框,在【Models】选项组中双击【Simulation】,打开仿真模式设置对话框,选择【Parameters】选项卡,打开仿真模式参数设置对话框,设置初始幅值,如图10-20所示。设置相关参数后的.NS如图10-21所示。

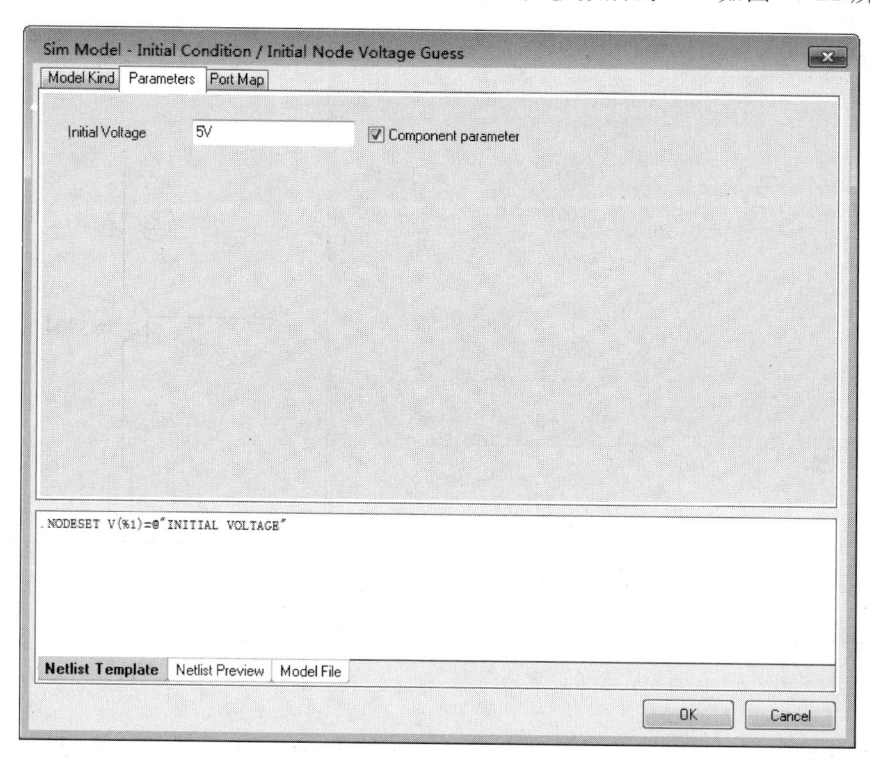

图10-20 仿真模式参数设置选项卡

节点电压初值设置步骤如下:

(1) 通过【元件库】面板在Simulation Sources.IntLib库中查找到.IC;

(2) 把元器件.IC放在需要设置电压初值的节点上,如图10-22所示。

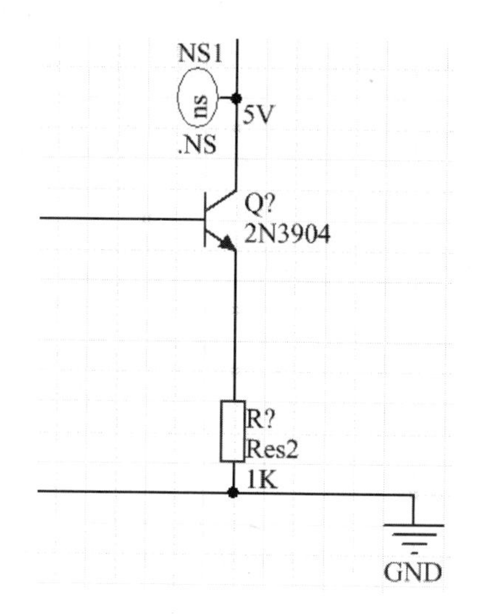

图10-21 设置相关仿真参数

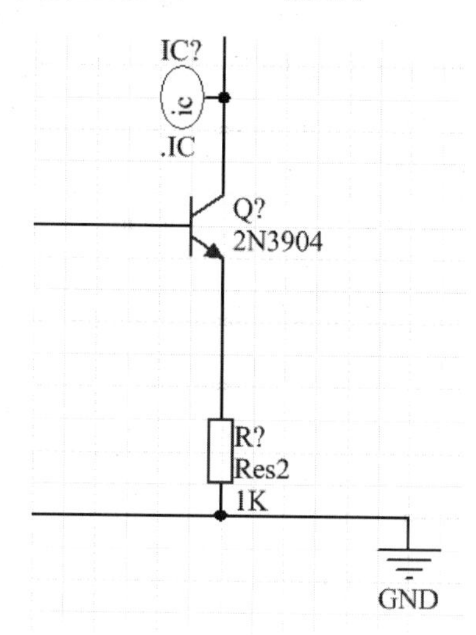

图10-22 放置.IC元器件

（3）双击.IC，打开原理图元件属性对话框，在【Models】选项组中双击【Simulation】，打开仿真模式设置对话框，选择【Parameters】选项卡，打开仿真模式参数设置对话框，设置初始幅值，如图10-23所示。设置相关参数后的.IC，如图10-24所示。

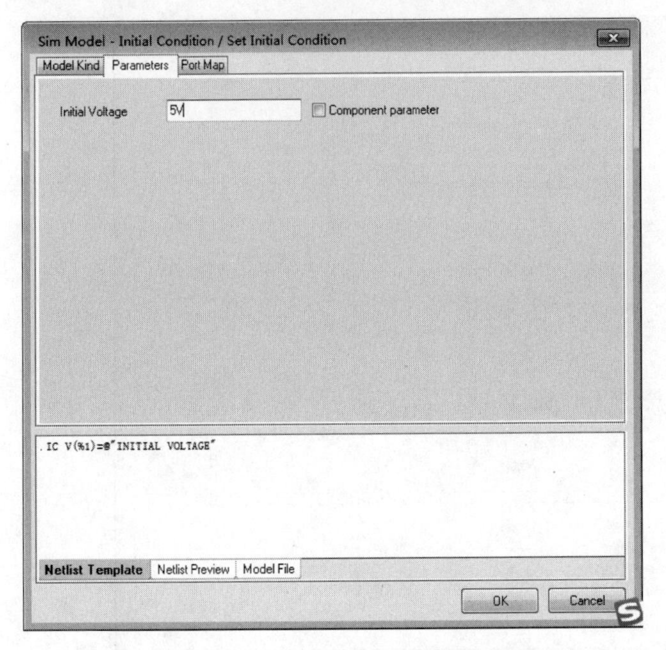

图10-23 仿真模式参数设置选项卡

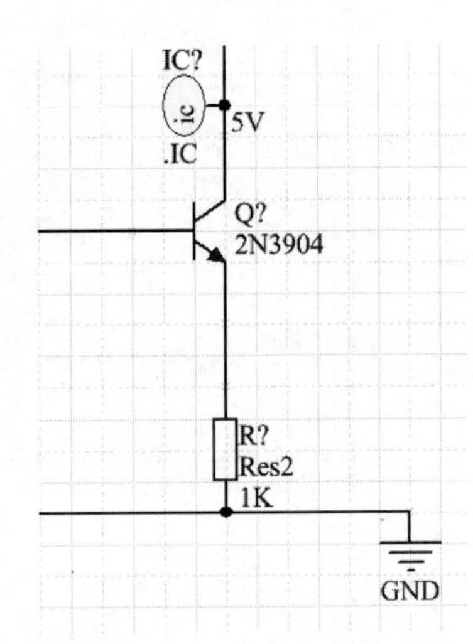

图10-24 设置相关仿真参数

需要注意的是：当一般元器件设置了电压初始值，而与该元器件连接的导线上也放置了.IC元器件并设置了参数值，此时进行瞬态特性分析时将优先采用一般元器件设置的电压初始值，即一般元器件的优先级高于.IC元器件；若在电路的某一节点处，同时放置了.IC元器件与.NS元器件，则仿真时.IC元器件的设置优先级高于.NS元器件。

2）仿真数学函数

Altium Designer 15系统提供若干仿真数学函数，如求正弦、余弦、绝对值、反正弦、反余弦、开方等数学计算的函数，通过使用这些函数可以对仿真信号进行相关的数学计算，从而得到自己需要的信号。仿真数学函数存放在Simulation Math Function . IntLib集成库中，使用方法很简单，只需把相应的函数功能模块放到仿真原理图中需要进行信号处理的地方即可，仿真参数不需要用户自行设置。

10.5 仿真信号源

Altium Designer 15中的仿真信号源可以分为三大类：独立源、线性受控源、非线性受控源，下面将详细讲解这三类信号源。

10.5.1 独立源

独立源又称为激励源，理想状态下的激励源是指内阻为零的电压源或内阻为无穷大的电流源，Altium Designer 15 提供多种仿真激励源，存放在 Altium/AD15/Library/Simulation/Simulation Sources. Intlib 集成库中，供用户选择。仿真激励源就是在仿真时要输入到仿真电路中的测试信号，根据观察这些测试信号作用于仿真电路后的输出波形，用户可以判断仿真电路中的参数设置是否合理。

常用的电源与仿真激励源有如下几种。

1. 直流源

直流电压源 VSRC 与直流电流源 ISRC 分别用来为仿真电路提供一个不变的电压信号或不变的电流信号，符号形式如图 10-25 所示。这两种电源通常在仿真电路上电时需要为仿真电路输入一个阶跃激励信号时使用，以便观测电路中某一节点的瞬态响应波形。双击放置的直流电源，打开元器件属性设置对话框，在对话框的【Models】栏中双击【Simulation】，然后在打开的对话框中单击【Parameters】（参数）标签切换到【Parameters】选项卡，需要设置的仿真参数有以下3项，如图 10-26 所示。

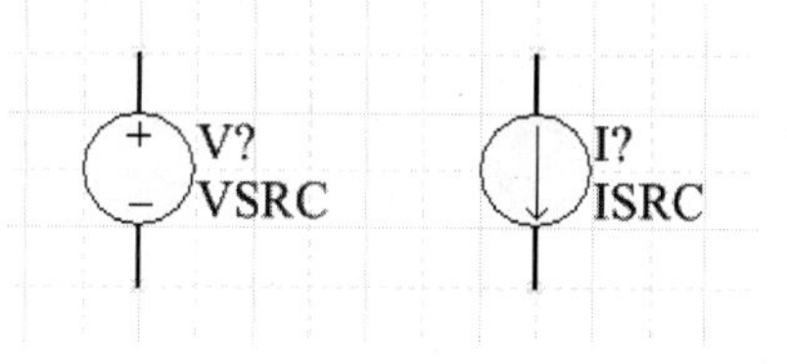

图 10-25 直流电压/电流源

- 【Value】：直流电源值。
- 【AC Magnitude】：交流小信号分析的电压（电流）值。
- 【AC Phase】：交流小信号分析的相位值。

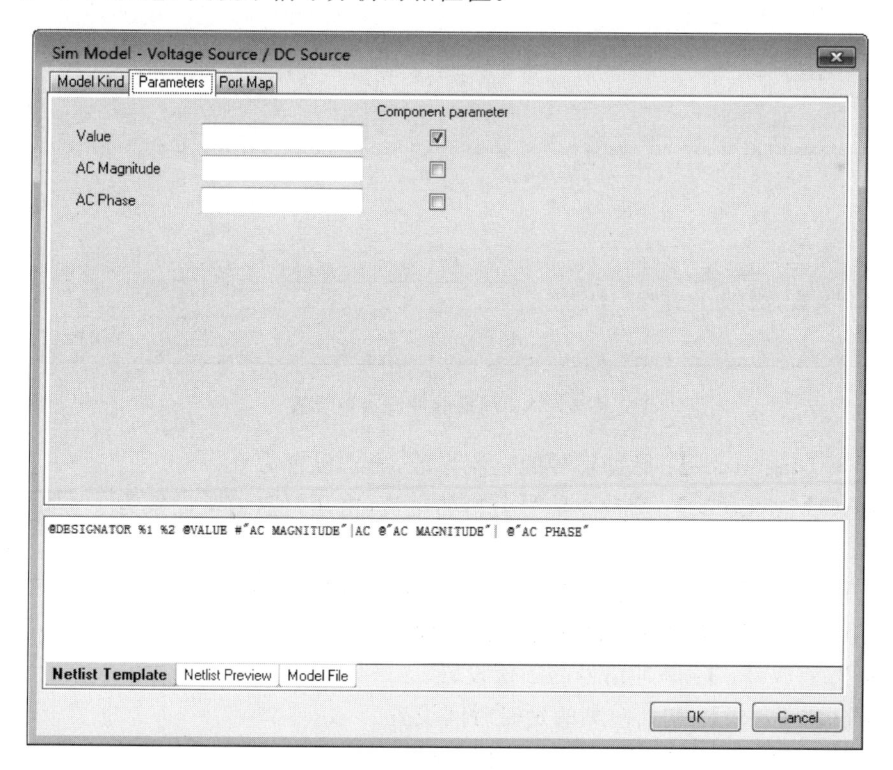

图 10-26 直流电源仿真参数

2. 周期脉冲源

Altium Designer 15 库文件 Simulation Sources. IntLib 中提供了两个周期脉冲源元件：VPULSE 电压周期脉冲源和 IPULSE 电流周期脉冲源，符号如图 10-27 所示。利用这些周期脉冲源可以创建周期性的连续脉冲。VPULSE 和 IPULSE 参数设置是相同的，如图 10-28 所示。通过对【Pulse Width】、【Rise Time】及【Fall Time】进行不同的设置，相应产生的脉冲激励信号可以是矩形脉冲、梯形脉冲或三角波脉冲，用户在具体的应用中可根据不同的需求进行相应的设置。

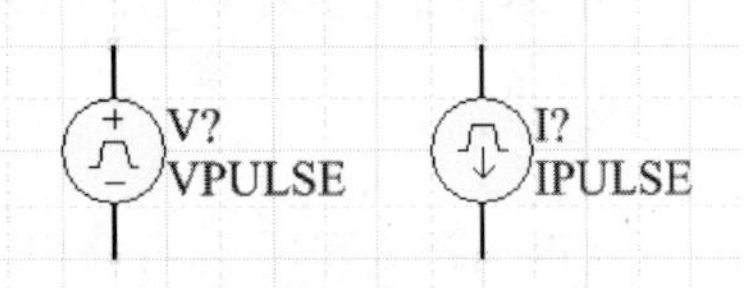

图 10-27　周期脉冲源

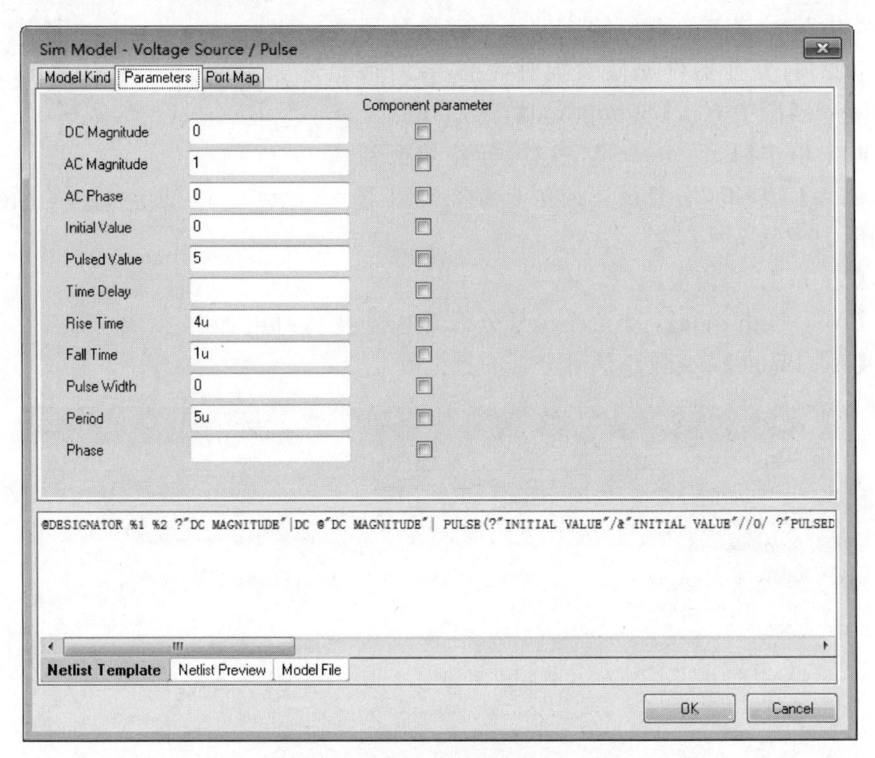

图 10-28　周期脉冲源参数设置

- 【DC Magnitude】：脉冲信号的直流参数，通常设置为 0。
- 【AC Magnitude】：交流小信号分析的电流（电压）值，通常设置为 1。如果不进行交流小信号分析，可以设置为任意值。
- 【AC Phase】：交流小信号分析的电流（电压）初始相位值，通常设置为 0。
- 【Initial Value】：脉冲信号的初始值设置。
- 【Pulse Value】：脉冲信号的幅值设置。
- 【Time Delay】：初始时刻的延时时间设置。
- 【Rise Time】：脉冲信号的上升时间设置。
- 【Fall Time】：脉冲信号的下降时间设置。

- 【Pulse Width】：脉冲信号的高电平宽度设置。
- 【Period】：脉冲信号的周期设置。
- 【Phase】：脉冲信号的初始相位设置。

3. 正弦源

Altium Designer 15 库文件 Simulation Sources. IntLib 中提供两个正弦仿真源元件：VSIN 正弦电压源和 ISIN 正弦电流源。仿真库中的正弦电压源、电流源符号如图 10-29 所示。通过这些正弦仿真源可以创建正弦波电压源和电流源。VSIN 和 ISIN 参数设置是相同的，如图 10-30 所示。

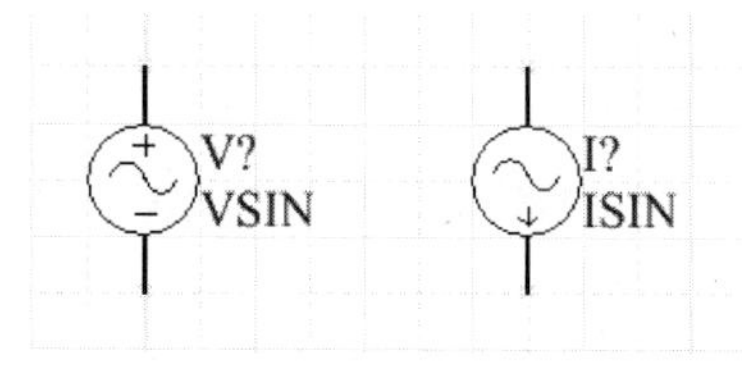

图 10-29　正弦电压源和正弦电流源

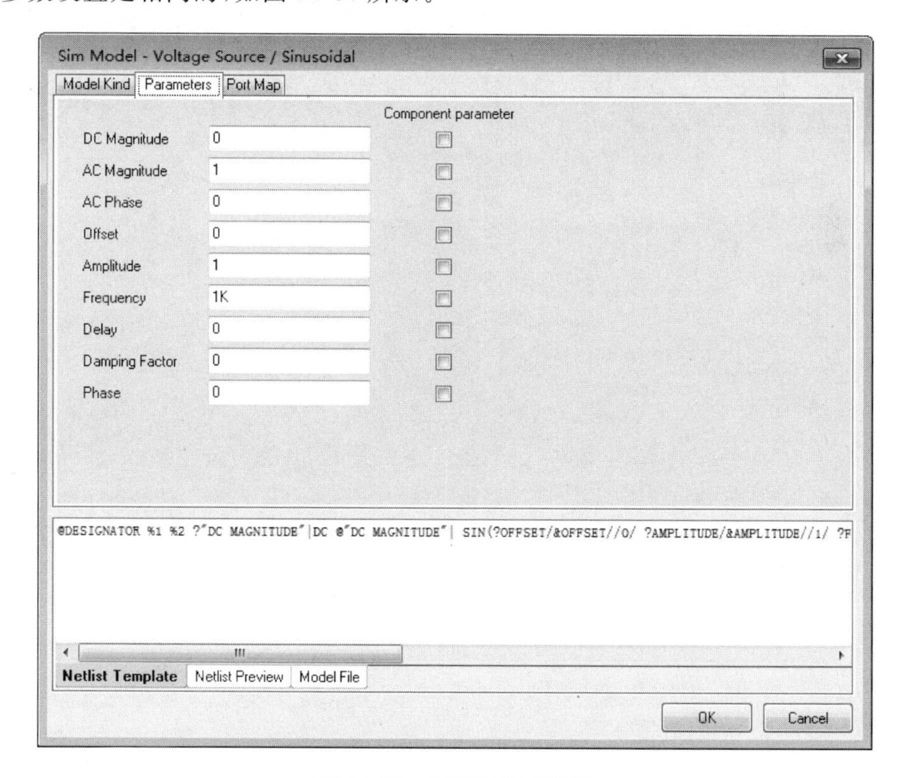

图 10-30　正弦源参数设置

- 【DC Magnitude】：正弦信号的直流参数，通常设置为 0。
- 【AC Magnitude】：交流小信号分析的电流（电压）值，通常设置为 1。如果不进行交流小信号分析，可以设置为任意值。
- 【AC Phase】：交流小信号分析的电流（电压）初始相位值，通常设置为 0。
- 【Offset】：正弦波信号上叠加的直流分量，即幅值偏移量。
- 【Amplitude】：正弦波信号的幅值设置。
- 【Frequency】：正弦波信号的频率设置。
- 【Delay】：正弦波信号初始的延时时间设置。

- 【Damping Factor】：正弦波信号的阻尼因子设置，影响正弦波信号幅值的变化。设置为正值时，正弦波的幅值将随时间的增长而衰减；设置为负值时，正弦波的幅值随时间的增长而增长；若设置为0，意味着正弦波的幅值不随时间而变化。
- 【Phase】：正弦波信号的初始相位设置。

4. 指数源

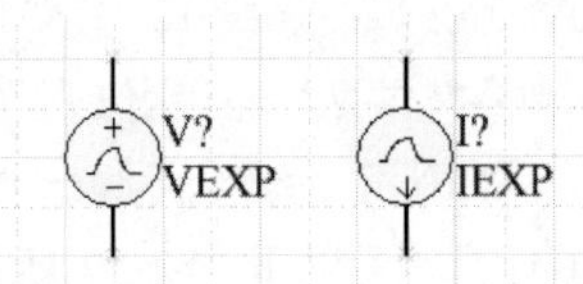

图 10-31　指数激励电压源和电流源

两个指数激励源元件，即VEXP指数激励电压源和IEXP指数激励电流源，用来为仿真电路提供带有指数上升沿或下降沿的脉冲激励信号，常用于高频电路的仿真分析，符号如图10-31所示。VEXP和IEXP参数设置是相同的，如图10-32所示。

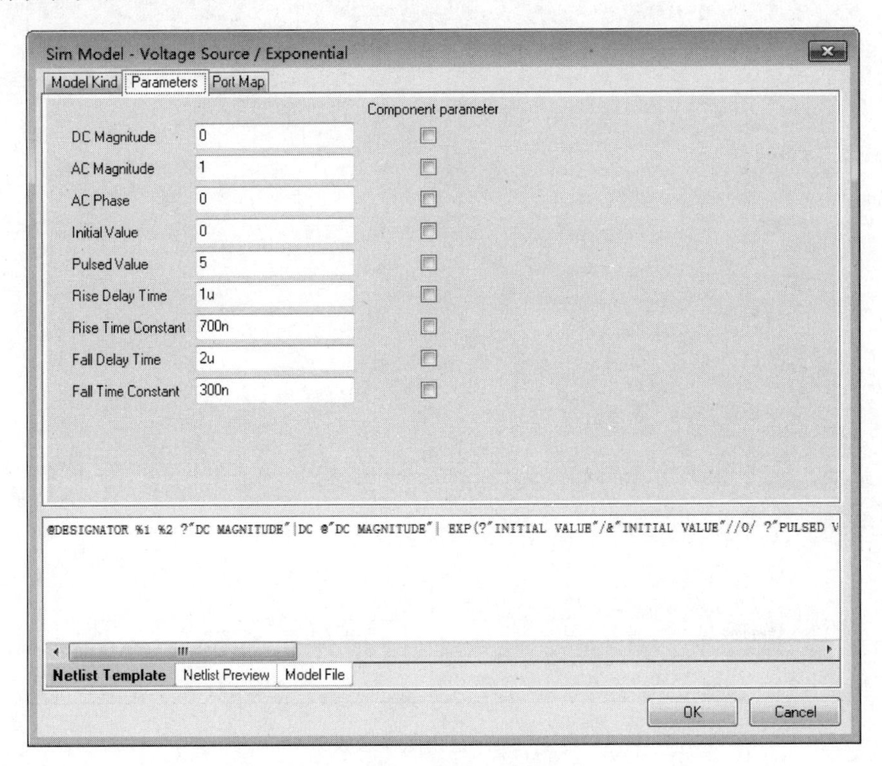

图 10-32　指数源参数设置

- 【DC Magnitude】：指数信号的直流参数，通常设置为0。
- 【AC Magnitude】：交流小信号分析的电流(电压)值，通常设置为1。如果不进行交流小信号分析，可以设置为任意值。
- 【AC Phase】：交流小信号分析的电流(电压)初始相位值，通常设置为0。
- 【Initial Value】：指数信号的初始值。
- 【Pulsed Value】：指数信号的跳变值。
- 【Rise Delay Time】：指数信号的上升延时时间。

- 【Rise Time Constant】：指数信号的上升时间。
- 【Fall Delay Time】：指数信号的下降延时时间。
- 【Fall Time Constant】：指数信号的下降时间。

5．分段线性源

分段线性源所提供的激励信号是由若干条相连的直线组成，是一种不规则的信号激励源，包括分段线性电压源 VPWL 和分段线性电流源 IPWL 两种，符号如图 10-33 所示。VPWL 和 IPWL 参数设置是相同的，如图 10-34 所示。

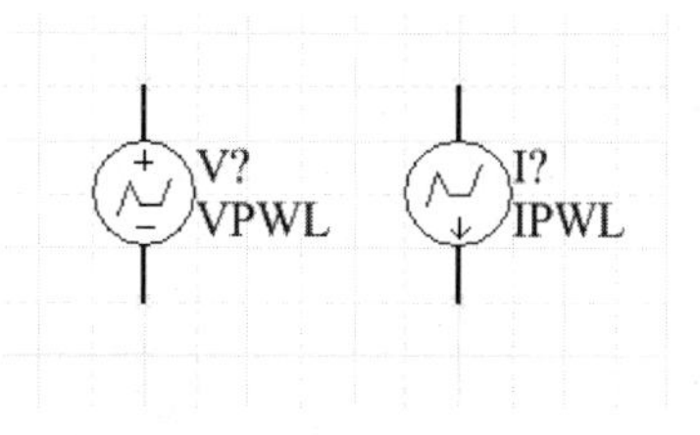

图 10-33　分段线性电压源和电流源

- 【DC Magnitude】：分段线性信号的直流参数，通常设置为 0。

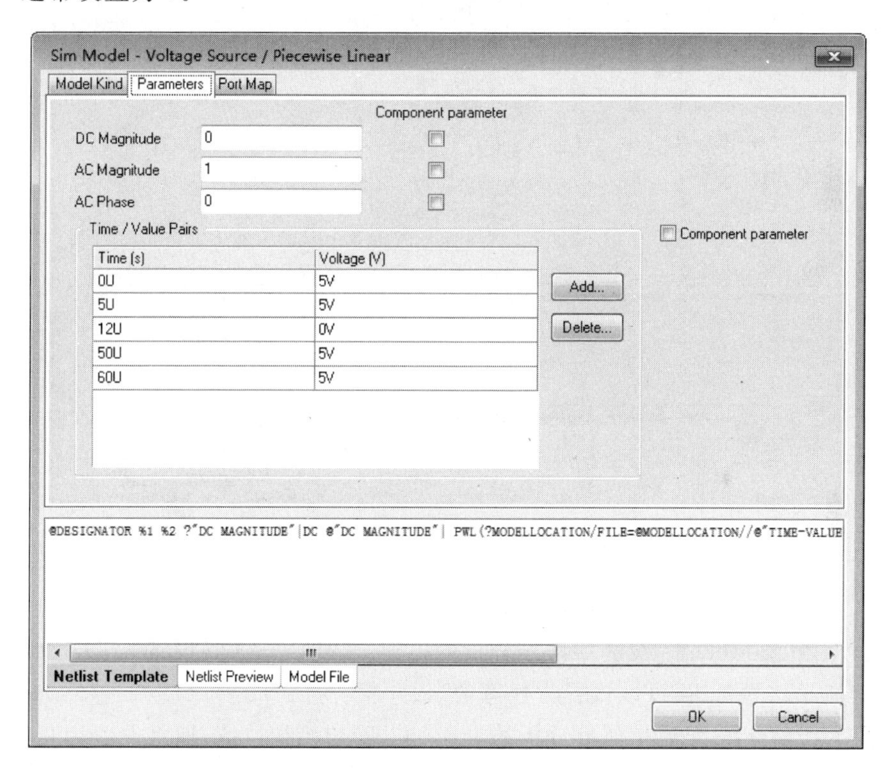

图 10-34　分段线性源参数设置

- 【AC Magnitude】：交流小信号分析的电流(电压)值，通常设置为 1。如果不进行交流小信号分析，可以设置为任意值。
- 【AC Phase】：交流小信号分析的电流(电压)初始相位值，通常设置为 0。
- 【Time/Value Pairs】：分段线性电流(电压)信号在分段点处的时间值及电流(电压)值设置，其中时间为横坐标，电流(电压)为纵坐标，共有 5 个分段点。单击一次右侧的【Add】按钮，可以添加一个分段点；而单击一次【Delete】按钮，可以删除一个分段点。

6. 单频 FM 源

单频调频激励源用来为仿真电路提供一个单频调频的激励波形，包括单频调频电压源 VSFFM 和单频调频电流源 ISFFM 两种，符号形式如图 10-35 所示。VSFFM 和 ISFFM 参数设置是相同的，如图 10-36 所示。

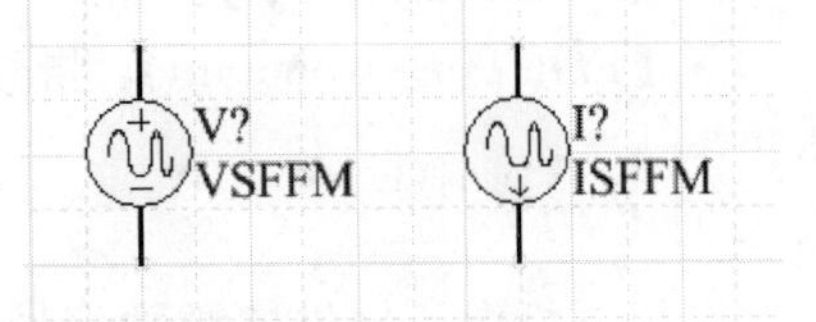

图 10-35　单频调频激励源

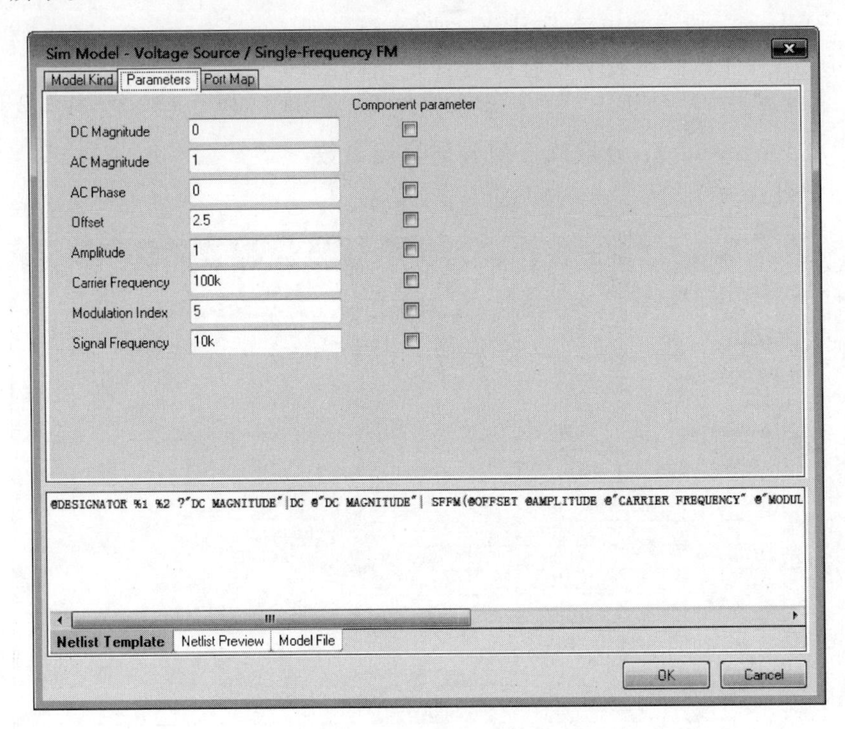

图 10-36　单频调频源参数设置

- 【DC Magnitude】：调频信号的直流参数，通常设置为 0。
- 【AC Magnitude】：交流小信号分析的电流（电压）值，通常设置为 1。如果不进行交流小信号分析，可以设置为任意值。
- 【AC Phase】：交流小信号分析的电流（电压）初始相位值，通常设置为 0。
- 【Offset】：调频信号上叠加的直流分量，即幅值偏移量。
- 【Amplitude】：调频信号的载波幅值设置。
- 【Carrier Frequency】：调频信号的载波频率设置。
- 【Modulation Index】：调频信号的调制系数。
- 【Signal Frequency】：调制信号的频率。

10.5.2　线性受控源

在库文件 Simulation Sources. IntLib 中，包含 4 个线性受控源元件：HSRC 电流控

制电压源、GSRC 电压控制电流源、FSRC 电流控制电流源和 ESRC 电压控制电压源。

图 10-37 中是标准的 SPICE 线性受控源，每个线性受控源都有两个输入节点和两个输出节点。输出节点间的电压或电流是输入节点间的电压或电流的线性函数，一般由源的增益、跨导等决定。

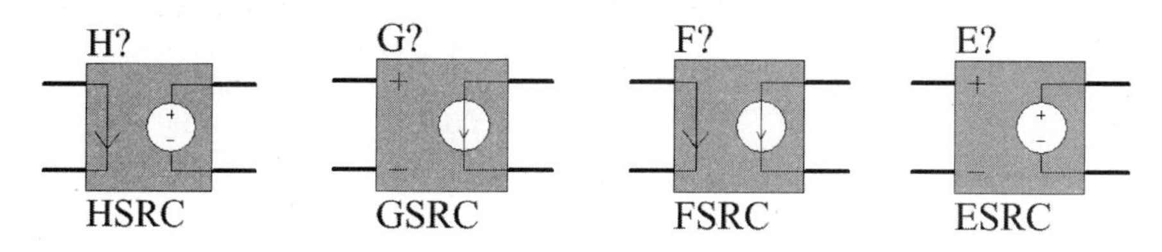

图 10-37　线形受控源符号

10.5.3　非线性受控源

在库文件 Simulation Sources. IntLib 中，包含两个非线性受控源元件：BVSRC 非线性受控电压源和 BISRC 非线性受控电流源。

图 10-38 是仿真库中的非线性受控源符号。标准的 SPICE 非线性电压或电流源，有时被称为方程定义源，因为它的输出由设计者的方程定义，并且经常引用电路中其他节点的电压或电流值。

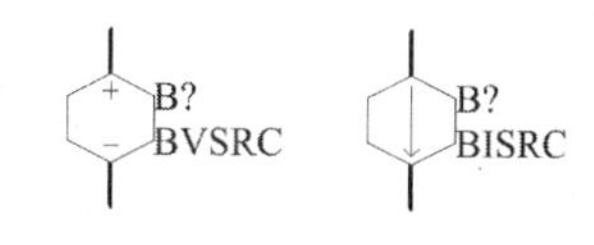

图 10-38　非线形受控源符号

电压或电流波形的表达方式如下：

V = 表达式　　或　　I = 表达式

其中，表达式是在定义仿真属性时输入的方程。

设计中可以用标准函数来创建一个表达式，表达式中也可包含一些标准函数：ABS, LN, SQRT, LOG, EXP, SIN, ASIN, ASINH, COS, ACOS, ACOSH, COSH, TAN, ATAN, ATANH, SINH。

为了在表达式中引用所设计的电路中节点的电压和电流，设计者必须首先在原理图中为该节点定义一个网络标号。这样设计者就可以使用如下的语法来引用该节点：V(NET)表示在节点 NET 处的电压；I(NET)表示在节点 NET 处的电流。

10.6　仿真模式设置及分析

在进行仿真前，必须选择对电子电路进行哪种分析，需要收集哪些变量数据，以及变量数据以何种形式呈现。如何选择仿真方式，并设置合理的仿真参数是本节讲解的重点。

仿真方式的设置包含两部分：一是各种仿真方式都需要的通用参数设置；二是具体的仿真方式所需要的特定参数设置。在原理图编辑环境中，选择【Design】|【Simulate】|【Mixed Sim】命令，则系统弹出图 10-39 所示的【分析设置】对话框。在该对话框左侧的【分析/选项】栏中，列出了一系列的选项供用户选择，选中不同的分析项目，【分析设置】

对话框右边根据分析内容会有所变化。系统的默认选项为【General Setup】，即系统仿真模式的通用参数设置。

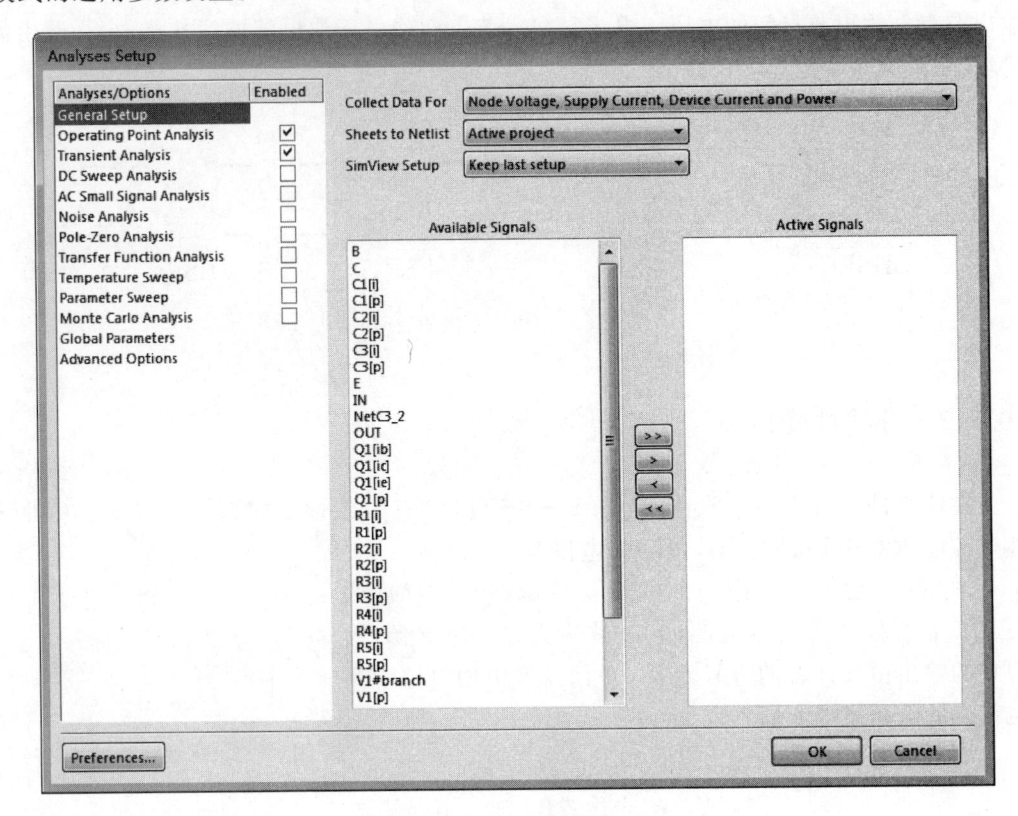

图 10-39 【分析设置】对话框

10.6.1 参数设置

1. 通用参数设置

(1)【Collect Data For】：点击下拉列表，出现图 10-40 所示的选项，用户可以根据具体仿真的要求选择不同的数据组合，系统将按照选定的数据组合进行计算以获取相应的分析数据。系统默认情况下为“Node Voltage，Supply Current，Device Current and Power”。下面为各数据类型的物理意义。

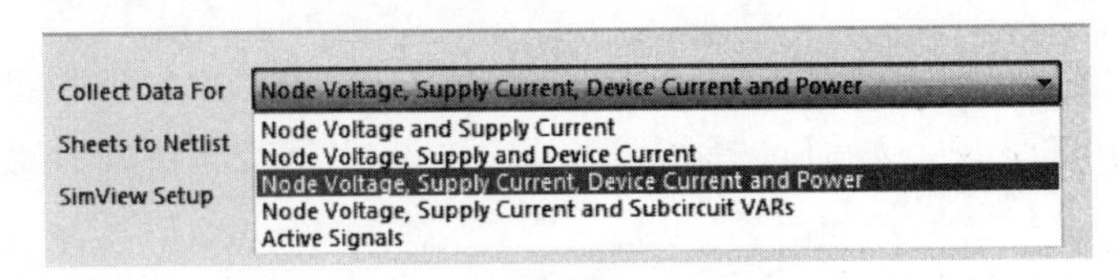

图 10-40 【Collect Data For】下拉项

- Node Voltage：节点电压。
- Supply Current：电源电流。

- Device Current：流过元器件的电流。
- Device Power：元器件上消耗的功率。
- Subcircuit VARS：支路端电压与支路电流。
- Active Signals：仅计算【活动信号】列表框中列出的信号。

为了灵活选择所要仿真分析的信号，系统提供了【Active Signals】选项。只要向【Active Signals】列表框中添加需要仿真的信号即可灵活实现仿真信号的自由组合，具体操作方式参见【Available Signals】和【Active Signals】列表框。在仿真时选择【Active Signals】选项，可以根据需要选择信号组合，避免对一些不需要的信号进行仿真分析，减少仿真分析的计算量，提高效率。

(2)【Sheets to Netlist】：该下拉列表用于设置仿真程序的作用范围。

- Active Sheet：当前的电路仿真原理图。
- Active Project：当前的整个项目。

(3)【SimView Setup】：该下拉列表用于设置仿真结果的显示内容。

- Keep Last Setup：忽略【Active Signals】栏中所列出的信号，按照上一次仿真操作的设置在仿真结果图中显示信号波形。
- Show Active Signals：按照【活动信号】栏中所列出的信号，在仿真结果图中进行显示。在实际应用中，一般设置为 Show Active Signals。

(4)【Available Signals】：该列表框中列出了所有可供选择的观测信号。具体内容随着【Collect Data For】列表框的设置变化而变化，即对于不同的数据组合，可以观测的信号是不同的。

(5)【Active Signals】：该列表框列出了仿真程序运行结束后，能够立刻在仿真结果图中显示的信号。

设计者可以通过对列表框【Active Signals】和【Available Signals】的操作实现对仿真分析信号的选择。在【Available Signals】列表中显示的是可以进行仿真分析的信号，【Active Signals】列表框中显示的是激活的信号，即将要进行仿真分析的信号。单击【>】或【<】按钮可以添加或移去激活的信号，单击【>>】或【<<】按钮可以实现列表框内全部信号的整体添加或移除。

(6)【Advanced Options】：主要用于设置各种仿真方式都应满足的通用条件。一般情况下，保持默认即可。

2. 具体参数设置

Altium Designer 15 提供 11 种仿真方式，包括直流工作点分析、直流扫描分析、传输函数分析、交流小信号分析、瞬态分析、参数扫描分析、零点-极点分析、傅里叶分析、噪声分析、温度分析和蒙特卡洛分析。第 10.6 节将具体介绍各种仿真方式的参数设置和功能特点。

10.6.2 直流工作点分析

所谓直流工作点分析就是静态工作点分析，这种方式是在分析放大电路时提出的。

当把放大器的输入信号短路时，放大器就处在无信号输入的状态，即静态。若静态工作点选择不合适，则输出波形会失真，因此设置合适的静态工作点是放大电路正常工作的前提。在该分析方式中，所有的电容将被看作开路，所有的电感被看作短路，然后计算各个节点的对地电压及流过每一个元器件的电流。由于方式比较固定，因此不需要用户再进行特定参数的设置，使用该方式时，只需要选中即可运行。

本节将构建用于直流分析的电路，并执行直流工作点分析，主要内容包括构建直流分析电路、设置分析参数和分析仿真结果。

1. 建立新的直流工作点分析工程

建立直流工作点分析工程的主要步骤如下：

(1) 新建工程。打开 Altium Designer 软件，在主菜单下选择【New】|【Project】|【PCB Project】命令，创建一个名为直流分析电路.PrjPCB 的新工程。

(2) 按照前面所介绍的添加原理图的方法，添加名为直流分析电路.SchDoc 的原理图文件。

2. 添加新的仿真库

具体步骤如下：

(1) 在当前 Altium Designer 主界面工具栏下单击按钮，打开图 10-41 所示的元器件库浏览界面。

(2) 在图 10-41 所示的界面内，单击【Libraries】按钮，打开图 10-42 所示的【Available Libraries】(可用的库)界面，选择【Installed】标签。

(3) 单击界面右下方的【Install】按钮，打开所要添加库的对话框界面，将路径指向 D:\Users\Public\Documents\Altium\AD15\Library\Simulation(根据自己的设置决定)，将文件夹 Simulation 中的文件全部选中，并单击【打开】按钮，将看到新添加的 Simulation Sources.IntLib、Simulation Math Function 等仿真库。单击界面右下角的【Close】按钮，退出该界面。

3. 构建直流分析电路

具体的步骤如下：

(1) 从 Miscellaneous Devices.IntLib 库中找到名为 Res1 的电阻元器件和名为 Cap Semi 的电容元件，将其按照图 10-43 所示的位置进行放置。

(2) 从 Simulation Sources.IntLib 库中找到名为 VSRC 的直流仿真源，将其按照图 10-43 所示的位置进行放置。

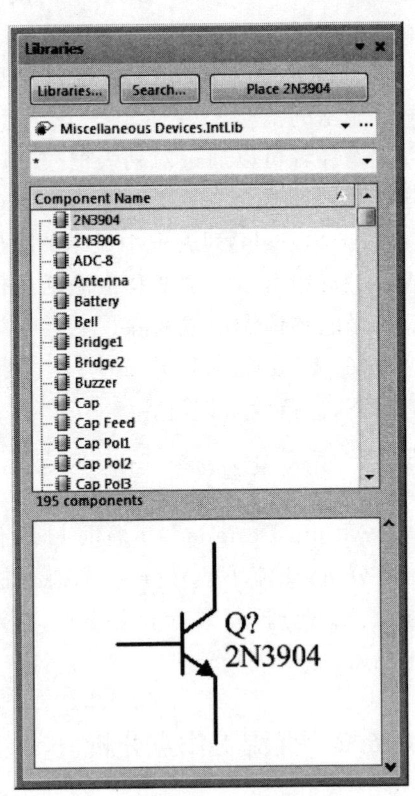

图 10-41　元器件库浏览界面

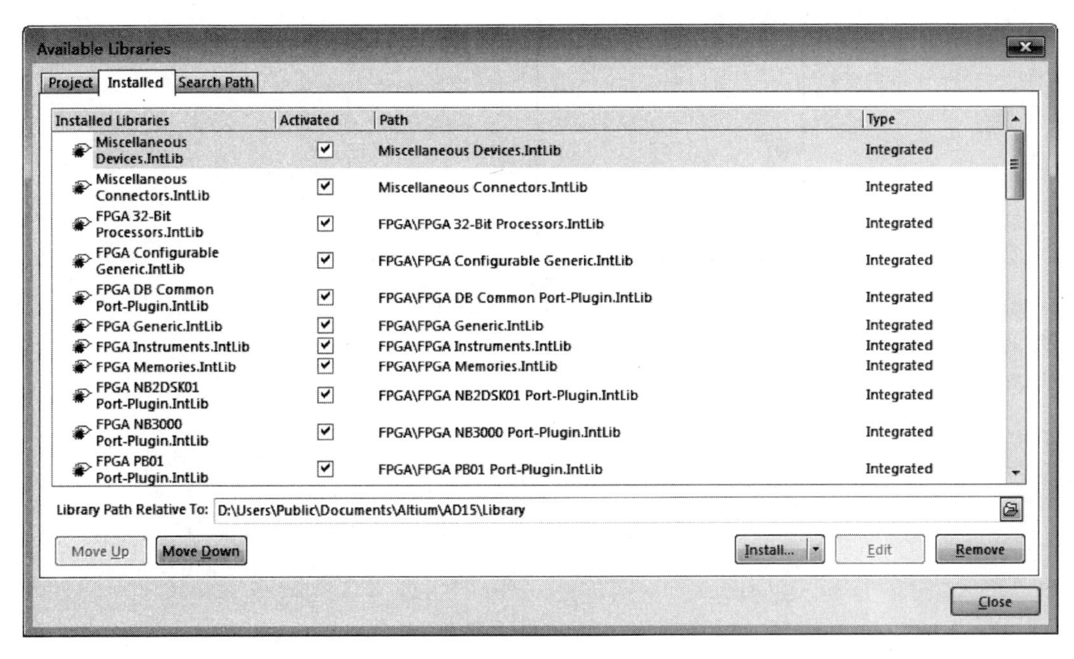

图 10-42 【Available Libraries】界面

(3) 单击 Altium Designer 主界面下工具栏内的 按钮,将 GND 按照图 10-43 所示的位置进行放置。

(4) 单击 Altium Designer 主界面下的工具栏内的连线按钮 ,将这些元器件和直流源按照图 10-44 所示的方式进行连接,并为电路中的元器件和直流仿真源分配唯一的符号。

(5) 对 V1、R1、R2、C1 进行参数设置,下面以修改 V1 的参数为例:

双击直流源 V1 的图标,打开【元器件属性设置】对话框。在【Parameter】选项组找到 Value 行,在对应的 Value 列中填入 5V,单击【OK】按钮,关闭该界面。如图 10-45 所示对其他元器件的参数进行设置,以满足仿真条件。为了便于分析仿真结果,需要为电路某些节点指定网络标号,如图 10-46 所示给电路添加网络标号。设置完成后保存设计文件。

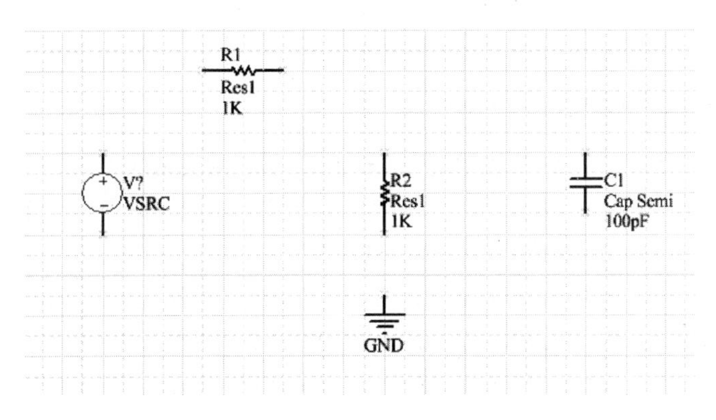

图 10-43 放置仿真元器件

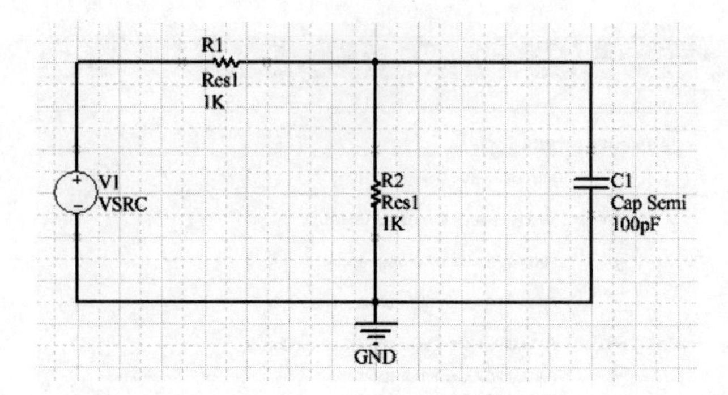

图 10-44　仿真原理图

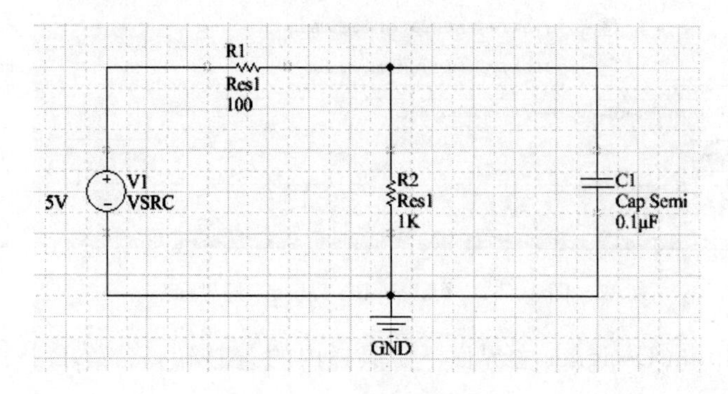

图 10-45　元器件参数设置

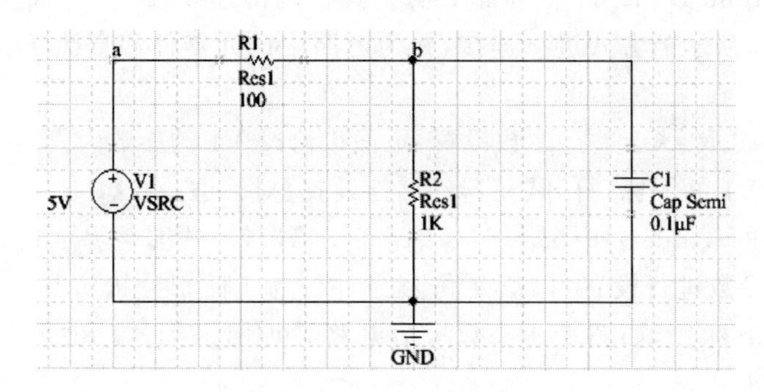

图 10-46　添加网络标签

4. 设置直流工作点分析参数

下面介绍设置直流工作点分析参数的方法，步骤主要包括：

(1) 在 Altium Designer 主界面主菜单下选择【Design】|【Simulate】|【Mixed Sim】命令，系统将打开图 10-47 的【Analyses Setup】界面。

(2) 进行直流工作点参数设置，在【General Setup】(通用设置)项内设置

【Collect Data For】为 Active Signals(搜集数据用于：活动信号)，在【Available Signals】(可用的信号)中选择 A 和 B，将其分别添加到【Active Signals】(活动信号)栏中。选中 Operating Point Analysis(操作点分析)，单击【OK】按钮，退出分析设置界面，开始执行仿真。

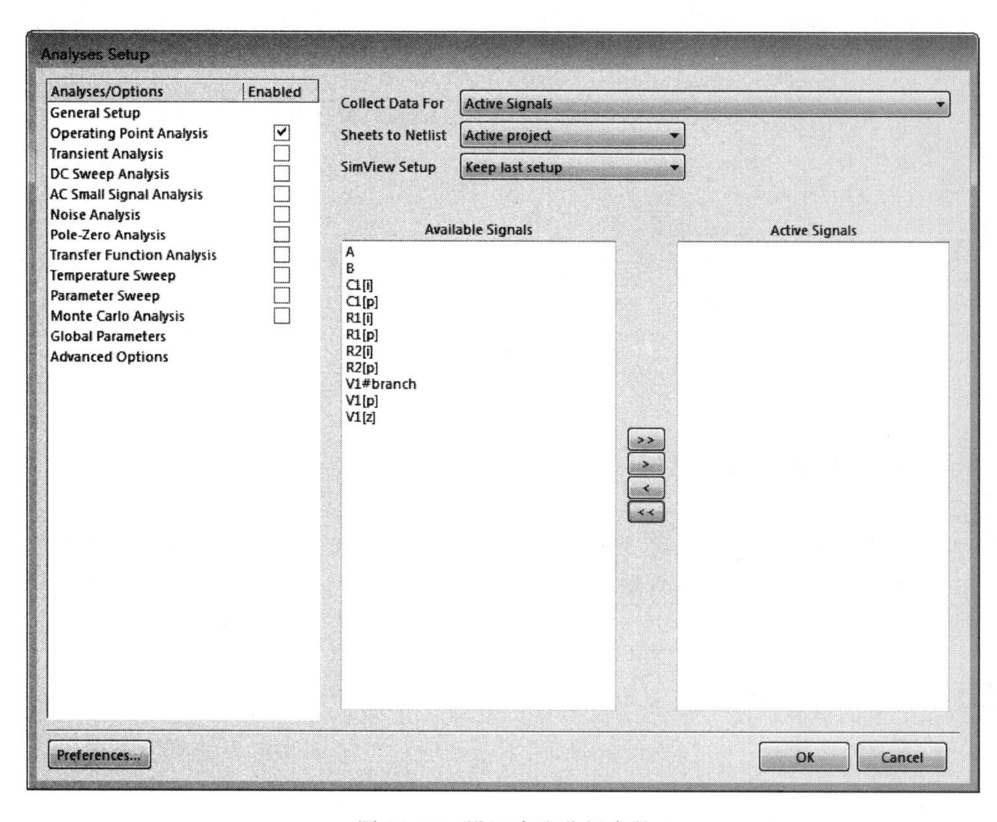

图 10-47　设置直流分析参数

5. 直流工作点仿真结果分析

(1) 仿真结束后，系统弹出图 10-48 所示的消息窗口，该消息窗口给出了对 SPICE 电路的分析过程。

(2) 关闭消息窗口，将看到 sdf 文件，文件中给出了对应于 A、B 两个节点电压的分析结果，如图 10-49 所示。

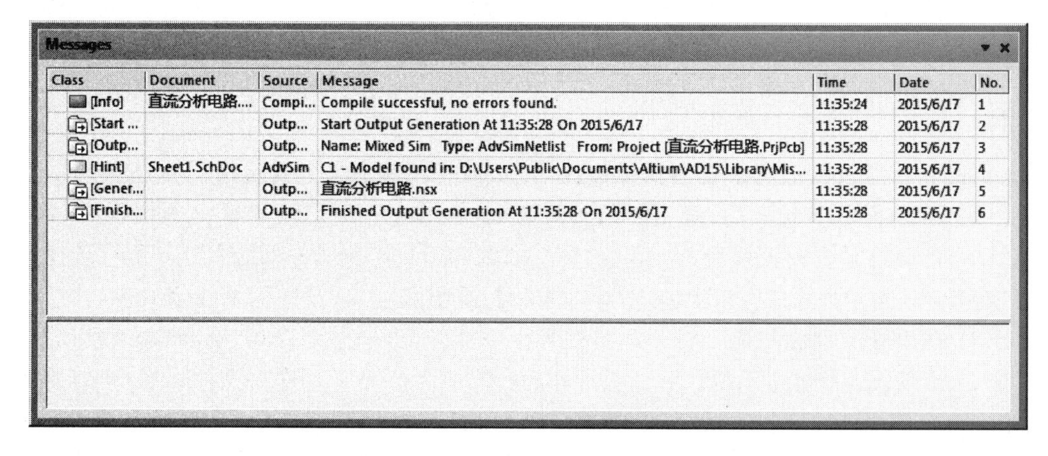

图 10-48　直流工作点分析消息窗口

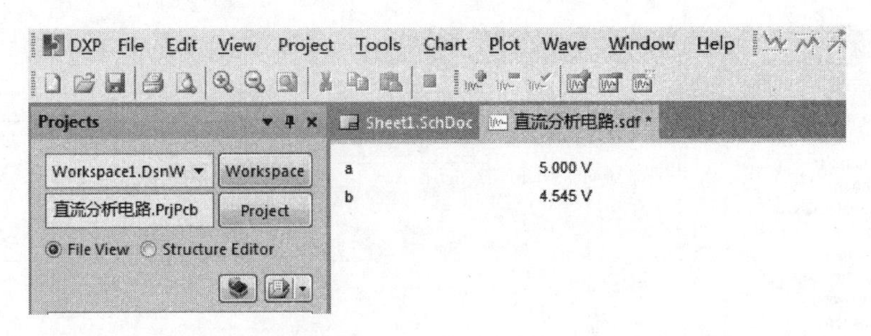

图 10-49 sdf 文件

10.6.3 直流扫描分析

本节仍以上节中所用的电路为例，讲解直流扫描分析的实现方式，主要内容包括直流扫描参数设置和直流扫描仿真结果分析。

1. 新建工程

按照上节的步骤新建工程直流扫描分析电路.PrjPCB，并添加名为直流扫描分析电路.SchDoc的原理图文件。为方便起见，将上节绘制的原理图文件直接复制过来。

2. 设置直流扫描分析参数

设置直流扫描分析参数的步骤主要包括：

(1) 在主菜单下选择【Design】|【Simulate】|【Mixed Sim】命令。

(2) 打开图 10-50 所示的【Analyses Setup】界面，将左侧【Analyses/Options】栏中【Transient Analysis】项【Enable】复选框选中，并在右侧【DC Sweep Analysis Setup】栏中按参数进行设置：Primary Source 设为 V1，Primary Start 设为 0.000，Primary Stop 设为 10.00，Primary Step 设为 1.000，其余参数按照默认设置。

(3) 单击【OK】按钮，退出分析设置界面，开始执行仿真。需要注意的是，SPICE 程序将先进行 DC 分析，然后进行直流扫描分析。

3. 直流扫描仿真结果分析

下面介绍通过图形观察直流扫描仿真结果的方法，其步骤主要包括：

(1) 运行 SPICE 仿真后，弹出【消息】对话框，如图 10-51 所示，关闭该对话框界面。

(2) 自动打开直流扫描分析.sdf 文件。如图 10-52 所示，在该文件左下角有两个标签【DC Sweep】(直流扫描)和【Operating Point】(操作点)，单击【DC Sweep】标签。

(3) 在出现的直流扫描分析.sdf 空白界面中右击，出现浮动菜单，选择【Add Plot】。

(4) 出现图 10-53 所示的【Plot Wizard-Step 1 of 3-Plot Title】(图形向导-三个步骤中的第一个步骤-图形标题)对话框。在【What title should this plot have?】(这个图形的标题是什么?)中，读者根据自己的习惯给该图形命名，在此给出的名称是 b，单击【Next】按钮。

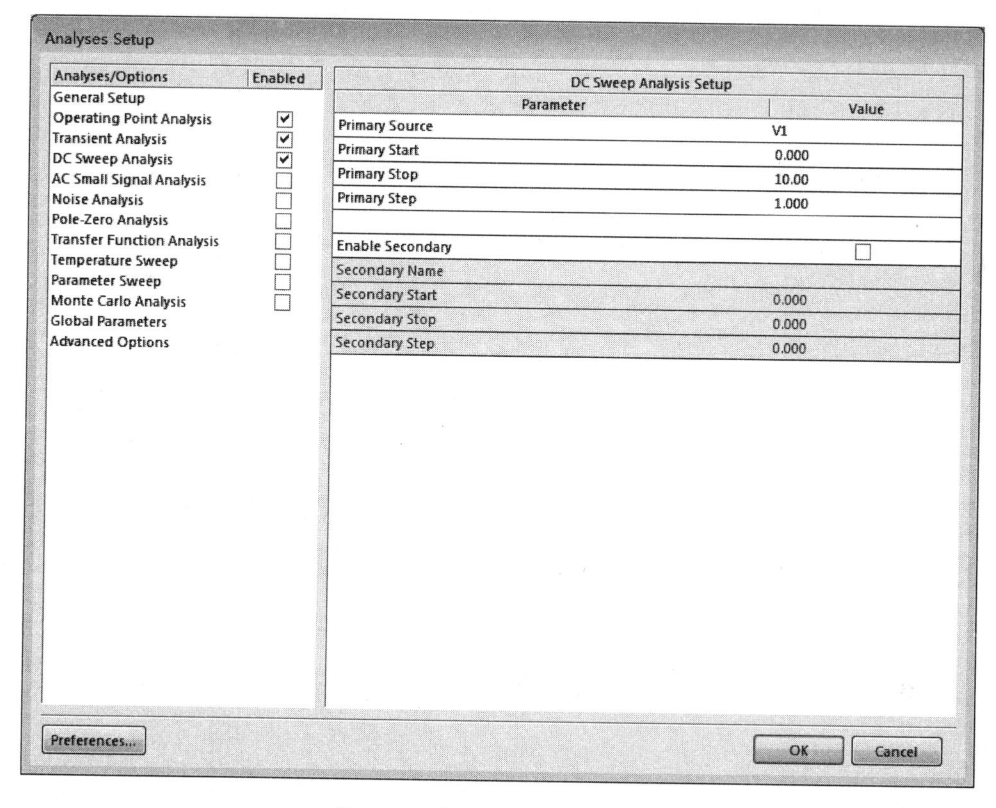

图 10-50 【Analyses Setup】界面

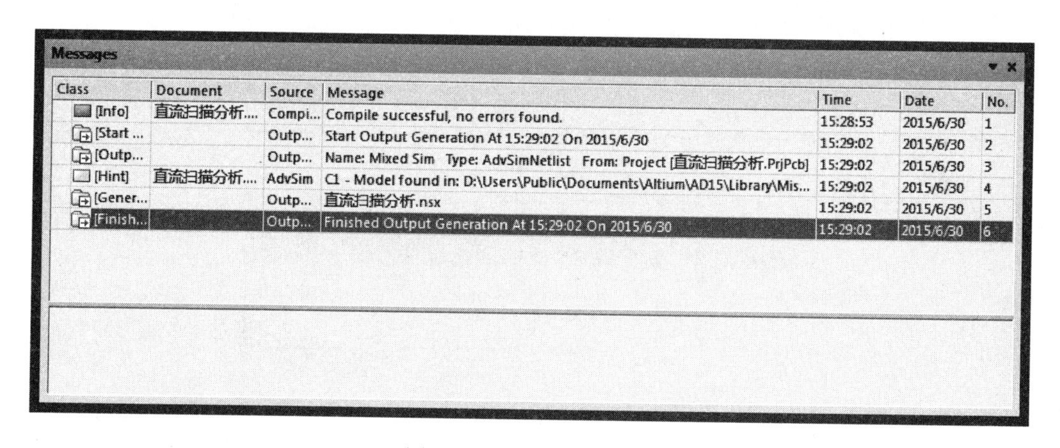

图 10-51 【消息】对话框

DC Sweep | Operating Point

图 10-52 sdf 文件标签

(5) 出现图 10-54 所示的界面，该界面用来选择需要显示的条项，不需要修改任何参数，单击【Next】按钮。

(6) 出现图 10-55 所示的界面，在该界面中，添加需要查看的波形，单击【Add】按钮。

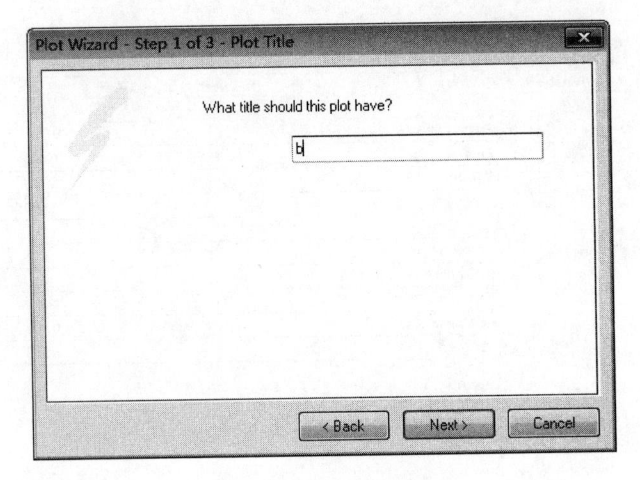

图 10-53 图形标题

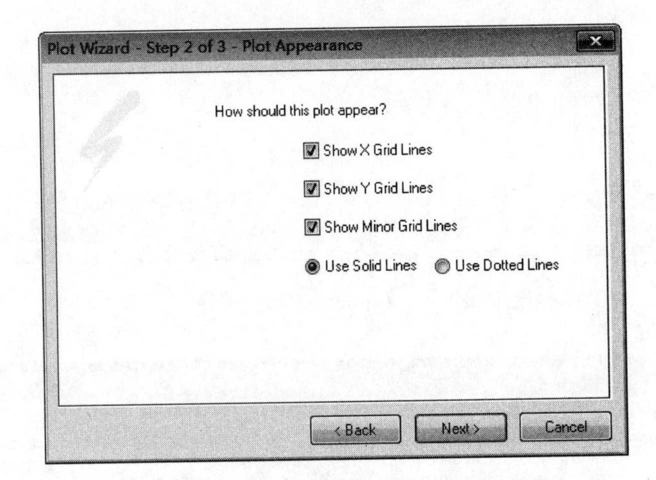

图 10-54 图形外观

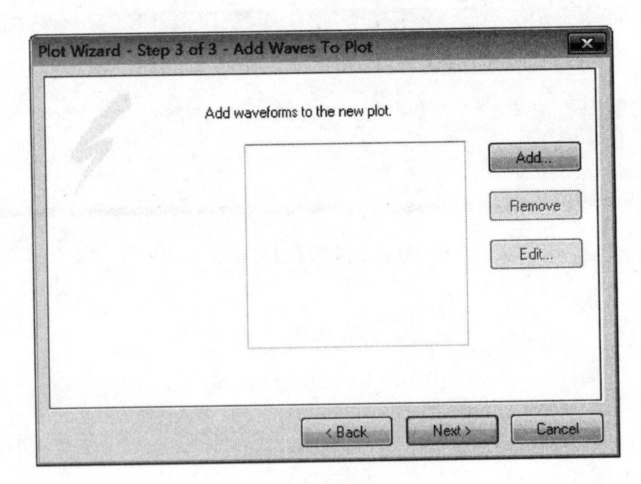

图 10-55 添加波形到图形

(7) 出现图 10-56 所示的界面,在【Wave Setup】下面选择 b 条目,并单击该选项,可以看到在【Expression】右侧出现了 b。

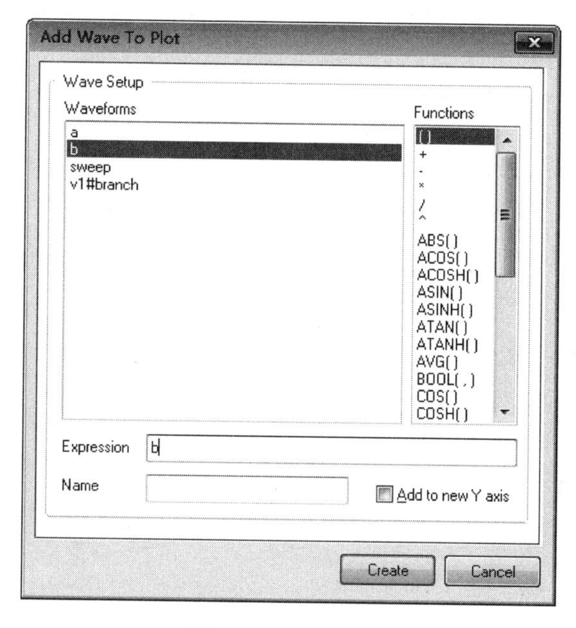

图 10-56　添加波形

(8) 单击【Create】按钮。

(9) 在图 10-55 所示的界面中,添加名为 b 的波形,在该界面中单击【Next】按钮。

(10) 出现图 10-57 所示的【Plot Wizard-Finish】界面,单击【Finish】按钮。

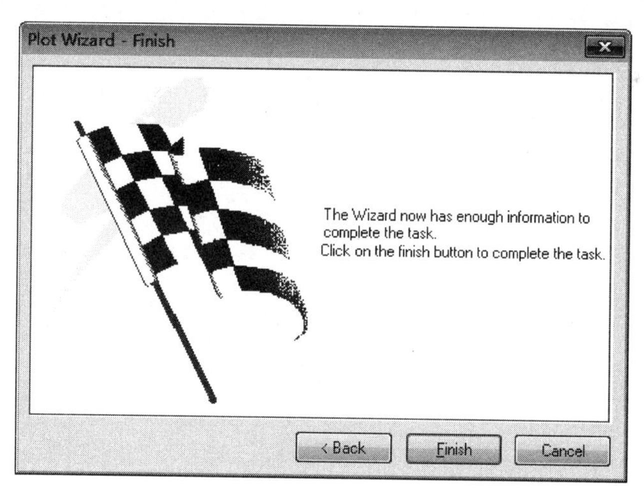

图 10-57　图形向导设置完成

(11) 出现图 10-58 所示的 b 点波形,保存设计工程,并关闭该设计工程。

将图 10-58 的波形和理论值进行比较,在横坐标上找到直流源 V1=5V,可以看到纵坐标值在 4.55V 左右,这与理论计算值相同。

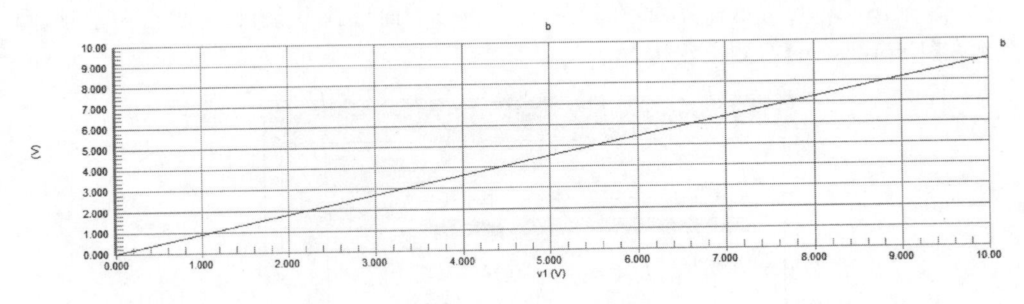

图 10-58　b 点波形

10.6.4　传递函数分析

传递函数分析可以分析一个源与两个节点的输出电压或一个源与一个电流输出变量之间的直流小信号传递函数，也可以用于计算输入和输出阻抗。本节将构建信号放大电路，用于传递函数分析，主要内容包括构建传递函数分析电路、设置传递函数分析参数和分析传递函数的仿真结果。

1. 建立传递函数分析工程

建立传递函数分析工程的主要步骤如下：

(1) 新建工程，打开 Altium Designer 软件，在主菜单下选择【New】|【Project】|【PCB Project】命令，创建一个名为传递函数分析电路实例.PrjPCB 的新工程。

(2) 按照前面所介绍的添加原理图的方法，添加名为传递函数分析电路实例.SchDoc 的原理图文件。

(3) 构建传递函数分析电路。按照前面讲述的方法绘制信号放大电路用以传递函数分析，如图 10-59 所示。

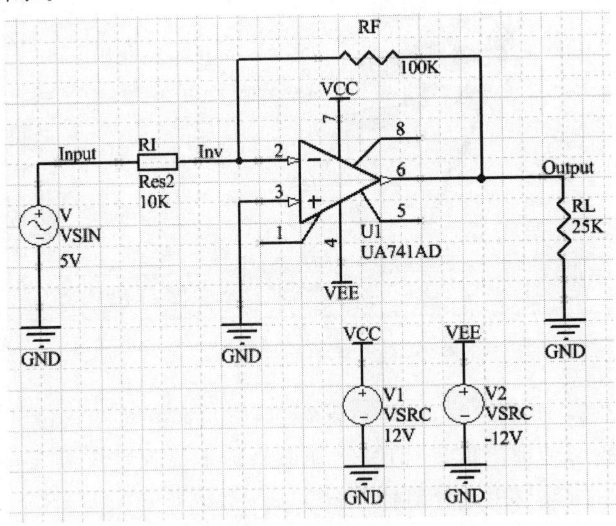

图 10-59　仿真原理图

2. 设置传输函数分析参数

步骤主要包括：

(1) 在主菜单下选择【Design】|【Simulate】|【Mixed Sim】命令。

(2) 打开图10-60所示的【Analyses Setup】界面，按下面参数进行设置。选中【Operating Point Analysis】和【Transient Function Analysis】选项，执行直流工作点和瞬态分析功能。将【Collect Data For】设置为Active Signals。将OUTPUT添加到【Active Signals】栏中。

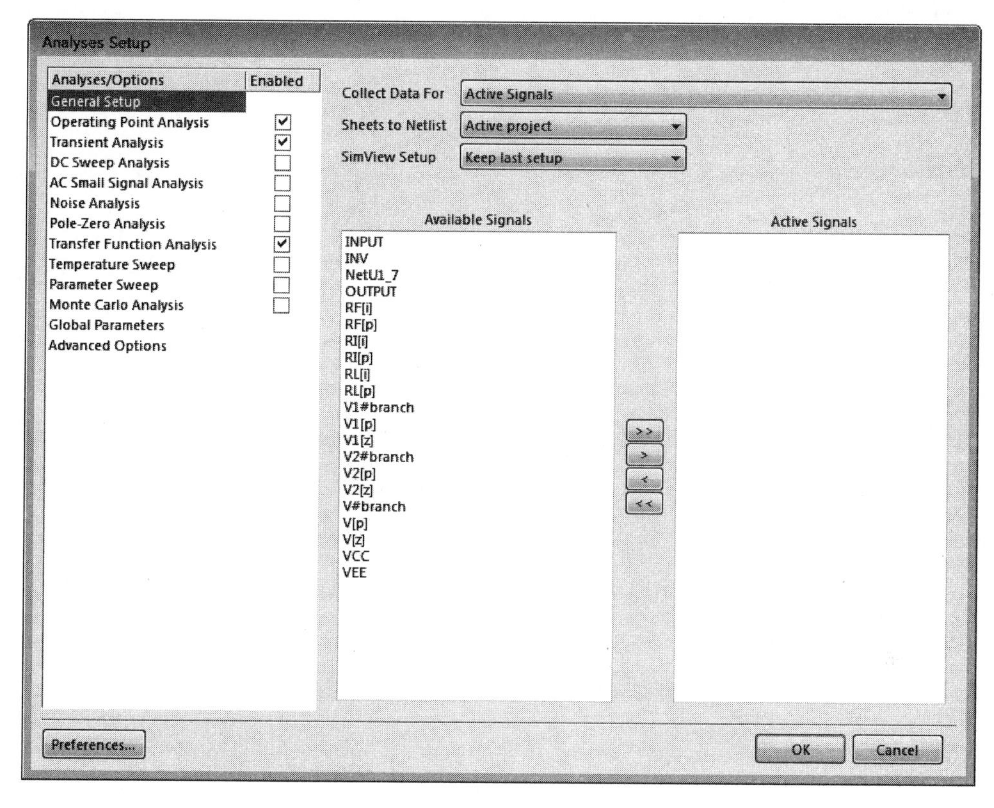

图10-60　仿真分析设置

(3) 选择【Transfer Function Analysis】选项，出现图10-61所示【Transfer Function Analysis Setup】(传输函数分析设置)对话框界面，按参数设置：【Source Name】(信号源名字)设为V，其他按默认参数设置。

(4) 单击【OK】按钮，退出分析设置界面，开始执行仿真。

3. 传输函数仿真结果分析

下面介绍通过图形观察传输函数仿真结果的方法，其步骤主要包括：

(1) 仿真结束后弹出消息对话框，关闭该对话框界面。

(2) 系统将给出传递函数分析电路实例.sdf界面，在该界面下右击，出现浮动菜单，然后选择【Add Wave】。

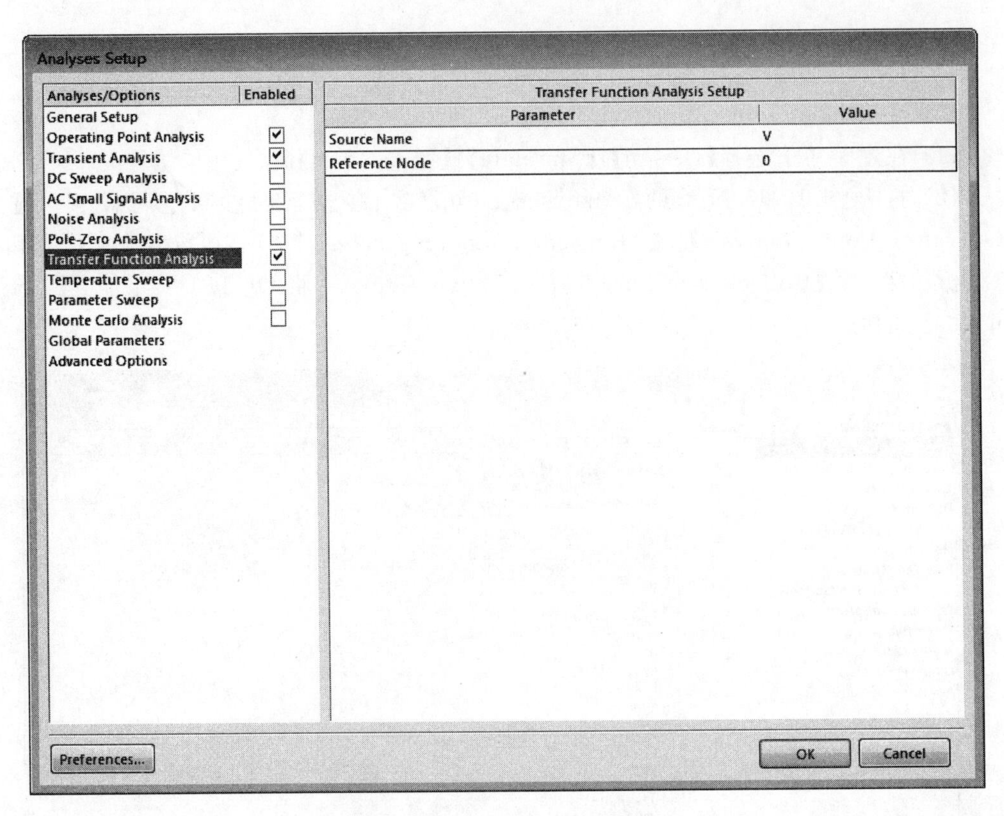

图 10-61　传递函数分析设置

(3) 出现图 10-62 所示的界面，分别选择 IN(input)_v、OUT_V(output)和 TF_V(output)/v 项，然后分别单击【Create】按钮。重复执行步骤(2)和(3)，直到完成添加上述分析结果为止。

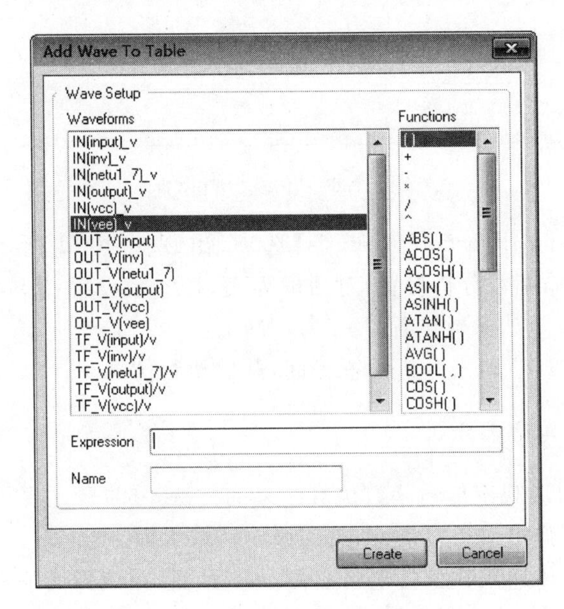

图 10-62　添加波形设置界面

(4) 图 10-63 给出了添加上述分析结果后的传递函数分析电路实例.sdf 文件界面。其中，IN(input)_v 为输入电阻，OUT_V(output)为输出电阻，TF_V(output)/v 为传递函数值。

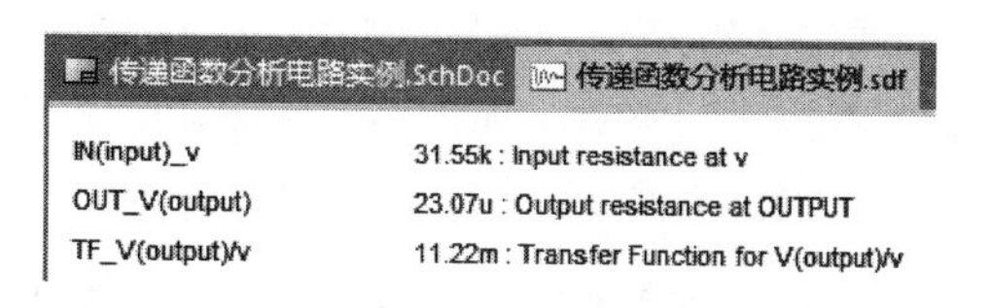

图 10-63 sdf 文件界面

10.6.5 交流小信号分析

交流小信号分析(AC small signal analysis)主要用于分析仿真电路的频率响应特性，即输出信号随输入信号的频率变化而变化的情况，借助于该仿真分析方式，可以得到电路的幅频特性和相频特性。本节以上节中所用的信号放大电路为例，讲解交流小信号分析的实现方式，主要内容包括交流小信号分析参数设置和交流小信号仿真结果分析。

1. 新建工程

按照上节的步骤新建工程交流小信号分析实例.PrjPCB，并添加名为交流小信号分析实例.SchDoc 的原理图文件。为方便起见，将上节绘制的原理图文件直接复制过来。

2. 设置交流小信号分析参数

(1) 修改激励源信号 V 的参数设置。双击 V 交流信号源符号，打开其配置界面。单击其配置界面右下方的【Edit】按钮，打开图 10-64 所示的信号源参数对话框界面，在该界面下有 3 个标签:【Model Kind】(模型种类)、【Parameters】(参数)和【Port Map】(端口映射)。

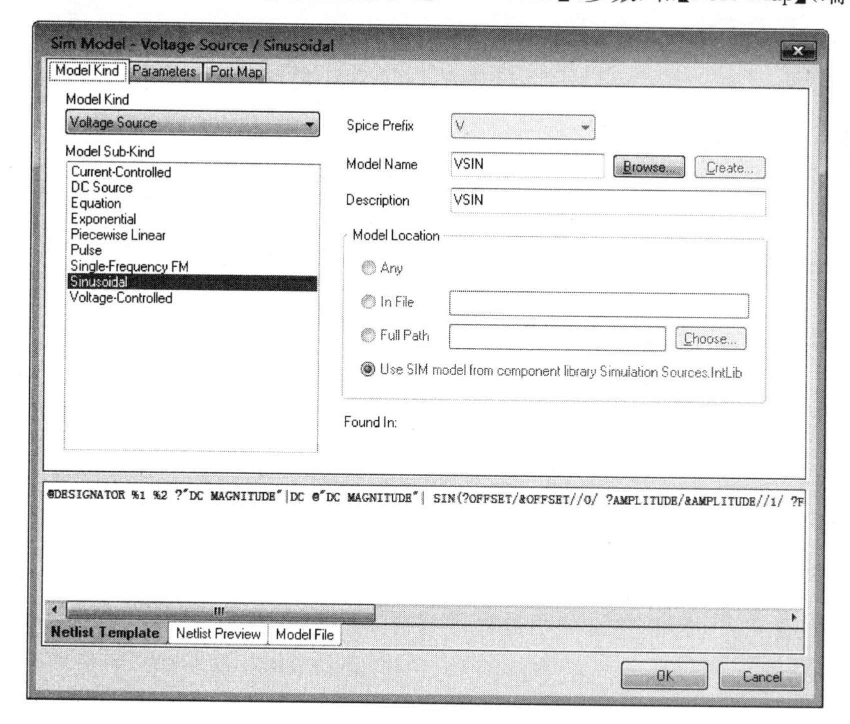

图 10-64 信号源参数配置界面

单击【Parameters】标签栏，就可以看到正弦信号的参数，在该界面下就可以对该信号源的参数进行修改，如图 10-65 所示。在右侧【Component Parameters】(元器件参数)中选中相应的参数，就可以在原理图界面中看到该参数。

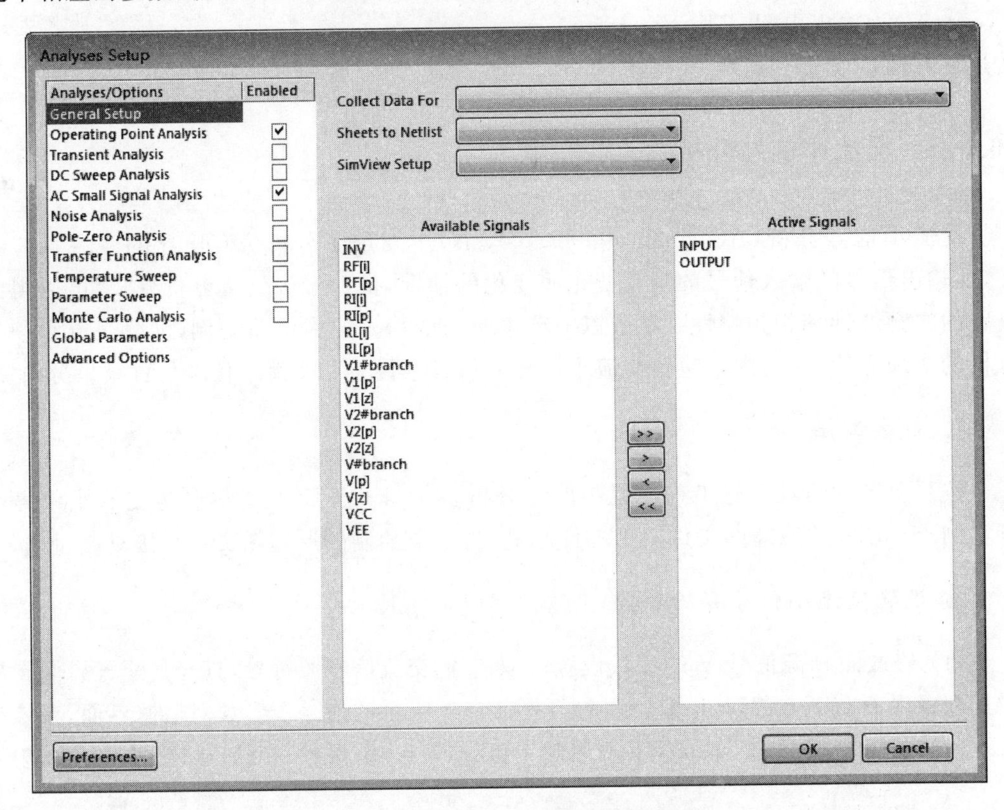

图 10-65　设置通用分析参数初始界面

(2) 设置交流小信号分析参数。在主菜单下选择【Design】|【Simulate】|【Mixed Sim】命令，打开图 10-65 所示的【Analyses Setup】(分析设置)界面，按下面参数设置：

在【General Setup】(通用设置)项内将【Collect Data For】设置为 Active Signals(搜集数据用于：活动信号)，在【Available Signals】(可用的信号)中选择 Input 和 Output，将其添加到【Active Signals】(活动信号)，如图 10-66 所示。

选中【AC Small Signal Analysis】(小信号分析)，出现【AC Small Signal Analysis Setup】(AC 小信号分析设置)界面，按图 10-67 界面设置参数。将【Start Frequency】(起始频率)设为 10.00，【Stop Frequency】(结束频率)设为 100.0meg，【Sweep Type】(扫描类型)设为 Decade，【Test Point】(测试点)设为 11。单击【OK】按钮，退出分析设置界面，开始运行仿真。

3. 交流小信号仿真结果分析

下面介绍通过图形观察交流小信号仿真结果的方法，对交流小信号仿真结果分析的步骤主要包括：

(1) 运行 SPICE 仿真后，弹出消息对话框，关闭对话框界面。

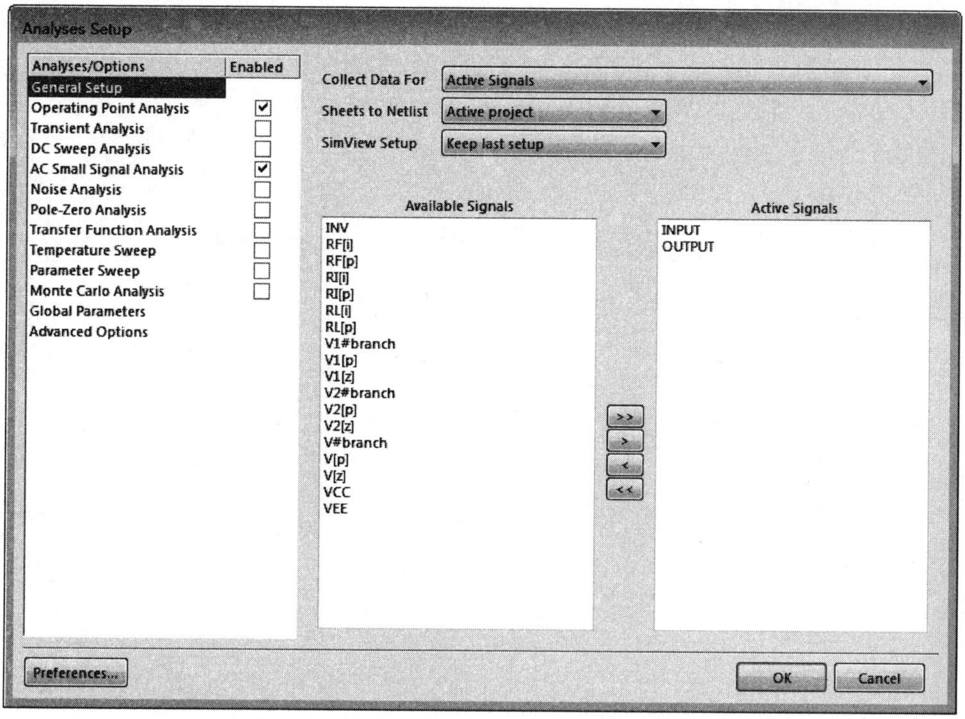

Analyses Setup

Analyses/Options	Enabled
General Setup	
Operating Point Analysis	☑
Transient Analysis	☐
DC Sweep Analysis	☐
AC Small Signal Analysis	☑
Noise Analysis	☐
Pole-Zero Analysis	☐
Transfer Function Analysis	☐
Temperature Sweep	☐
Parameter Sweep	☐
Monte Carlo Analysis	☐
Global Parameters	
Advanced Options	

Collect Data For: Active Signals

Sheets to Netlist: Active project

SimView Setup: Keep last setup

Available Signals: INV, RF[i], RF[p], RI[i], RI[p], RL[i], RL[p], V1#branch, V1[p], V1[z], V2#branch, V2[p], V2[z], V#branch, V[p], V[z], VCC, VEE

>> > < <<

Active Signals: INPUT, OUTPUT

Preferences... OK Cancel

图 10-66 设置交流小信号分析参数

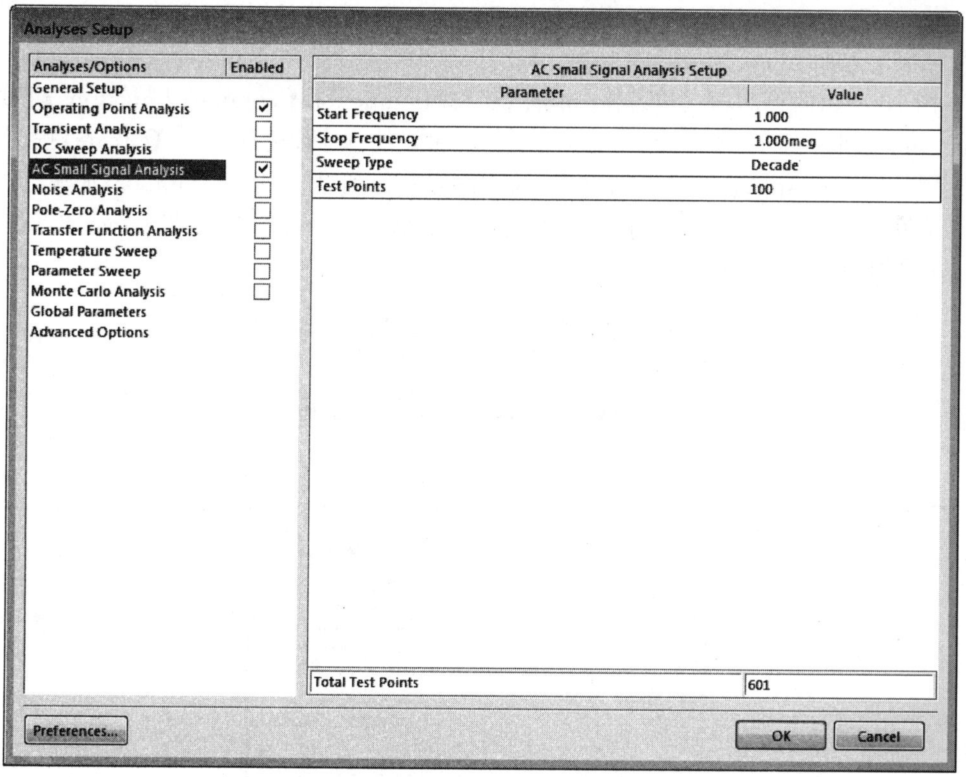

Analyses Setup

Analyses/Options	Enabled
General Setup	
Operating Point Analysis	☑
Transient Analysis	☐
DC Sweep Analysis	☐
AC Small Signal Analysis	☑
Noise Analysis	☐
Pole-Zero Analysis	☐
Transfer Function Analysis	☐
Temperature Sweep	☐
Parameter Sweep	☐
Monte Carlo Analysis	☐
Global Parameters	
Advanced Options	

AC Small Signal Analysis Setup

Parameter	Value
Start Frequency	1.000
Stop Frequency	1.000meg
Sweep Type	Decade
Test Points	100

Total Test Points: 601

Preferences... OK Cancel

图 10-67 设置 AC 小信号分析参数

（2）自动打开交流小信号分析实例.sdf文件，在该文件下有两个标签，如图10-68所示，其中一个是【Operating Point】，另一个是【AC Analysis】。单击【AC Analysis】标签，可以看到Input和Output两个网络节点的交流小信号分析，如图10-69所示。

AC Analysis Operating Point

图10-68 sdf文件标签

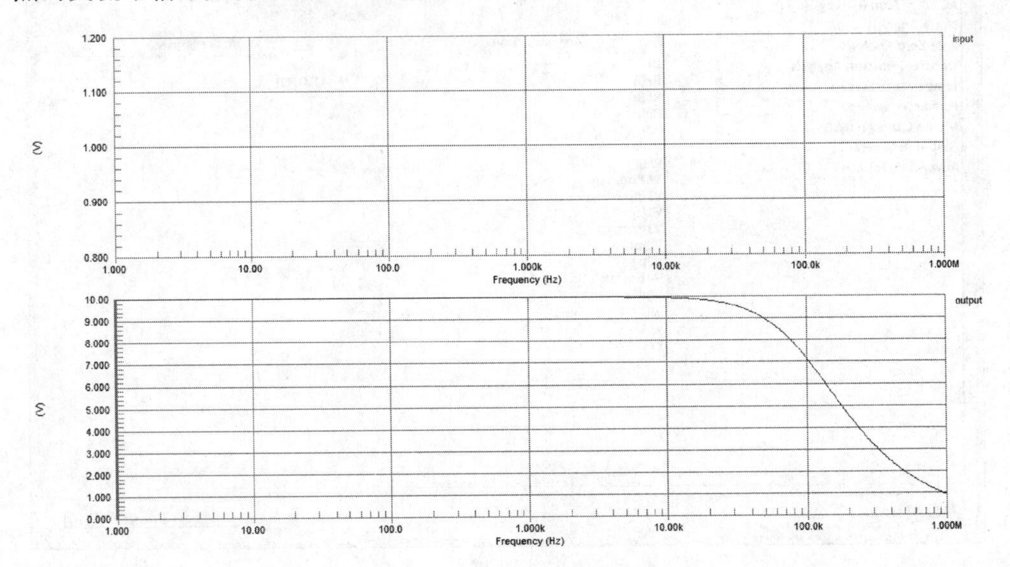

图10-69 交流小信号分析结果

（3）在图10-69中增加Y轴，其单位改成Db，实现该过程的步骤主要为：在图10-69所示的界面的上面Input波形图内右击，出现浮动菜单，选择【Add Wave To Plot】选项。出现图10-70所示的界面，在【Waveform】窗口下选择input，在【Complex Functions】下选择Magnitude(Db)，选中【Add to new Y axis】(添加新的Y轴)选项，单击【Create】按钮，在图10-71界面的input图形中添加了Y轴。按照前面所述方法为output添加波形。波形图如图10-72所示。保存设计工程和相关文件，将其保存到交流小信号分析实例目录中。关闭该设计工程。

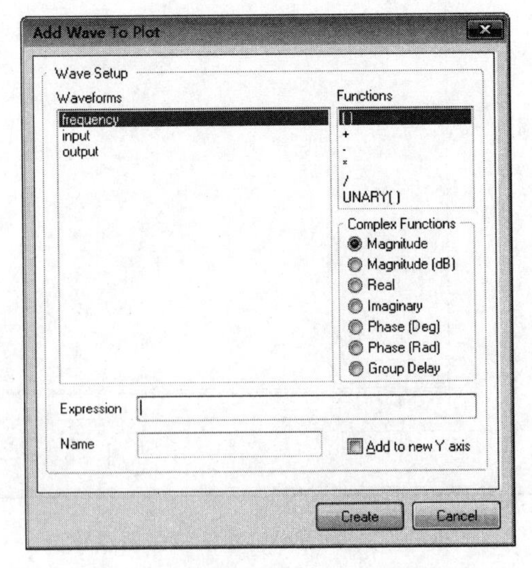

图10-70 【Add Wave To Plot】选项

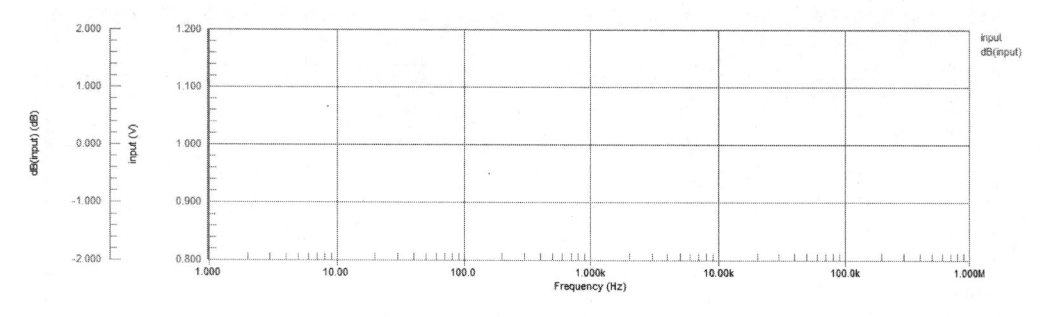

图 10-71　input 波形添加 Y 轴

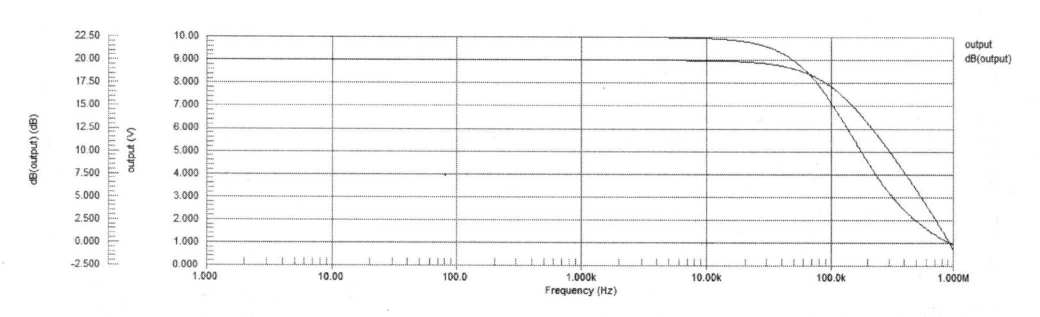

图 10-72　output 波形添加 Y 轴

10.6.6　瞬态分析

瞬态特性分析是电路仿真中经常使用的仿真方式。瞬态特性分析是一种时域仿真分析方式，通常是从零时间开始，到用户规定的终止时间结束，在一个类似示波器的窗口中，显示出观测信号的时域变化波形。本节将利用上两节中使用的电路实例进行瞬态分析，主要包括设置瞬态分析参数和分析瞬态仿真的结果。

1. 新建工程

按照 10.6.5 节的步骤新建工程瞬态分析实例.PrjPCB，并添加名为瞬态分析实例.SchDoc 的原理图文件。为方便起见，将上节绘制的原理图文件直接复制过来。

2. 设置瞬态分析参数

(1) 在 Altium Designer 主界面主菜单下选择【Design】|【Simulate】|【Mixed Sim】命令。

(2) 出现图 10-73 所示的【Analyses Setup】(分析设置)界面，选中【Operating Point Analysis】和【Transient Analysis】选项，执行直流工作点和瞬态分析功能。将【Collect Data For】设置为 Active Signals，将 Input 和 Output 添加到【Active Signals】栏中。

(3) 选择【Transient Analysis】选项，出现图 10-74 所示的【Transient Analysis】(瞬态分析设置)界面，瞬态分析的设置主要包括起始时间(Transient Stat Time)、结束时间

Analyses Setup

Analyses/Options	Enabled
General Setup	
Operating Point Analysis	✓
Transient Analysis	✓
DC Sweep Analysis	☐
AC Small Signal Analysis	☐
Noise Analysis	☐
Pole-Zero Analysis	☐
Transfer Function Analysis	☐
Temperature Sweep	☐
Parameter Sweep	☐
Monte Carlo Analysis	☐
Global Parameters	
Advanced Options	

Collect Data For: Active Signals
Sheets to Netlist: Active project
SimView Setup: Keep last setup

Available Signals: INV, RF[i], RF[p], RI[i], RI[p], RL[i], RL[p], V1#branch, V1[p], V1[z], V2#branch, V2[p], V2[z], V#branch, V[p], V[z], VCC, VEE

Active Signals: INPUT, OUTPUT

>> > < <<

Preferences... OK Cancel

图 10-73 【分析设置】界面

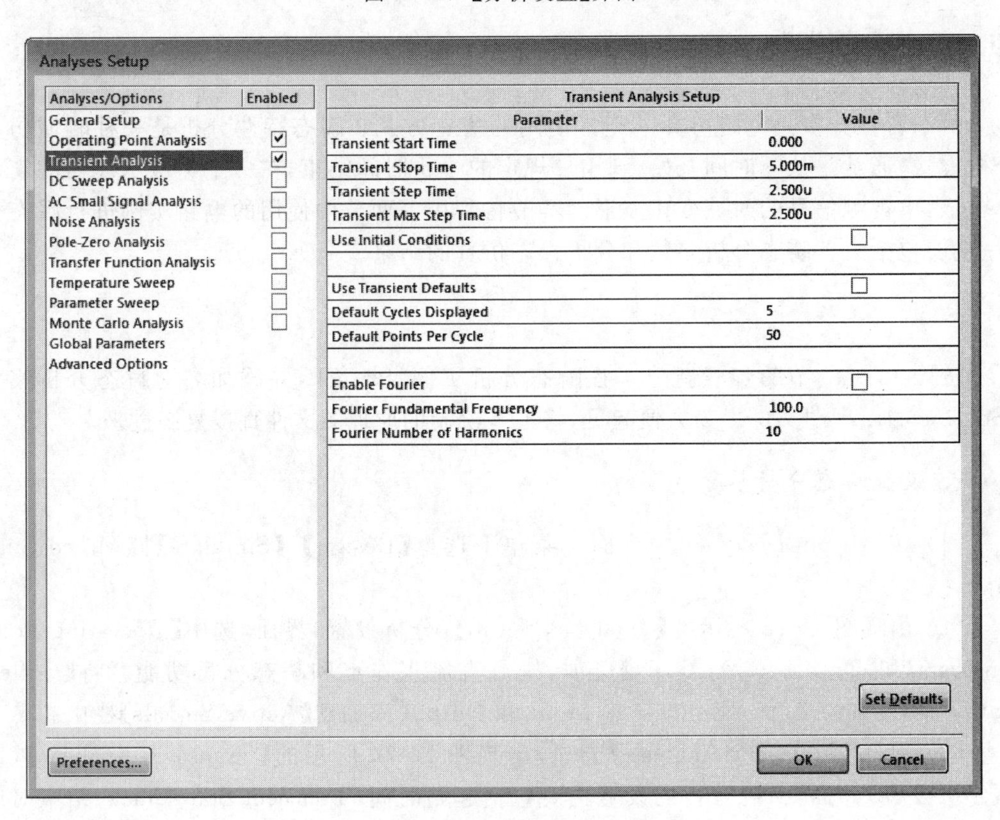

图 10-74 瞬态分析参数设置界面

(Transient Stop Time)和时间步长(Transient Step Time)。具体的参数设置为：不选择【Use Transient Defaults】(使用瞬态默认)选项，表示设计者定制瞬态分析参数；在【Transient Stat Time】后面输入 0，在【Transient Stop Time】后面输入 5.0m，在【Transient Step Time】后面输入 2.5u；其他按默认参数设置。

(4) 单击【OK】按钮，退出分析设置界面，运行仿真。

3. 瞬态仿真结果分析

下面介绍通过图形观察瞬态仿真的结果的方法，其步骤主要包括：

(1) 运行 SPICE 仿真后，弹出消息对话框，关闭该对话框界面。

(2) 自动打开瞬态分析电路实例.sdf 文件。如图 10-75 所示，在该文件下有两个标签，一个是【Operating Point】；另一个是【Transient Analysis】。单击【Transient Analysis】标签。

Operating Point | Transient Analysis

图 10-75　sdf 文件标签

(3) 仿真结果如图 10-76 所示，如果不显示图 10-76 所示的图形，则按照前面的方法添加 input 和 output 的波形。

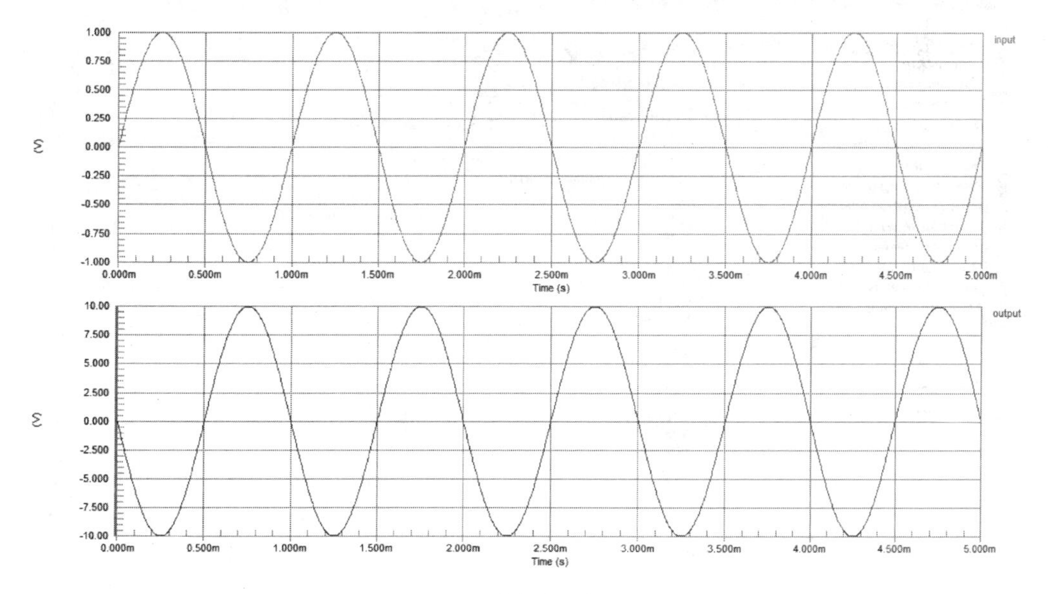

图 10-76　瞬态分析仿真结果

(4) 保存工程文件(用户可根据自己的情况设置存放目录)，并退出该工程。

10.6.7　参数扫描分析

参数扫描分析主要用于研究电路中某一个元器件的参数发生变化时对整个电路性能的影响，借助于该仿真方式，用户可以确定某些关键元器件的最优化参数值，以获得最佳的电路性能。该分析方式只有与其他的仿真方式中的一种或几种同时运行时才有意义。本节仍利用上几节中使用的信号放大电路进行参数扫描分析，主要包括设置参数扫描分析的参数和分析参数扫描的仿真结果。

1. 新建工程

按照10.6.5节的步骤新建工程参数扫描分析实例.PrjPCB，并添加名为参数扫描分析实例.SchDoc的原理图文件。为方便起见，将上节绘制的原理图文件直接复制过来。

2. 设置参数扫描分析参数

(1) 在Altium Designer主界面主菜单下选择【Design】|【Simulate】|【Mixed Sim】命令。

(2) 出现图10-77所示的【Analyses Setup】(分析设置)界面，按下面参数设置：选中【Operating Point Analysis】和【Transient Analysis】选项，执行直流工作点和瞬态分析功能。将【Collect Data For】设置为Active Signals，将input和output添加到【Active Signals】栏中。

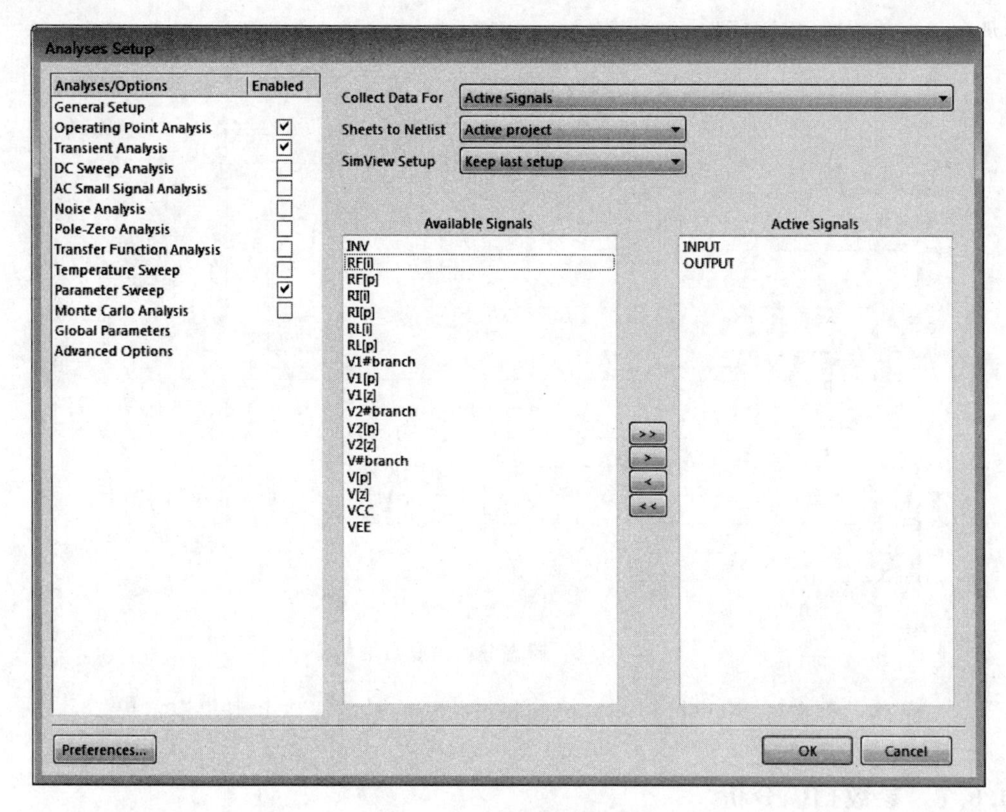

图10-77　分析设置界面

(3) 选择【Parameter Sweep】选项，出现图10-78所示的【Parameter Sweep Setup】(参数扫描)界面，按参数设置：【Primary Sweep Variable】设为R1【resistance】，【Primary Start value】设为5.000k，【Primary Stop value】设为15.000k，【Primary Step value】设为1.000k，【Primary Sweep Type】设为Absolute Values，其他按默认参数设置。

(4) 单击【OK】按钮，退出分析设置界面，运行仿真。

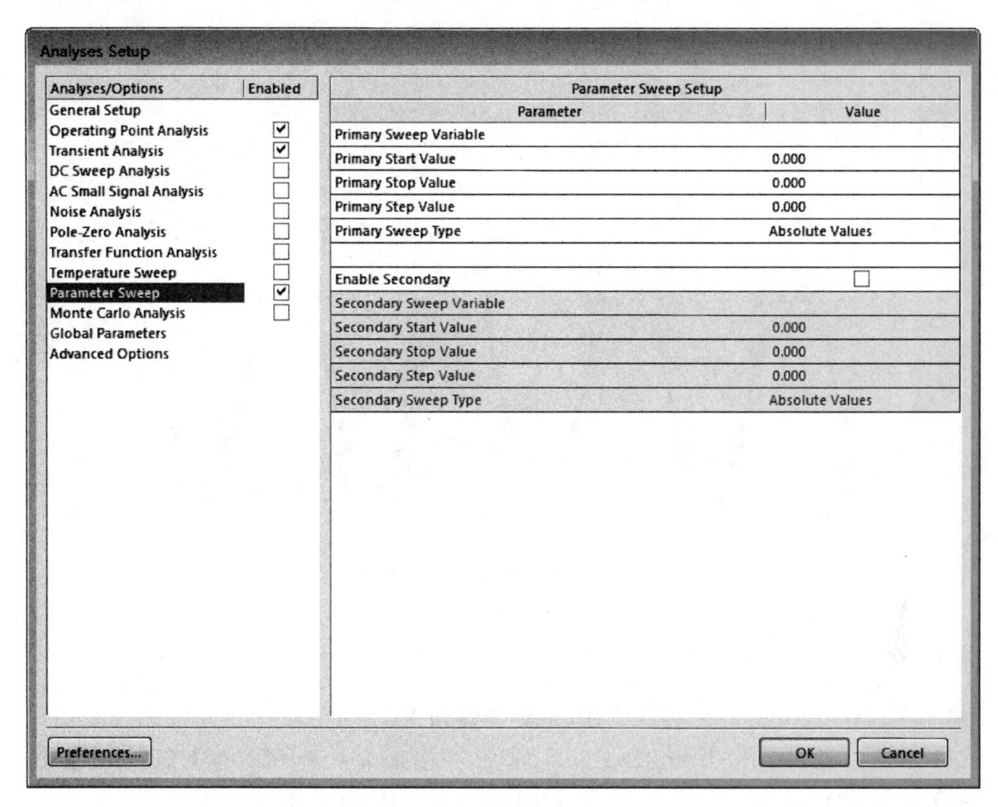

图 10-78 【分析设置】界面

3. 参数扫描结果分析

下面对参数扫描的结果进行分析，其步骤主要包括：

(1) 运行 SPICE 仿真后，弹出消息对话框，关闭该对话框界面。

(2) 自动打开参数扫描分析实例.sdf 文件，在该文件下有两个标签，一个是【Operating Point】；另一个是【Transient Analysis】。单击【Transient Analysis】标签。

(3) 出现图 10-79 所示的界面，其中上图为 RI 取 10kΩ 时的 output 波形，下图为 RI 从 5kΩ 到 15kΩ，取步长为 1kΩ 时的 output 波形。

(4) 保存工程文件，并退出设计工程。

10.6.8 零点-极点分析

零点-极点分析主要用于对电路系统转移函数的零-极点位置进行扫描。根据零-极点位置与系统性能的对应关系，用户可以对系统性能进行相关的分析。本节以二阶有源低通滤波器电路为例，讲解零点-极点分析的实现方式，主要内容包括零点-极点分析参数设置和交流小信号仿真结果分析。

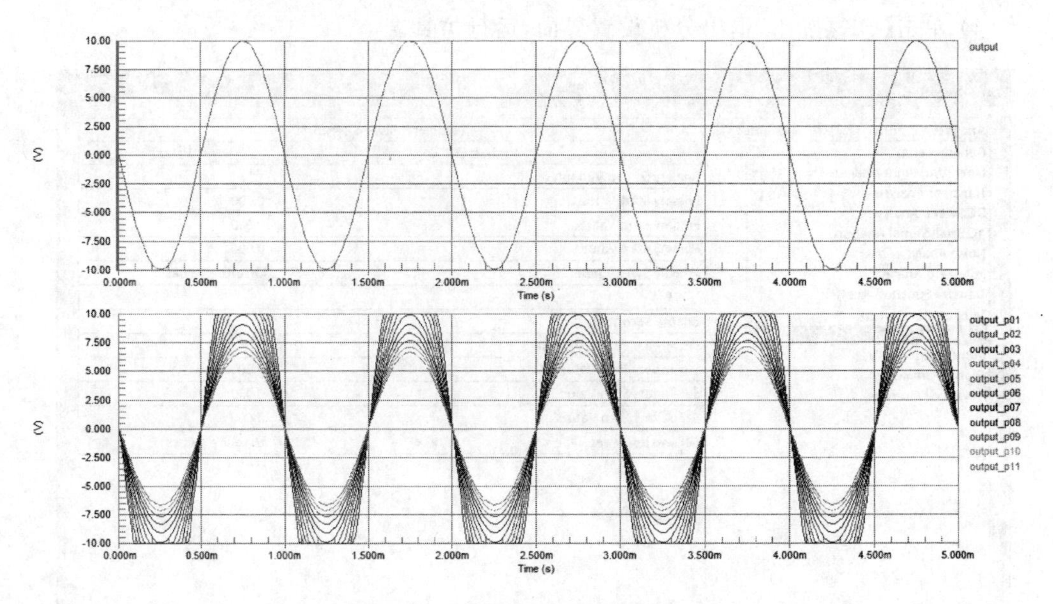

图 10-79　参数扫描输出波形界面

1. 建立工程

建立零点-极点分析电路实例工程，主要步骤如下：

(1) 新建工程，打开 Altium Designer 软件，在主菜单下选择【New】|【Project】|【PCB Project】命令，创建一个名为零点-极点分析电路实例.PrjPCB 的新工程。

(2) 按照前面所介绍的添加原理图的方法，添加名为零点-极点分析电路实例.SchDoc 的原理图文件。

(3) 构建零点-极点分析电路。按照前面讲述的方法绘制二阶有源低通滤波器电路，如图 10-80 所示。将 V2 和 V3 的直流电源设置为＋15V，V1 信号源的 AC Magnitude 设置为 1，并选中右侧的复选框，其他器件参数如图示设置。本节以此电路为例讲解零点-极点分析的步骤。

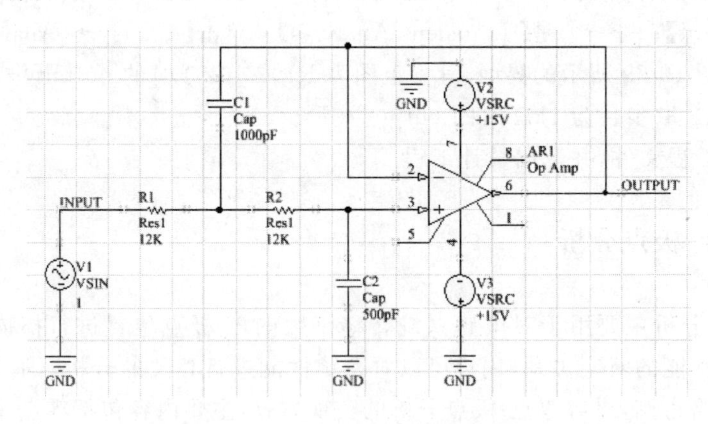

图 10-80　零点-极点分析电路实例

2. 设置零点-极点分析参数

(1) 在 Altium Designer 主界面主菜单下选择【Design】|【Simulate】|【Mixed Sim】命令。

(2) 出现图 10-81 所示的【Analyses Setup】(分析设置)界面,按参数设置:选中【Operating Point Analysis】和【Pole-Zero Analysis】选项,执行直流工作点和零点-极点分析功能。将【Collect Data For】设置为 Active Signals,将 input 和 output 添加到【Active Signals】栏中。

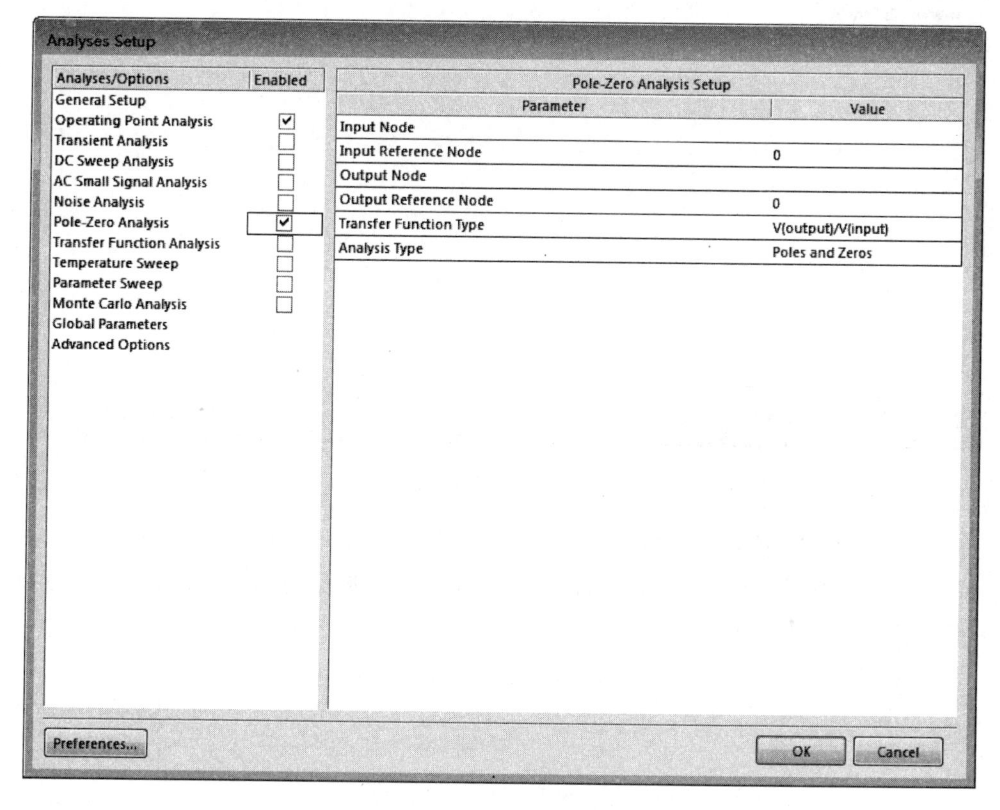

图 10-81 【分析设置】界面

(3) 选择【Pole-Zero Analysis】选项,出现图 10-82 所示的【Pole-Zero Analysis Setup】(零点-极点分析设置)界面,按参数进行设置:将【Input Node】(输入节点)设为 INPUT,【Input Reference Node】(输入参考节点)设为 0,【Output Node】(输出节点)设为 OUTPUT,【Output Reference Node】(输出参考节点)设为 0,【Transfer Function Type】(传递函数类型)设为 V(output)/V(input),【Analysis Type】(分析类型)设为 Poles and Zeros。

(4) 单击【OK】按钮,退出分析设置界面,运行仿真。

3. 零点-极点仿真结果分析

下面对零点-极点仿真的结果进行分析,其步骤主要包括:

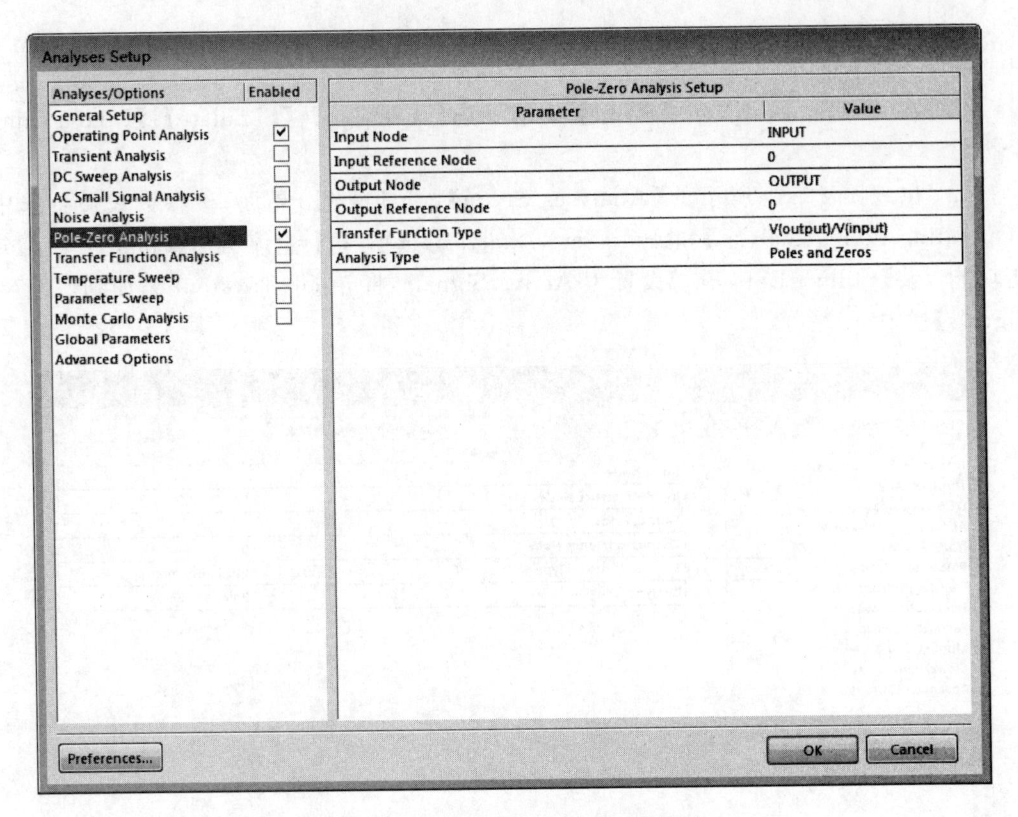

图 10-82 【零点-极点分析设置】界面

(1) 运行 SPICE 仿真后，弹出消息对话框，关闭该对话框界面。

(2) 打开图 10-83 所示的分析界面，图中的极点用不同颜色的“×”标记表示，零点用不同颜色的“○”标记表示。

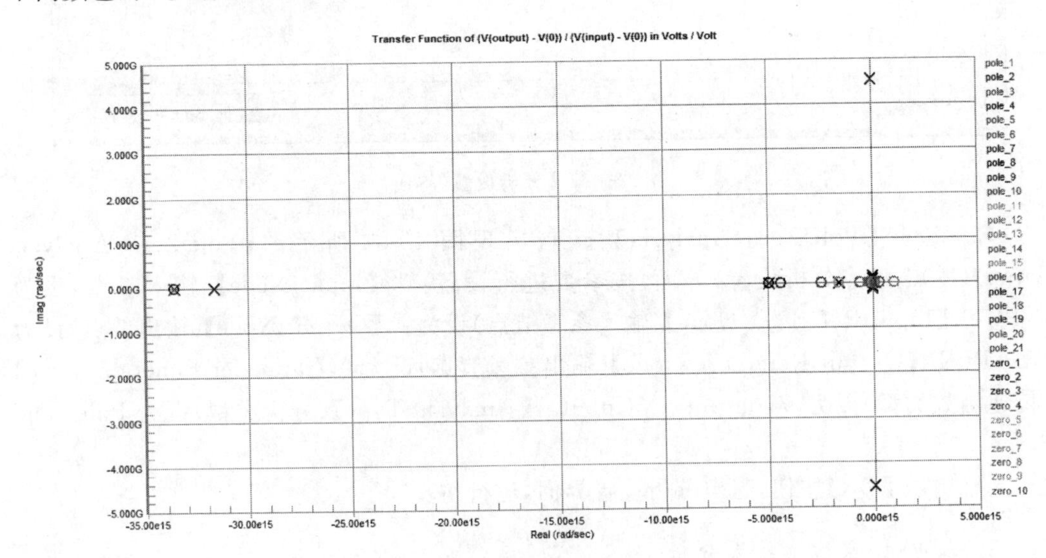

图 10-83 零点-极点分析结果界面

(3) 将鼠标光标移到图 10-83 右侧名字为 pole_x 和 zero_x 的标记上(x 和 y 表示具体的数字),就显示该极点和零点的具体值。例如,将鼠标光标放在 pole_1 上,便会显示图 10-84 所示的具体的值。

(4) 保存工程文件并退出该设计工程。

图 10-84 pole_1 具体值

10.6.9 傅里叶分析

傅里叶分析属于频域分析,是分析周期性非正弦信号的一种数学方法,在 Altium Designer 中可以与瞬态特性分析同时进行,用于计算瞬态分析结果的一部分,在仿真结果图中将显示出观测信号的直流分量、基波,以及各次谐波的振幅与相位。本节以信号放大电路为例,讲解傅里叶分析的实现方式,主要内容包括傅里叶分析参数设置和傅里叶分析仿真结果分析。

1. 建立工程

建立傅里叶分析实例工程,主要步骤如下:

(1) 新建工程,打开 Altium Designer 软件,在主菜单下选择【New】|【Project】|【PCB Project】命令,创建一个名为傅里叶分析电路实例. PrjPCB 的新工程。

(2) 按照前面所介绍的添加原理图的方法,添加名为傅里叶分析电路实例. SchDoc 的原理图文件。

(3) 构建傅里叶分析电路。按照前面讲述的方法绘制信号放大电路用以傅里叶分析,如图 10-85 所示。器件参数如图 10-85 中标注。

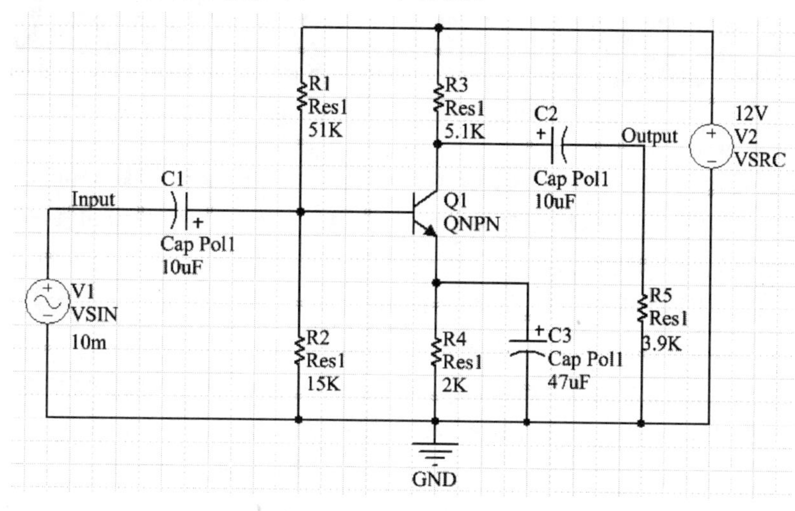

图 10-85 信号放大电路

2. 设置傅里叶分析参数

(1) 在 Altium Designer 主界面主菜单下选择【Design】|【Simulate】|【Mixed Sim】命令。

(2) 出现图 10-86 所示的【Analyses Setup】(分析设置)界面,按参数设置：选中【Operating Point Analysis】和【Transient Analysis】选项,执行直流工作点和瞬态分析功能。将【Collect Data For】设置为 Active Signals,将 INPUT 和 OUTPUT 添加到【Active Signals】栏中。

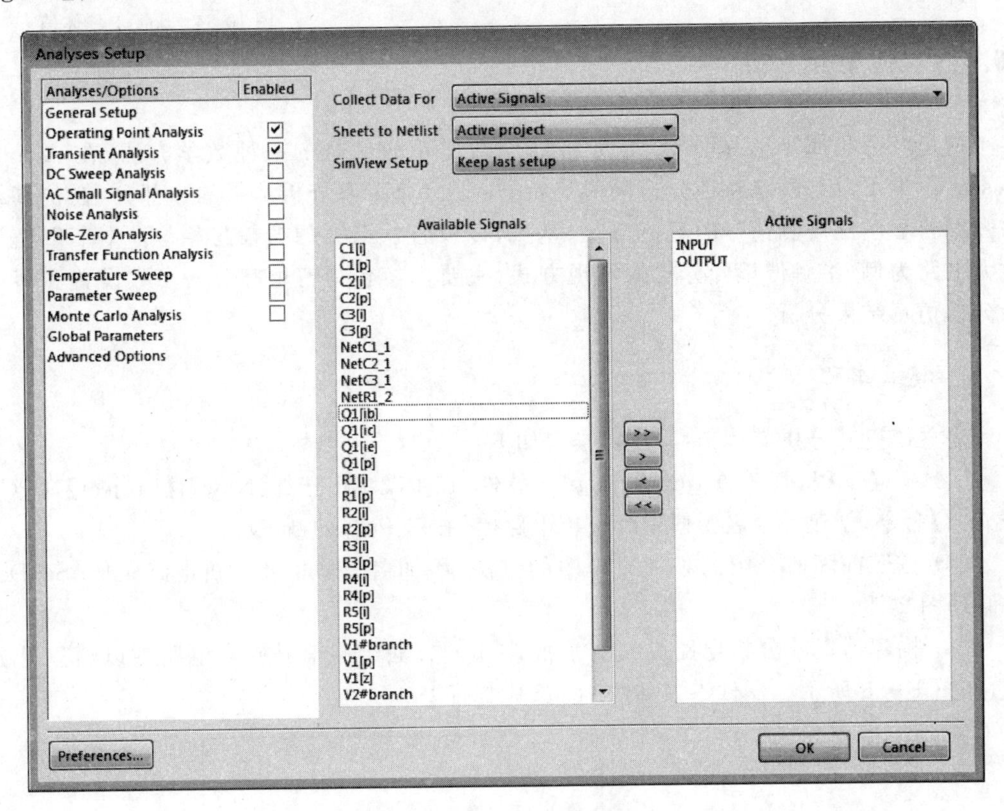

图 10-86 【分析设置】界面

(3) 选择【Transient Analysis】选项,出现图 10-87 所示的【Transient Analysis Setup】(瞬态分析设置)界面,按参数设置：选中【Use Transient Default】,选中【Enable Fourier】,其他按默认参数设置。

(4) 单击【OK】按钮,退出分析设置界面,运行仿真。

3. 傅里叶分析仿真结果分析

下面对傅里叶仿真的结果进行分析,其步骤主要包括：

(1) 运行 SPICE 仿真后,弹出消息对话框,关闭该对话框界面。

(2) 打开傅里叶分析.sdf 文件,如图 10-88 所示,在该文件下,有 3 个标签【Operating Point】、【Transient Analysis】和【Fourier Analysis】,单击【Fourier Analysis】标签,得到图 10-89 所示的傅里叶分析结果。

(3) 单击【Transient Analysis】标签,打开时序分析结果,如图 10-90 所示。

(4) 保存工程文件,并退出该设计工程。

Analyses Setup

Analyses/Options	Enabled
General Setup	
Operating Point Analysis	☑
Transient Analysis	☑
DC Sweep Analysis	☐
AC Small Signal Analysis	☐
Noise Analysis	☐
Pole-Zero Analysis	☐
Transfer Function Analysis	☐
Temperature Sweep	☐
Parameter Sweep	☐
Monte Carlo Analysis	☐
Global Parameters	
Advanced Options	

Transient Analysis Setup

Parameter	Value
Transient Start Time	0.000
Transient Stop Time	5.000m
Transient Step Time	20.00u
Transient Max Step Time	20.00u
Use Initial Conditions	☐
Use Transient Defaults	☑
Default Cycles Displayed	5
Default Points Per Cycle	50
Enable Fourier	☑
Fourier Fundamental Frequency	1.000k
Fourier Number of Harmonics	10

Set Defaults

Preferences... OK Cancel

图 10-87 【瞬态分析设置】界面

Operating Point | Transient Analysis | **Fourier Analysis**

图 10-88 sdf 文件标签

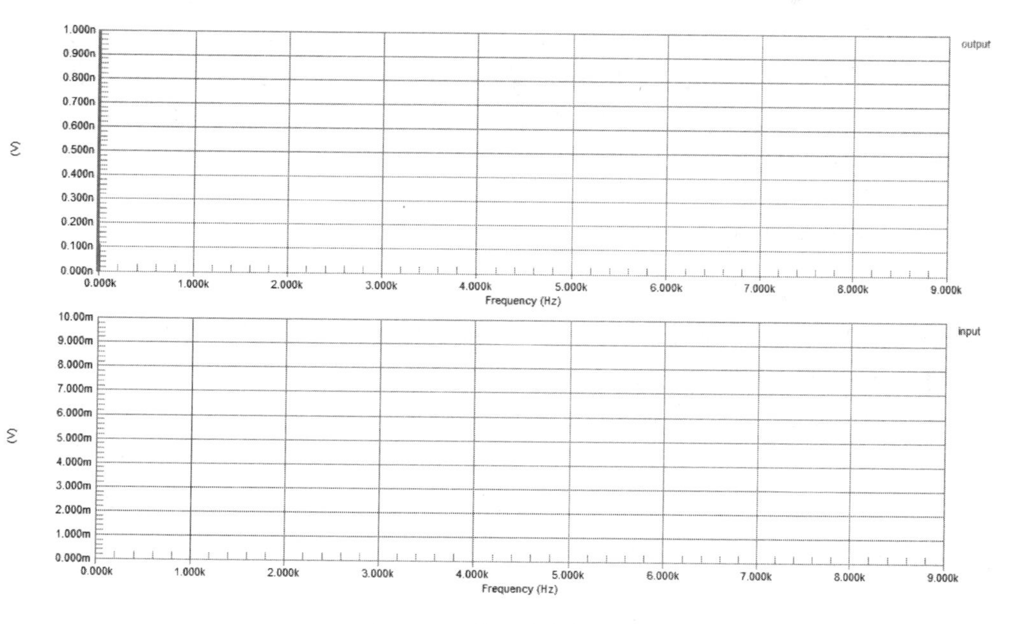

图 10-89 傅里叶分析结果

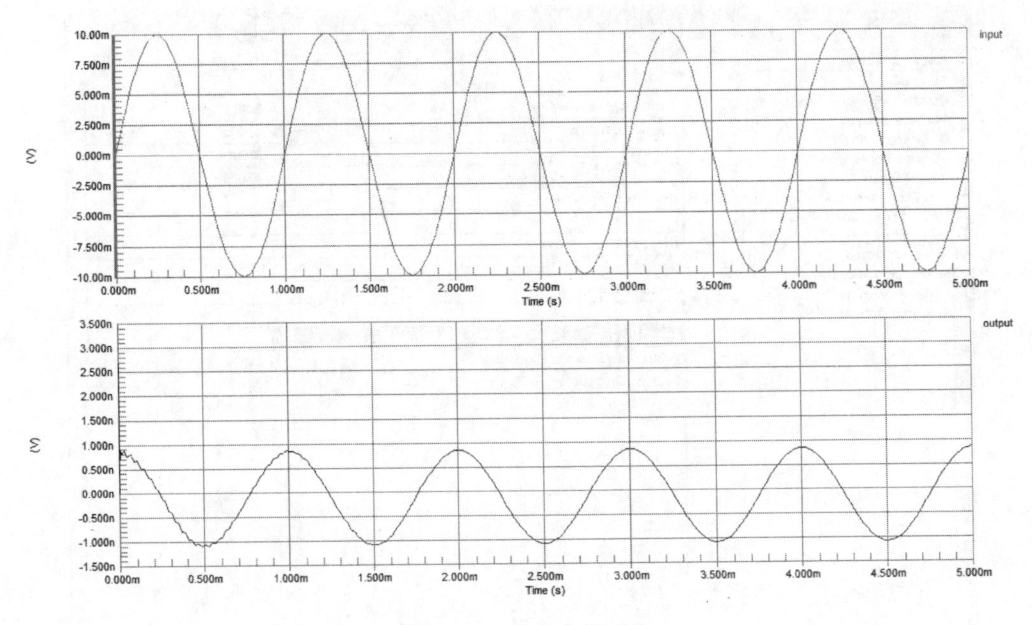

图 10-90　瞬态分析结果

10.6.10　噪声分析

在实际的电路中，由于各种因素的影响，总是会存在各种各样的噪声，这些噪声分布在很宽的频带内，每个元器件对于不同频段上的噪声敏感程度是不同的。在噪声分析中，电容、电感和受控源视为无噪声元器件。电阻和半导体器件都能产生噪声，且产生的噪声类型不同，噪声电平取决于频率。在 Altium Designer 中噪声分析是同交流小信号分析一起进行的，对交流小信号分析中的每一个频率，电路中的每一个噪声源（电阻或半导体器件）的噪声电平都会被计算出来，它们对输出节点的贡献通过将各均方值相加而得到。本节将以差分放大电路为例，讲解噪声分析的实现方式，主要内容包括噪声分析参数设置和噪声分析仿真结果分析。

1. 建立噪声分析工程

建立噪声分析实例工程的主要步骤如下：

(1) 新建工程，打开 Altium Designer 软件，在主菜单下选择【New】|【Project】|【PCB Project】命令，创建一个名为噪声分析电路实例. PrjPCB 的新工程。

(2) 按照前面所介绍的添加原理图的方法，添加名为噪声分析电路实例. SchDoc 的原理图文件。

(3) 构建噪声分析电路。绘制差分放大电路用以噪声分析，如图 10-91 所示。将 V1 和 V2 分别设置为＋12V 和－12V，V3 信号源的 AC Magnitude 设置为 0. 1V，其他器件参数如图 10-91 所示设置，同时为了便于对仿真结果进行分析，在电容 C1 两端分别放置名字为 OUT1 和 OUT2 的网络标号。本节以此电路为例讲解噪声分析的步骤。

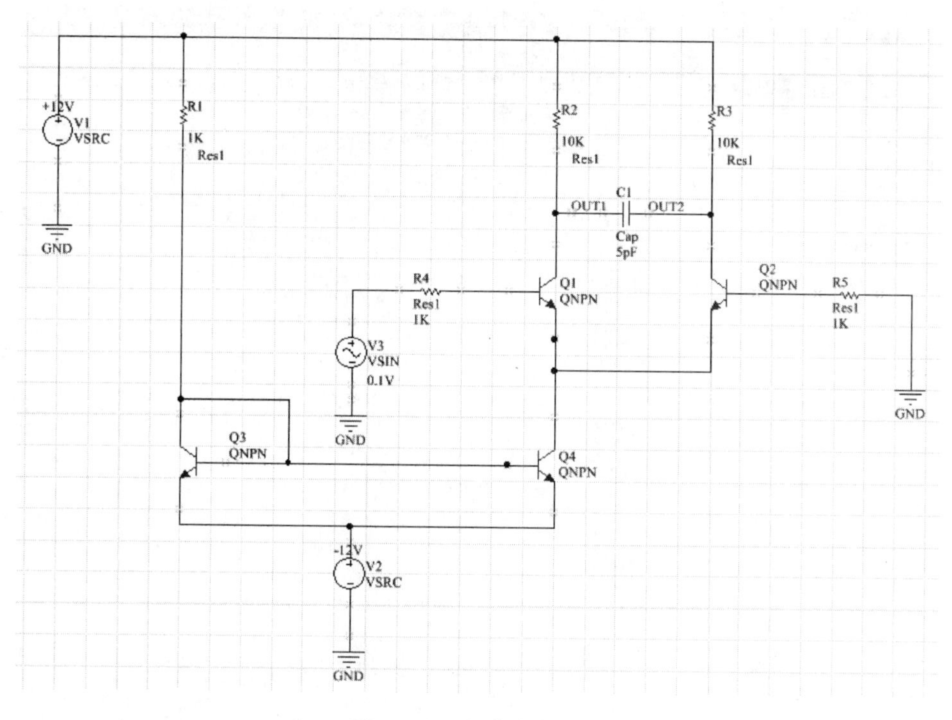

图 10-91 差分放大电路

2. 设置噪声分析参数

(1) 在 Altium Designer 主界面主菜单下选择【Design】|【Simulate】|【Mixed Sim】命令。

(2) 出现图 10-92 所示的【Analyses Setup】(分析设置)界面,按参数设置:选中【Operating Point Analysis】和【Noise Analysis】选项,执行直流工作点和噪声分析功能。将【Collect Data For】设置为 Active Signals,将 OUT1 和 OUT2 添加到【Active Signals】栏中。

(3) 选择【Noise Analysis】选项,出现图 10-93 所示【Noise Analysis Setup】(噪声分析设置)界面。按参数设置:将【Noise Source】(噪声源)设为 V3,【Start Frequency】(起始频率)设为 100.0k,【Stop Frequency】(截止频率)设为 10.00g,【Sweep Type】(扫描类型)设为 Decade,【Output Node】(输出节点)设为 OUT2,其他参数按默认设置。

(4) 单击【OK】按钮,退出分析设置界面,运行仿真。

3. 噪声分析仿真结果分析

下面对噪声仿真结果进行分析,其步骤主要包括:

(1) 运行 SPICE 仿真后,弹出消息对话框,关闭该对话框界面。

(2) 自动打开噪声分析.sdf 文件,如图 10-94 所示,该文件下有两个标签,【Operating Point】和【Noise Spectral Density】。单击【Noise Spectral Density】标签,看到如图 10-95 所示的噪声分析结果,即噪声谱密度分布图。

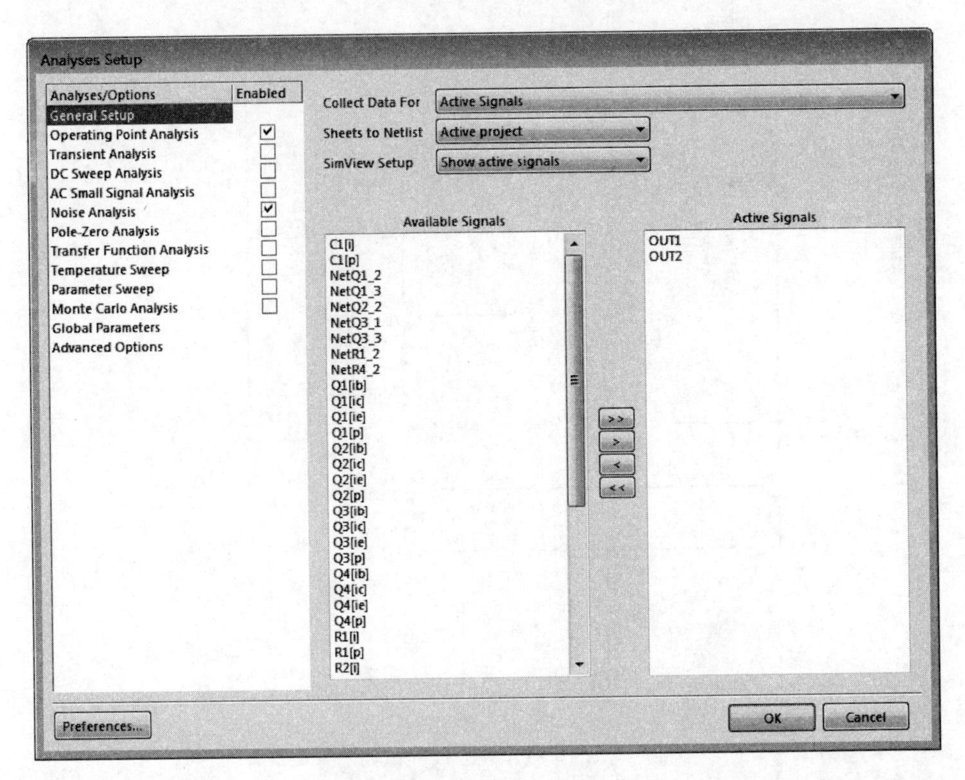

图 10-92 【分析设置】界面

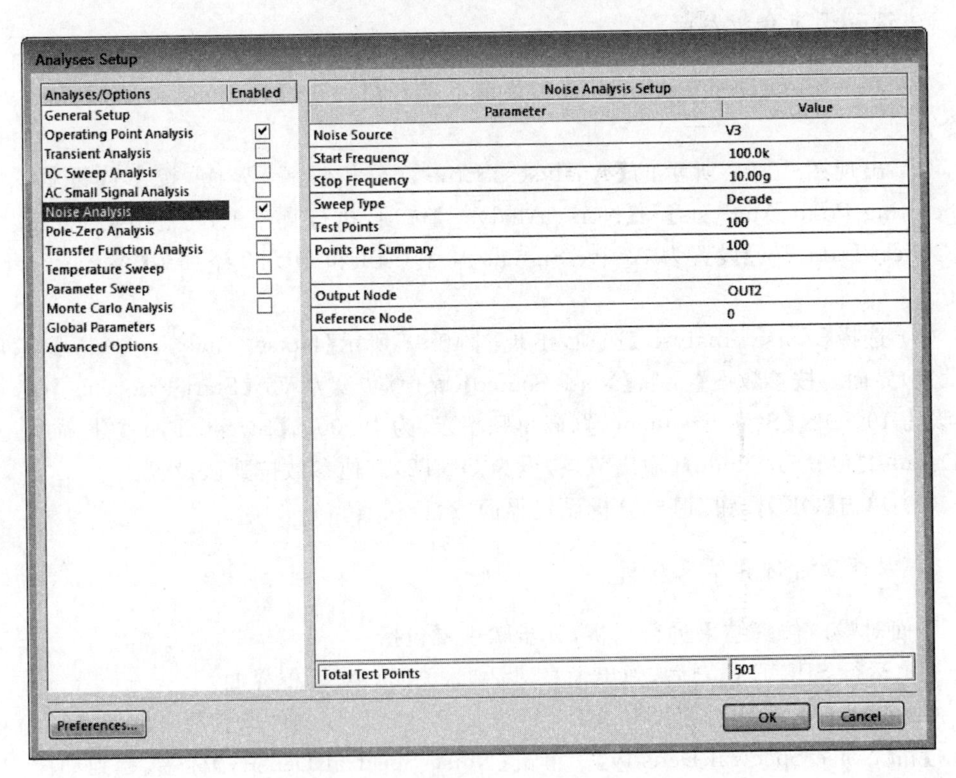

图 10-93 【噪声分析设置】界面

Operating Point　Noise Spectral Density

图 10-94　sdf 标签

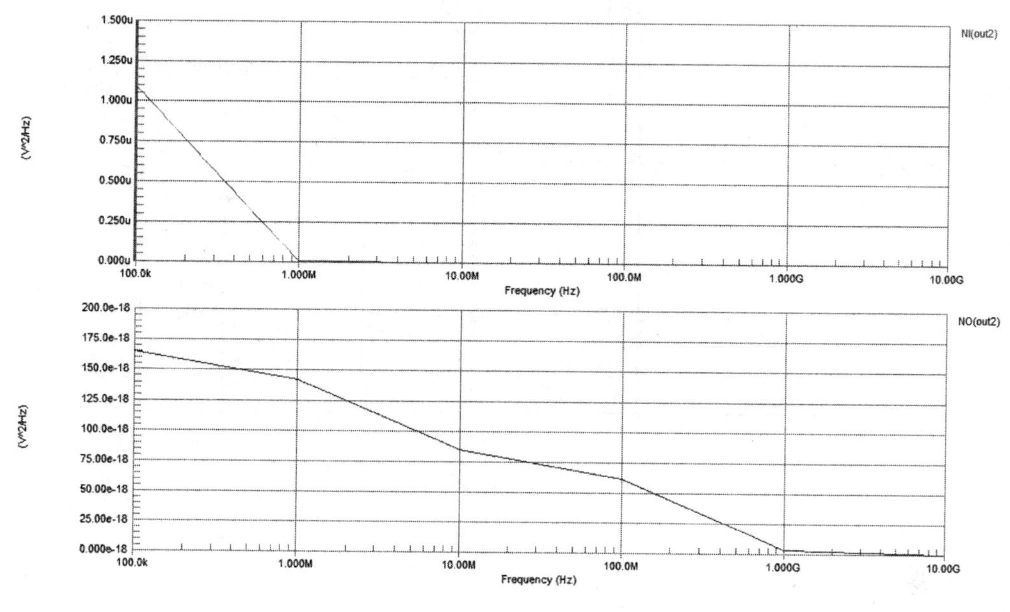

图 10-95　噪声分析结果

（3）保存工程文件，并退出该设计工程。

10.6.11　温度扫描

温度扫描分析是研究温度变化对电路性能的影响。该分析相当于在不同的工作温度下多次仿真电路性能。用户可通过选择温度初始值、结束值和步长温度进行扫描分析，以确定电路的温度漂移等性能指标。温度扫描分析也适用于直流工作点分析、瞬态分析和交流小信号分析。本节将以某温度测量电路为例，讲解温度扫描的实现方式，主要内容包括温度扫描参数设置和温度扫描仿真结果分析。

1. 建立温度扫描工程

建立温度扫描工程的主要步骤如下：

（1）新建工程，打开 Altium Designer 软件，在主菜单下选择【New】|【Project】|【PCB Project】命令，创建一个名为温度扫描仿真电路实例.PrjPCB 的新工程。

（2）按照前面所介绍的添加原理图的方法，添加名为温度扫描仿真电路实例.SchDoc 的原理图文件。

（3）构建温度扫描仿真电路。将第 10.6.10 节的电路复制过来，用以温度扫描分析，如图 10-96 所示。本节以此电路为例讲解温度扫描的步骤。

2. 设置温度扫描仿真参数

（1）在 Altium Designer 主界面主菜单下选择【Design】|【Simulate】|【Mixed Sim】

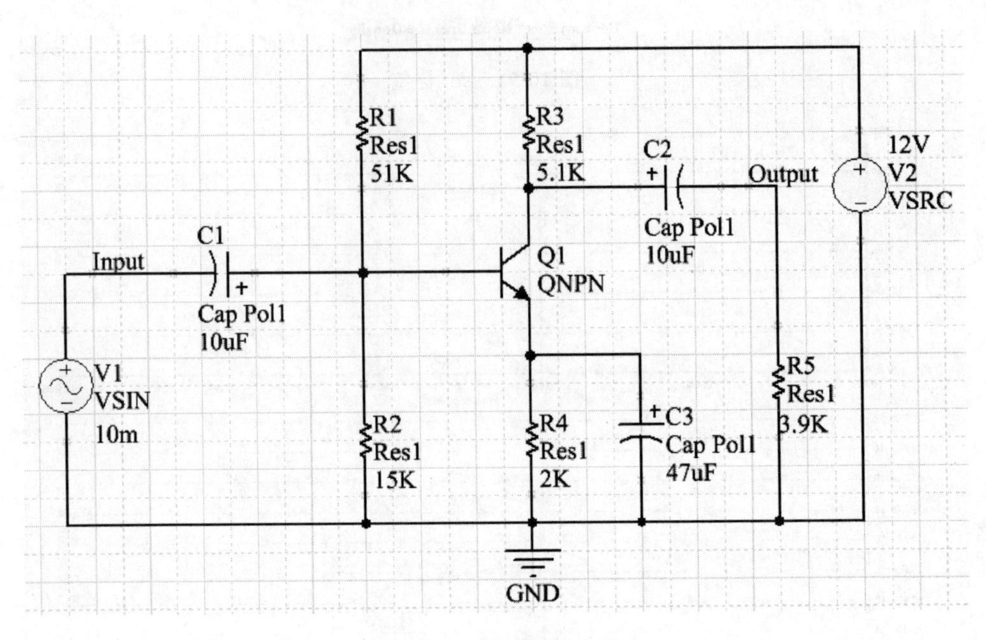

图 10-96　信号放大电路

命令。

(2) 出现图 10-97 所示的【Analyses Setup】(分析设置)界面，按参数设置：选中【Transient Analysis】和【Temperature Sweep】选项，执行瞬态分析和温度扫描分析功能。将【Collect Data For】设置为 Active Signals，将 OUTPUT 添加到【Active Signals】栏中。

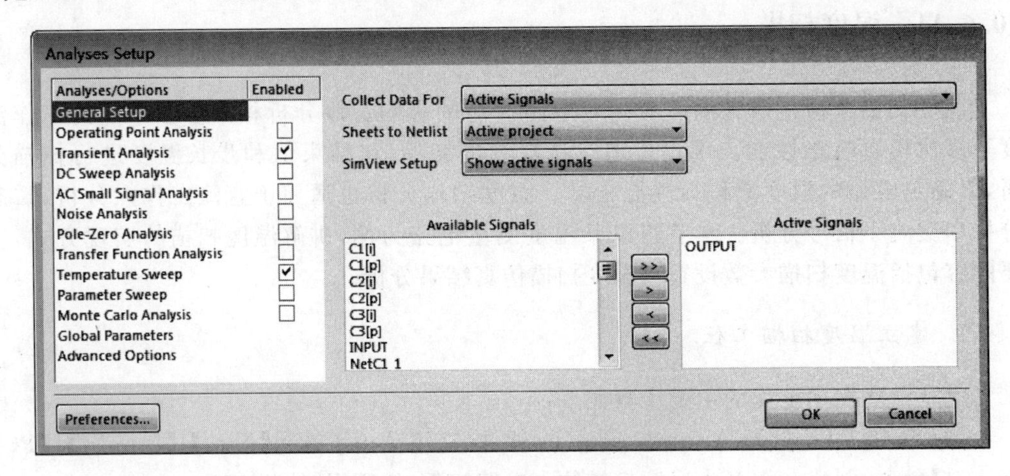

图 10-97　【分析设置】界面

(3) 选择【Temperature Sweep】，出现图 10-98 所示的【Temperature Sweep Step】(温度扫描设置)界面，按参数设置：将【Start Temperature】(起始温度)设为 0.000，【Stop Temperature】(终止温度)设为 100.0，【Step Temperature】(步长温度)设为 10.00，其他按默认参数设置。

(4) 单击【OK】按钮，退出设置界面，运行仿真。

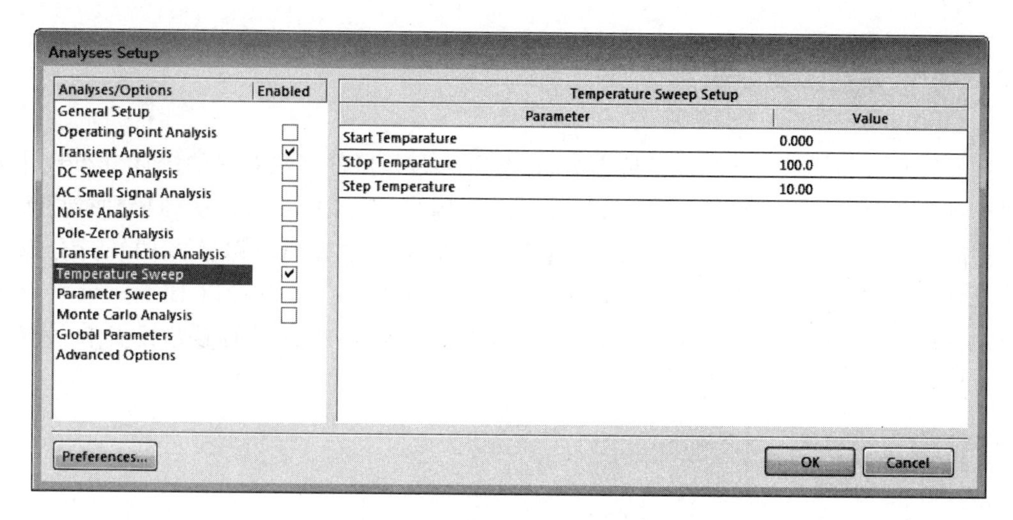

图 10-98 【温度扫描设置】界面

3. 温度扫描仿真结果分析

下面对温度扫描仿真结果进行分析，其步骤主要包括：

(1) 运行 SPICE 仿真后，弹出消息对话框，关闭该对话框界面。

(2) 打开温度扫描.sdf 文件，在该文件下有一个【Transient Analysis】标签。单击该标签，看到图 10-99 所示的温度扫描结果。单击图形右侧不同颜色标签，将显示不同温度下的输出特性曲线。图 10-99 为单击 output_t01 后高亮显示的温度为 0℃的输出特性曲线。

(3) 保存工程文件，退出设计工程。

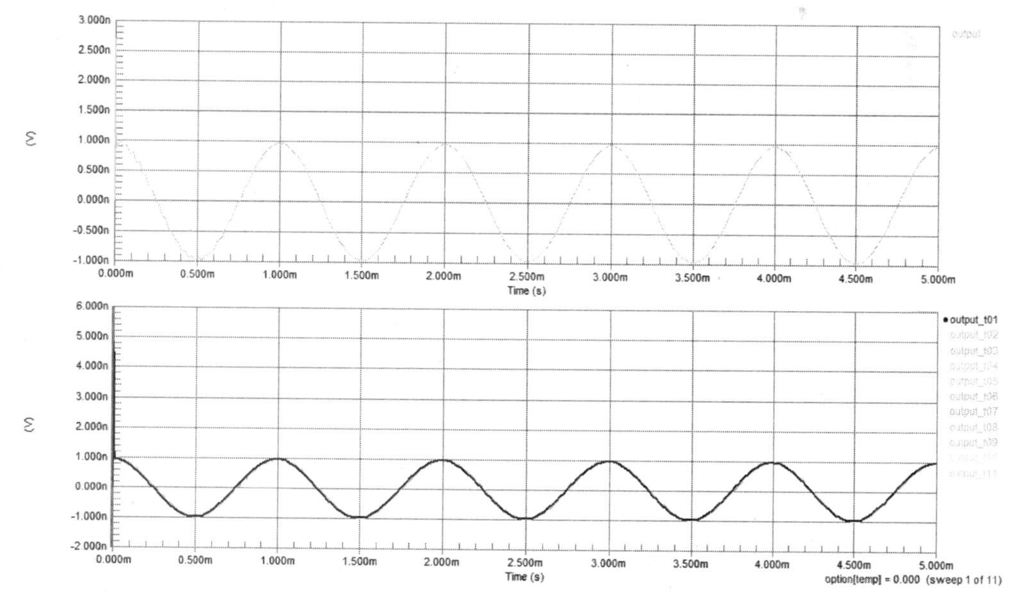

图 10-99 温度扫描结果

10.6.12　蒙特卡罗分析

蒙特卡洛分析是一种统计模拟方法，在给定电路元器件参数容差的统计分布规律的情况下，用一组伪随机数求得电路元器件参数的随机抽样序列，对这些随机抽样序列进行直流、交流小信号和瞬态分析，并通过多次分析结果估算出电路性能的统计分布规律，如电路性能的中心值、方差以及电路合格率、成本等。本节将以 BJT 放大电路为例，讲解蒙特卡罗分析的实现方式，主要内容包括蒙特卡罗分析的参数设置和仿真结果分析。

1. 建立蒙特卡洛分析工程

建立蒙特卡洛分析工程的主要步骤如下：

(1) 新建工程，打开 Altium Designer 软件，在主菜单下选择【New】|【Project】|【PCB Project】命令，创建一个名为蒙特卡洛分析电路实例.PrjPCB 的新工程。

(2) 按照前面所介绍的添加原理图的方法，添加名为蒙特卡洛分析电路实例.SchDoc 的原理图文件。

(3) 构建蒙特卡洛分析电路。为方便起见，本节仍利用第 10.6.9 节所用电路讲解蒙特卡洛分析的步骤，电路如图 10-100 所示。

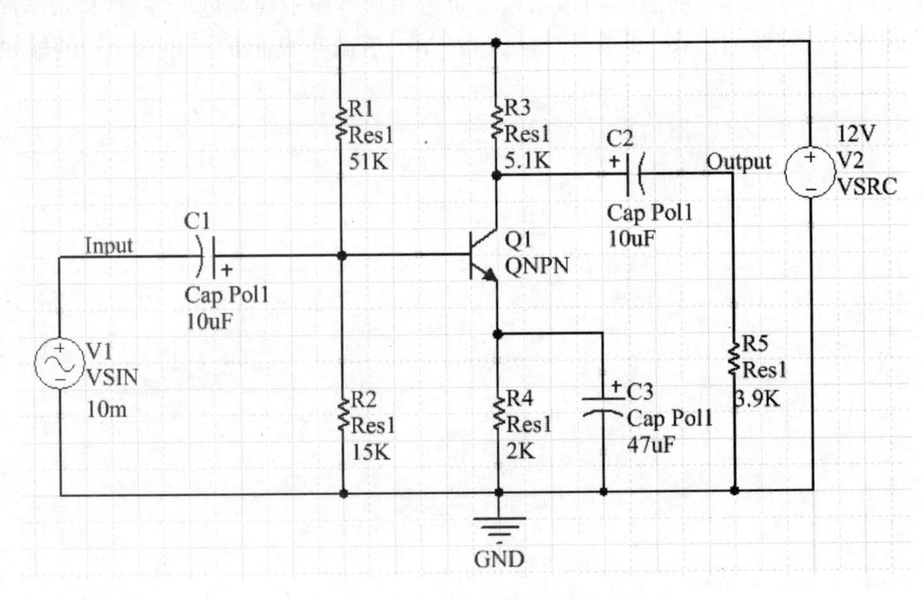

图 10-100　信号放大电路

2. 设置蒙特卡洛分析参数

(1) 在 Altium Designer 主界面主菜单下选择【Design】|【Simulate】|【Mixed Sim】命令。

(2) 出现图 10-101 所示的【Analyses Setup】(分析设置)界面,按参数设置:选中【Operating Point Analysis】、【Transient Analysis】和【Monte Carlo Analysis】选项,分别执行直流工作点、瞬态分析和蒙特卡洛分析功能。将【Collect Data For】设置为 Active Signals,将 OUTPUT 添加到【Active Signals】栏中。

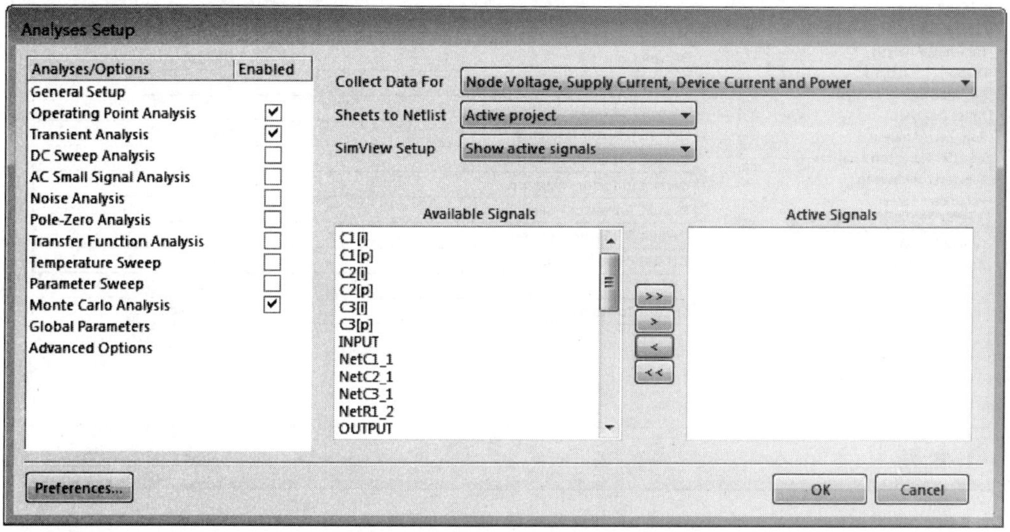

Analyses Setup

Analyses/Options	Enabled
General Setup	
Operating Point Analysis	☑
Transient Analysis	☑
DC Sweep Analysis	☐
AC Small Signal Analysis	☐
Noise Analysis	☐
Pole-Zero Analysis	☐
Transfer Function Analysis	☐
Temperature Sweep	☐
Parameter Sweep	☐
Monte Carlo Analysis	☑
Global Parameters	
Advanced Options	

Collect Data For: Node Voltage, Supply Current, Device Current and Power

Sheets to Netlist: Active project

SimView Setup: Show active signals

Available Signals: C1[i], C1[p], C2[i], C2[p], C3[i], C3[p], INPUT, NetC1_1, NetC2_1, NetC3_1, NetR1_2, OUTPUT

Active Signals

Preferences... OK Cancel

图 10-101 分析设置界面

(3) 选择【Transient Analysis】选项,出现图 10-102 所示的【Transient Analysis Setup】(瞬态分析设置)界面,接受默认设置参数。

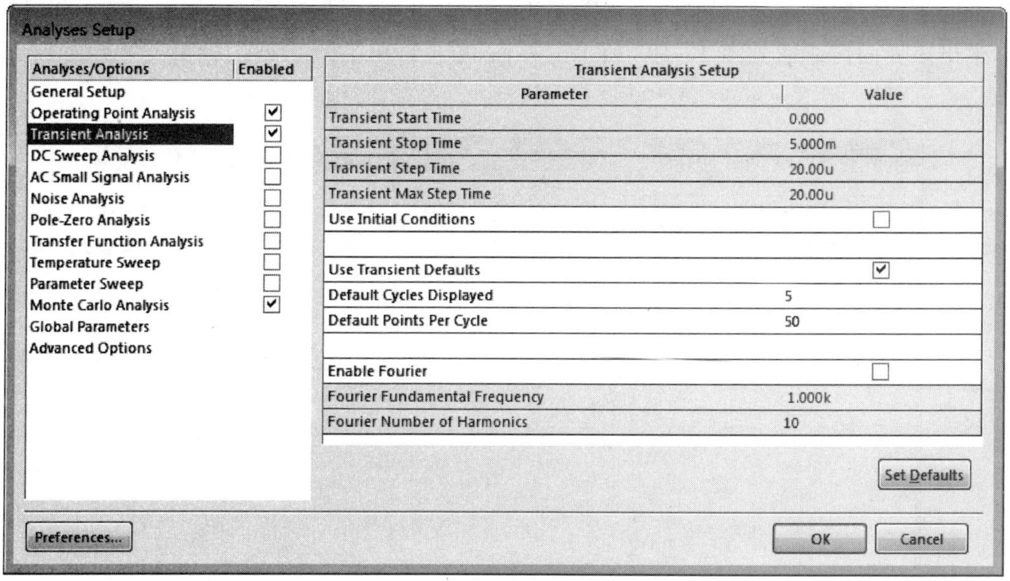

Analyses Setup

Transient Analysis Setup

Parameter	Value
Transient Start Time	0.000
Transient Stop Time	5.000m
Transient Step Time	20.00u
Transient Max Step Time	20.00u
Use Initial Conditions	☐
Use Transient Defaults	☑
Default Cycles Displayed	5
Default Points Per Cycle	50
Enable Fourier	☐
Fourier Fundamental Frequency	1.000k
Fourier Number of Harmonics	10

Set Defaults

Preferences... OK Cancel

图 10-102 设置瞬态分析参数界面

(4) 选择【Monte Carlo Analysis】选项,出现图 10-103 所示的【Monte Carlo Analysis Setup】(蒙特卡洛分析设置)界面,按参数进行设置:将【Seed】(种子)设置为 32767,

【Distribution】(分布)设置为 Uniform,【Number of Runs】(运行次数)设置为 30,将所有的 Tolerance(容差)设置为 0。

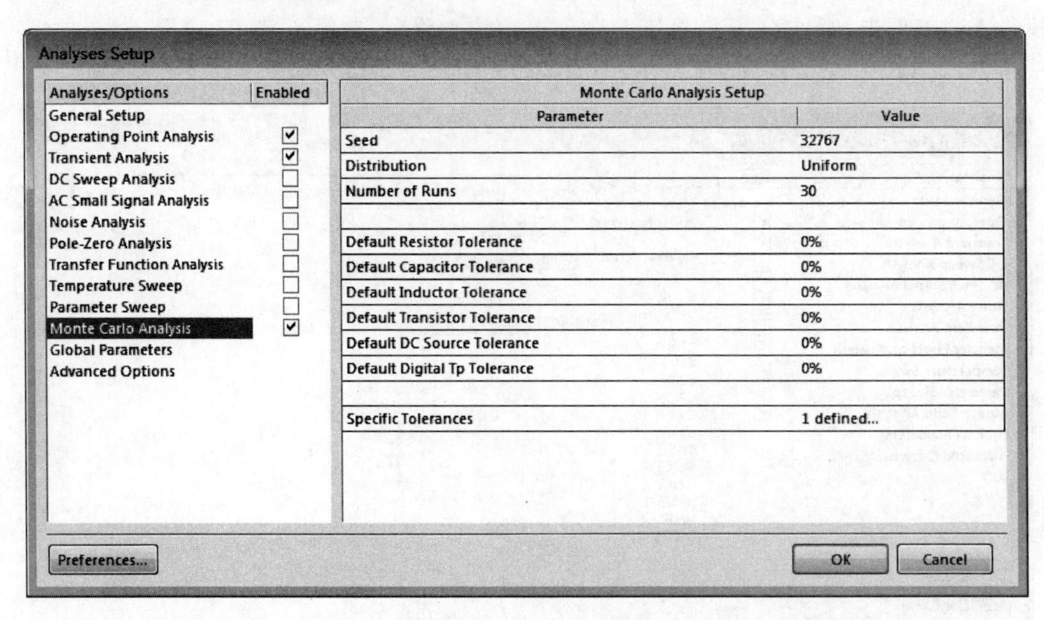

图 10-103　设置蒙卡特洛分析参数界面

(5) 单击【Specific Tolerances】(指定容差)右侧的文本框,出现 … 按钮,单击该按钮,出现图 10-104 所示的界面。单击该界面下方的【Add】按钮,将会新添加一行,在该行中输入的参数:将【Designator】(指示项)设置为 R4,【Tolerance】(容差)设置为 5%,【Tracking No.】(追踪号)设置为 1,【Distribution】(分布)设置为 Uniform。单击【OK】按钮,退出该界面后返回到图 10-103 所示的界面,单击【OK】按钮,退出分析设置界面,运行仿真。

Monte Carlo - Specific Tolerances

		Device			Lot		
Designator	Parameter	Tolerance	Tracking No.	Distribution	Tolerance	Tracking No.	Distribution
R4		5%	1	Uniform			

Add...　OK　Cancel

图 10-104　指定容差

3. 蒙卡特洛仿真结果分析

下面对蒙卡特洛仿真结果进行分析,其步骤主要包括:

(1) 运行 SPICE 仿真后,弹出消息对话框,关闭该对话框界面。

(2) 打开蒙卡特洛分析.sdf 文件,该文件下有一个【Transient Analysis】标签,单击该标签,看到图 10-105 所示的蒙卡特洛仿真结果。

(3) 保存工程文件,并退出设计工程。

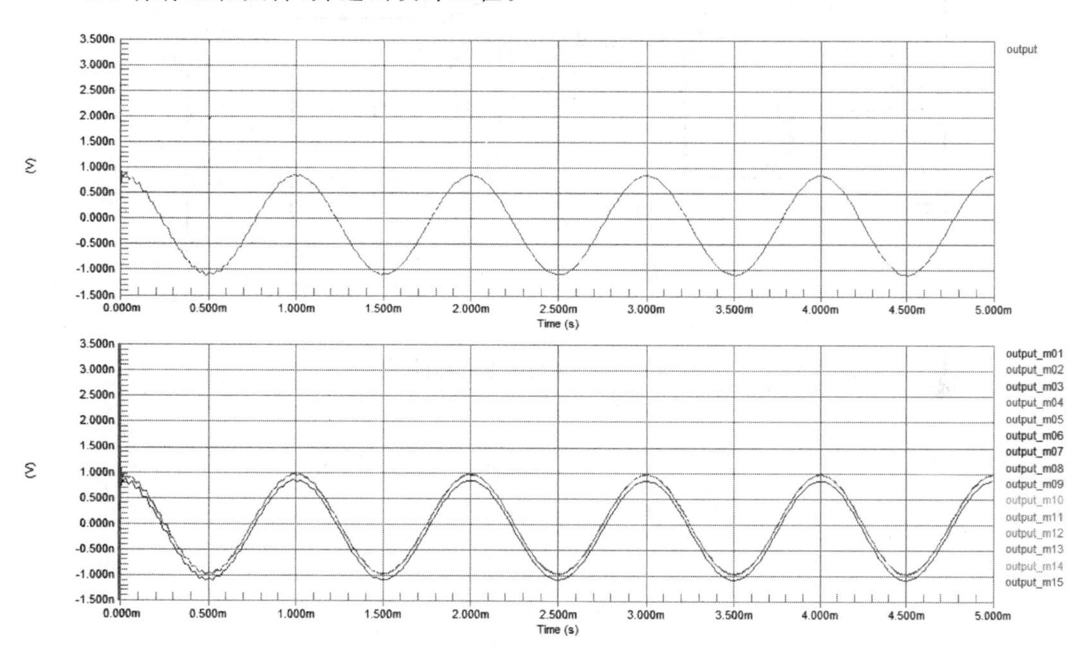

图 10-105 蒙卡特洛分析结果

10.7 思考与练习

1. 概念题

(1) 电路仿真原理图的绘制与一般电路原理图的绘制有什么区别?

(2) 简述电路仿真的具体过程。

(3) 参数扫描分析方式是否可以单独运行? 为什么?

2. 操作题

(1) 绘制图 10-106 所示的电路仿真原理图。

(2) 对绘制的电路仿真原理图进行仿真激励源及仿真方式设置,并运行仿真(瞬态特性分析及交流小信号分析)。

(3) 对仿真波形进行分析,并回答该系统具有何种滤波性质。

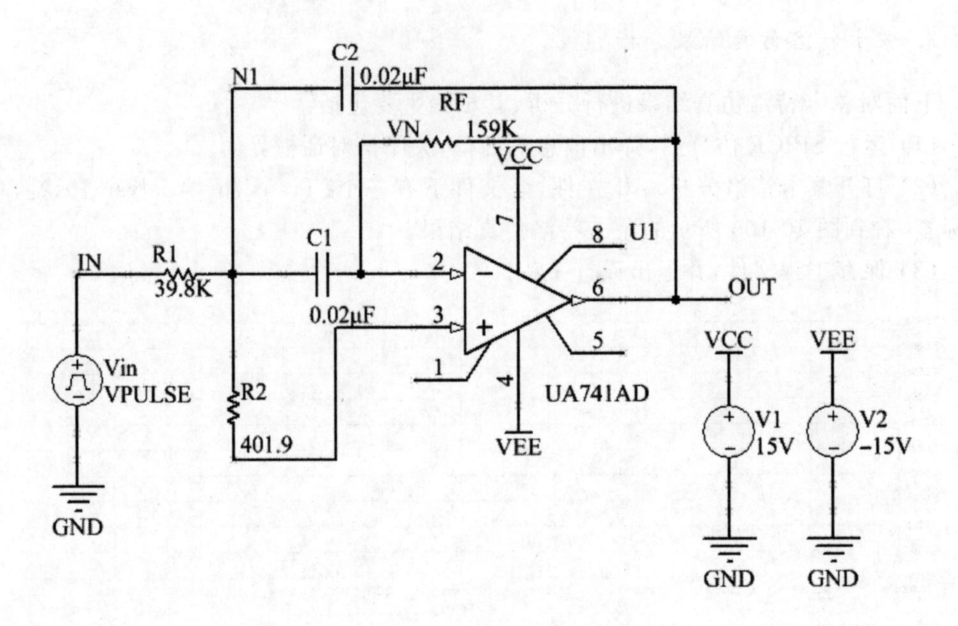

图 10-106　电路仿真原理图

第11章 工程案例

本章将以单片机实验板的设计为例向读者介绍整个工程项目的设计过程，读者在进行自己的设计时可以参考本章的案例完成自己的工程。

单片机实验板是学习单片机必备的工具之一。一般初学者在学习51单片机的时候，限于经济条件和自身水平，都要利用现成的单片机实验板来学习编写程序。这里介绍一个单片机实验板电路以供读者自行制作。案例采用层次原理图设计方法进行设计。将详细介绍 Altium Designer 原理图设计到 PCB 设计的整个过程。同时，本节会介绍一些设计技巧，并对一些重要的设计技巧进行具体的说明。读者通过本章的学习会对电路板设计更加熟悉和明确。

11.1 设计任务和实现方案介绍

实验板通过单片机串行端口控制各个外设，可以完成大部分经典的单片机实验，包括串行口通信、跑马灯实验、单片机音乐播放、LED 显示，以及继电器控制等。

本实例中的实验板主要有以下 7 个部分组成。

- 电源电路。
- 发光二极管部分的电路。
- 发光二极管部分相邻的串口部分电路。
- 串口和发光二极管都有电气连接关系的红外接口部分。
- 晶振和开关电路。
- 蜂鸣器和数码管部分电路。
- 继电器部分电路。

单片机实验板的全局原理图，如图 11-1 所示。

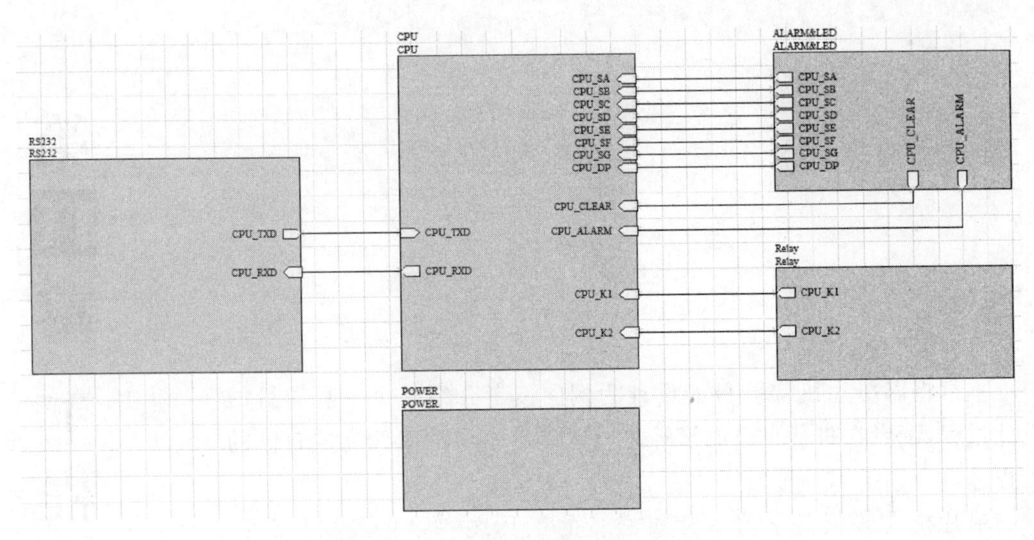

图 11-1 单片机实验板原理图

11.2 创建工程项目

首先使用菜单命令，创建一个空白 PCB 工程 89C51.PRJPCB，再创建空白原理图 89C51.SCHDOC。

(1) 通过选择【File】|【New】|【Project】命令，在弹出的【New Project】窗口中选择【PCB Project】来创建一个新的工程文件，如图 11-2 所示。也可以通过单击快捷键 来新建。新建工程文件之后通过选择【File】|【Save Project As】命令，将项目保存为 89C51.PRJPCB。

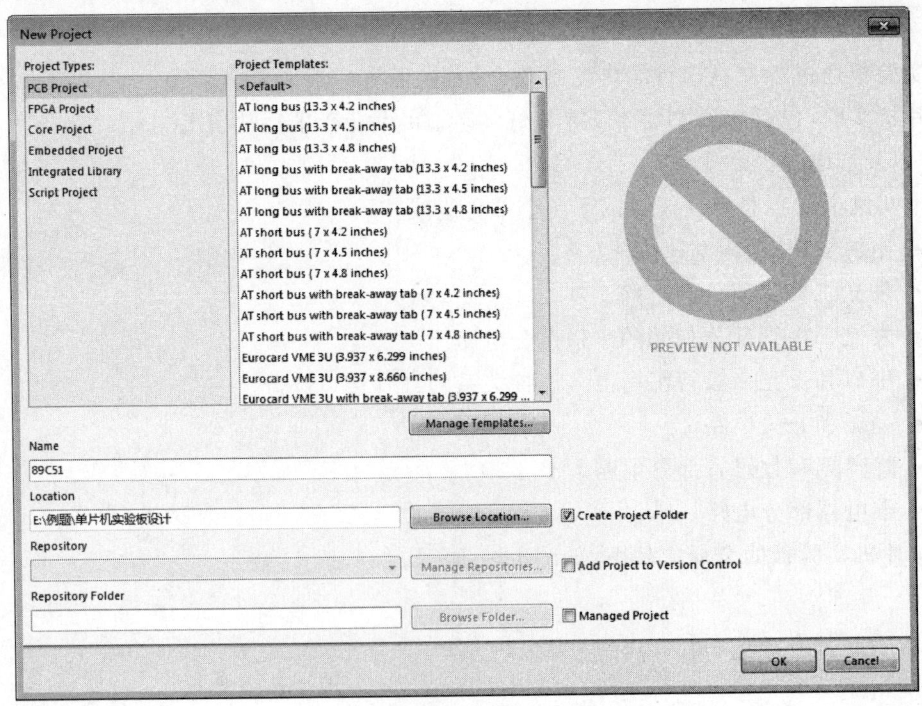

图 11-2 创建一个新的工程文件

（2）项目文件创建之后，再选择【File】|【New】|【Schematic】命令，新建原理图文件，或者通过在【Projects】面板中，右击新建的工程，然后在弹出的快捷菜单中创建新的原理图，并将其命名为 89C51.SCHDOC。

11.3 原理图设计

本实例介绍的实验板通过单片机串行端口控制各个外设，可以完成大部分经典的单片机实验，包括串口通信、跑马灯实验、单片机音乐播放、LED 显示及继电器控制等。下面重点讲解实验板原理图设计的流程。

1. 创建原理图库

AT89C51 在已有的元器件库中没有，需要自己设计。操作步骤如下：

（1）在【Projects】面板上右击，在弹出的快捷菜单中执行【Add New to Project】|【Schematic Library】命令，创建一个原理图库文件 AT89C51.SCHLIB，如图 11-3 所示。

（2）单击右下方面板控制栏 System | Design Compiler | Help | SCH | Instruments 中的【SCH】标签，选择【SCH Library】，切换到【SCH Library】面板，如图 11-4 所示。单击元器件列表栏下的【Edit】按钮。

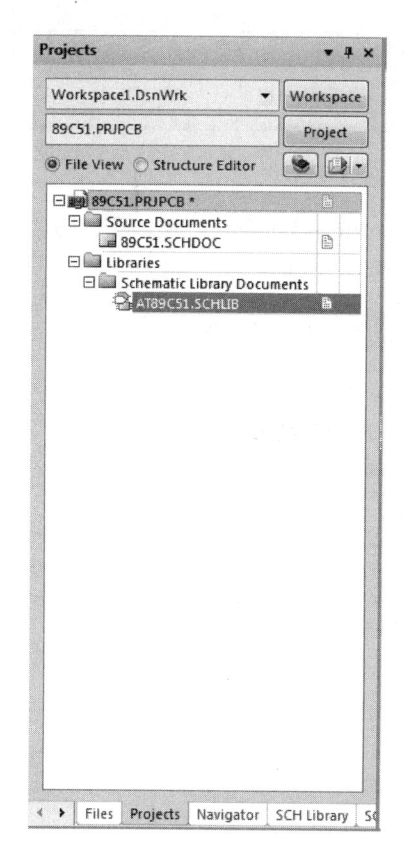

图 11-3 创建新的原理图库文件

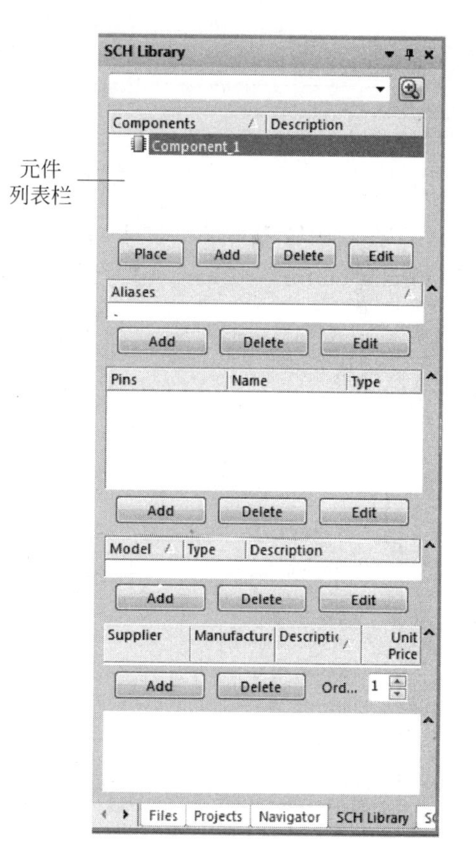

图 11-4 【SCH Library】面板

(3) 在弹出的【Library Component Properties】对话框中，如图 11-5 所示，将【Default Designator】项设为 D,【Symbol Reference】项设为 AT89C51。确定后，下面就可以在绘图区开始绘制该元件的原理图符号了。

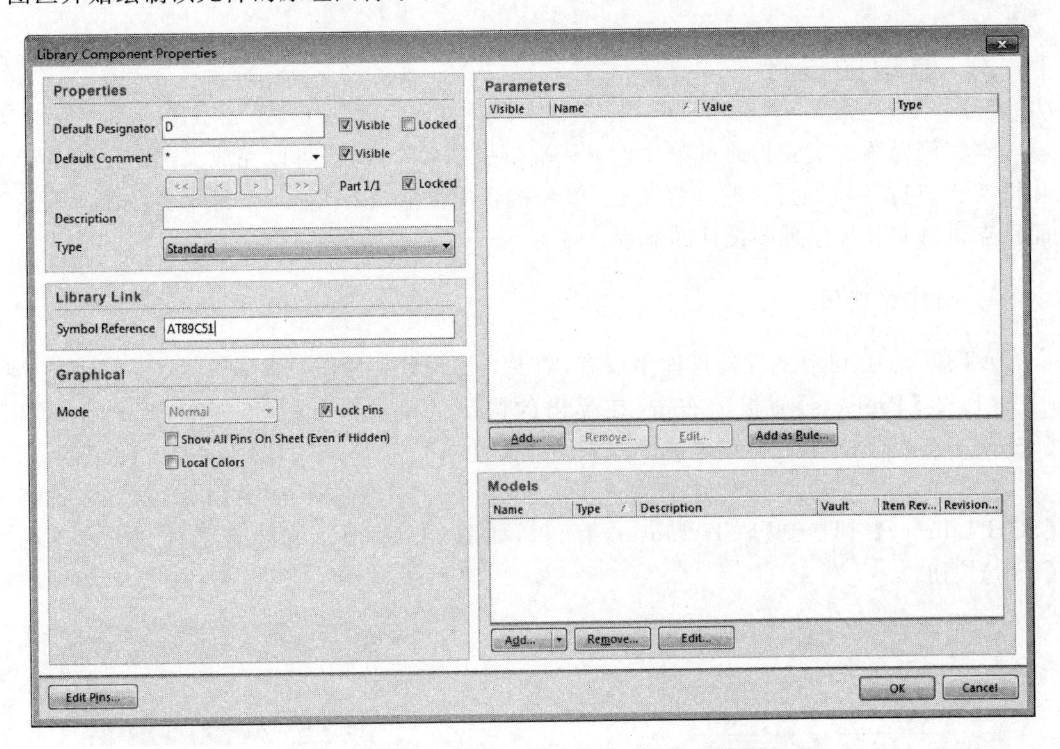

图 11-5 【Library Component Properties】对话框

(4) 在绘图区中右击，执行【Options】|【Document Options】命令，在弹出图 11-6 所示的【Library Editor Workspace】对话框中将【Snap】选项设为 5，也就是 5mil。

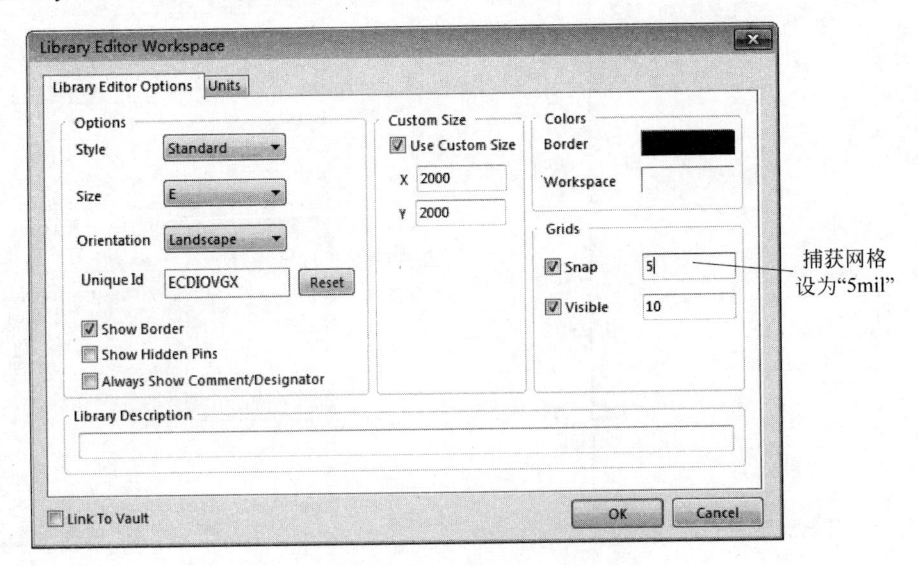

图 11-6 【库编辑器工作区】对话框

(5) 单击工具栏上的□图标,如图 11-7 所示。绘制元件轮廓。通过设置其属性对话框中的定点位置来确定元件轮廓的位置和大小,如图 11-8 所示。

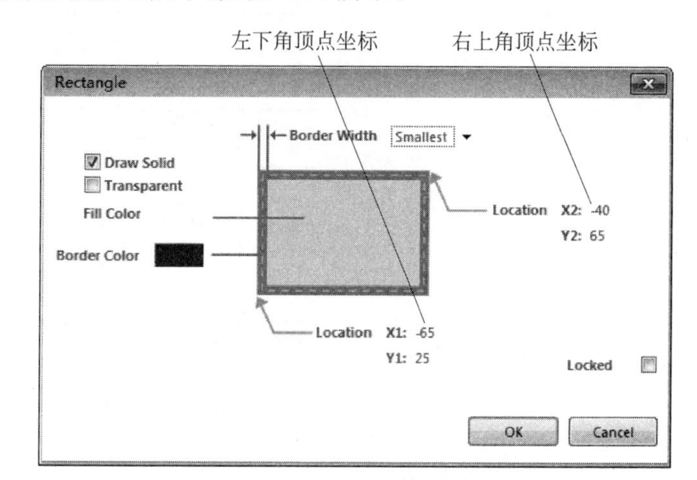

图 11-7 【放置矩形】图标

图 11-8 元件轮廓属性对话框

(6) 单击图 11-7 所示工具栏上的图标,放置元件各个引脚。各引脚参数如表 11-1 所示。

表 11-1 元件 89C51 的引脚参数

引脚序号	引 脚 名 称	类 型
1～8	P10～P17	I/O
9	Reset	Input
10	RXD	I/O
11	TXD	I/O
12～13	INT0～INT1	I/O
14～15	T0～T1	I/O
16	W\R\	I/O
17	R\D\	I/O
18～19	X2～X1	Input
20	GND	Power
21～28	P20～P27	I/O
29	PSEN	Output
30	ALE/P\	Output
31	E\A\/VP	Input
32～39	P07～P00	I/O
40	VCC	Power

提示:请注意引脚 16 的写法"W\R\",其在图上显示的是字符上面加横线。

(7) 最后,AT89C51 的原理图符号如图 11-9 所示。

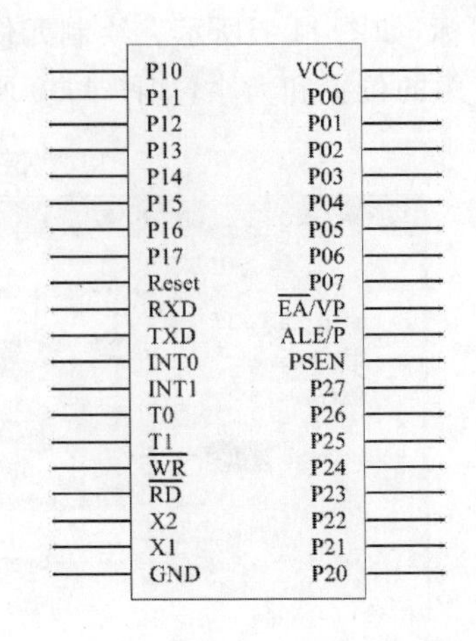

图 11-9　AT89C51 的原理图符号

2. 放置其他元器件

在元器件库中利用添加元器件库，搜索元器件等方法，在原理图中放置制作单片机原理图用到的各个元器件，具体寻找添加元器件的方法在前面章节中有详细介绍。操作步骤如下：

(1) 在【Libraries】面板中选择 At89C51. SchLib，将 51 单片机 At89C51 添加到原理图中。

(2) 在通用元器件库 Miscellaneous Devices. IntLib 中选择发光二极管 LED3、电阻 Res2、排阻 Res Pack3、晶振 XTAL、电解电容 Cap Pol3、无极性电容 Cap，以及 PNP 和 NPN 三极管、多路开关 SW-PB、蜂鸣器 Speaker、继电器 Relay-SPDT 和按键 SW-PB。

(3) 在 Miscellaneous Connectors. IntLib 元器件库中选择 SMB 接头和串口 D connector 9。

(4) 放置以上各个元器件后，需要根据本例的需要对元器件进行适当的修改。由于刚才选择的 D connector 9 串口的接头为 11 针，而在这里只需要 9 针，所以需要稍加修改，双击串口接头，弹出如图所示 11-10 所示的【元件属性】对话框。

(5) 单击【元件属性】对话框中的【Edit Pins】按钮，弹出【Component Pin Editor】对话框，如图 11-11 所示。取消选中第 10 和第 11 引脚的【Show】属性，单击【OK】按钮，元件即被修改好了。修改好之后的串口如图 11-12 所示。

(6) 在元器件库 Miscellaneous Devices. IntLib 中选取 7 段数码管 Dpy Green-cc，如图 11-13 所示，对于本原理图，为了使用方便可以对引脚稍加修改，修改后的数码管如图 11-14 所示。

(7) 放置电源元件。需要添加的电源器件，不在 Altium Designer 15 默认添加的元器件库中，需要手动添加元器件库 ST Microelectronics 目录下的 ST Power Mgt Voltage Regulator. IntLib。添加该元器件库后，在该元器件库中找到 L7805CV，如图 11-15 所示。

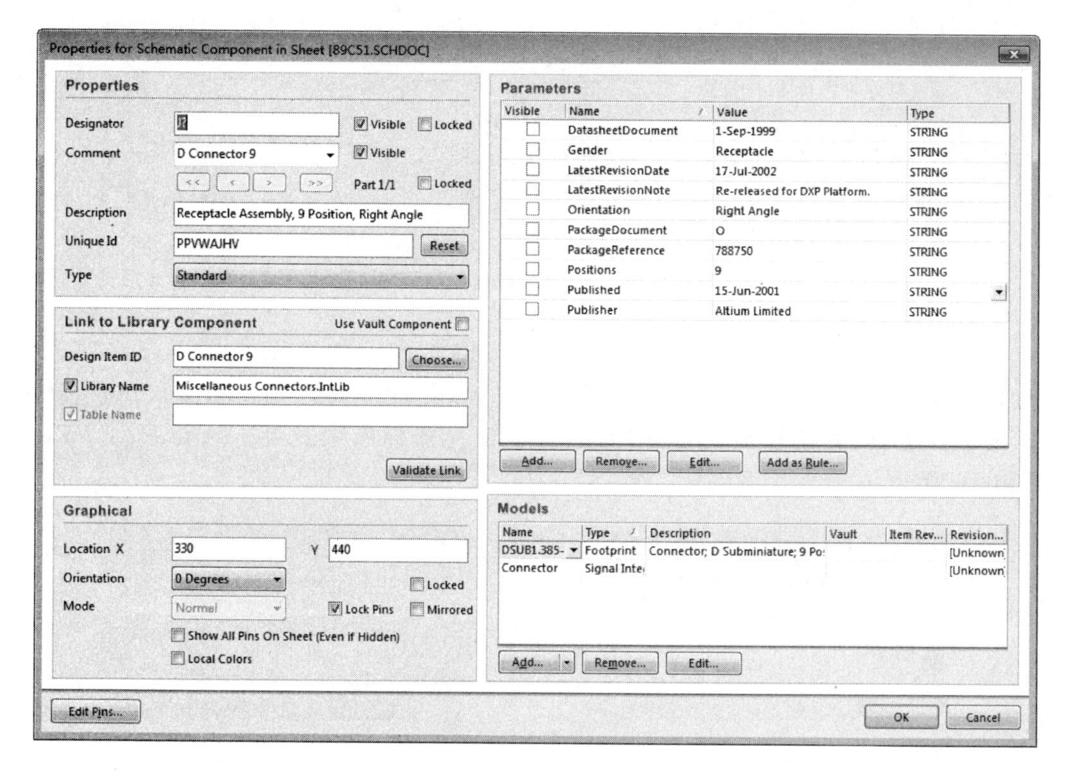

图 11-10　D connect 9【元器件属性】对话框

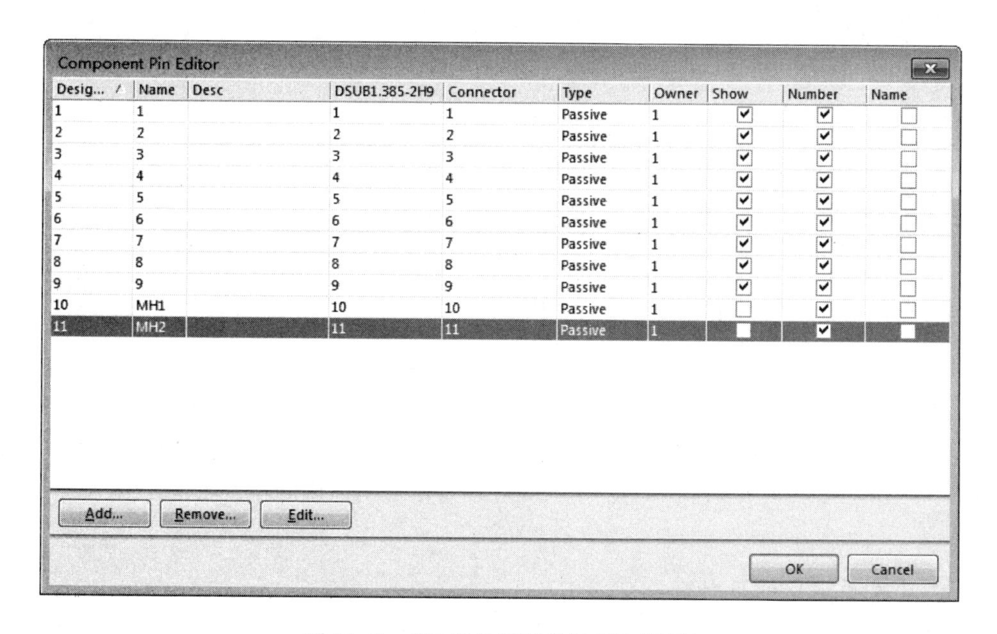

图 11-11　【元器件引脚编辑器】对话框

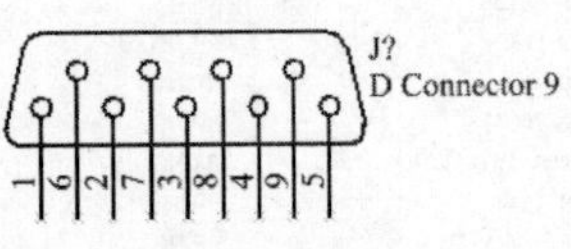

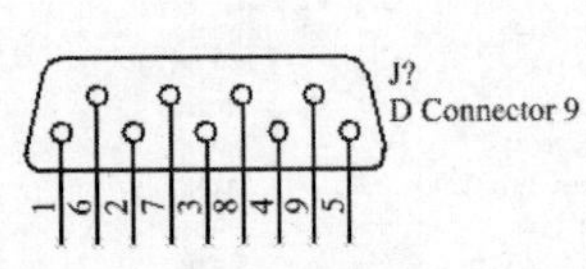

图 11-12　修改之后的串口

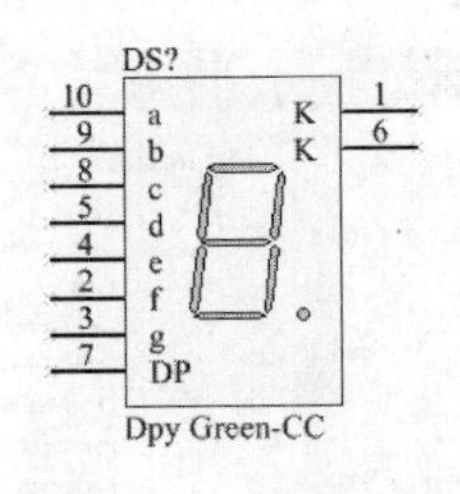

图 11-13　修改前的数码管

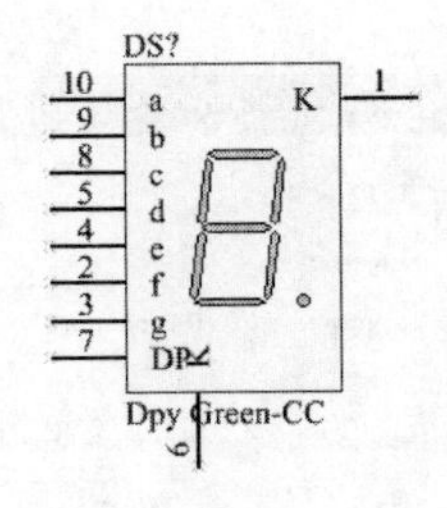

图 11-14　修改后的数码管

（8）放置 MAX232。需要添加的串口芯片 MAX232，不在 Altium Designer 15 默认添加的元器件库中，需要手动添加元器件库 Maxim 目录下的 Maxim Communication Transceiver. IntLib 添加该元器件库以后，在该元器件库中找到 MAX232AEWE，如图 11-16 所示。

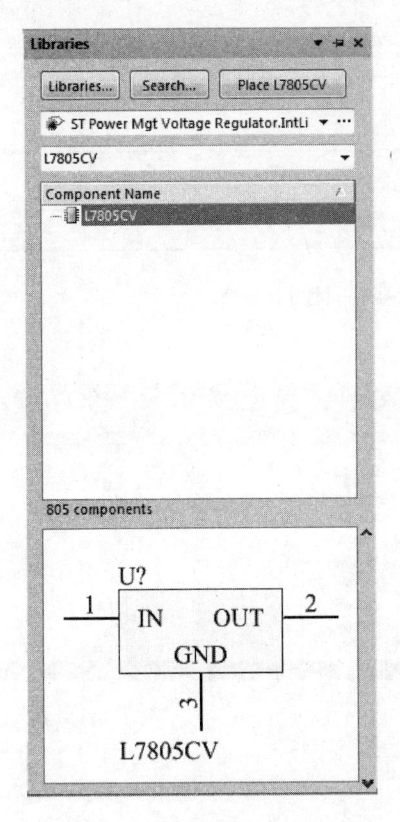

图 11-15　电源器件 L7805CV

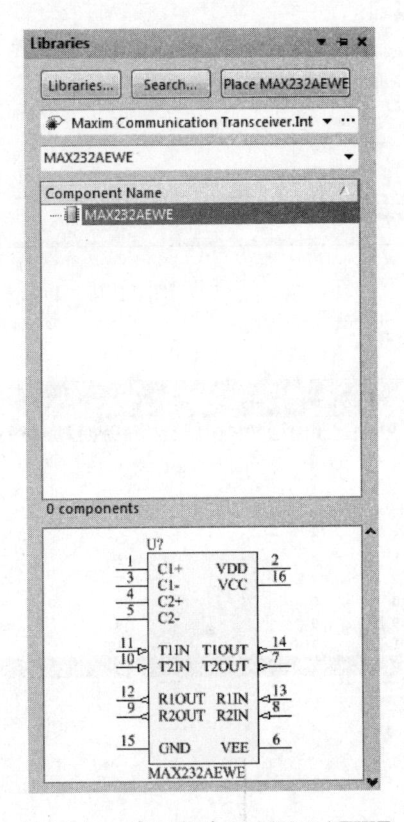

图 11-16　串口芯片 MAX232AEWE

3. 层次原理图的设计

现在利用自上而下的层次原理图设计方法，详细讲述绘制单片机实验板的过程。首先介绍单片机实验板层次原理图的母图的设计过程。

（1）启动原理图设计器，建立一个原理图文件，名为 89C51. Schdoc。

(2) 在工作平面上打开布线工具栏，执行绘制方块命令，即单击布线工具栏上的图标或者选择【Place】|【Sheet Symbol】命令。

(3) 执行该命令后，光标变为十字形状，并带有方块电路，如图 11-17 所示。

(4) 在此命令下，按【Tab】键，会出现【Sheet Symbol】对话框，如图 11-18 所示。在对话框中设置文件名为 RS232. Schdoc，表明该电路代表串口电路模块。在标识符中设置方块图名称为相同即可。

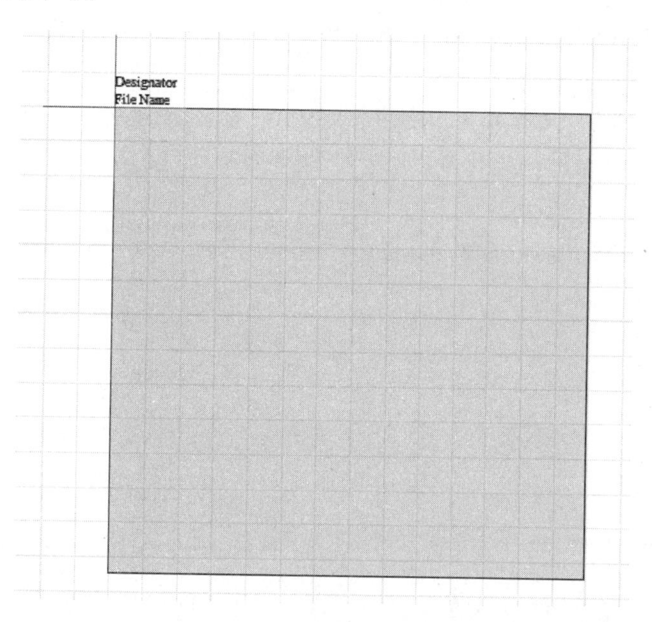

图 11-17　放置方块电路状态

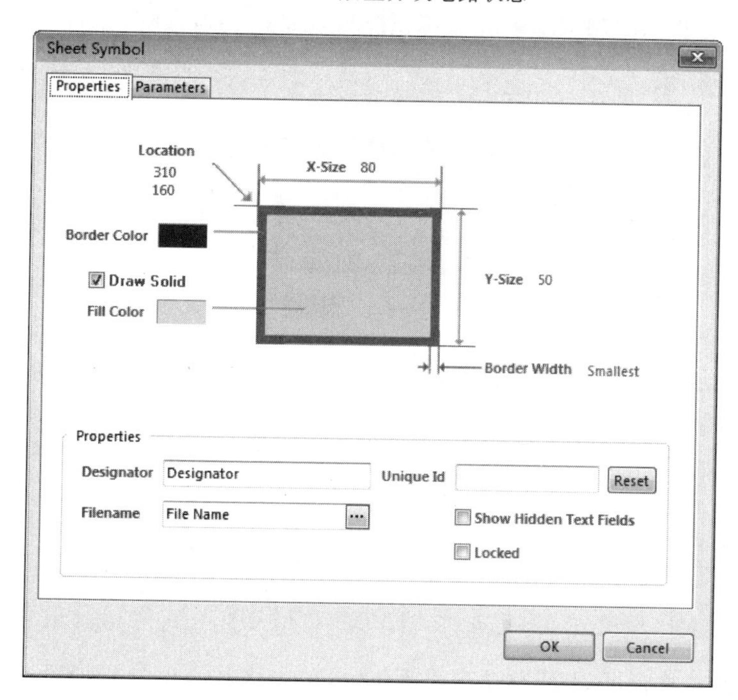

图 11-18　【图纸符号】对话框

(5) 设置完属性后，确定方块电路的大小和位置。将光标移动到适当的位置后单击，确定方块电路的左上角位置。然后拖动鼠标，移动到适当的位置后单击，确定方块电路的右下角位置。这样就定义了方块电路的大小和位置，绘制出一个名为 RS232. Schdoc 的模块。如图 11-19 所示。

(6) 绘制好一个方块电路之后，仍处于放置方块电路的状态下，可以用同样的方法继续放置其他的方块电路，并设置属性。

(7) 执行放置方块电路端口命令，方法是用鼠标单击布线工具栏中的 图标或者选择【Place】|【Add Sheet Entry】命令。

(8) 执行该命令后，光标变为十字形状，然后在需要放置端口的方块图上单击，此时光标处就带着方块电路的端口符号，如图 11-20 所示。

图 11-19　绘制好的方块电路

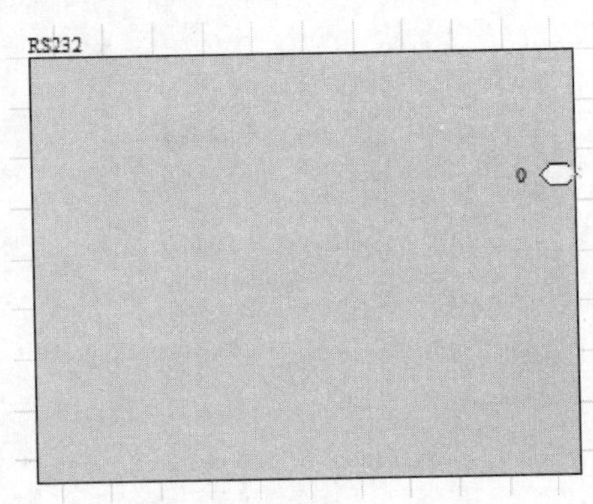

图 11-20　放置方块电路端口状态

(9) 在此状态下，按【Tab】键，系统弹出【Sheet Entry】对话框，如图 11-21 所示。

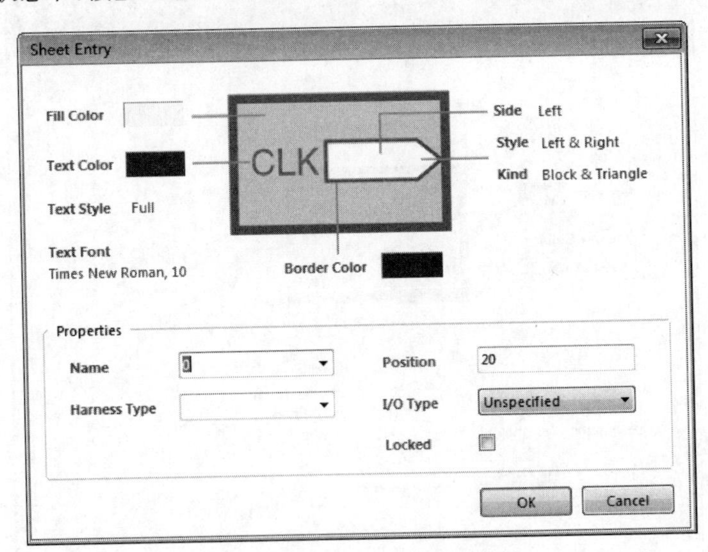

图 11-21　【图纸入口】对话框

(10) 设置完成后，将光标移动到合适位置，单击将其定位，同样，根据实际电路的安排，可以在该模块上放置其他端口，如图 11-22 所示。

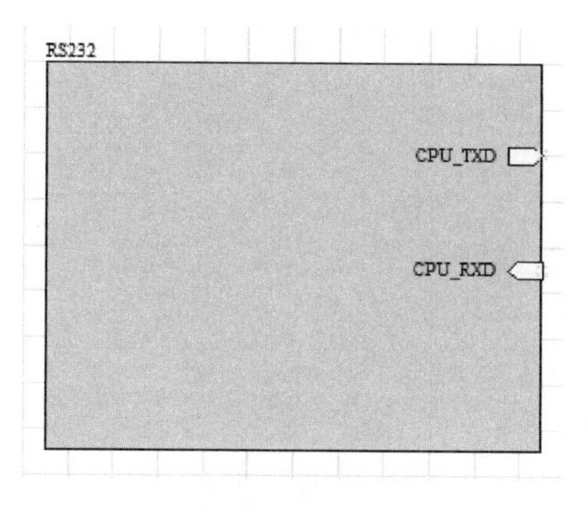

图 11-22 放置完端口的方块电路

(11) 重复上述操作，设置其他方块电路，如图 11-23 所示。

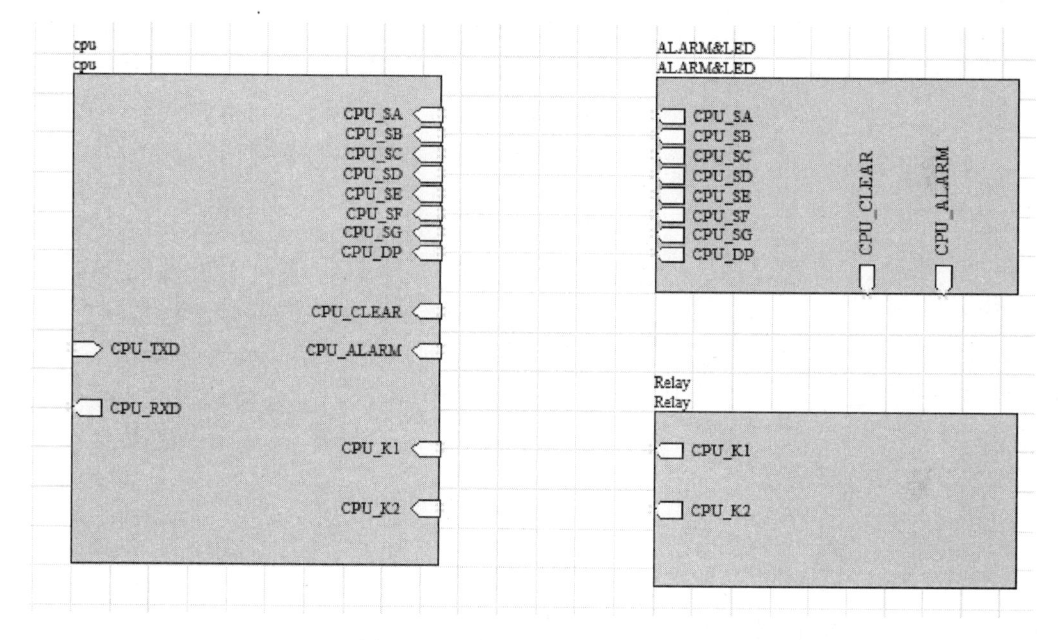

图 11-23 放置完端口的其他模块

(12) 将电气关系上具有相连关系的端口用导线连接在一起，如图 11-24 所示。通过上述步骤就建立了一个原理图的母图，如图 11-24 所示。

单片机实验板层次原理图的子图设计过程：

在制作层次原理图时，其子图端口符号必须和方块电路上的端口符号相对应，这里使用 Altium Designer 15 提供的捷径，由方块电路符号直接产生原理图文件的端口符号。

(1) 选择【Design】|【Create Sheet From Sheet Symbol】命令。

(2) 执行上步的命令后，光标变为十字形状，移动光标到方块电路上。单击将自动生成一个文件名为 RS232. Schdoc 的原理图文件，并布置好端口，如图 11-25 所示。

(3) 在此新生成的 RS232. Schdoc 子原理图中依照电气关系放置需要的文件，适当布局后，按照电气连接关系连接各个元器件和端口，得到图 11-26 所示。

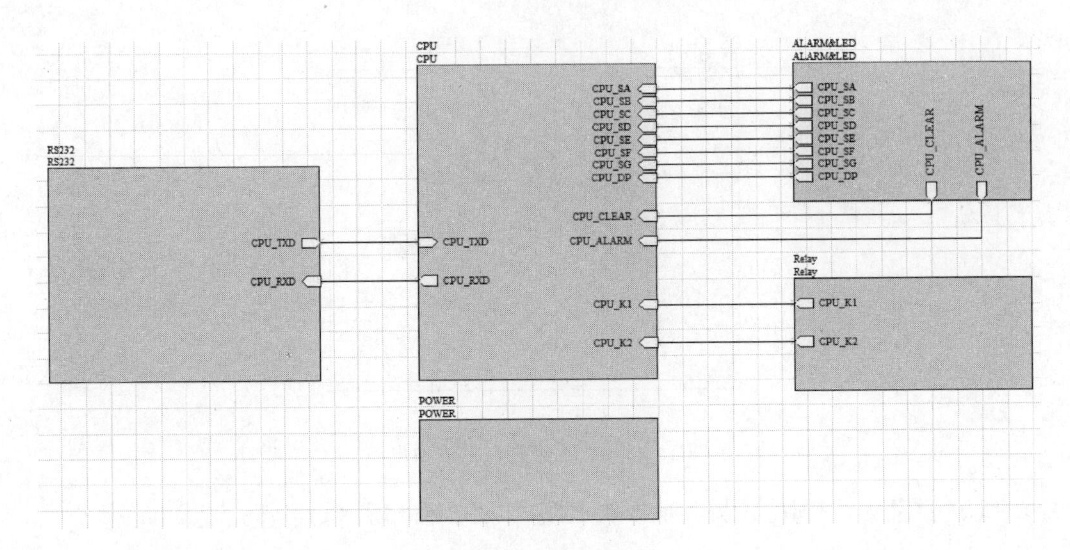

图 11-24　最终效果图

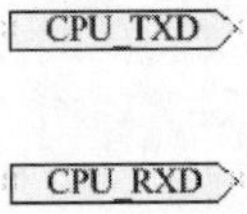

CPU_TXD

CPU_RXD

图 11-25　产生新的子原理图

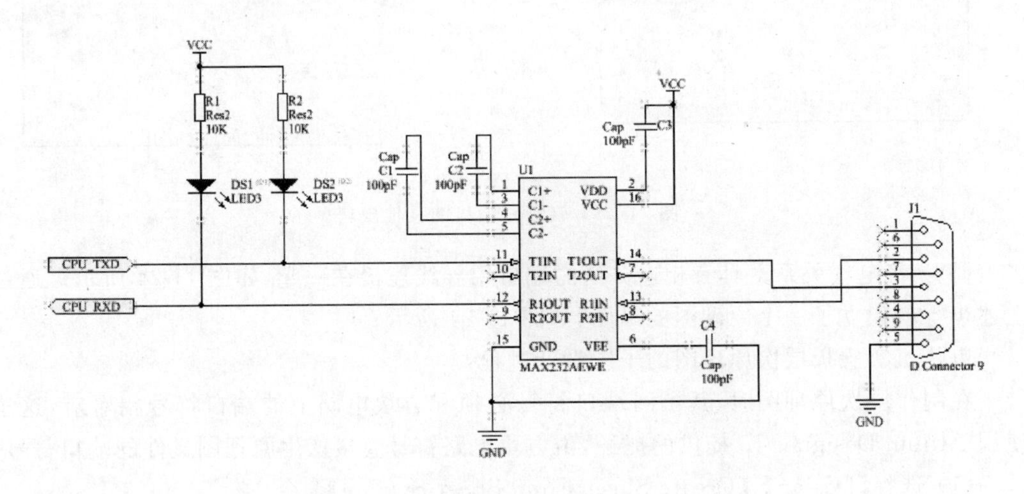

图 11-26　红外接口及发光二极管电路

（4）重复上述操作，建立并连接其他部分的子原理图。CPU 电路如图 11-27 所示，蜂鸣器和数码管电路如图 11-28 所示，继电器电路如图 11-29 所示，电源电路如图 11-30 所示。

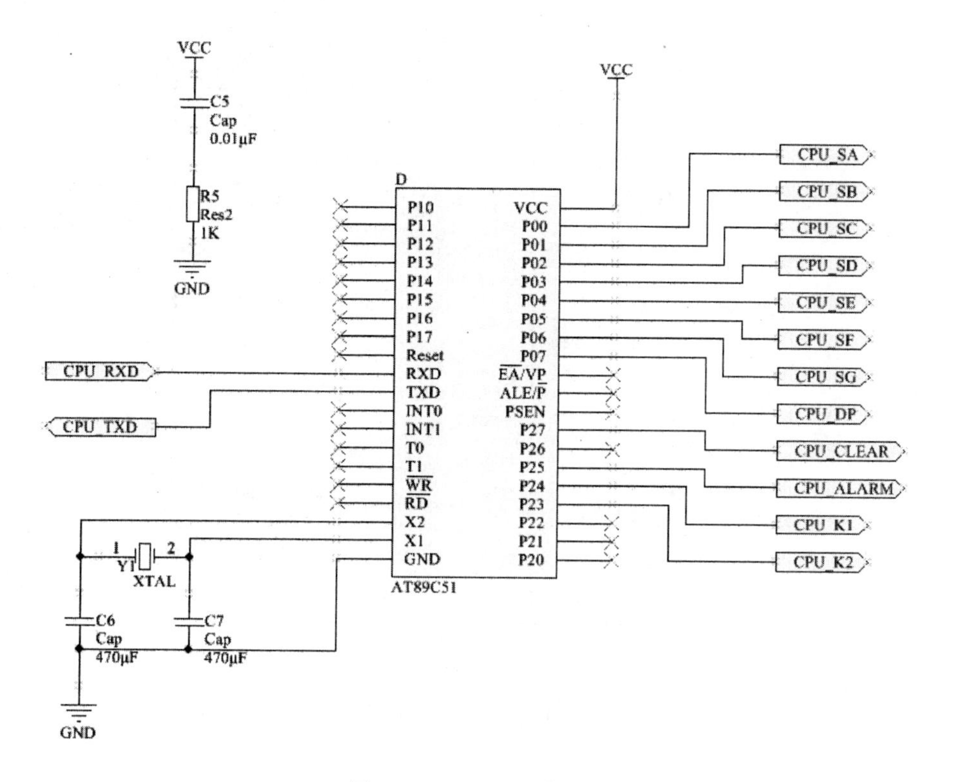

图 11-27　CPU 电路

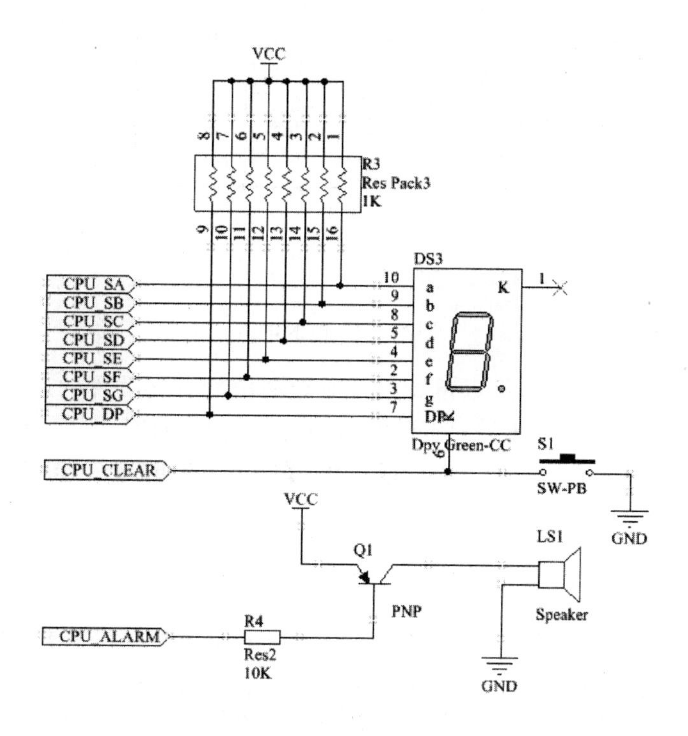

图 11-28　蜂鸣器和数码管电路

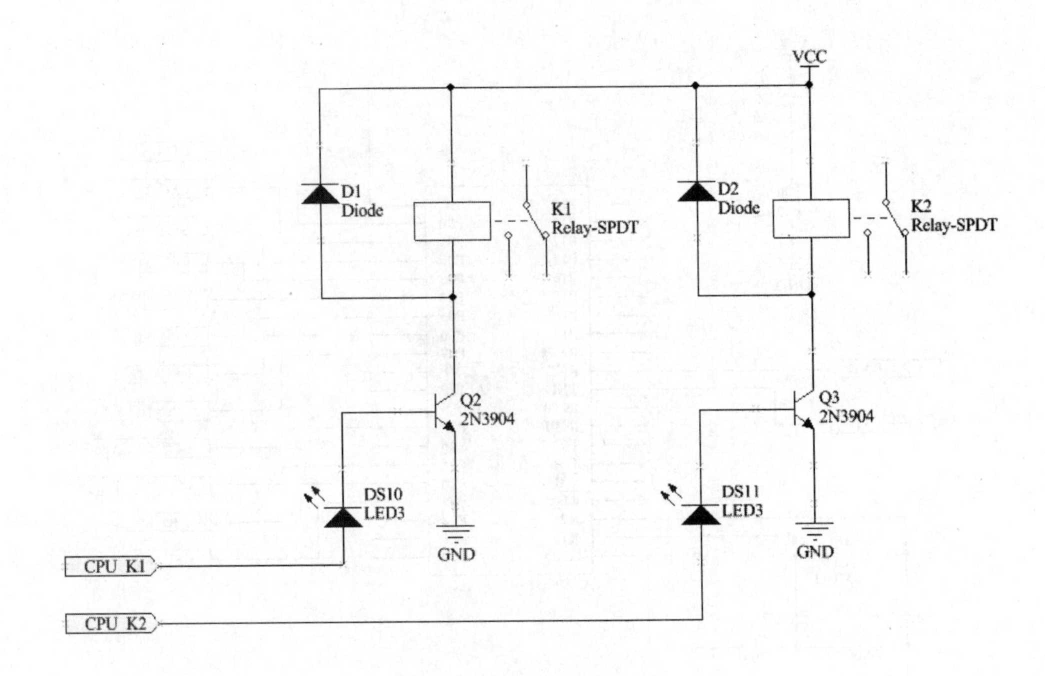

图 11-29 继电器电路

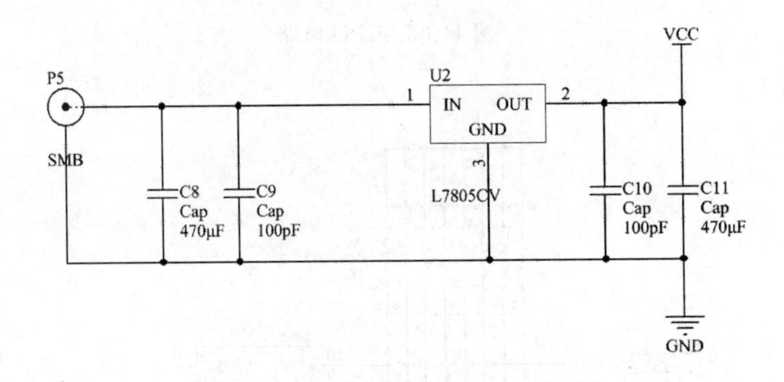

图 11-30 电源电路

(5) 原理图绘制完成后，可以重新编排原理图中所有元器件的序号，选择【Tools】|【Annotate Schematics】命令即可打开【Annotate】对话框，如图 11-31 所示。在【Order of Processing】中选择【Across Then Down】。单击【Update Changes List】按钮，重新编排元器件序号。

4. 编译工程及差错

在使用 Altium Designer 进行设计的过程中，编译项目是非常重要的一个环节。编译时，系统将会根据用户的设置检查整个项目。

(1) 选择【Project】|【Project Options】命令，弹出【Options for Project】窗口，即【项目管理选项】，如图 11-32 所示。

(2) 在【Error Report】(错误报告类型)选项卡中，可以设置所有可能出现错误的报告

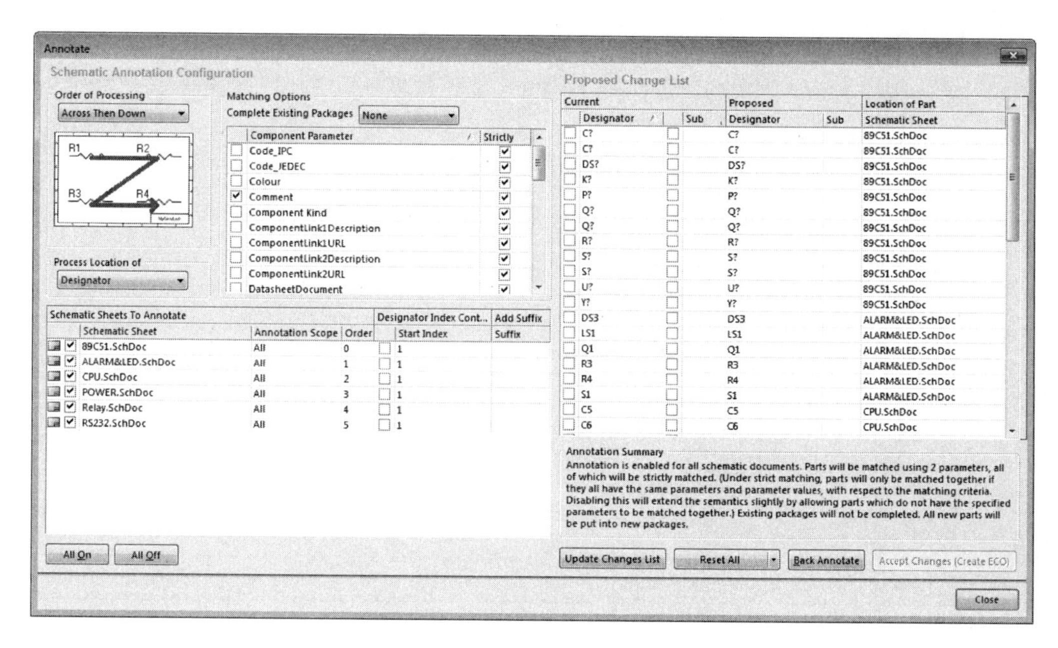

图 11-31 【Annotate】对话框

类型。

(3) 在【Connection Matrix】(电气连接矩阵)选项卡中显示设置的电气连接矩阵，如图 11-33 所示。

(4) 单击【OK】按钮，完成对【项目管理选项】的设置。本例中单片机实验板的项目管理设置，如图 11-32 和图 11-33 中所示。

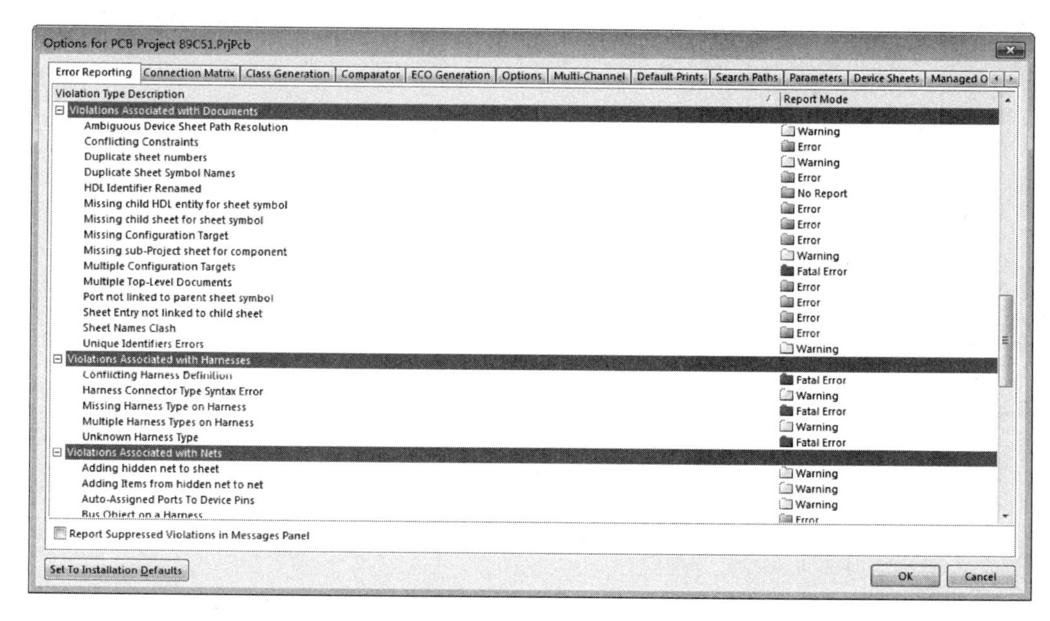

图 11-32 【Options for Project】窗口

(5) 在设置【项目管理选项】后，选择【Project】菜单中的【Compile PCB Project 89C51.prjpcb】直接编译项目。如有错误则弹出编译信息。

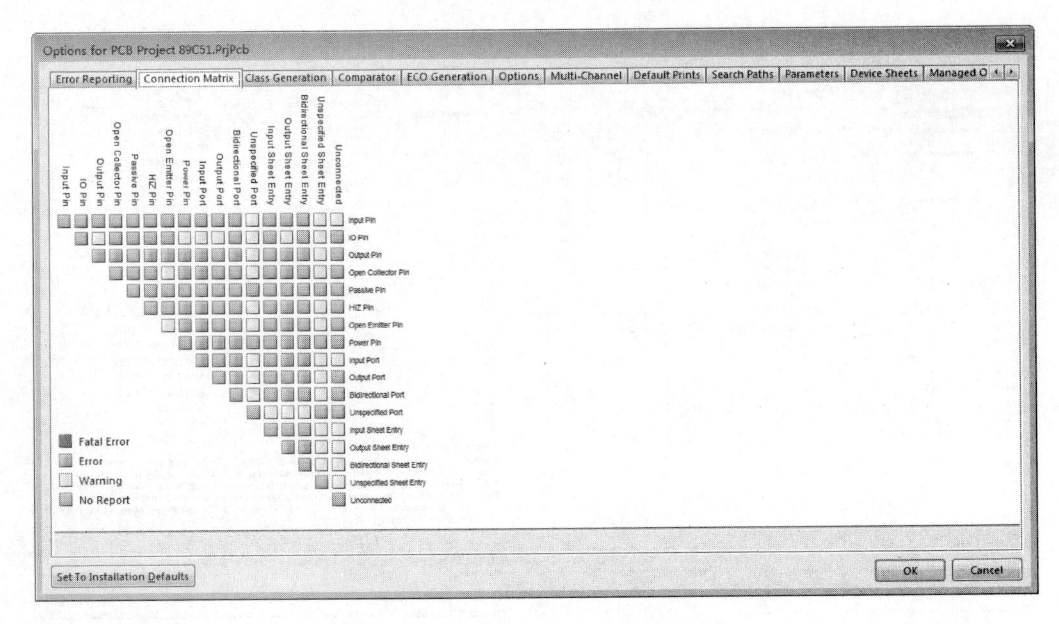

图 11-33 【Connection Matrix】选项卡

5. 生成元器件报表

(1) 打开单片机实验板的原理图文件 AT89C51. schdoc，选择【Reports】|【Bill of Materials】命令，弹出【Bill of Materials】对话框，如图 11-34 所示。其中列出了整个项目中所用到的元器件，单击表格中的标题，可以使表格内容按照一定的次序排列。

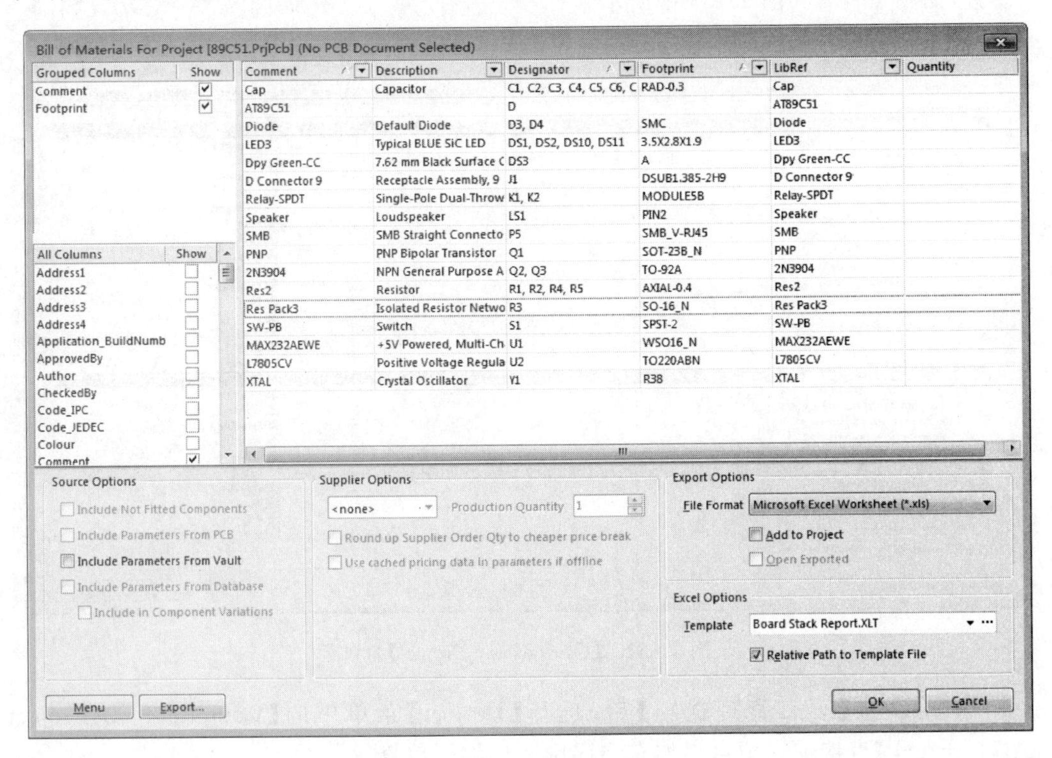

图 11-34 【Bill of Materials】对话框

（2）在【Bill of Materials】窗口中单击【Menu】按钮，选择【Report】选项，弹出【Report Preview】窗口，如图 11-35 所示显示元器件报告单。这里可以打印元器件的表单。

（3）在【Report Preview】窗口中单击【Export】按钮，在弹出的对话框中可以将元器件报告报表保存为 Excel 格式。在【保存类型】下拉列表框中可以选择 Microsoft Excel Worksheet(*.xls)选项或者 WebLayer(CSS)(*.htm; *.html)选项，即可将元器件报表输出为 Excel 格式或者 Html 格式。

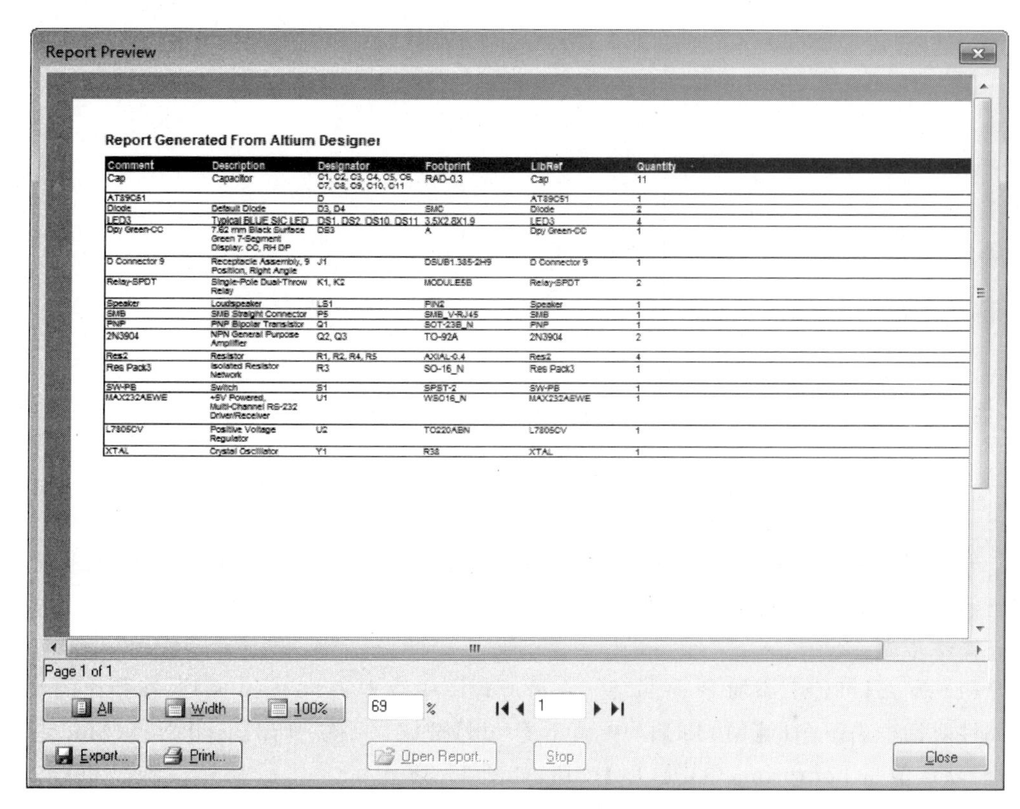

Report Generated From Altium Designer

Comment	Description	Designator	Footprint	LibRef	Quantity
Cap	Capacitor	C1, C2, C3, C4, C5, C6, C7, C8, C9, C10, C11	RAD-0.3	Cap	11
AT89C51		D		AT89C51	1
Diode	Default Diode	D3, D4	SMC	Diode	2
LED3	Typical BLUE SIC LED	DS1, DS2, DS10, DS11	3.5X2.8X1.9	LED3	4
Dpy Green-CC	7.62 mm Black Surface Green 7-Segment Display: CC, RH DP	DS3	A	Dpy Green-CC	1
D Connector 9	Receptacle Assembly, 9 Position, Right Angle	J1	DSUB1.385-2H9	D Connector 9	1
Relay-SPDT	Single-Pole Dual-Throw Relay	K1, K2	MODULE5B	Relay-SPDT	2
Speaker	Loudspeaker	LS1	PIN2	Speaker	1
SMB	SMB Straight Connector	P5	SMB_V-RJ45	SMB	1
PNP	PNP Bipolar Transistor	Q1	SOT-23B_N	PNP	1
2N3904	NPN General Purpose Amplifier	Q2, Q3	TO-92A	2N3904	2
Res2	Resistor	R1, R2, R4, R5	AXIAL-0.4	Res2	4
Res Pack3	Isolated Resistor Network	R3	SO-16_N	Res Pack3	1
SW-PB	Switch	S1	SPST-2	SW-PB	1
MAX232AEWE	+5V Powered, Multi-Channel RS-232 Driver/Receiver	U1	WSO16_N	MAX232AEWE	1
L7805CV	Positive Voltage Regulator	U2	TO220ABN	L7805CV	1
XTAL	Crystal Oscillator	Y1	R38	XTAL	1

图 11-35　【Report Preview】窗口

11.4　PCB 设计

完成原理图的设计后，需要先完成 PCB 图设计的准备工作。双层板与单面板的准备工作基本相同。

右击 89C51.Prjpcb 工程，然后选择【Add New to Project】|【PCB】命令新建一个 PCB 文件。

1. 规划电路板

在创建 PCB 文件之后，可以选择【设计】菜单中的【层堆栈管理器】和【PCB 板层次颜色】命令，进行工作层面和 PCB 环境参数的设置，本例单片机实验板需要双面板，系统默认即为双面板，因此不需要更改。

操作步骤：

(1) 单击实用工具中的图标，如图 11-36 所示。或者选择【Edit】|【Origin】|【Set】命令，在 PCB 图的左下角合适位置设置坐标原点。

(2) 选择机械层【Mechanical1】，单击实用工具中的 / 图标，放置直线；或者选择【Place】|【Line】命令。在 PCB 图上画一个合适的矩形边框，如图 11-37 所示。

(3) 选择【Keep-Out Layer】层，绘制同样大小和位置的边框。

图 11-36　实用工具

图 11-37　机械层上绘制边界

2. 导入网络表和元器件

导入网络表和元器件到 PCB 中之前，确保之前所画的原理文件和新建的 PCB 文件都已经添加到 PCB 项目中，并且保存。

操作步骤：

(1) 为 AT89C51 添加 PCB 封装。在母原理图中双击 AT89C51 选项，在弹出的元器件属性对话框右下角的【Model】栏中，单击【Add】按钮。系统弹出【Add New Model】对话框，默认值是 Footprint，单击【OK】按钮，如图 11-38 所示。

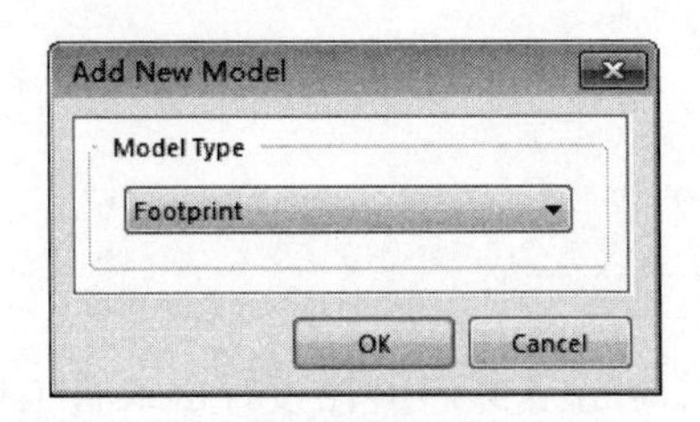

图 11-38　【新加的模型】对话框

(2) 在弹出的【PCB Model】对话框中，单击【Browse】按钮，在【库浏览】对话框中单击【Find】按钮，查找 DIP-85 封装。在结果中选中，单击【OK】按钮，将此封装添加给 AT89C51。如图 11-39 所示。

(3) 打开单片机实验板的原理图文件，在编辑器中选择【Design】|【Update PCB Document AT89C51. Pcbdoc】命令，弹出【Engineering Change Order】对话框，单击对话框中的【Validate Changes】按钮，系统逐项执行所提交的修改并在【Status】栏的【Check】列表中显示加载的元器件是否正确，结果如图 11-40 所示。

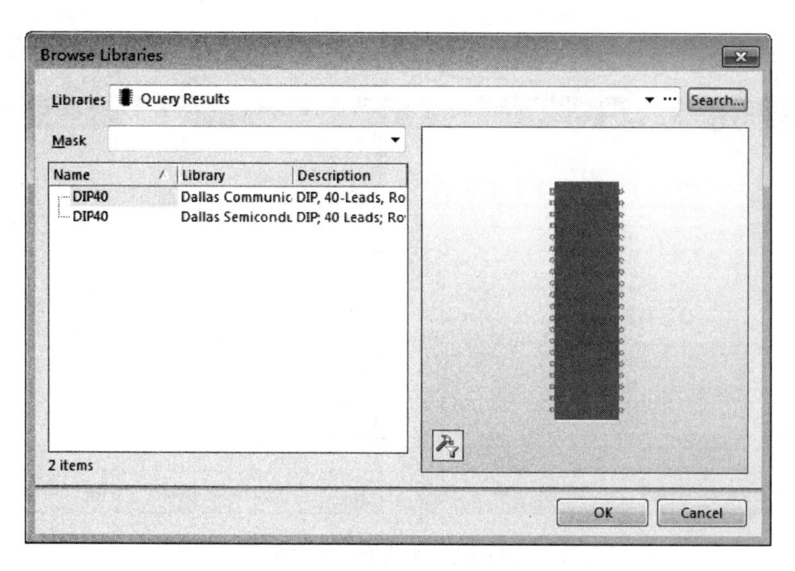

图 11-39　DIP-40 封装的搜索结果

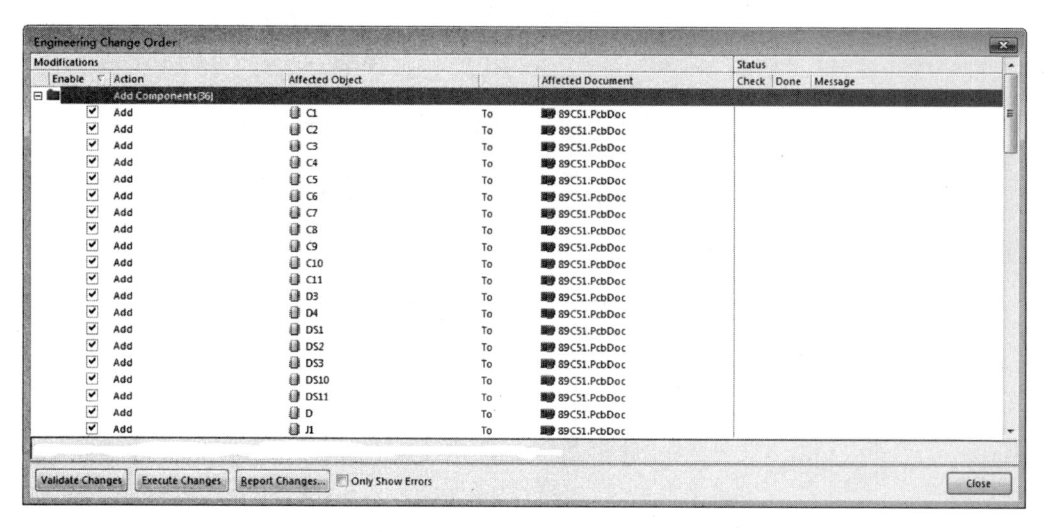

图 11-40　检查结果

(4) 如果元器件封装和网络正确,单击【Execute Changes】按钮,即可将改变发送到PCB,如图 11-41 所示,同时工作区自动切换到 PCB 编辑状态。

(5) 关闭【Engineering Change Order】对话框,可以看到网络表与元器件加载到电路板中,如图 11-42 所示。

3. 自动布局

(1) 选择【Tool】|【Component Placement】|【Auto Placer】命令,打开【Auto Place】对话框,如图 11-43 所示。

(2) 在单片机实验板实例中选择适合较少元器件电路的【分组布局】单选按钮,单击【OK】按钮开始自动布局。自动布局结束后的 PCB 如图 11-44 所示。

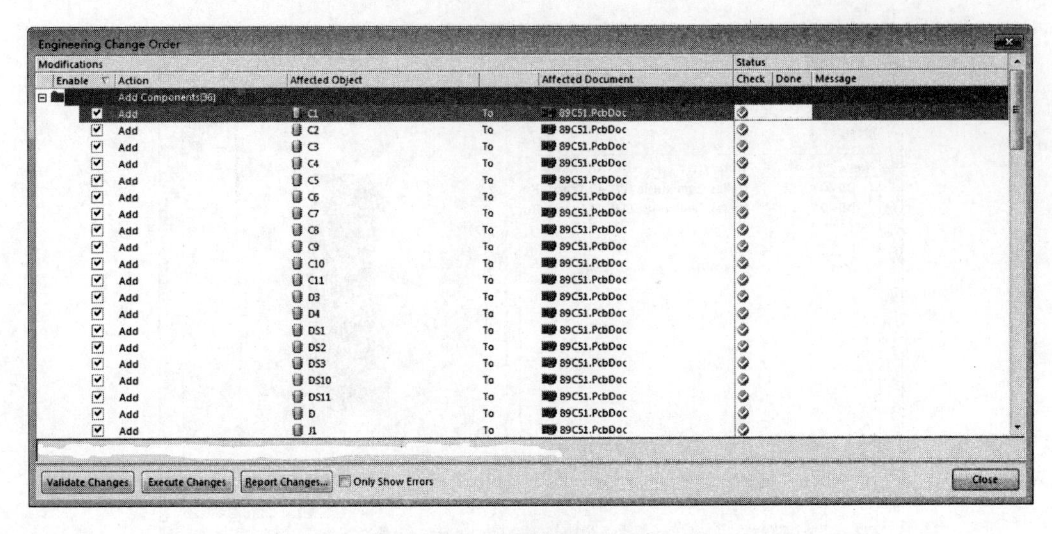

图 11-41　加载完成对话框

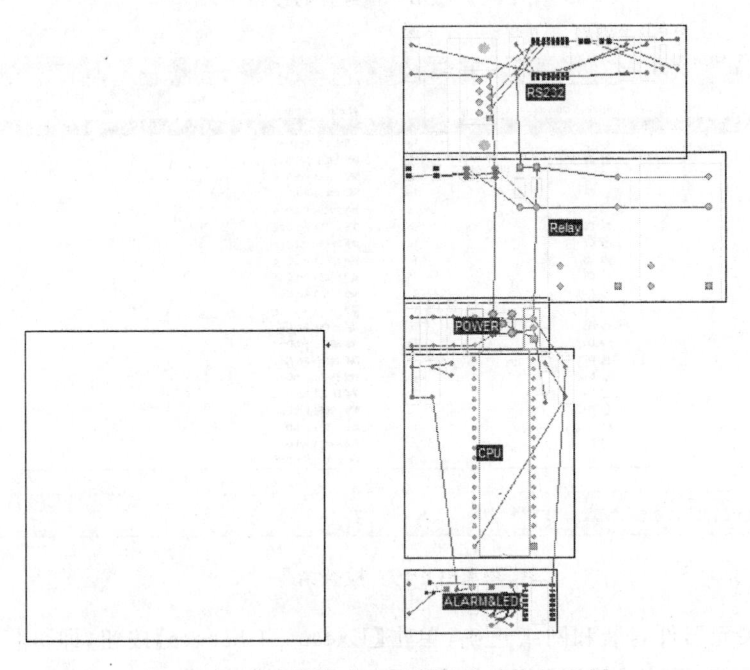

图 11-42　载入网络表和元器件之后的 PCB 图

4. 手工调整布局

程序对元器件的自动布局一般以寻找最短布线路径为目标，因此元器件的自动布局往往不太理想，需要用户手工调整。图 11-44 所示元器件虽然已经布置完成，但元器件的位置不够理想，因此必须重新调整某些元器件的位置。

操作步骤：

(1) 这里首先移动串口的位置，使其更理想，串口因需插接，所以尽量放置在 PCB 板的边缘部分。

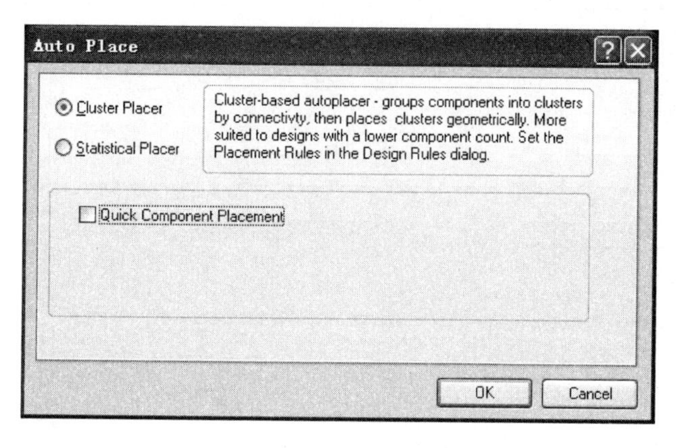

图 11-43 【自动布局】对话框

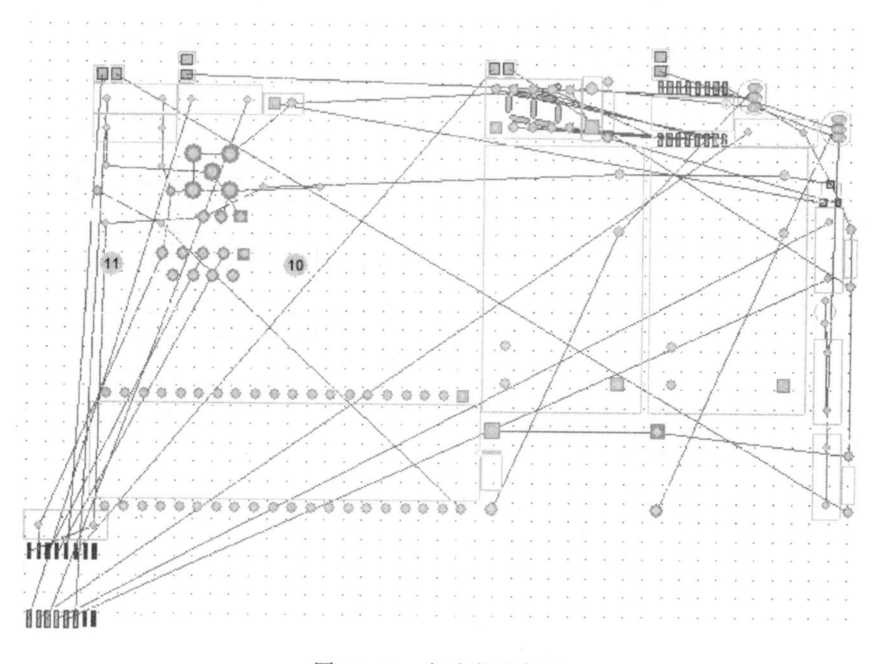

图 11-44 自动布局完成

(2) 单击串口,并且按住不放,这时可以随时移动串口的位置,将其移动到合适的位置,松开鼠标即可,如图 11-45 所示。

(3) 这里将窗口移动到 PCB 板的一个边缘部分,此部分在自动布局后元器件较少。之后按照类似的步骤依次移动其他元器件到理想的位置即可,结果如图 11-46 所示。

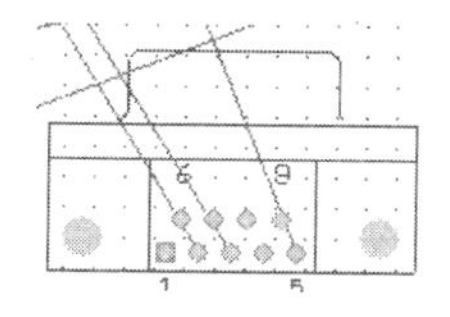

图 11-45 按住鼠标移动串口

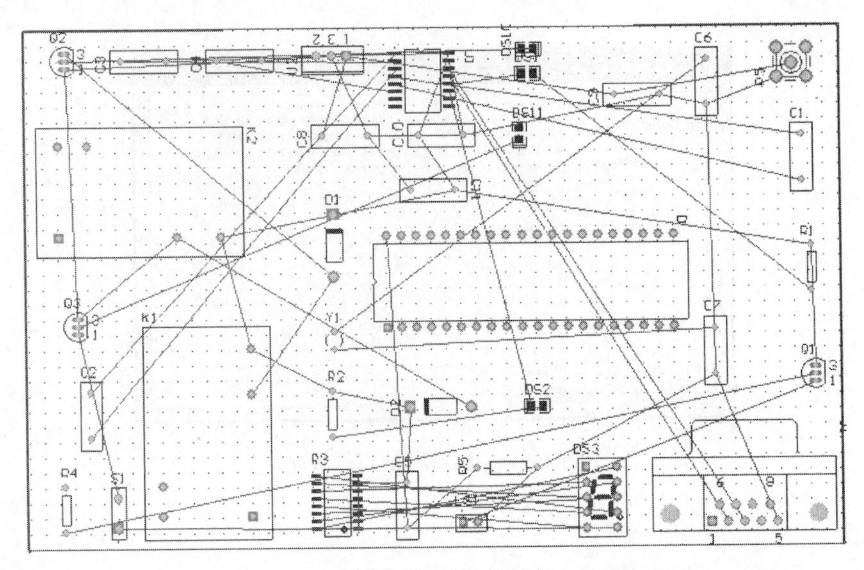

图 11-46　手动调整元器件后的 PCB 板

5. 全局布线

操作步骤：

(1) 选择【Auto Route】|【All】命令，打开【Situs Routing Strategies】对话框，选择【Default 2 Layer Board】布线策略，然后单击【Edit Rules】按钮，即可打开图 11-47 所示对话框。

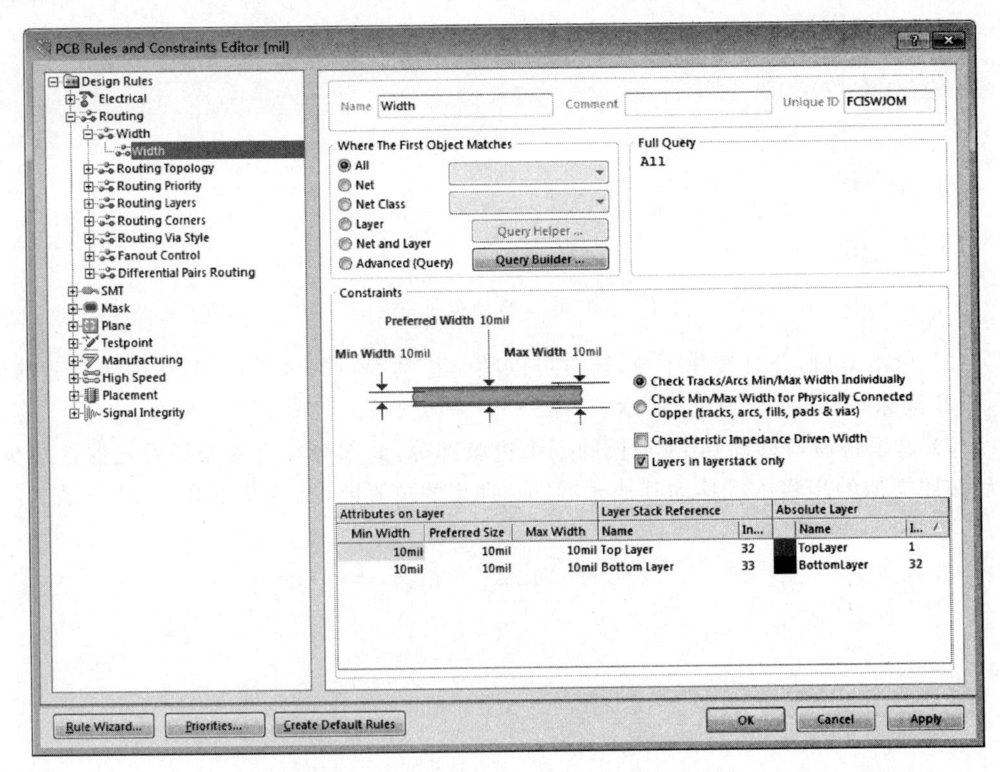

图 11-47　【PCB 规则和约束编辑器】对话框

(2) 单击左侧目录树中的【Routing】|【Width】选项,可以进入布线宽度设置框。在这里的是所有线的规则。

(3) 右击【Width】,在弹出的快捷菜单中选择【New Rule】命令,命名为 GND,在 GND 的规则里面选择【Net】选项,并在下拉表中选择 GND 选项,然后在约束栏中将【Min Width】设置为 50mil。

(4) 使用相同的方法为 VCC 新建一个规则,设置方法与 GND 相同即可。设置完毕单击【OK】按钮回到【Situsr】对话框。

(5) 单击【Route All】按钮,即可开始全局自动布线,布线结果如图 11-48 所示。

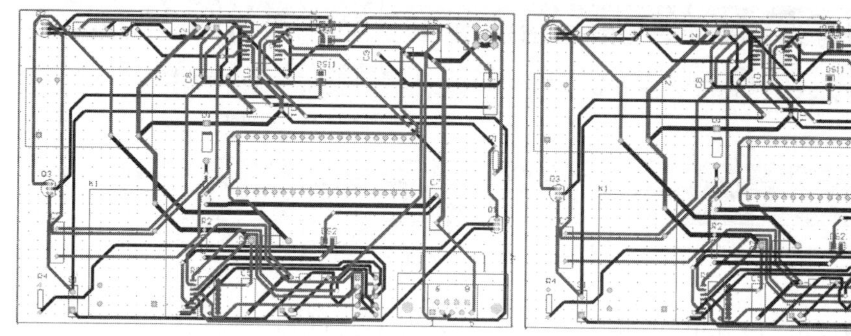

(a) 自动布线后的顶层布线结果　　(b) 自动布线后的底层布线结果

图 11-48　自动布线结果

6. DRC 检查及 3D 效果图

最后,对 PCB 上的电路进行 DRC 检查。选择【Tool】|【Design Rule Check】命令,打开【Design Rule Checker】对话框,对其适当设置后,单击【Run Design Rule Check】按钮,检查 PCB 图是否有错误。同时显示【Messages】提示框,如图 11-49 所示。同时还生成 Design Rule Verification Report 即设计规则检查报告文件,如图 11-50 所示。

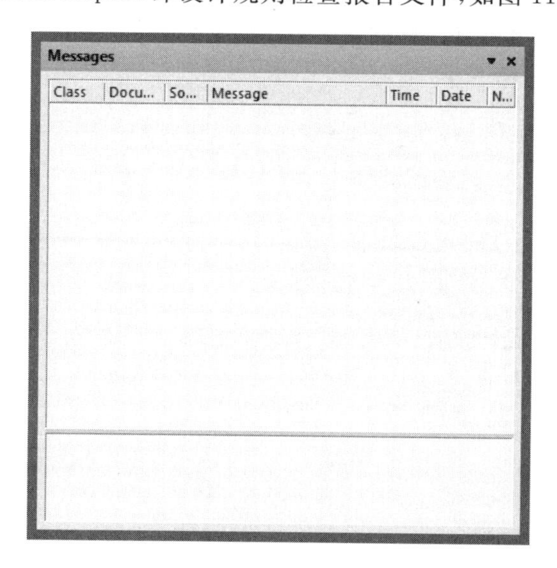

图 11-49　DRC 检验后的【Messages】提示框

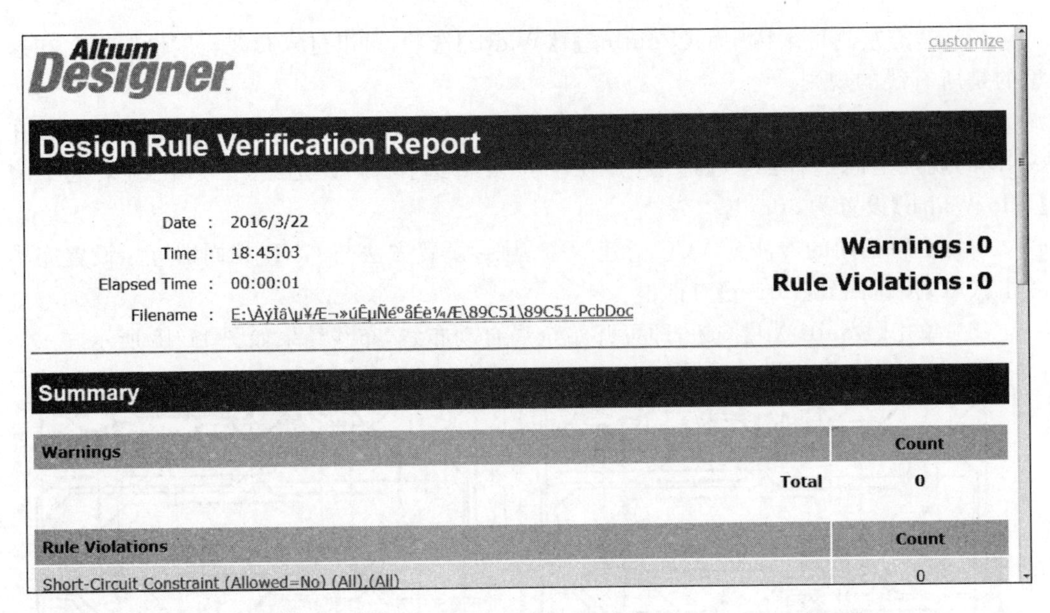

图 11-50　设计规则检查报告

选择【View】|【3D Layout Mode】命令，可以查看单片机实验板的 PCB 三维立体效果。

11.5　制造文件的生成

本节介绍 Altium Designer 输出一些特定文件和报表的功能，包括底片文件(Gerber)、钻孔文件(NC Drill)等，这里以底片文件(Gerber)为例。

打开 PCB 文件，选择【File】|【Fabrication Outputs】|【Gerber Files】命令，弹出【Gerber Setup】对话框，如图 11-51 所示。设置完毕单击【OK】按钮生成 Gerber 文件，同时启动【CAMtastical】窗口，以图形方式显示这些文件。

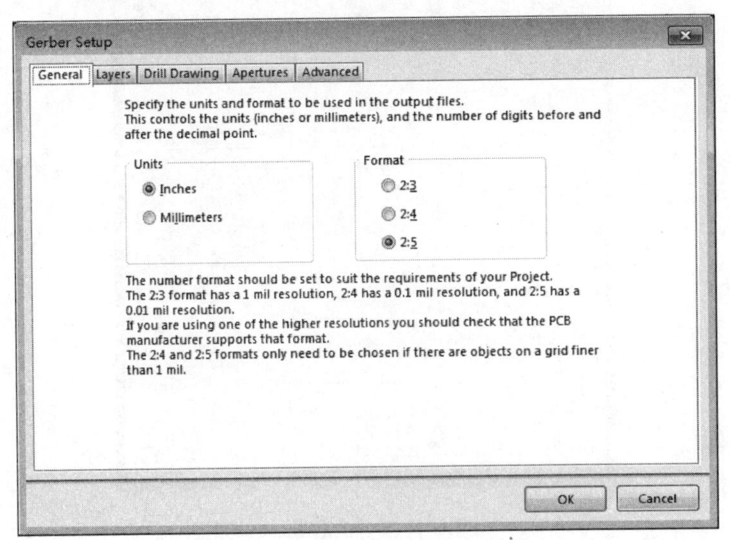

图 11-51　【光绘文件设定】对话框

切换到【Projects】面板，可以看到 Altium Designer 自动生成若干 Gerber 文件。生成的 Gerber 文件扩展名的含义如下：

- *.GTL：顶层元器件面。
- *.GBL：地层焊接面。
- *.GTO：元器件面字符。
- *.GTS：元器件面焊接。
- *.GBS：焊接面阻焊。
- *.GBO：焊接面字符。
- *.G?：机械某面。
- *.GM?：中间某层。

至此，Gerber 文件已经生成，可以交给 PCB 厂加工，使用自己生成的 Gerber 文件可以让元器件参数不显示在 PCB 成品上，如果不作说明，直接将 PCB 文件让 PCB 厂加工，PCB 厂会依葫芦画瓢地将参数留在 PCB 成品上。

11.6 思考与练习

1. 思考分析并在实际项目中练习绘制电路图

(1) 层次设计电路的一般步骤。

(2) 层次设计方法应用于实际电路板设计中的方法。

(3) 原理图设计的过程及步骤。

(4) PCB 设计过程及步骤。

2. 操作题

(1) 完成图 11-52 所示的串口通信电路设计，包括原理图设计、印制电路板设计，完成制造文件。

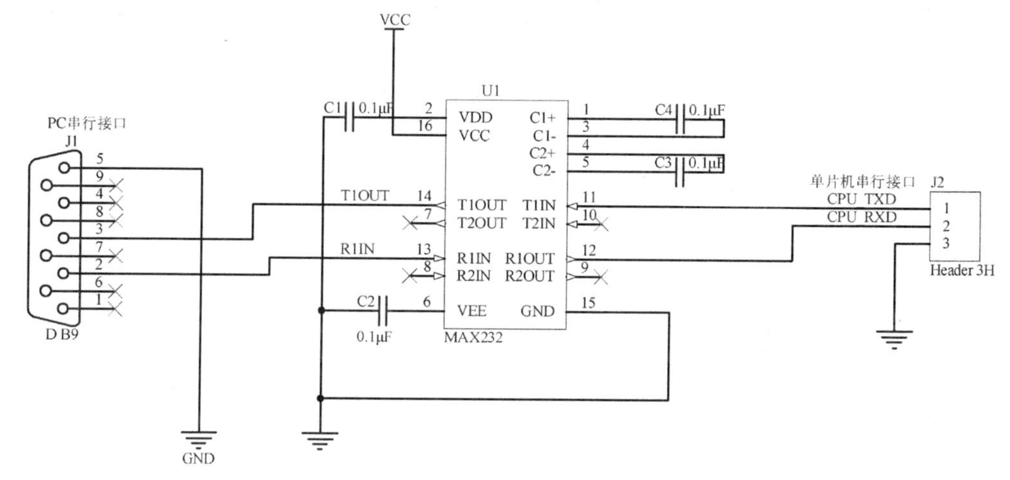

图 11-52　串口通信电路原理图

（2）采用层次设计方法，完成图 11-53 所示的电路设计。包括原理图设计，印制电路板设计，完成制造文件的生成。该设计为四端口串口通信，包含两个基本模块：4Port UART 和线驱动模块及 ISA 总线接口模块。

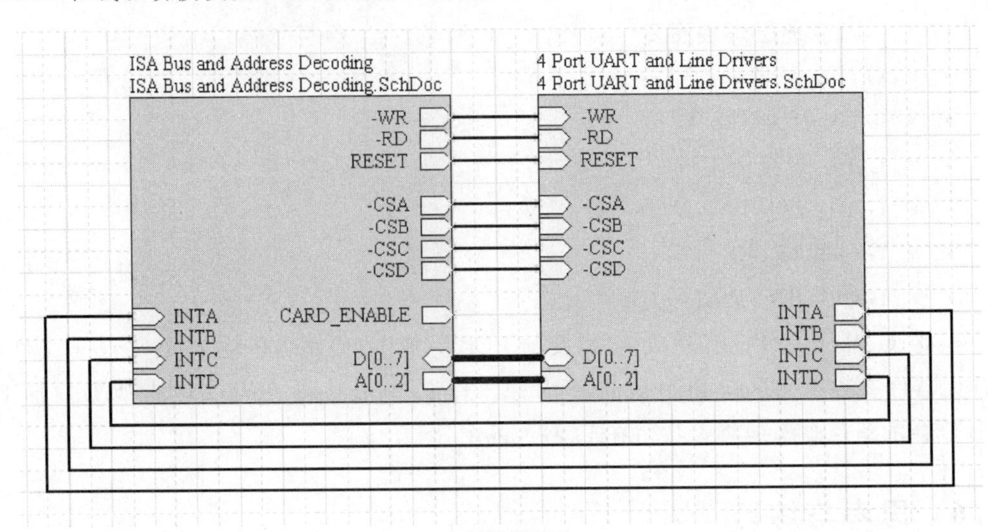

(a) 顶层原理图

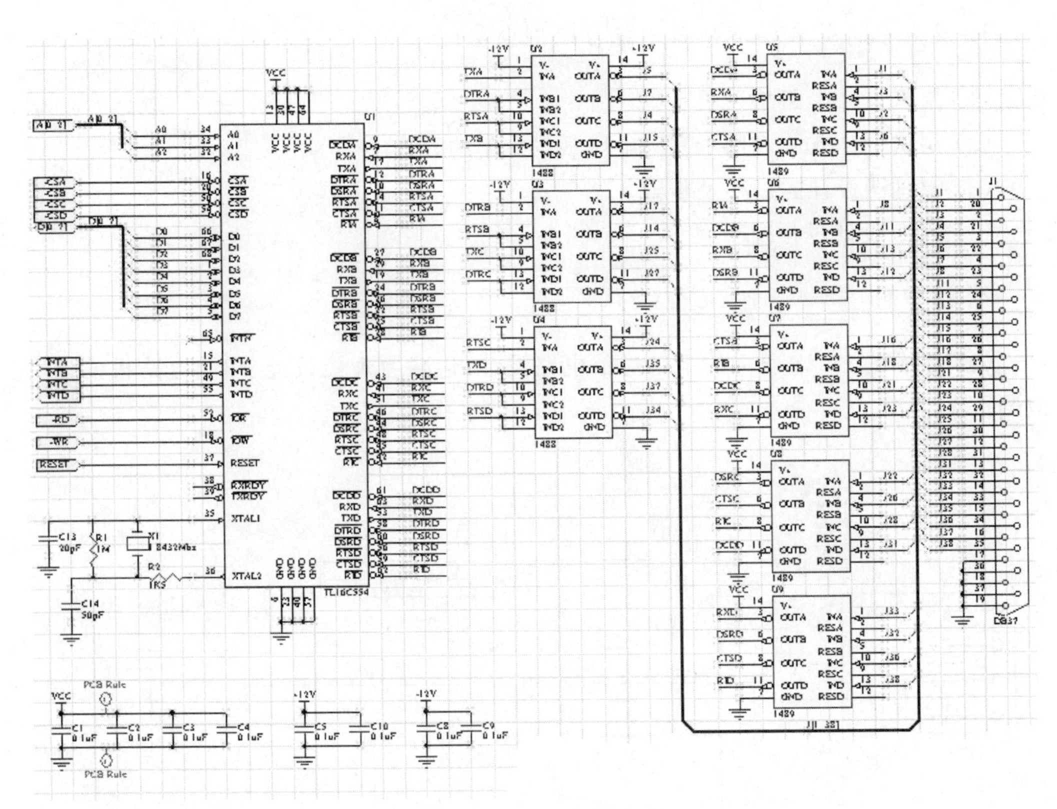

(b) 4Port UART和总线驱动模块

图 11-53　操作实例

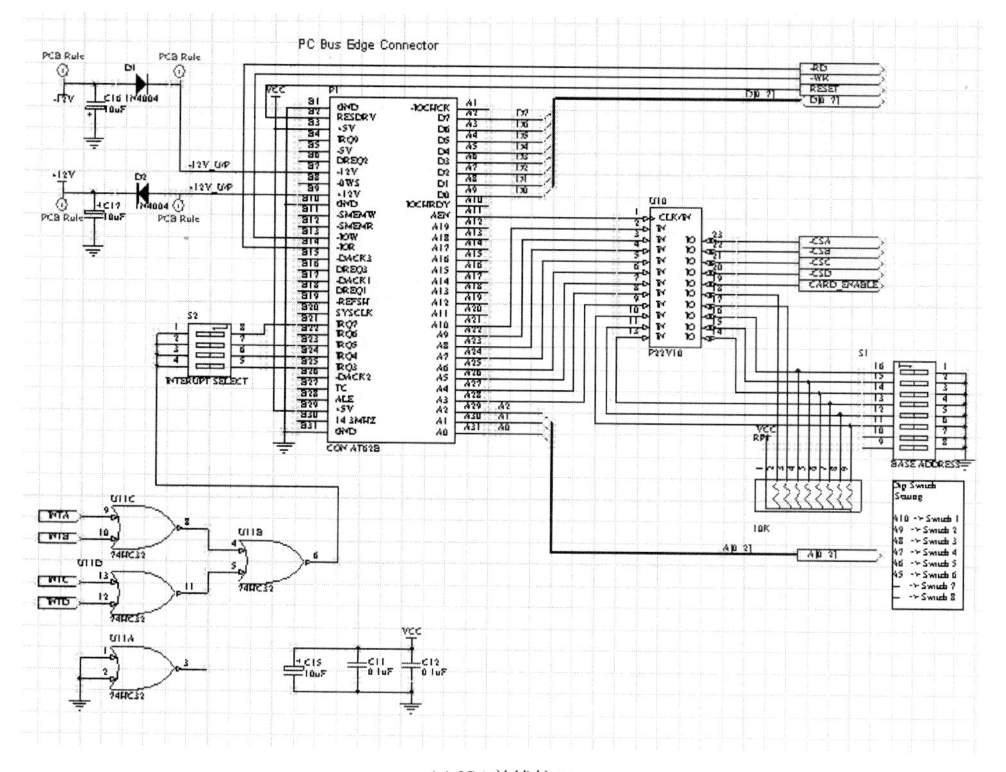

(c) ISA总线接口

图 11-53 （续）